U0350496

Pro/E Wildfire 5.0 产品建模基础与案例教程

主　编　许艳华　郑森伟　秦力庆

参　编　苏茶旺　钟明灯　何惜琴　彭清和　吴　静

北京理工大学出版社
BEIJING INSTITUTE OF TECHNOLOGY PRESS

内容简介

Pro/E 是一款集 CAD/CAM/CAE 功能为一体的综合性三维设计软件，被广泛应用在产品设计、模具设计、结构设计、数控仿真等领域，在业界享有极高的声誉。本书采用"理论基础+综合实例"的项目教学方式，前 10 章分别介绍了 Pro/E 基础知识、草图绘制、基本实体特征、工程特征、特征编辑、高级实体特征、基准特征、曲面设计、装配设计、工程图等内容，每章均有范例。第 11 章采用项目化教学，分项目详细讲解了苹果造型设计、椅子设计、齿轮设计、曲轴设计、足球造型等综合实例。第 12 章附有大量经典习题，供读者进一步练习。

本书结构清晰，将理论与实际完美结合，可以有效地帮助读者迅速掌握软件的基本功能和应用技巧。本书可作为高等院校课程教材，也可作为 Pro/E 技能培训教材，亦可供成人教育和工程技术人员使用。

图书在版编目（CIP）数据

Pro/E Wildfire 5.0 产品建模基础与案例教程/许艳华，郑森伟，秦力庆主编. —北京：北京理工大学出版社，2017. 8

ISBN 978-7-5682-4829-7

Ⅰ. ①P… Ⅱ. ①许… ②郑… ③秦… Ⅲ. ①机械设计-计算机辅助设计-应用软件-教材 Ⅳ. ①TH122

中国版本图书馆 CIP 数据核字（2017）第 219954 号

出版发行 / 北京理工大学出版社有限责任公司
社　　址 / 北京市海淀区中关村南大街 5 号
邮　　编 / 100081
电　　话 / (010) 68914775（总编室）
　　　　　(010) 82562903（教材售后服务热线）
　　　　　(010) 68948351（其他图书服务热线）
网　　址 / http://www.bitpress.com.cn
经　　销 / 全国各地新华书店
印　　刷 / 三河市华骏印务包装有限公司
开　　本 / 787 毫米×1092 毫米　1/16
印　　张 / 21　　　　责任编辑 / 李秀梅
字　　数 / 496 千字　　　　文案编辑 / 杜春英
版　　次 / 2017 年 8 月第 1 版　2017 年 8 月第 1 次印刷　　　　责任校对 / 周瑞红
定　　价 / 85.00 元　　　　责任印制 / 施胜娟

图书出现印装质量问题，请拨打售后服务热线，本社负责调换

前　言

《Pro/E Wildfire 5.0 产品建模基础与案例教程》一书是由北京理工大学出版社出版的应用型高校教材，采用理论与实例结合，通过实例来强化理论知识的掌握，详细介绍了应用 Pro/E Wildfire 5.0 进行产品造型设计的方法与流程。第 1 ~ 10 章介绍了运用 Pro/E Wildfire 5.0 进行产品设计的基本操作与技巧；第 11 章为综合运用实例建模，使读者进一步掌握命令的运用；第 12 章为基础题库，目的在于通过练习加强巩固基础知识。

本书具有以下特点：

1. 以多数考证题目作为实例讲解，对于参加 Pro/E 考证的读者具有一定的辅助作用。

2. 与同类书籍相比，本书强调实用性，从理论到实例，根据学生思维接受的逻辑顺序编写，适合学生自学。

3. 第 1 ~ 10 章为理论知识内容，并配合实例进行讲解。

在编写本书的过程中，我们参考了大量同类图书，特别是参考了一些考证例题，对于参加考证的读者起到一定的导向作用，特此说明并致谢。

本书由闽南理工学院具有多年教学与实际工作经验的教师集体编写。第 1、10 章由秦力庆编写，第 2、7、12 章由许艳华编写，第 3、8 章由苏茶旺编写，第 4、9 章由郑森伟编写，第 5、6 章由钟明灯编写，第 11 章的综合例题由各位老师合力完成。本书由许艳华统稿。此外，何惜琴、吴静、彭清和等老师对该书的图片编辑和校稿做了大量细致工作。

由于编者水平有限，书中不妥之处在所难免，敬请有关专家、学者及使用本书的老师和同学批评指正，以帮助我们不断改进。

编　者

2017 年 7 月

目　录

第1章　Pro/E Wildfire 5.0 简介及基本操作

1.1　Pro/E Wildfire 5.0 简介

1.1.1　Pro/E 的产生和发展

美国参数技术公司（Parametric Technology Corporation，简称 PTC）于 1985 年成立，总部位于美国麻省尼达姆市，1988 年发布了 Pro/ENGINEER（简写为 Pro/E）软件的第一个版本。PTC 提出的单一数据库、参数化、基于特征和全相关的三维设计概念改变了 CAD 技术的传统观念，逐渐成为当今世界 CAD/CAE/CAM 领域的新标准。PTC 致力于研究产品协同商务解决方案，用来帮助分散型制造商提高产品开发效率，现已成为 CAD/CAE/CAM/PDM 领域最具代表性的软件公司之一。

Pro/E 可谓全方位的三维产品开发软件，它集零件设计、曲面设计、工程图制作、产品装配、模具开发、NC 加工、管路设计、电路设计、钣金设计、铸造件设计、造型设计、逆向工程、同步工程、自动测量、机构仿真、应力分析、有限元分析和产品数据管理等功能于一体。

Pro/E 是 PTC 的旗舰产品，是业界领先的三维计算机辅助设计和制造的产品开发解决方案。它提供了强大的数字设计能力，具有创建高级、优质产品模型和设计方案并造就一流产品的能力。2009 年 11 月发布的 Pro/E Wildfire（野火版）5.0，是目前的较新版本。它易学易用、功能强大、互连互通，并提供了一个专门针对目前产品开发过程中的实际情况而设计的多用户环境，具备数百项新的可用性和协作增强功能，把整个供应链上产品开发人员的效率、数据管理和实时设计交流提升到了一个新的高度。

1. 使用“操控板”方便设计

操控板（即操作控制板），有的书中称为“图标板”。它是 Pro/E Wildfire 特别改进后的重要设计界面元素之一，专门用来指导用户在设计中应该怎么操作，下一步应该做什么。用户在设计中需要完成的操作将显示在操控板上。应注意，操控板上的内容将因操作对象的不同而改变。

2. 让资深用户通过“直接建模”方式处理模型，加快建模速度

直接建模就是用户直接使用鼠标处理模型，而无须使用冗长的菜单。在建模时近 80% 的常用特征可以通过鼠标单击操作完成。新版本与 Pro/E 2001 相比，完成同样的功能，所需单击鼠标的次数大大减少。

3. 用户设计界面的改进

Pro/E Wildfire 最大的改进在于用户设计界面。设计界面上不但大大削减了弹出式菜单的数量，而且新加了浏览器、网络连接等功能，使用户可以非常方便地实现网络共享与协同设计。应注意，由于 Pro/E 是大型软件，庞大而复杂，很多功能由于版本的不同而加以整合，隐藏在不同的菜单下面，这就要求使用者具备一定的专业知识。

4. 交互式曲面设计创建完美模型

在计算机中表现复杂的曲面和曲线并非易事，更不要说以交互方式控制它们的形状和连接，但这些正是概念设计的基础。Pro/E Wildfire 提供了交互式曲面设计即“造型”特征，利用该特征，设计者可以轻松地创建复杂的曲线和曲面，并能以交互方式控制它们的形状和应用。

5. 渲染使设计图像更逼真

强大的渲染功能可以使三维图像拥有更加逼真的视觉效果。Pro/E Wildfire 5.0 能够提供高性能的照片级渲染功能，而这种功能无须耗巨资更换最新的计算机设备即可使用。此外，“高级渲染增设功能”可以创建高质量的图像，就像照片一样逼真，并能模拟许多高级效果，例如镜头眩光和光线的散射等。

1.1.2 Pro/E Wildfire 5.0 的新特点

（1）使设计的变更更快速、更轻松。

（2）将实现生产力的速度加快 10 倍之多。

用户体验的改善（如图形化浏览、直观的 UI 增强功能、简化的任务和更快的性能）提高了设计效率并缩短了产品上市时间。创建简化的子组件（包络定义）的速度加快 78%，创建钣金件的速度加快 30%，放置形状的速度加快 82%，新的轨迹筋功能促使创建零件的速度加快 80% 之多，分析焊件模型的速度加快 10 倍之多，创建表面加工刀具路径的速度加快 5 倍。

（3）在包含多种 CAD 的环境中以更快的速度设计产品。

Pro/E Wildfire 5.0 为 CAD 互操作性树立了标准。该软件增强了自身对其他 CAD 系统和非几何数据交换的支持，从而使设计师可以应对因处理来自不同系统的 CAD 数据而造成的费时且易于出错的难题。

（4）利用新的无缝集成的 Pro/E 应用程序。

（5）利用突破性的社会化产品开发功能提高协作效率。

Pro/E Wildfire 5.0 是首个支持社会化产品开发的 CAD 解决方案，它将帮助用户消除妨碍他们在适当的时间找到适当的人员和资源的沟通障碍。Pro/E 与 Windchill ProductPoint 之间无缝地集成（利用了 Microsoft SharePoint 的社会化计算技术），将帮助用户找到和重复使用设计群体的共有知识，并改善流程效率。

1.1.3 Pro/E 的核心设计思想

1. 设计意图

设计意图就是根据产品规范或需求来定义产品的用途和功能。捕获设计意图能够为产品带来价值和持久性。这一关键概念是 Pro/E 基于特征建模过程的核心。

2. 实体建模

使用 Pro/E 可以轻松而快捷地创建三维实体模型，使用户直观地看到零件或装配部件的实际形状和外观。这些实体模型与真实世界中的物体一样，具有密度、质量、体积和重心等属性，这也是实体模型具有极大应用价值的重要原因。

3. 基于特征建模

特征就是一组具有特定功能的图元，是设计者在一个设计阶段完成的全部图元的总和。初次使用 Pro/E 的用户肯定对特征感到亲切，因为 Pro/E 以最自然的思考方式从事设计工作，如孔、开槽、倒圆角等均被视为零件设计的基本特征，用户除了充分掌握设计思想之外，还在设计过程中导入实际的制造思想。也正因为以特征作为设计的单元，所以可随时对特征做合理的、不违反几何顺序的调整、插入、删除、重新定义等修正动作。

特征是模型上的重要结构，例如特征可以是生成零件模型的一个正方体，也可以是模型上被切除的一段材料，还可以是用于辅助设计的一些点、线、面。一个特征并非仅包括一个图形单元，使用阵列的方法创建的多个相同结构其实也是一个特征。

1）特征建模的原理

Pro/E 零件建模从逐个创建单独的几何特征开始，采用搭积木的方式在模型上依次添加新的特征。在修改模型时，找到需要进行修改的特征，然后对其进行修改，由于组成零件模型的各个特征相对独立（其实特征之间还有相关性），在不违背特定特征之间基本关系（一般情况下为父子关系）的前提条件下，再生模型即可获得修改后的设计结果。

Pro/E 为设计者提供了一个非常优秀的特征管理管家，即模型树。模型树按照模型中特征创建的先后顺序展示模型的特征构成，这不但有利于用户充分理解模型的结构，也为修改模型时选取特征提供了最直接的手段。很多操作都可以直接在模型树中选取特征，然后单击鼠标右键进行操作。

一般情况下，使用 Pro/E 构建的实体模型是由一系列特征组成的。图 1.1.1 所示为连接板零件的设计过程，其特征建模的步骤如下：

（1）创建一个拉伸特征，确定模型的整体形状和大小。

（2）在模型两端建立孔特征。

（3）在模型上表面边缘处建立圆角特征。

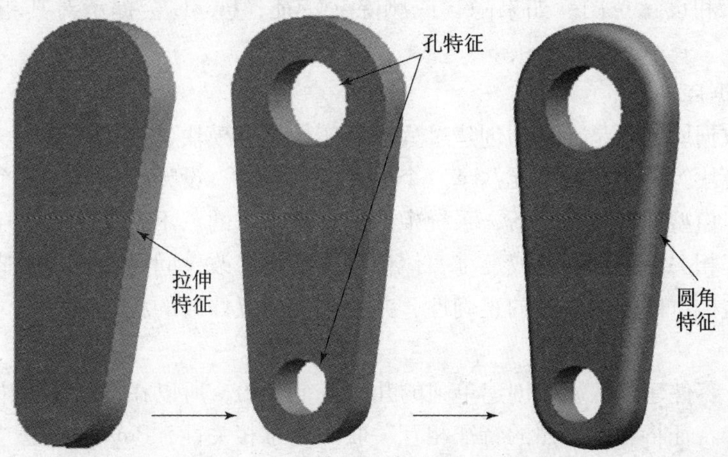

图 1.1.1　连接板零件的设计过程

2）特征的分类

在 Pro/E 中，特征的种类很丰富，不同的特征有不同的特点和用途，创建方法也有较大差异。在设计中常常用到实体特征、曲面特征和基准特征等几类特征，将在本书后面章节中详细介绍。

4. 参数化设计

Pro/E 创建的模型以尺寸数值作为设计依据，特征之间的相关性使得模型成为参数化模型。因此，如果修改某特征，而此修改又直接影响其他相关（从属）特征，则 Pro/E 会动态修改那些相关特征。此参数化功能可保持零件的完整性，并可保持设计意图。

1）尺寸驱动理论

绘图时，设计者可以暂时舍弃大多数烦琐的设计限制，而只抓住图形的某些典型特征绘出图形，然后通过向图形添加适当的约束条件规范其形状，最后修改图形的尺寸数值，经过系统再生后即可获得理想的图形，这就是尺寸驱动理论。

2）设计意图的变更

Pro/E 软件的强大之处在于其三维设计功能。在三维模型设计中，参数化设计最重要的体现就是模型的修改功能。Pro/E 提供了完善的修改工具和编辑定义工具，通过这些工具，可以方便地修改模型的参数，变更设计意图，从而变更模型设计。

3）参数化模型的创建

除了以模型上的尺寸作为模型编辑入口外，还可以通过参数和关系式创建参数化模型，修改各个参数后再生模型即可获得新的设计效果。这样创建的模型能快速变更形状和大小，从而大大提高设计效率。

5. 父子关系

在渐进创建实体零件的过程中，可使用各种类型的 Pro/E 特征。某些特征，出于必要性，优先于设计过程中的其他多种从属特征，这些从属特征从属于先前为尺寸和几何参照所定义的特征，这就是通常所说的父子关系。参数化设计的一个重要特点就是设计过程中在各特征之间引入父子关系。父子关系是在建模过程中各特征之间自然产生的。在建立新特征时，所参照的现有特征就会成为新特征的父特征，相应的新特征会成为其子特征。如果更新父特征，子特征也就随之自动更新。父子关系提供了一种强大的捕捉方式，可以为模型加入特定的约束关系和设计意图。如果隐含或删除父特征，Pro/E 会提示对其相关子特征进行操作。

6. 单一数据库

所谓单一数据库，就是在模型创建过程中，实体造型模块、工程图模块、模型装配模块以及数控加工模块等重要功能单元共享一个公共的数据库。设计者不管在哪个模块中修改数据库中的数据，模型都会随之更新，系统中的数据是唯一的。不论是在三维还是二维图形上作尺寸修改，其相关的二维图形或三维实体模型均自动修改，同时装配、制造等相关设计也会自动修改，这样可以确保数据的正确性，并且避免反复修改的耗时性。

7. 相关性

因为 Pro/E 零件建模从逐个创建单独的几何特征开始，所以在设计过程中新特征参照其他特征时，这些特征将和所参照的特征相互关联。通过相关性，Pro/E 能在“零件”模式外保持设计意图。在继续设计模型时，可添加零件、组件、绘图和其他相关对象（如管道、钣金件或电线）。所有这些功能在 Pro/E 内都完全相关。因此，在任意一级修改设计，项目将在所有级中动态反映该修改，这样就保持了设计意图。

1.2　Pro/E Wildfire 5.0 中文版的用户界面

1.2.1　启动 Pro/E

启动 Pro/E 的方式有以下三种：

(1) 如果计算机桌面上有 Pro/E 快捷方式图标，直接双击即可启动 Pro/E，界面如图 1.2.1 所示。

(2) 单击“开始”→“程序（P）”→“PTC”→“Pro/ENGINEER”→“Pro/ENGINEER”命令也可启动 Pro/E，界面如图 1.2.1 所示。

(3) 鼠标左键选中 Pro/E 快捷方式图标，单击鼠标右键，在弹出的快捷菜单中单击“打开（O）”命令启动 Pro/E，界面如图 1.2.1 所示。

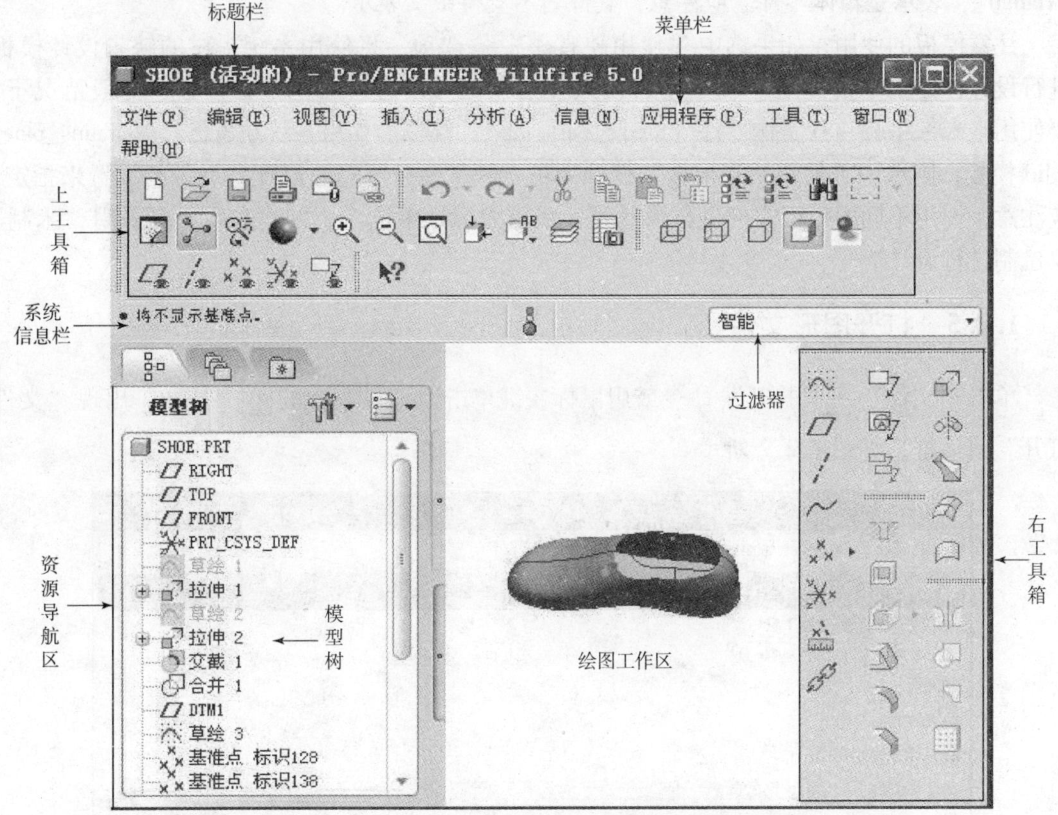

图 1.2.1　Pro/E Wildfire 5.0 中文版的用户界面

1.2.2　设置当前工作目录

在 Pro/E 中，工作目录的设置非常重要，因为系统默认的工作目录是“我的文档”，这样每次工作时 Pro/E 都会直接将零件文件和 Trail 文件保存在“我的文档”中，给文件的管理造成很大的困难。建议在每次开始绘图时先设置好工作目录，这样保存文件、打开旧文件的工作窗口都会在指定的目录中进行，方便管理，并节约工作时间。

当前工作目录的设置可通过下拉菜单“文件”→“设置工作目录”来设定，选好目录后单击“确定”按钮即可。注意：当前（临时）工作目录只在当前操作有效，重新启动操作系统或关闭 Pro/E 后就不再是当前（临时）工作目录，又会回到系统默认的工作目录。

1.2.3 模型树简介

模型树窗口一般位于窗口的左侧，其主要功能是按照特征创建的先后顺序以及特征的层次关系显示模型创建过程的所有特征，便于设计者查看模型的构成，同时方便特征的修改和编辑。

1.2.4 新建图形文件

单击“文件”→“新建”命令或用鼠标左键单击上工具箱中的按钮，出现“新建”对话框。在该对话框中，将“类型”设置为“零件”，“子类型”设置为“实体”，“零件名称”可以采用系统缺省的“prt0001”，也可以修改，建议采用比较有代表意义的名称，如“xiangti”，表示是箱体零件。应注意，文件名不支持中文表示。

注意模板的使用，如果选中“使用缺省模板”选项，将使用系统提供的缺省设计模板进行设计；如果取消选定“使用缺省模板”选项，可以选择其他设计模板，一般情况下，要使用毫米-牛顿-秒实体零件（mmns_part_solid）模板。如果系统缺省已经是 mmns_part_solid 模板，则选中“使用缺省模板”选项即可。缺省模板可以通过配置文件的设置来指定。应注意，使用不同的模板文件进行设计时，采用的设计单位将不同，在我国要采用“米制”单位制进行设计。

1.2.5 打开图形文件

单击“文件”→“打开”命令或用鼠标左键单击上工具箱中的按钮，出现“文件打开”对话框，如图 1.2.2 所示。

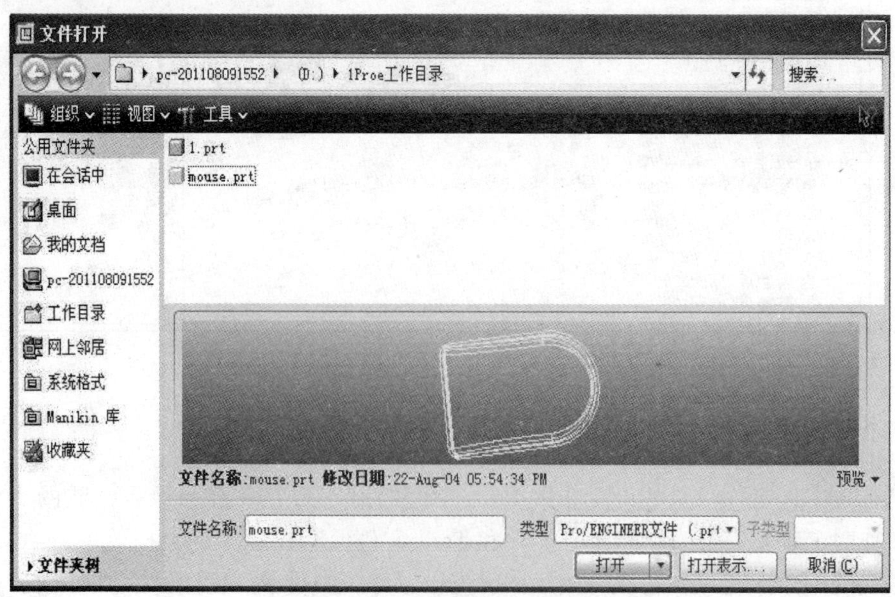

图 1.2.2 “文件打开”对话框

1.2.6　存储图形文件及版本

单击“文件”→“保存”命令或用鼠标左键单击上工具箱中的按钮，即可保存图形文件。注意：Pro/E 在保存文件时不同于其他软件，系统每执行一次存储操作并不是简单地用新文件覆盖原来的旧文件，而是在保留文件前期版本的基础上新增一个版本文件。在同一设计过程中，多次存储的文件将在文件名的后缀（扩展名）添加序号以示区别，序号数字越大，文件版本越新。

例如，一个文件在设计过程中进行了 3 次保存，那么文件分别为 prt0001. prt. 1、prt0001. prt. 2 和 prt0001. prt. 3。

1.2.7　保存文件的副本

Pro/E 系统不允许设计者在执行文件存储时改变目录位置和文件名称，如果确实要改变文件的存储位置和文件名称，就需要使用“保存副本”功能。

单击主菜单上“文件”→“保存副本”命令或用鼠标左键单击上工具箱中的按钮，浏览到指定的目录，在“新建名称”中输入新的文件名，单击“确定”按钮即可。

1.2.8　从内存中删除当前对象

单击“文件”→“拭除”命令，可以从进程（内存）中清除文件，系统提供了两个选项：选取“当前”选项时，将从进程中清除当前打开的文件，同时该模型的设计界面也被关闭，但是文件仍然保存在磁盘上；选取“不显示”选项时，将清除系统曾经打开，现在已经关闭，但是仍然驻留在进程（内存）中的文件。

注意：从进程（内存）中拭除文件的操作很重要。

1.2.9　删除文件的旧版本和所有版本

单击“文件”→“删除”命令，将文件从磁盘上彻底删除，此操作要谨慎进行。删除文件时，系统提供两个选项：选取“旧版本”选项时，系统将保留该软件的最新版本，删除其他旧版本；选取“所有版本”选项时，系统将彻底删除该软件的所有版本，一定要考虑好再删除。

1.2.10　关闭窗口

单击“文件”→“关闭窗口”命令，关闭当前设计窗口对应的文件，但不退出 Pro/E 系统，被关闭的文件仍然在内存（进程）中。

1.2.11　退出系统

单击“文件”→“退出”命令，退出 Pro/E 设计环境，注意退出前保存需要保存的文件。或单击窗口右上角的“关闭”按钮，也可退出系统。

注意：Pro/E 系统默认退出时不提示保存文件。

1.3 用户界面的定制工具栏

Pro/E 的用户界面可以根据用户的喜好方便地进行个性化定制。如果定制后感觉不满意，想要回到 Pro/E 缺省的定制状态，只要在“定制”对话框中单击“缺省”按钮即可。定制工具栏有下面两种方法：

（1）单击“工具”→“定制屏幕”命令，在弹出的图 1.3.1 所示对话框中选取“工具栏”选项卡，其中列出了系统所有的工具栏名称，用户可以根据需要进行定制。

（2）可以在上工具箱或右工具箱中的空白处单击鼠标右键，或在加亮的工具按钮处单击鼠标右键，在弹出的快捷菜单中选择“工具栏”选项，也会弹出该对话框，用户可以进行定制。

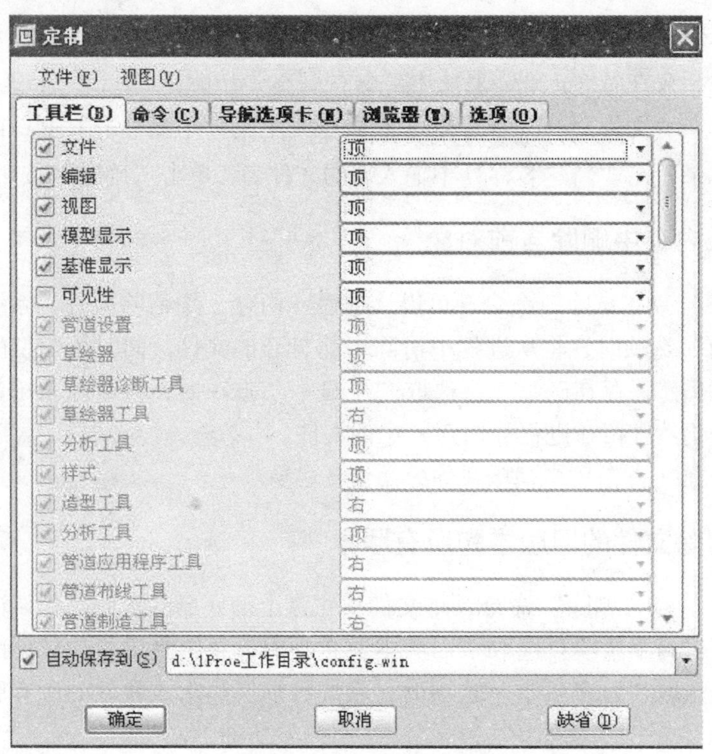

图 1.3.1 “定制”对话框的“工具栏”选项卡

1.4 视 图 操 作

1.4.1 重绘当前视图

利用“重画”操作可对视图区进行刷新，消除对视图进行修改后遗留在模型上的残影，以获取更加清晰整洁的显示效果。例如，在工程图的操作中，基准面、基准轴的开/关（显示/不显示）就需要进行“重画”操作。

1.4.2　着色和增强的真实感

“着色”用于对模型进行着色渲染，以增强视觉效果。

“增强的真实感”使模型显示看起来更加真实逼真，可以通过单击工具栏中的按钮设定。

1.4.3　方向

“方向”用于设置观察模型的视角。在三维建模时，为了从不同视角更加细致全面地观察模型，可以使用该菜单选项设置对象的显示状态。

1.4.4　可见性

根据需要可隐藏选定的特征或取消对已选定特征的隐藏，被选定为隐藏状态的非实体特征将不可见。选取“隐藏”选项可以隐藏选定的特征；选取“取消隐藏”选项可以取消对选定特征的隐藏；选取“全部取消隐藏”选项可以取消视窗内所有隐藏特征的隐藏。

1.4.5　显示设置

“显示设置”菜单用于设置系统和模型的显示效果。该菜单具有下层菜单，使用下层菜单中的选项可以设置不同对象的显示状态，如表1.4.1所示。

表1.4.1　不同对象的显示状态

模型类型	线框模型	隐藏线模型	无隐藏线模型	着色模型	增强的真实感
对应的图形工具栏按钮					
各种模型示意图					

1.5　Pro/E Wildfire 5.0 中鼠标的用法

在Pro/E Wildfire 5.0中鼠标的操作非常重要，熟练使用鼠标可以大大提高设计效率。

与早期的Pro/E版本相比，Pro/E Wildfire 5.0不再支持使用二键鼠标来模拟三键鼠标的操作。三键鼠标是操作Pro/E Wildfire 5.0的必备工具，如果使用没有带中键的鼠标，设计根本无法进行。最好选择中键带滚轮的三键鼠标。

1.5.1　Pro/E Wildfire 5.0 使用鼠标介绍

三键鼠标的基本用途如表1.5.1所示。

表 1.5.1　三键鼠标的基本用途

<table>
<tr><th colspan="2">鼠标的功能键
使用功能</th><th>鼠标左键</th><th>鼠标中键</th><th>鼠标右键</th></tr>
<tr><td colspan="2">二维草绘模式
（鼠标按键单独使用）</td><td>1. 绘制连续直线（样条曲线）
2. 绘制圆（圆弧）</td><td>1. 完成一条直线（样条曲线）开始画下一条直线（样条曲线）
2. 终止圆（圆弧）
3. 取消画相切弧</td><td>弹出快捷菜单（不同情况下菜单不同）</td></tr>
<tr><td rowspan="2">三维模式</td><td>鼠标按键单独使用</td><td>选取模型</td><td>1. 旋转模型（无滚轮时按下中键，有滚轮时按下滚轮）
2. 缩放模型（有滚轮时转动滚轮）</td><td>在模型树窗口或工具栏中单击将弹出快捷菜单</td></tr>
<tr><td>与 Ctrl 键或 Shift 键配合使用</td><td>无</td><td>1. 与 Ctrl 键配合并且上下移动鼠标：缩放模型
2. 与 Ctrl 键配合并且左右移动鼠标：旋转模型
3. 与 Shift 键配合并且移动鼠标：平移模型</td><td>无</td></tr>
</table>

1.5.2　视图的移动、缩放和旋转

缩放按钮功能如表 1.5.2 所示。

表 1.5.2　缩放按钮功能

按钮	功能	说明
	放大	单击此按钮，然后按住鼠标左键拖动，利用框选法选出要显示的部分
	缩小	单击此按钮，系统会自动依照比例缩小显示画面，可多次使用，依次缩小
	显示全部	单击此按钮，系统重新调整视图画面，使其能完全在屏幕上显示出来

第2章　绘 制 草 图

草绘绘制简称草绘，它是造型的基础。草绘器是 Pro/E 软件中的草图绘制工具，利用该工具可以创建特征的剖面草图和轨迹线等。掌握草绘是创建实体的根本，本章将详细讲解草绘的各种设置、约束和尺寸标注方法，同时着重阐述如何在草绘中应用合适的约束方法达到设计意图，力求让初学者对 Pro/E 的草绘有更深层次的理解和认识，为以后造型打下基础。

2.1　草 绘 环 境

2.1.1　熟悉草绘环境的关键词

草绘环境的关键词包括以下几个：

图元：截面几何的任何元素（如直线、圆弧、样条、矩形、点和坐标系等）。

参照图元：草绘时用于辅助定位的外部几何图元（如参照边、参考点和基准平面等）。

尺寸：图元之间的位置关系，就是通常说的标注。

约束：多指图元之间的形状、位置等条件关系（如相切、对称、等长和共线等）。

弱尺寸/约束：在没有用户确认的情况下，草绘器自动生成的尺寸或者约束。弱尺寸/约束在缺省配色方案中以灰色出现。用户人为主动添加尺寸时，草绘器会自动移除对应的多余的弱尺寸或约束。

强尺寸/约束：用户主动创建的尺寸或者约束。强尺寸/约束在缺省配色方案中以白色出现。草绘器不能自动删除强尺寸或约束。

冲突：两个或多个强尺寸（或约束）出现矛盾或者多余的情况。如果几个强尺寸或者约束发生冲突，则草绘器会要求移除其中一个不需要的尺寸或者约束。冲突在缺省配色方案中以黄色出现。

2.1.2　进入草绘环境

有三种方式可以进入草绘环境：直接新建草绘模型文件；在零件模型下单击“草绘”按钮；从草绘特征编辑定义进入草绘环境。

1. 通过新建草绘文件进入草绘环境

单击“文件”→“新建”命令或者单击“新建”按钮 ，弹出图 2.1.1 所示对话框，选中第一项 ⊙ 草绘 ，输入文件名称，单击“确定”按钮即可进入草绘模式。

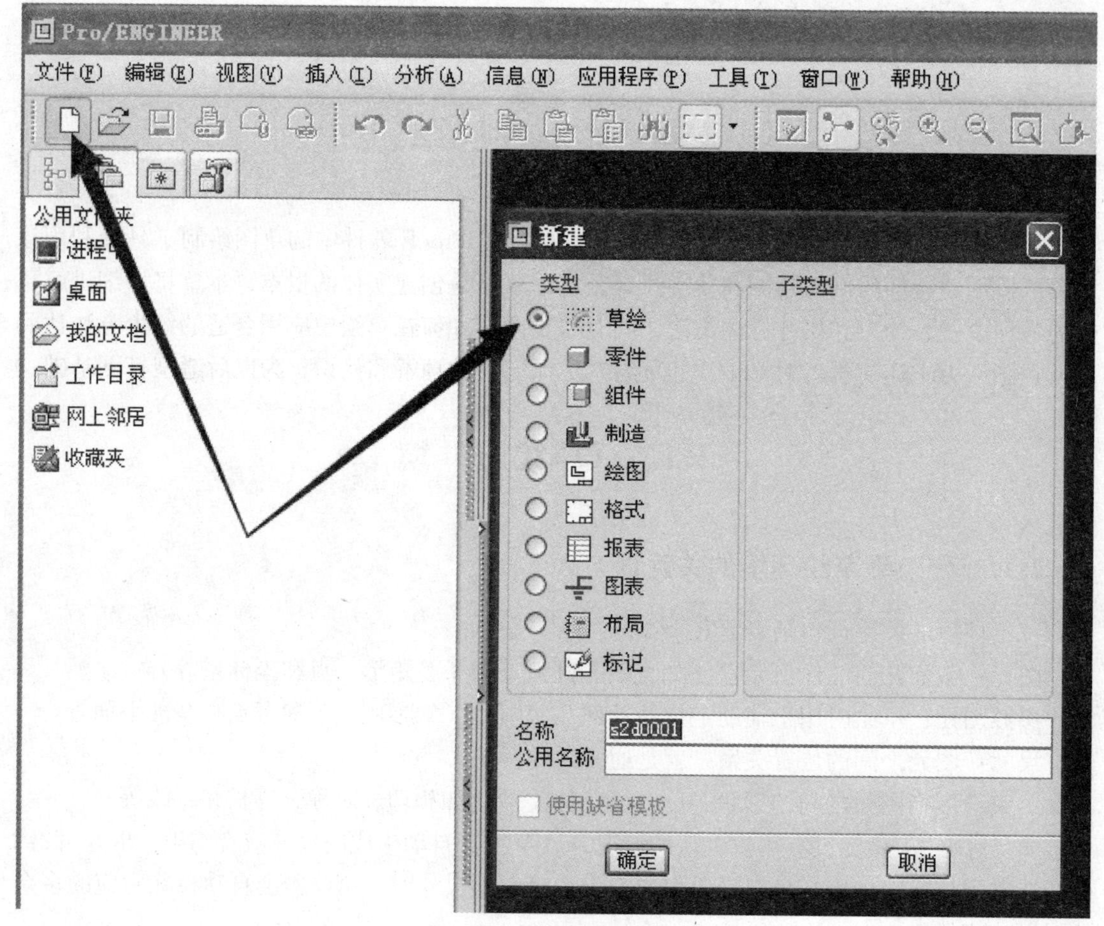

图 2.1.1　新建草绘文件

2. 从零件模型进入草绘环境

单击“文件”→“新建”命令，或者单击“新建”按钮 [新建按钮]，弹出图 2.1.1 所示对话框，选中第二项 [◉ 零件]，进入零件模式后，单击右上角的 [草绘按钮] 按钮，可以进入草绘模式，如图 2.1.2 所示。

3. 从草绘特征进入草绘环境

选择草绘型特征命令（如拉伸、旋转和扫描等）后，视图左下方会出现特征操作面板，选择特征操作面板中的“放置”上滑面板，单击其中“草绘”选项框的“定义”按钮，就会弹出“草绘”对话框，如图 2.1.3 所示，指定草绘平面和参照平面，单击“草绘”按钮就可以进入草绘环境。

2.1.3　设置草绘环境

Pro/E 中允许对草绘环境进行设置，步骤如下：单击“草绘”→“选项”→“视图”→“显示设置”→“系统颜色”命令，弹出“设置草绘环境”对话框，如图 2.1.4 所示。

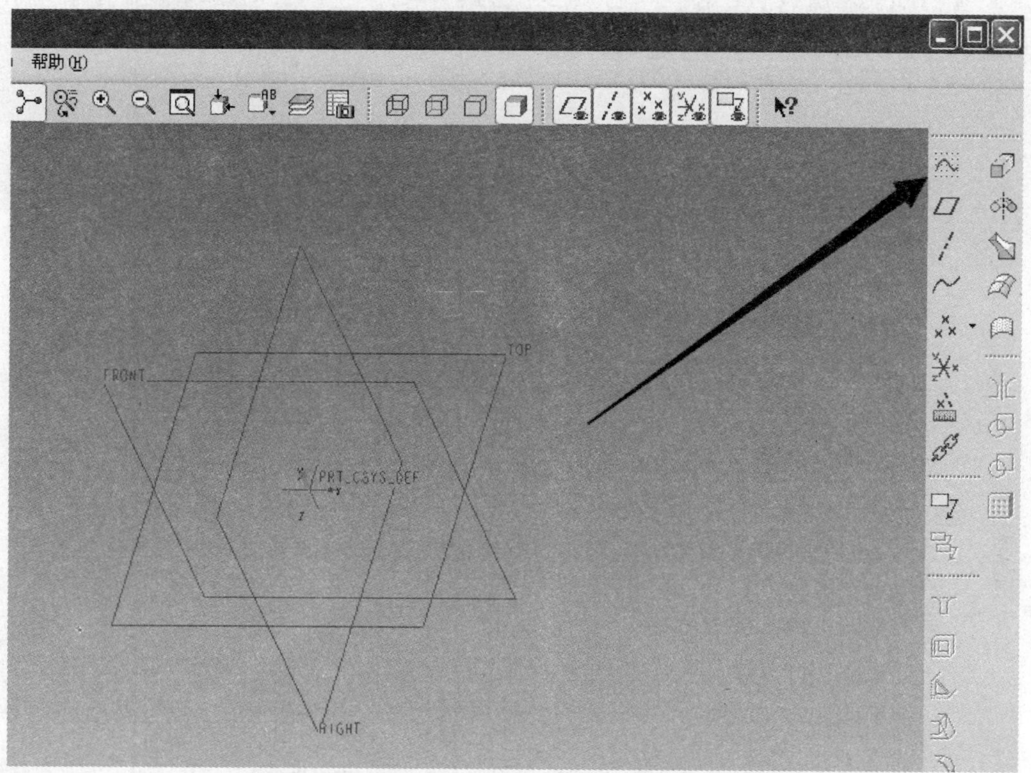

图 2.1.2　从零件模型进入草绘环境

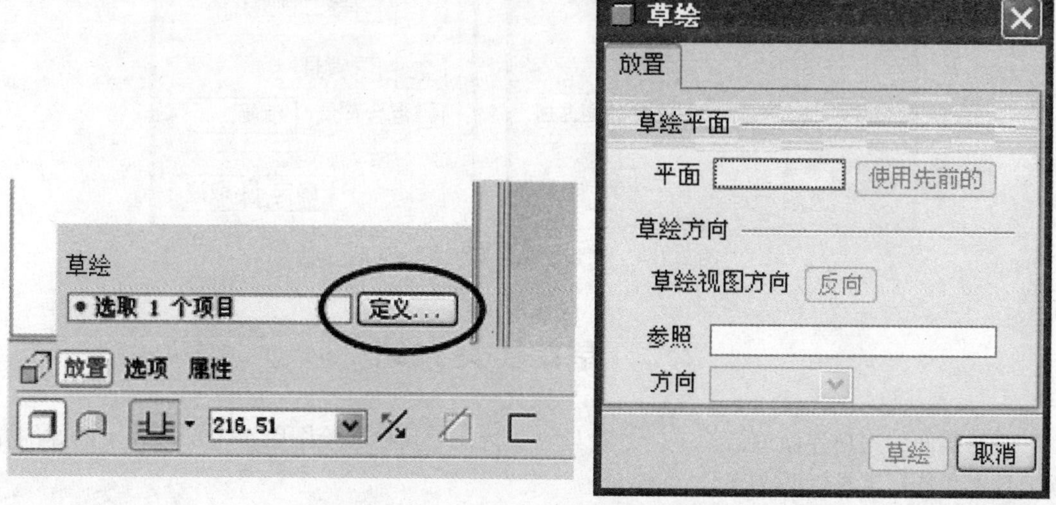

图 2.1.3　从草绘特征进入草绘环境

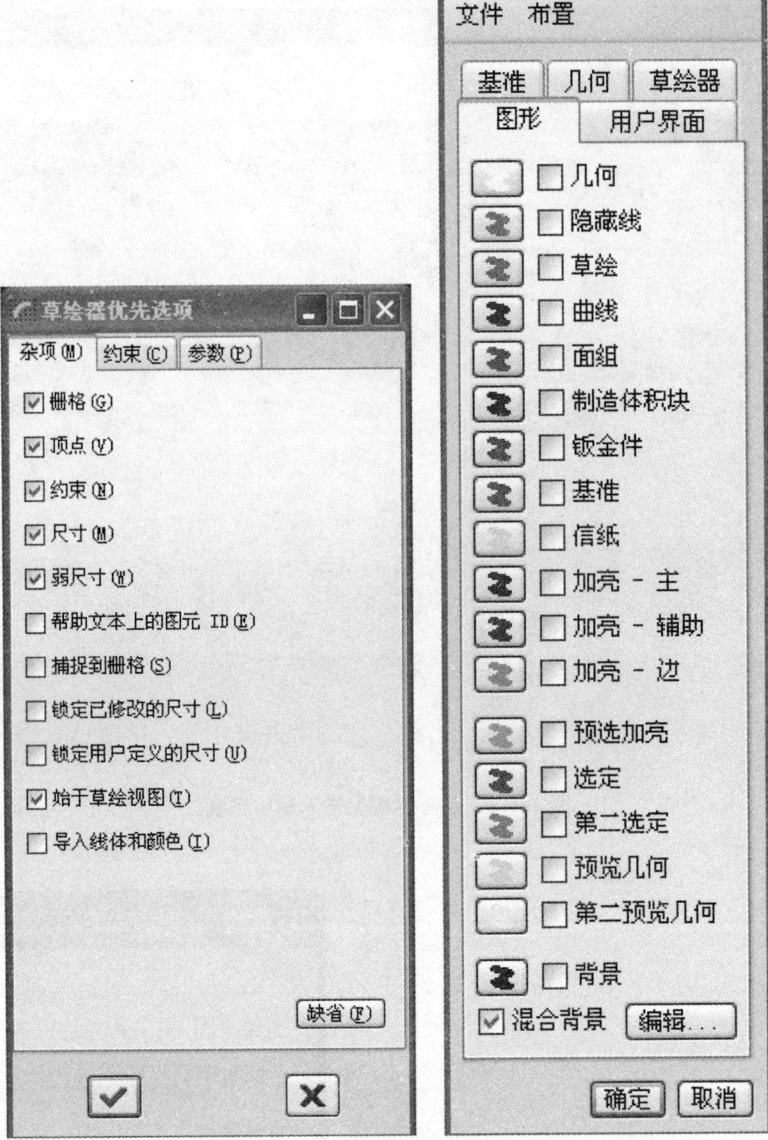

图 2.1.4　“设置草绘环境”对话框

2.2　草绘工具介绍

绘制截面的用户界面包括菜单栏、工具栏、特征工具栏和绘图区 4 个部分，下面详细介绍工具栏和特征工具栏两个部分。

2.2.1　工具栏

主要介绍工具栏中控制截面的视图、尺寸、网格和约束条件等功能按钮，如图 2.2.1 所示。

图 2.2.1　绘制截面的部分工具栏

：重新调整对象，使其完全显示在屏幕上。

：尺寸显示切换，对是否显示尺寸进行切换。

：约束条件切换，对是否显示约束条件进行切换。

：网格显示切换，对是否显示网格线进行切换。

：端点显示切换，对是否显示曲线端点进行切换。

：对图元的封闭链内部着色，检查图元是否封闭，这在检查实体造型所绘制的截面图形的有效性时特别实用。

：加亮不为多个图元共有的顶点，用于检查截面图元是否存在孤立顶点，这在检查实体造型所绘制的截面图形的有效性时特别实用。

：加亮重叠几何图元显示，用于检查截面是否存在重合图元，这在检查实体造型所绘制的截面图形的有效性时特别实用。

：取消操作，取消最近一次操作，恢复到上次操作状态。

：恢复操作，与上面取消操作相反，撤销上一步的取消操作。

2.2.2　特征工具栏

草绘界面右侧是常用的绘图特征工具栏，如图 2.2.2 所示。工具旁边有三角形符号的，代表单击可以打开，里面有多种功能。

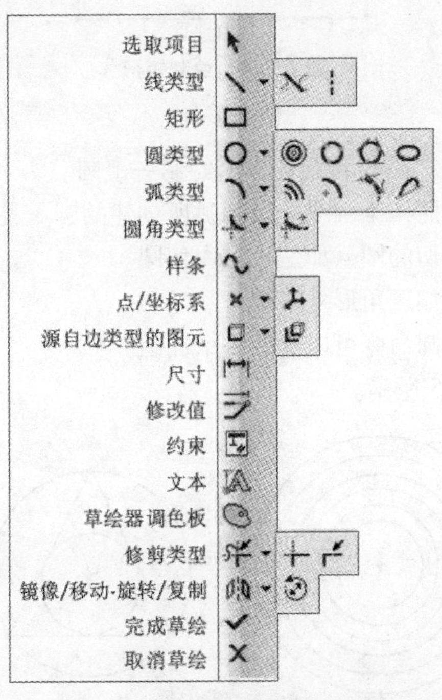

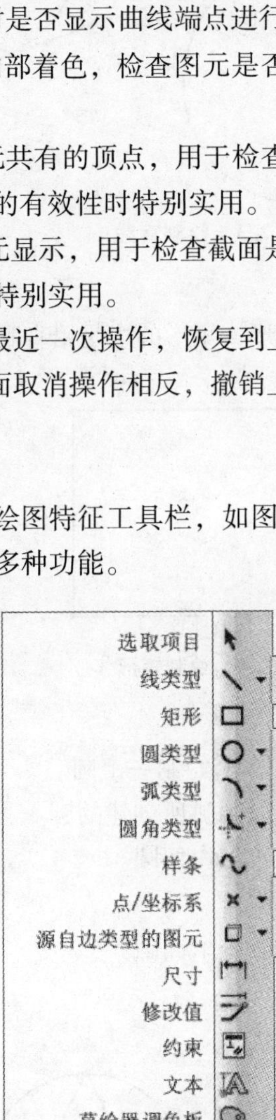

图 2.2.2　绘制截面的特征工具栏

1. 绘制直线

选择“线类型”，用单击鼠标方式画直线，单击中键完成绘制，可绘制一般直线、切线和中心线，如图 2.2.3 所示。

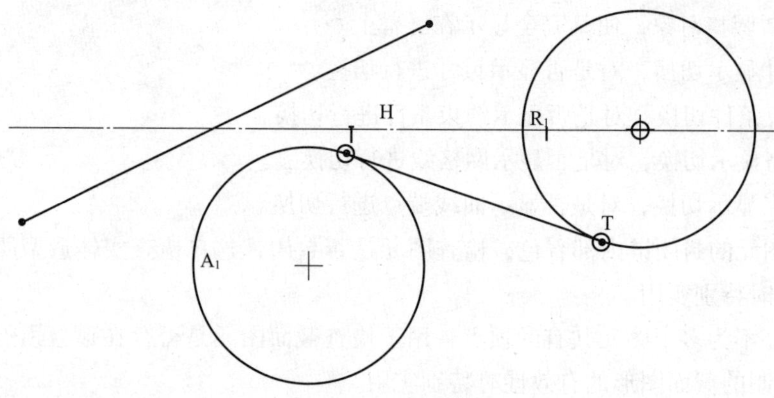

图 2.2.3　绘制直线

2. 绘制矩形

指定矩形对角线的起点与终点绘制矩形，矩形的边是铅直和水平的，如图 2.2.4 所示。

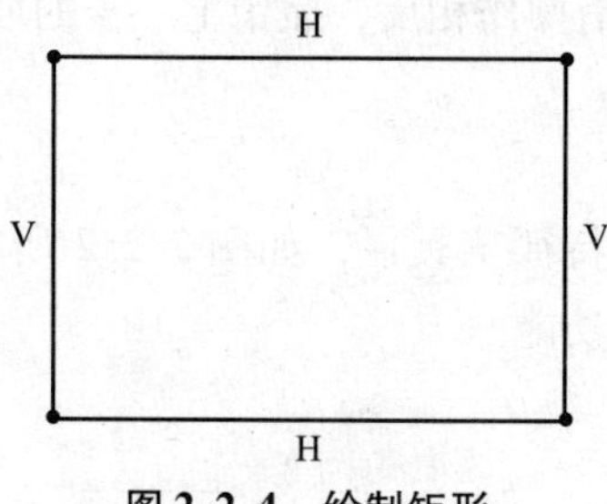

图 2.2.4　绘制矩形

3. 绘制圆

（1）绘制中心圆：使用“圆心和点” 命令绘制一个圆。

（2）绘制同心圆：是参照一个圆或一段圆弧所创建的圆。

（3）绘制与 3 个图元相切的圆，如三角形内切圆。

（4）通过 3 点绘制圆，如三角形外接圆。

（5）绘制椭圆：使用椭圆命令可以绘制一个椭圆。

绘制的各种圆如图 2.2.5 所示。

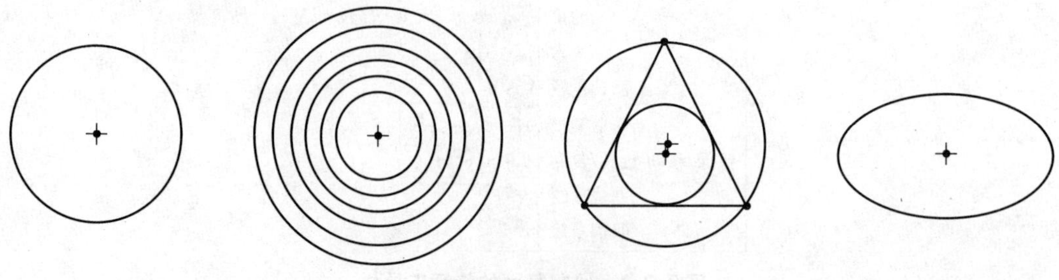

图 2.2.5　绘制圆

4. 绘制圆弧

（1）通过 3 点（起点、端点和中间点）绘制圆弧。

（2）绘制同心圆弧：在绘制过程中，不但要指定参照圆或圆弧，还要指定圆弧的起点和终点才能确定圆弧。

（3）通过圆心和两端点绘制圆弧。

（4）绘制与 3 个图元相切的圆弧。

（5）绘制圆锥线：使用“圆锥”命令可以在二维剖面上绘制一条圆锥线。

绘制的各种圆弧如图 2. 2. 6 所示。

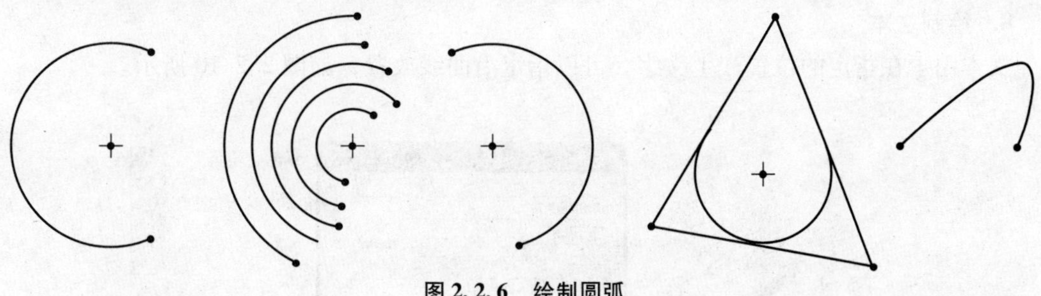

图 2. 2. 6　绘制圆弧

5. 绘制样条曲线

使用“样条”命令可以绘制平滑的通过任意多个点的曲线，如图 2. 2. 7 所示。

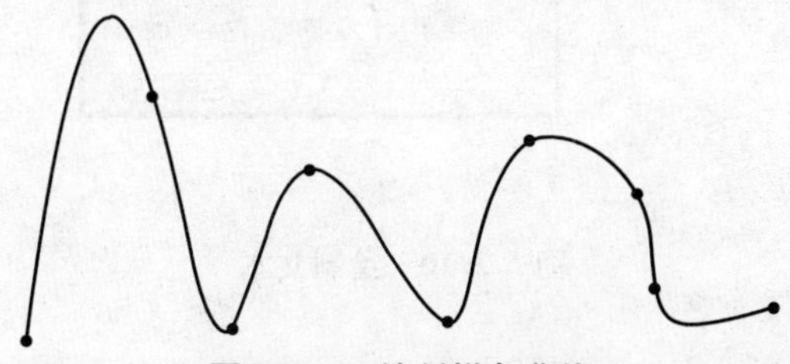

图 2. 2. 7　绘制样条曲线

6. 绘制圆角和椭圆角

（1）绘制圆角：圆角半径的大小与选择边的位置有关。

（2）绘制椭圆角：可以在两图元之间绘制一个椭圆形圆角。

绘制的圆角和椭圆角如图 2. 2. 8 所示。

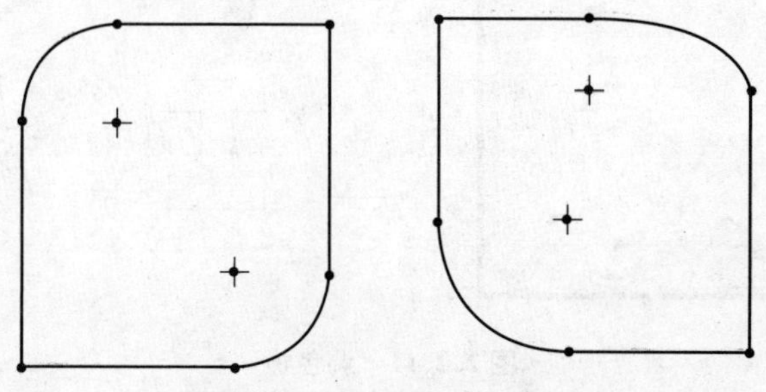

图 2. 2. 8　绘制圆角和椭圆角

7. 绘制点和坐标系

点用来辅助其他图元的绘制，在“点”命令下，在绘图区单击鼠标即可定义一个点，继续此操作可以定义一系列的点。坐标系用来标注样条曲线和某些特征的生成。绘制的点和坐标系如图 2.2.9 所示。

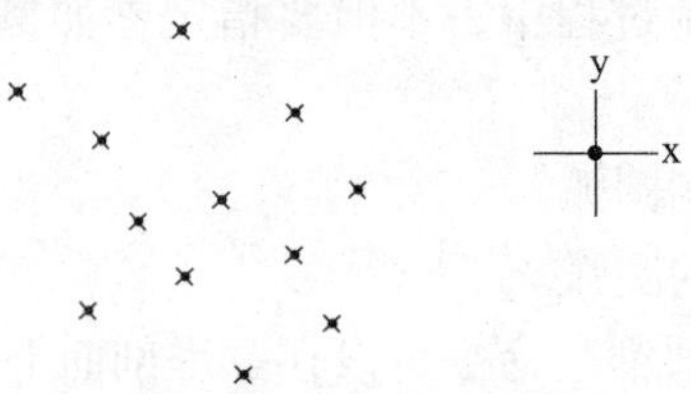

图 2.2.9　绘制点和坐标系

8. 绘制文本

文本用于在指定的位置产生文字，可以指定沿曲线放置，如图 2.2.10 所示。

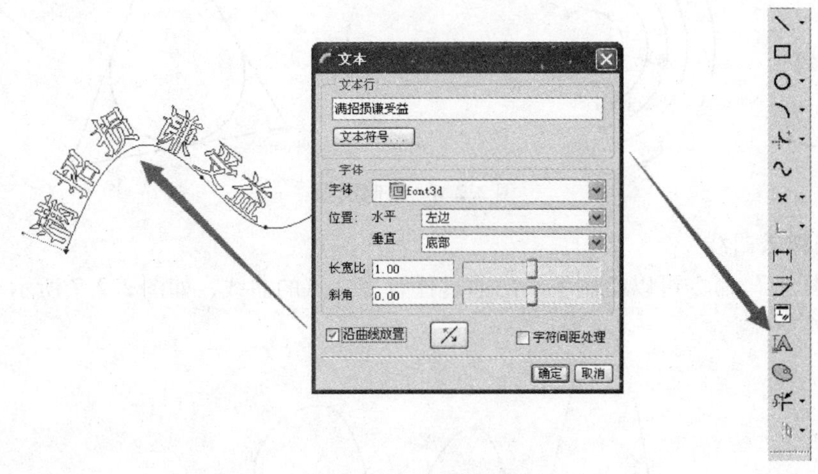

图 2.2.10　绘制文本

9. 调色板

调色板工具提供了常用的图形，调色板有 4 个选项卡，如图 2.2.11 所示。

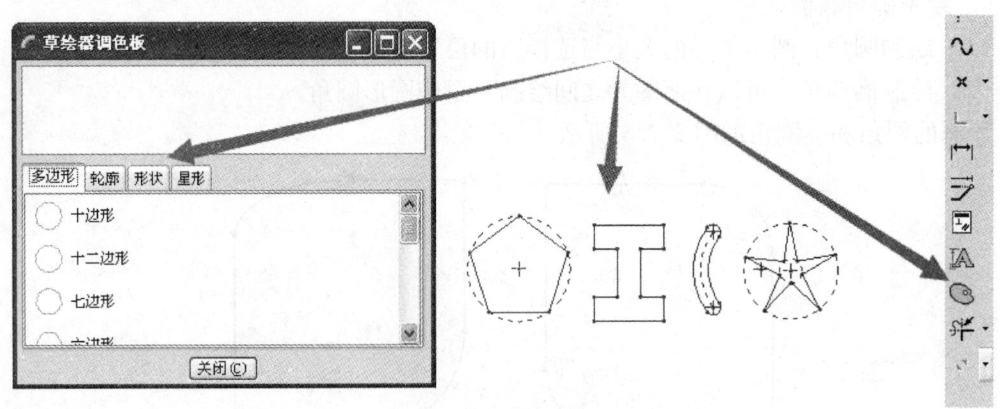

图 2.2.11　调色板

“多边形”：包括常规多边形；“轮廓”：包括常规轮廓；“形状”：包括其他常见形状；“星形”：包括常规星形。

2.2.3　草绘编辑

使用上面介绍的基本设计工具创建的二维图形并不一定正好满足设计要求，这时可以使用编辑工具对其进行编辑和修改，直到满足设计要求为止。如表 2.2.1 所示，编辑工具共有 6 个，单击“编辑”菜单或者单击右侧工具条上的相应按钮即可编辑和修改。这里重点介绍一下镜像、缩放和旋转以及修剪。

表 2.2.1　编辑工具

编辑工具	名称	说　明
	选取	在编辑图元之前，必须首先选中要编辑的对象。系统提供 4 种选取方法，可以单击该按钮，然后直接使用鼠标单击要选取的图元，被选中的图元将显示为红色
	复制	先选取图元对象，然后才能选取该工具。另外，在复制的同时还可以根据需要对图元进行缩放、平移和旋转等操作
	镜像	先选取图元对象，然后才能选取该工具。根据系统提示选取一条中心线即可创建镜像对象
	缩放和旋转	先选取图元对象，然后才能选取该工具。该操作与复制中的缩放和旋转工具类似
	修剪： 删除延伸 分割	包括 3 种操作： 删除图元上选定的线段； 延长图元到指定参照； 将单一图元分割为多个图元
	修改	主要用来修改图元的尺寸。在选取状态和尺寸显示开关为开时，双击尺寸标注，然后输入新的尺寸数值

1. 镜像

镜像是以某一中心线为基准对称图形，如图 2.2.12 所示，前提是必须有“中心线”。只能镜像几何图元，无法镜像尺寸、中心线和参照。

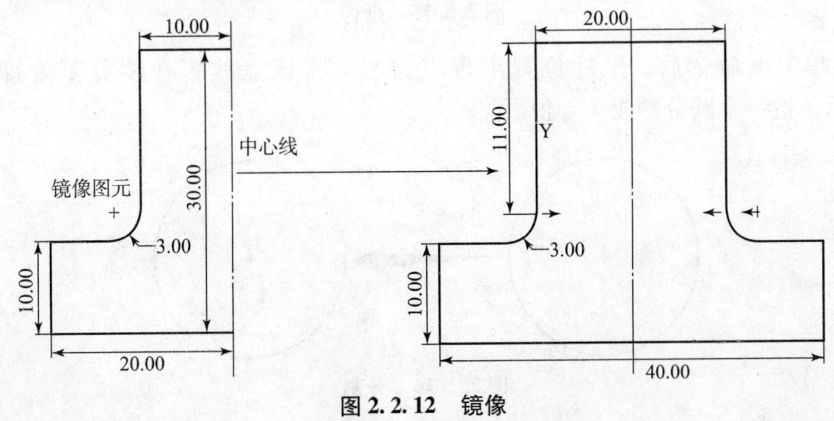

图 2.2.12　镜像

2. 缩放和旋转

“缩放”是对所选取的图元进行比例缩放，“旋转”是将所绘制的图形以某点为旋转中心旋转一个角度，如图 2.2.13 所示。注：此命令具有移动功能。

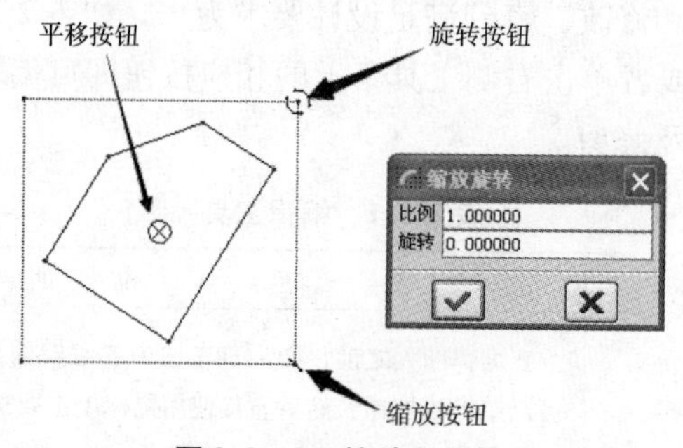

图 2.2.13　缩放和旋转

3. 修剪

修剪包含 3 种操作：删除、延伸（或剪切）、分割。

删除：单击该命令后，直接选择要删除的图元。用一句话概括就是：“哪里不要点哪里。”如图 2.2.14，灰色为不需要的线条，选中即可完成修剪操作。

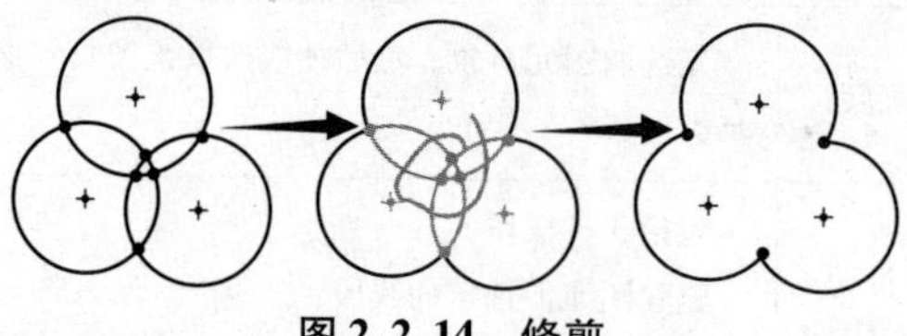

图 2.2.14　修剪

延伸（或剪切）：单击该命令后，依次选取要延伸（或剪切）的图元。如图 2.2.15 所示，两条直线延长构成一个封闭三角形。

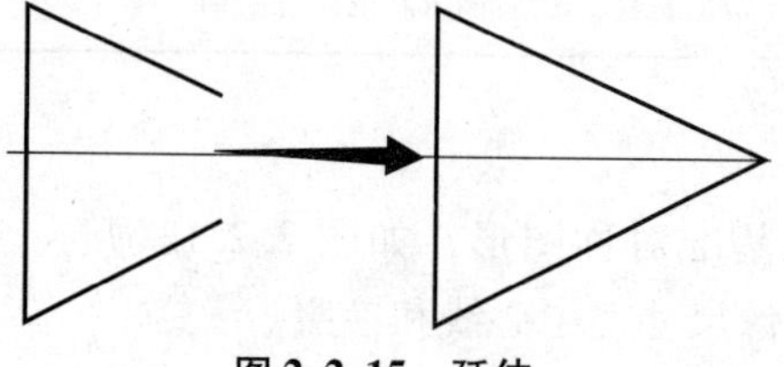

图 2.2.15　延伸

分割：单击该命令后，鼠标位置出现点符号，将该点放置在要分割处即可。如图 2.2.16 所示，把一个圆分割成 4 等份。

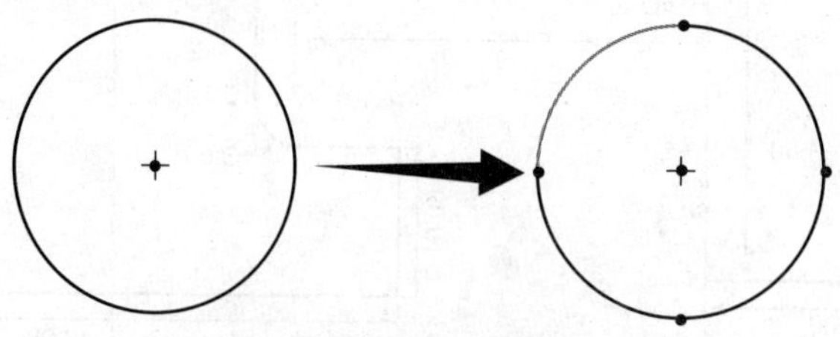

图 2.2.16　分割

2.3　草 图 标 注

在创建二维草绘图形时，如果选择了显示弱尺寸并打开尺寸显示开关，则在绘图的过程中系统会自动标注图元的尺寸，但是这些尺寸常常并不理想，这时可以采用尺寸标注工具添加需要的尺寸标注。在这里，用户添加的尺寸称为强尺寸，强尺寸的缺省颜色为白色。绘图过程中系统自动为草绘图元标注的尺寸称为弱尺寸，弱尺寸的颜色为灰色。修改弱尺寸的数值后，该尺寸将转化为强尺寸。当系统的尺寸存在冲突时，将删除部分弱尺寸，当强尺寸之间发生冲突时，则向用户报告并等候用户处理。

在菜单栏中单击“草绘”→“尺寸”命令或者在右侧工具条中单击 |↔| 按钮，都可以打开尺寸标注工具。现介绍各种尺寸标注的操作方法，如表 2.3.1 所示。

表 2.3.1　尺寸标注类型及其操作说明

标注类型		操作说明
长度尺寸标注	单一线段标注	选中该线段，然后在线段任意一侧单击鼠标中键，即可完成该线段标注
	两平行线间距离标注	首先单击第一条直线，然后单击第二条直线，最后在两条直线之间的恰当位置单击鼠标中键即可完成尺寸标注
	两图元中心距离标注	首先单击第一中心，然后单击第二中心，最后在两中心之间的恰当位置单击鼠标中键即可完成尺寸标注
角度尺寸标注		首先单击组成角度的第一条边线，然后单击组成角度的第二条边线，可以在角度区域内或区域外单击中键，以标注锐角或钝角
半径、直径标注		半径标注：单击圆弧，在圆弧外恰当的位置单击中键即可。一般对于小于 180°的圆弧通常标注半径尺寸。 直径标注：双击圆弧，在圆弧外恰当的位置单击中键即可。一般对于大于 180°的圆弧通常标注直径尺寸

2.3.1　尺寸标注

1. 线性标注

线性标注如图 2.3.1 所示。

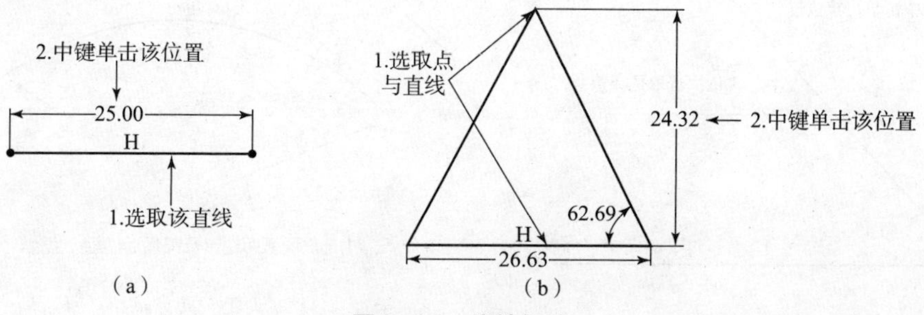

图 2.3.1　线性标注

(a) 标注线段长度；(b) 标注点到线的距离

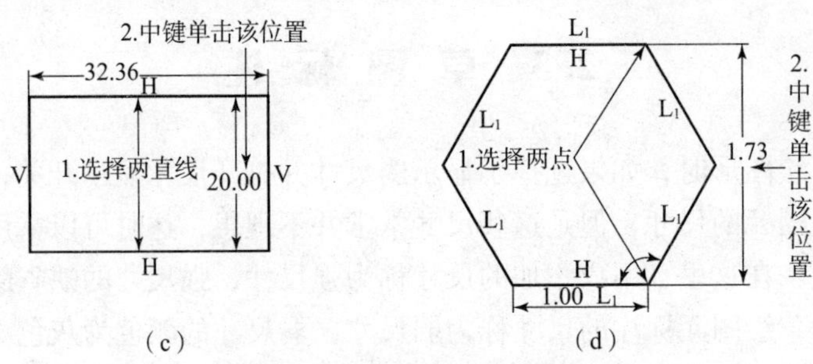

图 2.3.1 线性标注（续）

（c）标注两条平行线的距离；（d）标注点到点的距离

2. 圆标注

圆标注如图 2.3.2 所示。

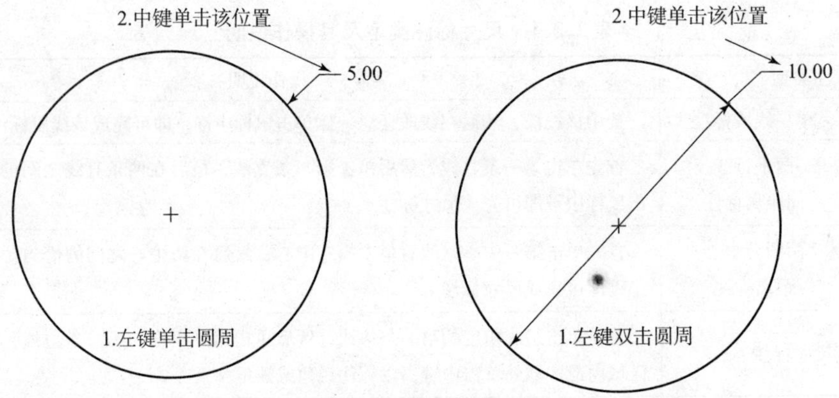

图 2.3.2 圆标注

（a）单击标注半径；（b）双击标注直径

3. 角度标注

角度标注如图 2.3.3 所示。

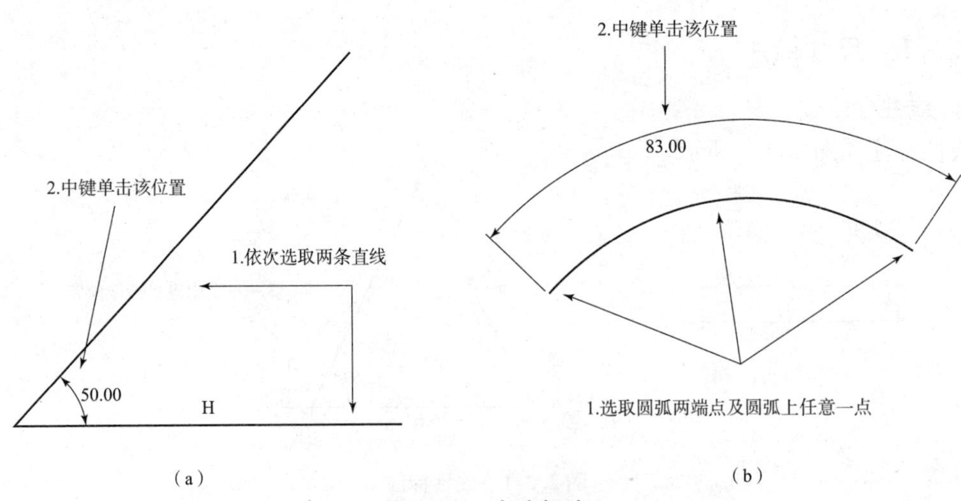

图 2.3.3 角度标注

（a）直线角度标注；（b）圆弧角度标注

2.3.2　尺寸修改

完成草图的绘制后，通常需要对其进行修改，以得到用户需要的正确尺寸。尺寸修改有两种方法，一种是单一尺寸修改，另一种是整体尺寸修改。

(1) 双击尺寸值，可修改单个尺寸，如图 2.3.4 所示。

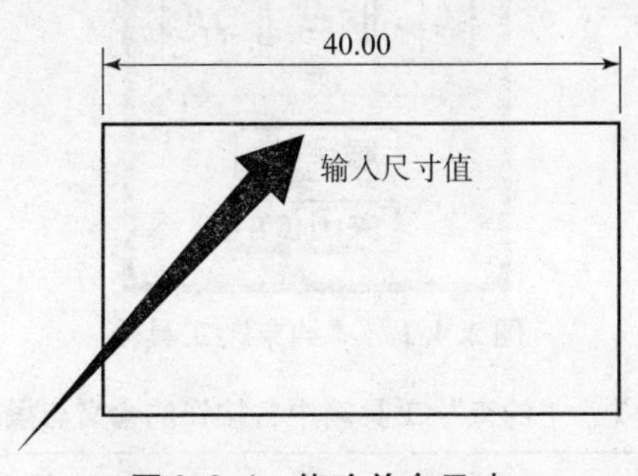

图 2.3.4　修改单个尺寸

(2) 单击 工具栏，可选择多个尺寸进行修改，如图 2.3.5 所示。采用这种方式进行修改，一般“再生”选项要取消打钩。

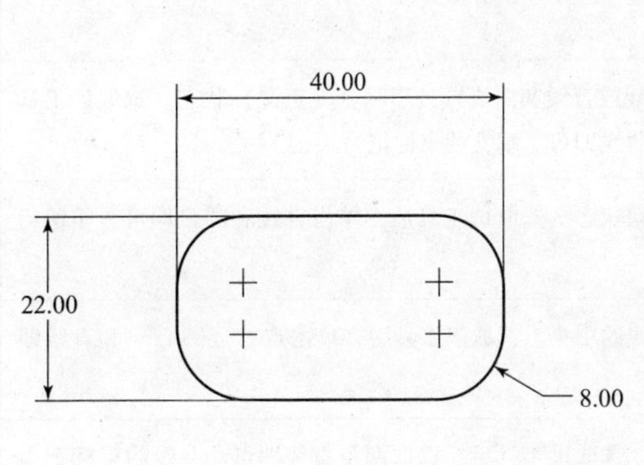

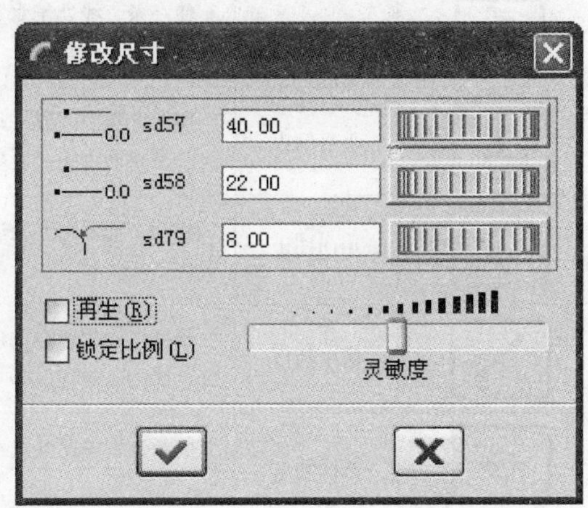

图 2.3.5　修改多个尺寸

2.4　草 图 约 束

约束是参数化设计中的一种重要设计工具，通过在相关图元之间引入特定的关系来制约设计结果。在菜单栏单击“草绘”→“约束”命令或在右侧工具条中单击 按钮，都可以打开“约束”工具箱，如图 2.4.1 所示。“约束”工具箱中各按钮的含义与操作说明如表 2.4.1 所示。

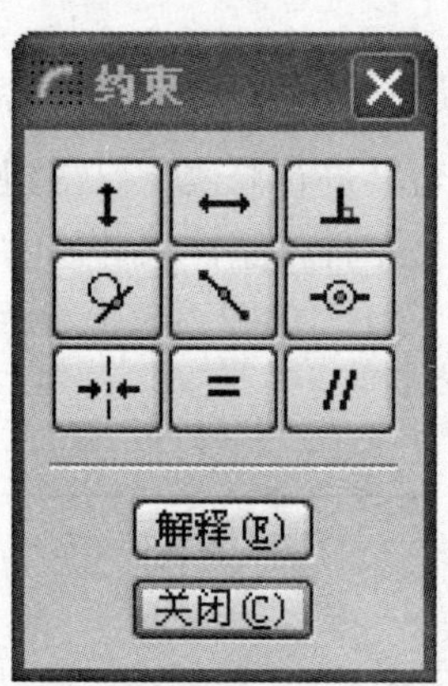

图 2.4.1　“约束”工具箱

表 2.4.1　“约束”工具箱中各按钮的含义与操作说明

按钮图标	按钮名称	按钮含义与操作说明
	竖直约束	使一条直线处于竖直状态。选取该工具后，单击直线或两个顶点即可。处于竖直约束状态的图元旁边将显示竖直约束标记“V”
	水平约束	使一条直线处于水平状态。选取该工具后，单击直线或两个顶点即可。水平约束标记为“H”
	垂直约束	使两个选定图元（两直线或直线和曲线）处于垂直（正交）状态。选取该工具后，单击两直线或直线和曲线即可。垂直约束标记为“⊥”
	相切约束	使两个选定图元处于相切状态。选取该工具后，单击直线和圆弧即可。相切约束标记为“T”
	居中约束	使选定点放置在选定直线的中央。选取该工具后，单击点（或圆心）和直线即可。居中约束标记为“%”
	共线约束	使两选定图元共线对齐。选取该工具后，选取两条直线即可。共线约束标记为“_”
	对称约束	使两个选定顶点关于指定中心线对称布置。选取该工具后，选取中心线，再选取两个顶点即可。对称约束标记为“→　←”
	相等约束	使两直线等长或两圆弧半径相等，还可以使两曲线具有相同的曲率半径。选取该工具后，单击两直线、两圆弧或两曲线即可。相等约束标记为“L”
	平行约束	使两直线平行。选取该工具后，单击两直线即可。平行约束标记为“//”

（1）竖直约束：将一条任意角度斜线变成铅垂线，如图 2.4.2（a）所示。

（2）水平约束：将一条任意角度斜线变成水平线，如图 2.4.2（b）所示。

（3）垂直约束：将一般三角形变成直角三角形，如图 2.4.2（c）所示。

（4）相切约束：将三角圆变成两两相切，如图 2.4.2（d）所示。

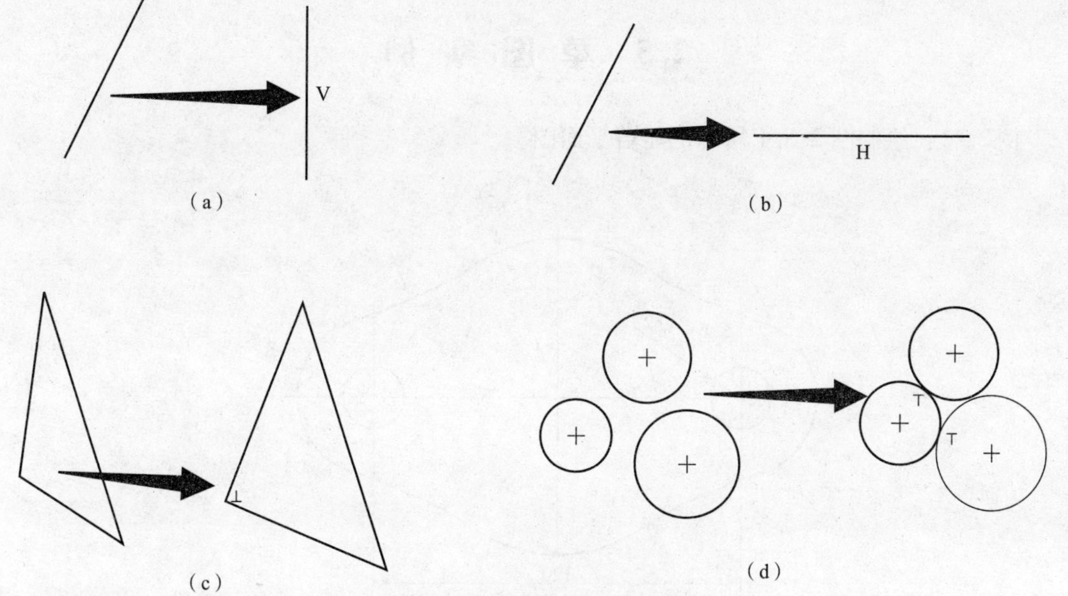

图 2.4.2　草图几何约束一

(a) 竖直约束；(b) 水平约束；(c) 垂直约束；(d) 相切约束

(5) 居中约束：将三角形内任意斜线变成三角形中位线，如图 2.4.3 (a) 所示。

(6) 共线约束：将 2 个任意三角形中的一条边共线，如图 2.4.3 (b) 所示。

(7) 对称约束：将 2 个任意圆变成对称关系，如图 2.4.3 (c) 所示。

(8) 相等约束：将任意三角变成等边三角形，如图 2.4.3 (d) 所示。

(9) 平行约束：将不规则四边形变成平行四边形，如图 2.4.3 (e) 所示。

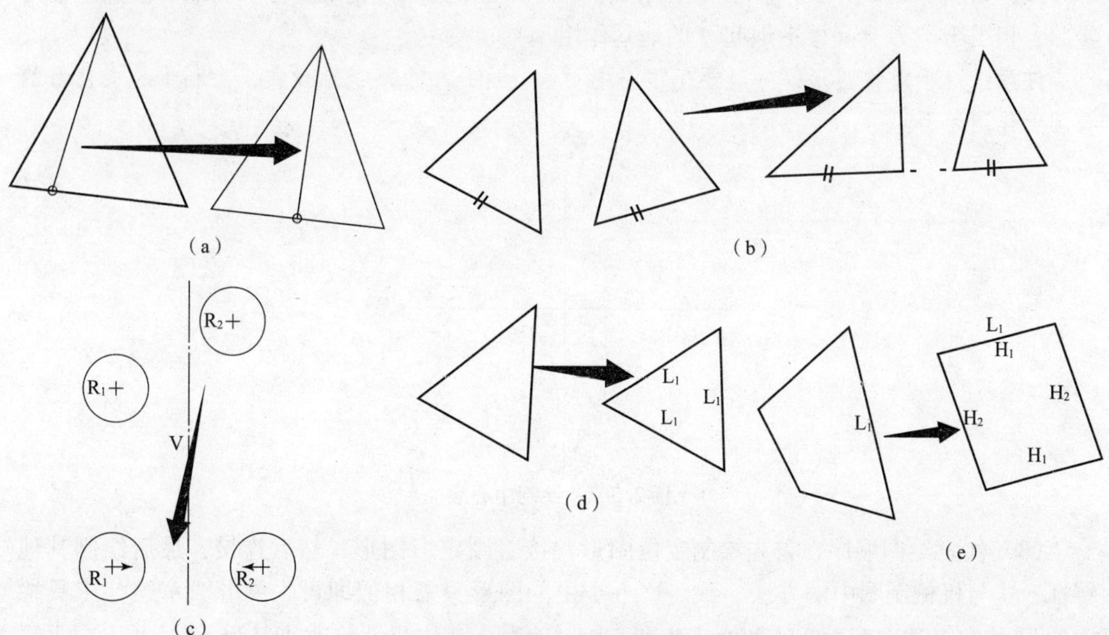

图 2.4.3　草图几何约束二

(a) 居中约束；(b) 共线约束；(c) 对称约束；(d) 相等约束；(e) 平行约束

2.5 草图实例

例 2－1：绘制图 2.5.1 所示的压盖平面图。

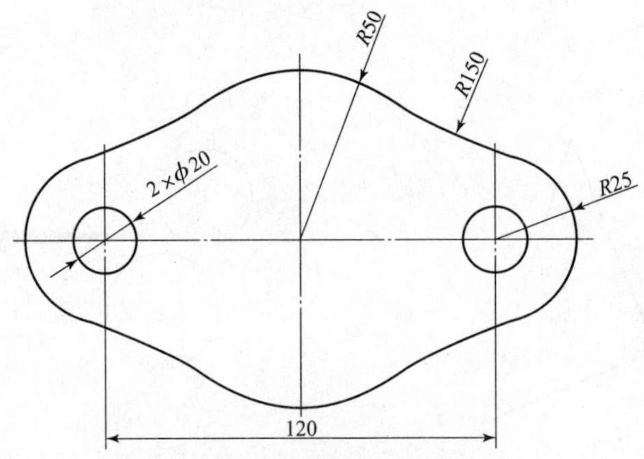

图 2.5.1 压盖平面图

绘图步骤：

（1）新建草绘文件。单击“标准”工具栏中的“新建”按钮，弹出“新建”对话框，在“类型”选项栏中选择“草绘”模式，并输入图形名称“S2d0001”，选用缺省模板，然后单击“确定”按钮，系统进入“草绘器”模式。

（2）单击草绘工具栏中的 ¦（“中心线”）按钮，创建一条水平基准中心线和一条铅垂中心线，如图 2.5.2 所示。基准中心线的作用主要是作为尺寸基准、定位基准、约束基准等参照，相当于“万丈高楼平地起”的地基作用。

注意：对于对称图形，一般要先作出中心线。这是一个规范性操作，有利于养成良好的看图、作图习惯。

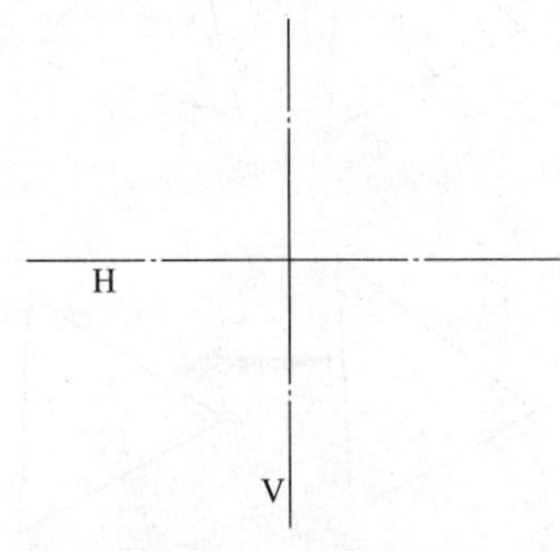

图 2.5.2 绘制中心线

（3）注意绘图顺序，首先绘制定位图形，接着画定形图形，然后连接，最后绘制其他特征，这与机械制图中的方法一致。这一步中的图形只需相似即可。单击“草绘”工具栏中的 ○ 按钮，选取两中心线的交点为圆心画一个圆，双击尺寸修改直径为 100 mm。在水平中心线上选取某点为圆心画两个圆，修改直径分别为 20 mm 和 50 mm，两圆心距离为 60 mm，如图 2.5.3 所示。

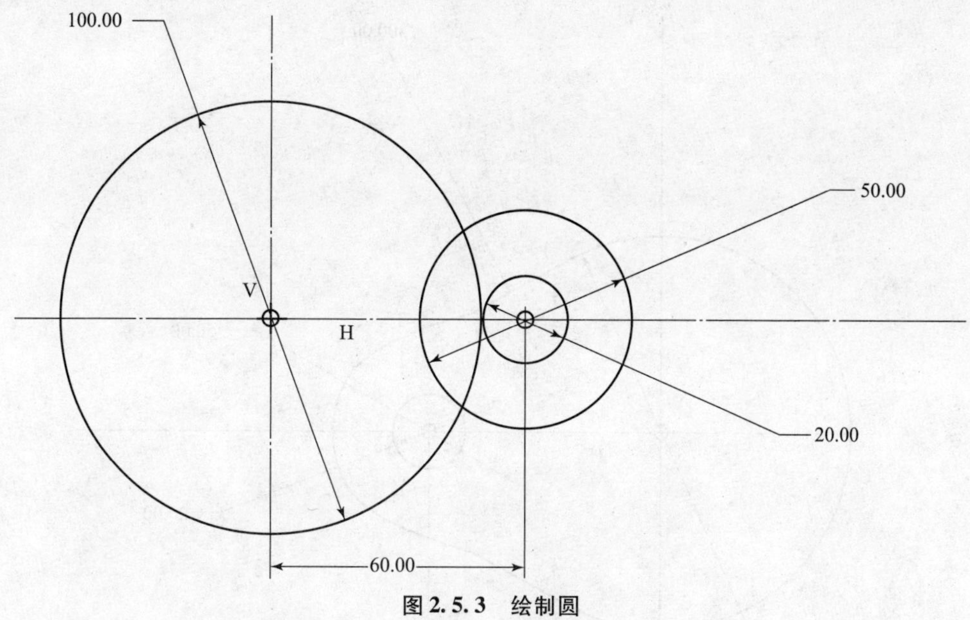

图 2.5.3　绘制圆

（4）画一个圆，单击“草绘”工具栏中的按钮，打开“约束”对话框。单击“约束”对话框中的按钮，在绘图区中选择图 2.5.4 所示的圆弧，给其添加相切约束，修改直径为300 mm。

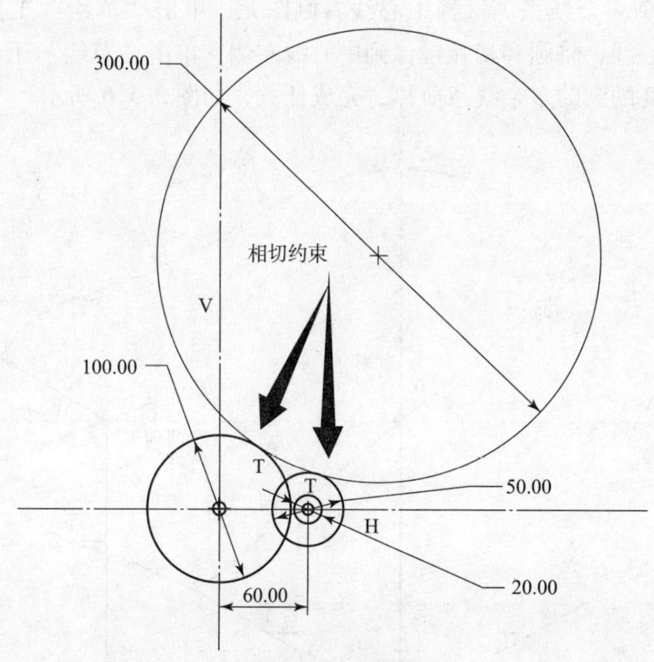

图 2.5.4　相切约束

（5）修剪多余线条。选择直径为 300 mm 的弧，单击“草绘”工具栏中的“镜像”按钮，单击水平中心线，镜像切弧，单击“草绘”工具栏中的“修剪”按钮，将直径为 300 mm、50 mm 的圆的多余线条剪掉，如图 2.5.5 所示。

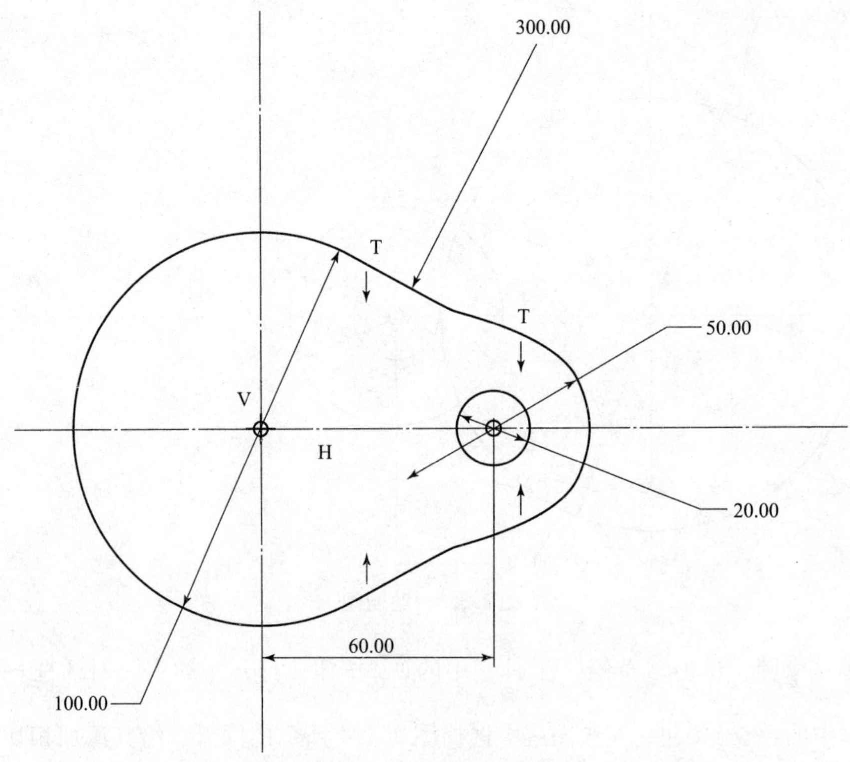

图 2.5.5　修剪多余线条

（5）镜像并修剪多余线条。选择中心线右侧图元，单击“草绘”工具栏中的“镜像”按钮，单击竖直中心线，将圆和切弧镜像到中心线左侧，单击“草绘”工具栏中的“修剪”按钮，将直径为 100 的圆的多余线条剪掉，完成任务，如图 2.5.6 所示。

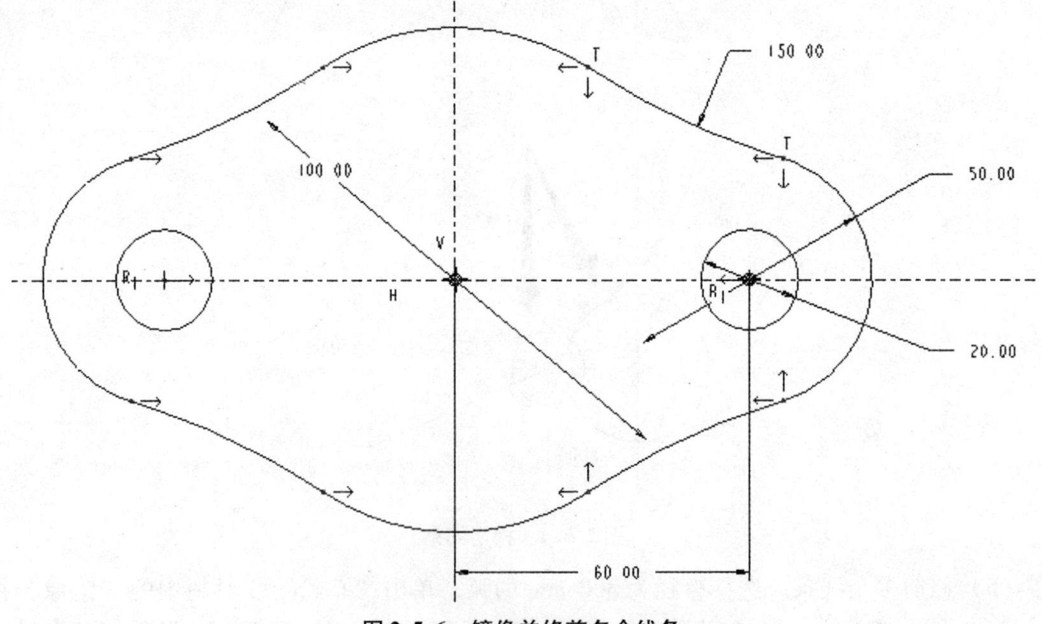

图 2.5.6　镜像并修剪多余线条

2.6 习　　题

运用 Pro/E 完成图 2.6.1 ~ 图 2.6.4 所示二维图形草绘。

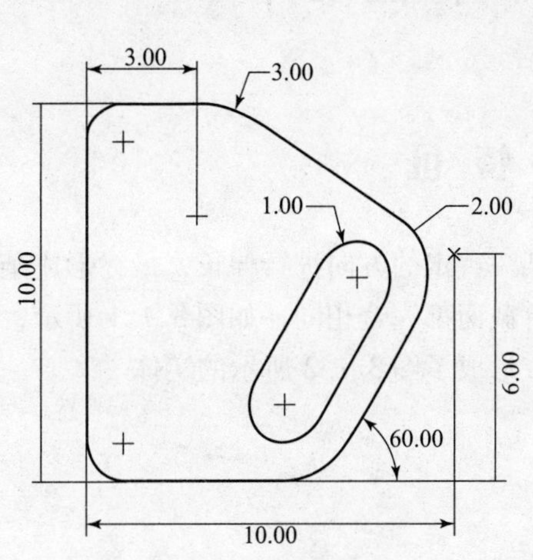

图 2.6.1　草绘练习 1

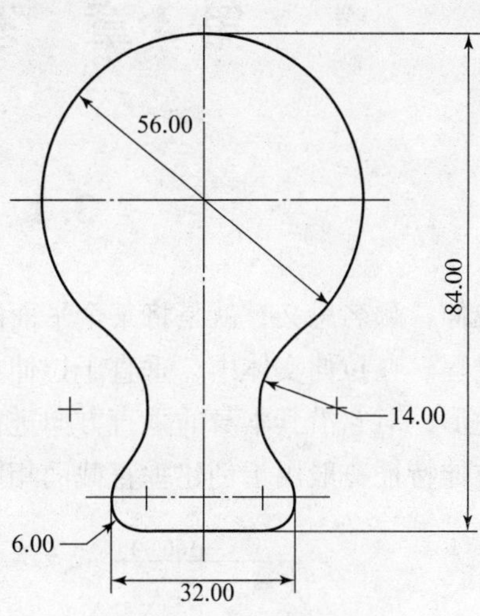

图 2.6.2　草绘练习 2

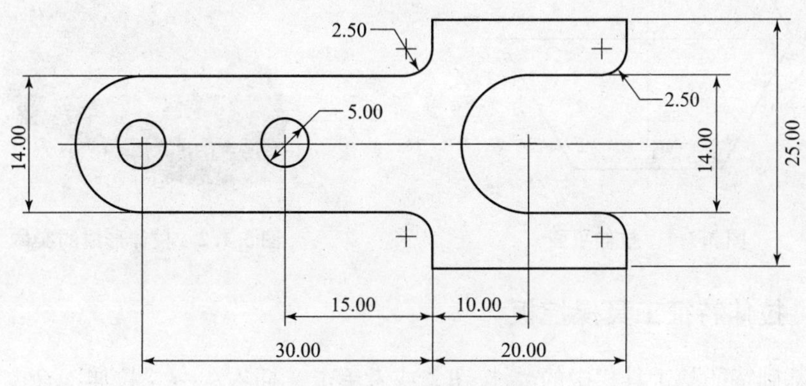

图 2.6.3　草绘练习 3

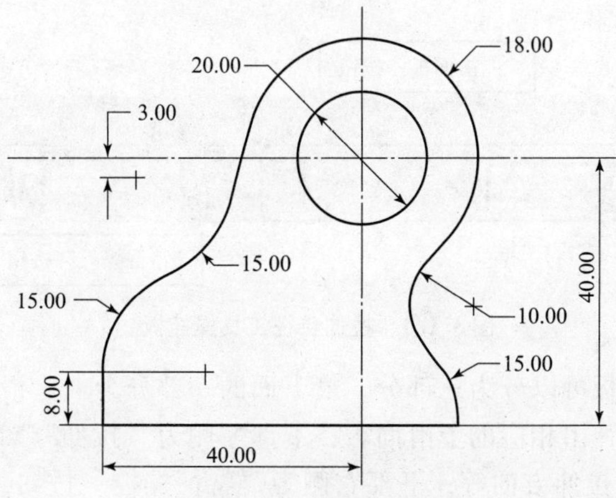

图 2.6.4　草绘练习 4

第 3 章　基本实体特征设计

3.1　拉 伸 特 征

拉伸，顾名思义，就是将某个平面图形按照某一特定的方向进行伸长，最终形成某一实体的过程。在拉伸实体中，垂直于拉伸方向的所有截面都完全相同。如图 3. 1. 1 所示，为一个六边形，对它沿其本身的垂直方向进行拉伸后，形成了图 3. 1. 2 所示的实体。

拉伸特征一般用于创建垂直截面相同的实体。

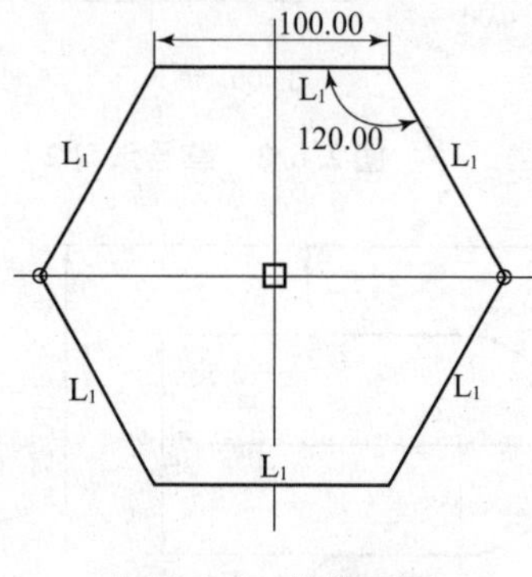

图 3. 1. 1　拉伸平面

图 3. 1. 2　拉伸形成的实体

3. 1. 1　拉伸特征工具操控板

单击“基础特征”工具栏中的 按钮，或者单击“插入”→“拉伸”命令后，系统自动进入图 3. 1. 3 所示的拉伸特征工具操控板。

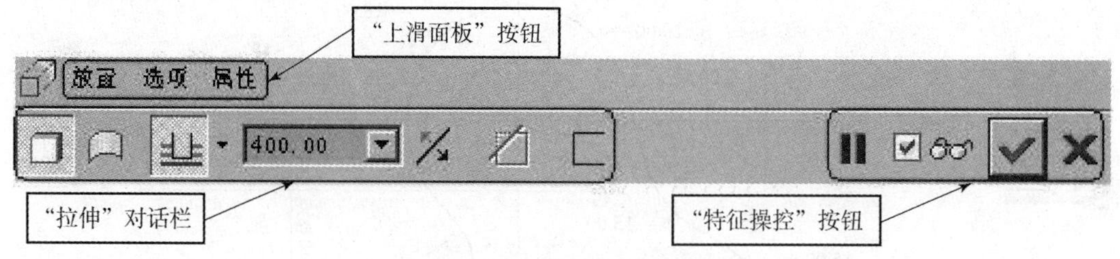

图 3. 1. 3　拉伸特征工具操控板

拉伸特征工具操控板可以分为三部分，最上面的一部分为“上滑面板”按钮，单击其中的任意一个按钮后将弹出相应的上滑面板；下部左侧为“拉伸”对话栏，其中可以定义拉伸性质、拉伸深度和拉伸方向等；下部右侧为“特征操控”按钮，可以暂停特征创建、预览或取消预览特征、完成特征创建以及放弃特征创建。

1. “拉伸”对话栏

“拉伸”对话栏中各按钮的作用如下：

：当按下此按钮时，所创建的拉伸特征为实体。

：当按下此按钮时，所创建的拉伸特征为曲面。

216.51 ：定义拉伸厚度，其中左侧的按钮定义拉伸厚度的创建方式，右侧的文本框用来输入拉伸厚度值。

：从草绘平面以指定的深度值拉伸。

：以草绘平面两侧分别拉伸深度值的一半，即拉伸特征关于草绘平面对称。

：拉伸至下一曲面。

：拉伸至与所有曲面相交。

：拉伸至与选定的曲面相交。

：拉伸至指定的点、曲线、平面或曲面。

：将拉伸方向更改为草绘平面的另一侧。

：在已创建的实体中，去除拉伸特征部分的材料。

：加厚草绘。

说明：

（1） 按钮和 按钮只能按下一个。

（2）由于 按钮用于去除已经存在的实体材料，因此如果模型的第一个实体特征为拉伸，则该按钮不可用。

（3）如果模型的第一个实体特征为拉伸，则 按钮不显示。

2. 上滑面板

1）“草绘”上滑面板

在拉伸特征工具操控板中，单击“草绘”按钮，系统弹出“草绘”上滑面板，如图 3.1.4 所示。“草绘”上滑面板主要用于定义特征的草绘平面。单击“定义”按钮后，系统弹出图 3.1.5 所示的“草绘”对话框，选取需要草绘的平面后，进入草绘环境。完成草绘图后，单击 按钮，返回拉伸特征工具操控板。

图 3.1.4　草绘”上滑面板

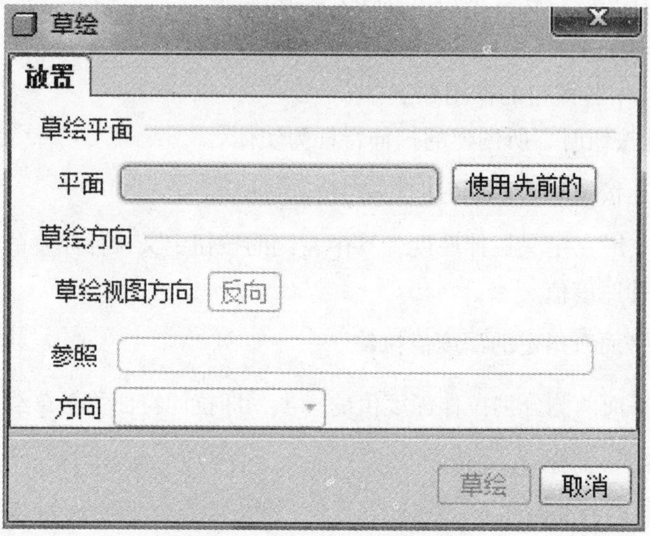

图 3.1.5 “草绘”对话框

对在拉伸特征中所使用的草绘剖面，有一定的要求。

对用于实体拉伸的截面，应注意下列创建截面的规则：

(1) 拉伸截面可以是开放的或闭合的。

(2) 开放截面可以只有一个轮廓，但所有的开放端点必须与零件边对齐。

(3) 如果是闭合截面，可由下列几项组成：单一或多个不叠加的封闭环；嵌套环，其中最大的环用作外部环，而将其他所有环视为较大环中的孔（这些环不能彼此相交）。

对用于切口和加厚拉伸的截面，应注意下列创建截面的规则：

(1) 可使用开放或闭合截面。

(2) 可使用带有不对齐端点的开放截面。

(3) 截面不能含有相交图元。

对用于曲面的截面，应注意下列创建截面的规则：

(1) 可使用开放或闭合截面。

(2) 截面可含有相交图元。

向现有零件几何添加拉伸时，可在同一草绘平面上草绘多个轮廓。这些轮廓不能重叠，但可嵌套。所有的拉伸轮廓共用相同的“深度”选项，并且总是被一起选取。因此，可在截面轮廓内草绘多个环以创建空腔。

2)“选项”上滑面板

在拉伸特征工具操控板中，单击“选项”按钮，系统弹出“选项”上滑面板，如图 3.1.6 所示。“选项”上滑面板主要用于更加复杂的拉伸厚度的定义。如图 3.1.6 所示，可以在草绘平面两侧分别定义其拉伸厚度方式和拉伸厚度值。

“封闭端”选项表示使用封闭端创建曲面特征。在“侧 2”，无法使用  方式拉伸。

3)“属性”上滑面板

在拉伸特征工具操控板中，单击“属性”按钮，系统弹出“属性”上滑面板。“属性”上滑面板显示该特征的名称以及相关信息。在图 3.1.7 所示的“名称”文本框中，显示了该特征的缺省名称，用户也可以自由设置名称。在“属性”上滑面板中单击按钮，系统会弹出浏览器窗口，显示该特征的相关信息，包括父项、驱动尺寸和内部特征 ID 等。

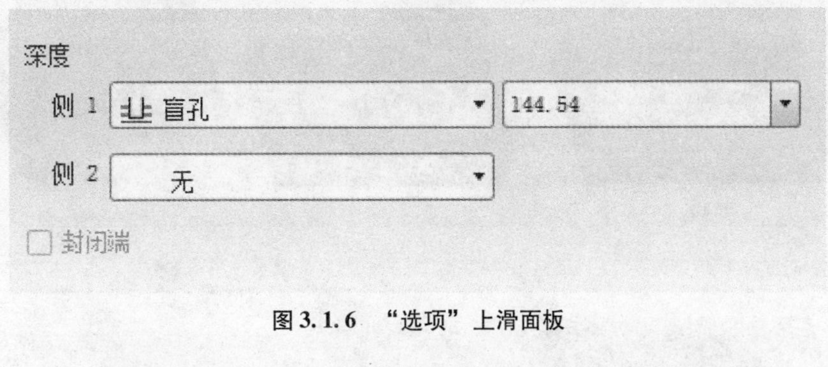

图 3.1.6　“选项”上滑面板

名称　拉伸_2

图 3.1.7　“属性”上滑面板

说明：几乎所有特征的“属性”上滑面板的功能都相同，因此在后面的章节中将省略对“属性”上滑面板的介绍。

3. “特征操控”按钮

“特征操控”按钮主要用于对该特征进行操作，可以暂停特征创建、预览特征等，下面介绍各按钮的详细功能。

：暂停此工具以访问其他对象操作工具。

：切换动态几何预览的显示。当选中时，显示动态几何预览；当取消选中时，取消动态几何预览。

：应用并保存在工具中所做的所有更改，并退出工具操控板。

：取消特征创建/重定义。

“特征操控”按钮在各种特征创建中都广泛存在，且功能完全相同。一般来说，只要有工具操控板，就会显示出“特征操控”按钮，因此在后面的章节中将不再对“特征操控”按钮作说明。

3.1.2　拉伸特征的类型

合理使用拉伸特征工具，可以创建各种各样的拉伸特征。图 3.1.8 所示为用拉伸特征工具创建的各种类型的几何模型。

3.1.3　创建拉伸特征

前面已经介绍了拉伸特征的各种类型，在实际应用中，使用最多的是拉伸实体伸出项、拉伸切口、拉伸曲面和加厚拉伸。下面分别介绍这几种拉伸特征的创建步骤。

1. 创建拉伸实体伸出项

单击“基础特征”工具栏中的按钮，进入拉伸特征工具操控板。系统缺省情况下，按钮被按下，即缺省情况下创建实体特征。

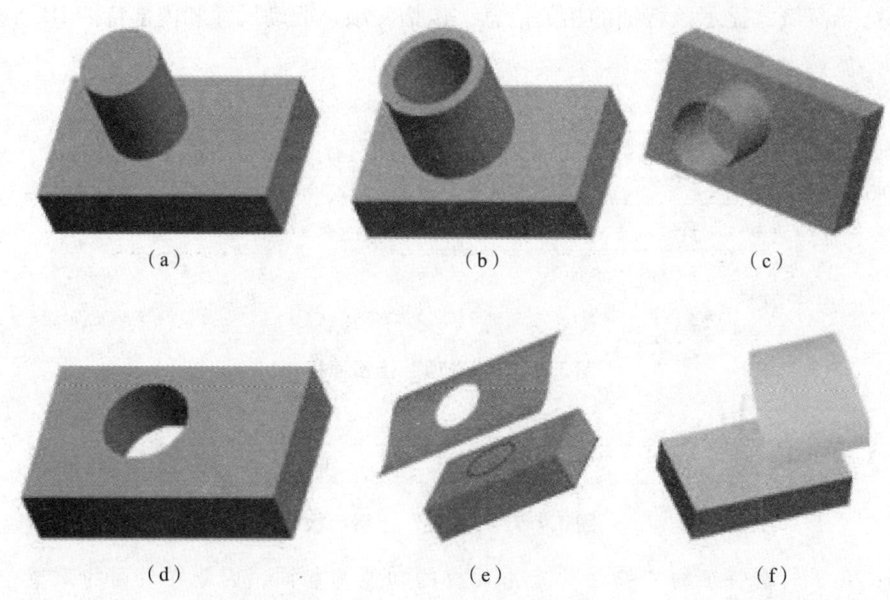

图 3.1.8　拉伸特征工具创建的几何模型

(a) 拉伸实体伸出项；(b) 一定厚度的拉伸实体伸出项；(c) 拉伸曲面；
(d) 用“穿至下一个”所创建的拉抻切口；(e) 拉伸曲面修剪；(f) 带有开放截面的曲面修剪

单击“草绘”命令，系统弹出“草绘”上滑面板，单击“定义”按钮，系统弹出“草绘”对话框，选择草绘平面后，进入草绘环境。

在草绘环境中完成剖面的草绘，单击 按钮完成草绘。

注意：如果所绘制的剖面不符合要求，系统会弹出“不完整截面”警告框，同时在消息区中列出剖面不符合要求的具体原因，图形窗口中也会加亮显示错误的发生区域。

定义拉伸厚度：一般情况下，“拉伸”对话栏中的厚度定义方式已经足够，如果需要更加复杂的厚度定义方式，可单击“选项”按钮，在“选项”上滑面板中进行定义。

使用 按钮调整拉伸方向，之后单击 按钮完成拉伸实体特征的创建。

2. 创建拉伸切口

拉伸切口特征的创建步骤与拉伸实体伸出项的创建步骤基本相同，只是在“拉伸”工具栏中按下 按钮，以确保去除材料，创建切口。拉伸切口特征不能作为整个模型的第一个实体特征。

3. 创建拉伸曲面

单击“基础特征”工具栏中的 按钮，进入拉伸特征工具操控板。按下 按钮，创建曲面特征。单击“草绘”命令，系统弹出“草绘”上滑面板，单击“定义”按钮，系统弹出“草绘”对话框，选择草绘平面后，进入草绘环境。在草绘环境中完成剖面的草绘，单击 按钮完成草绘。

定义拉伸厚度：一般情况下，“拉伸”对话栏中的厚度定义方式已经足够，如果需要更加复杂的厚度定义方式，可单击“选项”按钮，在“选项”上滑面板中进行定义。

如果使用草绘截面为闭合的，则“选项”上滑面板中的“封闭端”选项被激活。选择该项后，拉伸曲面的端点被封闭。

使用 按钮调整拉伸方向，之后单击 按钮完成拉伸曲面特征的创建。

4. 创建加厚拉伸

单击“基础特征”工具栏中的 按钮，进入拉伸特征工具操控板。系统缺省情况下，按钮被按下，即缺省情况下创建实体特征。按下 按钮，系统显示图3.1.9所示的工具栏，用于设置加厚拉伸的厚度。

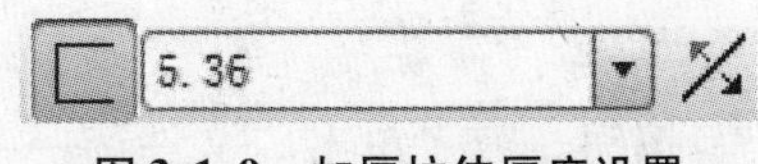

图3.1.9　加厚拉伸厚度设置

单击“草绘”命令，系统弹出“草绘”上滑面板，单击“定义”按钮，系统弹出“草绘”对话框，选择草绘平面后，进入草绘环境。在草绘环境中完成剖面的草绘，单击 按钮完成草绘。

定义拉伸厚度：一般情况下，“拉伸”对话栏中的厚度定义方式已经足够，如果需要更加复杂的厚度定义方式，可单击“选项”按钮，在“选项”上滑面板中进行定义。

使用 按钮调整拉伸方向，使用图3.1.9中的 按钮调整加厚特征创建方式，在以下几种加厚方式间轮流切换：向“侧1”添加厚度；向“侧2”添加厚度；向两侧添加厚度。

完成各项参数定义后，单击 按钮完成加厚拉伸特征的创建。

3.1.4　拉伸特征应用实例

图3.1.10（a）所示印章是完全使用拉伸特征创建而成的；图3.1.10（b）所示为该印章的创建过程，下面详细介绍。

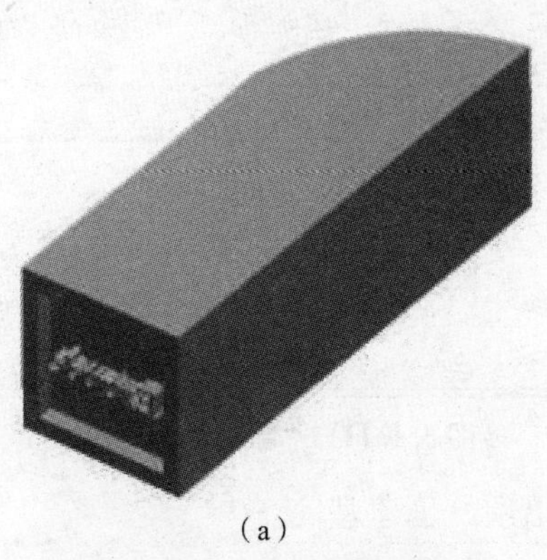

（a）

图3.1.10　拉伸特征应用实例

（a）印章

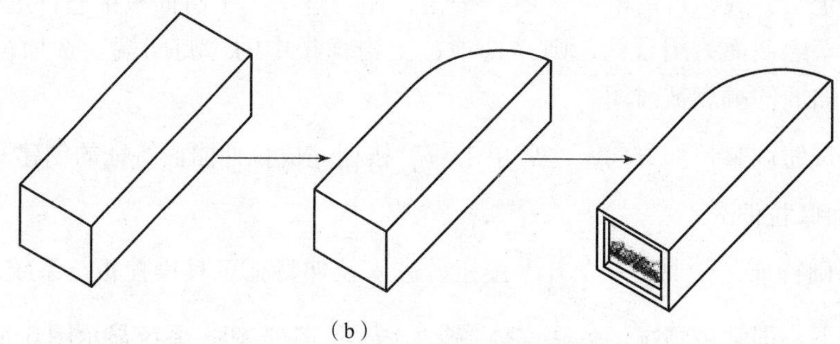

（b）

图 3.1.10　拉伸特征应用实例（续）

（b）印章创建过程

步骤 1：建立新文件。

单击“文件”工具栏中的按钮，或者单击“文件”→“新建”命令，或者使用快捷键 Ctrl + N，系统弹出图 3.1.11 所示的“新建”对话框。在“新建”对话框中，默认的创建类型为“零件”，在“名称”文本框中输入所需要的文件名“extrude_example_1”（也可以使用默认的文件名）。取消“使用缺省模板”复选框后，单击“确定”按钮，系统自动弹出“新文件选项”对话框，如图 3.1.12 所示。在“模板”列表中选择“mmns_part_solid”选项，然后单击“确定”按钮，系统自动进入零件环境。

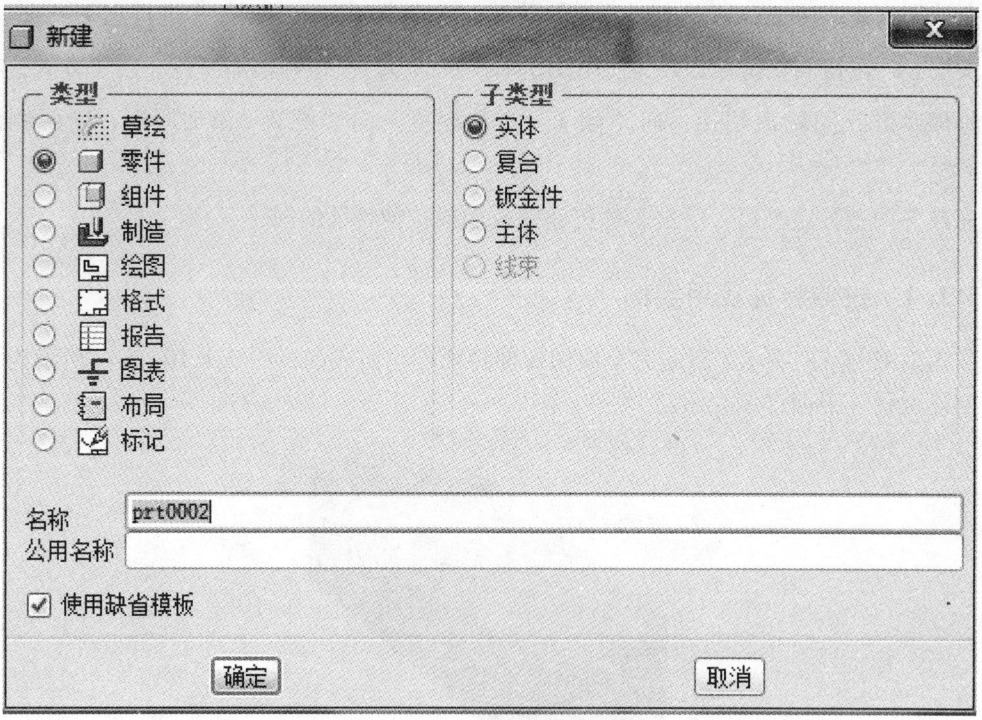

新建

类型

草绘

零件

组件

制造

绘图

格式

报告

图表

布局

标记

子类型

实体

复合

钣金件

主体

线束

名称　prt0002

公用名称

使用缺省模板

确定　取消

图 3.1.11　“新建”对话框

步骤 2：使用拉伸实体伸出项，创建基底。

单击“基础特征”工具栏中的按钮，进入拉伸特征工具操控板。单击“草绘”命令，进入“草绘”上滑面板，单击“定义”按钮，系统弹出“草绘”对话框。选择“FRONT”

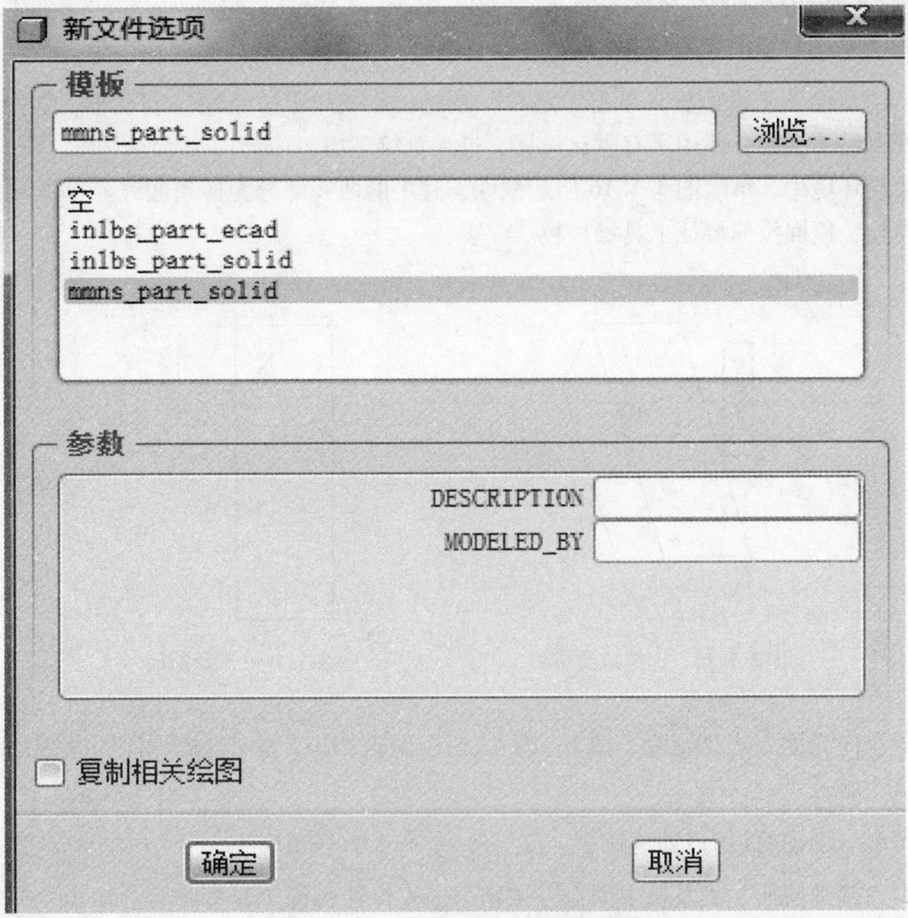

新文件选项

模板

mmns_part_solid　　浏览...

空
inlbs_part_ecad
inlbs_part_solid
mmns_part_solid

参数

DESCRIPTION
MODELED_BY

复制相关绘图

确定　　取消

图 3.1.12　“新文件选项”对话框

平面为草绘平面后，使用所有默认设置，进入草绘环境。

绘制图 3.1.13 所示的截面草绘图后，单击 按钮完成草绘，返回拉伸特征工具操控板。设置拉伸深度方式为 ，拉伸深度值为“300.00”，单击 按钮，完成拉伸实体特征创建，如图 3.1.14 所示。

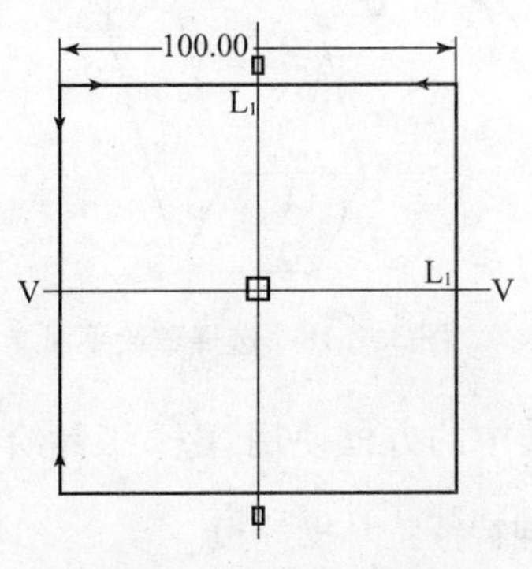

图 3.1.13　拉伸截面草绘

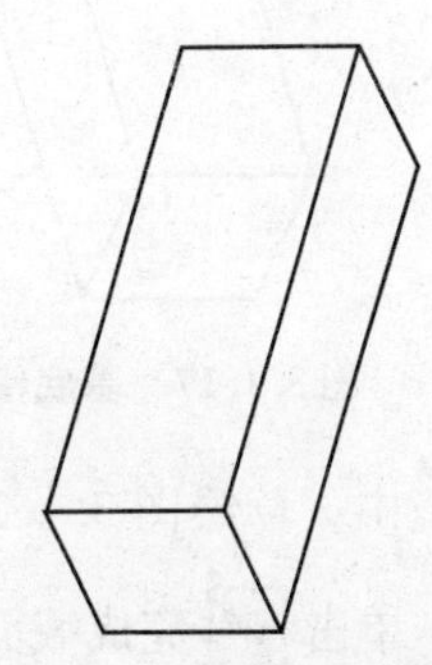

图 3.1.14　拉伸实体特征

步骤 3：使用拉伸切口修饰基底。

单击“基础特征”工具栏中的 按钮，进入拉伸特征工具操控板。单击“草绘”按钮，进入“草绘”上滑面板，单击“定义”按钮，系统弹出“草绘”对话框，如图 3.1.15 所示选择草绘平面后，使用所有默认设置，进入草绘环境。

在草绘环境中，草绘图 3.1.16 所示截面，其中的曲线部分为样条曲线。单击 按钮完成截面草绘，返回拉伸特征工具操控板。

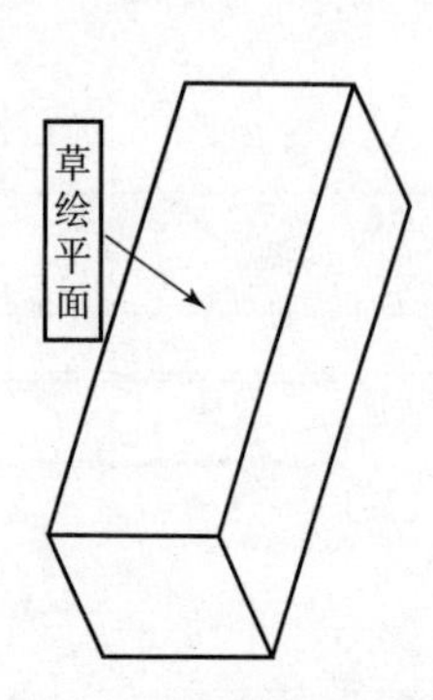

图 3.1.15　选择草绘平面

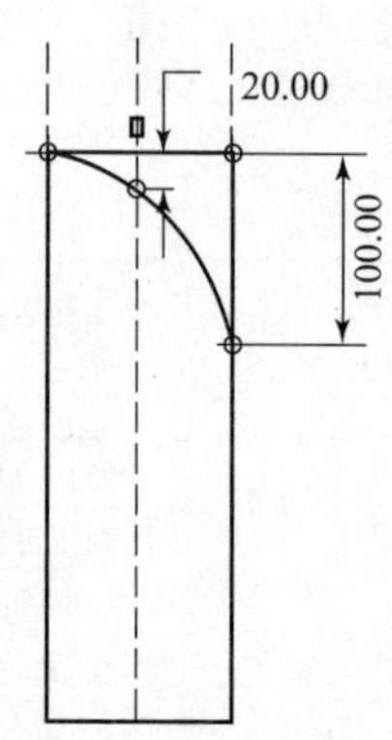

图 3.1.16　草绘截面

设置拉伸深度方式为 ，按下 按钮以创建切口，单击 按钮，完成拉伸切口特征创建，如图 3.1.17 所示。

步骤 4：使用拉伸切口创建文字。

单击“基础特征”工具栏中的 按钮，进入拉伸特征工具操控板。单击“草绘”命令，进入“草绘”上滑面板，单击“定义”按钮，系统弹出“草绘”对话框，如图 3.1.18 所示选择草绘平面后，在弹出的“草绘”对话框中单击“反向”按钮，使草绘方向如图 3.1.19 所示，单击“草绘”按钮进入草绘环境。

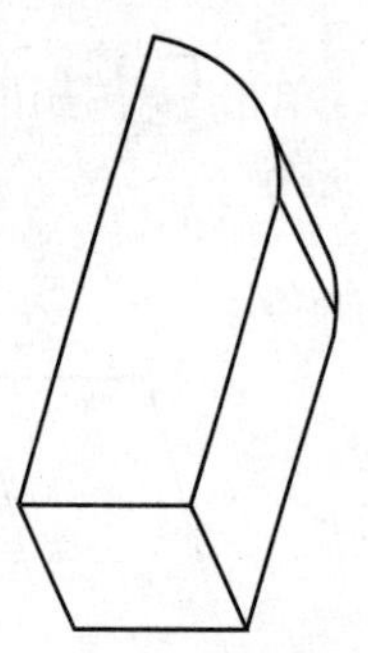

图 3.1.17　基底修饰

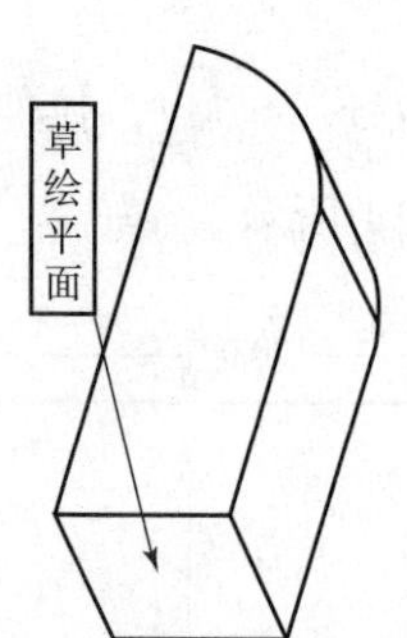

图 3.1.18　选择草绘平面

在草绘环境中，草绘图 3.1.20 所示截面，其中的方框使用 工具绘制，文字使用 工具绘制。单击 完成截面草绘，返回拉伸特征工具操控板。

设置拉伸深度方式为 ，拉伸深度值为“10.00”，按下 按钮以创建切口，单击按钮，完成拉伸切口特征创建。完成后的实体如图 3. 1. 10（a）所示。

注意：

使用 工具绘制的文字中可能会有线段相交，不符合拉伸特征的截面要求，因此可能需要调整所使用的字体。

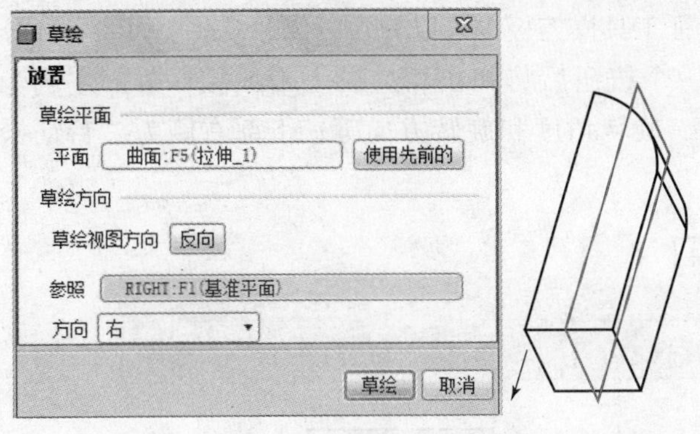

图 3. 1. 19　选择草绘方向

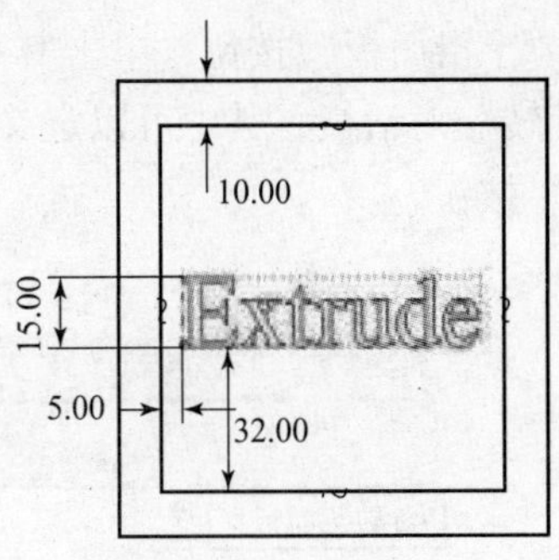

图 3. 1. 20　截面草绘

3. 2　旋 转 特 征

旋转特征就是将某个平面图形围绕某一特定的轴进行一定角度的旋转，最终形成某一实体的过程。在旋转实体中，穿过旋转轴的任意平面所截得的截面都完全相同。图 3. 2. 1 所示为一个六边形，对它沿旋转轴旋转 240°后，形成了图 3. 2. 2 所示的实体。

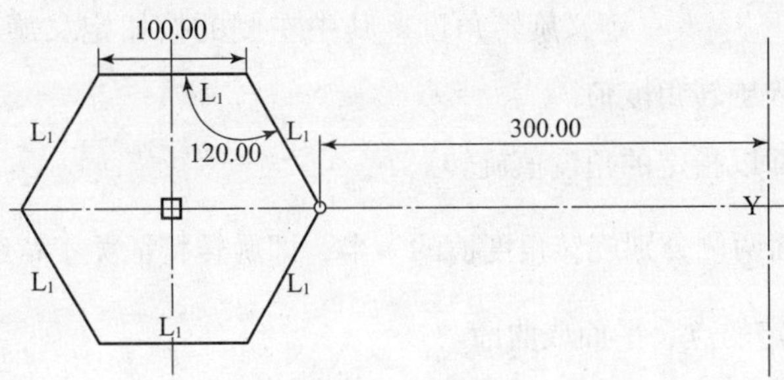

图 3. 2. 1　旋转截面

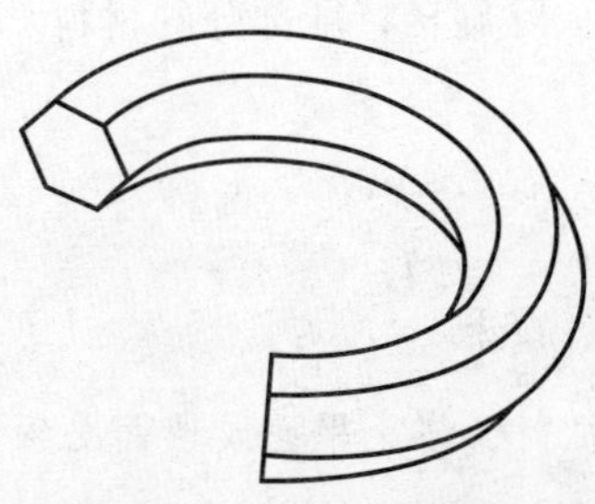

图 3. 2. 2　旋转实体

旋转特征一般用于创建关于某个轴对称的实体。

3.2.1 旋转特征工具操控板

单击“基础特征”工具栏中的 按钮，或者单击“插入”→“旋转”命令后，系统自动进入图 3.2.3 所示的旋转特征工具操控板。

与拉伸特征工具操控板相似，旋转特征工具操控板也可以分为三部分，最上面的一部分为“上滑面板”按钮，单击其中的任意一个按钮后将弹出相应的上滑面板；下部左侧为“旋转”对话栏，其中可以定义旋转性质、旋转角度和旋转方向等；下部右侧为“特征操控”按钮。

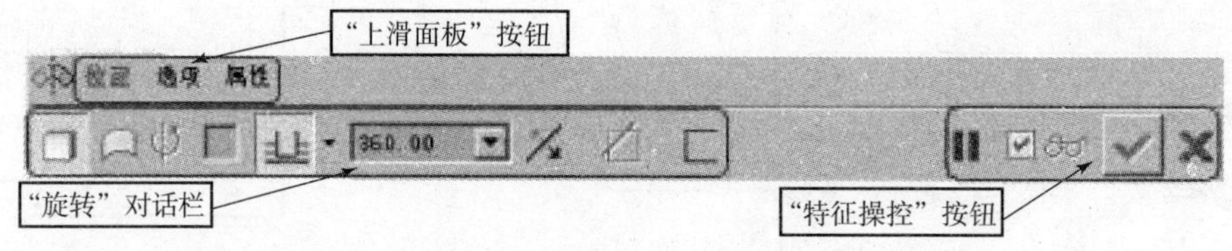

图 3.2.3 旋转特征工具操控板

1. “旋转”对话栏

“旋转”对话栏中各个按钮的作用如下：

：当按下此按钮时，所创建的旋转特征为实体。

：当按下此按钮时，所创建的旋转特征为曲面。

内部 CL ：轴收集器，用于定义旋转轴。

360.00 ：定义旋转角度，其中左侧的按钮定义旋转角度的创建方式，右侧的文本框用来输入旋转角度值。

：从草绘平面以指定的角度值旋转。

：以草绘平面两侧分别旋转角度值的一半，即旋转特征关于草绘平面对称。

：旋转至指定的点、平面或曲面。

：将旋转的角度方向更改为草绘平面的另一侧。

：在已创建的实体中，去除旋转特征部分的材料。

：加厚草绘。

说明：

① 按钮和 按钮不能同时按下。

②使用 方式创建旋转特征时，终止平面或曲面必须包含旋转轴。

③“角度”文本框中输入的角度数值范围为 0.01～360.00，当输入角度值的绝对值不在此范围内时，系统会弹出图 3.2.4 所示的“警告”对话框。

④由于 按钮用于去除已经存在的实体材料，因此如果模型的第一个实体特征为旋转，则该按钮不可用。

2. 上滑面板

1）“位置”上滑面板

在旋转特征工具操控板中，单击“位置”按钮，系统弹出“位置”上滑面板，如图3.2.5所示。创建旋转特征需要定义要旋转的截面和旋转轴，“位置”上滑面板正是为此而设计的。

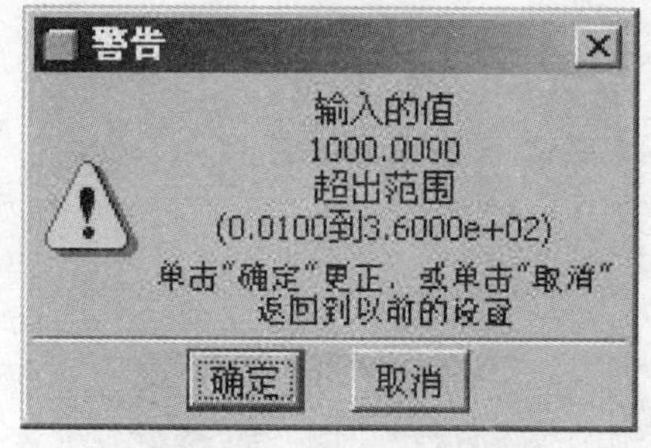

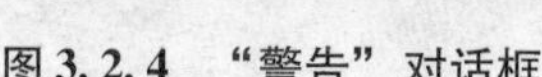
图3.2.4 “警告”对话框

图3.2.5 “位置”上滑面板

要定义旋转截面，单击“草绘”区域中的“定义”按钮后，系统弹出“草绘”对话框，选取需要草绘的平面后，进入草绘环境。完成草绘图后，单击 按钮，返回旋转特征工具操控板。

轴收集器用于定义旋转特征的旋转轴。如果草绘平面内有中心线，则系统缺省选择首先创建的中心线为旋转轴；如果草绘平面内无中心线，则用户需手动选择旋转轴。如果对当前设定的旋转轴不满意，可以鼠标右键单击“轴”列表框，在弹出的快捷菜单中单击“移除”按钮，然后重新定义旋转轴。定义旋转轴时，可以在图形窗口中直接选择，也可以使用“位置”上滑面板中的“内部CL”按钮，使用缺省的草绘图中的旋转轴。

2）“选项”上滑面板

在旋转特征工具操控板中，单击“选项”按钮，系统弹出“选项”上滑面板，如图3.2.6所示。“选项”上滑面板主要用于更加复杂的旋转角度的定义。如图3.2.6所示，可以在草绘平面两侧分别定义其旋转方式和旋转角度值。

图3.2.6 “选项”上滑面板

“封闭端”选项表示使用封闭端创建曲面特征。

3）“属性”上滑面板

与前一节中所述的拉伸特征的“属性”上滑面板基本相同，不再赘述。

3. “特征操控”按钮

与前一节中所述的拉伸特征的“特征操控”按钮完全相同，不再赘述。

3.2.2 旋转特征的类型

合理使用旋转特征工具，可以创建各种各样的旋转特征。图 3.2.7 所示为用旋转特征工具创建的各种类型的几何模型。

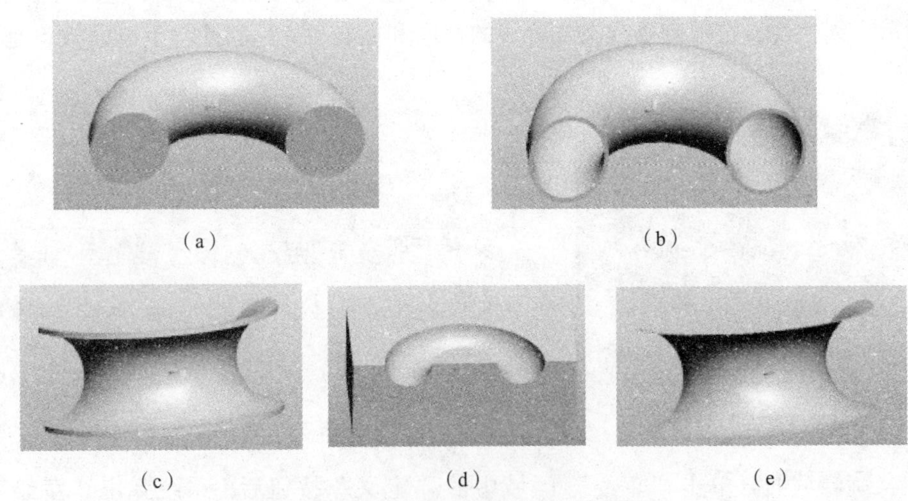

（a）　（b）　（c）　（d）　（e）

图 3.2.7　旋转特征工具创建的几何模型

（a）旋转实体伸出项；（b）指定厚度的旋转伸出项（截面封闭）；
（c）指定厚度的旋转伸出项（截面开放）；（d）旋转切口；（e）旋转曲面

3.2.3 创建旋转特征

前面已经介绍了旋转特征的各种类型，在实际应用中，使用最多的是旋转实体伸出项、旋转切口、旋转曲面和加厚旋转。下面分别介绍这几种旋转特征的创建步骤。

1. 创建旋转实体伸出项

单击“基础特征”工具栏中的 按钮，进入旋转特征工具操控板。

系统缺省情况下， 按钮被按下，即缺省情况下创建实体特征。

单击“位置”按钮，系统弹出“位置”上滑面板，单击“定义”按钮，系统弹出“草绘”对话框，选择草绘平面后，进入草绘环境。

在草绘环境中完成截面的草绘，单击 按钮完成草绘。

（1）定义旋转轴。如果草绘截面中包含中心线，系统缺省使用草绘截面中所创建的第一条中心线作为旋转轴；如果草绘截面中无中心线，需要用户自定义旋转轴。在轴收集器 中单击后，在图形窗口中选择所需要的直线作为旋转轴即可。

（2）定义旋转角度。一般情况下，“旋转”对话栏中的角度定义方式已经足够，如果需要更加复杂的角度定义方式，请单击“选项”按钮，在“选项”上滑面板中进行定义。

使用 按钮调整旋转方向，之后单击 按钮，完成旋转实体特征的创建。

2. 创建旋转切口

旋转切口特征的创建步骤与旋转实体伸出项的创建步骤基本相同，只是在“旋转”工具栏中按下 按钮，以确保去除材料，创建切口。

3. 创建旋转曲面

单击“基础特征”工具栏中的 按钮，进入旋转特征工具操控板。

按下 按钮，创建旋转曲面特征。

单击“位置”按钮，系统弹出“位置”上滑面板，单击“定义”按钮，系统弹出“草绘”对话框，选择草绘平面后，进入草绘环境。

在草绘环境中完成剖面的草绘，单击 按钮完成草绘。

（1）定义旋转轴，方法在前一节中已经详细说明，不再赘述。

（2）定义旋转角度。一般情况下，“旋转”对话栏中的角度定义方式已经足够，如果需要更加复杂的角度定义方式，请单击“选项”按钮，进入“选项”上滑面板中进行定义。

使用 按钮调整拉伸方向，之后单击 按钮，完成旋转曲面特征的创建。

4. 创建加厚旋转

单击“基础特征”工具栏中的 按钮，进入旋转特征工具操控板。

系统缺省情况下， 按钮被按下，即缺省情况下创建实体特征。

按下 按钮，系统显示图3.2.8所示的工具栏，用于设置加厚旋转的厚度。

图3.2.8 加厚旋转厚度设置

单击“草绘”按钮，系统弹出“草绘”上滑面板，单击“定义”按钮，系统弹出“草绘”对话框，选择草绘平面后，进入草绘环境。

在草绘环境中完成剖面的草绘，单击 按钮完成草绘。

定义旋转角度。

使用 按钮调整旋转方向，使用图3.2.8中的 按钮调整加厚特征创建方式，在以下几种加厚方式间轮流切换：向“侧1”添加厚度；向“侧2”添加厚度；向两侧添加厚度。

完成各项参数定义后，单击 按钮完成旋转曲面特征的创建。

3.2.4 旋转特征应用实例

图3.2.9所示的水杯是完全使用旋转特征创建而成的；图3.2.10所示为该水杯的创建

过程，下面详细介绍。

图 3.2.9　旋转特征应用实例

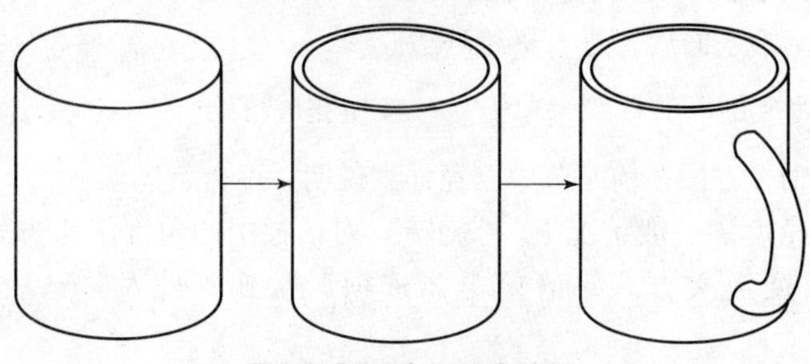

图 3.2.10　水杯创建过程

步骤 1：建立新文件。

单击“文件”工具栏中的 按钮，或者单击“文件”→“新建”命令，系统弹出“新建”对话框，在“名称”文本框中输入所需要的文件名“rotate_ example_ 1”，取消“使用缺省模板”复选框后，单击“确定”按钮，系统自动弹出“新文件选项”对话框，在“模板”列表中选择“mmns_ part_ solid”选项后，单击“确定”按钮，系统自动进入零件环境。

步骤 2：使用旋转特征创建杯体毛坯。

单击“基础特征”工具栏中的 按钮，进入旋转特征工具操控板。单击“位置”按钮，进入“位置”上滑面板，单击“定义”按钮，系统弹出“草绘”对话框，选择 TOP 平面为草绘平面后，使用所有默认设置，进入草绘环境。

绘制图 3.2.11 所示的截面草绘图后，单击 完成草绘，返回旋转特征工具操控板。设置旋转角度方式为 ，旋转角度值为“360.00”，单击 按钮，完成旋转实体特征创建，如图 3.2.12 所示。

步骤 3：使用旋转切口特征创建杯腔。

单击“基础特征”工具栏中的 按钮，进入旋转特征工具操控板。单击“位置”按钮，进入“位置”上滑面板，单击“定义”按钮，系统弹出“草绘”对话框。与前一步一样，选择 TOP 平面为草绘平面后，使用所有默认设置，进入草绘环境。

绘制图 3.2.13 所示的截面草绘图后，单击 按钮完成草绘，返回旋转特征工具操控

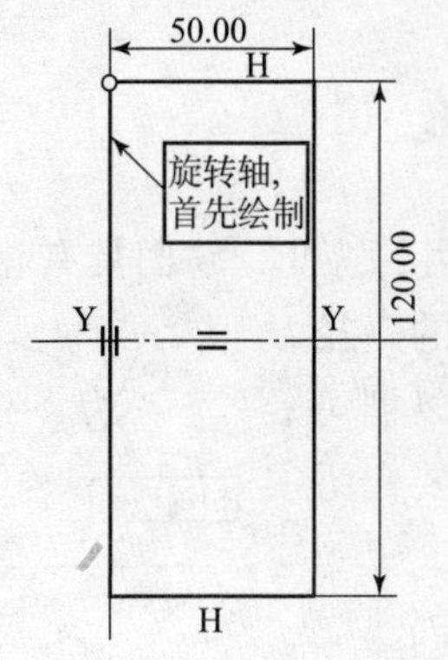

图 3.2.11　草绘截面

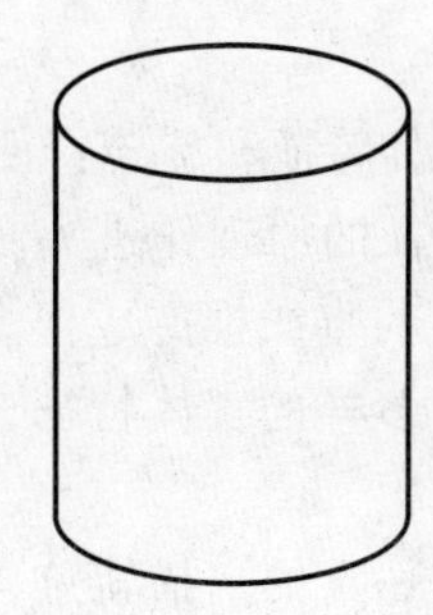

图 3.2.12　旋转实体特征

板。设置旋转角度方式为 ，旋转角度值为“360.00”，按下 按钮，确定去除材料后，单击 按钮，完成旋转切口特征创建，如图 3.2.14 所示。

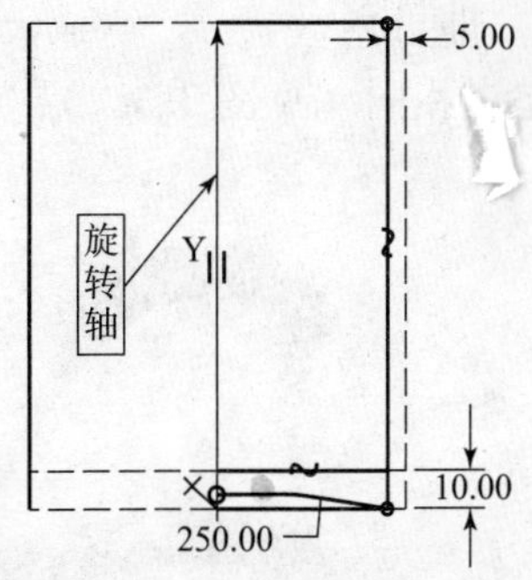

图 3.2.13　草绘截面

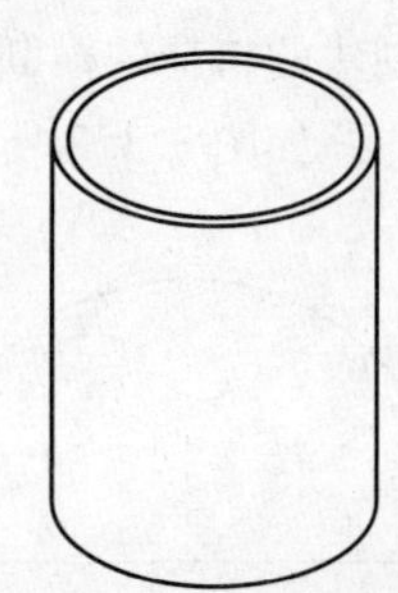

图 3.2.14　旋转切口特征

步骤 4：使用旋转实体特征创建杯柄。

单击“基础特征”工具栏中的 按钮，进入旋转特征工具操控板。单击“位置”按钮，进入“位置”上滑面板后，单击“定义”按钮，系统弹出“草绘”对话框。选择 FRONT 平面为草绘平面后，使用所有默认设置，进入草绘环境。

绘制图 3.2.15 所示的截面草绘图后，单击 按钮完成草绘，返回旋转特征工具操控板。设置旋转角度方式为 ，旋转角度值为“180.00”，单击 按钮，完成旋转实体特征创建，如图 3.2.16 所示。

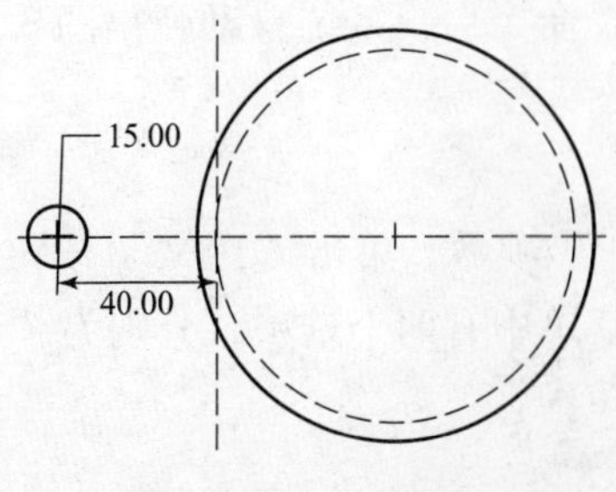

图 3.2.15　草绘截面

图 3.2.16　旋转实体特征

3.3 扫 描 特 征

前面介绍的拉伸特征和旋转特征是两种比较常用的特征，它们具有相对规则的几何形状。将创建拉伸特征的原理作进一步推广，将拉伸的路径由垂直于草绘平面的直线推广成任意的曲面，则可以创建一种形式更加丰富多样的实体特征，这就是本节所要介绍的扫描特征。

扫描，就是沿一定的扫描轨迹，使用二维图形创建三维实体的过程。拉伸特征和旋转特征都可以看作扫描特征的特例，拉伸特征的扫描轨迹是垂直于草绘平面的直线，而旋转特征的扫描轨迹是圆周。

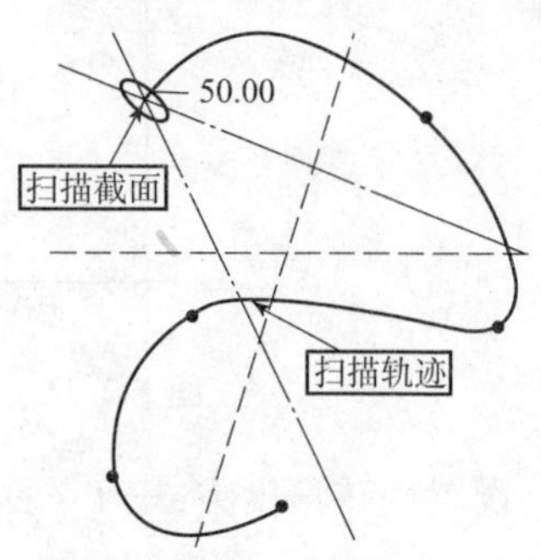

图 3.3.1 扫描特征的两大要素

由图 3.3.1 可见，扫描特征包括两大基本元素：扫描轨迹和扫描截面。将扫描截面沿扫描轨迹扫描后，即可创建扫描特征。所创建的特征的横断面与扫描剖面完全相同（见图 3.3.2），特征的外轮廓线与扫描轨迹相对应，如图 3.3.3 所示。

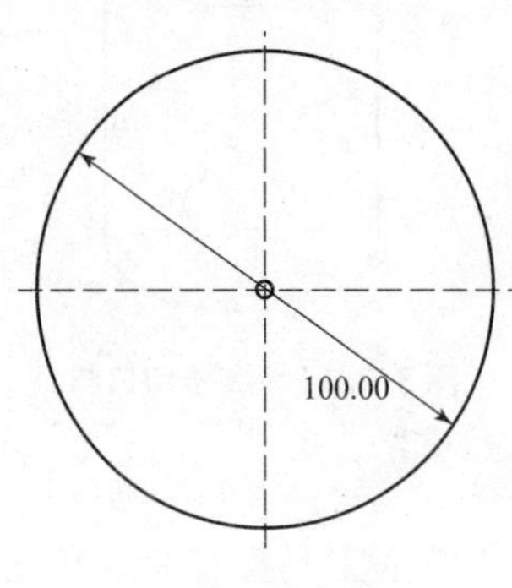

图 3.3.2 扫描截面

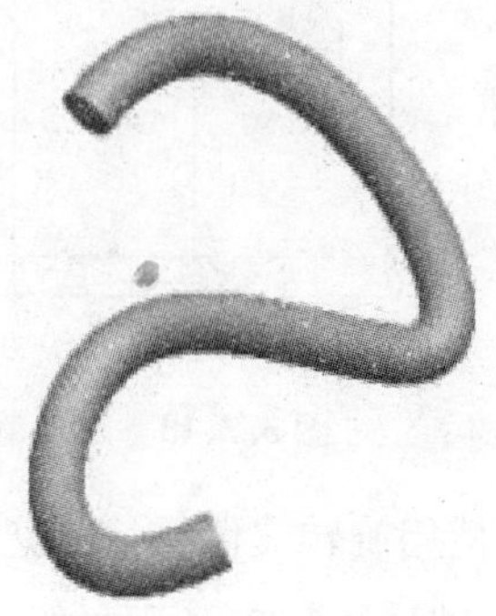
图 3.3.3 扫描实体特征

3.3.1 扫描对话框

单击“插入”→“扫描”命令后，系统弹出图 3.3.4 所示的“扫描种类”菜单。扫描特征的种类非常多，但它们都具有前面所说的两大基本要素。下面就以图 3.3.5 所示的“伸出项：扫描”对话框为例，介绍扫描轨迹和扫描截面的定义方法。

单击“插入”→“扫描”→“扫描伸出项”命令后，系统自动弹出图 3.3.5 所示“伸出项：扫描”对话框。

1. 扫描轨迹定义

在“伸出项：扫描”对话框中，选中“轨迹”项后，单击“定义”按钮，系统弹出图 3.3.6 所示的“扫描轨迹”菜单。“扫描轨迹”菜单中有两个选项，分别为“草绘轨迹”和“选取轨迹”。

1）草绘轨迹

如果用户需要使用草绘的方法创建扫描轨迹，则单击“草绘轨迹”选项，系统自动弹出图3.3.7所示的“设置草绘平面”菜单，用户可以在此选择草绘轨迹的草绘平面。单击“使用先前的”选项，则系统使用与创建前一个特征相同的草绘平面；单击“新设置”选项，则使用新的草绘平面设置。

伸出项(P)...
薄板伸出项(T)...
切口(C)...
薄板切口(T)...
曲面(S)...
曲面修剪(S)...
薄曲面修剪(T)...

图3.3.4　“扫描种类”菜单

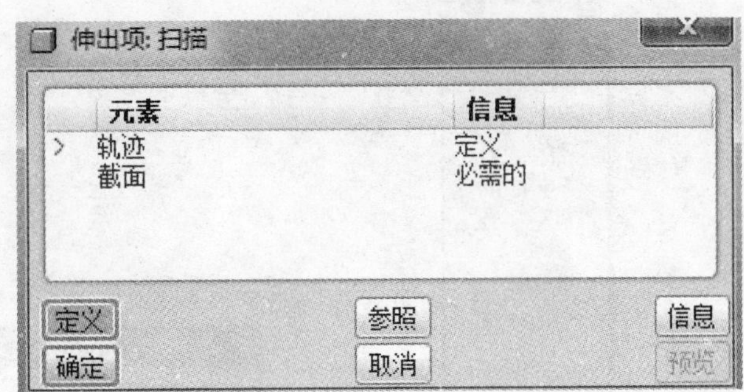

图3.3.5　“伸出项：扫描”对话框

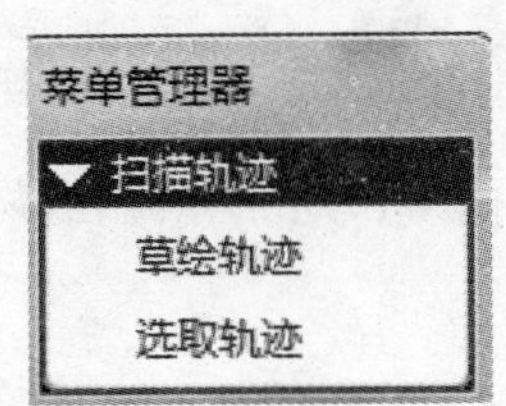

图3.3.6　“扫描轨迹”菜单

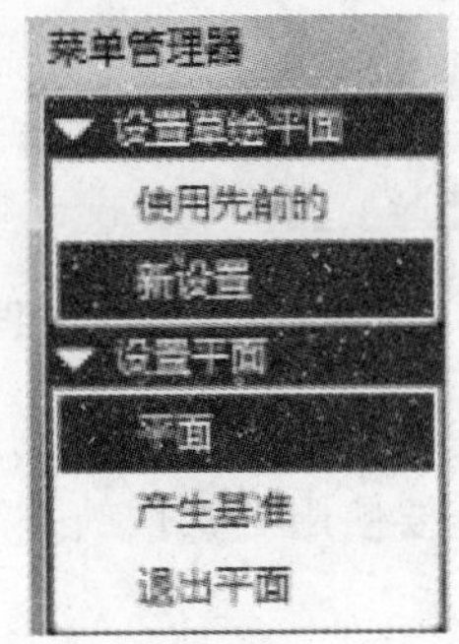

图3.3.7　“设置草绘平面”菜单

在“设置平面”菜单下，用户可以单击“平面”选项，直接使用已经存在的平面作为平面；也可以单击“产生基准”选项，系统弹出图3.3.8所示的“基准平面”菜单，用于创建临时基准平面。无论使用哪种草绘平面，最终都是进入草绘环境中，绘制任意的二维扫描轨迹。

说明——关于临时基准平面：

①临时基准平面和前一章中所讲的基准平面不同。临时基准平面在需要时临时创建，当相应的设计完成后自动撤销，不再显示在设计界面上，也不保留在模型树窗口中。

②临时基准是对基准的补充。在设计中，如果某个基准需要多次重复使用，一般情况下会使用标准基准，但如果某一基准只使用一次，则使用临时基准是一个更好的办法。合理使用临时基准，不仅使设计界面整洁明了，而且有利于系统管理。

确定草绘平面后，还需要定义草绘视图的方向及草绘参考平面。

如图3.3.9所示，在“方向”菜单中可以设置草绘视图方向。当图形窗口中箭头所指方向与需要草绘的视图方向相同时，直接单击“正向”选项即可；当图形窗口中箭头所指方向与需要草绘的视图方向相反时，单击“反向”选项，图形窗口中的箭头反向，再单击“正向”选项即可。

如图3.3.10所示，在“草绘视图”菜单中设置草绘参考平面。单击“顶”“底部”等选项后，可以定义相应的草绘参考平面，若使用缺省设置，直接单击“缺省”选项即可。

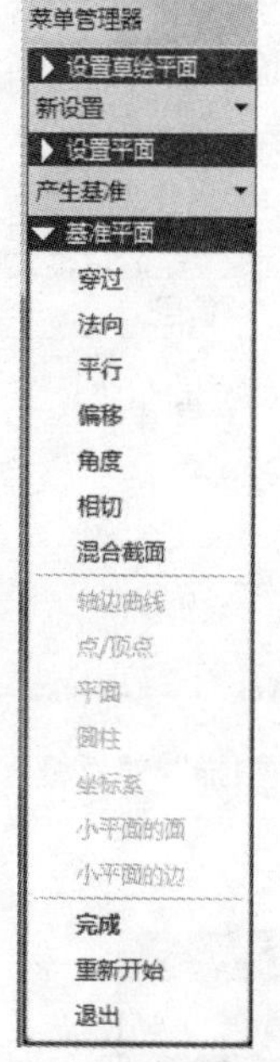

图 3.3.8 “基准平面”菜单

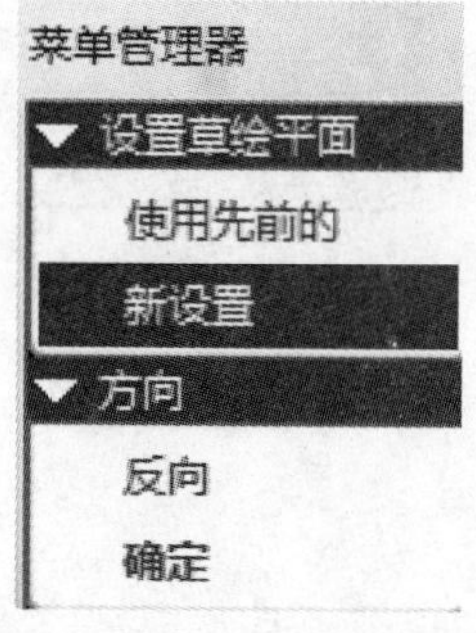

图 3.3.9 “方向”菜单

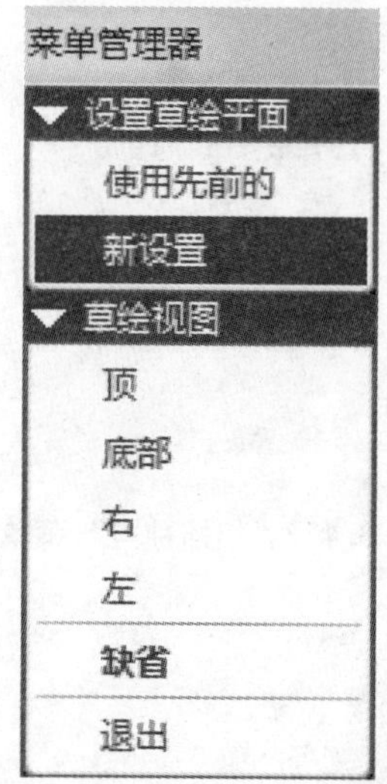

图 3.3.10 “草绘视图”菜单

使用“草绘轨迹”选项创建的扫描轨迹只能是二维曲线，对于三维扫描曲线则无能为力，这时候就需要使用“选取轨迹”选项。

2）选取轨迹

单击“选取轨迹”选项后，系统弹出图 3.3.11 所示的“链”菜单，可以选取已经存在的二维或者三维曲线作为扫描轨迹。例如，可以选取三维实体模型的边线、基准曲线等作为扫描轨迹。“链”菜单中各选项的意义如下：

依次：按照任意顺序选取实体边线或者基准曲线作为轨迹线。

相切链：一次选中若干个相互相切的边线或者基准曲线作为轨迹线。

曲线链：选取基准曲线作为轨迹线。当选取指定的基准曲线后，系统还会自动选取所有与之相切的基准曲线作为轨迹线。

边界链：选取曲面特征的某一边线后，可以一次选中与该边线相切的边界曲线作为轨迹线。

曲面链：选取某曲面，将其边界曲线作为轨迹线。

目的链：选取环形的边线或者曲线作为轨迹线。

当选中轨迹线后，还可以对选取的轨迹线进行如下操作：

选取：选取轨迹线。

取消选取：放弃已经选出的轨迹线。

修剪/延伸：对已经选出的轨迹线进一步裁剪或延伸以改变其形状和长度。

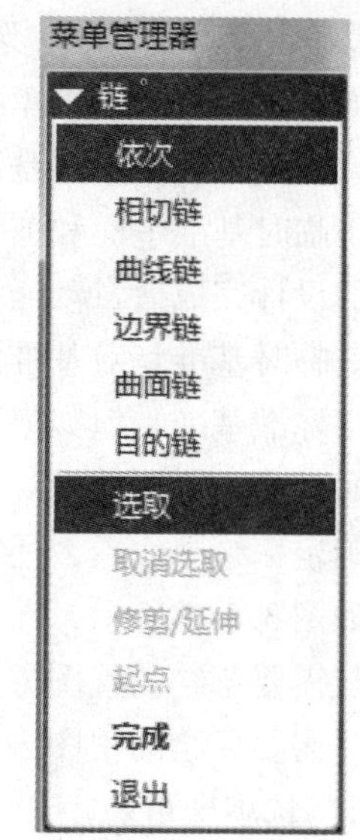

图 3.3.11 “链”菜单

起点：指定扫描轨迹线的起始位置。

当所有扫描轨迹的参数定义完成后，单击“完成”选项，系统自动进入草绘环境，绘制扫描截面。

2. 扫描特征属性设置

属性参数用于确定扫描实体特征的外观以及与其他特征的连接方式。

1）端点属性

如果在一个已经存在的实体特征上创建扫描实体特征，同时扫描轨迹线为开放曲线，则需要在图 3. 3. 12 所示的“端点属性”菜单中设置扫描实体特征与已经存在实体特征的连接方式。“端点属性”菜单中有两个选项：

（1）合并端。新建扫描实体特征与原有实体特征相接后，两者自然整合，光滑连接。

（2）自由端。新建扫描实体特征与原有实体特征相接后，两者保持自然状态，互不融合。

2）内部属性

如果扫描轨迹线为闭合曲线，则需要在图 3. 3. 13 所示的“内部属性”菜单中设置扫描内部属性。“内部属性”菜单中有两个选项：

（1）添加内表面。草绘剖面沿轨迹线产生实体特征后，自动补足上、下表面，形成闭合结构，但此时要求使用开放型剖面。

（2）无内表面。草绘剖面沿轨迹线产生实体特征后，不会补足上、下表面，但此时要求使用闭合剖面。

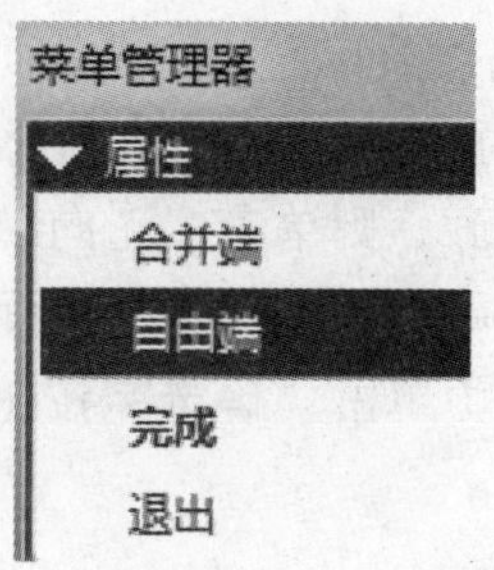

图 3. 3. 12　“端点属性”菜单

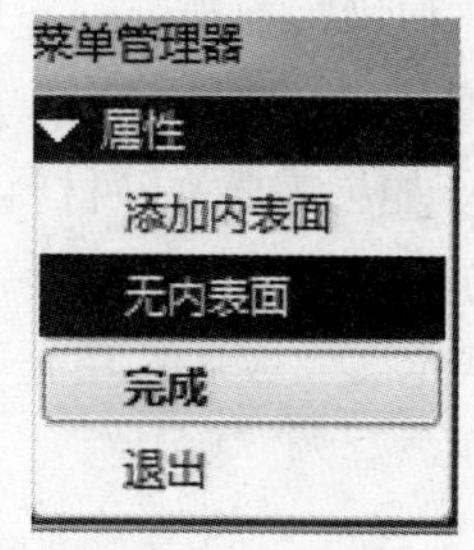

图 3. 3. 13　“内部属性”菜单

3. 扫描截面定义

确定扫描轨迹后，就需要定义扫描截面。在此之前，需要了解关于扫描轨迹的方向的定义。所有定义的扫描轨迹都有一个起点，在起点处有一个箭头指向起点处扫描轨迹线的切线方向，如图 3. 3. 14 所示。

扫描截面始终垂直于扫描轨迹。在“伸出项：扫描”对话框中，选中“截面”选项后，单击“定义”按钮，系统自动选取与扫描轨迹垂直，并经过起点的平面作为草绘平面（见图 3. 3. 15），在该平面内可草绘扫描截面。

3. 3. 2　创建扫描特征

扫描特征的种类繁多，其中最常用的是扫描伸出项、扫描切口、扫描曲面和薄板扫描伸出项。下面分别介绍这几种特征的创建方法。

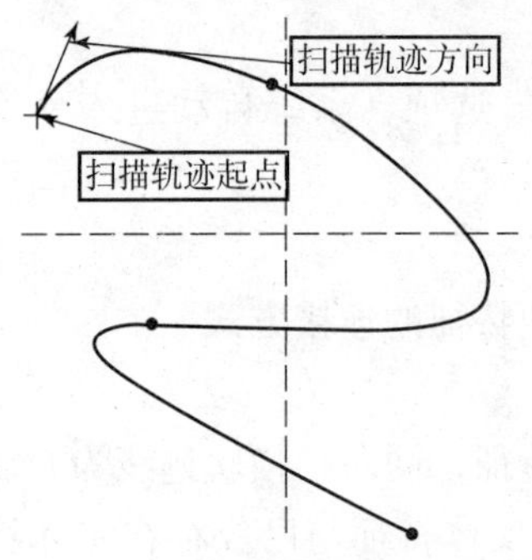

图 3.3.14　扫描轨迹的起点及方向

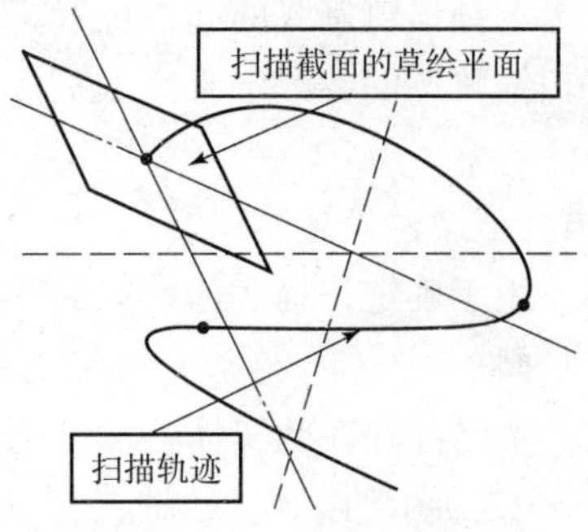

图 3.3.15　扫描截面的草绘平面

1. 创建扫描伸出项

单击“插入”→“扫描”→“伸出项”命令后，系统弹出“伸出项：扫描”对话框，并自动出现“扫描轨迹”菜单。单击“草绘轨迹”选项草绘扫描轨迹，或单击“选取轨迹”选项选取扫描轨迹。如果轨迹位于多个曲面上，系统将提示选取法向曲面，用于扫描横截面。根据扫描轨迹的情况，系统弹出“属性”菜单，用于定义端点属性和内部属性。创建或检索将沿扫描轨迹扫描的截面。扫描伸出项特征的所有元素定义完成后，在“伸出项：扫描”对话框中单击“确定”按钮，系统生成扫描伸出项特征。

2. 创建扫描切口

扫描切口特征的创建步骤与扫描伸出项的创建步骤基本相同，只是在“切剪：扫描”对话框中需要额外定义需要去除的材料侧。下面介绍“材料侧”的设定方法。

在“切剪：扫描”对话框（见图 3.3.16）中，完成扫描轨迹和扫描截面定义后，系统弹出图 3.3.17 所示的“方向”菜单，同时在图形窗口中显示用箭头表示材料去除的方向（见图 3.3.18）。如果需要去除材料的方向与箭头方向一致，则单击“正向”选项；如果需要去除材料的方向与箭头方向相反，则单击“反向”选项，调整箭头方向后再单击“正向”选项。所有元素定义完成后，在“切剪：扫描”对话框中单击“确定”按钮，系统生成扫描切口特征。

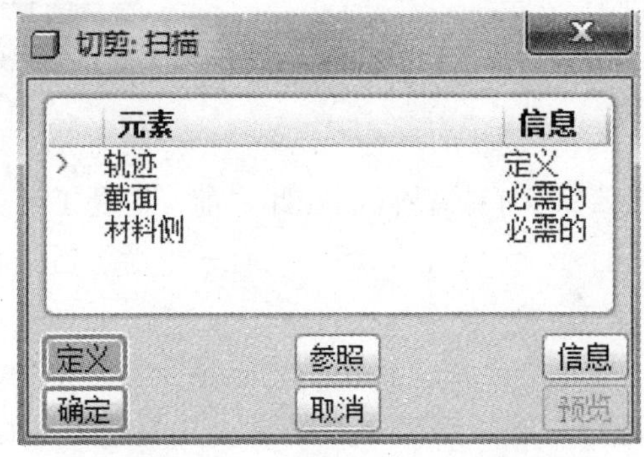

图 3.3.16　“切剪：扫描”对话框

3. 创建扫描曲面

扫描曲面特征的创建步骤与扫描伸出项的创建步骤基本相同，在此不再赘述。

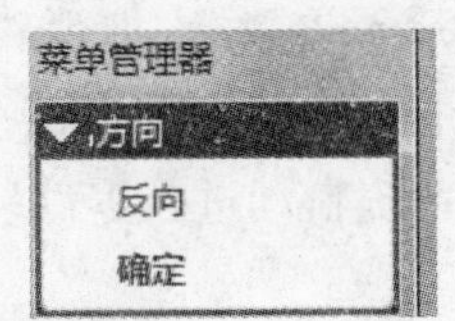

图 3.3.17　“方向”菜单

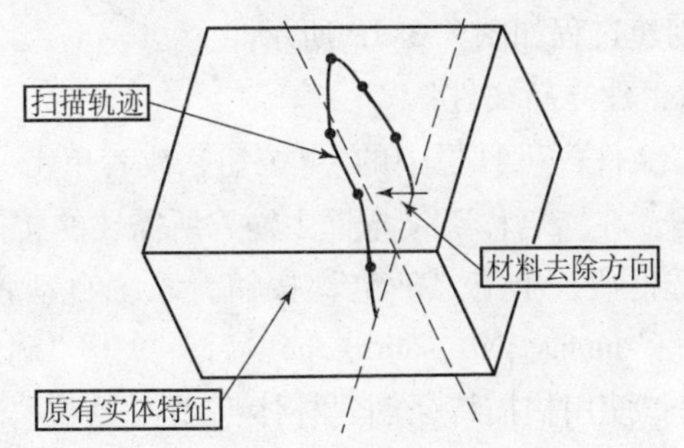

图 3.3.18　材料侧示意图

4. 创建薄板扫描伸出项

薄板扫描伸出项特征的创建步骤与扫描伸出项的创建步骤非常相似，只是在“伸出项：扫描，薄板”对话框（见图 3.3.19）中需要额外定义材料侧和薄板厚度。下面介绍薄板扫描伸出项中材料和厚度的定义方法。

扫描切口特征中也需要定义材料侧，但两者并不相同。扫描切口特征中定义的材料侧，要么是指向草绘内部，要么指向外部，是“非此即彼”的关系；而薄板扫描伸出项中使用图 3.3.20 所示的“薄板选项”菜单定义材料侧。由图 3.3.20 可见，薄板扫描伸出项中的材料侧可以有 3 种定义方式，分别为“反向”“正向”和“两者”，用户可以任意选择其中一种。

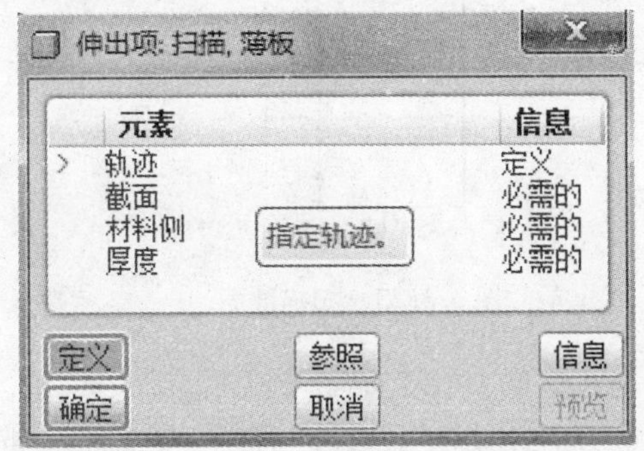

图 3.3.19　“伸出项：扫描，薄板”对话框

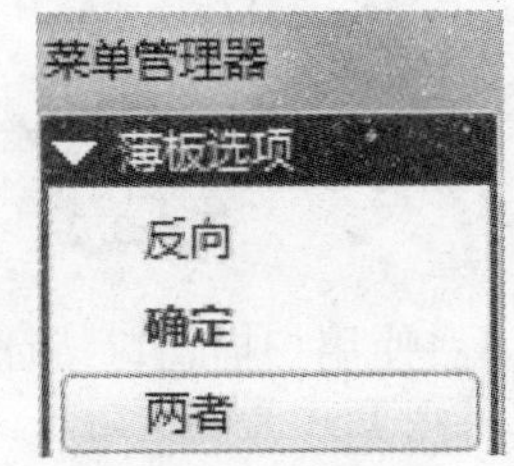

图 3.3.20　“薄板选项”菜单

完成“薄板选项”菜单定义后，系统在 Pro/E 的窗口下部显示图 3.3.21 所示的文本框，用于输入薄板厚度。输入厚度值后，单击 ✔ 按钮，返回“伸出项：扫描，薄板”对话框，单击“确定”按钮完成薄板扫描伸出项特征的创建。

图 3.3.21　薄板厚度定义

说明——关于薄板厚度：图 3.3.21 中所输入的薄板厚度值只能为正数，且受到当前已经存在的实体特征大小的限制。

3.3.3　扫描特征应用实例

前面提到过，拉伸特征和旋转特征都可以看作扫描特征的特例。也就是说，使用拉伸特征和旋转特征所创建的三维实体模型，都可以用扫描特征创建出来。下面就使用扫描特征创建水杯，创建过程如图 3.3.10 所示。

步骤 1：建立新文件。

单击“文件”工具栏中的 按钮，或者单击“文件”→“新建”命令，系统弹出“新建”对话框，在“名称”文本框中输入所需要的文件名“scan_example_1”，取消“使用缺省模板”复选框后，单击“确定”按钮，系统自动弹出“新文件选项”对话框，在“模板”列表中选择“mmns_part_solid”选项后，单击“确定”按钮，系统自动进入零件环境。

步骤 2：使用扫描特征创建杯体毛坯。

单击“插入”→“扫描”→“伸出项”命令，系统弹出“伸出项：扫描”对话框。选择“草绘轨迹”选项，并选择 FRONT 平面为轨迹草绘平面，扫描轨迹如图 3.3.22 所示。

单击 按钮，完成扫描轨迹的定义。由于扫描轨迹闭合，因此需要定义“内部属性”，在“内部属性”菜单中单击“无内表面”选项后，单击“完成”按钮。

进入草绘环境中，绘制扫描截面如图 3.3.23 所示。单击 完成扫描截面绘制，返回“伸出项：扫描”对话框，单击“确定”完成扫描特征的创建。

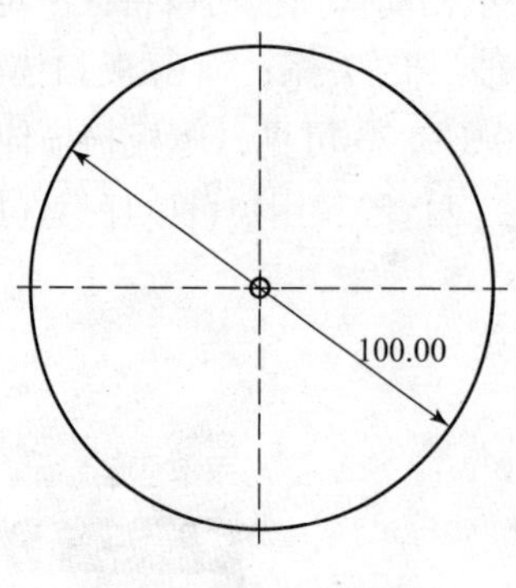

图 3.3.22　扫描轨迹

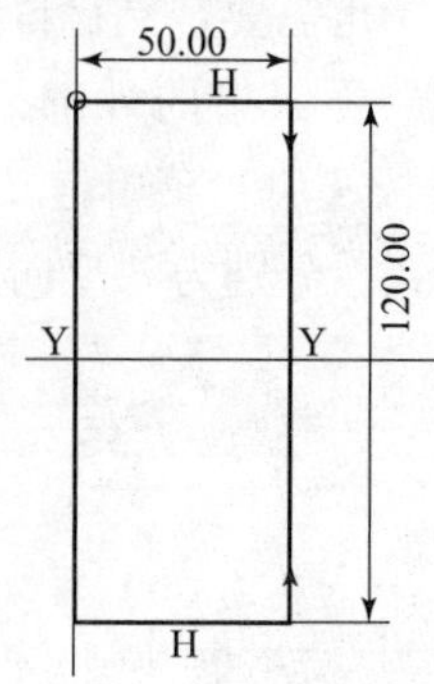

图 3.3.23　扫描截面

步骤 3：使用扫描切口特征创建杯体内腔。

单击“插入”→“扫描”→“切口”命令，系统弹出“切剪：扫描”对话框，选择“草绘轨迹”选项，选择 FRONT 平面为轨迹草绘平面，扫描轨迹为已经存在实体特征的外轮廓线，如图 3.3.24 所示。

单击 按钮，完成扫描轨迹的定义。由于扫描轨迹闭合，因此需要定义“内部属性”，在“内部属性”菜单中单击“无内表面”选项后，单击“完成”按钮。

进入草绘环境中，绘制扫描截面如图 3.3.25 所示，单击 按钮完成扫描截面绘制。

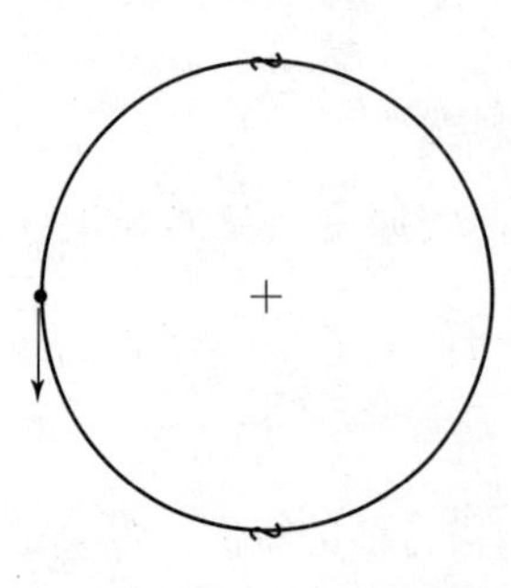

图 3.3.24　扫描轨迹

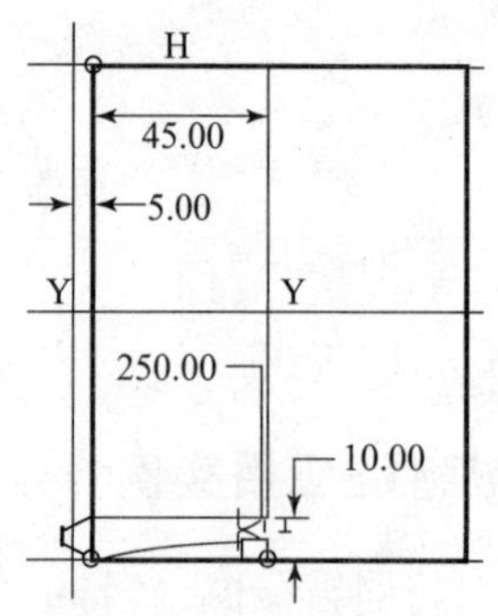

图 3.3.25　扫描截面

接受默认的“材料侧”选项后，返回“伸出项：扫描”对话框，单击“确定”按钮，完成扫描切口特征的创建。

步骤 4：使用扫描实体伸出项特征创建杯柄。

单击“插入”→“扫描”→“伸出项”命令，系统弹出“伸出项：扫描”对话框。选择“草绘轨迹”选项，并选择 TOP 平面为轨迹草绘平面，扫描轨迹如图 3. 3. 26 所示。

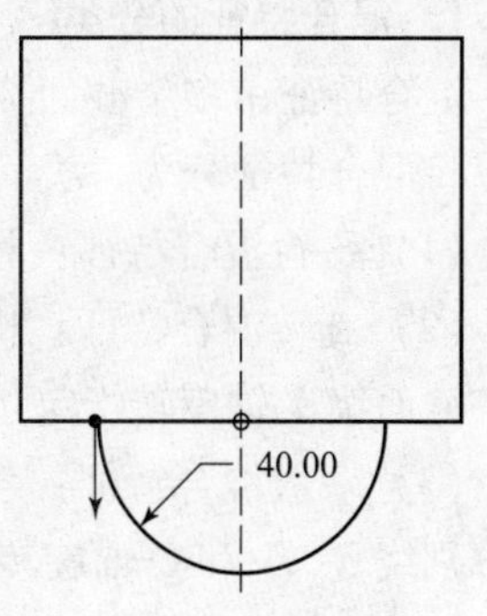

图 3. 3. 26　扫描轨迹

单击 ✓ 按钮，完成扫描轨迹的定义。由于扫描轨迹闭合，因此需要定义“端点属性”，在“端点属性”菜单中单击“合并端”选项后，单击“完成”按钮。

进入草绘环境中，绘制扫描截面如图 3. 3. 27 所示。单击 ✓ 按钮完成扫描截面绘制，返回“伸出项：扫描”对话框，单击“确定”按钮完成扫描特征的创建。

最终完成的水杯模型如图 3. 3. 28 所示。

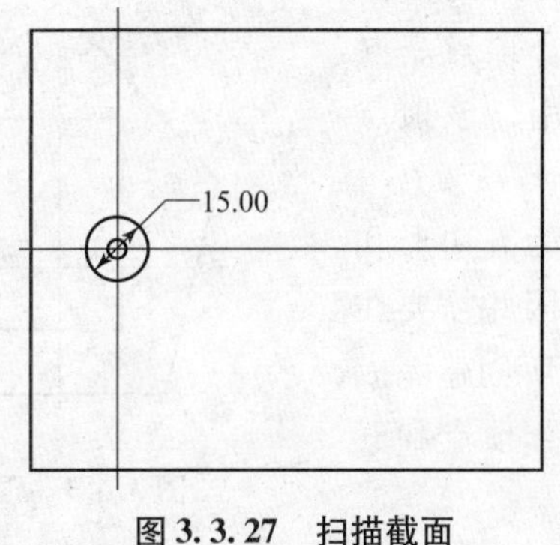

图 3. 3. 27　扫描截面

图 3. 3. 28　水杯模型

3. 4　混 合 特 征

3. 4. 1　混合特征概述

前面所介绍的拉伸特征、旋转特征和扫描特征都可以看作草绘截面沿一定的路径运动，其运动轨迹生成了这些特征。这三类实体特征的创建过程中都有一个公共的草绘截面。

但是在实际的物体中，不可能只有相同的截面。很多结构较为复杂的物体，其尺寸和形状变化多样，很难通过以上三种特征得到。

对实体进行抽象概括，可以认为任意一个特征都是由不同形状和大小的无限个截面按照一定的顺序连接而成的，在 Pro/E 中，这种连接称为混合。

在 Pro/E 中，使用一组适当数量的截面来构建一个混合实体特征，既可以清楚地表示实体模型的特点，又简化了建模过程。创建混合特征，也就是定义一组截面，然后再定义这些截面的连接混合手段。

1. 混合特征的分类

混合特征由多个截面按照一定的顺序相连构成，根据建模时各截面间的相对位置关系，可以将混合特征分为三类。

（1）平行混合特征：将相互平行的多个截面连接成实体特征。

（2）旋转混合特征：将相互并不平行的多个截面连接成实体特征，后一截面的位置由前一截面绕 *Y* 轴旋转指定角度来确定。

（3）一般混合特征：各截面间无任何确定的相对位置关系，后一截面的位置由前一截面分别绕 *X*、*Y* 和 *Z* 轴旋转指定的角度或者平移指定的距离来确定。

当然，按照与前面三种特征相同的分类方法，也可以将混合特征分为混合实体特征、混合切口特征和混合曲面特征等种类。

2. 混合顶点

混合特征由多个截面连接而成，构成混合特征的各个截面必须满足一个基本要求：每个截面的顶点数必须相同。

在实际设计中，如果创建混合特征所使用的截面不能满足顶点数相同的要求，可以使用混合顶点。混合顶点就是将一个顶点当作两个顶点来使用，该顶点与其他截面上的两个顶点相连。

如图 3.4.1 所示的两个混合截面，分别为五边形和四边形。四边形明显比五边形少一个顶点，因此需要在四边形上添加一个混合顶点（见图 3.4.2），所创建完成的混合特征如图 3.4.3 所示，可以看到，混合顶点和五边形上两个顶点相连。

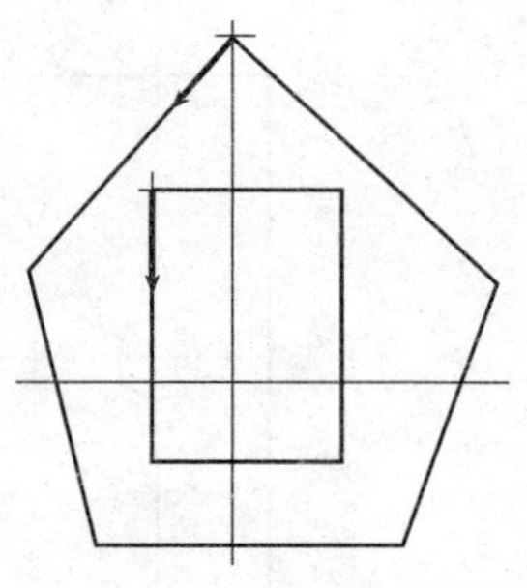

图 3.4.1　混合截面

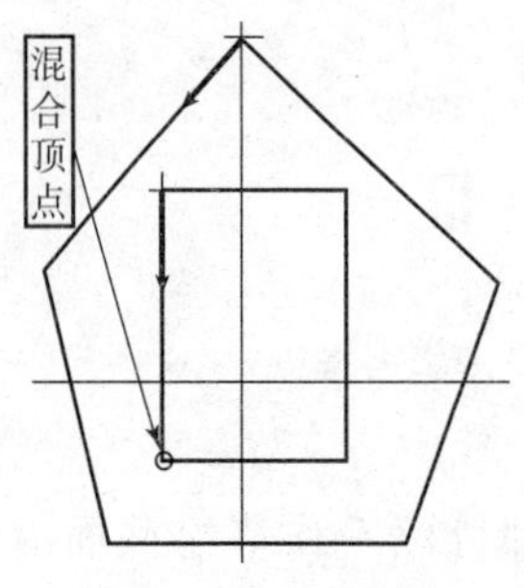

图 3.4.2　创建混合顶点

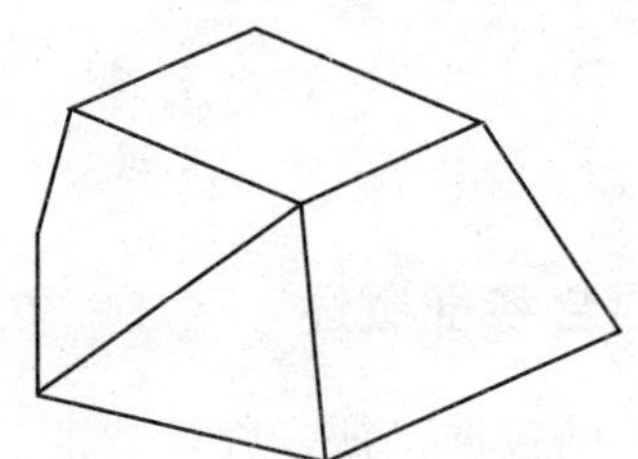

图 3.4.3　混合特征

创建混合顶点非常简单，在草绘环境中创建截面时，选中所要创建混合顶点的点，然后单击“草绘”→“特征工具”→“混合顶点”命令，所选点就成为混合顶点。在封闭环的起始点不能有混合顶点。

3. 截断点

对于像圆形这样的截面，上面没有明显的顶点，如果需要与其他截面混合生成实体特征，必须在其中加入与其他截面数量相同的顶点。这些人工添加的顶点就是截断点。

如图 3.4.4 所示，两个截面分别是五边形和圆形。圆形没有明显的顶点，因此需要手动加入顶点。在草绘环境中创建截面时，使用 按钮即可将一条曲线分为两段，中间加上顶点。图 3. 4. 4 中的圆形截面上，一共加入了 5 个截断点，最后完成的混合实体特征如图 3. 4. 5 所示。

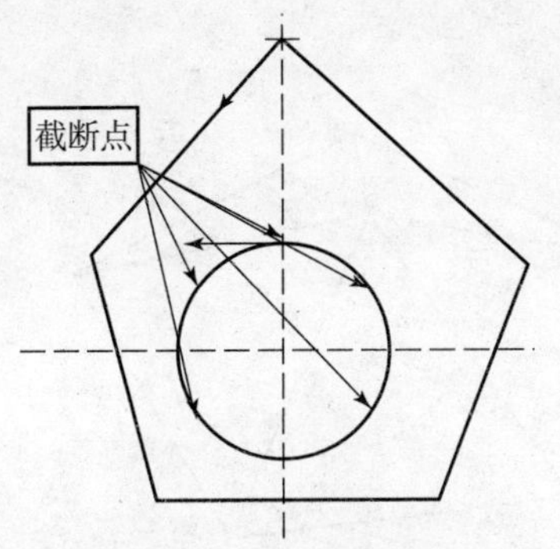

图 3. 4. 4　添加截断点

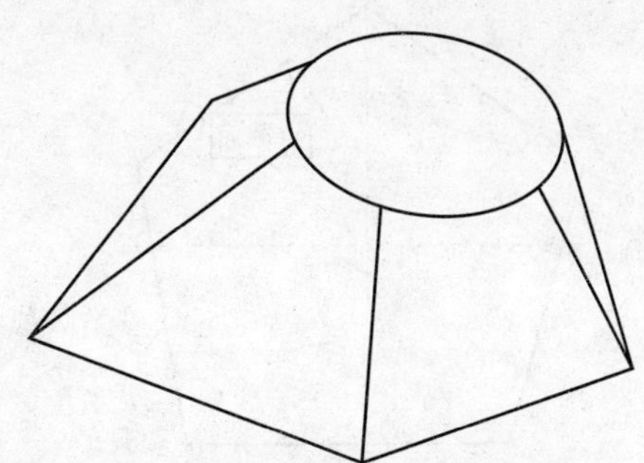

图 3. 4. 5　完成的混合实体特征

4. 起始点

起始点是多个截面混合时的对齐参照点。每个截面都有一个起始点，起始点上用箭头标明方向，两个相邻截面间起始点相连，其余各点按照箭头方向依次相连。

通常，系统自动取草绘时所创建的第一个点作为起始点，而箭头所指方向由草绘截面中各边线的环绕方向所决定，如图 3. 4. 6 所示。

如果用户对系统缺省生成的起始点不满意，可以手动设置起始点，方法是：选中将要作为起始点的点后，单击“草绘”→“特征工具”→“起点”选项，选中的点就成为起始点；或者选中将要作为起始点的点后，单击鼠标右键，在弹出的快捷菜单中单击“起点”选项（见图 3. 4. 7）。

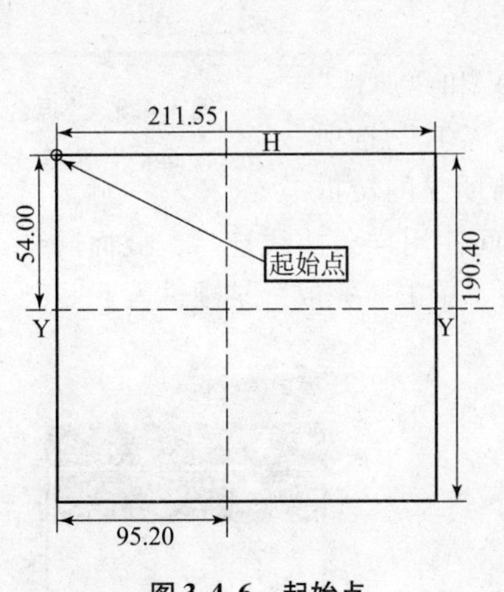

图 3. 4. 6　起始点

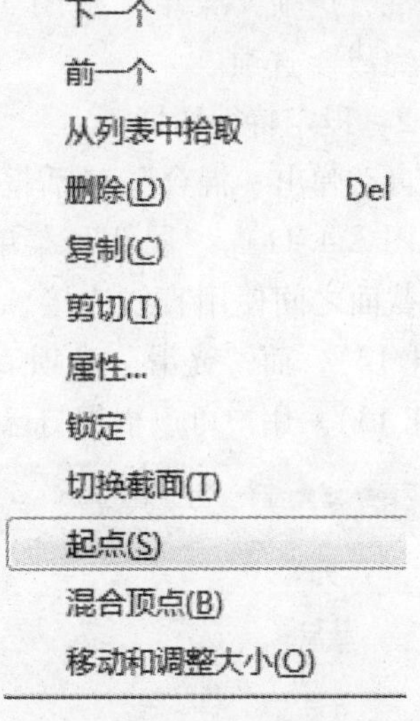

图 3. 4. 7　右键快捷菜单

如果截面为环形，用户还可以自定义箭头的指向，方法是：选中起始点后，单击鼠标右键，在弹出的快捷菜单中单击“起点”选项，箭头就会立刻反向。

5. 点截面

创建混合特征时，点可作为一种特殊的截面与各种截面混合，这时候点可以看作一个只有一个点的截面，称为点截面，如图 3.4.8 所示。点截面可以和相邻截面的所有顶点相连，构成混合特征，如图 3.4.9 所示。

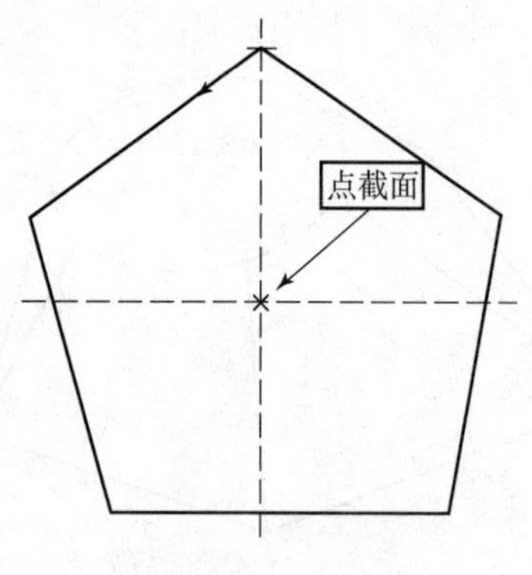

图 3.4.8 点截面

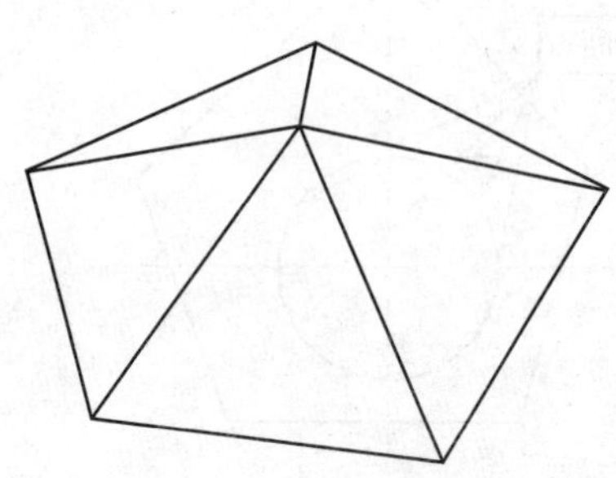

图 3.4.9 混合实体特征

3.4.2 创建混合特征

前面已经介绍过，混合特征可以分为三类，下面按照这种分类方法介绍混合特征的创建步骤。

下面介绍的混合特征创建都以混合实体伸出项为例。

1. 创建平行混合特征

平行混合特征的各个截面间是相互平行的，最为简单，其创建步骤如下：

步骤 1：单击“插入”→“混合”→“伸出项”命令，在弹出的“混合选项”菜单（见图 3.4.9）中使用缺省配置，直接单击“完成”选项。

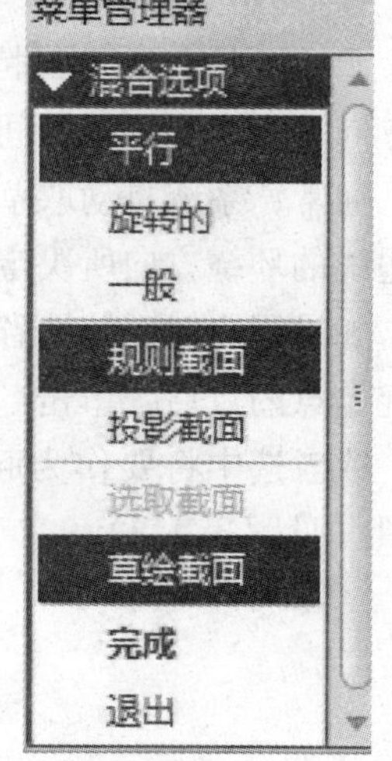

图 3.4.9 “混合选项”菜单

步骤 2：设定特征属性。

系统自动弹出“混合”对话框（见图 3.4.10）和“属性”菜单（见图 3.4.11）。“属性”菜单中有两个选项，“直”选项表示各个截面之间使用直线连接，截面间的过渡有明显的转折（见图 3.4.12），而“光滑”选项表示各个截面之间使用样条曲线连接，截面间平滑过渡（见图 3.4.13）。用户可以根据自己的需要进行设置，单击“完成”选项进入下一步。

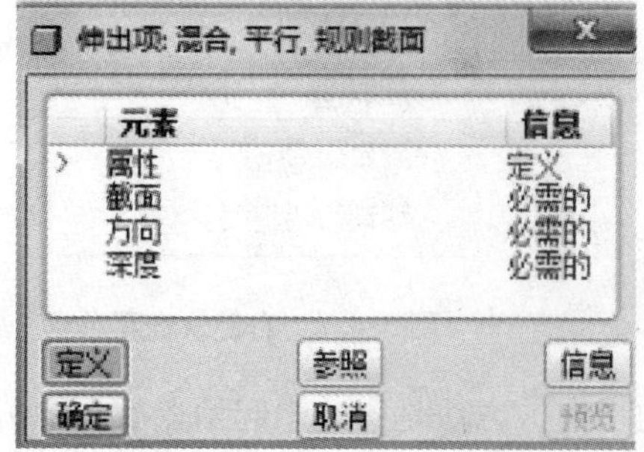

图 3.4.10 “混合”对话框

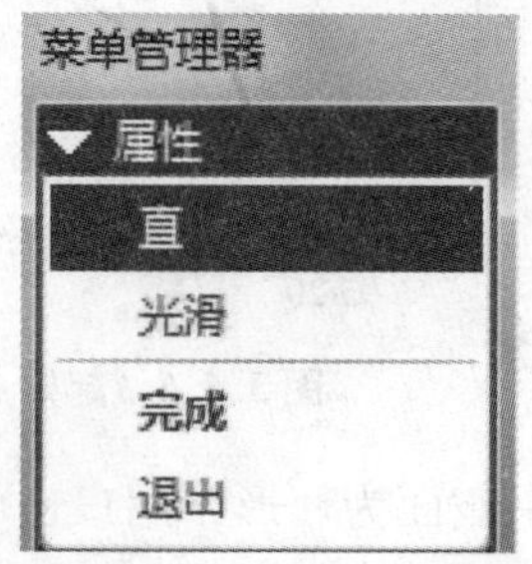

图 3.4.11 “属性”菜单

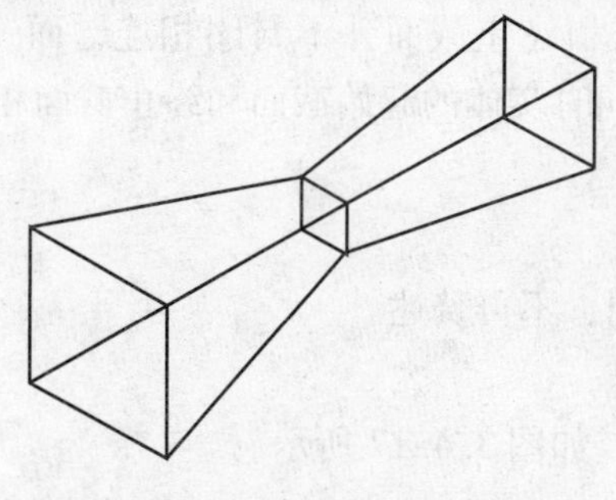
图 3.4.12　“直”选项连接方式

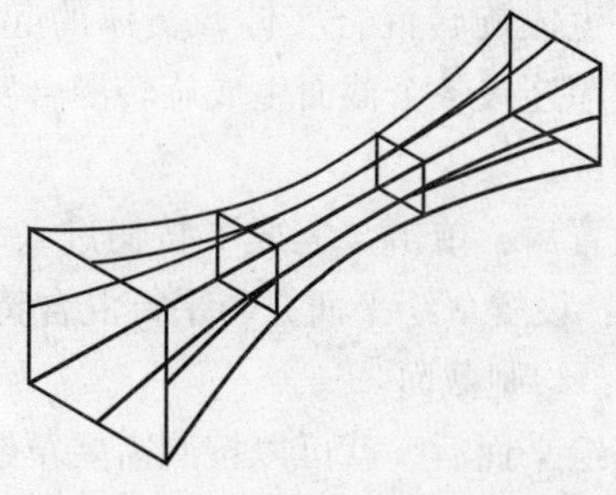
图 3.4.13　“光滑”选项连接方式

步骤 3：设置草绘平面。

系统自动弹出“设置草绘平面”菜单，用于设置混合截面的草绘平面，如图 3.4.14 所示。混合特征草绘平面的设置方法与扫描特征相同，可以参考前一节的内容，在此不再赘述。设置草绘平面完成后，进入草绘环境。

步骤 4：绘制截面。

进入草绘平面后，就可以按照需要草绘截面。当一个截面草绘完成后，单击“草绘”→“特征工具”→“切换剖面”选项，或者在图形窗口中单击鼠标右键，在弹出的快捷菜单中单击“切换剖面”选项，则系统自动切换到下一个截面，同时已经绘制的截面变为灰色显示。

当所有的截面绘制完成后，单击 ✓ 按钮，完成截面绘制。混合特征中所有的截面必须满足顶点数量相等的条件。

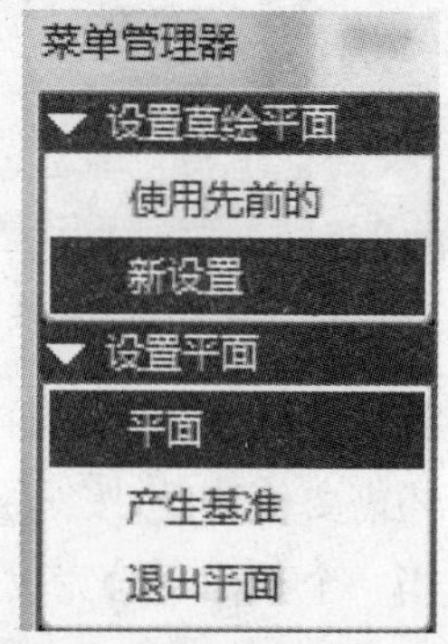

图 3.4.14　“设置草绘平面”菜单

步骤 5：定义截面间距。

系统自动弹出输入文本框，用户在文本框中输入两个相邻截面间的距离，如图 3.4.15 所示。若共有 N 个截面，则需要输入 $N-1$ 个间距。

图 3.4.15　定义截面间距离

步骤 6：生成混合实体特征。

在“混合”对话框中，单击“确定”按钮，生成混合实体特征。

2. 创建旋转混合特征

旋转混合特征中，后一截面的位置由前一截面绕 Y 轴旋转指定角度来确定。下面详细介绍旋转混合特征的创建步骤。

步骤 1：单击“插入”→“混合”→“伸出项”命令，在弹出的“混合选项”菜单（见图 3.4.9）中单击“旋转的”选项，然后单击“完成”按钮。

步骤 2：设定特征属性。

系统自动弹出“混合”对话框（见图 3.4.10）和“属性”菜单（见图 3.4.16）。与图 3.4.11 相比，旋转混合特征的“属性”菜单多了两个选项，其中“开放”选项表示顺序连接各个截面生成旋转混合实体，实体的起始截面和终止截面并不封闭相连，而“封闭的”选项表示顺序连接各个截面生成旋转混合实体，同时实体的起始截面和终止截面相连，形成封闭实体特征。

完成设置后，单击“完成”按钮进入下一步。

步骤3：设置草绘平面，与平行混合特征相同，不再赘述。

步骤4：绘制截面。

进入草绘平面后，就可以按照需要草绘截面，如图3.4.17所示。

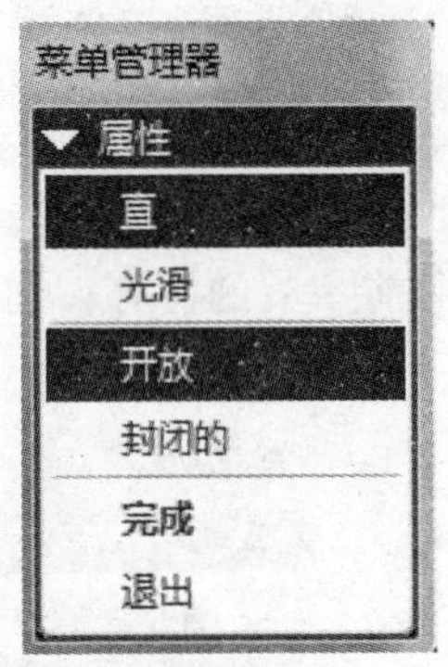

图3.4.16 “属性”菜单

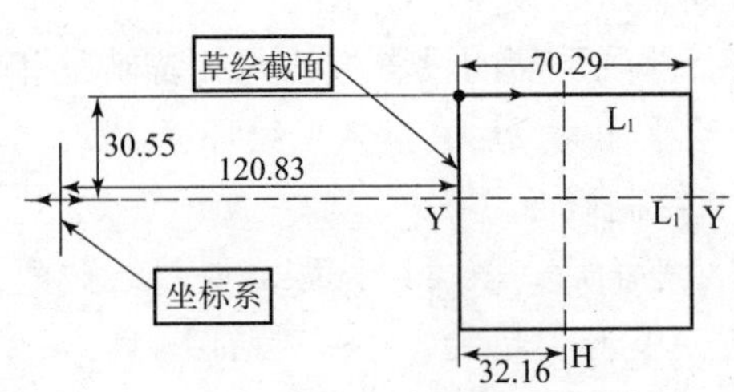

图3.4.17 草绘截面

旋转混合特征的截面与平行混合特征不同，在旋转混合特征的截面中，除了截面几何外，还需要使用按钮绘制一个坐标系，用于角度定位。

当一个截面草绘完成后，单击按钮，系统在消息区中弹出图3.4.18所示的文本框，用于定义下一个截面与该截面间的夹角。输入角度值后，单击按钮，系统自动打开一个草绘窗口，绘制下一个截面。

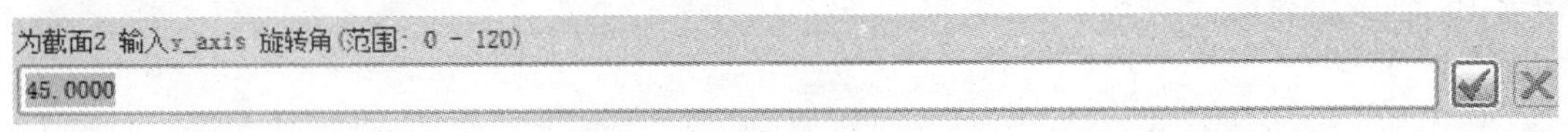

图3.4.18 旋转角度定义

第二个截面草绘完成后，单击按钮，系统在消息区中显示图3.4.19所示的文本框，如果需要继续绘制截面，单击“是”按钮；如果所有截面都已经完成定义，单击“否”按钮后，系统返回“混合”对话框。

步骤5：生成混合实体特征。

在“混合”对话框中，单击“确定”按钮，生成混合实体特征。

3. 创建一般混合特征

一般混合特征中，后一截面的位置不确定，需要由前一截面分别绕 *X*、*Y* 和 *Z* 轴旋转指定角度来确定。一般混合特征也可以看作旋转混合特征的复杂情况，它的创建方法与旋转混合特征较为相似，但有以下几点

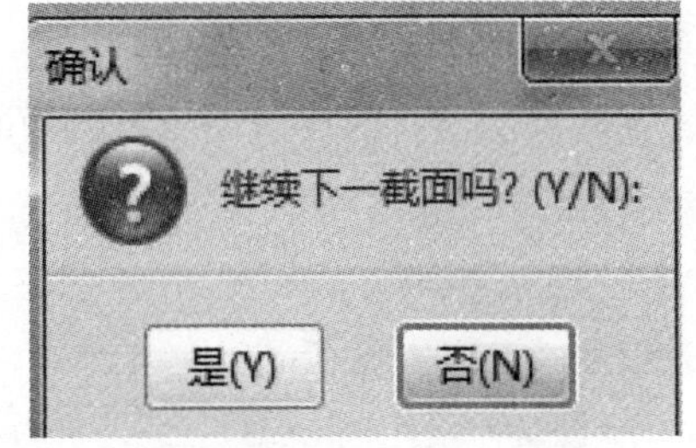

图3.4.19 继续下一截面

不同。

（1）“属性”对话框。一般混合特征的“属性”对话框与平行混合特征相同，没有“开放”和“封闭的”选项。

（2）新截面的定位方式。一般混合特征中，新截面需要由前一截面分别绕 *X*、*Y* 和 *Z* 轴旋转指定的角度来确定，因此需要输入 3 次参数，如图 3.4.20 所示。

图 3.4.20 一般混合特征截面的定位

3.4.3 混合特征应用示例

1. 平行混合特征

图 3.4.21 所示的实体模型，就是使用平行混合特征创建而成的，其创建过程如图 3.4.22 所示，下面进行详细说明。

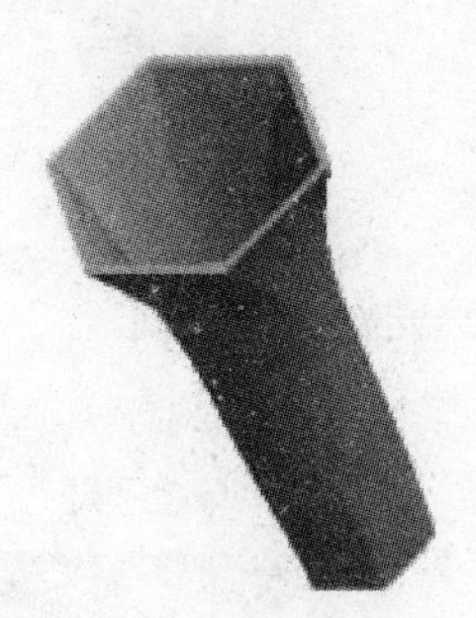

图 3.4.21 平行混合特征示例

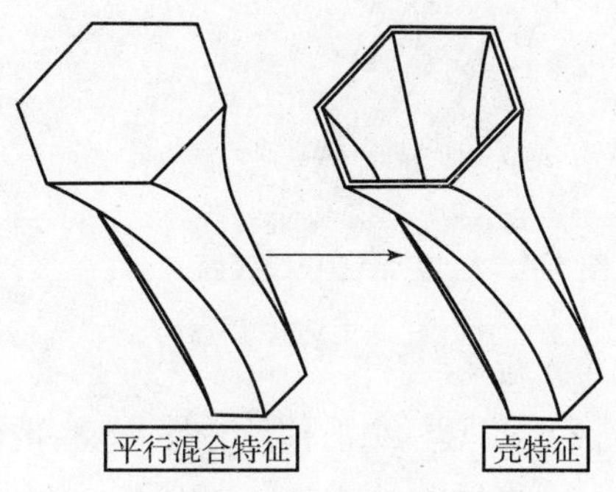

图 3.4.22 创建过程

步骤 1：建立新文件。

单击“文件”工具栏中的 按钮，或者单击“文件”→“新建”命令，系统弹出“新建”对话框，在“名称”文本框中输入所需要的文件名“blend_ example_ 1”，取消“使用缺省模板”复选框后，单击“确定”按钮，系统自动弹出“新文件选项”对话框，在“模板”列表中选择“mmns_part_solid”选项后，单击“确定”按钮，系统自动进入零件环境。

步骤 2：使用平行混合特征创建主体。

（1）单击“插入”→“混合”→“伸出项”命令后，在“混合选项”对话框中选中“使用缺省”选项后，直接单击“完成”按钮，选择 TOP 平面作为草绘平面，其他选项都为缺省值，进入草绘环境。

(2) 绘制图 3.4.23 所示的截面。一共绘制 3 个截面，其中第 1 个和第 3 个截面分别为边长为“40.00”和“80.00”的正六边形，而第 2 个截面是第 1 个截面的外接圆。

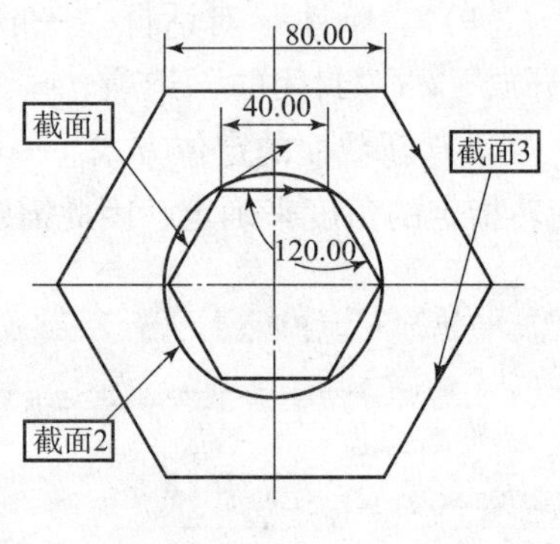

图 3.4.23　混合剖面

(3) 设置截面 1、2 间的距离为“100.00”，截面 2、3 间的距离为“200.00”，完成后单击“确定”按钮，生成平行混合特征。

(4) 单击“工程特征”工具栏中的 ▣ 按钮，进入壳特征工具操控板。

(5) 在图形窗口中，按图 3.4.24 选定开口端面，在厚度文本框中输入壳厚度值为“5.00”，单击 ✓ 按钮创建壳特征。

生成的实体特征如图 3.4.21 所示。

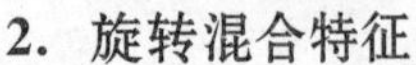

2. 旋转混合特征

如图 3.4.25 所示实体模型，是利用旋转混合薄板特征创建的。下面介绍其详细的创建步骤。

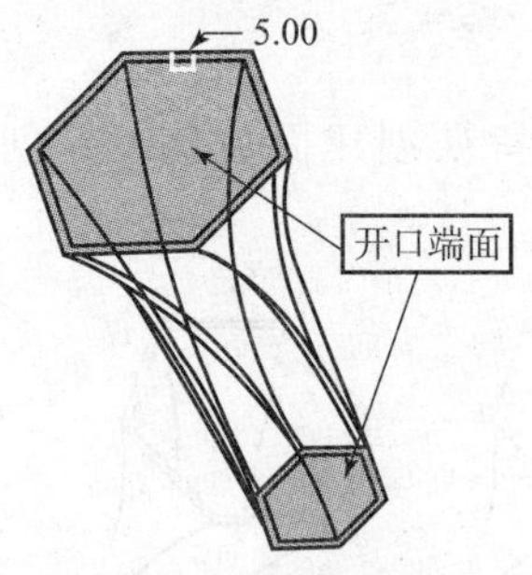

图 3.4.24　壳特征开口端面

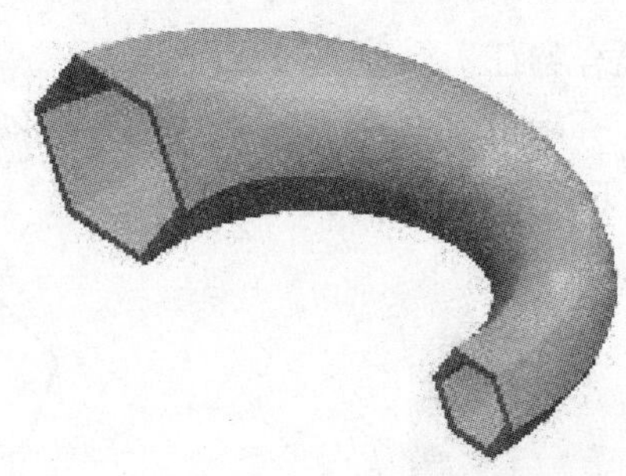

图 3.4.25　旋转混合特征示例

步骤 1：建立新文件。

单击“文件”工具栏中的 ▢ 按钮，或者单击“文件”→“新建”命令，系统弹出“新建”对话框，在“名称”文本框中输入所需要的文件名“blend_example_2”，取消“使用缺省模板”复选框后，单击“确定”按钮，系统自动弹出“新文件选项”对话框，在“模板”列表中选择“mmns_part_solid”选项后，单击“确定”按钮，系统自动进入零件环境。

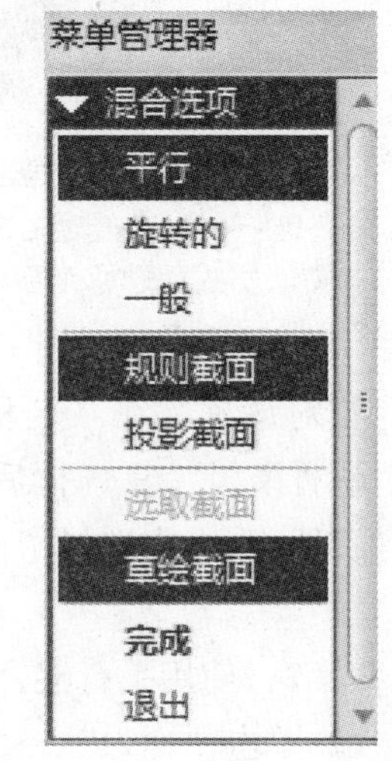

图 3.4.26　“混合选项”菜单

步骤 2：旋转混合薄板特征设置。

(1) 在主菜单中单击“插入”→“混合”→“薄板伸出项”命令后，在“混合选项”菜单（见图 3.4.26）中，单击“旋转的”选项后，直接单击“完成”按钮。在“属性”菜单（见图 3.4.27）中单击“光滑”和“开放”选项后，单击“完成”按钮。

（2）如图 3.4.28 所示，选择 TOP 平面为草绘平面，进入草绘环境。

（3）在草绘环境中，截面 1 草绘如图 3.4.29 所示。注意，在截面草绘图中，包括一个边长为“200.00”的正六边形和一个坐标系，两者间的距离为“500.00”。

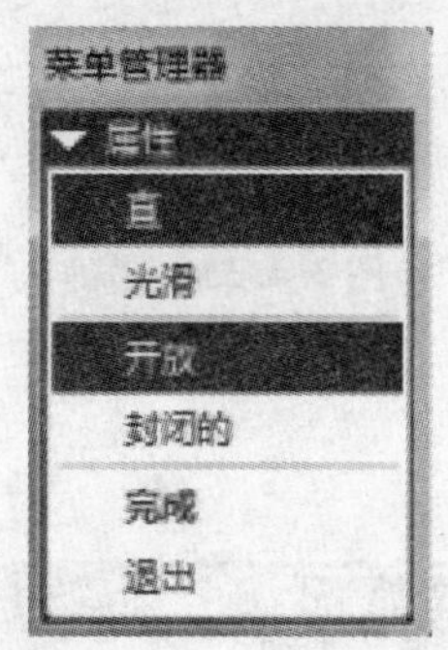

图 3.4.27　“属性”菜单

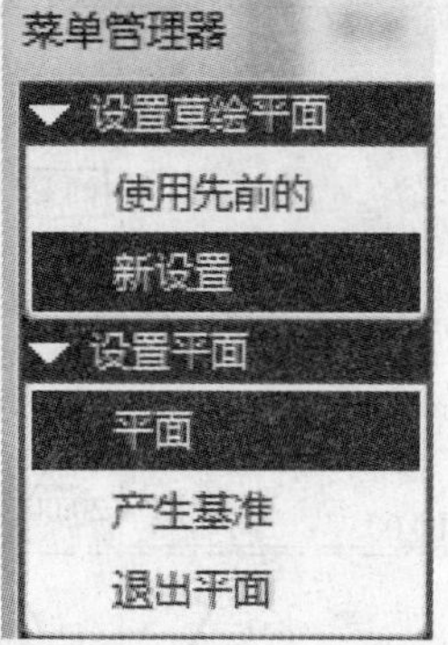

图 3.4.28　草绘平面设置

（4）完成截面 1 的草绘后，单击 按钮退出草绘环境。由于创建的是薄板伸出项，系统弹出“薄板选项”菜单（见图 3.4.30），单击“两者”选项后，系统弹出图 3.4.31 所示的文本框，用于设置截面 2 到截面 1 的旋转距离，输入“90.00”后，单击 按钮。

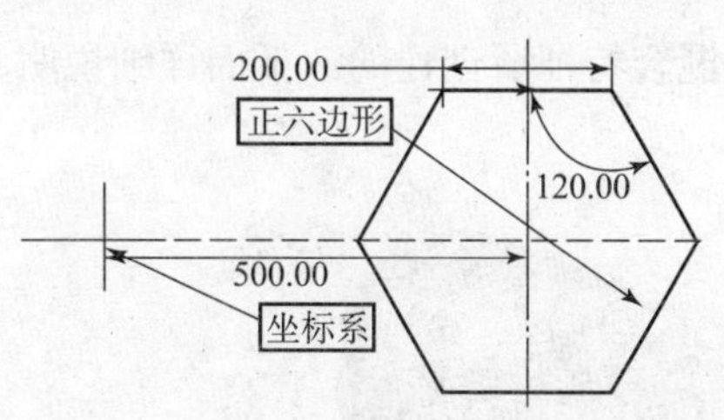

图 3.4.29　截面 1 草绘

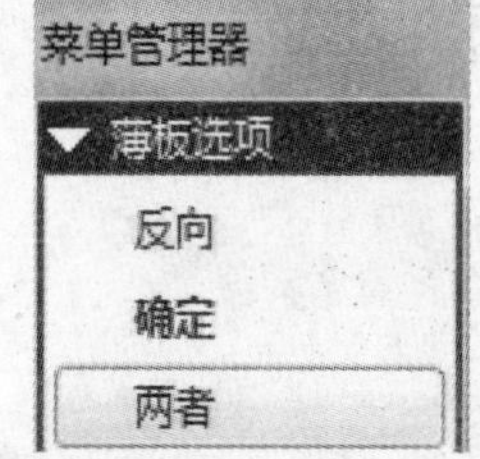

图 3.4.30　“薄板选项”菜单

图 3.4.31　旋转角度设置

（5）系统自动新开一个窗口，用于绘制截面 2。截面 2 草绘如图 3.4.32 所示，包括一个直径为“250.00”的圆和一个坐标系。注意，由于混合特征的各个截面的顶点数必须相等，因此要在圆周上添加 6 个截断点，使用草绘环境中的 工具即可。完成后，在弹出的“薄板选项”菜单中单击“两者”选项，并设置截面 3 到截面 2 的旋转角度为“90.00”，完成后单击 按钮。系统在消息区弹出图 3.4.33 所示的选择框，单击“是”按钮，继续创建截面 3。

（6）在草绘环境中绘制截面 3，如图 3.4.34 所示。完成后，在弹出的“薄板选项”菜单中单击“两者”选项，并设置截面 3 到截面 2 的旋转角度为“90.00”，完成后单击 按钮。在弹出的选择框中单击“否”按钮后，在图 3.4.35 所示的文本框中输入薄板厚度为“20.0000”。

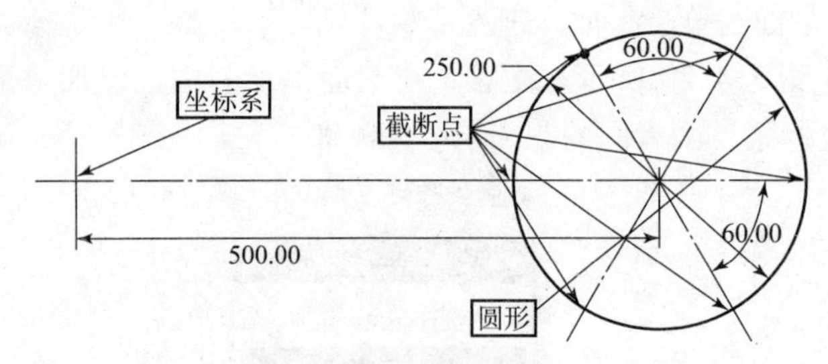

图 3.4.32　截面 2 草绘

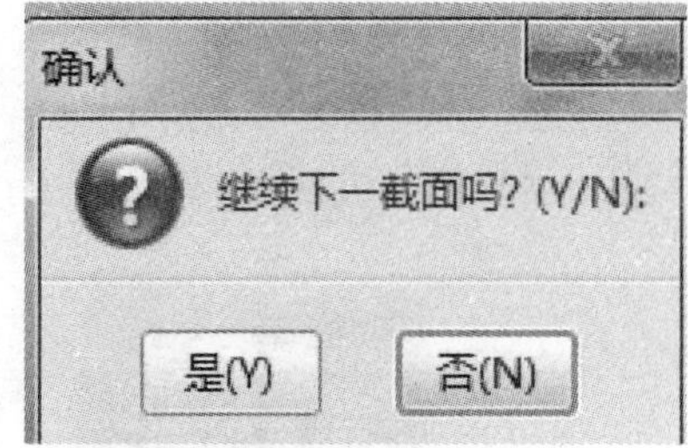

图 3.4.33　“确认”文本框

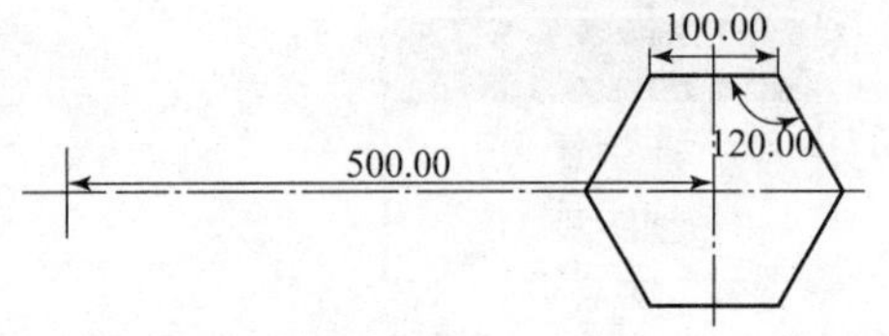

图 3.4.34　截面 3 草绘

图 3.4.35　定义薄板厚度

步骤 3：生成混合特征。

在“混合”对话框中，单击“确定”按钮，完成旋转混合特征的创建，如图 3.4.25 所示。

3. 一般混合特征

图 3.4.36 所示的柱状模型，是使用一般混合特征所创建的。下面详细说明其创建过程。

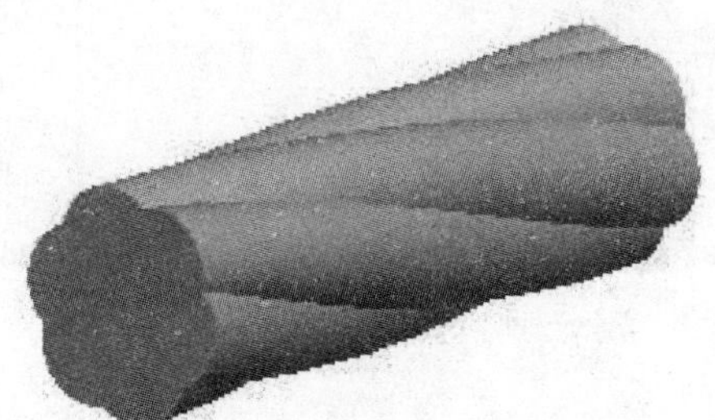

图 3.4.36　一般混合特征示例

步骤 1：建立新文件。

单击“文件”工具栏中的 按钮，或者单击“文件”→“新建”命令，系统弹出“新建”对话框，在“名称”文本框中输入所需要的文件名“blend_example_3”，取消“使用缺省模板”复选框后，单击“确定”按钮，系统自动弹出“新文件选项”对话框，在“模板”列表中选择“mmns_part_solid”选项后，单击“确定”按钮，系统自动进入零件环境。

步骤 2：一般混合特征设置。

（1）在主菜单中单击“插入”→“混合”→“伸出项”命令后，在弹出的“混合选项”菜单（见图 3.4.37）中单击“一般”选项，然后直接单击“完成”选项，进入“属性”菜单（见图 3.4.38）中，选择“光滑”选项后，单击“完成”选项。

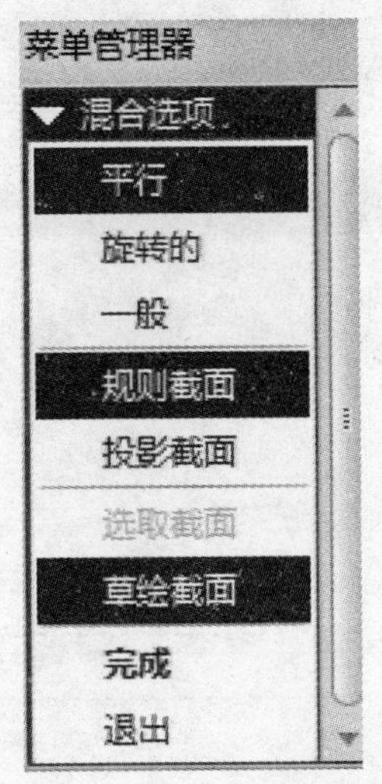

图3.4.37　“混合选项”菜单

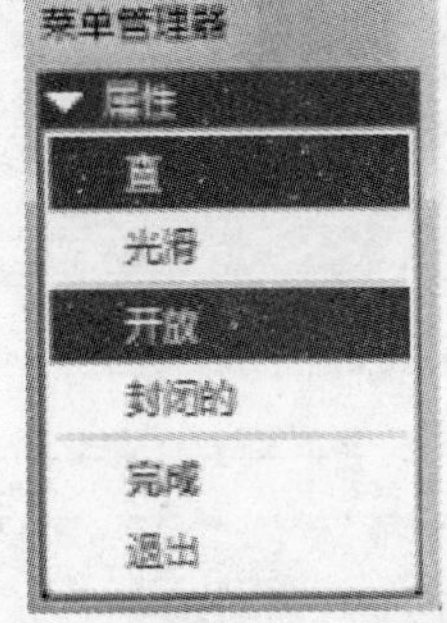

图3.4.38　“属性”菜单

（2）在“设置草绘平面”菜单（见图3.4.39）中，选择TOP平面为草绘平面，使用所有缺省设置，直接单击“完成”选项后，进入草绘环境。

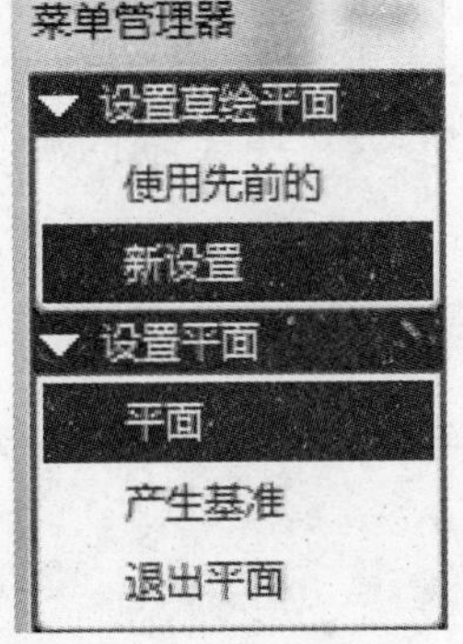

图3.4.39　“设置草绘平面”菜单

步骤3：草绘截面1。

（1）在草绘环境中绘制图3.4.40所示的截面。该截面中包括三部分：截面线、构造基准线和坐标系。构造基准线也是一种基准，可以帮助截面线定位。

（2）构造基准线是由普通的截面线生成的。如图3.4.41所示，在草绘环境中，选中需要构造的截面线，单击鼠标右键，在弹出的快捷菜单中单击“构建”选项，则所选截面线即变成基准线。

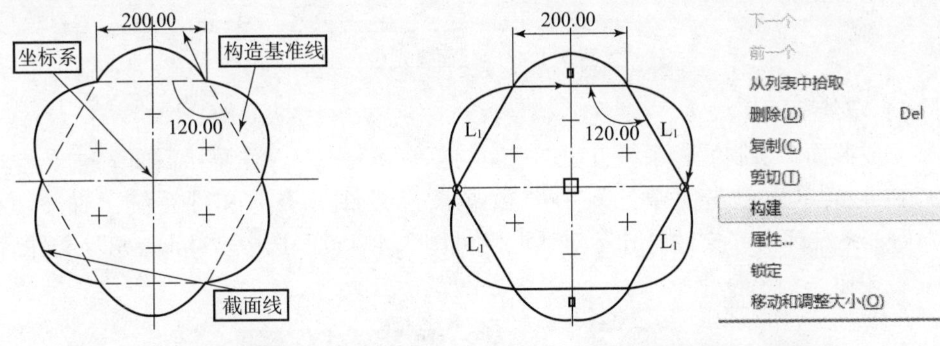

图3.4.40　草绘截面

图3.4.41　构造基准线

（3）图3.4.40所示的截面绘制完成后，单击主菜单中的“文件”→“保存副本”命令，在弹出的“保存副本”对话框中，输入新建名称为“slide”后，单击“确定”按钮，如图3.4.42所示，则刚刚创建的草绘截面被保存到文件“slide. sec”中，供后面使用。

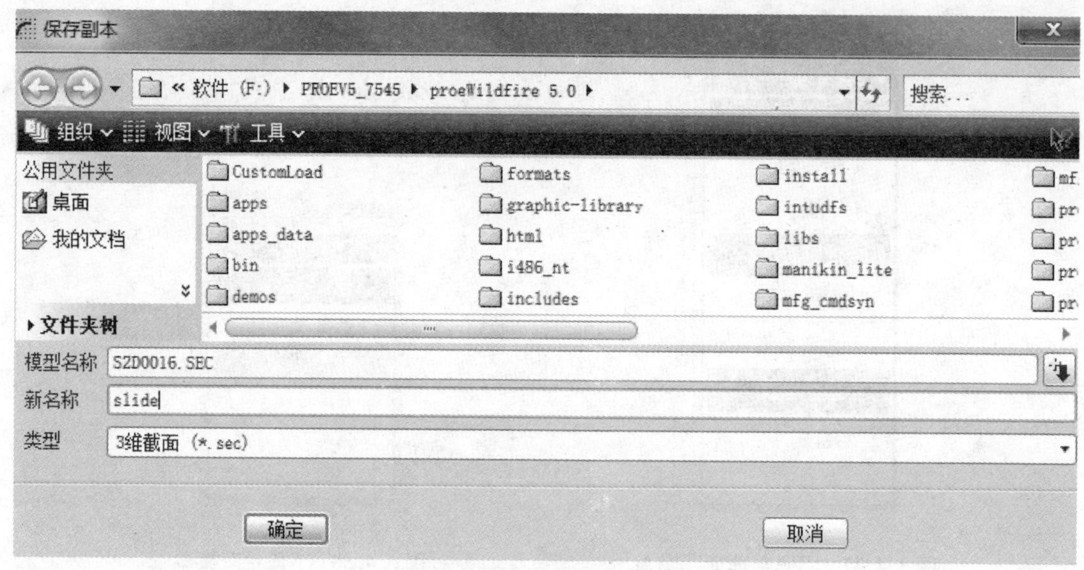

图 3.4.42 “保存副本”对话框

（4）单击 按钮，完成截面 1 的草绘。在系统弹出的文本框内（见图 3.4.43）设置截面的定位参数，绕 X 轴的旋转角度为 0°，绕 Y 轴的旋转角度为 0°，绕 Z 轴的旋转角度为 30°。

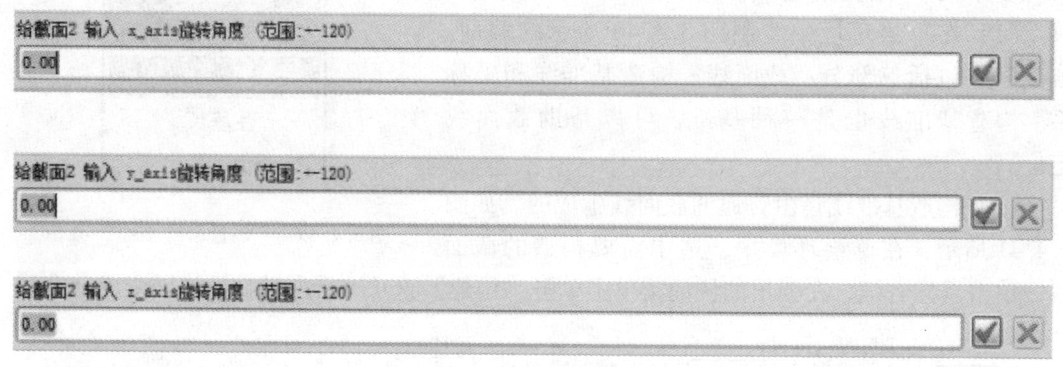

图 3.4.43 截面 2 定位

步骤 4：草绘截面 2。

（1）完成截面 1 绘制后，系统自动进入新的草绘环境中，开始草绘截面 2。

（2）在主菜单中单击“草绘”→“数据来自文件”→“文件系统”命令（见图 3.4.44）后，系统弹出“文件打开”对话框（见图 3.4.45），选中“slide.sec”文件后，单击“打开”按钮。

图 3.4.44 从文件导入草绘截面

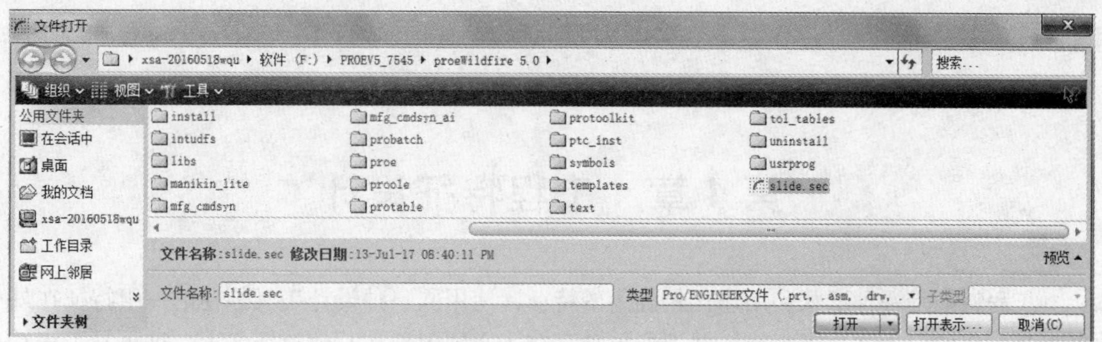

图 3.4.45　“文件打开”对话框

（3）在图形中任意指定一点，作为导入截面的中心点位置。导入的截面如图 3.4.46 所示，同时系统弹出“缩放旋转”对话框（见图 3.4.47），用于设置导入的截面的缩放尺寸值和旋转角度值。在“比例”文本框中输入“1”，在“旋转”文本框中输入“0”后，单击 ✓ 按钮，完成截面导入。

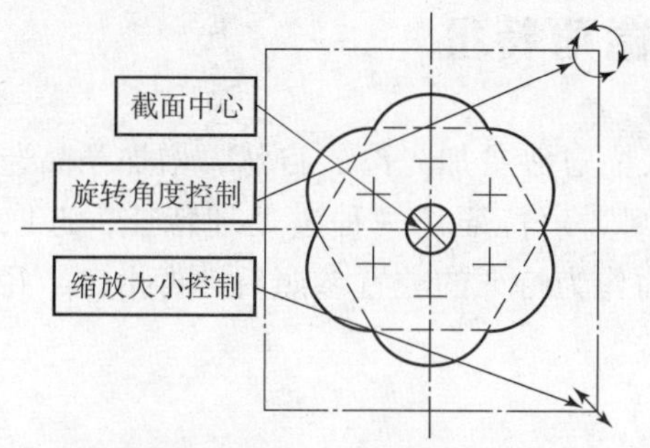

图 3.4.46　导入的草绘截面

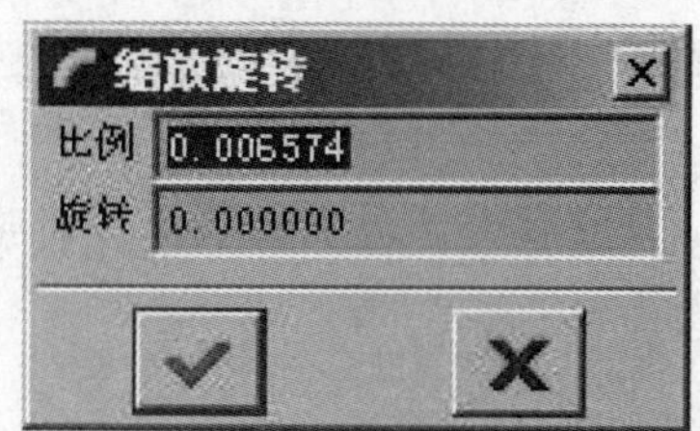

图 3.4.47　“缩放旋转”对话框

（4）完成截面导入后，直接单击 ✓ 按钮，完成截面 2 的绘制。在消息区处，在系统弹出的对话框中单击“是”按钮，设置截面 3 相对于截面 2 的定位参数值，绕 X 轴的旋转角度为 0°，绕 Y 轴的旋转角度为 0°，绕 Z 轴的旋转角度为 30°。

步骤 5：绘制更多的截面。

使用与上面相同的方法，继续绘制截面。各个截面的缩放比例都是 1，旋转角度都是 0°，相邻两个截面间，绕 X 轴的旋转角度为 0°，绕 Y 轴的旋转角度为 0°，绕 Z 轴的旋转角度为 30°。一共绘制 5 个截面。

步骤 6：设置截面间距离。

第 5 个截面绘制完成后，在消息区系统弹出的对话框中单击“否”按钮，系统弹出图 3.4.48 所示的对话框，用于设置各个相邻截面间的距离，这里均设为 400。

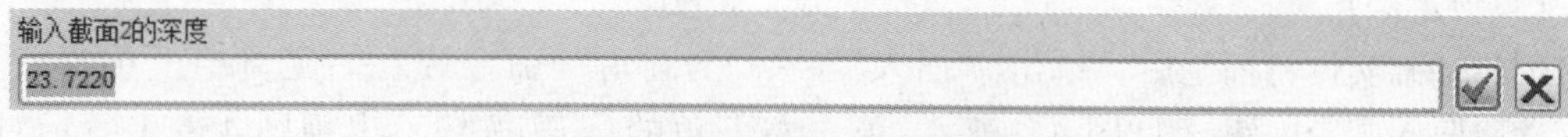

图 3.4.48　设置截面间距离

步骤 7：生成实体特征。

所有元素定义完成后，在“混合”对话框中单击“确定”按钮，系统生成图 3.4.36 所示的实体模型。

第 4 章　工程特征设计

工程特征是一种形状和用途比较确定的特征，使用同一种设计工具创建的一组特征在外形上是相似的。大多数工程特征并不能单独存在，必须附着在其他特征之上，这也是工程特征和基础实体特征的典型区别之一。例如，孔特征需要切掉已有特征上的实体材料，倒圆角特征需要放置在已有特征的边线或定点处。因此，使用 Pro/E 进行三维建模时，通常首先创建基础实体特征，然后在其上依次添加各类工程特征，直到最后生成满意的模型。本章主要讨论倒角特征（包括倒圆角特征和倒直角特征）、孔特征、拔模特征、筋特征和壳特征等。

4.1　创建倒圆角特征

倒圆角特征可以代替零件上的棱边使模型表面过渡更加光滑、自然，增加产品造型的美感，消除产品尖角产生的集中应力。因此，倒圆角特征是一种边处理特征，选取模型上的一条或者多条边、边链，或者指定一组曲面作为特征的放置参照后，再指定半径参数即可创建。

1. 设计工具

创建基础实体特征之后，单击菜单命令“插入”→“倒圆角”或在右工具栏上单击按钮，都可以打开倒圆角设计图标板，如图 4.1.1 所示。

图 4.1.1　倒圆角设计图标板

2. 倒圆角特征的分类

根据倒圆角特征半径参数的特点和确定方法，可以将其分为以下 4 种类型。

恒定圆角：倒圆角特征具有单一半径参数，用于创建尺寸均匀一致的圆角。

可变圆角：倒圆角特征具有多种半径参数，圆角尺寸沿指定方向渐变。

由曲线驱动的圆角：圆角的半径由基准曲线驱动，圆角尺寸变化更加丰富。

完全倒圆角：使用倒圆角特征替换选定曲面，圆角尺寸与该曲面自动适应。

1）恒定圆角

创建基础实体特征之后，单击“插入”→“倒圆角”命令或在右工具栏上单击按钮，选取要倒圆角的边（见图 4.1.2），单击左下角的设置按钮，出现图 4.1.3 所示对话框，单击对话框中半径对应的数字，如图中的“7.00”，修改该数值可以改变所要倒的边的圆角半径值。

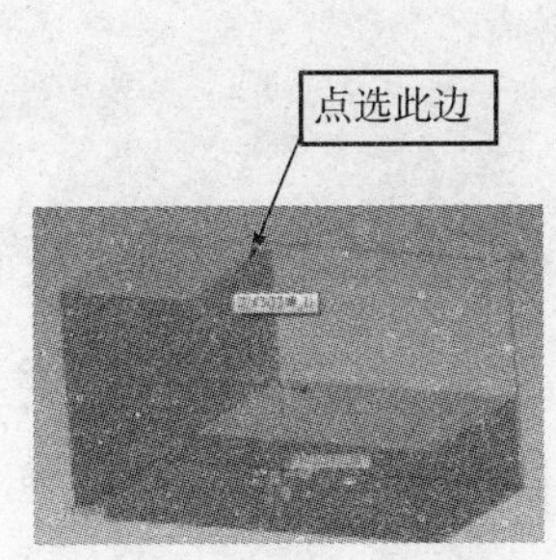

图 4.1.2　选取要倒圆角的边

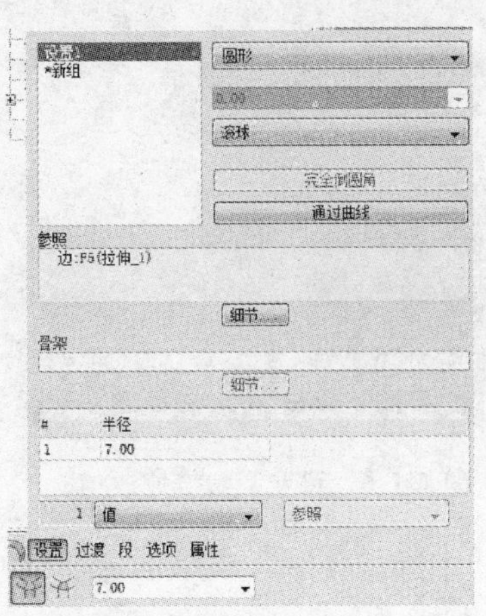

图 4.1.3　所倒圆角的数值修改面板

2）可变圆角

创建基础实体特征之后，单击“插入”→“倒圆角”命令或在右工具栏上单击 按钮，选取要倒圆角的边（见图 4.1.4），单击左下角的 设置 按钮，在图 4.1.5 所示对话框中单击右键选择添加半径。比如添加两次半径后，对话框中会有 3 个半径，其中 2 个半径在所选边的首尾位置。单击对话框中第三个位置对应的比例值，可以设置所添加半径的位置，如图 4.1.5 所示的“0.80”，修改成“0.50”代表半径添加到所选边的中间。单击对话框中半径对应的数字，如图中的“7.00”，如修改各个半径值，首尾对应半径“10.00”“50.00”，“0.50”位置对应半径“20.00”。修改结果如图 4.1.6 所示，修改完数值后单击右下角的 按钮，倒出来的可变半径圆角如图 4.1.7 所示。

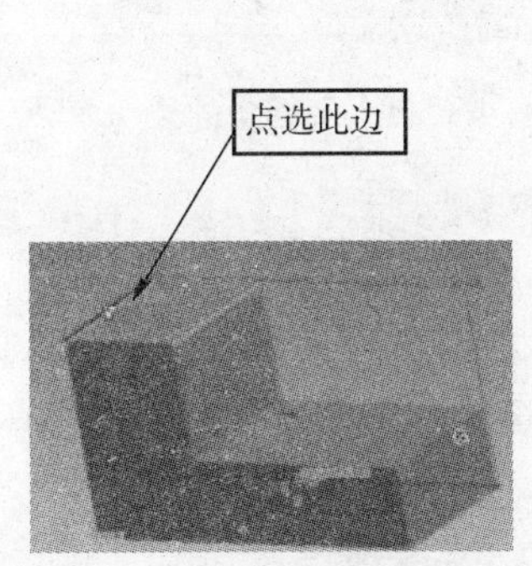

图 4.1.4　选取要倒圆角的边

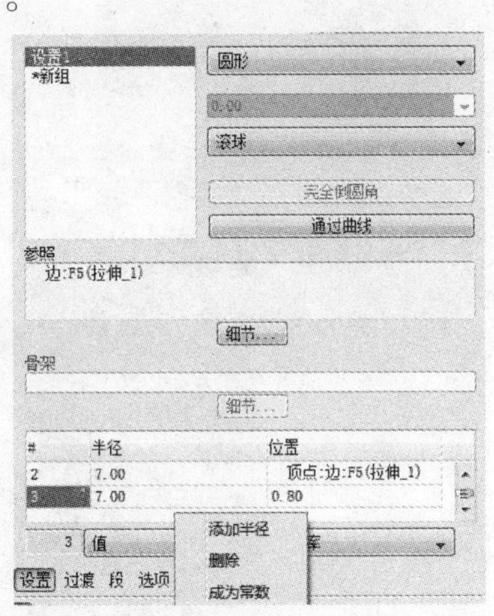

图 4.1.5　可变圆角变径添加面板

3）由曲线驱动的圆角

创建基础实体特征之后，单击 按钮，选取右侧面作为草绘平面，通过草绘作出图 4.1.8 所示的草绘线条，作为倒圆角的驱动曲线。线条草绘完成后单击“插入”→“倒圆角”命令或在右工具栏上单击 按钮，单击左下角的 设置 按钮，在图 4.1.9 中单击“通过曲线”按钮，并在绘图区选取刚才草绘的线条（见图 4.1.10），这时驱动曲线设置完毕。

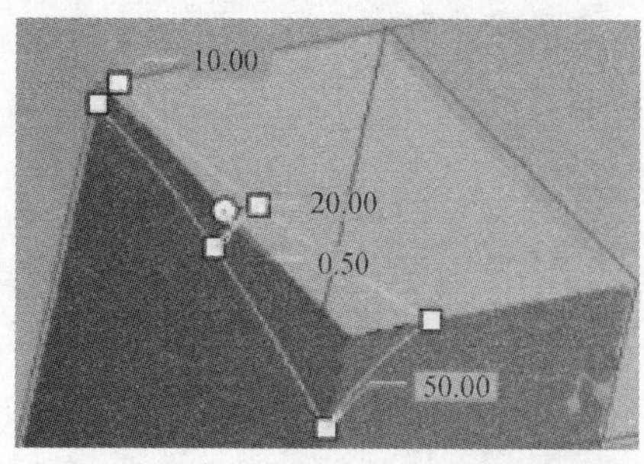

图 4.1.6　可变圆角变修改值

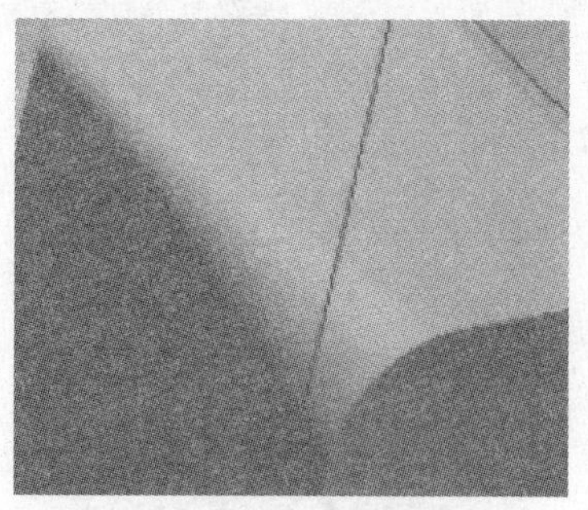

图 4.1.7　可变半径圆角

单击图 4.1.9 中的“参照”栏下面的空白处，再选取要倒的边，如图 4.1.11 所示。最后单击右下角的 ✔ 按钮，倒出来的圆角如图 4.1.12 所示。

图 4.1.8　倒圆角的驱动曲线

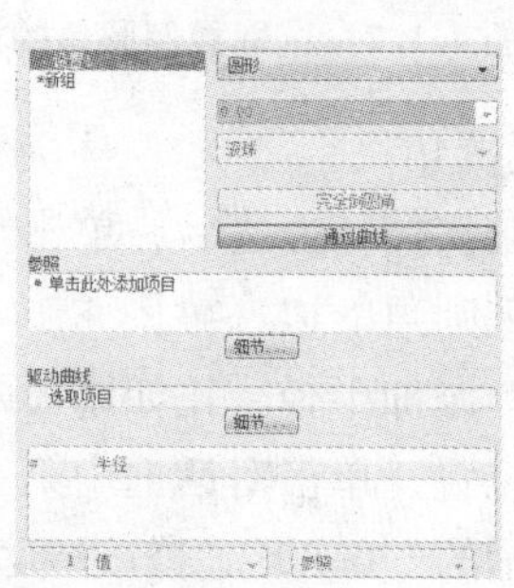

图 4.1.9　驱动曲线设置

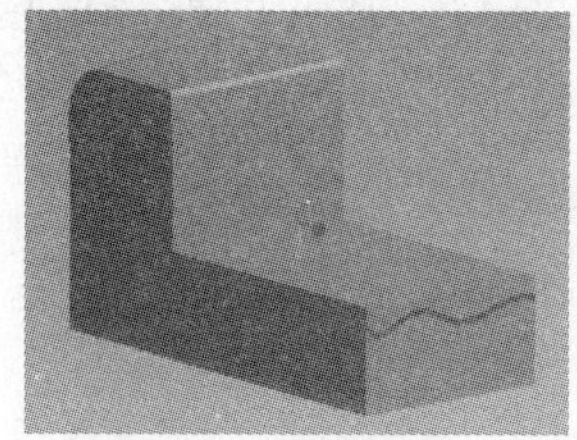

图 4.1.10　驱动曲线

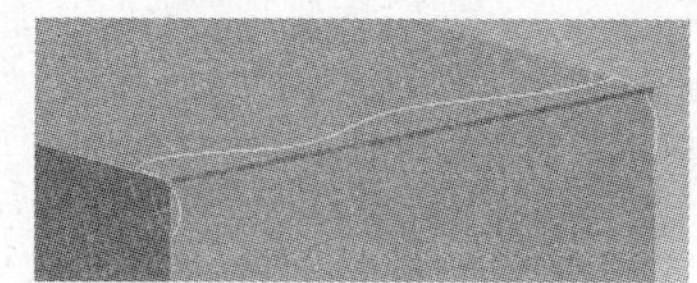

图 4.1.11　倒圆角的边

图 4.1.12　曲线驱动倒圆角

4）完全倒圆角

创建基础实体特征之后，单击“插入”→“倒圆角”命令或在右工具栏上单击 按钮，单击左下角的设置按，按住 Ctrl 键的同时选中两个平面，如图 4. 1. 13 所示。设置图 4. 1. 14 中“参照”栏中的两个曲面为所选面。这时在基础实体上选取驱动面，如图 4. 1. 15 中的红色面。最后单击右下角的按钮，倒出来的圆角如图 4. 1. 16 所示。

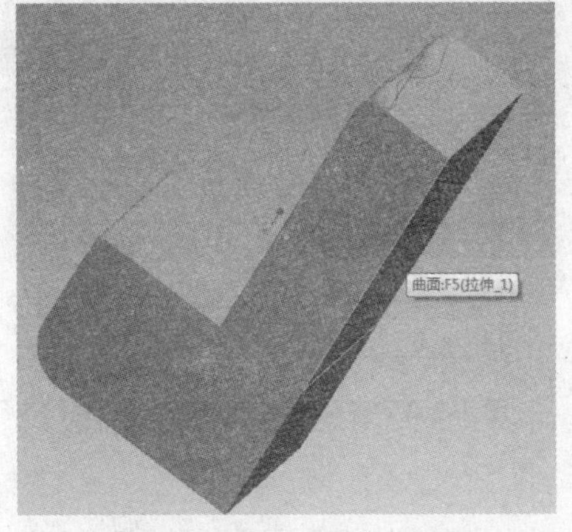

图 4. 1. 13　完全倒圆角所在位置两侧的面

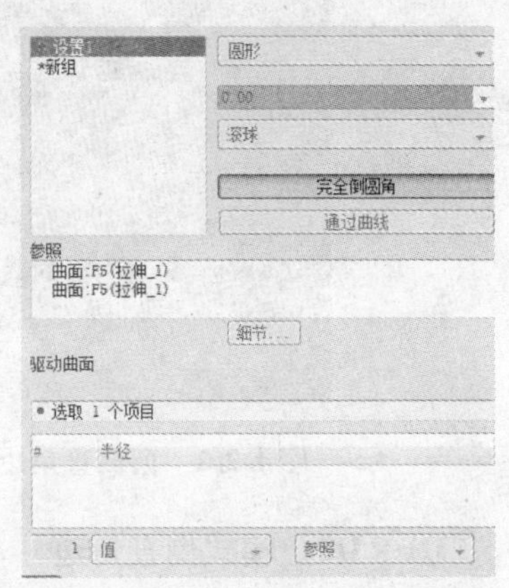

图 4. 1. 14　完全倒圆角设置面板

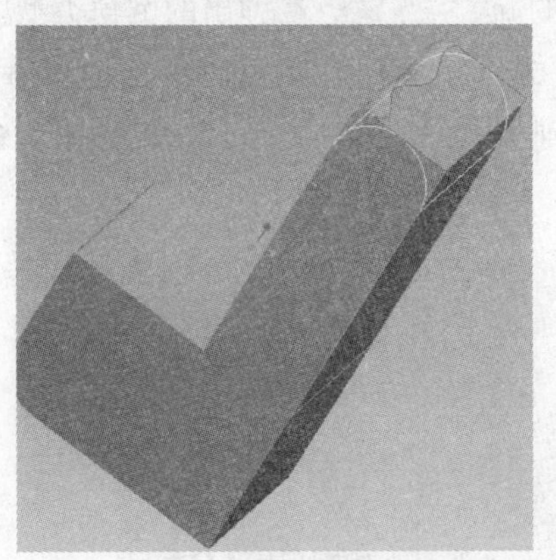

图 4. 1. 15　完全倒圆角驱动曲面

图 4. 1. 16　完全倒圆角

4. 2　创建倒直角特征

在 Pro/E 系统中，倒直角分为倒边角与倒拐角。倒直角特征可以代替零件上尖锐的棱边使模型表面手感好，使用安全，便于安装，并增加产品造型的美感，减少产品尖角产生的集中应力。因此，倒直角特征是一种边处理特征，选取模型上的一条或者多条边、边链，再指定直角边模式即可创建。

1. “D × D”模式倒直角边

创建基础实体特征之后，单击“插入”→“倒角”→“边倒角”命令，即 倒角(M) ▸ 边倒角(E)...，或在右工具栏上单击按钮，选取要倒直角的边（见图 4. 2. 1），单击左下角的 D x D ，在弹出的倒角类型中有图 4. 2. 2 所示的几种，选“D × D”模式。然后在 D 10.00 中修改尺寸为“10. 00”，则代表倒的是直角边为 10 的直角，结果如图 4.2.3 所示。单击屏幕上的 按钮，完成直角创建。

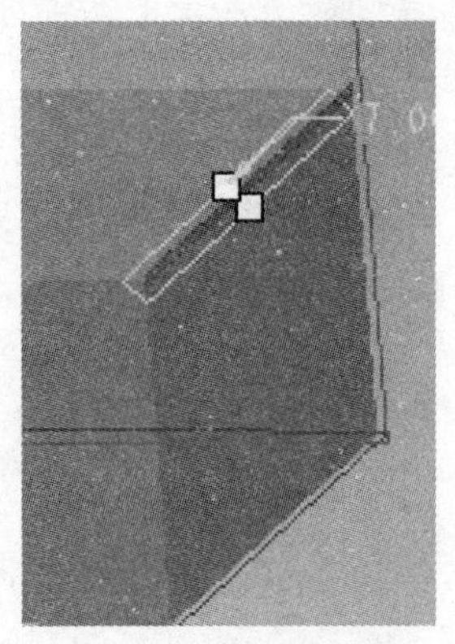

图 4.2.1　所倒直角边

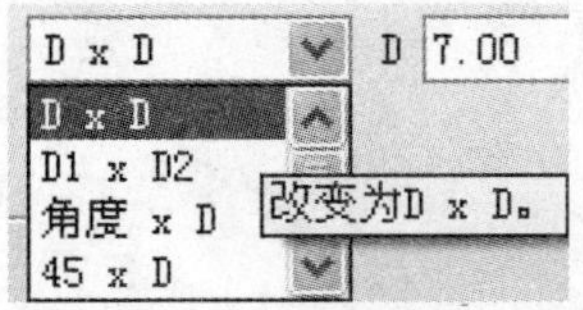

图 4.2.2　直角边倒角类型

2. “D1 × D2” 模式倒直角边

创建基础实体特征之后，单击“插入”→“倒角”→“边倒角”命令或在右工具栏上单击 按钮，选取要倒直角的边（见图 4.2.1），单击左下角的 D x D ，在弹出的倒角类型中选择“D1 × D2” 模式。然后在 D1 10.00 D2 10.00 中修改尺寸，D1 中输入“10.00”，D2 中输入“20.00”，则代表倒直角边分别为 10 与 20 的直角，结果如图 4.2.4 所示。单击屏幕上的 按钮，完成直角创建。

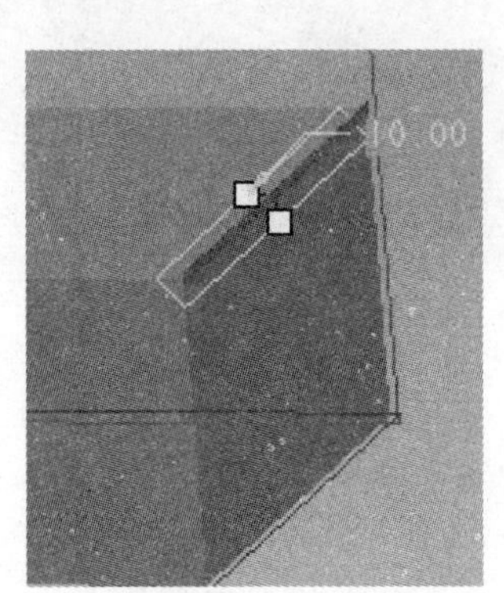

图 4.2.3　“D × D” 直角边倒角

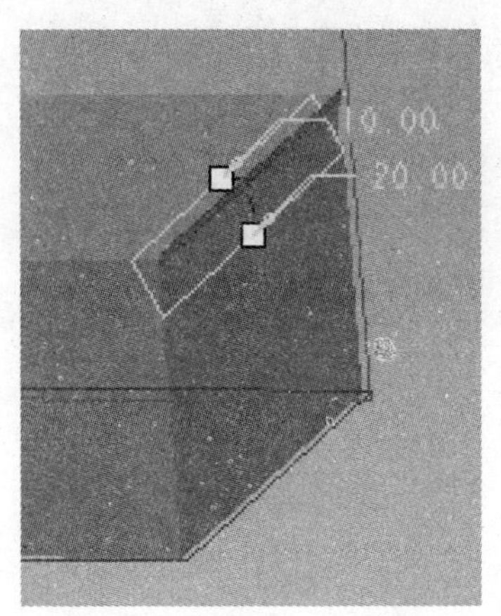

图 4.2.4　“D1 × D2” 直角边倒角

3. “角度 × D” 模式倒直角边

创建基础实体特征之后，单击“插入”→“倒角”→“边倒角”命令或在右工具栏上单击 按钮，选取要倒直角的边（见图 4.2.1），单击左下角的 D x D ，在弹出的倒角类型中选择“角度 × D” 模式。然后在 角度 63.43 D 10.00 中修改角度与 D 值，就能够确定倒直角边的大小以及整个倒角的倾斜角，通过单击 按钮可以换成不同边的 D 值。结果如图 4.2.5 所示。

4. “45 × D” 模式倒直角边

创建基础实体特征之后，单击“插入”→“倒角”→“边倒角”命令或在右工具栏上

单击 按钮，选取要倒直角的边（见图 4. 2. 1），单击左下角的 D x D ，在弹出的倒角类型中选择“45 × D”模式。然后在 45 x D D 10.00 中修改 D 值，就能够确定倒直角边的大小，倒角的倾斜角为固定 45°，效果与“D × D”模式相同。结果如图 4. 2. 6 所示。

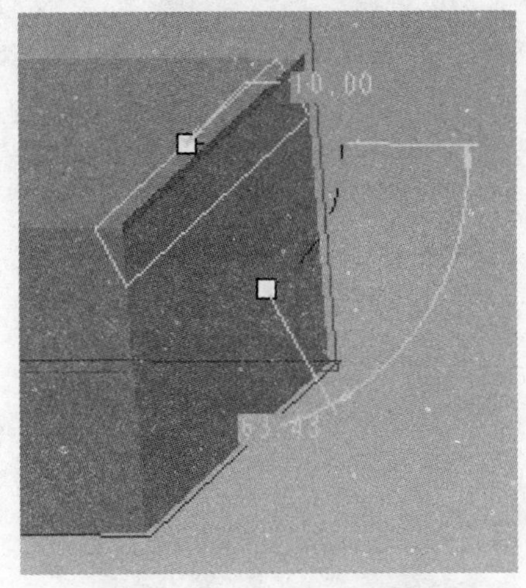

图 4. 2. 5 “角度 × D”直角边倒角

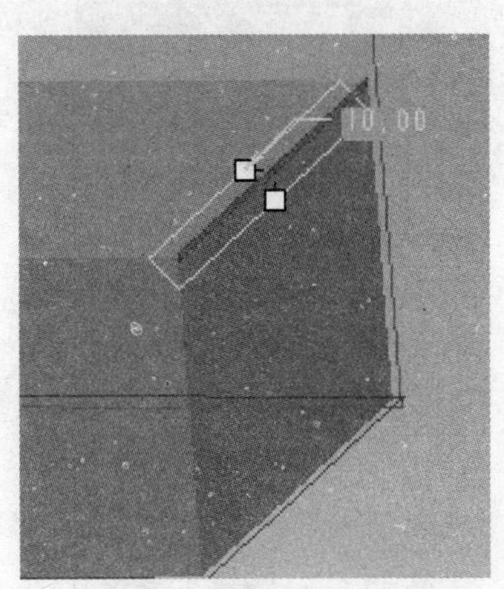

图 4. 2. 6 “45 × D”直角边倒角

5. 倒顶角

倒顶角是在零件的拐角处去除材料。创建基础实体特征之后，单击“插入”→“倒角”→“拐角倒角”命令，弹出图 4. 2. 7 所示对话框，在实体上选取要进行倒角的拐角相邻的任意两边，如图 4. 2. 8 所示。单击右边对话框“输入”选项，如图 4. 2. 9 所示，在底下输入倒角的边长 输入沿加亮边标注的长度 72.1700 ，默认第一条被选中的边所要倒角的长度，输入完成按 Enter 键。实体中所倒顶角邻边有一边为绿色，如图 4. 2. 10 所示，则为当前需要倒的边。继续单击“输入”选项并输入数值，完成后按 Enter 键，此时最后一个顶角的邻边显示绿色，继续输入数值则完成拐角倒角设置，单击对话框中的“预览”按钮，如图 4. 2. 11 所示，确定完成拐角倒角如图 4. 2. 12 所示。

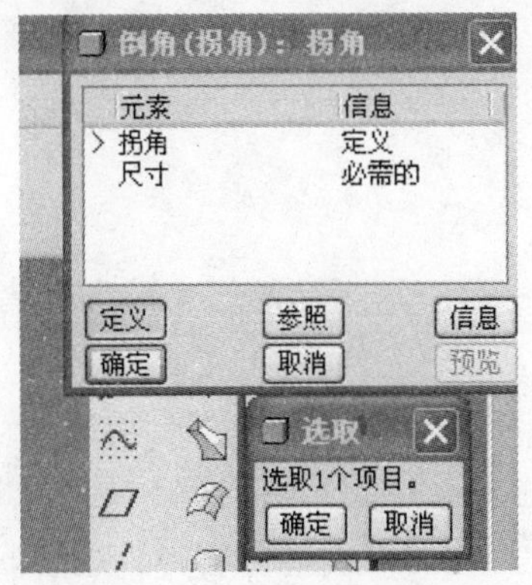

图 4. 2. 7 拐角选择对话框

图 4. 2. 8 拐角顶点两边

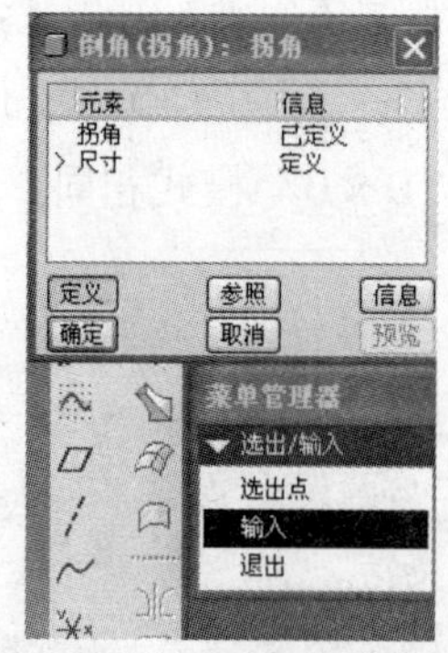

图 4.2.9　拐角倒角值输入

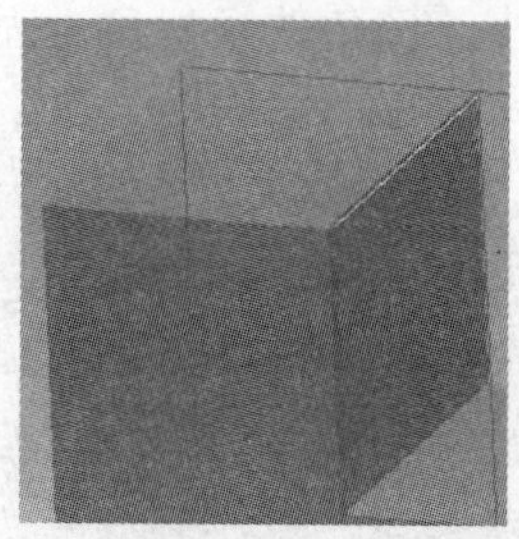

图 4.2.10　拐角倒角所要倒的边

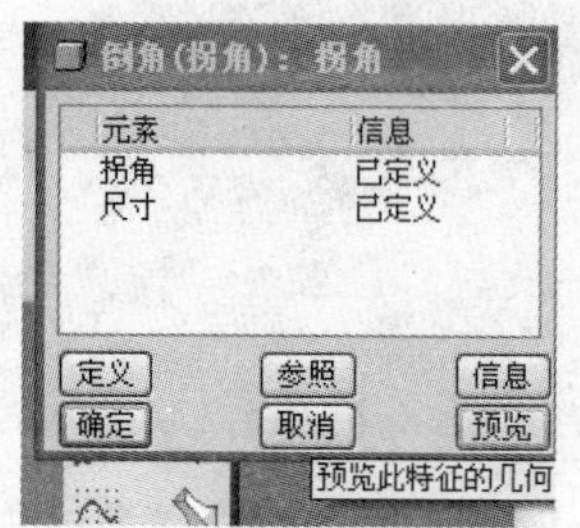

图 4.2.11　拐角倒角预览对话框

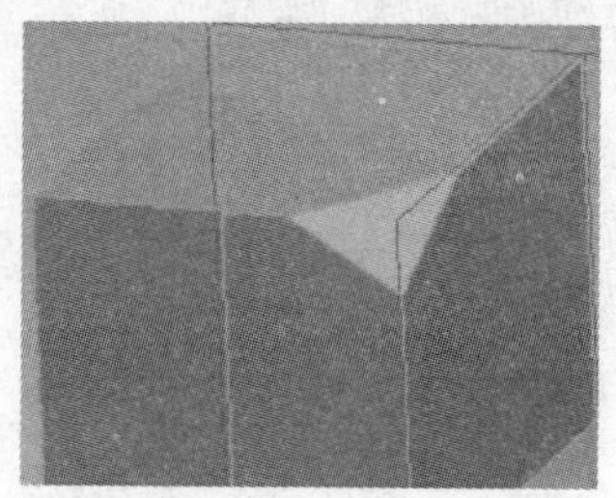

图 4.2.12　拐角倒角图

4.3　创建孔特征

孔特征属于构建特征。构建特征是这样一类特征，它们不能单独生成，而只能构建于其他特征之上。要准确生成一个孔特征，需要确定一下两类参数。

定形参数：确定孔形状和大小的参数，如长、宽、高和直径等参数。若定形参数不准确，将影响特征的形状精度。

定位参数：确定孔在基础特征上放置位置的参数。确定定位参数时，通常选取恰当的点、线、面等集合图元作为参数，然后使用相对于这些参照的一组线性或角度尺寸来确定特征的放置位置。若定位参数不准确，特征将偏离正确的放置位置。

1. 孔特征概述

在 Pro/E 中，可以创建三类孔特征。

（1）直孔：具有圆截面的切口，它始于放置曲面并延伸到指定的终止曲面或者用户定义的深度。

（2）草绘孔：由草绘截面而定义的旋转特征。锥形孔可作为草绘孔进行创建。

（3）标准孔：具有基本形状的螺孔。它基于相关的工业标准，可带有不同的末端形状、标准沉孔和埋头孔。对选定的紧固件，既可计算攻螺纹，也可计算间隙直径；用户既可利用系统提供的标准查找表，也可创建自己的查找表来查找这些直径。

2. 孔特征创建的一般过程

1）直孔的创建

创建基础实体特征之后，单击“插入”→“孔”命令或在右工具栏上单击按钮，选取要放置孔的面，如图4.3.1所示，单击“放置”命令，弹出图4.3.2所示对话框，选择类型。

（1）选择线性。

如图4.3.3所示，在“偏移参照”选项栏中单击鼠标，在实物上单击要进行参照的面，如图4.3.4选取相互垂直的两个面，并在“偏移参照”选项栏内双击修改数值，如图4.3.5所示。此时孔的位置确定。再通过单击⌀50.00右边的下拉符号修改孔的直径，并单击按钮，选择孔的深度类型，如图4.3.6所示。选择时表示所加工的孔为盲孔，只需输入深度值便可确定孔的设计。选择时表示孔从放置面向对称两边加深，只需输入深度值便可确定孔的设计。选择时表示孔延伸到下个平面并完成孔的设计。选择时表示孔穿过所有平面并完成孔的设计。选择时表示孔延伸至与选定的曲面相交并完成孔的设计。选择时表示孔延伸至指定的点、曲线、平面或曲面。当设置完孔的位置与形状参数后，单击按钮，完成直孔线性放置的设计，如图4.3.7所示。

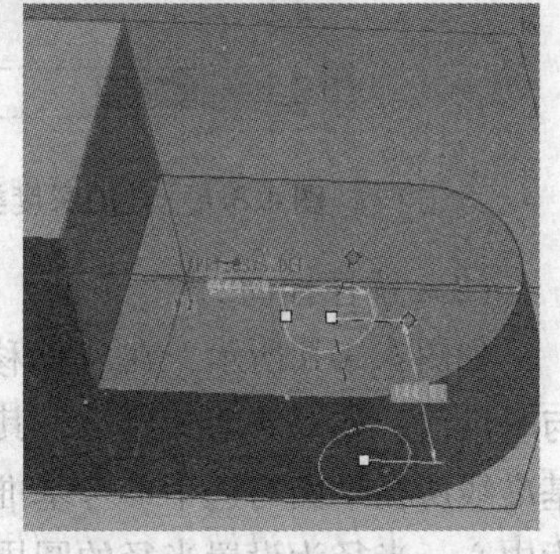

图4.3.1　孔放置平面

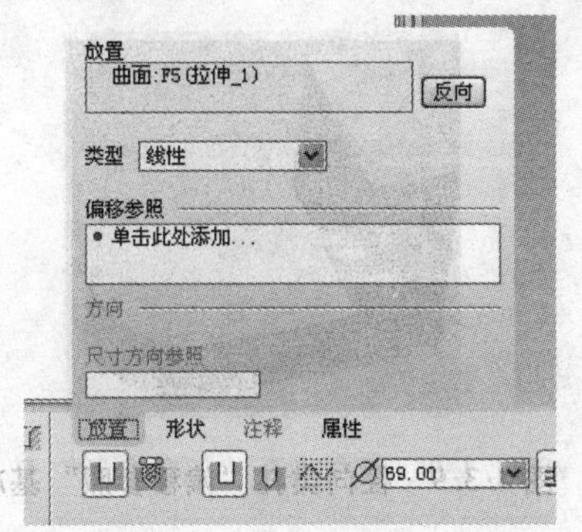

图4.3.2　孔的设置对话框

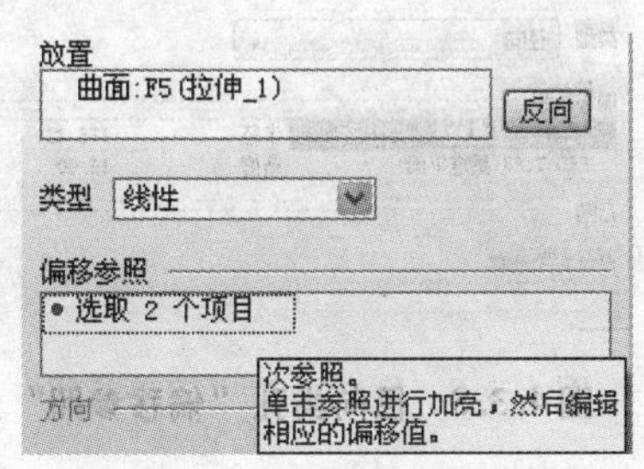

图4.3.3　孔的偏移参照

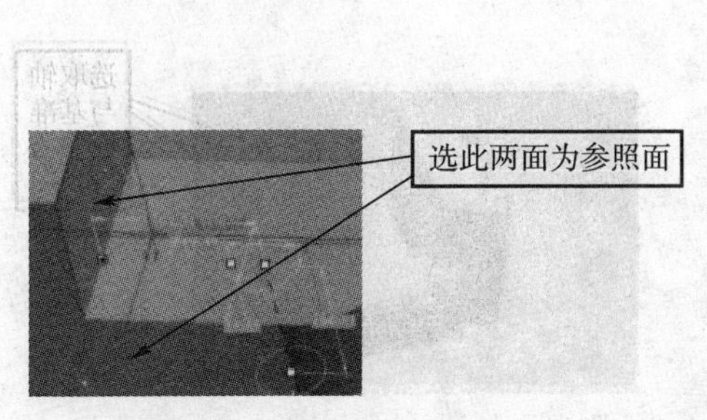

图4.3.4　孔的定位参照面选取

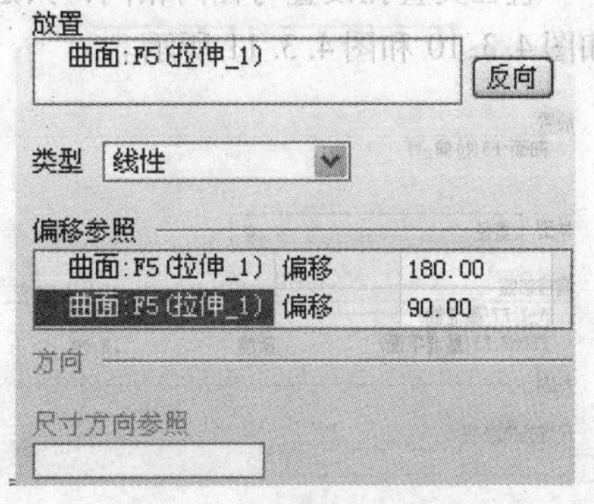

图4.3.5　孔的定位参数

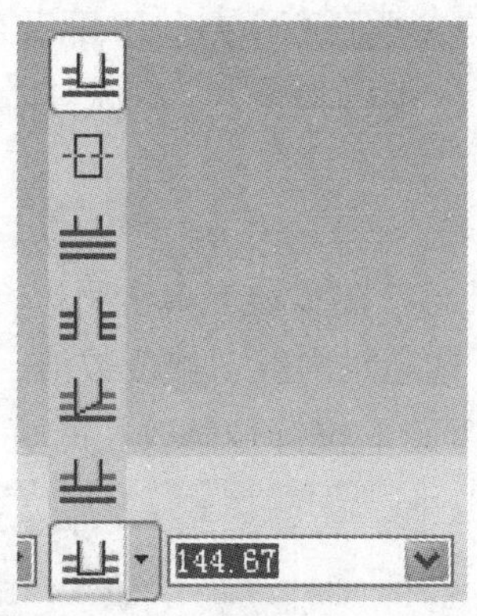

图 4.3.6　孔的深度类型

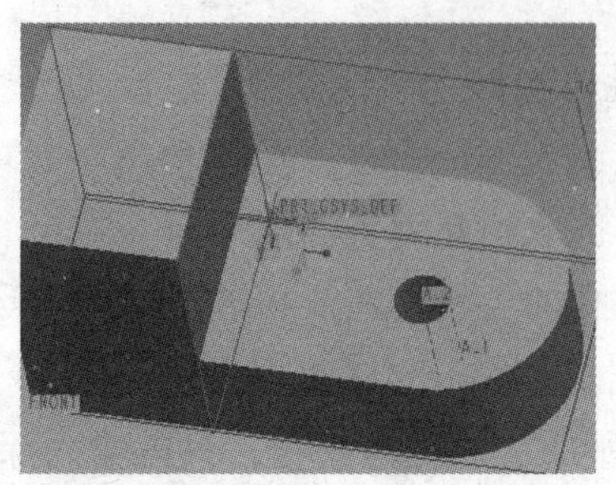

图 4.3.7　直孔线性放置

（2）选择径向。

如图 4.3.8 所示，在“偏移参照”选项栏中单击鼠标，在实物上单击要进行参照的面与基准线，如图 4.3.9 所示，其中半径指的是孔中心线与基准线的距离，角度为孔中心线与基准线所在平面与选中参考基准面的夹角。通过此类参照，孔位置可以定位在以所选基准线为中心，半径为设置半径的圆周上。其余孔径与孔深度设置与线性孔相同。当设置完孔的位置与形状参数后，单击 ✔ 按钮，完成直孔径向放置的设计。

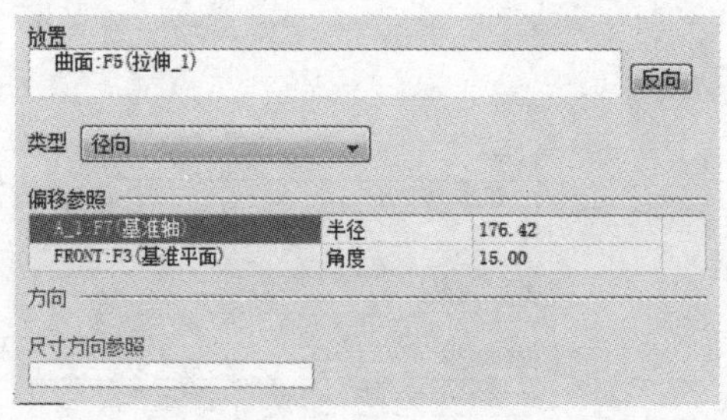

图 4.3.8　径向类孔“偏移参照”选项栏

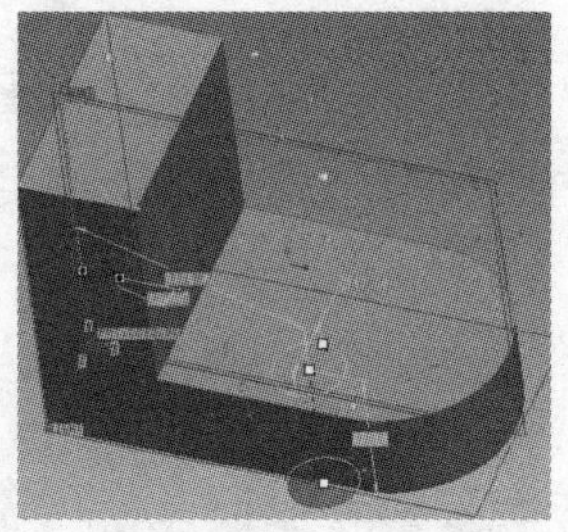

图 4.3.9　径向类孔“偏移参照”基准

（3）选择直径。

直径类直孔设置与径向相同，只是在“偏移参照”选项栏中的半径数值变为直径数值，如图 4.3.10 和图 4.3.11 所示。

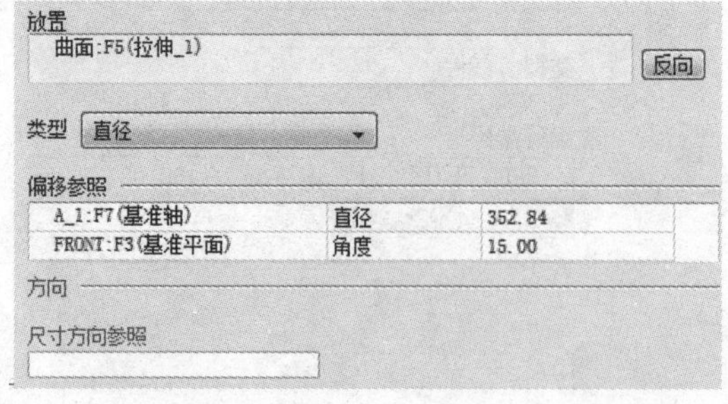

图 4.3.10　直径类孔“偏移参照”选项栏

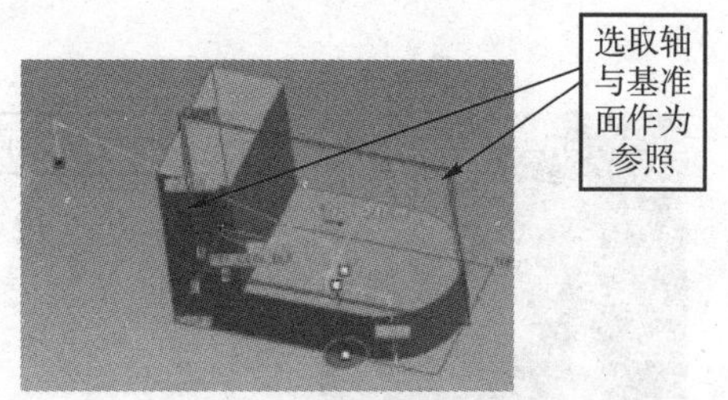

图 4.3.11　直径类孔“偏移参照”基准

2）草绘孔的创建

在定义好孔的位置参数后，单击图 4.3.12 中的草绘图标，弹出图 4.3.13 所示两种设置孔外形的方案，一种为从文件中直接调入现有画好的外形草绘图，另一种为进入草绘环境进行绘制。现选择单击进入草绘环境绘制孔外形，如图 4.3.14 所示，绘制截面封闭图形，并绘制旋转中心线。绘制完成单击 ✔ 按钮，完成孔外形的草绘。

单击预览图标，结果如图 4.3.15 所示，单击 ✔ 按钮，完成草绘孔设置。

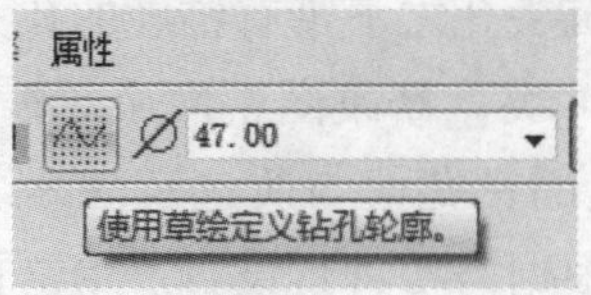

图 4.3.12　草绘图标

图 4.3.13　两种设置孔外形的方案图标

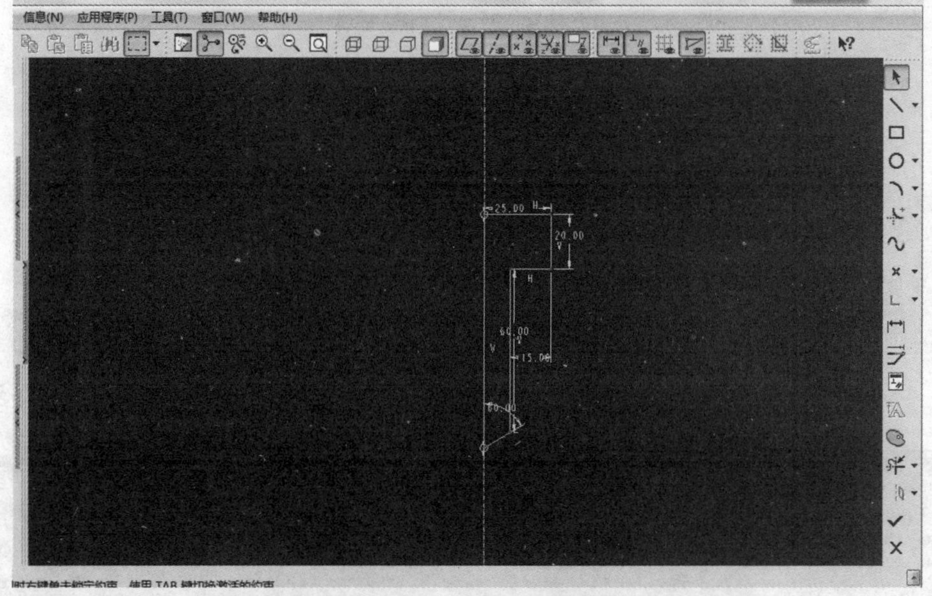

图 4.3.14　孔草绘截面图

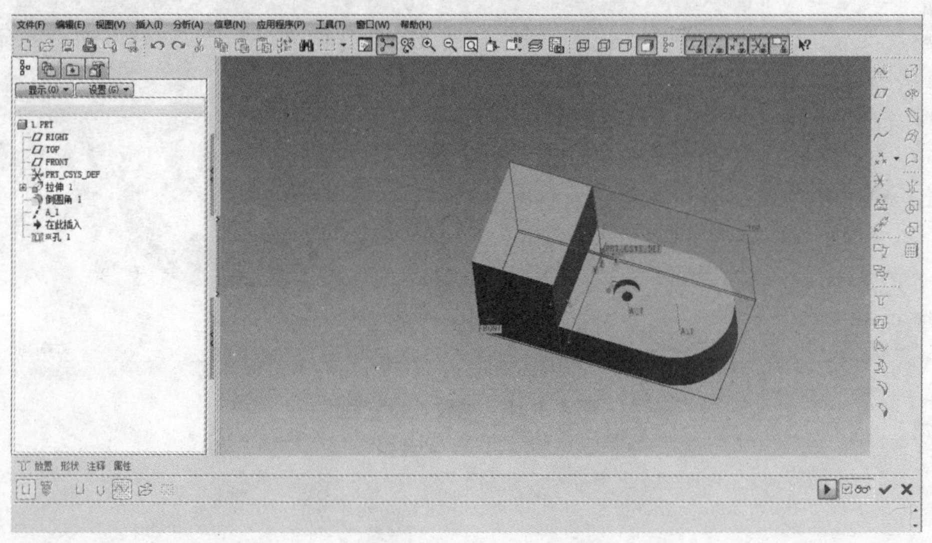

图 4.3.15　孔预览效果

3）标准孔的创建

在定义好孔的位置参数后，单击图 4.3.16 中的创建标准孔图标，弹出图 4.3.17 所示设置孔形状的方案，单击埋头孔与沉头孔图标，并单击“形状”按钮。在设置孔形状参数时，其中的直径与深度不能互相矛盾，否则孔的形状设置不会成功。图 4.3.18 中，沉头孔的直径一定要比螺纹孔的直径大，否则将出现冲突。而沉头孔之下带有锥度的孔为埋头孔，其直径必须在沉头孔直径与螺纹孔直径之间，否则出现冲突。修改图中两个“0.000”尺寸，按直径不冲突原则取值如图 4.3.19 所示。其中螺纹孔的钻孔值与所选定的螺纹孔公称直径锁定不必修改，只需修改螺纹孔公称直径即可，深度根据需要进行设置。单击预览图标，结果如图 4.3.20 所示，单击 ✔ 按钮，完成标准孔设置。

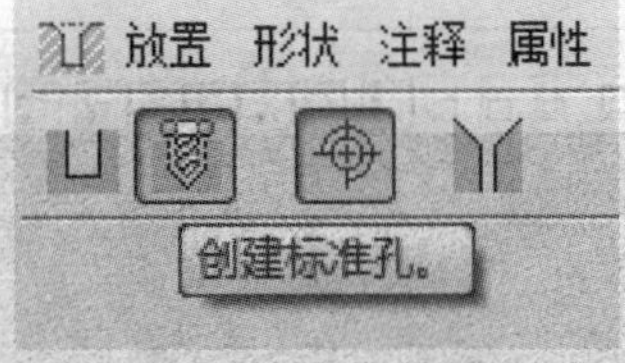

图 4.3.16　创建标准孔图标

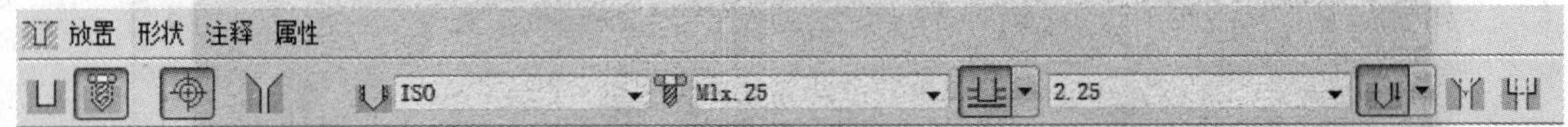

图 4.3.17　标准孔形状设置栏

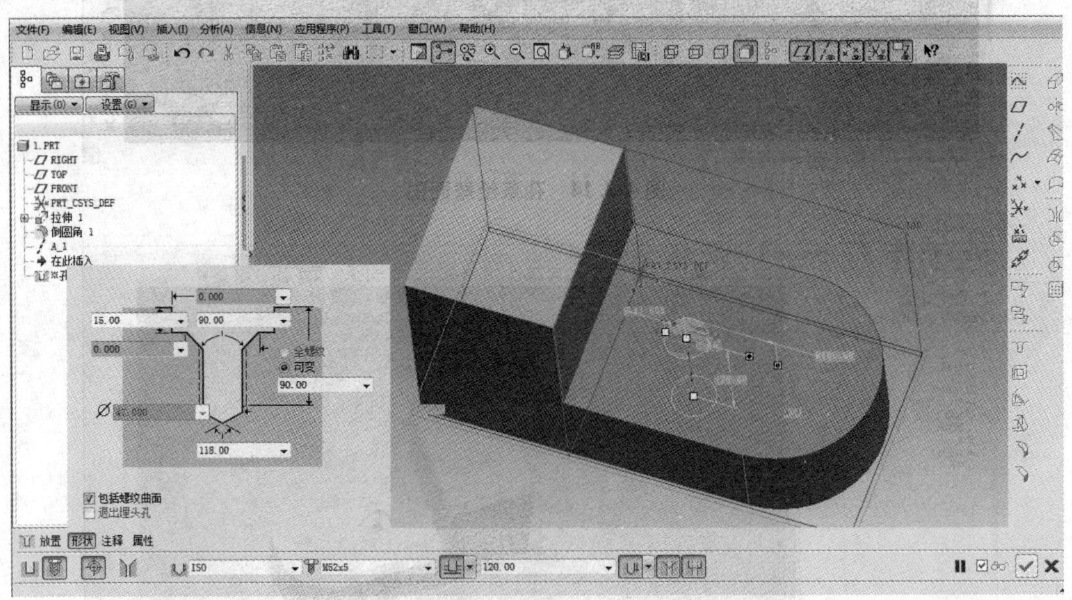

图 4.3.18　螺纹孔设置栏

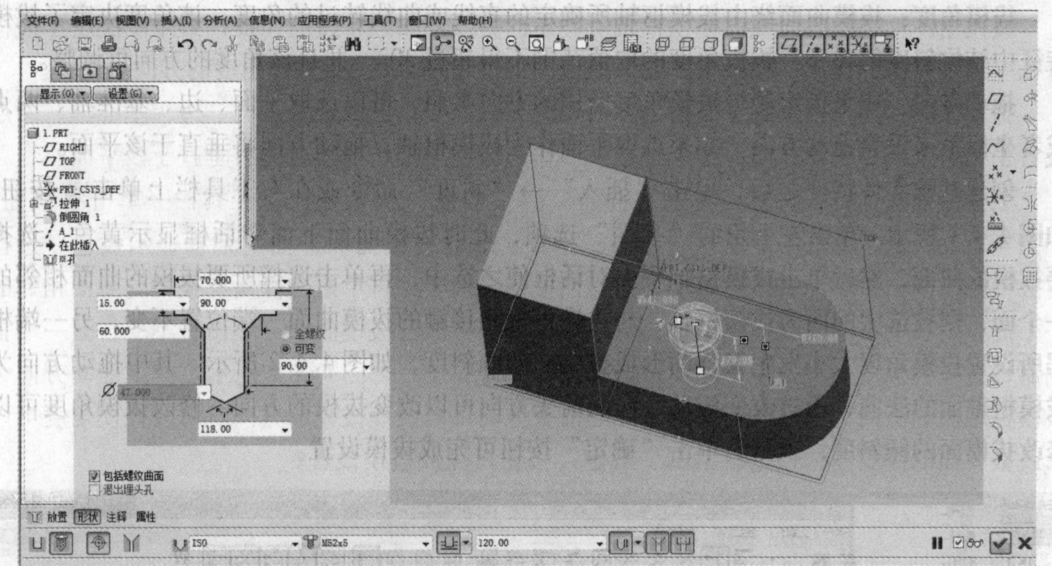

图 4.3.19　螺纹孔直径设置

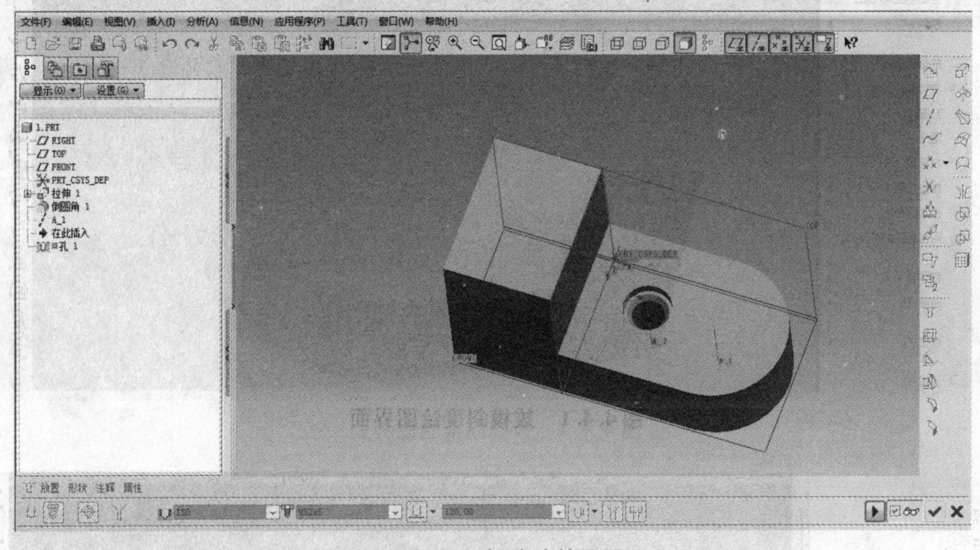

图 4.3.20　螺纹孔效果图

4.4　创建拔模特征

拔模特征是在模型表面上引入结构斜度，用于将实体模型上的圆柱面或平面转换为斜面，这类似于为方便产品脱模而添加拔模斜度后的表面。此外，也可以在曲面上创建拔模特征。

创建一个拔模特征必须设置以下要素：

拔模曲面：在模型上要加入拔模特征的曲面以便在该曲面上创建结构斜度，简称拔模面。

拔模枢轴：拔模曲面上的中性直线或曲线，拔模曲面绕该直线或曲线旋转生成拔模特征，通常选取平面或曲线链作为拔模枢轴。如果选取平面作为拔模枢轴，拔模曲面围绕其与该平面的交线旋转生成拔模特征。此外，还可以直接选取拔模曲面上的曲线链来定义拔模枢轴。

拔模角度：拔模曲面绕由拔模枢轴所确定的直线或曲线转过的角度，该角度决定了拔模特征中结构斜度的大小。拔模角度的取值范围不得超过30°，并且该角度的方向可调整。

拖动方向：用来指定测量拔模角度所用的方向参照，可以选取平面、边、基准轴、两点或者坐标系来设置拖动方向。如果选取平面作为拔模枢轴，拖动方向将垂直于该平面。

创建基础实体特征之后，单击“插入”→“斜度”命令或在右工具栏上单击按钮，如图4.4.1所示。单击左下角的“参照”选项，此时拔模曲面下面对话框显示黄色，选择要拔模的曲面，然后单击拔模枢轴下面对话框使之选中，再单击选择所要拔模的曲面相邻的一个面，则被选中的面为拔模枢轴，与拔模枢轴相接触的拔模曲面一端位置不变，另一端根据所设置拔模角度大小发生偏移而形成拔模面的倾斜度，如图4.4.2所示。其中拖动方向为拔模枢轴面的法向，通过改变拖动方向的箭头方向可以改变拔模的方向。修改拔模角度可以修改拔模面的倾斜度，预览后单击“确定”按钮可完成拔模设置。

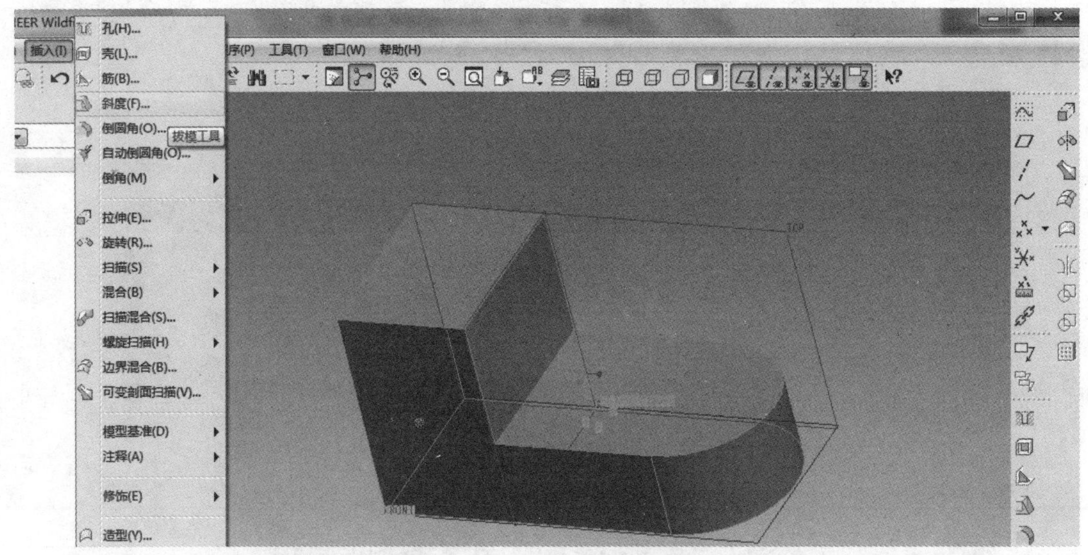

图4.4.1　拔模斜度绘图界面

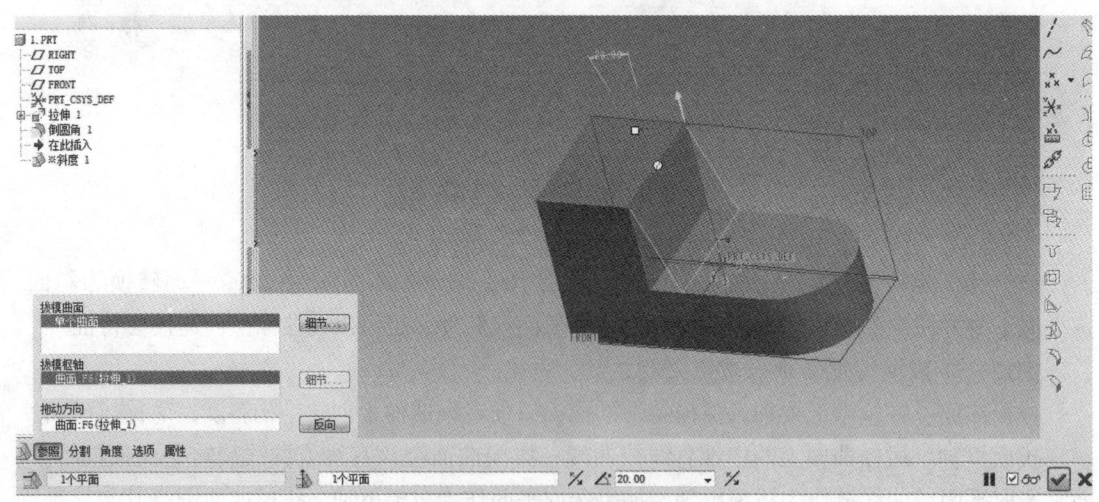

图4.4.2　拔模参照设置

4.5　创建筋特征

筋特征是连接到实体表面的薄翼或腹板伸出项，也是机械零件中的重要结构之一，通常用来加固零件，也可用来防止零件上出现不需要的机构弯曲变形。

创建基础实体特征之后，单击“插入”→“筋”命令，如图4.5.1所示。单击“参照”选项，再单击“定义内部草绘”按钮，如图4.5.2所示，选择草绘平面作为筋放置的平面，如图4.5.3所示（如果筋放置位置上无基准平面，先创建一基准平面），选择完后单击“草绘”按钮进入草绘界面，然后单击“草绘”→“参照”命令，再单击选择筋要连接的两边界（只有边界参照了在绘制筋时才能确保筋的轮廓线与边界连接封闭），绘制筋轮廓线，如图4.5.4所示。绘制完后单击“完成”按钮，当出现图4.5.5所示筋箭头朝外情况时，则不能与两边界形成封闭区间，不能构成筋特征，单击箭头改变筋朝向，修改筋厚度便可获得筋特征，如图4.5.6所示。

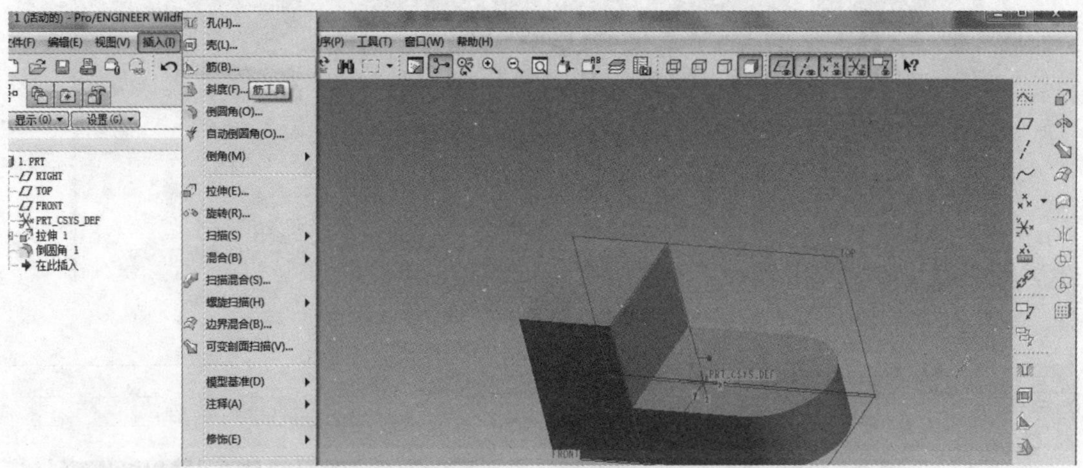

图4.5.1　筋绘图界面

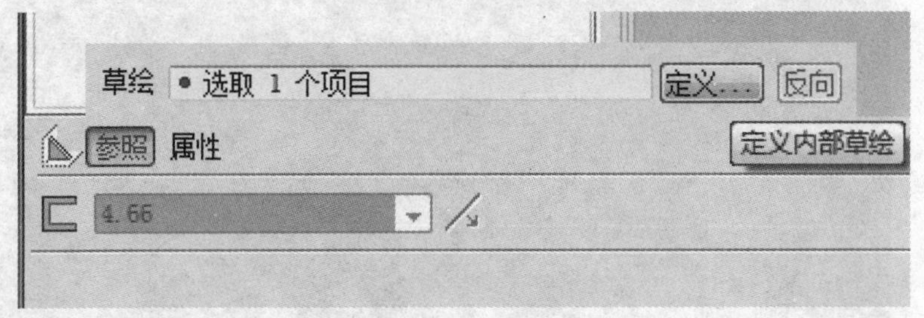

图4.5.2　筋草绘定义

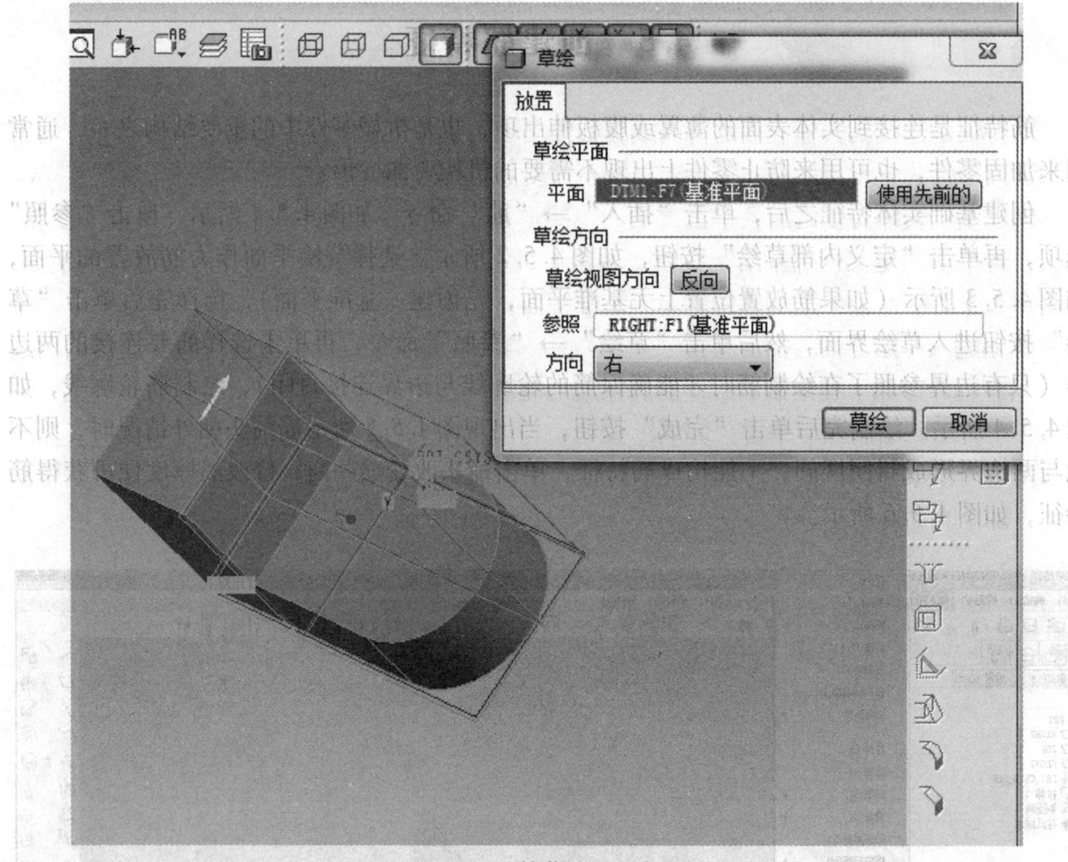

图 4.5.3　筋草绘平面定义

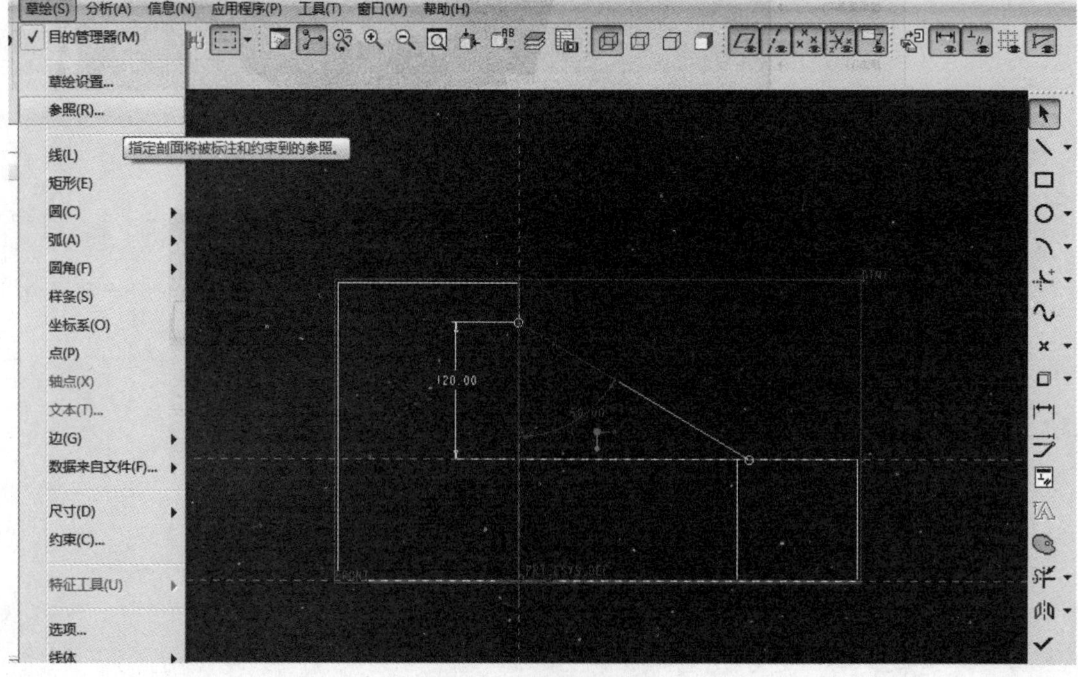

图 4.5.4　筋草绘界面

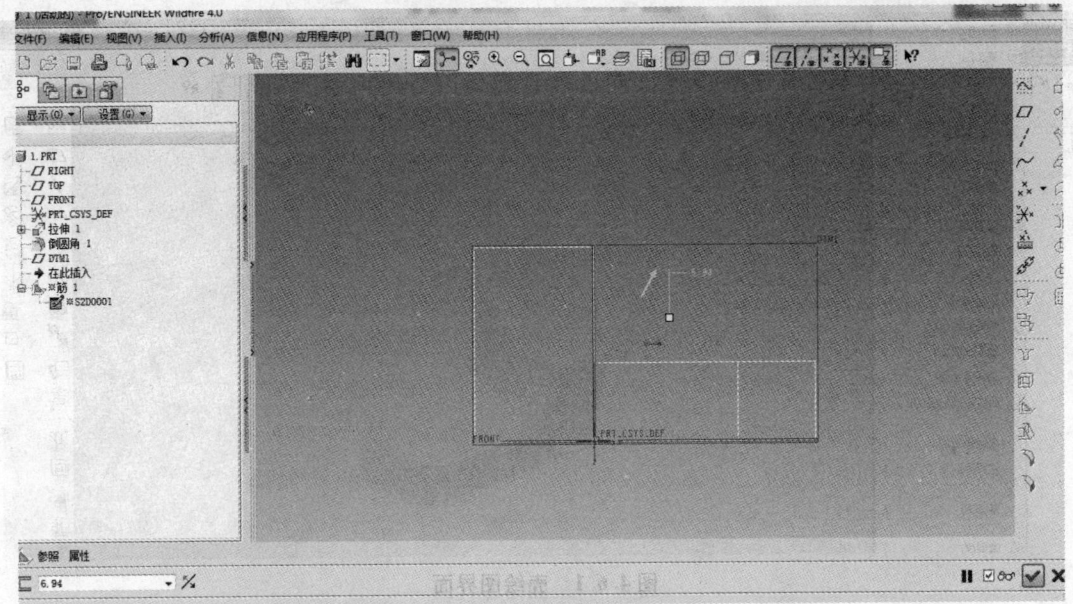

图4.5.5 筋边界朝外

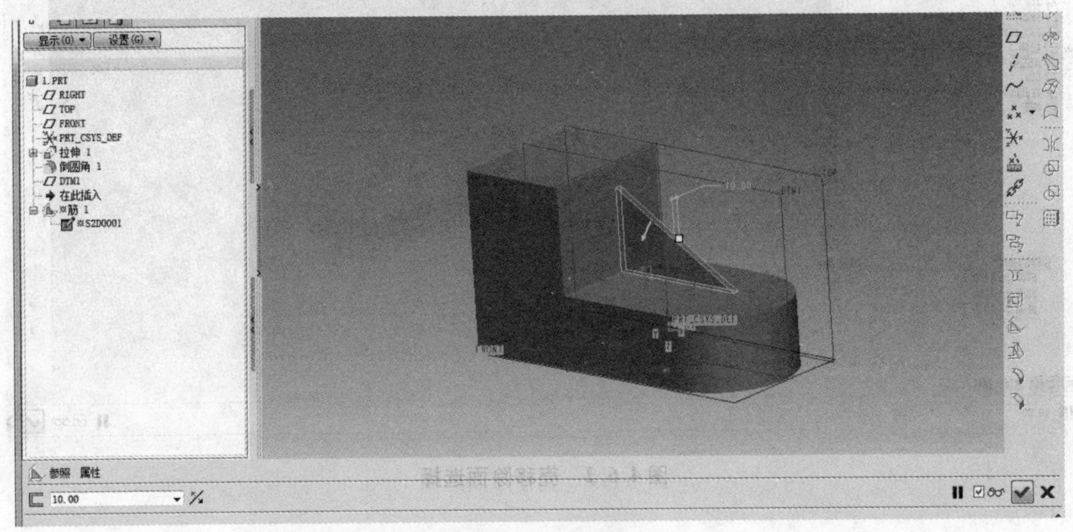

图4.5.6 筋特征

4.6 创建壳特征

壳特征是一种应用广泛的放置实体特征，这种特征通过挖去实体特征的内部材料来获得均匀的薄壁结构。由壳特征创建的模型具有较少的材料消耗和较小的质量，常用于创建各种薄壳结构和各种壳体容器等。

创建基础实体特征之后，单击“插入”→“壳”命令或在右工具栏上单击 按钮，如图4.6.1所示。单击“参照”选项，选择要移除的面，并设置壳体厚度，如图4.6.2所示。单击 按钮完成壳特征的创建。

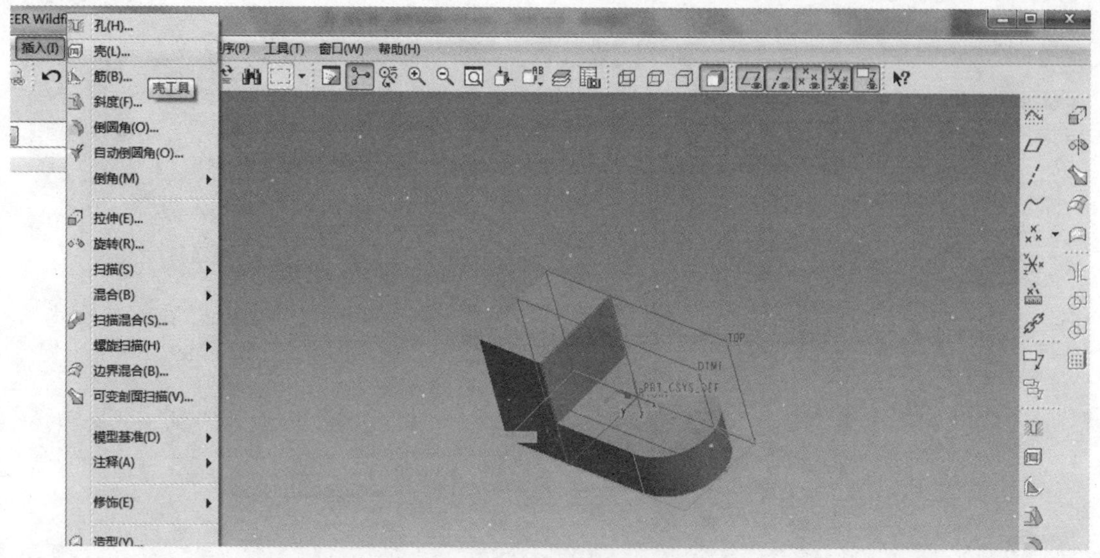

图 4.6.1　壳绘图界面

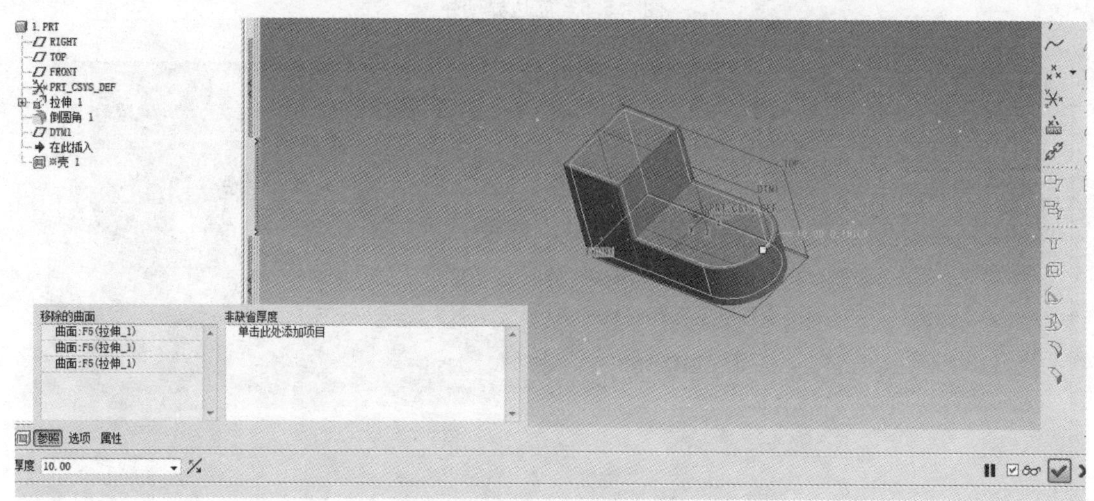

图 4.6.2　壳移除面选择

4.7　综 合 练 习

4.7.1　综合练习一

1. 新建文件

单击“文件”→“新建”命令，打开“新建”对话框，新建命名为“st4－1”的零件文件，勾掉“缺省”项，选好单位后，单击“确定”按钮进入三维建模环境。

2. 创建拉伸实体特征

(1) 在右工具箱上单击 按钮，打开拉伸设置面板，如图 4.7.1 所示。单击图 4.7.1 下部的“放置”选项，单击草绘的“定义”按钮，弹出“草绘”对话框，如图 4.7.2 所示。

选择 TOP 面作为草绘平面，单击“确定”按钮进入草绘界面，绘制图 4. 7. 3 所示的草绘截面，完成草绘，拉伸深度设置为“4. 00”。

（2）以所拉伸的实体上表面为草绘平面拉伸一个直径为 20. 00、高度为 3. 00 的圆柱，草绘截面如图 4. 7. 4 所示。

（3）以圆柱上表面为草绘平面拉伸一个凸台，草绘截面如图 4. 7. 5 所示。

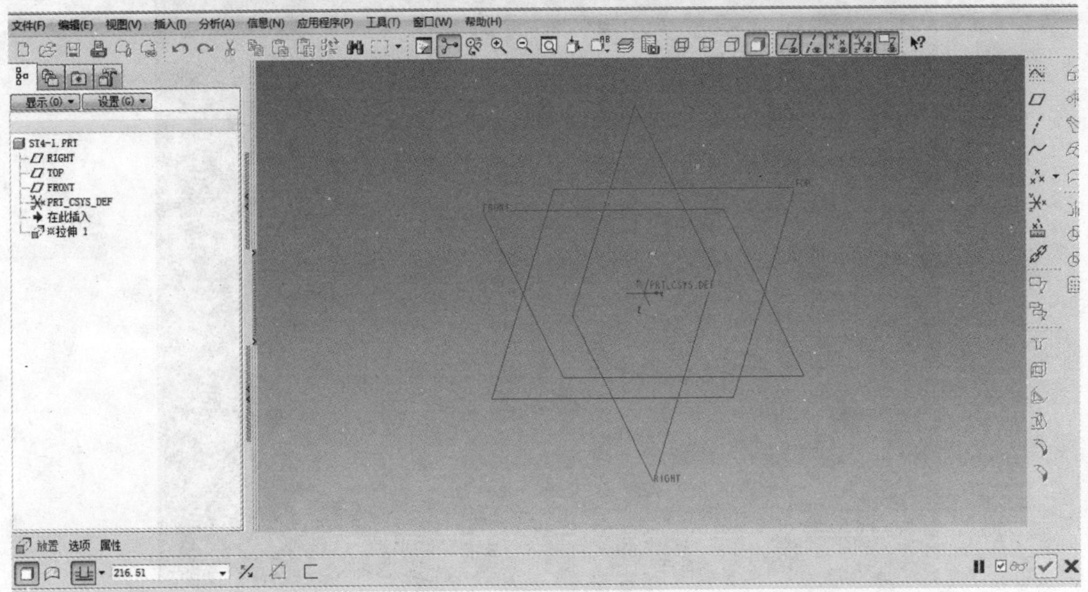

图 4. 7. 1　拉伸设置面板

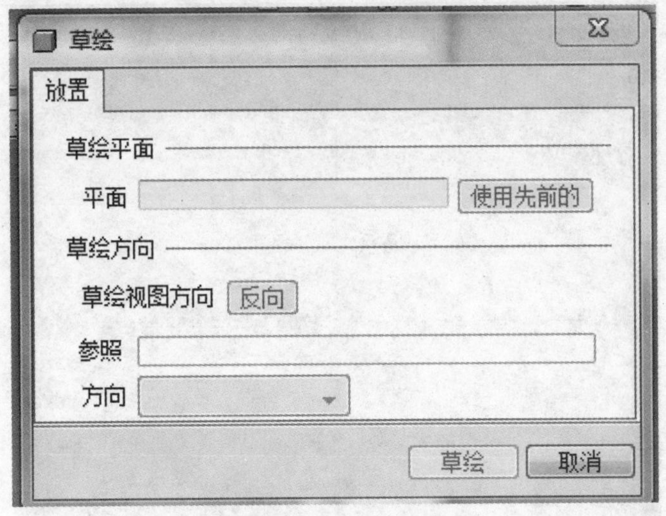

图 4. 7. 2　“草绘”对话框

3. 去除材料及创建孔

（1）以第一个拉伸实体的上表面作为草绘平面去除一个方形缺口，草绘截面如图 4. 7. 6 所示。完成草绘后选择去除材料，确定后如图 4. 7. 7 所示。

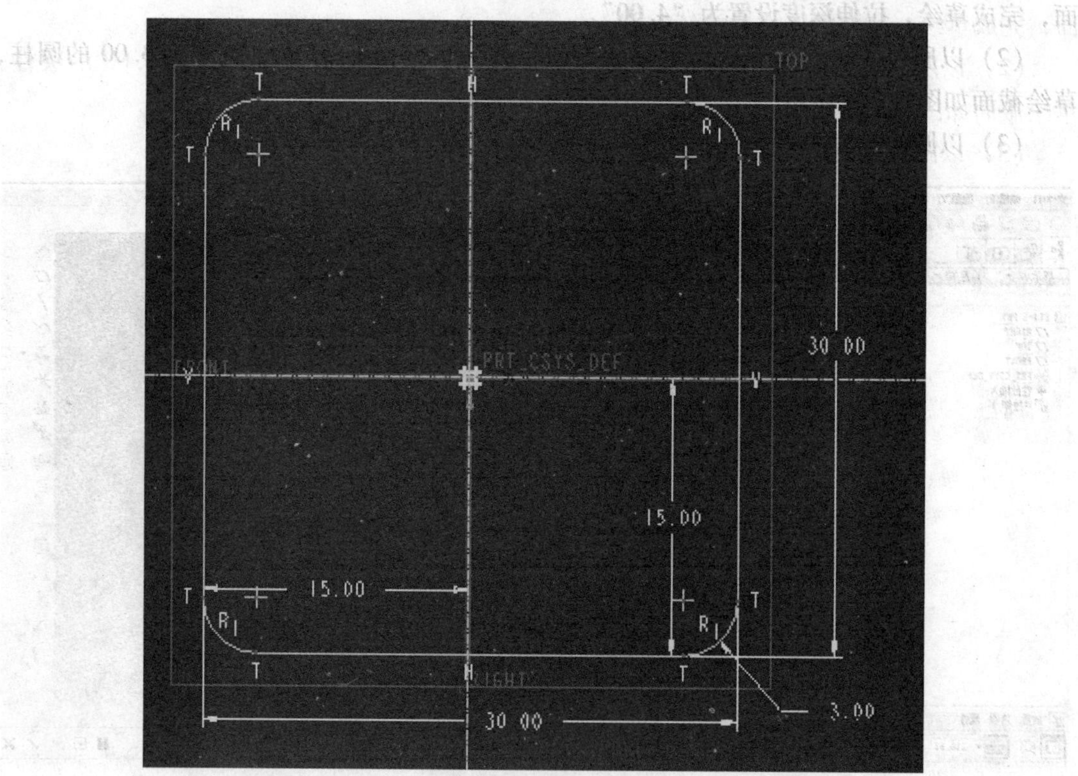

图 4.7.3　草绘截图

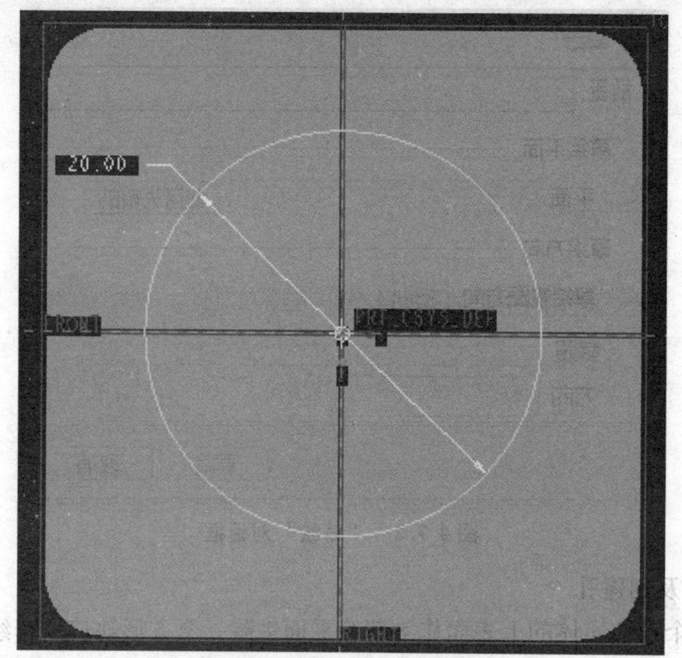

图 4.7.4　圆柱草绘截面

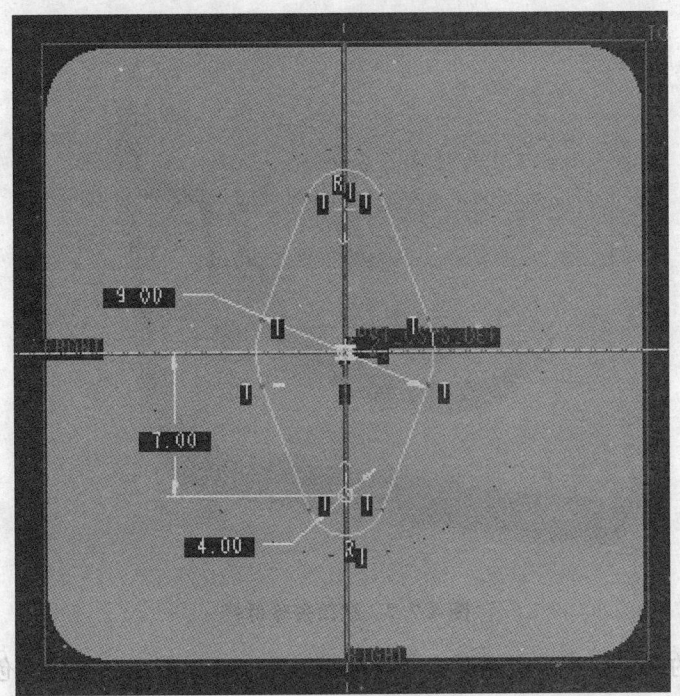

图 4.7.5　凸台草绘截面

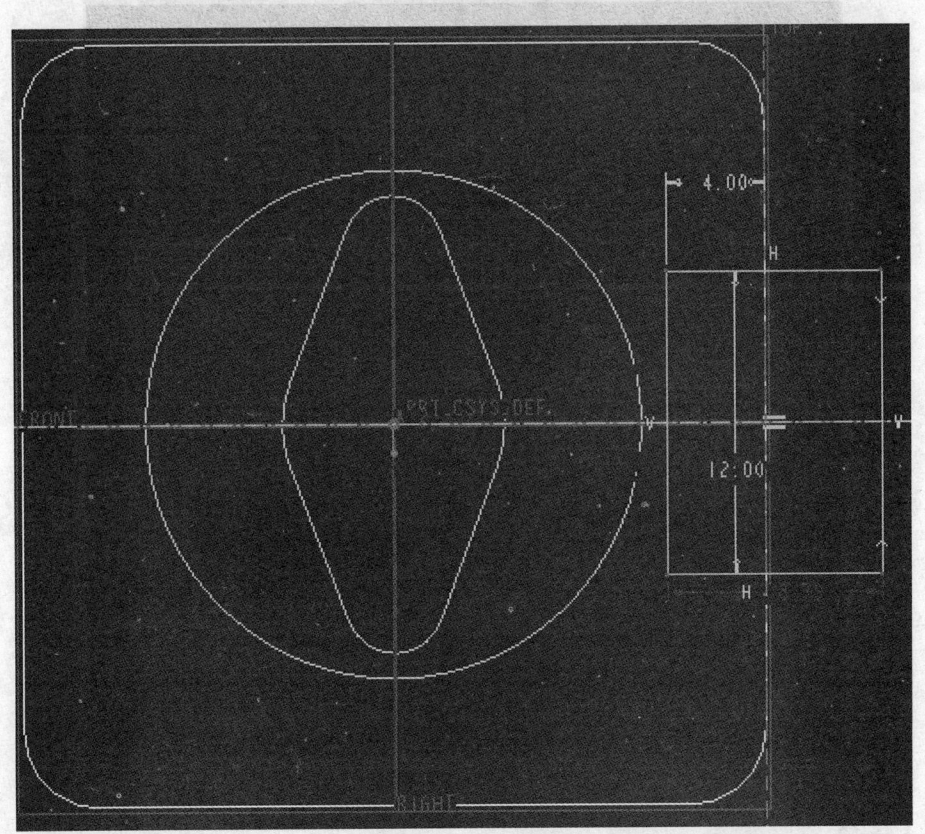

图 4.7.6　缺口截面

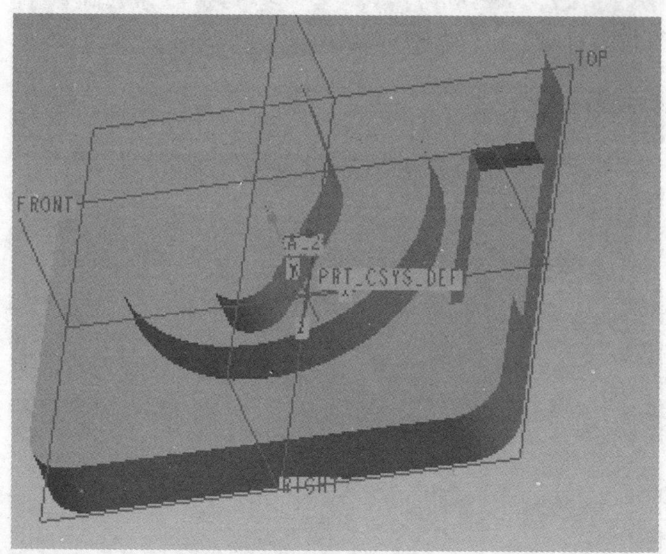

图 4.7.7　缺口去除材料

（2）在实体的四周创建四个通孔，草绘截面如图 4.7.8 所示，完成孔创建后如图 4.7.9 所示。

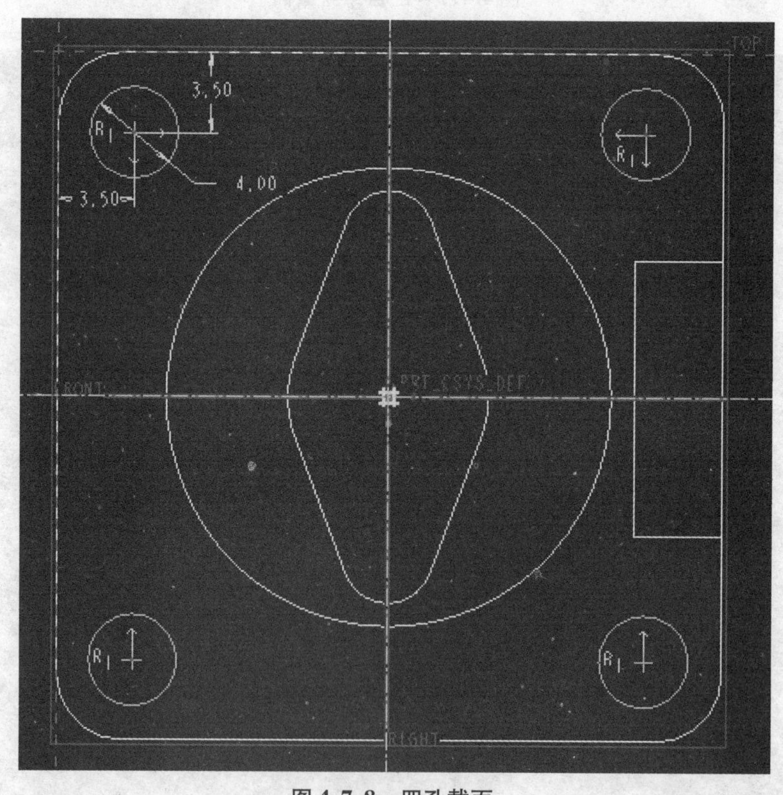

图 4.7.8　四孔截面

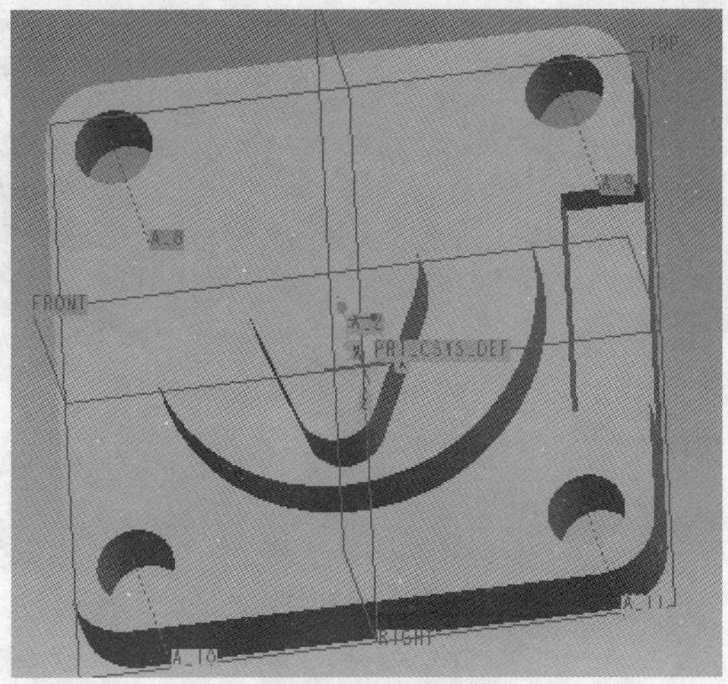

图 4.7.9　创建四通孔

（3）对圆柱倒半径为 0.5 的圆角，如图 4.7.10 所示。

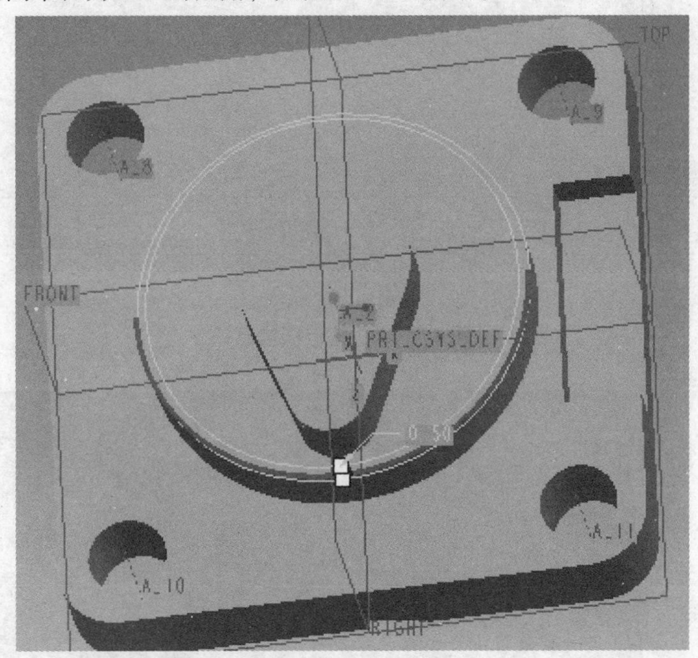

图 4.7.10　圆柱倒圆角

（4）在椭圆形凸台上创建螺纹孔。单击 创建孔特征，单击 创建标准孔，单击“形状”选项，设置螺纹深度为“3.50”，钻孔深度为“4.80”，螺纹直径选择“M2 ×0.4”，如图 4.7.11 所示。单击“注释”选项显示孔特征信息，如图 4.7.12 所示。最后单击 项，并选取 FRONT 面为镜像面，单击“确定”按钮完成对所创建的螺纹孔的镜像复制，如图 4.7.13 所示。

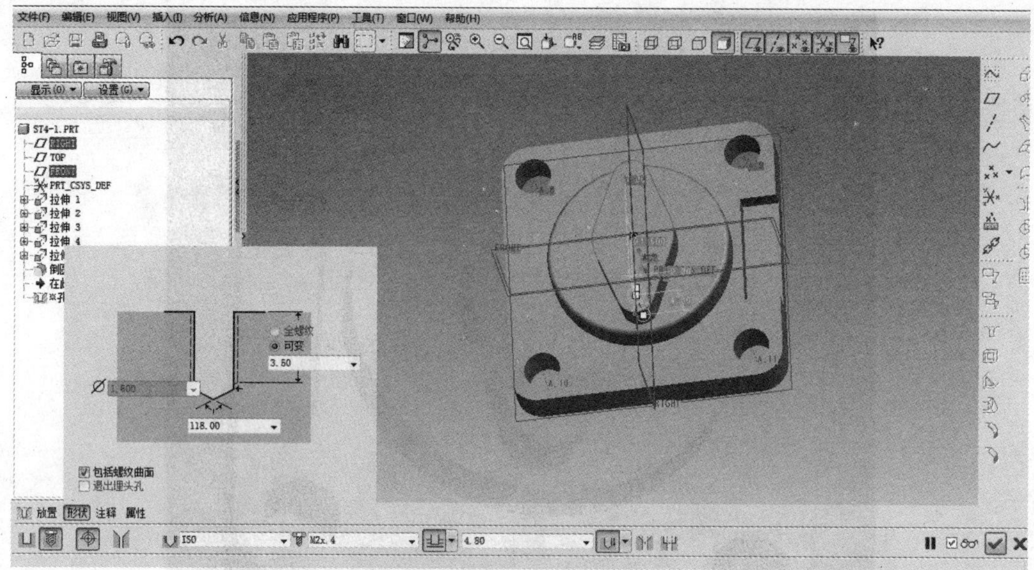

图 4.7.11　孔特征设置

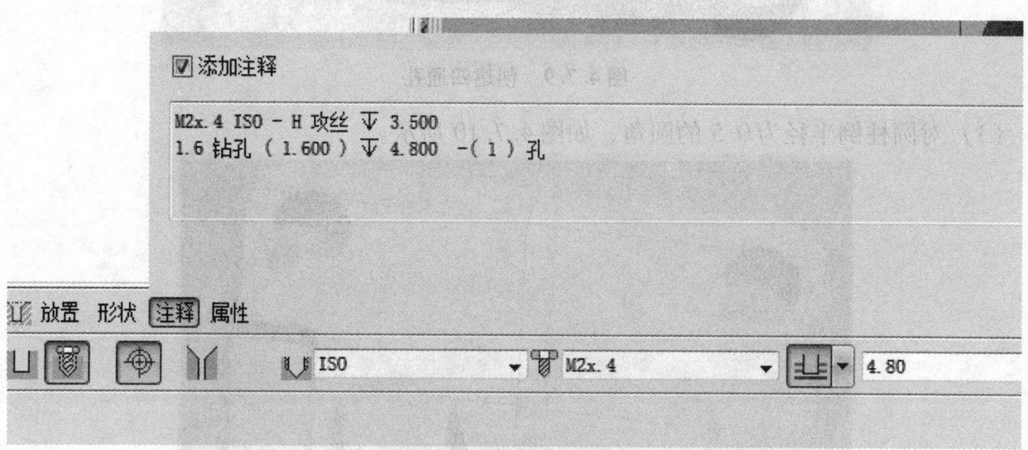

图 4.7.12　孔特征信息

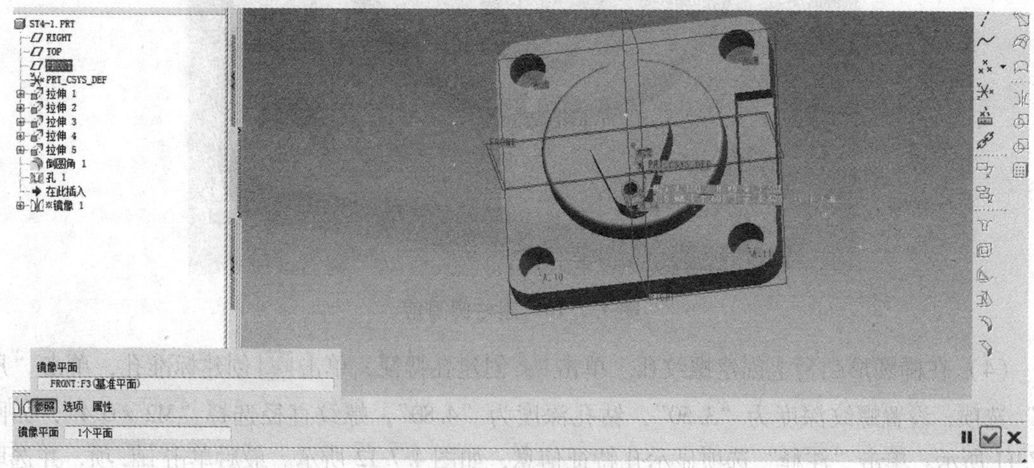

图 4.7.13　孔特征镜像

4.7.2　综合练习二

1. 新建文件

单击“文件”→“新建”命令，打开“新建”对话框，新建命名为“st4－2”的零件文件，勾掉“缺省”项，选好单位后，单击“确定”按钮进入三维建模环境。

2. 创建风扇壳体 1

（1）在右工具箱上单击 按钮，打开拉伸设置面板，单击图中的“放置”选项，单击草绘的“定义”按钮。选择 TOP 面作为草绘平面，单击“确定”按钮进入草绘界面，绘制图 4.7.14 所示的草绘截面，完成草绘，拉伸深度设置为“20.00”。

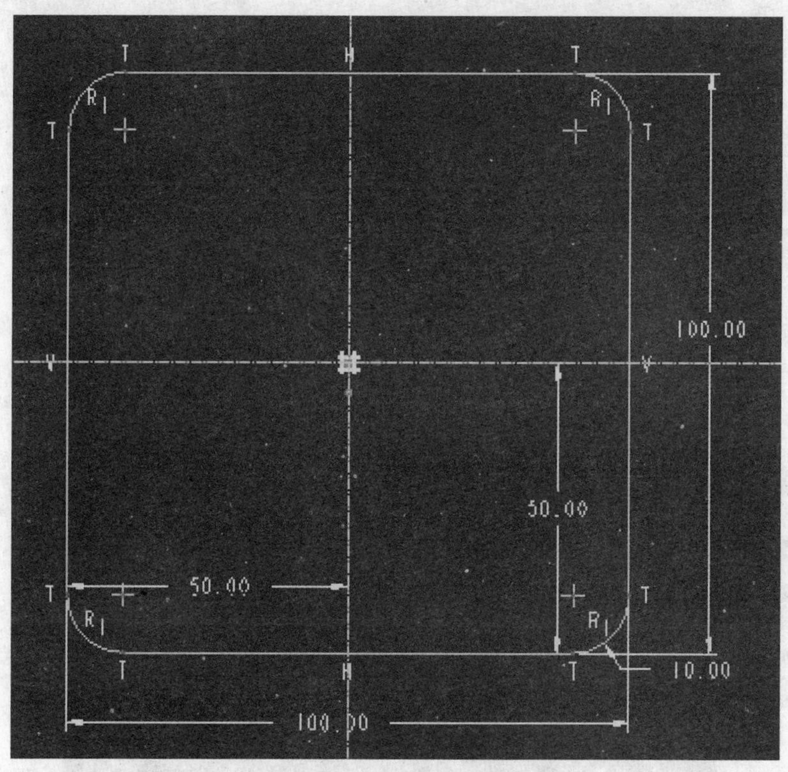

图 4.7.14　实体拉伸截面

（2）创建壳特征。单击 按钮，选择拉伸实体的上表面为去除材料面，设置壳体壁厚为“5.00”，如图 4.7.15 所示。

（3）以壳内表面的底部为草绘平面，拉伸一个直径为 10.00、高度为 10.00 的圆柱，截面如图 4.7.16 所示。

（4）壳体四周打 4 个通孔，以壳体底部为草绘平面，绘制图 4.7.17 所示的界面，并完成通孔的创建。

（5）以壳内表面的底部为草绘平面，底部去除材料，绘制草绘截面，如图 4.7.18 所示。对所绘截面进行镜像，并去除材料，如图 4.7.19 所示。最后单击“确定”按钮，完成风扇壳体 1 的创建，如图 4.7.20 所示。

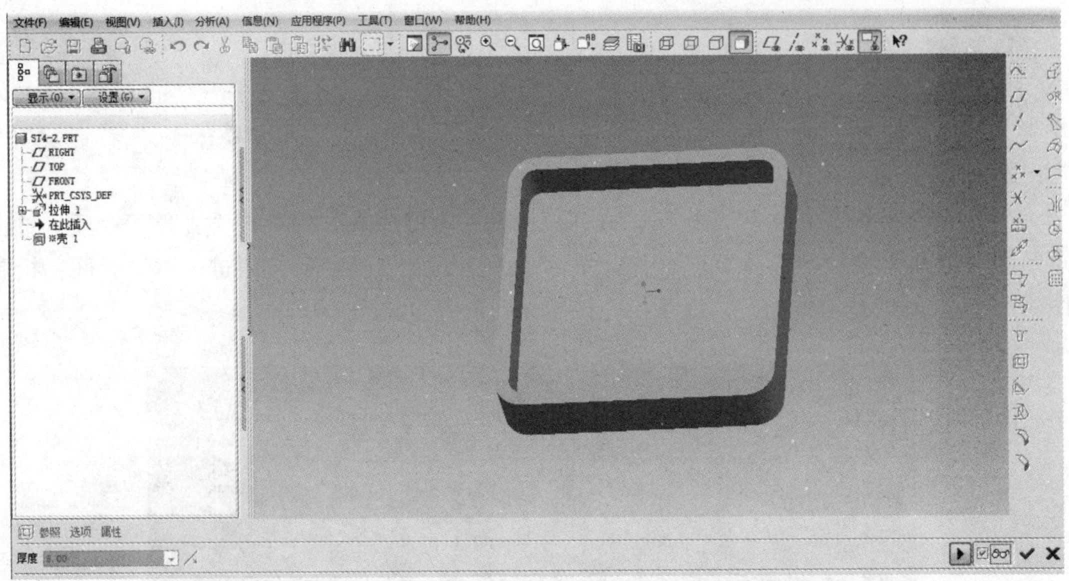

图 4.7.15 壳特征

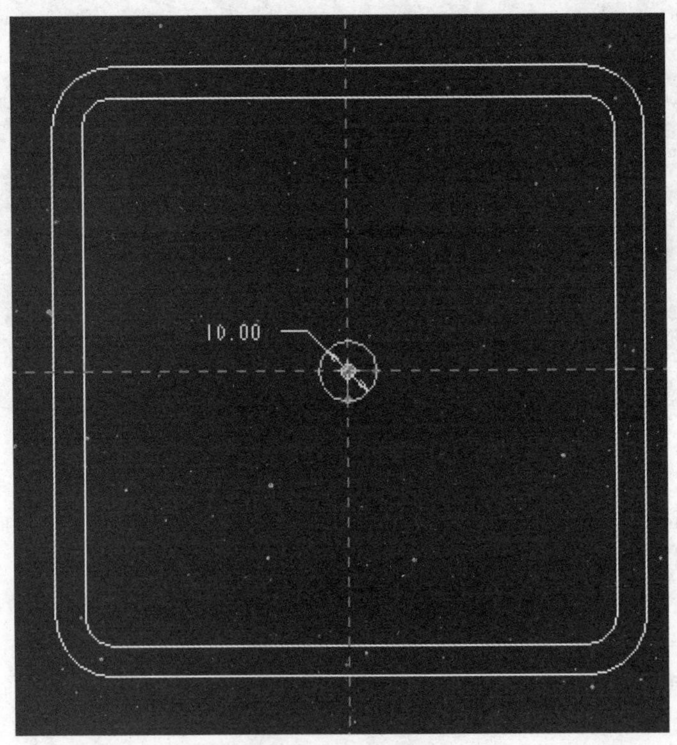

图 4.7.16 圆柱截面

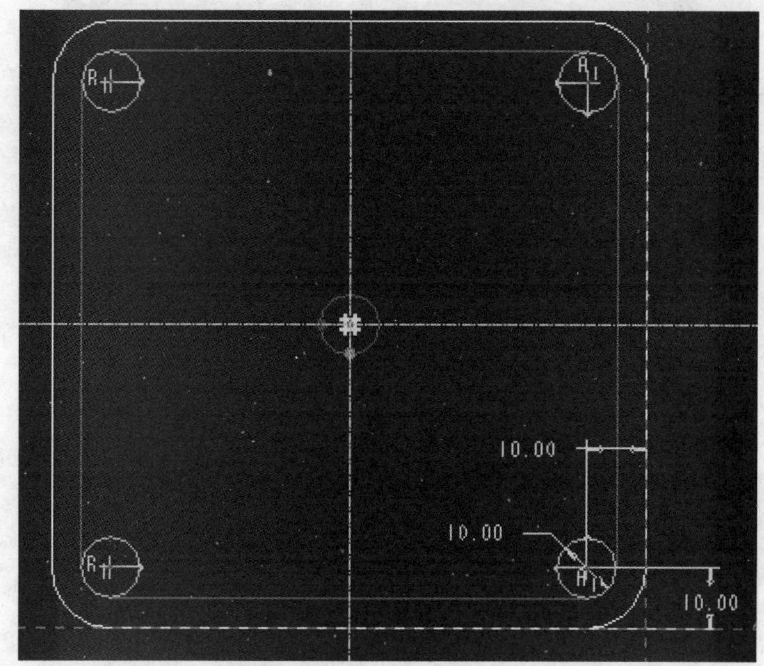

图 4.7.17　四通孔截面

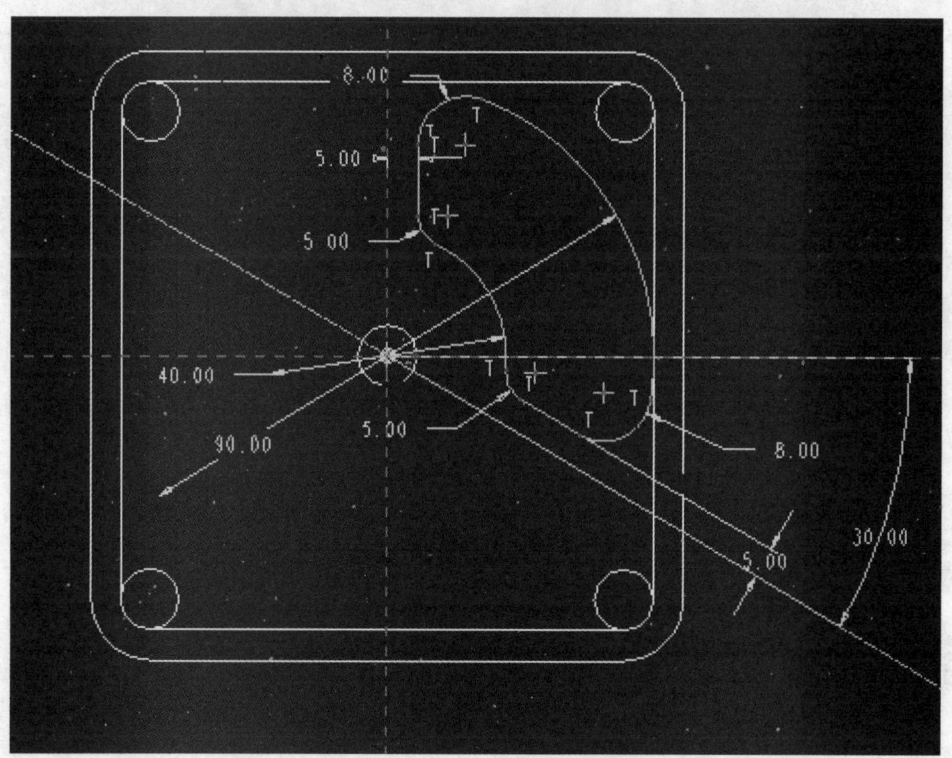

图 4.7.18　底部去除材料截面

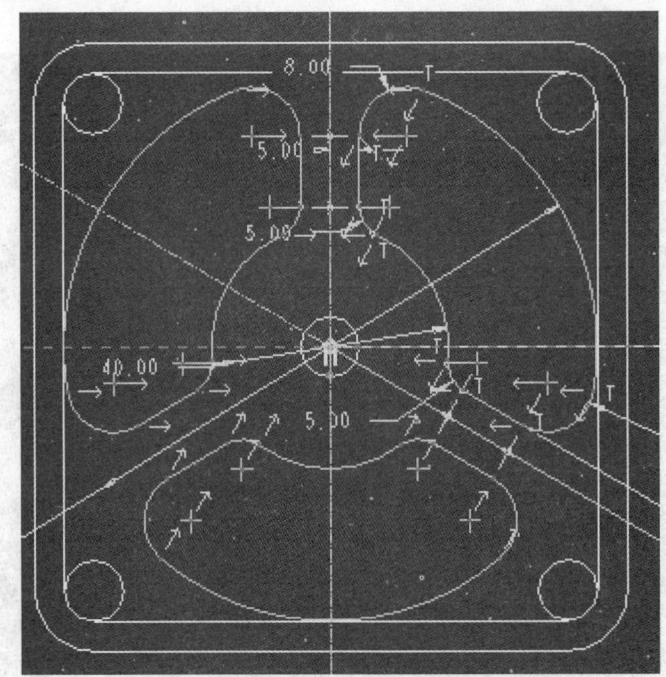

图 4.7.19　底部去除材料截面镜像

图 4.7.20　风扇壳体 1

4.7.3　综合练习三

1. 新建文件

单击“文件”→“新建”命令，打开“新建”对话框，新建命名为“st4－3”的零件文件，勾掉“缺省”项，选好单位后，单击“确定”按钮进入三维建模环境。

2. 创建风扇壳体 2

（1）在右工具箱上单击 按钮，打开拉伸设置面板，单击图中的“放置”选项，单击草绘中的“定义”按钮。选择 TOP 面作为草绘平面，单击“确定”按钮进入草绘界面，绘制图 4.7.14 所示的草绘截面，完成草绘，拉伸深度设置为“20.00”。

（2）创建壳特征。单击 按钮，选择拉伸实体的上表面为去除材料面，设置壳体壁厚为“5.00”，如图 4.7.15 所示。

（3）在壳体四周打 4 个通孔，以壳体底部为草绘平面，绘制图 4.7.17 所示的界面，并完成通孔的创建。

（4）以壳内表面的底部为草绘平面，创建拉伸去除材料，绘制图 4.7.21 所示的草绘截面圆，各圆直径分别为 80.00、70.00、60.00、50.00、40.00、30.00。创建与水平线夹角成 45°的基准线，再绘制一条与所画基准线平行并相距 5.00 的实线，并把所画几个圆剪切成图 4.7.22 所示效果。在草绘截面中单击 （三切点确定一个圆）绘制 3 个圆，如图 4.7.23 所示。对线条进行修剪，结果如图 4.7.24 所示。最后对修剪后的线条分别以水平基准线、垂直基准线、45°基准线为对称线镜像复制，结果如图 4.7.25 所示，完成草绘，并选择去除材料，得到结果如图 4.7.26 所示的风扇外壳 2。

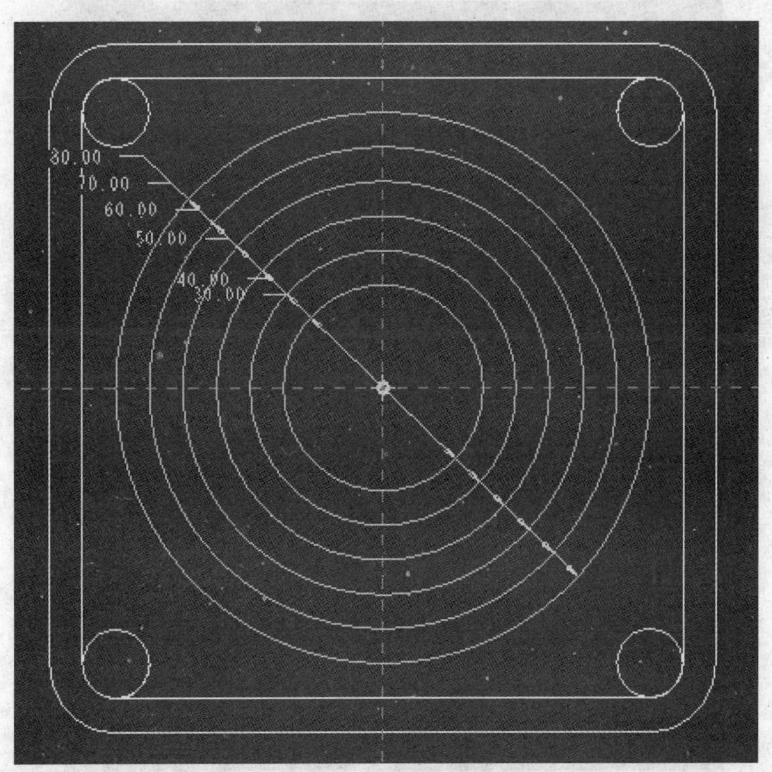

图 4.7.21　截面圆

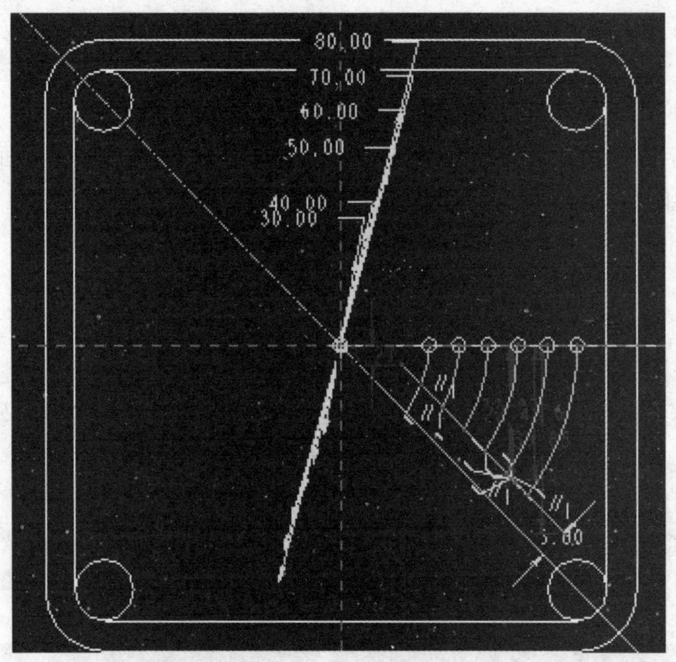

图 4.7.22　各圆剪切结果

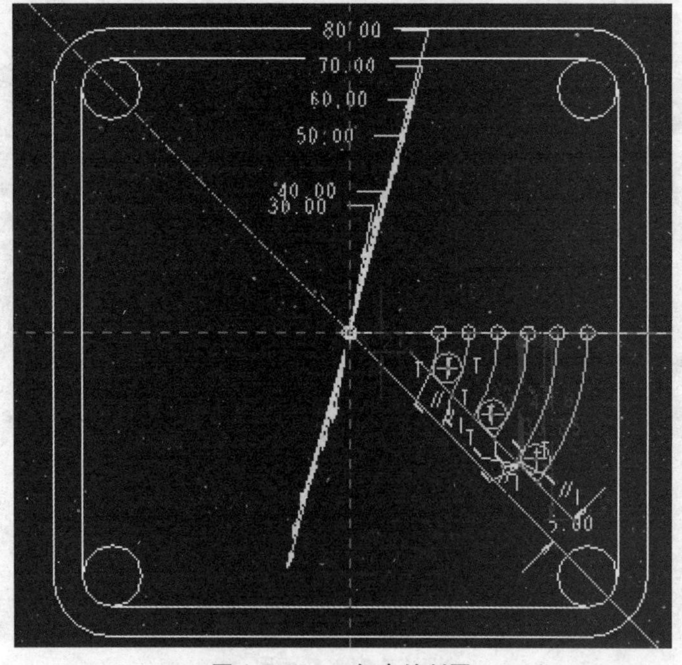

图 4.7.23　三切点绘制圆

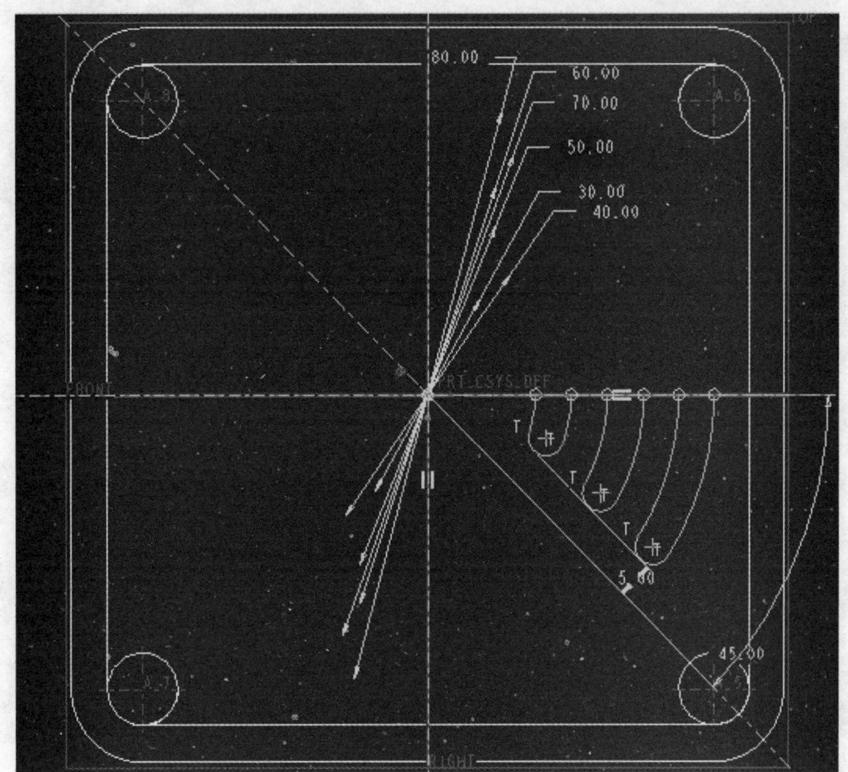

图 4.7.24　截面线条修剪

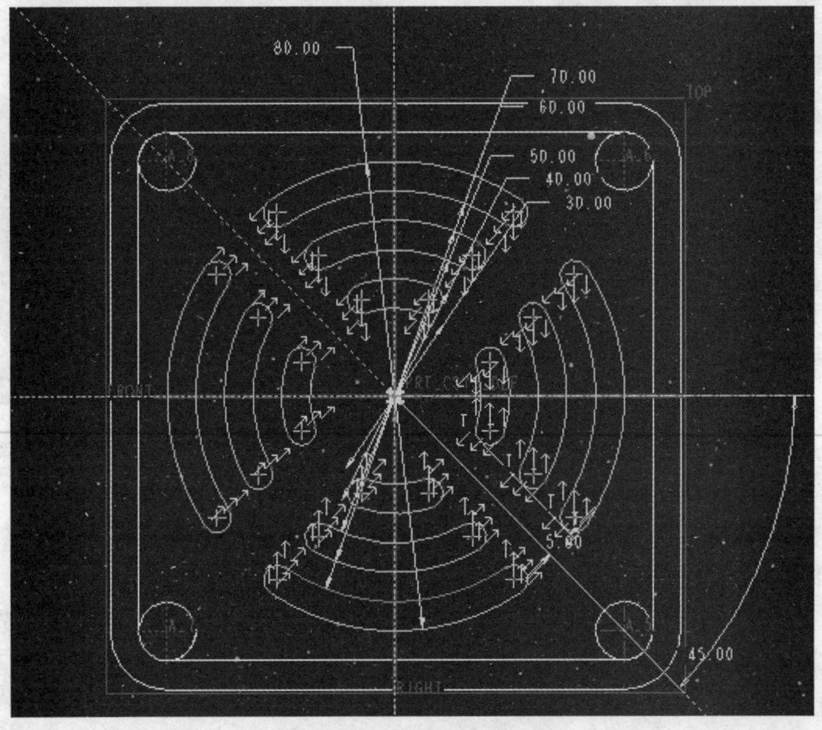

图 4.7.25　镜像后草绘截面

图 4.7.26　风扇外壳 2

4.7.4　综合练习四

1. 新建文件

单击“文件”→“新建”命令，打开“新建”对话框，新建命名为“st4-4”的零件文件，勾掉“缺省”项，选好单位后，单击“确定”按钮进入三维建模环境。

2. 风扇叶片创建

(1) 在右工具箱上单击 按钮，打开拉伸设置面板，单击图中的“放置”选项，单击草绘中的“定义”按钮。选择 TOP 面作为草绘平面，单击“确定”按钮进入草绘界面，绘制图 4.7.27 所示的草绘截面，完成草绘，拉伸深度设置为“20.00”。

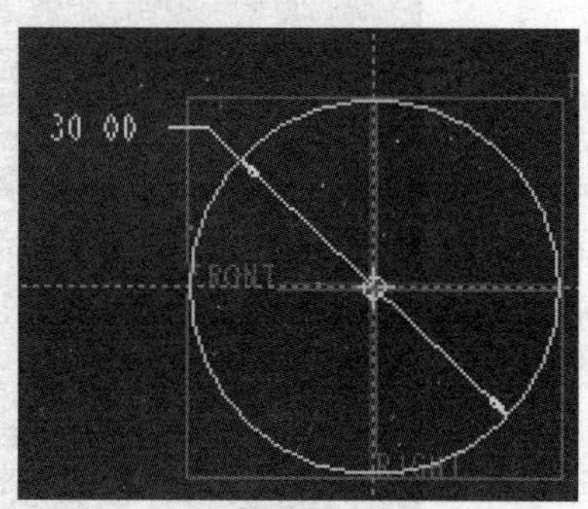

图 4.2.27　圆柱体截面

(2) 在右工具箱上单击 按钮，打开拉伸设置面板，单击图中的“放置”选项，单击草绘中的“定义”按钮。选择 TOP 面作为草绘平面，单击“确定”按钮进入草绘界面，绘制图 4.7.28 所示的草绘截面，完成草绘，选择去除材料，拉伸深度设置为“10.00”。

(3) 单击 按钮，选择 FRONT 面为参照面，偏距设置为“40.00”，创建新的基准平面 DTM1，如图 4.7.29 所示。

(4) 在右工具箱上单击 按钮，打开拉伸设置面板，单击图中的“放置”选项，单击草绘中的“定义”按钮。选择 DTM1 面作为草绘平面，单击“确定”按钮进入草绘界面。首先绘制两个直径为“2.00”的辅助小圆，如图 4.7.30 所示。再绘制一个直径为“160.00”的大圆，并通过约束限制大圆分别与两个小圆相切，如图 4.7.31 所示。然后通过量小圆圆心创建基准线，并修剪大圆与小圆的线条，如图4.7.32所示，最后以所创建基准线为对称中心镜像修剪后的线条，获得风扇叶片的截面。完成草绘，并指定圆柱面为拉伸到的平面，如图4.7.33所示。完成创建，最后获得风扇叶片模型，如图4.7.34所示。

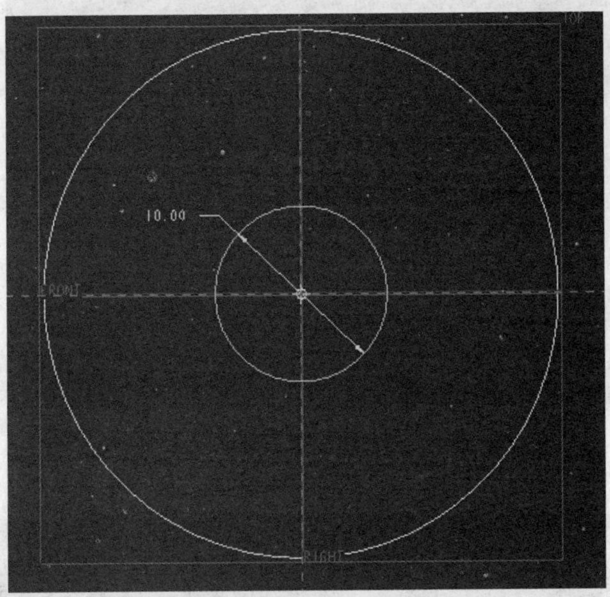

图4.2.28 圆柱内孔截面

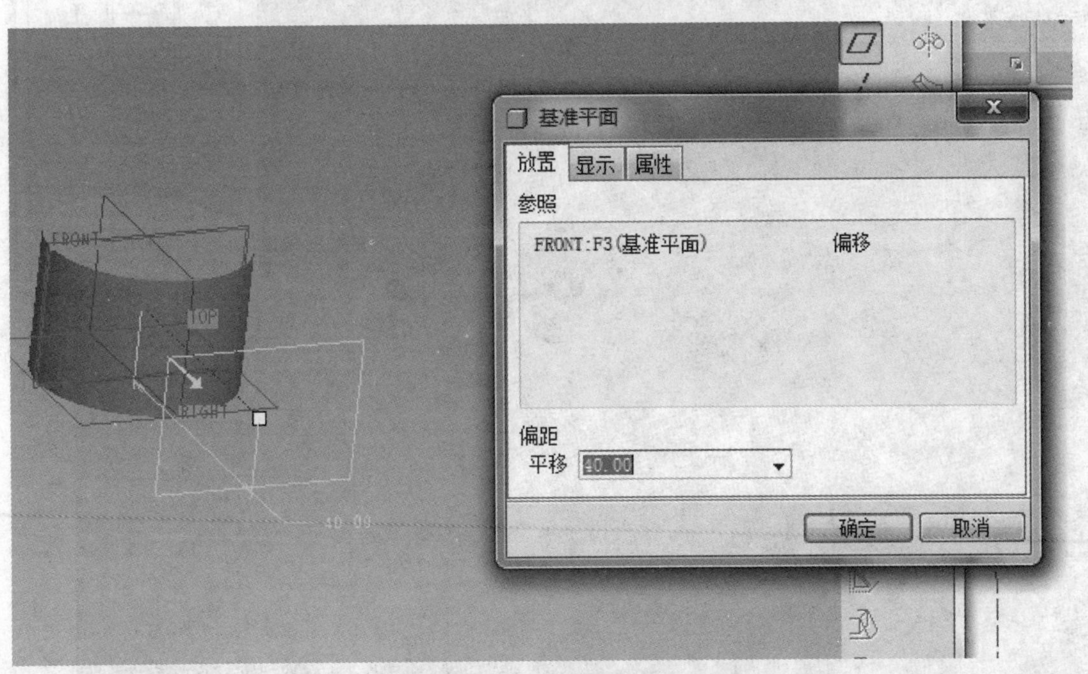

图4.2.29 DTM1 基准平面创建

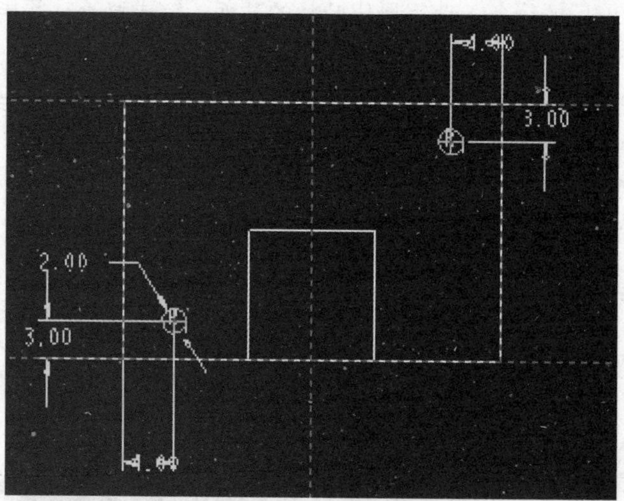

图 4.2.30　辅助小圆

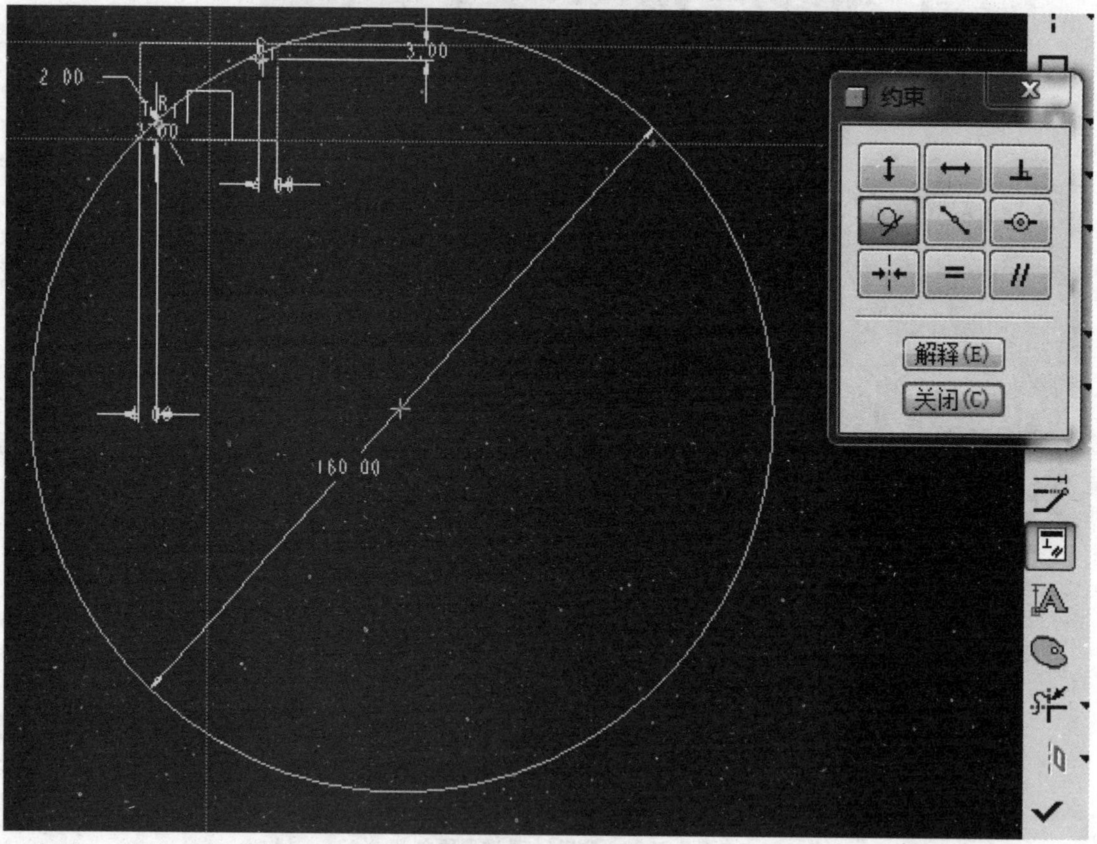

图 4.7.31　辅助大圆

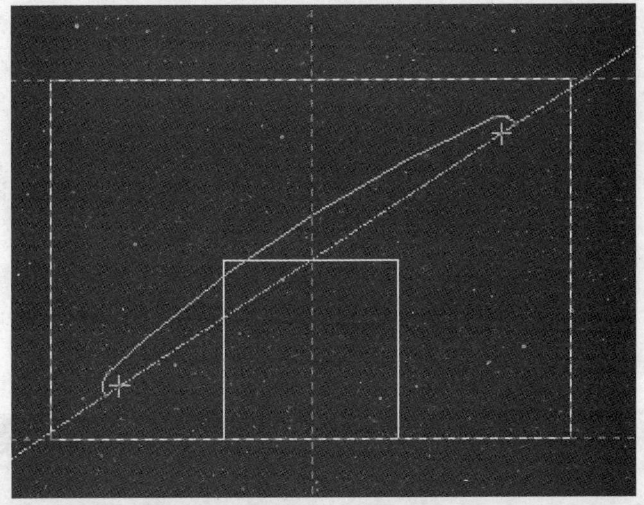

图 4.7.32　叶片截面

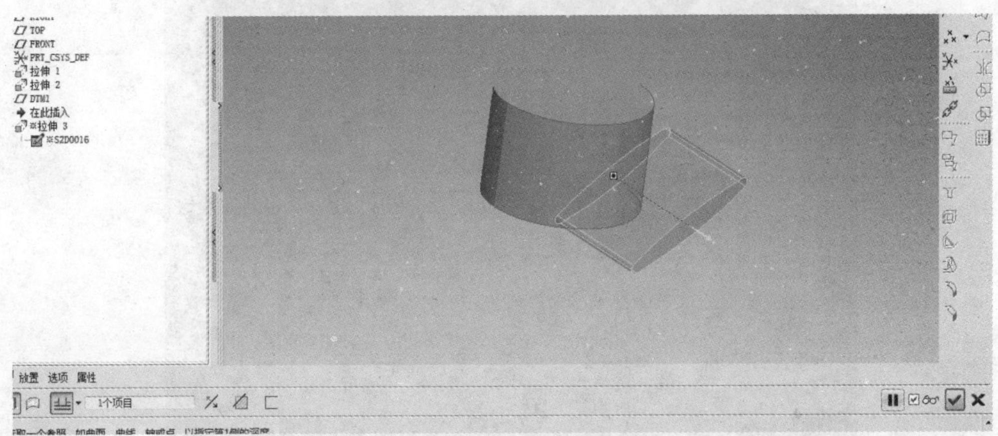

图 4.7.33　叶片拉伸

图 4.7.34　风扇叶片模型

4.7.5 综合练习五

1. 新建文件

单击“文件”→“新建”命令，打开“新建”对话框，新建命名为“st4－5”的零件文件，勾掉“缺省”项，选好单位后，单击“确定”按钮进入三维建模环境。

2. 创建烟灰缸

(1) 在右工具箱上单击按钮，打开拉伸设置面板，单击图中的“放置”选项，单击草绘中的“定义”按钮。选择 TOP 面作为草绘平面，单击“确定”按钮进入草绘界面，绘制图 4.7.35 所示的草绘截面，完成草绘，拉伸深度设置为“50.00”。

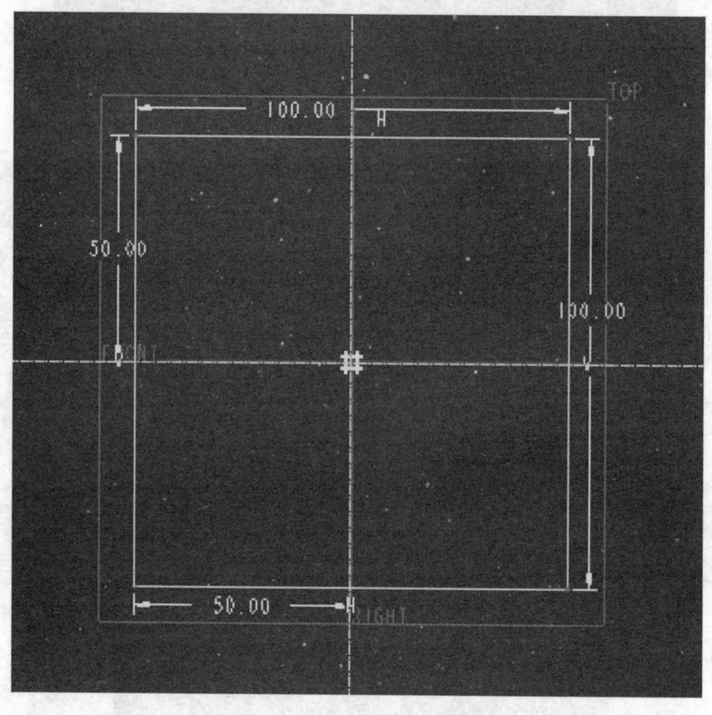

图 4.7.35 本体拉伸截面

(2) 单击“倒圆角”按钮，对所拉伸本体的四个棱边进行倒圆角并设置半径为“30.00”，如图 4.7.36 所示。

(3) 在右工具箱上单击按钮，打开拉伸设置面板，单击图中的“放置”选项，单击草绘中的“定义”按钮。选择拉伸本体上表面为草绘平面，利用线条偏移的命令，选择实体边缘整圈为参照偏移“20.00”，绘制图 4.7.37 所示的截面，完成草绘，选择去除材料，拉伸深度设置为“30.00”。

(4) 单击“拔模”按钮，选择实体侧面整圈为拔模面，拔模枢轴选择上表面，设置拔模斜度为“15.00”，调整拔模方向，如图 4.7.38 所示。

(5) 单击“抽壳”按钮，选择实体地面为抽壳面，抽壳厚度设置为“5.00”，结果如图 4.7.39 所示。

(6) 单击“创建筋特征”按钮，单击“参照”选项进行草绘编辑，选取 RIGHT 面作为草绘平面，并选取两条边界为筋创建边界，绘制筋截面如图 4. 7. 40 所示，完成筋草绘设置并完成筋的创建。

（7）选中所创建的筋并单击 按钮进行阵列，阵列出 4 个筋，完成烟灰缸创建，如图 4. 7. 41 所示。

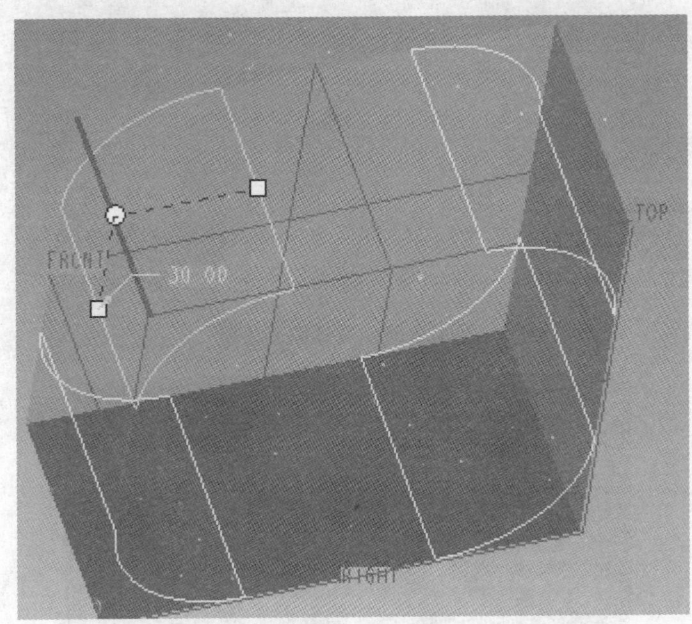

图 4. 7. 36　倒圆角

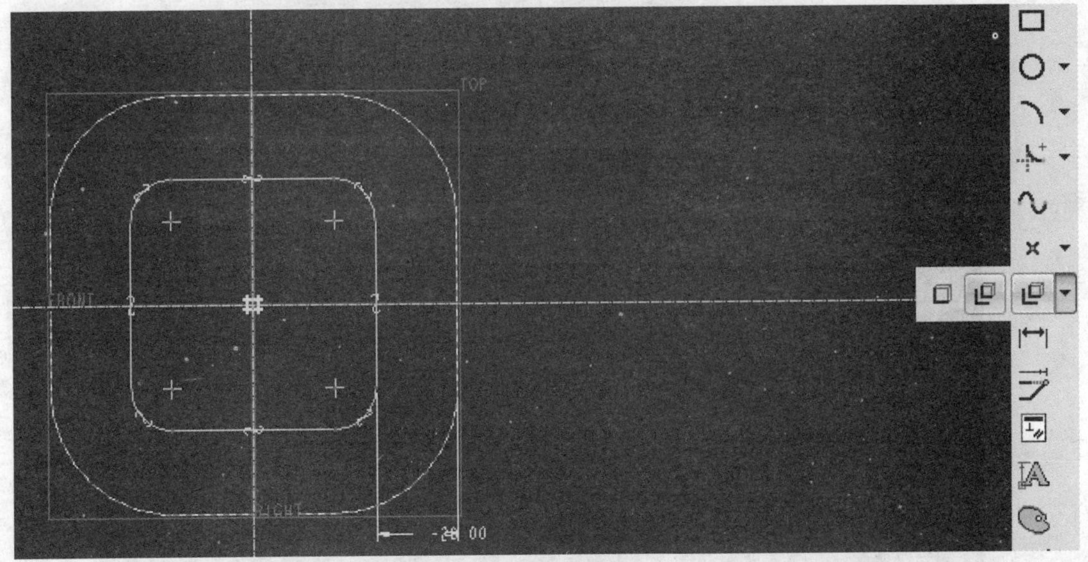

图 4. 7. 37　挖孔截面

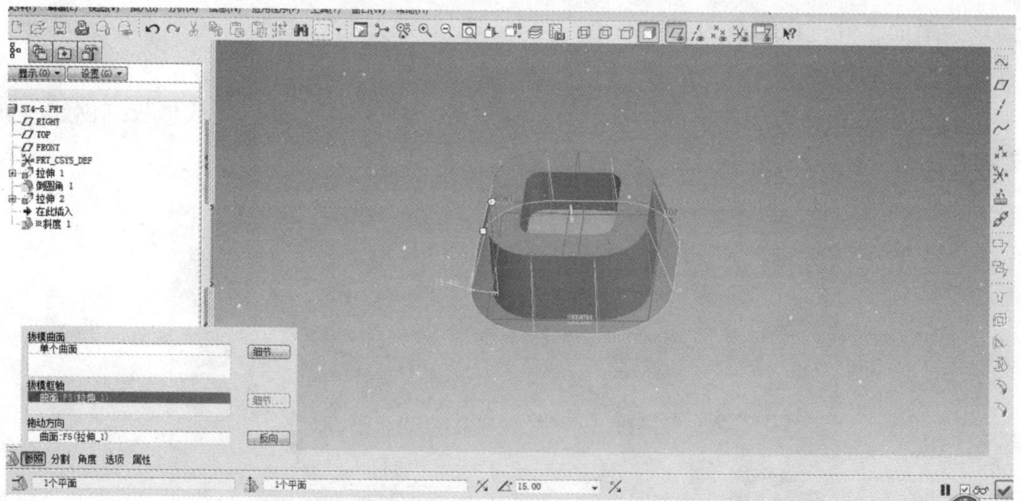

图 4.7.38　实体侧面拔模

图 4.7.39　实体抽壳

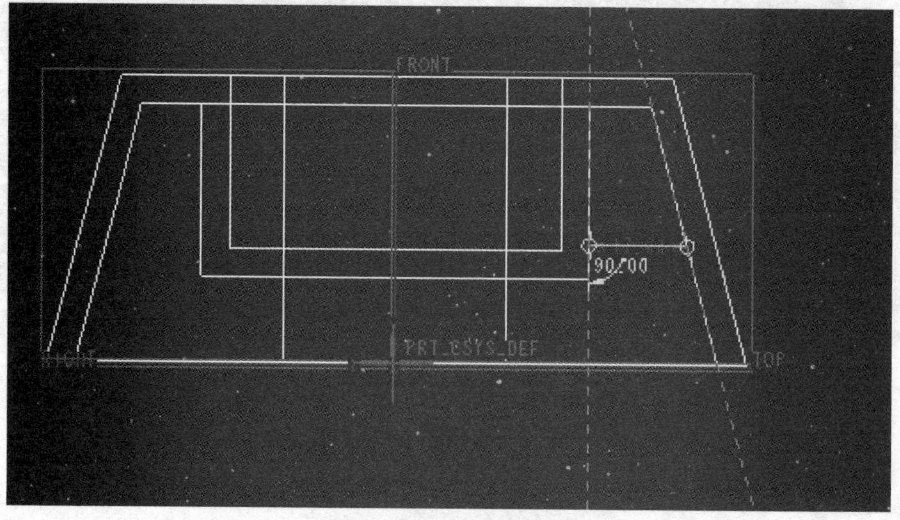

图 4.7.40　筋特征截面

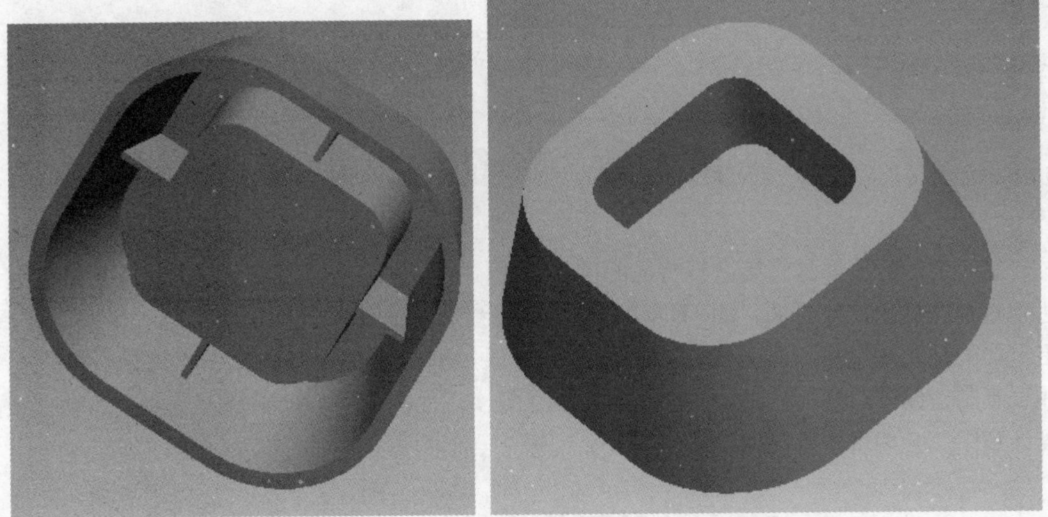

图 4.7.41　烟灰缸

第 5 章　特征的编辑

前面讲的方法都是直接进行特征的创建，建模中仅仅采用创建特征的方法往往不能完全达到整个产品的设计要求。Pro/E Wildfire 5.0 的参数化设计模式，提供了强大的设计工具，更重要的是允许用户随时对设计进行修改。如通过编辑定义、特征操作、镜像、阵列、合并、复制、偏移、修剪、延伸、加厚、实体化等实用的高效的特征编辑方法，来达到理想的设计意图。会编辑才能提高工作效率，会编辑才会感到得心应手。

5.1　修改零件设计的快捷方法

右键法：在模型树中选择要修改的特征（选中的特征在视图窗口会红色加亮显示，也可在窗口直接选择），单击鼠标右键弹出快捷菜单（见图 5.1.1），其中删除、组、隐含、编辑、编辑定义、编辑参照和隐藏等都是修改零件设计的快捷方法，单击这些命令就可以执行对该特征的修改操作。

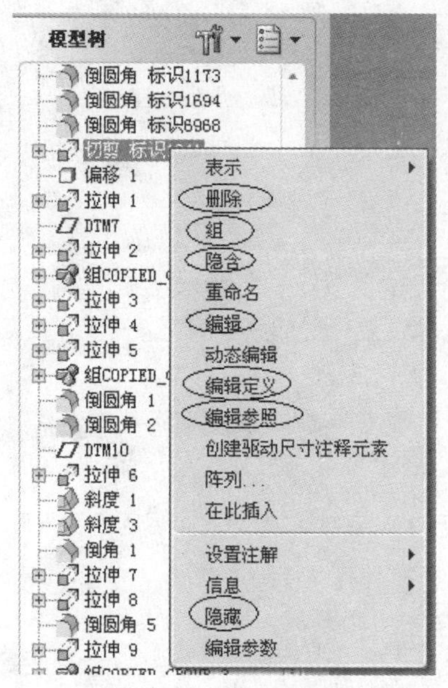

图 5.1.1　快捷菜单

1. 特征关系和特征组

1）特征关系

特征之间最重要的关系之一是“父子关系”。特征的创建必定有先有后，后面的特征需要参照先前的特征来定义其位置、形状和大小等，那么前面被用来作参照的特征就是“父特征”，后面创建的特征为“子特征”。产生“父子关系”的主要原因有：放置位置、草绘平面、参考平面、草绘参照、尺寸基准、深度（或角度）参考、草绘时使用边（或偏置边）、编辑的参照等。

“父子关系”的优点：增加特征的相关性，更好地体现设计意图，如图5.1.2所示。

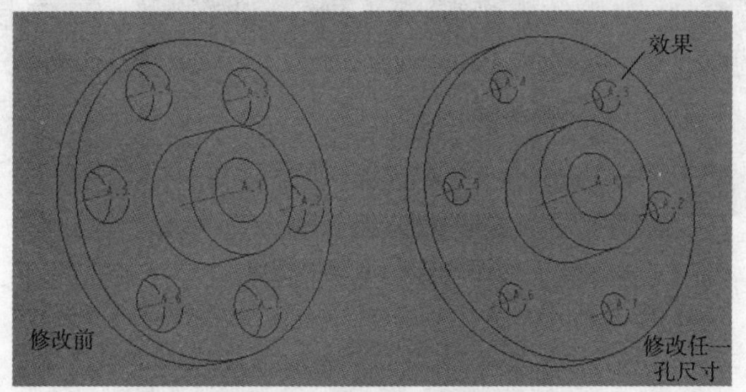

图5.1.2　特征中的关联效果

“父子关系”的缺点：会产生特征之间过多的密切联系，有时不需要修改子特征而要修改父特征，就会产生不必要的麻烦，使子特征找不到父特征参照而再生失败，系统将弹出各种“警告”信息，如图5.1.3所示。

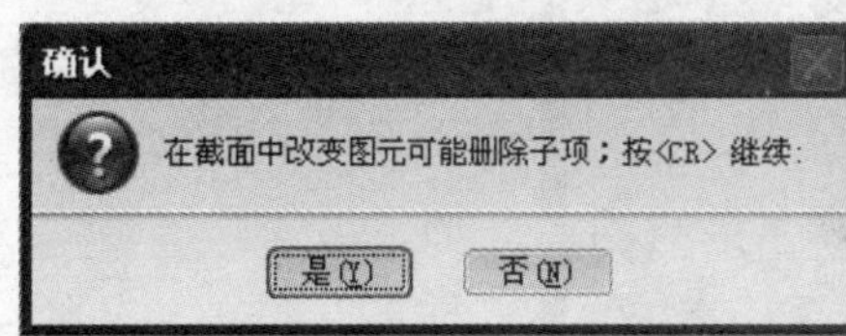

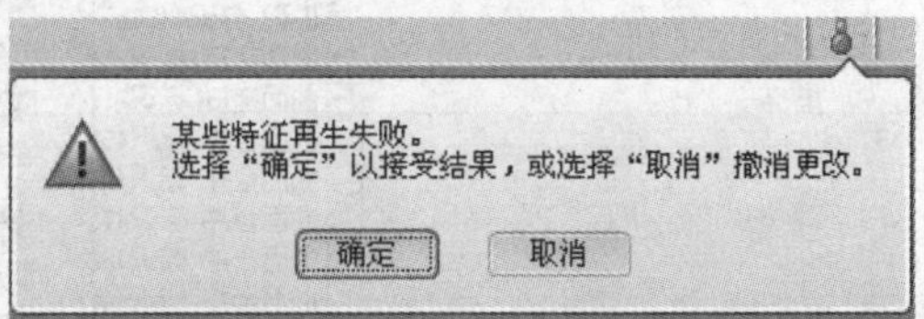

图5.1.3　修改“父特征”时对“子特征”产生的影响

设计中避免过多的“父子关系”才能使设计更具有灵活性，其最好的措施是尽量采用最先创建的基准平面作为零件设计的基准参照。

2）特征组

创建特征组的目的：缩短模型树列表，分门别类管理特征，有“父子关系”的特征一起复制等。

系统在进行一些编辑操作时会自动生成特征组，用户也可以自己创建或分解特征组。

创建特征组的方法：在模型树中，按住Ctrl键选择合成特征组范围内的上下特征，利用“右键法”进入，单击“组”选项，会弹出确认信息（见图5.1.4），单击“是”按钮完成特征组创建。或者按住Shift键先单击上面再单击下面，选中的特征全部加亮，利用“右键法”进入，单击“组”选项完成特征组的创建。

分解特征组的方法：选中特征组，利用“右键法”进入，单击“分解组”选项，完成特征组的分解，如图5.1.5所示。

2. 特征的删除与隐含

1）特征的删除

如果删除的是子特征，则弹出图5.1.6所示的提示，单击“确定”按钮，特征被删除。被删除的特征不能再在模型树中显示。刚删除的特征可以单击图标 ↶ 恢复。

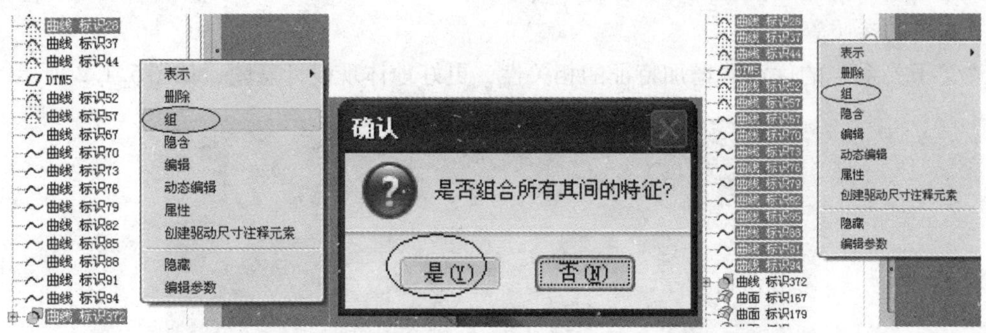

图 5.1.4 创建特征组

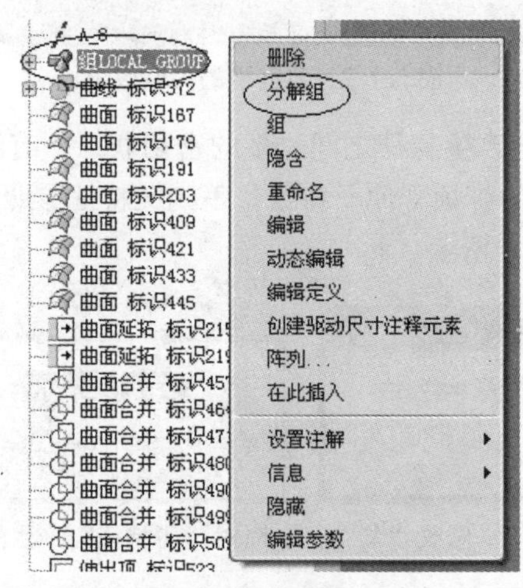

图 5.1.5 分解特征组

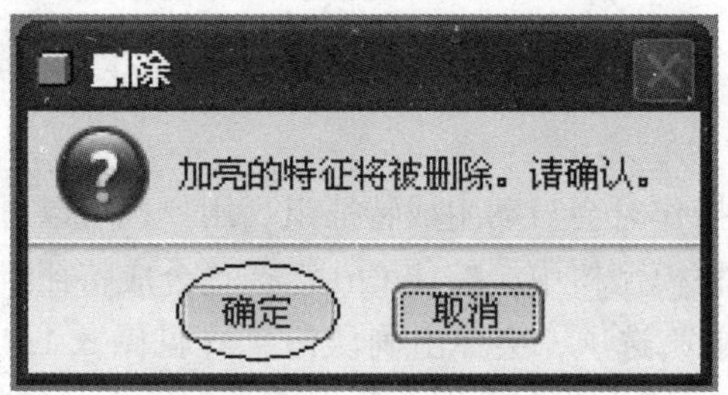

图 5.1.6 “删除”子特征时的提示对话框

如果删除的是父特征，将弹出图 5.1.7 所示的提示，系统会自动加亮父特征的子项，单击“确定”按钮，那么其所有的子特征也将被删除掉；单击“选项”按钮，弹出图 5.1.8 所示的“子项处理”对话框，对话框中会显示子项列表，单击后面的“删除”选项再单击小三角，选择“挂起”选项，则该子项不会被删除。但是子项会出现“再生失败”提示，单击“确定”按钮后父项被删除，子项在模型树中呈红色显示。提示子项是失败的特征，需要重新定义新的参照。

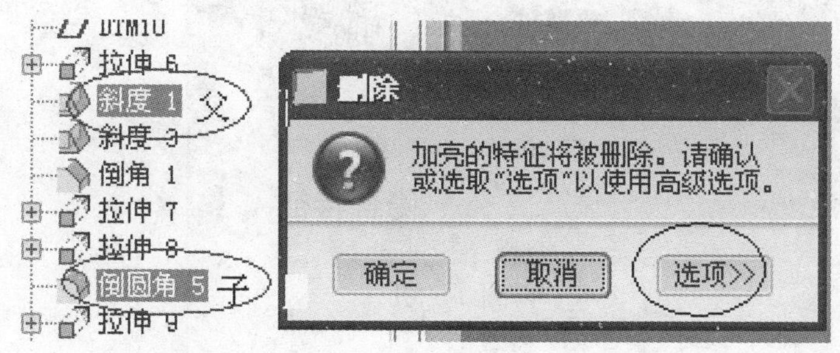

图 5.1.7　“删除”父特征时的提示对话框

2）特征的隐含

隐含特征的目的：隐含特征可以使特征更新和显示较少，减少修改时间，加速显示的过程。

隐含与删除的区别是，隐含只相当于暂时删除或被压缩。虽然隐含的特征在绘图窗口中不可见，但可以一直保留在模型文件中，随时都能恢复。隐含的特征还可以在模型树上显示。隐含父特征和子特征时，与删除一样都弹出类似的提示信息。

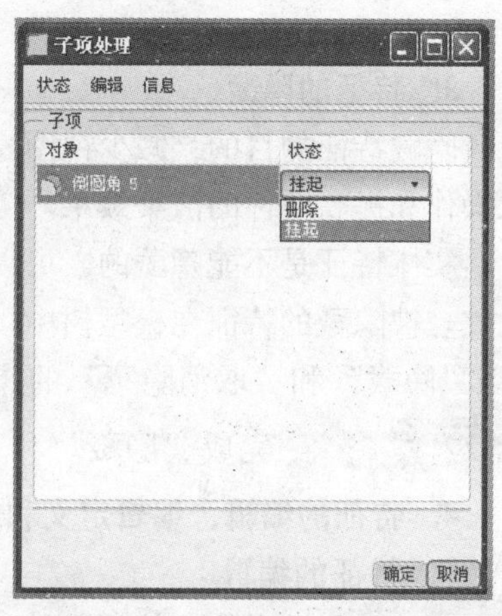

图 5.1.8　“子项处理”对话框

系统默认隐含特征不在模型树上显示，显示隐含特征的方法是：单击模型树右边的 → 树过滤器(F)... 选项，弹出“模型树项目”对话框，在左边的“显示”项目中勾选“隐含的对象”选项，单击“确定”按钮即可，如图 5.1.9 所示。被隐含的特征重新显示在模型树列表中，并带有标记符号以便区别，如图 5.1.10 所示。

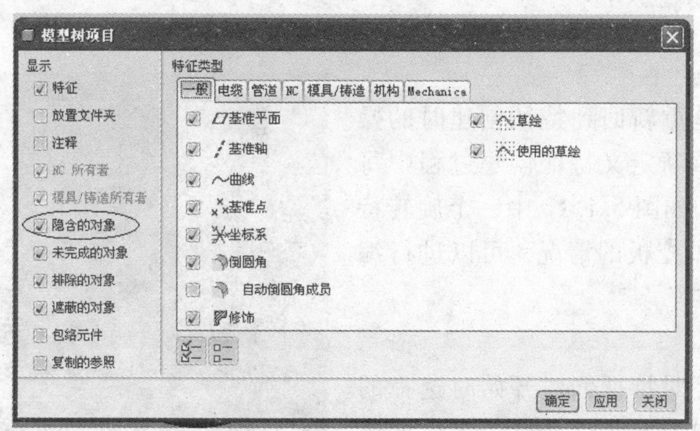

图 5.1.9　“模型树项目”对话框

恢复隐含特征操作：选中要恢复的隐含特征，利用“右键法”进入，选择“恢复”选项即可。如果模型树中没有显示隐含特征，那么单击菜单栏“编辑”→“恢复”→“恢复上一个集”或“恢复全部”命令。

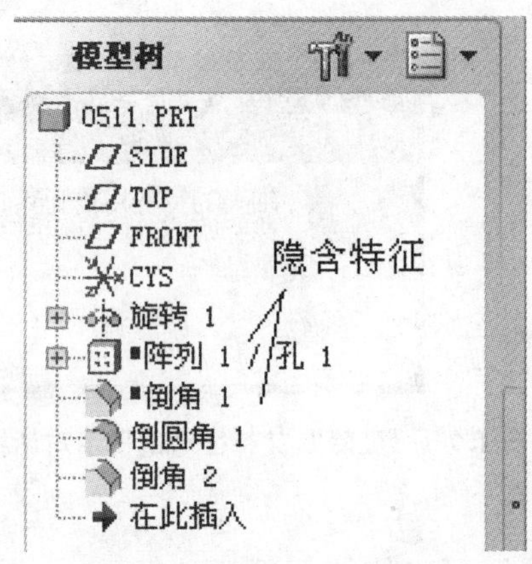

图 5.1.10　显示隐含特征

3. 特征的隐藏

隐藏特征的目的：减少视图窗口中的基准特征、装配元件等显示，方便建模过程中的选取操作和提高零件的渲染效果。

实体特征是不能隐藏的，可以隐藏的项目有：单个的基准特征、分析特征、面组和装配元件。被隐藏的特征在模型树中以灰色显示。

"隐藏"和"取消隐藏"的操作都采用"右键法"。基准特征也可以单击顶部工具栏图标 完成"隐藏"和"取消隐藏"操作，但这样做不能只隐藏单个的基准特征。

4. 特征的编辑、编辑定义和编辑参照

1）特征的编辑

编辑就是动态修改特征尺寸。在模型树中选择要编辑的特征，利用"右键法"进入编辑模式（见图 5.1.11），视图窗口显示特征尺寸，双击要修改的尺寸，输入数值后按回车键，完成修改。退出编辑模式时，只需将鼠标在空白处单击一下即可。要让编辑过的尺寸生效需再生模型。

2）编辑定义

编辑定义就是重新回到特征创建时的操控板状态，可以重新定义特征创建过程中每一个过程的参数。如图 5.1.12 中一个旋转特征编辑定义回到操控板的情况，可以进行编辑内部草绘的操作等。

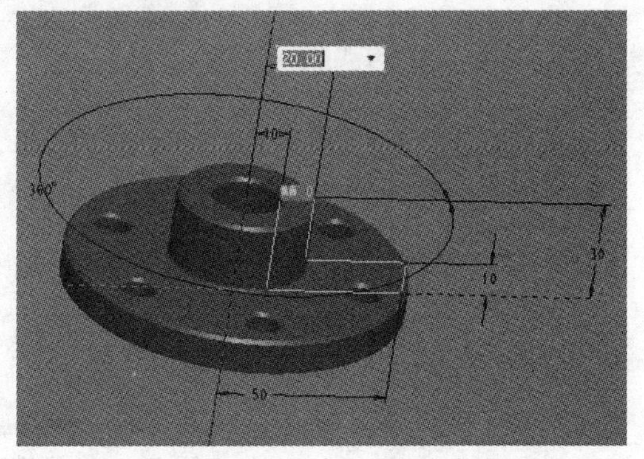

图 5.1.11　特征编辑

3）编辑参照

编辑参照就是对特征创建开始时选择的参照进行编辑。如图 5.1.13 所示，零件的键槽在开始创建时草绘平面选择的是基准平面 TOP，用"右键法"进入编辑参照模式，弹出图 5.1.14 所示的"确认"信息框，接受系统默认的"否"选项，按回车键。弹出"重定参照"菜单，如图 5.1.15 所示。

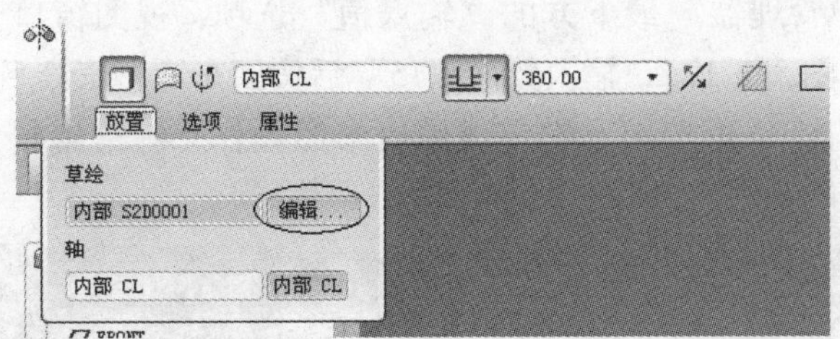

图 5.1.12　特征编辑定义

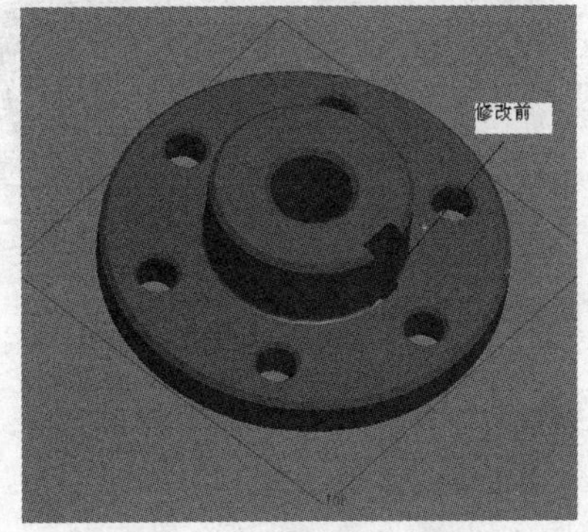

图 5.1.13　键槽编辑前

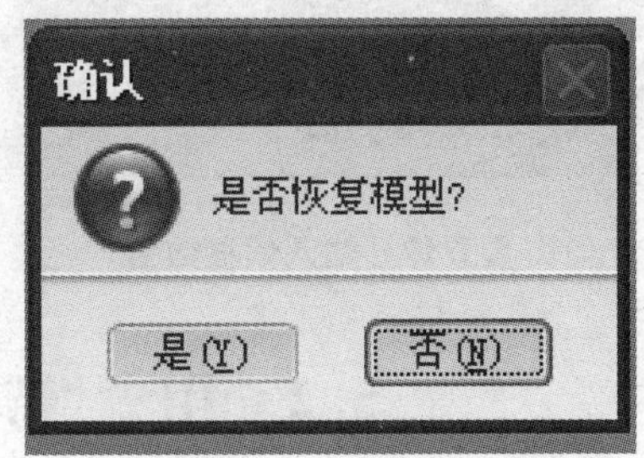

图 5.1.14　“确认”信息框

然后选择“重定特征路径”和“替换”选项，在选取栏选择“产生基准”选项，展开创建“基准平面”菜单（见图 5.1.16），选择“偏距”和“平面”选项，再在视图窗口选择

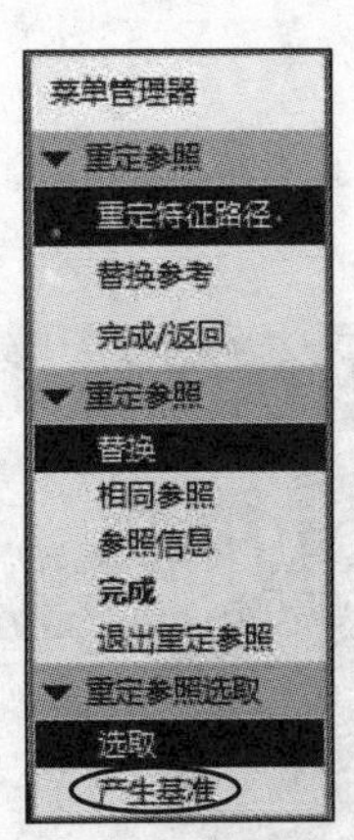

图 5.1.15　“重定参照”菜单

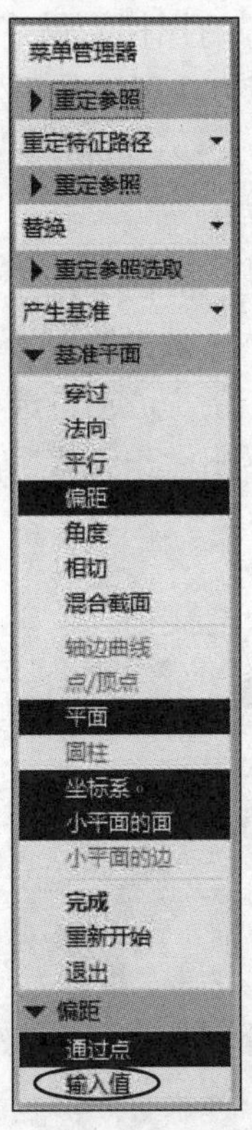

图 5.1.16　创建“基准平面”菜单

TOP 平面，单击“菜单管理器”最下方的“输入值”选项，视图窗口弹出“方向箭头”和“偏移值”输入框（见图 5.1.17），输入数值“15”后按回车键，草绘平面即向上偏移 15。其他参照不变，按回车键……再按回车键完成编辑参照操作。键槽编辑后的效果如图 5.1.18 所示。

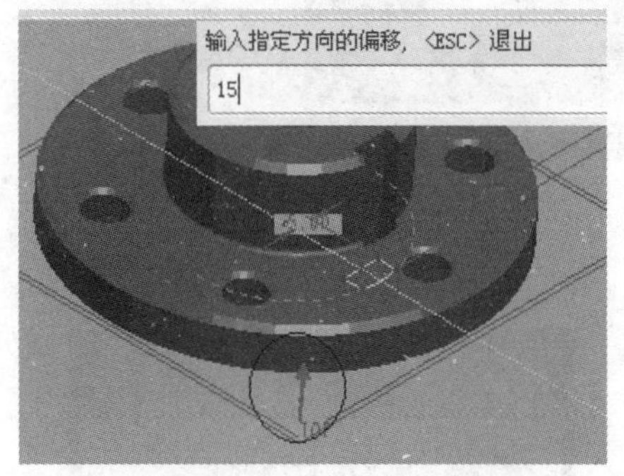

图 5.1.17　输入偏移数值

图 5.1.18　键槽编辑后

5.2　用“特征操作”的编辑方法

进入“特征操作”模式的方法：单击菜单栏“编辑”→“特征操作”命令，弹出图 5.2.1 所示的“菜单管理器”。其中有三个编辑功能，即复制、重新排序和插入模式，可以对所有特征进行编辑。由于没有图标，最好设置快捷键进入。

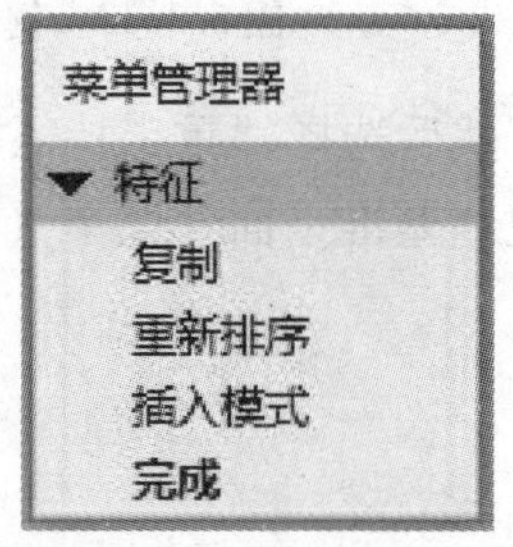

图 5.2.1　菜单管理器

“特征操作”编辑方法可以编辑实体和曲面特征。

1. 复制

1）新参照复制

进入“特征操作”菜单，单击“复制”命令，弹出下拉菜单，如图 5.2.2 所示，选择复制方式为“新参考”“从属”（“从属”表示复制的特征是参照特征的子项），单击“完成”选项，系统提示选择复制参照特征，如图 5.2.3 中选择倒角特征，按回车键，弹出“组元素”对话框（见图 5.2.4（a）），系统在“组可变尺寸”栏提

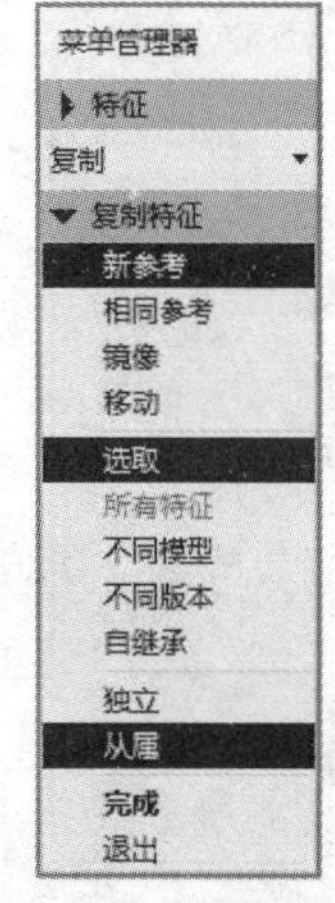

图 5.2.2　选择复制方式

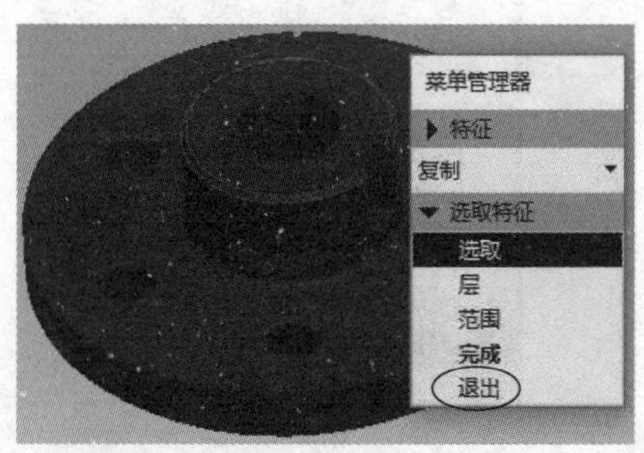

图 5.2.3　选择复制参照特征

示是否改变倒角尺寸，选择不改变，按回车键或单击“完成”选项，然后选择新参照“替换”选项，在图 5.2.4（b）中选择了中间孔边，再在“组放置”选项（见图 5.2.4（c））中单击“完成”选项，结束复制操作，效果如图 5.2.4（d）所示。

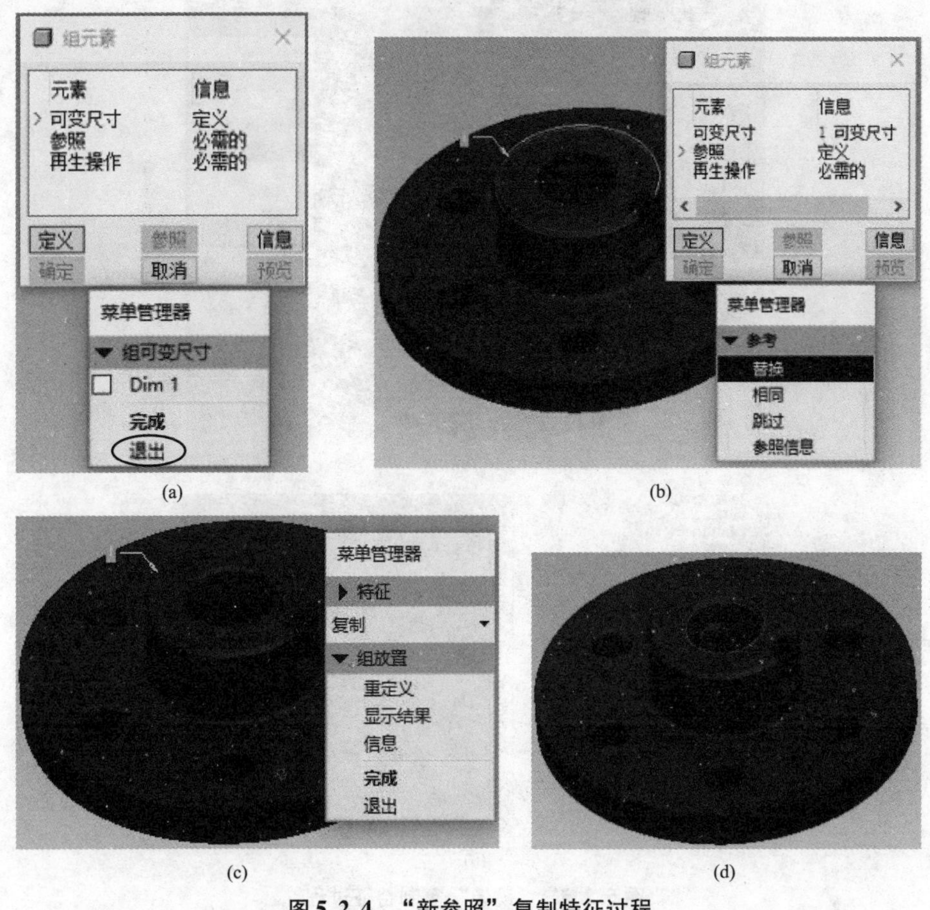

(a)　(b)　(c)　(d)

图 5.2.4　“新参照”复制特征过程

（a）“组元素”对话框；（b）选择新参照；（c）“组放置”选项；（d）“新参照”复制特征

2）镜像复制

进入“特征操作”菜单，单击“复制”命令，弹出下拉菜单（见图 5.2.2），选择复制方式为“镜像”“从属”，单击“完成”选项，系统提示选择参照特征，如图 5.2.5 中选择加强筋特征，按回车键，弹出选择“镜像平面”提示，图 5.2.5 中选择了基准平面 SIDE，结束复制操作，效果如图 5.2.5 所示，并且镜像的特征名在模型树中显示。

3）旋转复制

进入“特征操作”菜单，单击“复制”命令，弹出下拉菜单（见图 5.2.2），选择复制方式为“移动”“从属”，单击“完成”选项，系统提示选择参照特征，如图 5.2.6（a）中选择加强筋特征，按回车键，在弹出的下拉菜单中选择“旋转”和选取方向“曲线/边/轴”，在视图窗口图 5.2.6（a）中选择孔中心的基准轴 A_2，方向选择图 5.2.6（b）所示方向，单击“正向”按钮，在弹出的 输入旋转角度 60 中输入旋转角度值，按回车键，弹出“组元素”对话框（见图 5.2.6（c）），系统在“组可变尺寸”栏提示是否改变加强筋尺寸，选择不改变，按回车键或单击“完成”选项，回车再回车完成旋转复制操作。效果如图 5.2.6（d）所示。

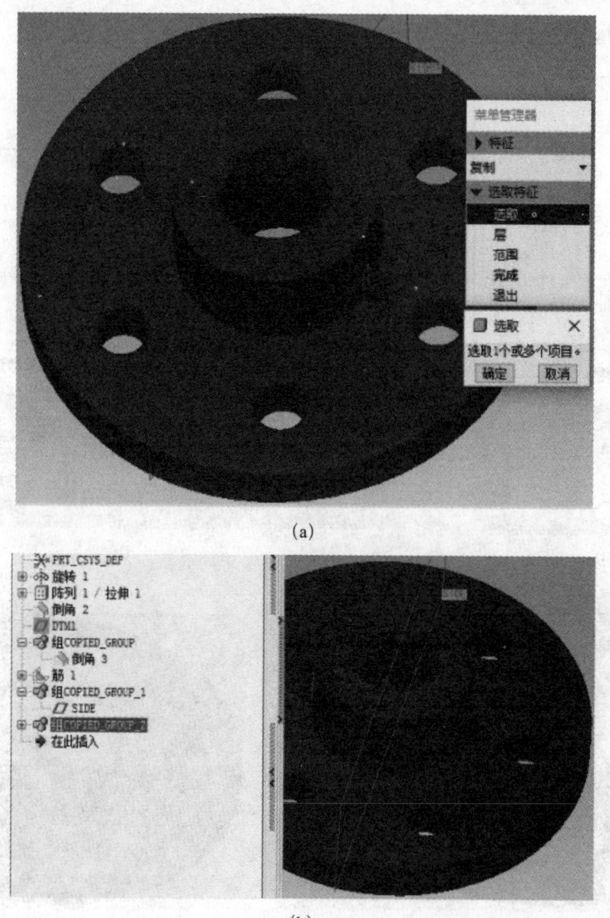

(a)

(b)

图 5.2.5 “镜像”复制特征过程

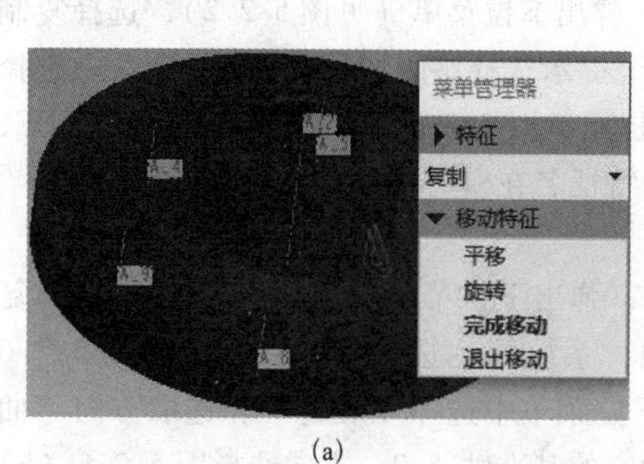

(a)

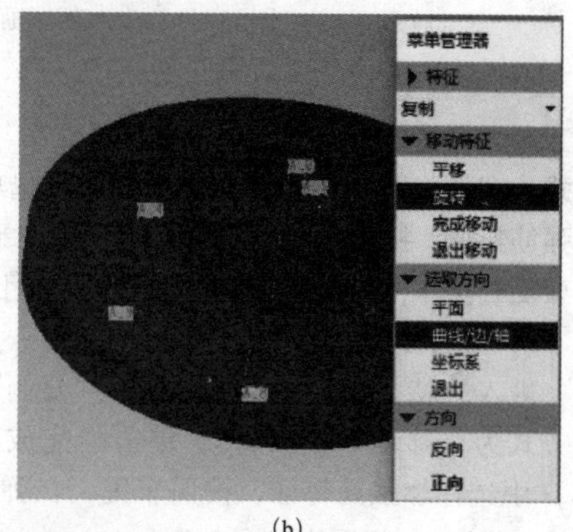

(b)

图 5.2.6 “旋转”复制特征过程

（a）选择参照特征、旋转方式和旋转轴；（b）确定旋转轴方向

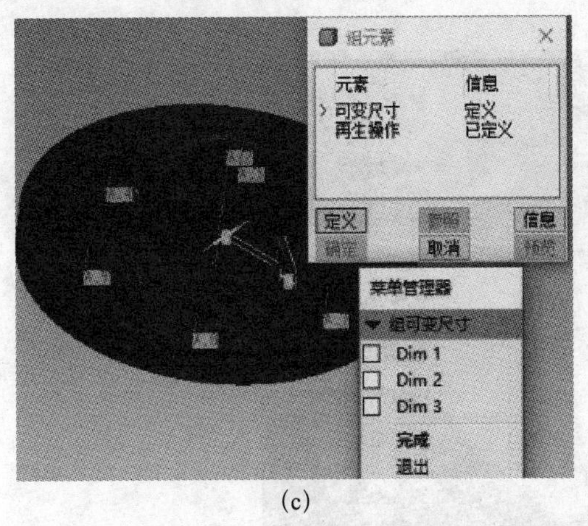

(c)

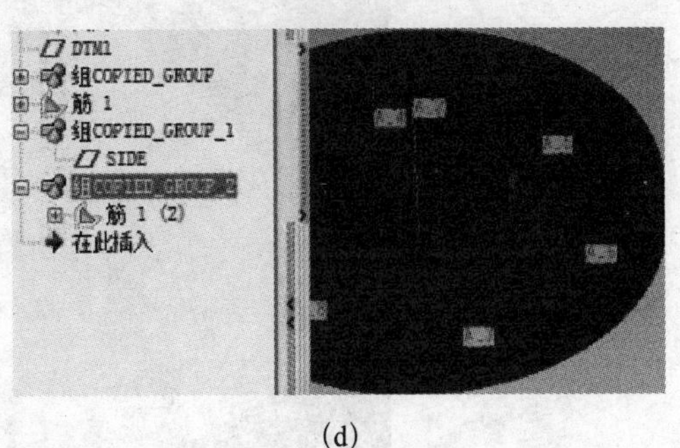

(d)

图5.2.6 “旋转”复制特征过程（续）

(c)“组元素”对话框；(d) 完成“旋转”复制

“独立”和“可变尺寸”的旋转复制：如果在复制方式中选择“独立”（“独立”表示复制的特征与复制参照特征脱离父子关系），另外在“组可变尺寸”中勾选“Dim 1”（见图5.2.7（a）），窗口中加强筋宽度尺寸加亮显示，按回车键，在弹出的 中输入数值，回车再回车，完成旋转复制。模型树列表中出现复制的特征组名，分解组后可以看到“独立”复制的特征名已改变，如图5.2.7（b）所示（对照图5.2.6（d））。

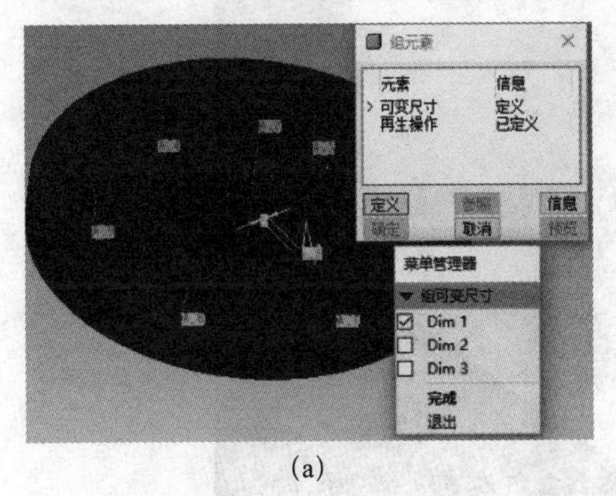

(a)

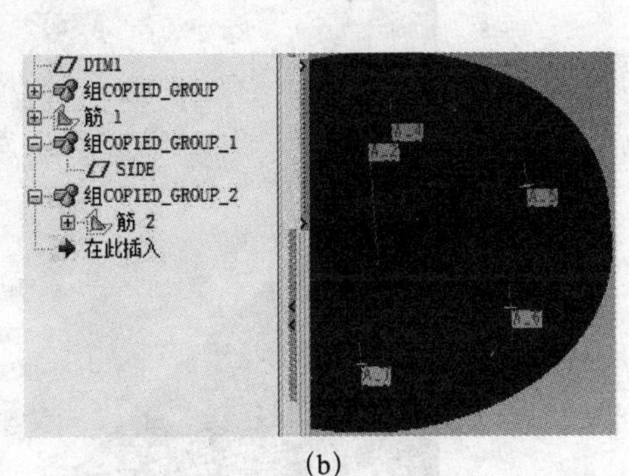

(b)

图5.2.7 “独立”和“可变尺寸”复制

(a) 改变特征尺寸；(b) 完成复制

4）平移复制

一个方向平移复制特征：

进入“特征操作”菜单，单击“复制”命令，弹出下拉菜单（见图5.2.2），选择复制方式为“移动”“从属”，单击“完成”选项，系统提示选择参照特征，如图5.2.8（a）中选择孔特征，按回车键，在弹出的下拉菜单中选择“平移”，并选取方向为“平面”，在视图窗口图5.2.8（a）中选择基准平面TOP，方向如图所示，单击“正向”选项，在弹出的 中输入数值，回车再回车再回车完成一个方向平移复制操作。效果如图5.2.9（b）所示。

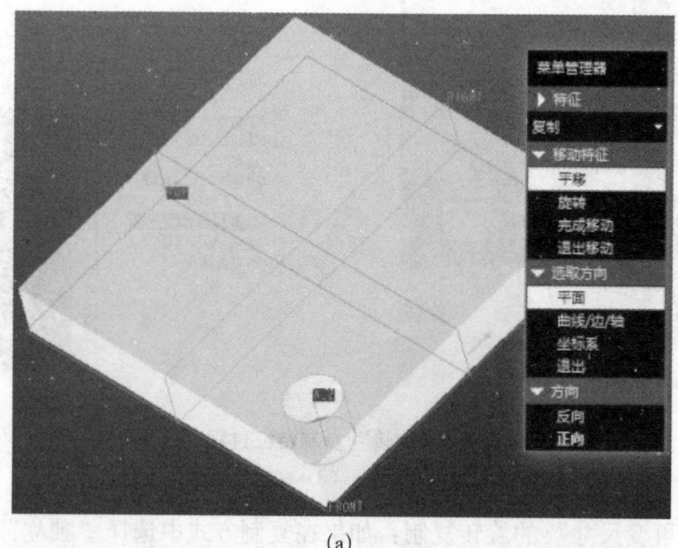

(a)

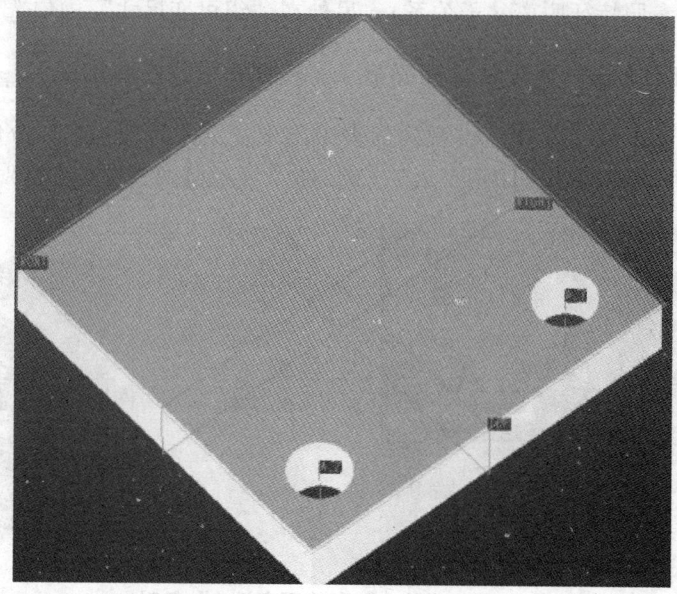

(b)

图 5.2.8　一个方向平移复制特征

（a）选择参照特征和尺寸方向；（b）完成平移复制

两个（或三个）方向平移复制特征：

在选择完第一个方向（如图 5.2.8 中的方法），完成一个方向的平移复制后，回到“菜单管理器”再选择“平移”选项，选择两个孔特征，……，然后选择第二个方向基准平面 RIGHT（见图 5.2.9（a）），输入数值“70.00”后按回车键，回车再回车完成操作，效果如图 5.2.9（b）所示。

（a）

（b）

图 5.2.9　两个方向平移复制特征

5）平移 + 旋转复制

用同样的方法可以实现第一个方向平移、第二个方向旋转的复制。

2. 重新排序和插入模式

1）重新排序

在模型树中选取一个或多个特征，按住左键不放拖动到新位置放开，即可完成重新排序操作。拖动子特征向上移动，则其父特征也会一起向上移动，如图 5.2.10 所示。

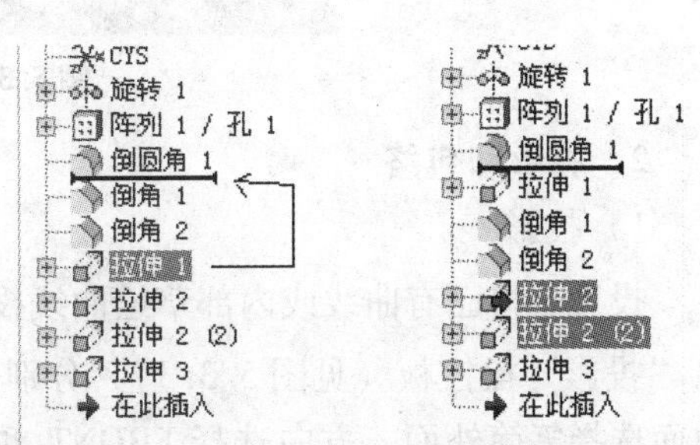

图 5.2.10　重新排序

2）插入模式

在模型树中选“在此插入”选项，按住左键不放拖动到新位置放开，即可完成插入模式操作。后面的特征在视图窗口不再显示，在插入模式处开始新的特征，如图 5.2.11 所示。

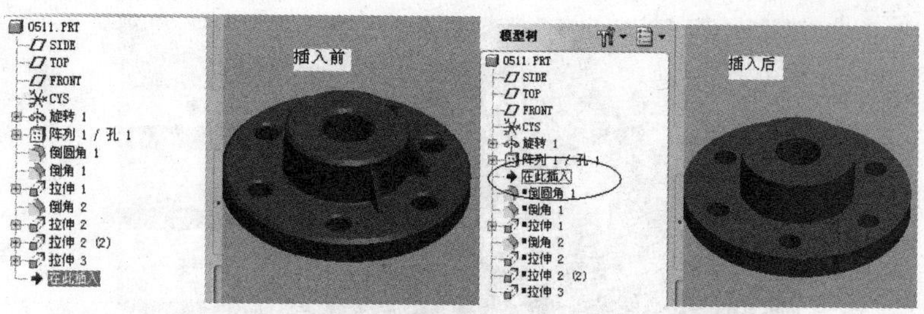

图 5.2.11 插入模式

5.3 基准曲线编辑方法

1. 相交

1）二次投影相交曲线

在视图窗口或模型树选择两条平面曲线，单击菜单栏“编辑”→“相交”命令，即生成相交的空间曲线，如图 5.3.1 所示。系统会自动隐藏两条平面投影曲线。

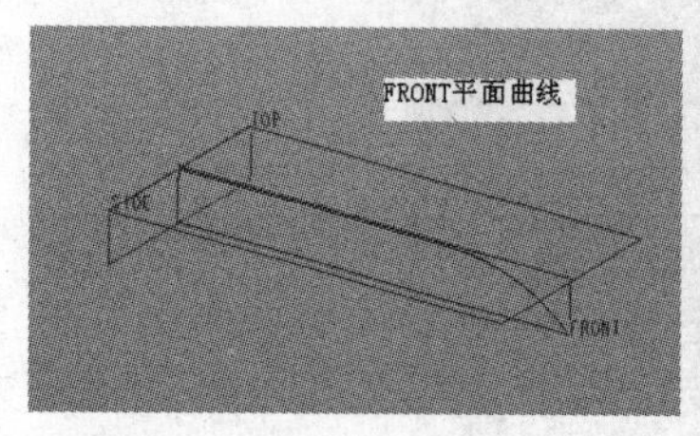

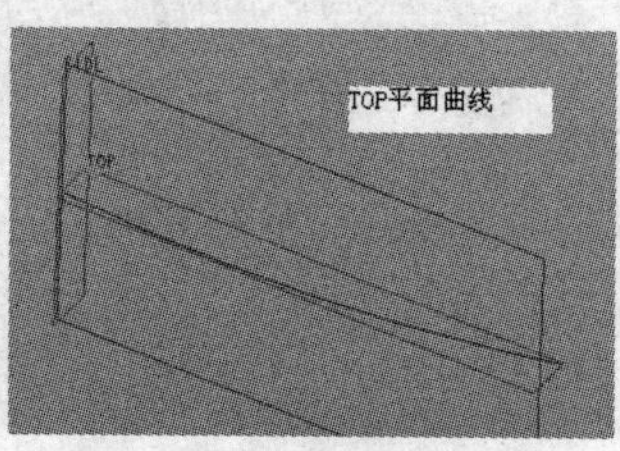

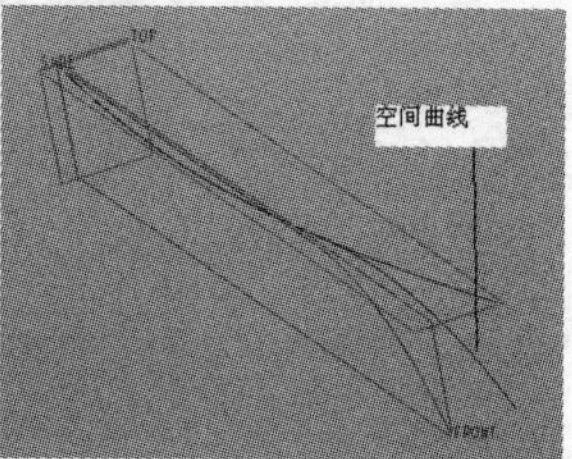

图 5.3.1 二次投影相交曲线

2）曲面求交曲线

在视图窗口或模型树选择两相交曲面，单击菜单栏“编辑”→“相交”命令，即生成相交的空间曲线，如图 5.3.2 所示。

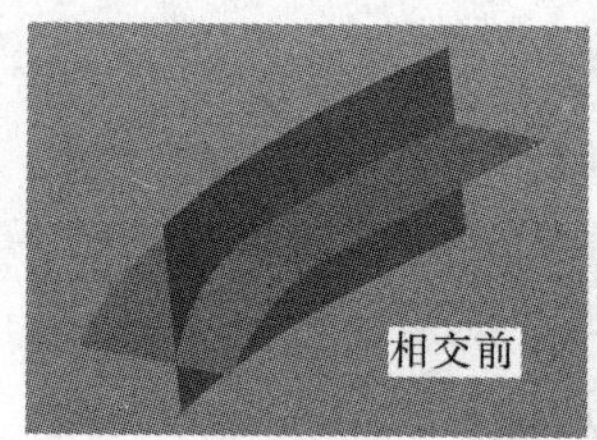

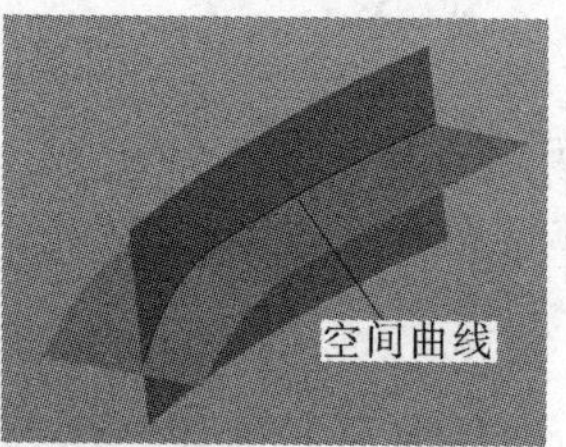

图 5.3.2 曲面求交曲线

2. 投影和包络

1）投影

投影是将已有曲线或内部草绘曲线投影到曲面上。操作步骤：单击工具栏图标 ，弹出“投影”操控板（见图 5.3.3），分别在“曲面”和“方向”栏添加项目，如图 5.3.4 中曲面选择笔筒外面，方向选择 FRONT 平面。然后展开“参照”面板（见图 5.3.5），选择“投影草绘”项，单击“定义”按钮进入草绘模式。草绘图 5.3.6 所示文本曲线，退出草绘后，按回车键或单击操控板右边的打钩图标，完成投影曲线操作。效果如图 5.3.7 所示。

图5.3.3 “投影”操控板

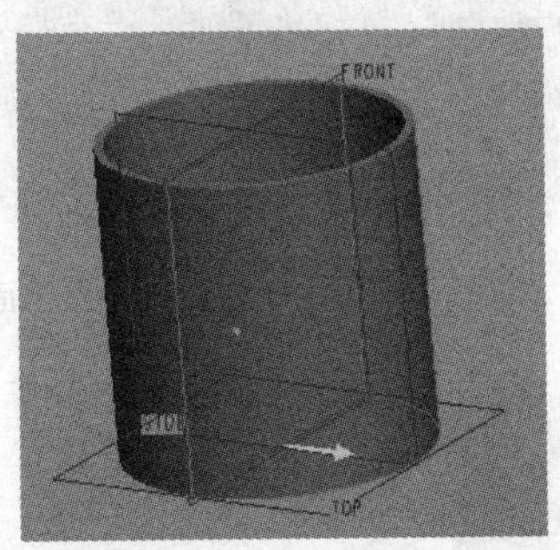

图5.3.4 选择曲面和方向

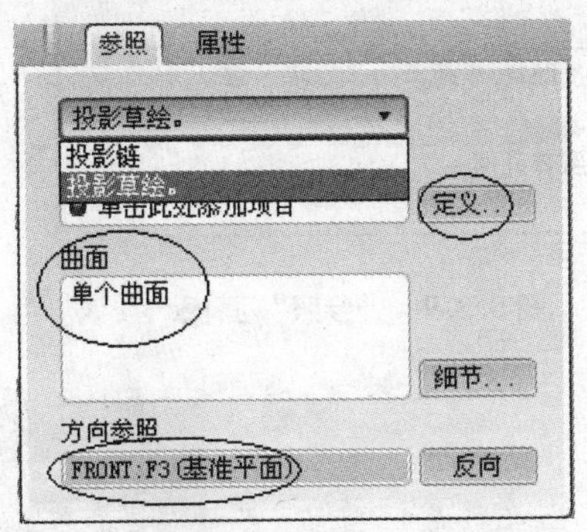

图5.3.5 “参照”面板

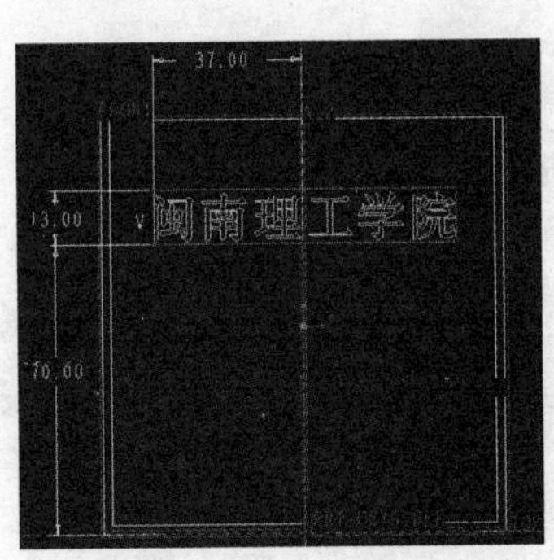

图5.3.6 草绘文本曲线

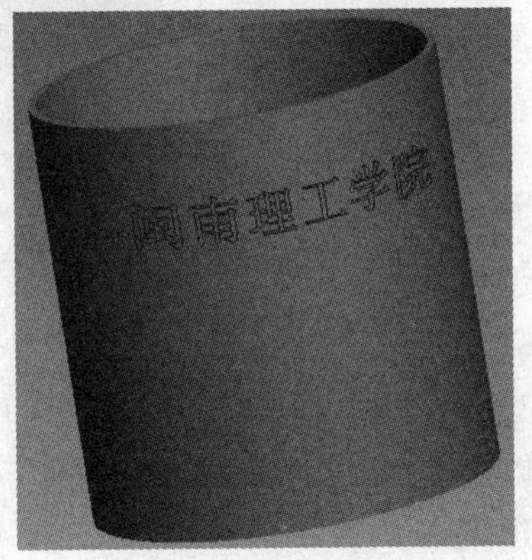

图5.3.7 投影曲线

2）包络

包络是将已有曲线或内部草绘曲线印贴到曲面上。操作步骤：单击工具栏图标，弹出“包络”操控板（见图5.3.8），展开“参照”面板（见图5.3.9），选择“草绘”选项，单击“定义”按钮，进入草绘模式。产生内部草绘平面，如图5.3.10所示，草绘图5.3.6所示的文本曲线，退出草绘后，按回车键或单击操控板右边的打钩图标，完成包络曲线操作。效果如图5.3.11所示。

图5.3.8 “包络”操控板

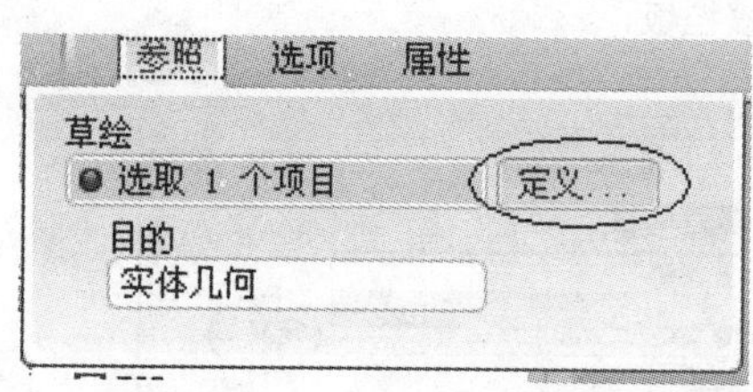

图 5.3.9 “参照”面板

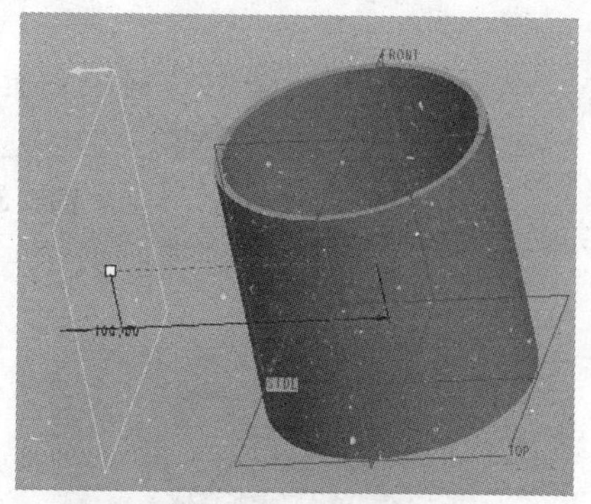

图 5.3.10 产生内部草绘平面

图 5.3.11 包络曲线

包络与投影的区别：包络在曲面上的曲线长度与绘制的是相同的，像印刷上去似的，印的时候可以选择“中心”或“草绘坐标系”确定位置。而投影在曲面上的曲线长度会随着曲面弧度延伸。

5.4 特征编辑的一般方法

1. 特征镜像和零件镜像

1）特征镜像

先选取要镜像的特征，单击菜单栏“编辑”→“镜像”命令或工具栏图标 ，弹出“镜像”操控板，如图 5.4.1 所示，选取镜像参照平面，即可完成特征（包括曲面特征）的镜像。勾选“选项”栏中“复制为从属项”复选框时，镜像的特征与原始特征存在关联性，否则没有关联。

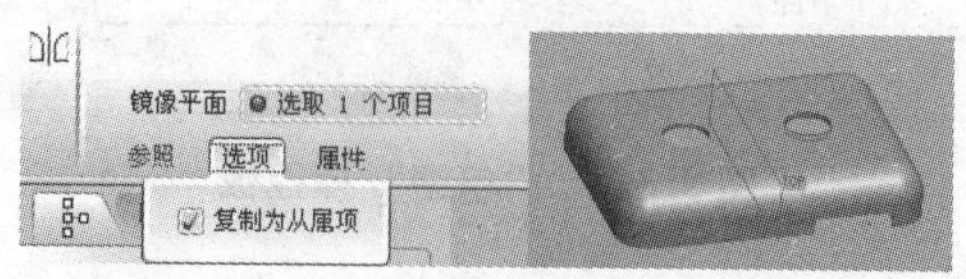

图 5.4.1 “镜像”操控板和镜像特征

2）零件镜像

零件镜像与特征镜像不同，它是整个零件的镜像，并产生新的零件和新的文件名。操作步骤：单击菜单栏“文件”→“零件镜像”命令，弹出图5.4.2（a）所示对话框，输入新的文件名，单击“确定”按钮，弹出新的零件图，完成零件镜像，如图5.4.2（b）所示。

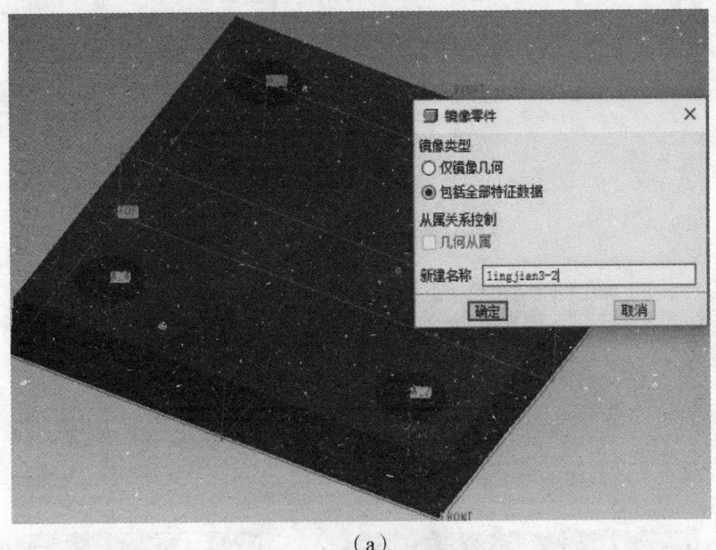

（a）

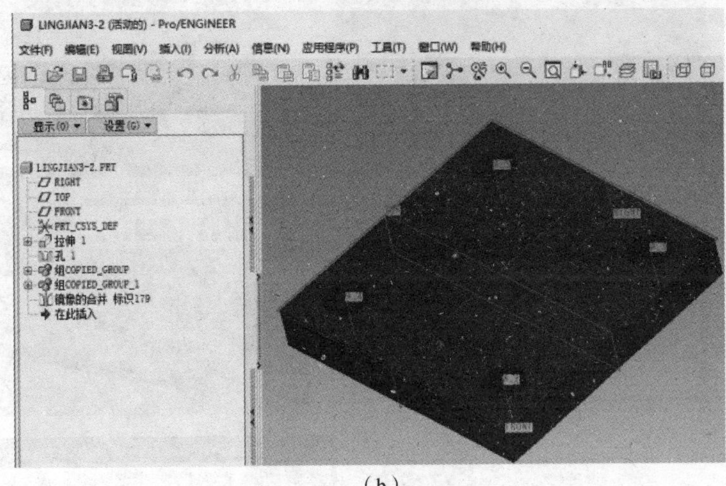

（b）

图5.4.2 零件镜像

2. 特征阵列

特征阵列就是将指定的对象通过指定的排列方式（驱动尺寸方式）进行快速的批量复制。同时阵列多个特征时，要把阵列的特征创建为一个局部组。修改阵列中一个特征的尺寸，系统会自动更新整个阵列。

阵列操作步骤：先选取要阵列的特征，单击菜单栏“编辑”→“阵列”命令或工具栏图标，弹出“阵列”操控板，如图5.4.3所示。单击打开尺寸右边的小三角，选择阵列排列方式，然后按照操控板上的提示完成阵列操作。效果如图5.4.4所示。

图 5.4.3 “阵列”操控板

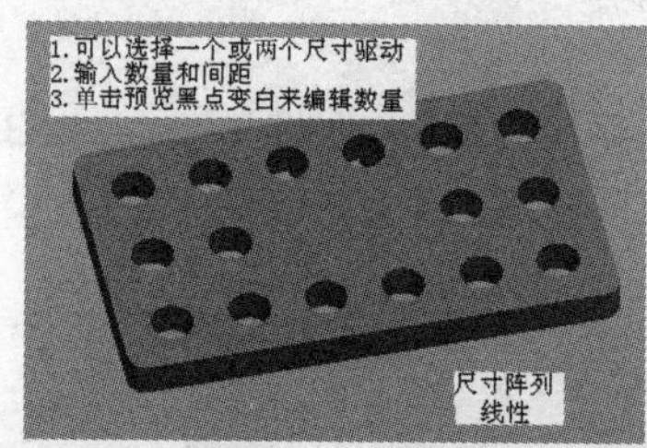

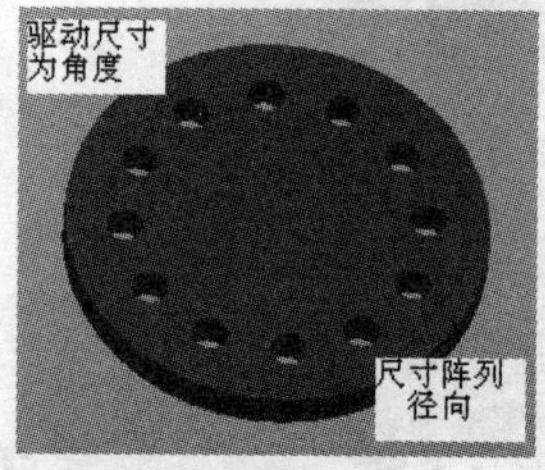

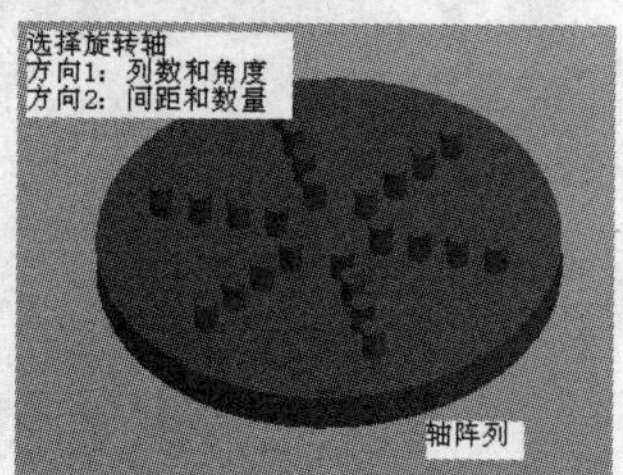

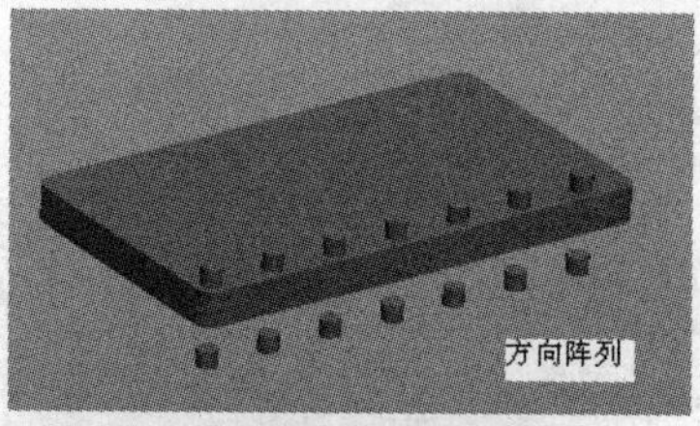

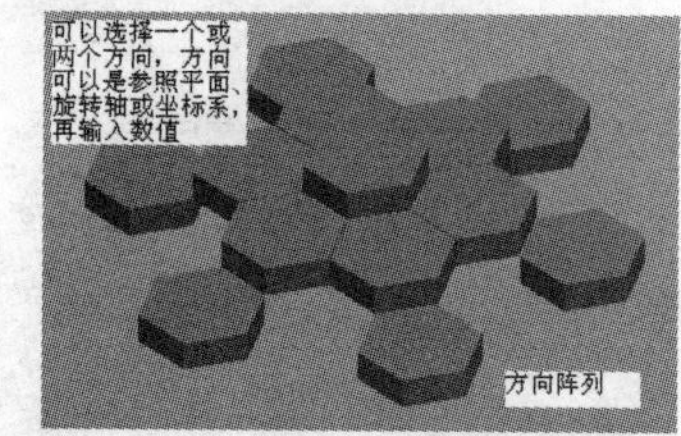

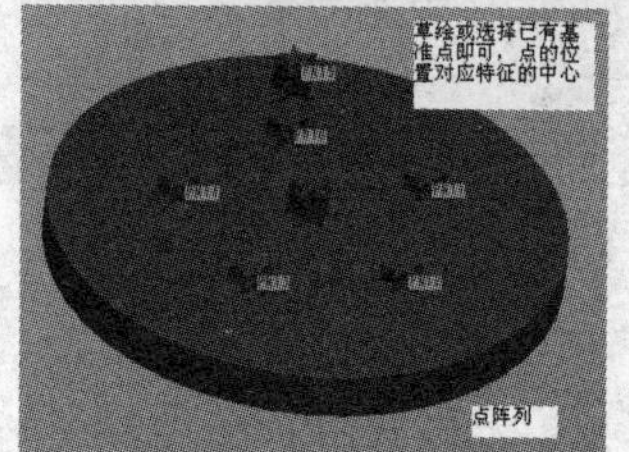

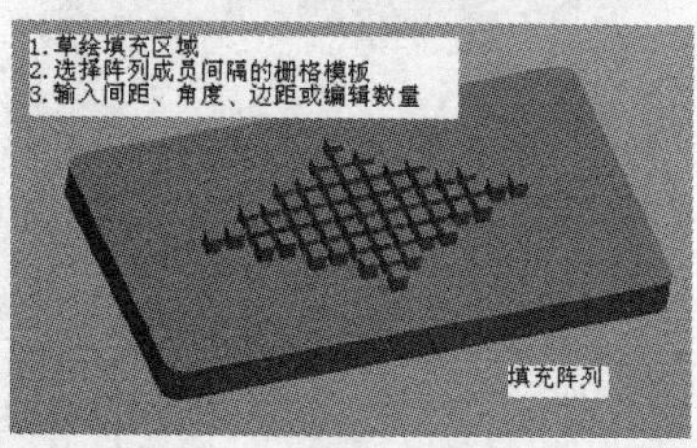

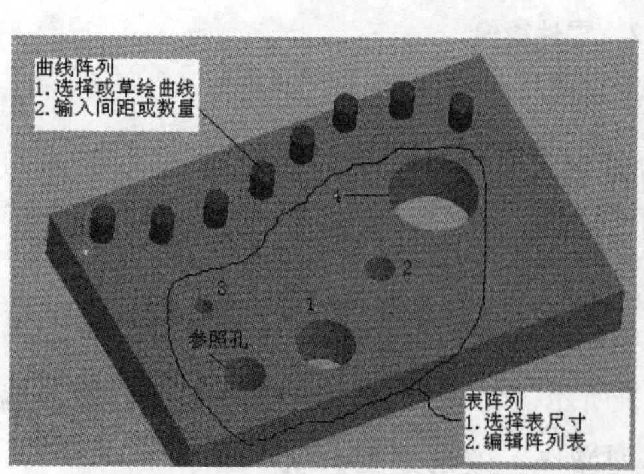

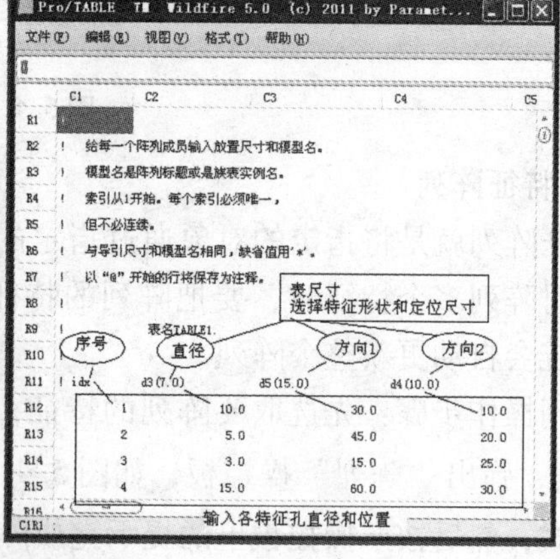

图 5.4.4 各种阵列方式

3. 零件缩放

1）在模型树生成“收缩特征”

单击菜单栏“文件”→“属性”→“收缩”→“更改”命令，选择“按尺寸”或“按比例”选项，选择公式、坐标系、类型和输入收缩率，单击打钩按钮完成，如图5.4.5所示。“收缩特征”之前的特征尺寸并没有缩放。

2）不在模型树生成“收缩特征”

单击菜单栏“编辑”→“缩放模型”命令，输入比例值，单击打钩按钮或按回车键，单击“是”按钮完成，如图5.4.6所示。模型树中每个特征的每个尺寸都进行了缩放，所以不生成“收缩特征”。

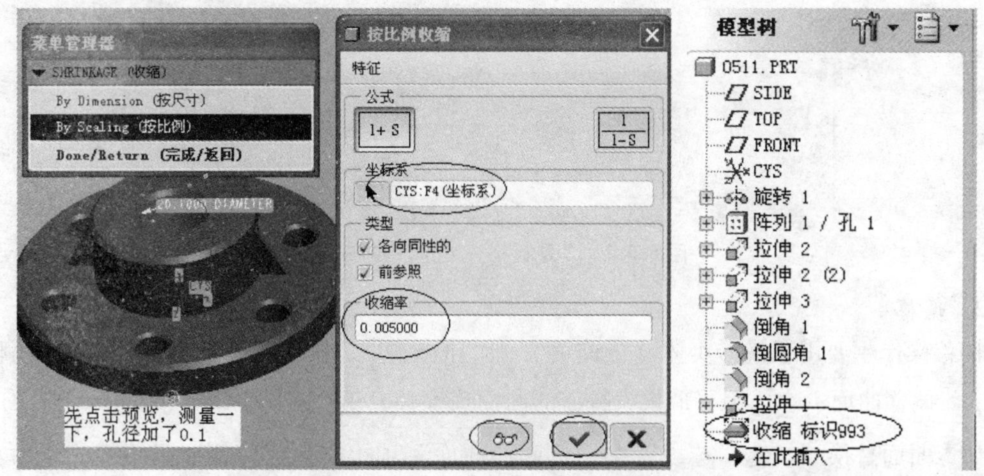

图5.4.5 在模型树生成“收缩特征”的缩放操作

图5.4.6 不在模型树生成“收缩特征”的缩放操作

5.5 曲面编辑方法

现在的新产品设计，越来越追求人性化的、人体工程学的、环保节能的设计理念，复杂曲面的产品越来越多。实际工作中往往是先创建曲面，再通过曲面编辑的方法实现曲面造型，然后实体化来完成有各种曲面的实体建模。

1. 复制

复制操作主要用于复制实体（或曲面）上的面，以生成新的曲面。操作步骤：先选取参照面（多选可以按住Ctrl键，过滤器选择“几何”），单击菜单栏“编辑”→“复制”命令，再单击“编辑”→“粘贴”命令，弹出“粘贴”操控板，选项中默认“按原样复制所有曲面”，接受就单击鼠标中键，完成复制曲面操作。模型树中可看到复制特征，如图5.5.1所示。

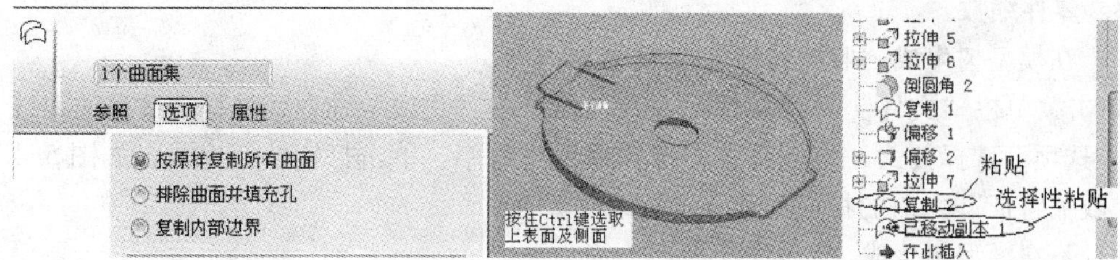

图 5.5.1 “复制”→“粘贴”

当选择“选择性粘贴”时，弹出“选择性粘贴”操控板，比“粘贴”操控板多了一个“变换”选项，选择“移动”项，选取方向参照和输入距离，单击中键即可，如图 5.5.2 所示。

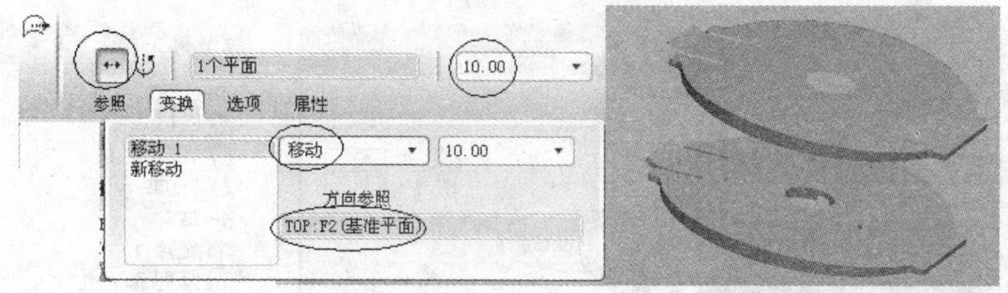

图 5.5.2 “复制”→“选择性粘贴”

2. 偏移

偏移操作主要用于偏移实体（或曲面）上的面，生成新的曲面或实体。有四种偏移方式：偏移曲面；偏移带拔模特征的曲面或实体；偏移不带拔模特征的曲面或实体；曲面替换。勾选“选项”中“创建侧曲面”项可以创建带侧面组的偏移曲面。操作步骤举例：

1）曲面替换的偏移

先选取参照面（多选可以按住 Ctrl 键，过滤器选择“几何”），单击菜单栏“编辑”→“偏移”命令，弹出“偏移”操控板，方式选“曲面替换”，展开“参照”面板，选择“偏移曲面”和“替换曲组”选项，接受预览效果就单击鼠标中键，完成偏移操作。效果如图 5.5.3 所示。

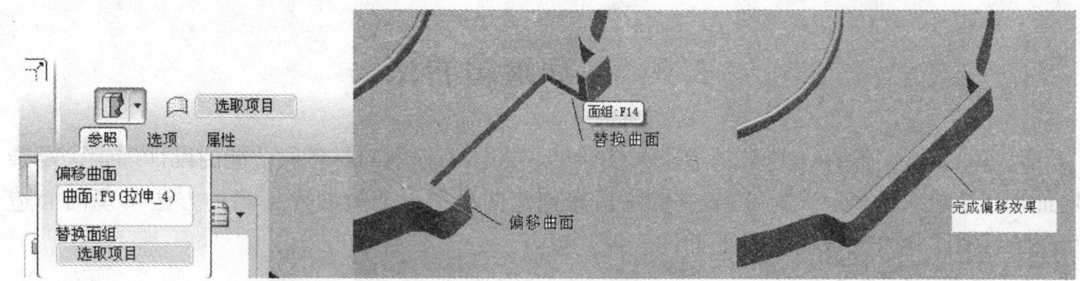

图 5.5.3 曲面替换的偏移

2）带拔模特征的偏移

先选取参照面，单击菜单栏“编辑”→“偏移”命令，弹出“偏移”操控板，方式选“带拔模特征”，从“参照”处进入草绘模式，草绘偏移区域，完成退出草绘。接受在操控板“选项”栏设置的“侧曲面垂直于草绘”项等，输入偏移距离和拔模角度，检查一下方向，没有问题单击鼠标中键，完成偏移操作。效果如图5.5.4所示。

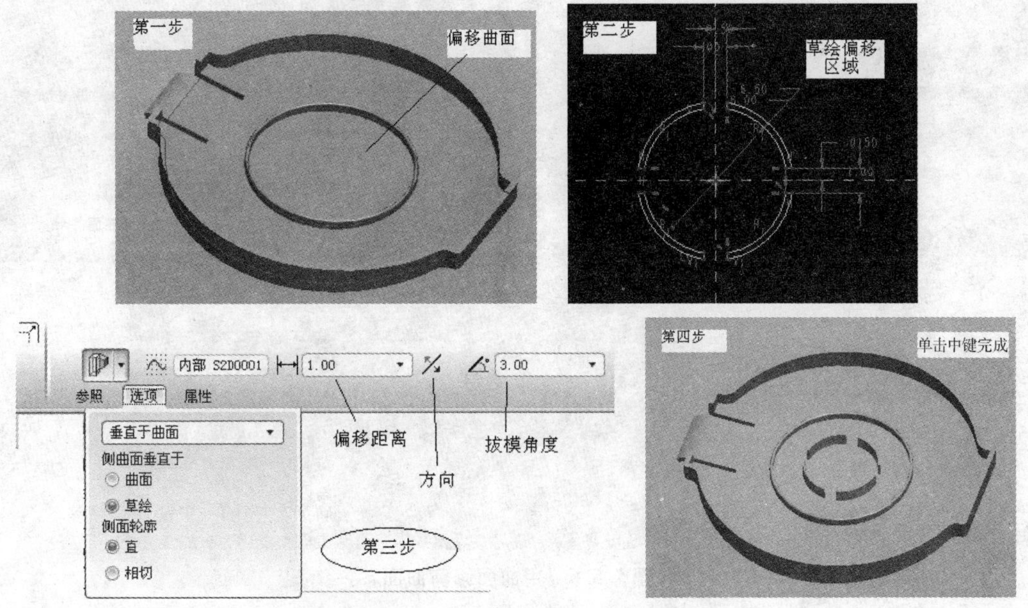

图5.5.4　“带拔模特征”的偏移

3. 修剪

修剪操作主要用于分割面组和曲线，不能用于实体特征的修剪。通过曲线（或曲面）对曲面进行修剪时，曲线（或曲面）必须与要修剪的曲面相交。也可以通过基准平面修剪。操作步骤举例：

（1）用曲线修剪曲面。

先选取要修剪的曲面，然后单击菜单栏“编辑”→“修剪”命令，进入修剪操作模式，选取参照曲线，单击视图窗口中的方向箭头调整方向，有网格的曲面将被保留。确定方向后单击鼠标中键，完成修剪操作，如图5.5.5所示。

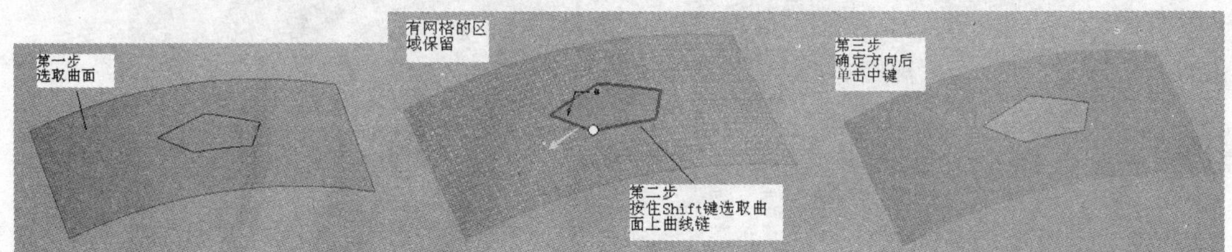

图5.5.5　用曲线修剪曲面

（2）用曲面修剪曲面。

先选取要修剪的曲面，然后单击菜单栏“编辑”→“修剪”命令，进入修剪操作模式，选取参照曲面，展开操控板中的“选项”面板，不用勾选“保留修剪曲面”项。单击视图窗口中的方向箭头调整方向，有网格的曲面将被保留。确定方向后单击鼠标中键，完成修剪操作，如图5.5.6所示。

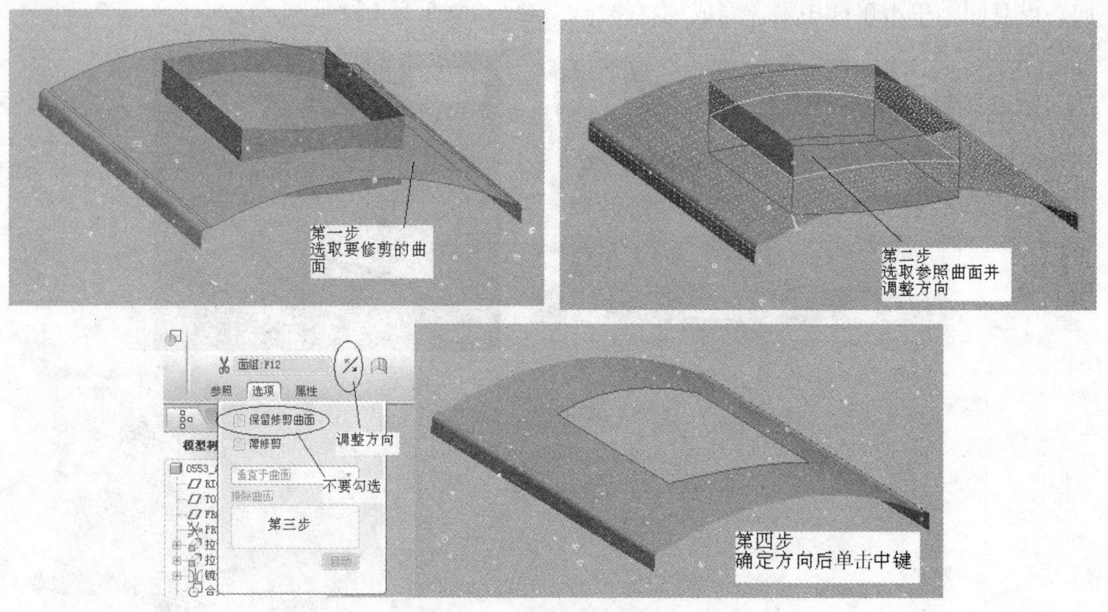

图 5.5.6　用曲面修剪曲面

4. 延伸

延伸操作主要用于将面组或曲面延伸至指定的距离或至一个平面上。不能对实体面进行延伸，只能选择曲面（或面组）的边界或链作为延伸对象。加选其他的参照边界时，可按住 Shift 键进行选取。延伸在模具分模时常用于创建分型面。操作步骤举例：

如图 5.5.7 中，先复制零件的内表面，选取要延伸的曲面边界，然后单击菜单栏“编辑”→“延伸”命令，进入延伸操作模式，在操控板中输入距离及调整方向，接受“选项”栏中的默认设置，确定方向后单击鼠标中键，完成延伸操作。

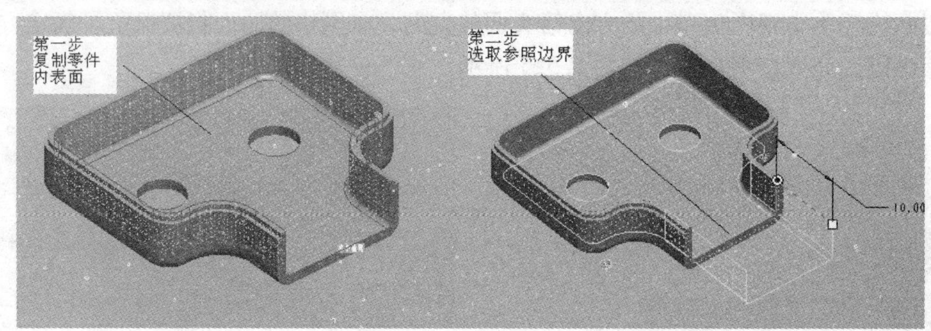

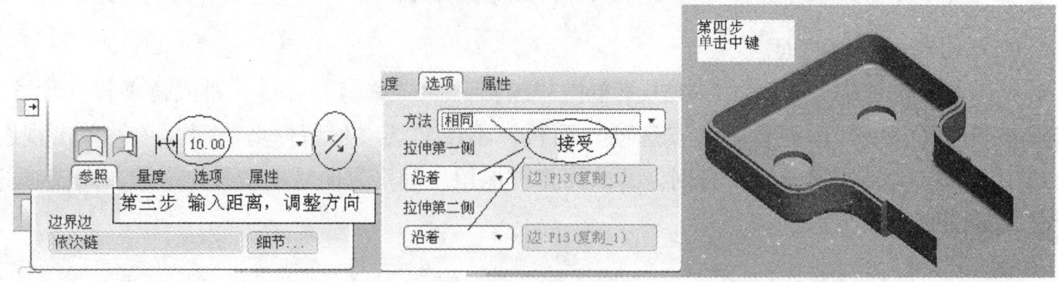

图 5.5.7　延伸曲面

5．合并

合并操作主要用于将两个单独的曲面（或面组）合并为一个整体，并且可以自动修剪到设计要求的形状。选取曲面时将过滤器调到面组，多选时按住 Ctrl 键，选定的两曲面必须相交。操作步骤举例：

1）面与面合并

如图 5.5.8 中，先选取两个独立的面组（红色加亮），然后单击菜单栏“编辑”→“合并”命令，进入合并操作模式，接受“选项”栏中的默认设置“相交”，调整面组 1 和面组 2 的方向，箭头指向中心和下面。确定方向后单击鼠标中键，完成合并操作。

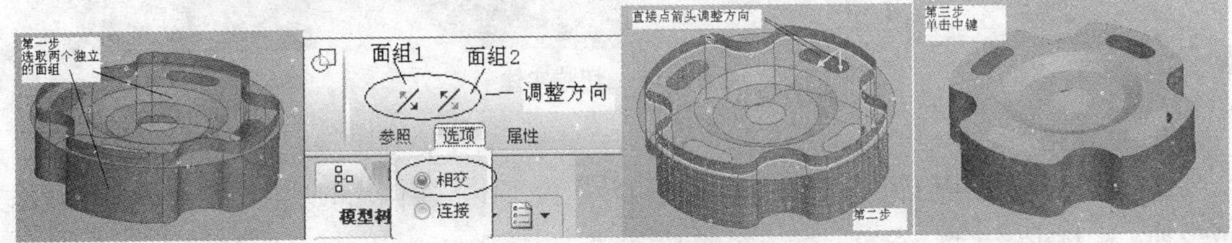

图 5.5.8　曲面合并

2）封闭曲面合并

操作步骤如图 5.5.9 所示。

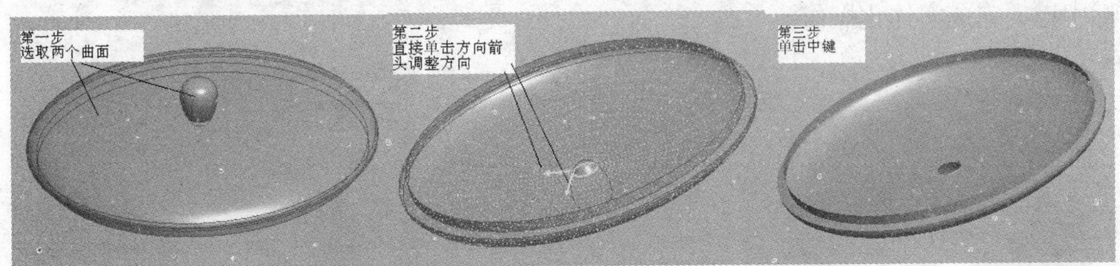

图 5.5.9　封闭曲面合并

6．加厚

加厚操作主要用于将选定的曲面（面组）通过输入壁厚值创建实体特征或者切减实体。加厚方式有垂直于曲面、自动拟合和控制拟合，常采用垂直于曲面方式。在操控板中可以排除曲面参与加厚。操作步骤举例：

1）曲面加厚

如图 5.5.10 所示，先选取要加厚的曲面，然后单击菜单栏“编辑”→“加厚”命令，进入加厚操作模式，加厚方式选“实体”并接受选项中“垂直于曲面”设置，单击视图窗口中的方向箭头调整方向，双击尺寸可以修改壁厚。完成后单击鼠标中键，完成加厚操作。

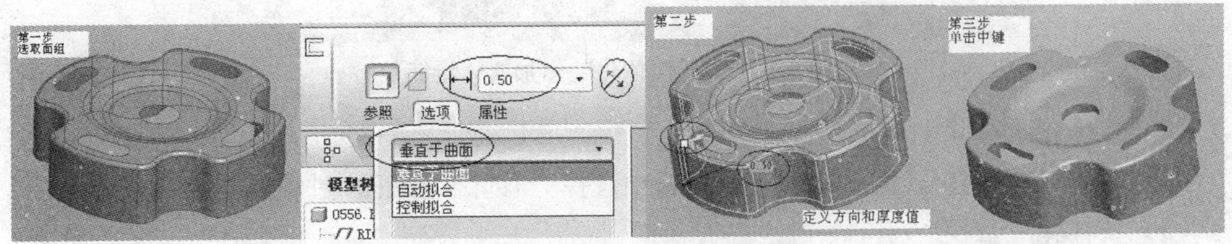

图 5.5.10　曲面加厚

2）切减实体

如图 5.5.11 所示，步骤同上，只是加厚方式选“切减”并接受选项中的“垂直于曲面”设置。

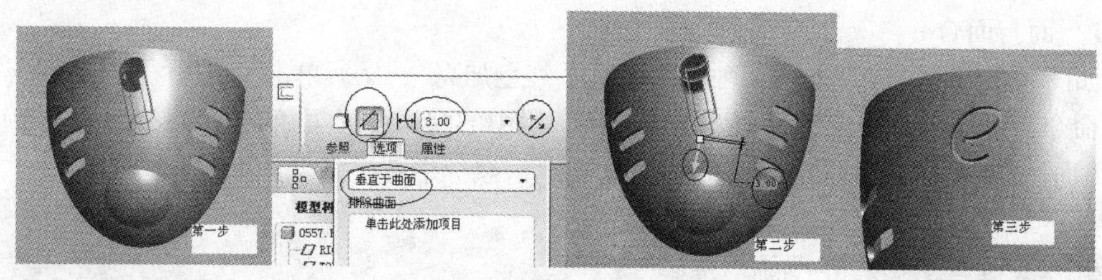

图 5.5.11　切减实体

7. 实体化

实体化操作主要用于将选定的曲面或面组转换为实体。实体化的过程可以是添加、移除或替换。操作步骤举例：

1）实体化 - 添加

如图 5.5.12 所示，先选取曲面，然后单击菜单栏“编辑”→“实体化”命令，进入实体化操作模式，实体化方式选“添加”，单击视图窗口中的方向箭头调整方向，完成后单击鼠标中键，完成实体化操作。

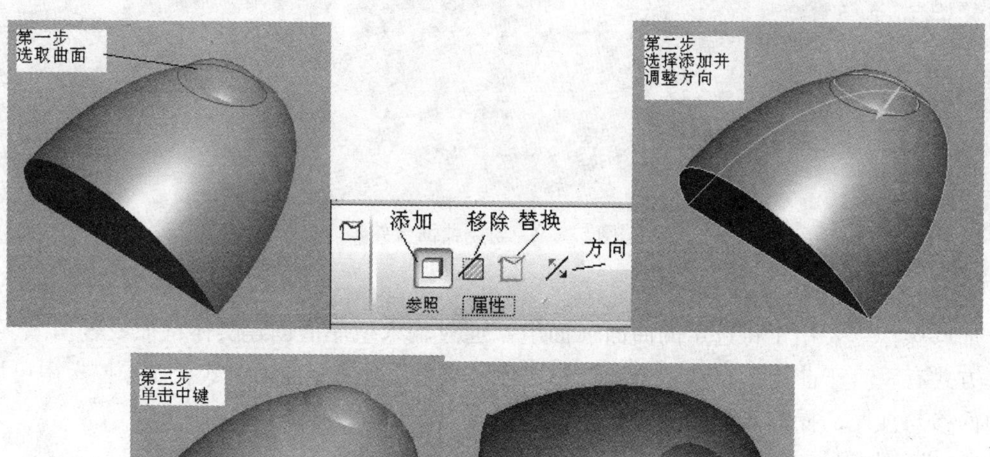

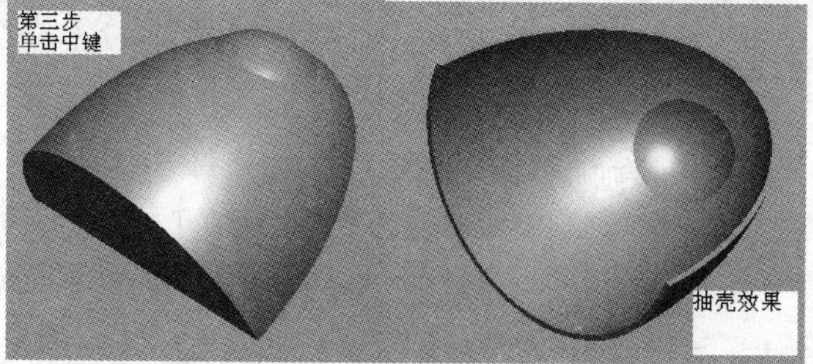

图 5.5.12　“实体化”添加实体特征

2）实体化 - 移除

进入实体化操作模式同上，但在操控板中选择“移除”按钮，过程如图 5.5.13 所示。

3）实体化 - 替换

进入实体化操作模式同上，但在操控板中选择“替换”按钮，如图 5.5.14 所示。

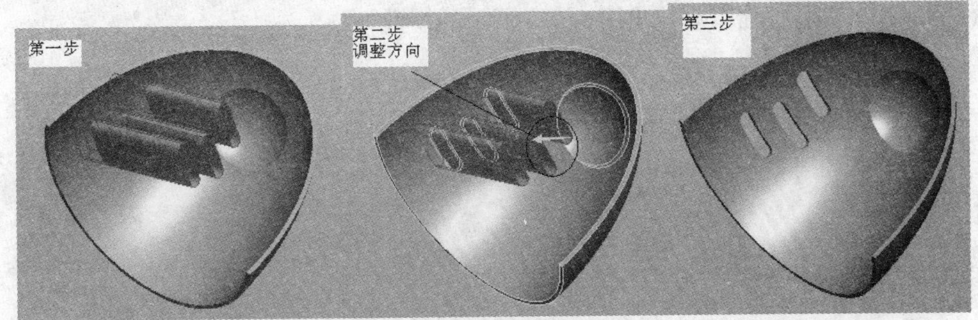

图 5.5.13　“实体化”移除特征

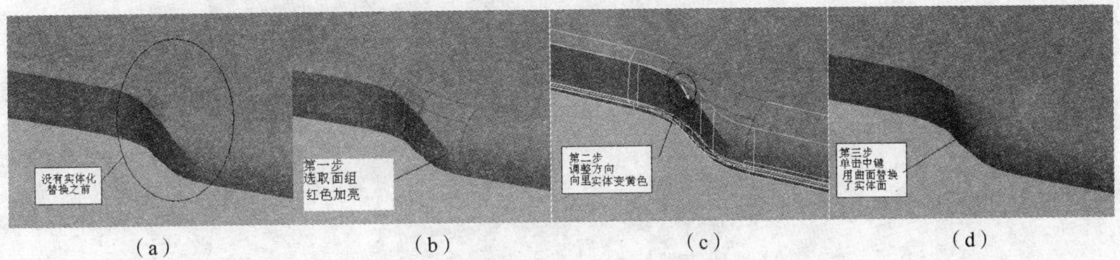

图 5.5.14　“实体化”替换特征

(a) 替换前；(b) 选取曲面；(c) 调整方向；(c) 替换后

5.6　综 合 练 习

(1) 利用复制特征命令创建出图 5.6.1 所示的模型。

图 5.6.1　练习模型 1

(2) 利用镜像特征命令创建出图 5.6.2 所示的模型。

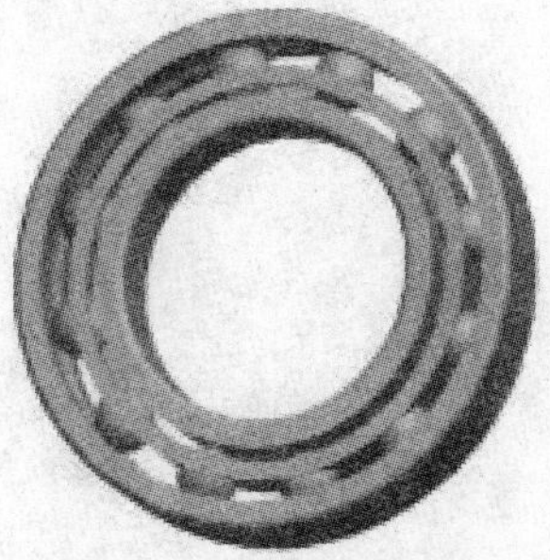

图 5.6.2　练习模型 2

（3）利用阵列特征命令创建出图 5.6.3 所示的模型。

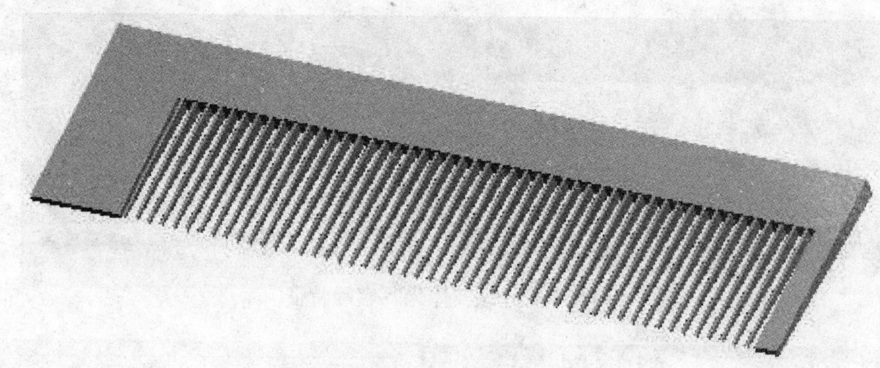

图 5.6.3　练习模型 3

第6章 基准特征

基准是建模的重要参考，或用于完成其他特征的辅助操作。在生成特征时，往往需要一个或多个基准来确定其具体的位置。基准特征包括基准平面、基准轴、基准点、基准曲线和坐标系。在菜单栏和特征工具栏中都有建立基准特征的命令。基准特征是与实体特征和曲面特征具有同等重要地位的特征。基准特征是其他特征的基础，以后加入的特征部分或全部依赖于基准特征，由此可见，其他特征依赖于基准特征而存在，故基准特征的建立和选择十分重要。

6.1 基准平面

基准平面用来完成以下功能：

①草绘特征的草绘平面和参考平面。

②放置特征的放置平面。

③标注基准。

④装配基准。

单击菜单“插入”→“模型基准”→“平面”命令或单击工具栏中的“基准面”按钮，进入基准面创建过程。选择参照（面、线、点等），指定参照的约束类型和约束参数（穿过、偏移、平行、垂直或相切等），完成基准面的创建。

每个基准平面都有正、反两面，在不同的视角下，基准平面边界线的显示颜色不同。Pro/E 将基准平面显示为红色或黄色，具体显示为哪种颜色取决于哪一面朝向屏幕。如果正视时平面的边界线为黄色，那么当平面转到和最初视角相反的一面时，基准面就变为红色边界线显示。同时系统还为每一个基准平面定义了一个唯一的名称，如默认为 DTM1、DTM2、DTM3 等。基准平面的名称可在菜单栏中单击“编辑”→“设置”→“名称”命令进行修改。

基准面是通过约束创建的，Pro/E 中创建基准面的完整约束主要有穿过、偏移、平行、法向、相切、角度和混合界面等。而选择点、线、面作参照时，会出现不同的选项。下面介绍几种主要的创建基准面的约束方法。

（1）创建偏移基准面。

基准平面与参照平面平行且间隔一定的距离，如图 6. 1. 1 所示。

（2）通过几何图素创建基准面。

①穿过两共面不共线的边（或轴）创建基准面，如图 6. 1. 2 所示。

②穿过 3 个点创建基准面，如图 6. 1. 3 所示。

③穿过混合截面创建基准面，如图 6. 1. 4 所示。

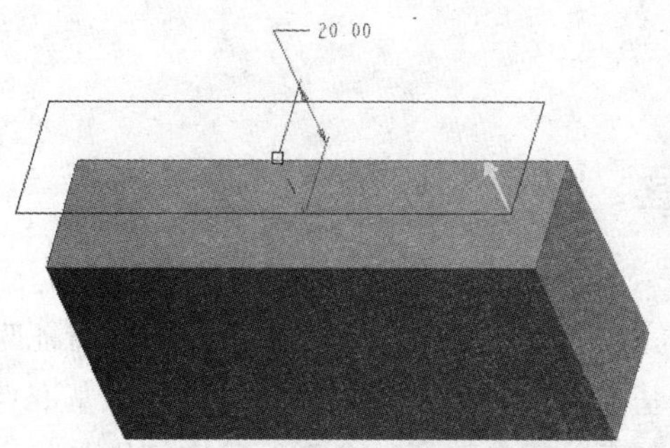

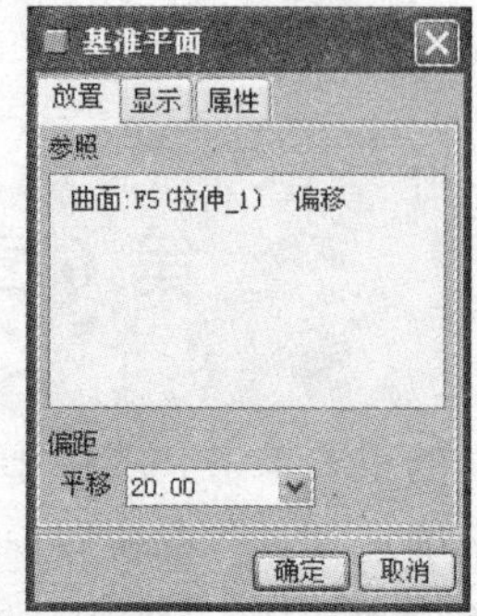

图 6.1.1　偏移基准面

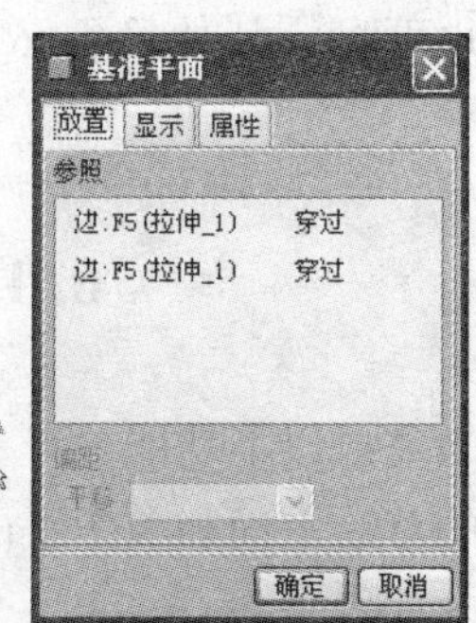

图 6.1.2　穿过两共面不共线的边（或轴）创建基准面

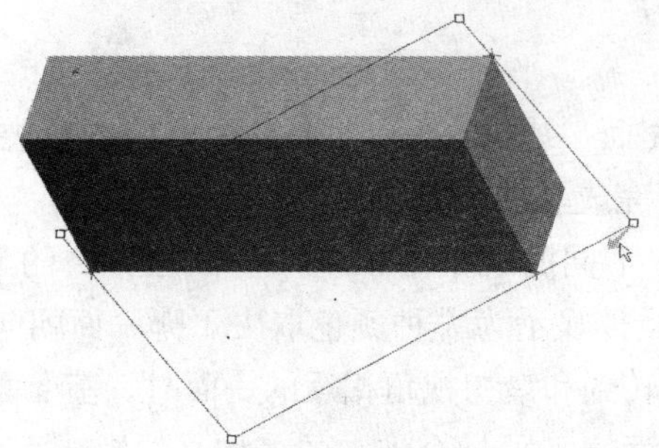

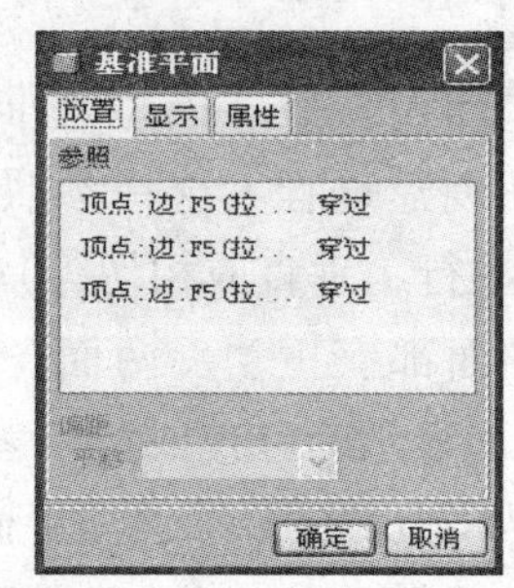

图 6.1.3　穿过 3 个点创建基准面

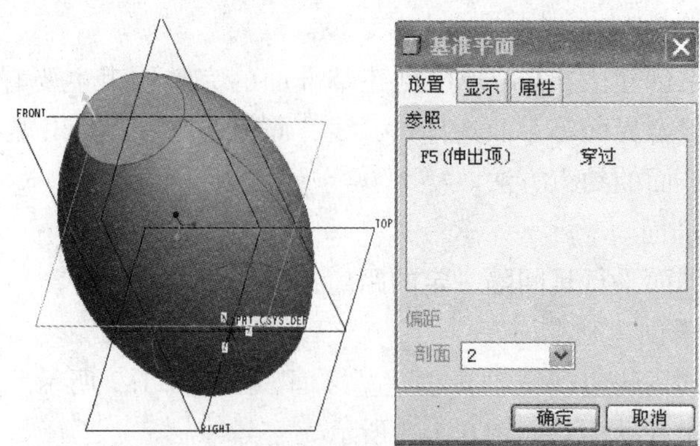

图 6.1.4　穿过混合截面创建基准面

选择混合特征，若有多个截面，在对话框中选择截面号，创建通过该截面的基准面。

④使用偏移坐标系创建基准面，如图 6.1.5 所示。

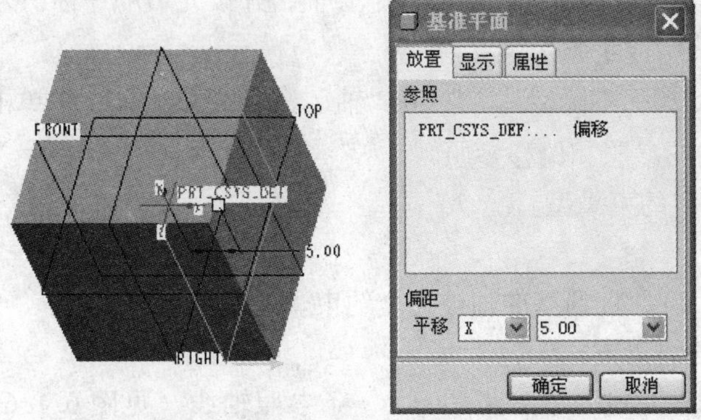

图 6.1.5　使用偏移坐标系创建基准面

（3）创建角度基准面，如图 6.1.6 所示。

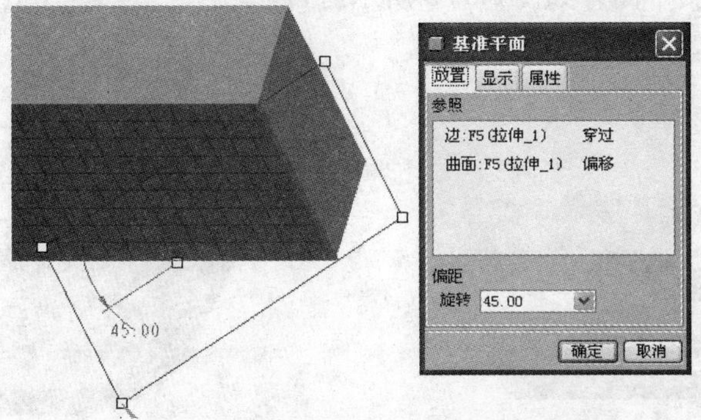

图 6.1.6　穿过轴（或边）+与平面偏移成角度

（4）切于圆柱面+平行于平面，如图 6.1.7 所示。

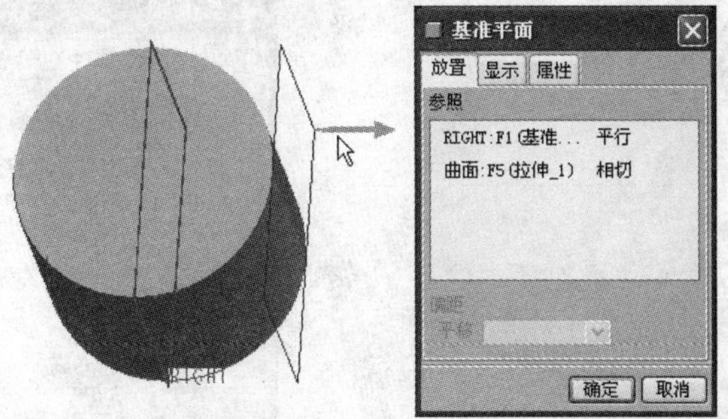

图 6.1.7　切于圆柱面+平行于平面

注意：选择组合约束时，应按住 Ctrl 键选择。此外，可以先选择参照要素，然后执行命令，系统根据用户选择的参照自动创建基准面。

6.2　基　准　轴

与基准平面一样，基准轴也可以用作创建特征的参照基准。基准轴有助于创建基准平面、放置同轴项目和创建径向阵列。基准轴是一个单独的特征，可以被隐含、遮蔽或拭除，并且很容易控制。在建立或复制圆锥曲面、旋转体曲面特征，如孔、旋转体或其他圆弧截面特征时，Pro/E 会自动创建这些特征的回转中心轴，并按先后顺序标识为 A_1、A_2、A_3 等。

1. 基准轴创建的一般步骤

（1）单击“插入”→“模型基准”→“轴”命令或在工具栏中单击基准轴 / 按钮。

（2）选择基准轴的参照和偏移参照。

①选取参照并指定约束类型。

②指定偏移参照。

（3）重复步骤（2），直到基准轴被完全约束。

2. 建立基准轴的约束方式

（1）穿过：基准轴穿过一个参照平面、一条参照轴线（见图 6.1.6），或模型上的一条边（见图 6.1.7），或模型中的两个顶点（见图 6.2.1）。

（2）法向：基准轴与选定的作为参照的平面垂直，如图 6.2.2 所示。

（3）穿过两个相交平面，如图 6.2.3 所示。

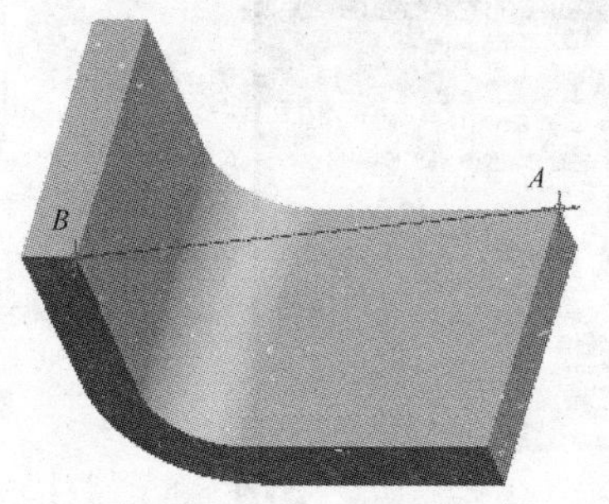

图 6.2.1　通过两点创建基准轴

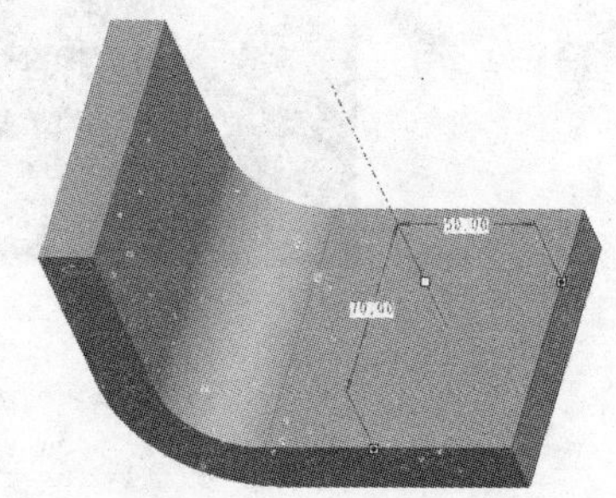

图 6.2.2　垂直平面创建基准

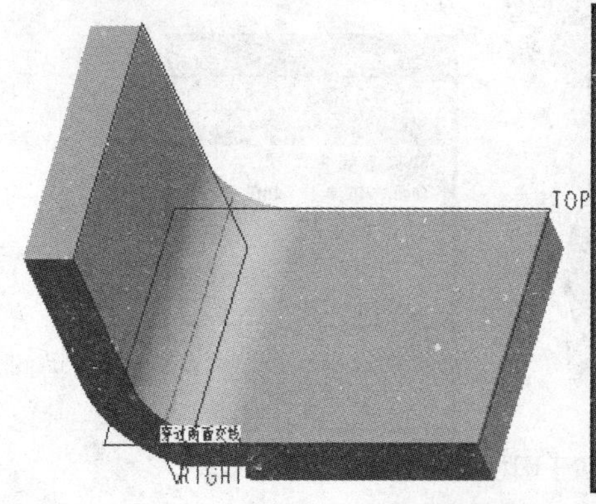

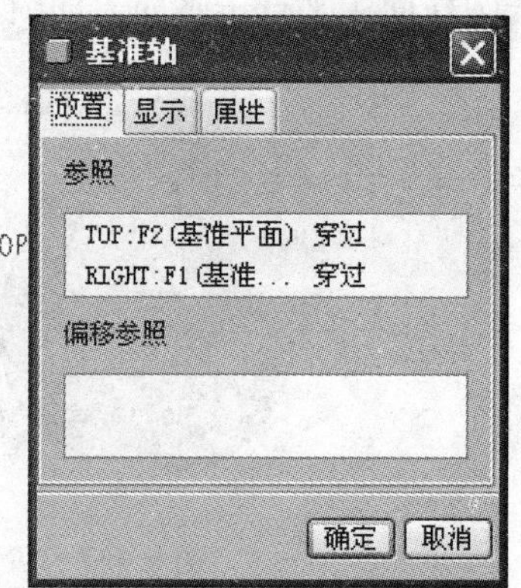

图 6.2.3　穿过两个相交平面创建基准

（4）穿过回转面创建基准轴，如图 6.2.4 所示。

注意：基准轴与中心线的区别：

①基准轴是独立的特征，可以被重定义、删除等。

②中心线隶属于圆柱、孔等特征，不是一个独立的对象。

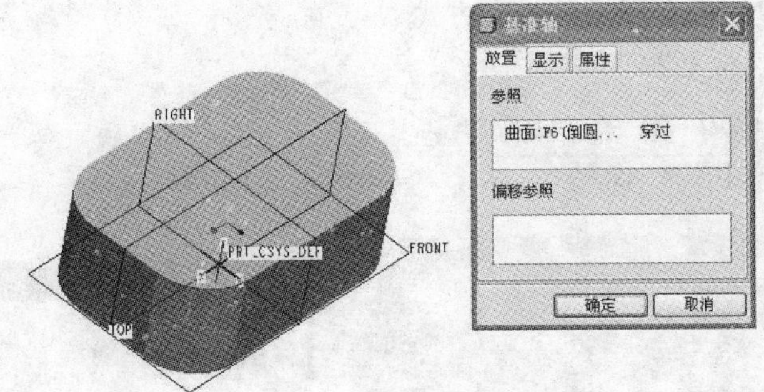

图6.2.4　穿过回转面创建基准轴

6.3　基　准　点

6.3.1　基准点概述

1. 基准点的作用

(1) 基准点和基准面、基准轴一样，用于空间的定位，也有助于某些特征的创建，例如创建基准轴、基准面和基准曲线等。

(2) 基准点用来为网格生成加载点，在绘图中连接基准目标和注释，以及创建坐标系及管道特征轨迹；也可以在基准点处放置轴、基准平面、孔和轴肩；进行有限元分析时用来定义荷重和浇口的位置，定义注释（Note）箭头指向的位置；辅助建立和修改复杂曲面。

2. 基准点的分类

(1) 一般基准点：在图元上或偏离图元创建的基准点。

(2) 草绘基准点：草绘界面下创建的基准点。

(3) 偏移坐标系基准点：自选定坐标系偏移创建基准点。

3. 建立一般基准点的步骤

(1) 激活命令：单击“插入”→“模型基准”→“点”→“点”命令或单击工具栏上的 按钮。

(2) 选择参照和偏移参照：指定参照和约束类型，部分参照指定偏移距离。

(3) 重复上一步，直到基准点被完全约束。

(4) 单击“中点”列表中的“新点”选项，建立其他基准点，如图6.3.1所示。

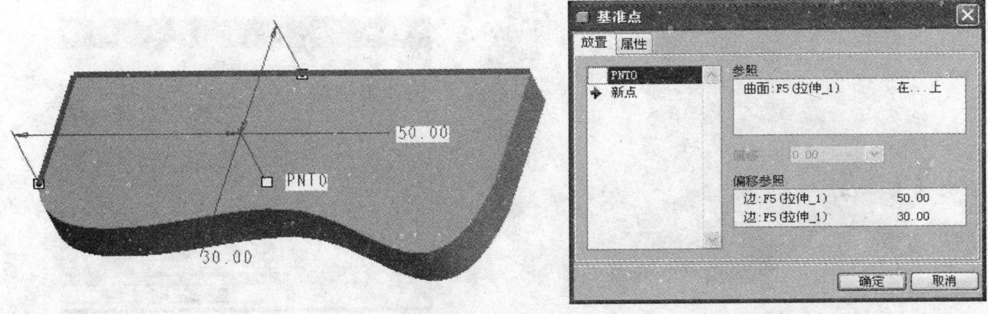

图6.3.1　创建基准点的步骤

4. 一般基准点建立的参照及其约束方式

1）方式一（见图 6.3.2）

（1）参照：曲线或边。

（2）约束："在…上"。

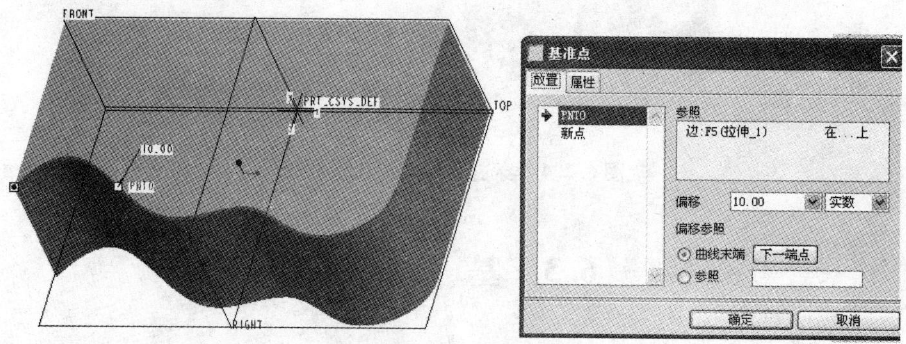

图 6.3.2　方式一创建基准点

2）方式二（见图 6.3.3）

（1）参照：曲面。

（2）约束："在…上"。

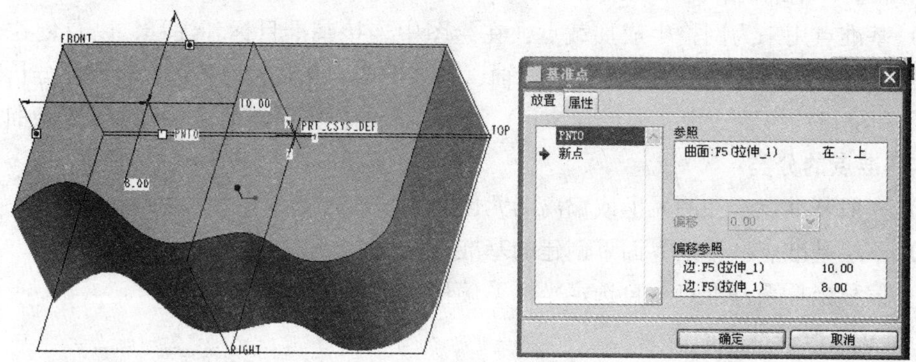

图 6.3.3　方式二创建基准点

3）方式三（见图 6.3.4）

（1）参照：曲面。

（2）约束："偏距"。

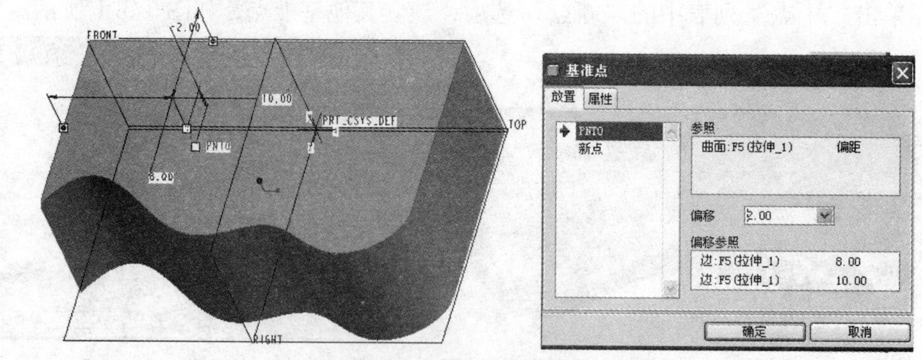

图 6.3.4　方式三创建基准点

4）方式四（见图 6. 3. 5）

（1）参照：顶点。

（2）约束："在…上"。

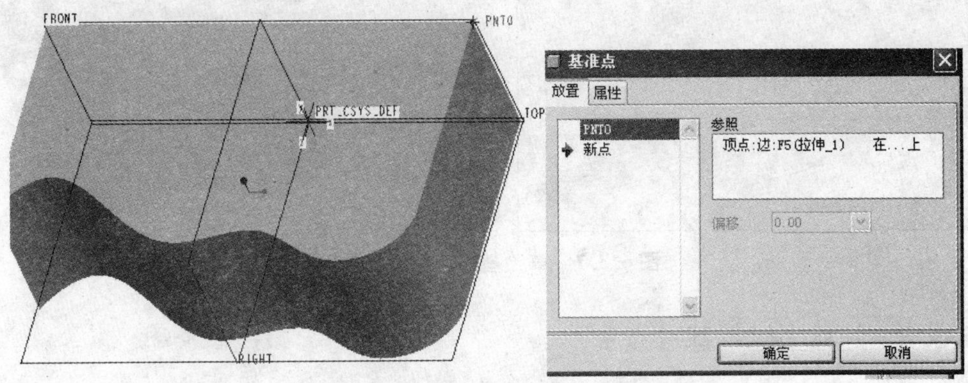

图 6. 3. 5　方式四创建基准点

6. 3. 2　草绘基准点

1. 草绘基准点概述

（1）草绘基准点是在草绘界面下建立的辅助特征。

（2）可以完成分布复杂的多个基准点的建立。

2. 建立草绘基准点的步骤

（1）命令：单击"插入"→"模型基准"→"点"→"草绘的"命令或单击工具栏中的按钮 。

（2）草绘平面：选定草绘平面与参照。

（3）绘制基准点：使用构造圆、尺寸与约束、修剪等命令辅助构造基准点。

3. 实例

均匀分布的基准点，创建步骤如图 6. 3. 6 和图 6. 3. 7 所示。

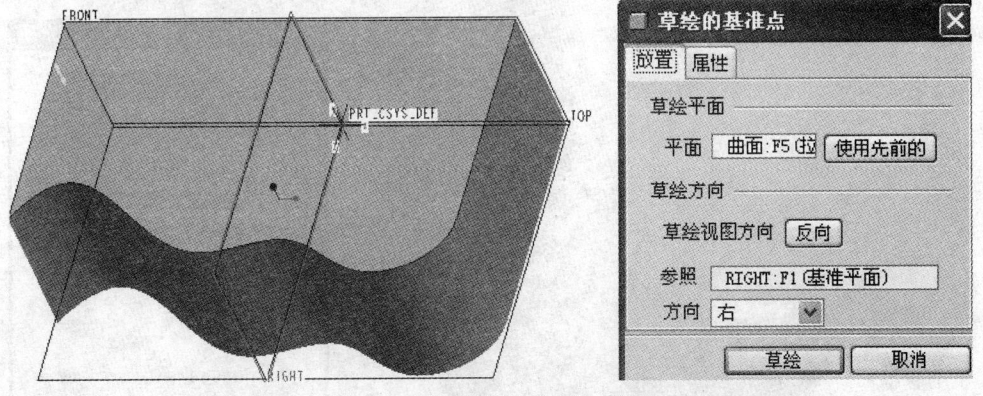

图 6. 3. 6　选择草绘平面与参照

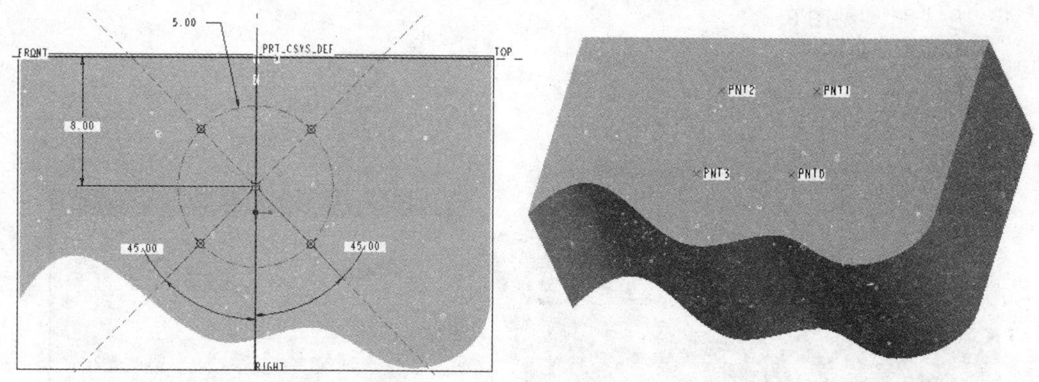

图 6.3.7　草绘基准点及最终效果

6.3.3　偏移坐标系基准点

1. 偏移坐标系基准点概述

(1) 偏移坐标系基准点是一种特征，用于辅助建立其他特征。

(2) 点的位置由坐标系偏移生成。

2. 偏移坐标系基准点的建立方法

(1) 选定坐标系作为新建基准点的参照。

(2) 选择偏移坐标类型。

(3) 添加点：

①参照：选定的坐标系。

②偏移：*X*、*Y*、*Z* 轴方向偏移一定距离。

(4) 单击“确定”按钮完成。

3. 实例

建立偏移坐标系基准点，如图 6.3.8 所示。

单击工具栏中的 按钮，选定坐标系，指定偏移坐标类型为“笛卡儿”，添加点 PNT0、PNT1，指定沿 *X*、*Y*、*Z* 轴方向偏移的距离。

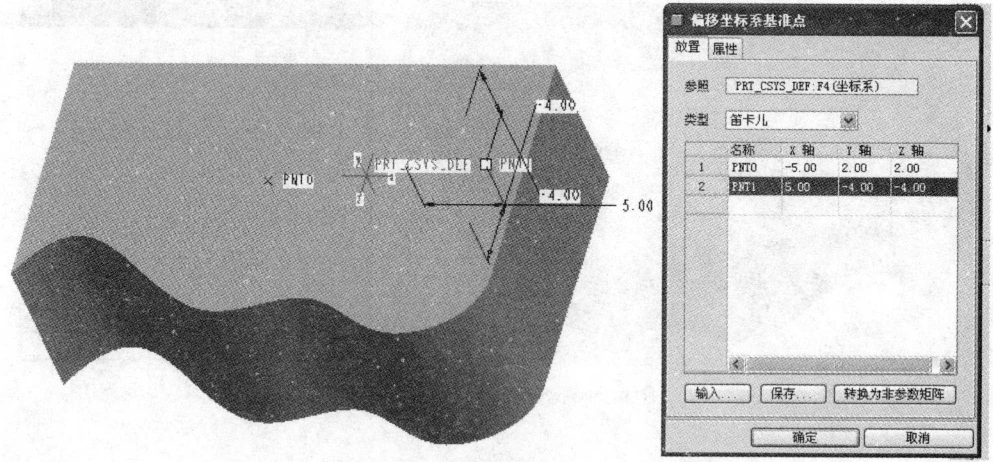

	名称	X 轴	Y 轴	Z 轴
1	PNT0	-5.00	2.00	2.00
2	PNT1	5.00	-4.00	-4.00

图 6.3.8　偏移坐标系基准点

6.4　基 准 曲 线

1. 基准曲线概述

（1）基准曲线允许创建二维截面，该截面可用于创建许多其他特征，例如拉伸或旋转特征等。

（2）基准曲线可以用来创建和修改曲面，作为扫描特征的轨迹线，或作为建立圆角、折弯等特征的参照，还可以辅助创建复杂曲面。在默认情况下，Pro/E 基准曲线显示为橙色。

2. 基准曲线的建立

Pro/E 中提供两种建立基准曲线的方法：

（1）单击 按钮或单击“插入”→“模型基准”→“基准曲线”命令，出现“基准曲线”菜单，如图 6.4.1 所示。创建方式包括：

①经过点：通过数个选定点建立样条曲线。

②自文件：输入“. ibl”、IGES、SET 或 VDA 文件创建。

③使用剖截面：使用横截面的边界基准曲线。

④从方程：使用方程控制 X、Y、Z 坐标生成基准曲线。

（2）单击 按钮或单击“插入”→“模型基准”→“草绘”命令，出现“草绘”对话框，设置完草绘平面和参照后进入草绘环境，可绘制二维草绘基准曲线。

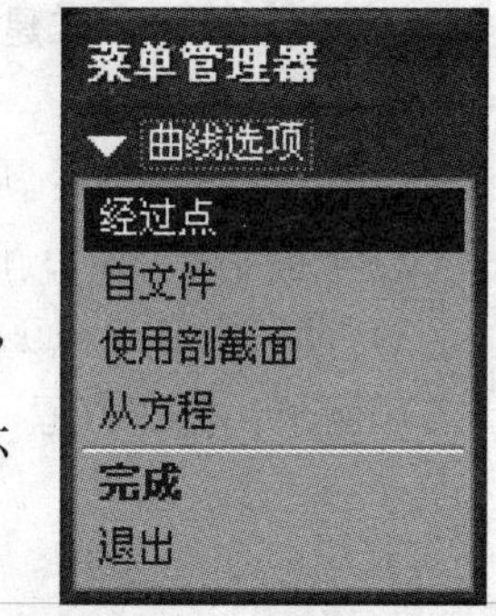

图6.4.1　“基准曲线”菜单

下面介绍几种常用的基准曲线的创建方法。

1）经过点

创建步骤（见图 6.4.2）：

（1）激活命令：单击 按钮。

（2）指定类型：单击“经过点”“完成”选项。

（3）指定基准曲线属性：“自由”或“曲面”。

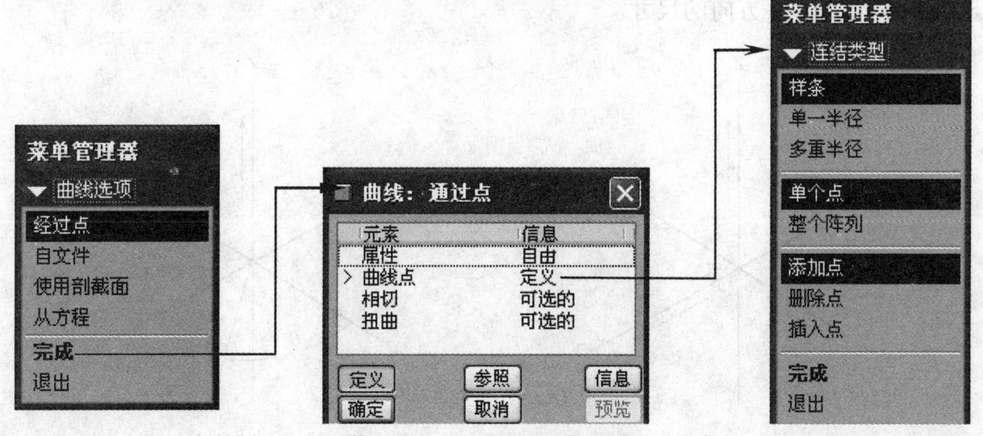

图 6.4.2　经过点基准曲线

指定经过点：选取“样条”“单个点”“添加点”选项并选定曲线要通过的点，单击“完成”选项，如图 6.4.3 所示。

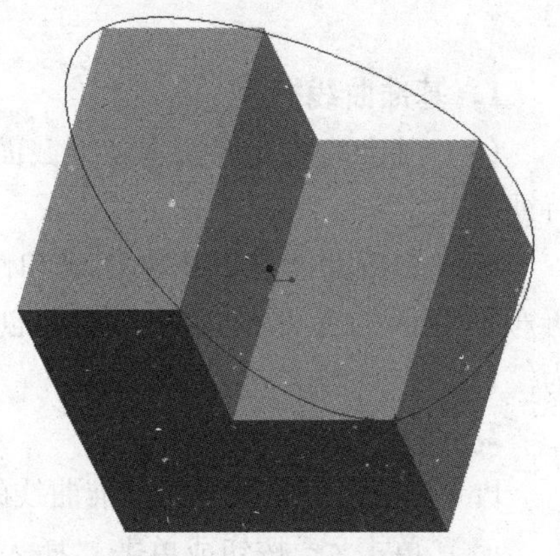
图 6.4.3 选定顶点创建曲线

样条：使用通过选定的基准点或顶点的三维样条构建曲线。

单一半径：使用贯穿所有折弯的同一半径构建曲线。

多重半径：使用指定每个折弯的半径构建曲线。

单个点：选择单独的基准点或顶点。

整个阵列：以连续顺序选择“基准点/偏移坐标系”特征中的所有点。

添加点：增加曲线通过的点。

删除点：删除曲线中通过的点。

插入点：在已选定的点之间插入点。

2. “从方程”方式建立基准曲线

1）概念

（1）设置自变量 t：从 0 到 1 变化。

（2）t 控制 x、y、z 坐标：函数形式。

（3）曲线方程：以 x、y、z 坐标表示。

2）例子：圆的方程

$$x = 4 * \cos\ (t * 360)$$
$$y = 4 * \sin\ (t * 360)$$
$$z = 0$$

3）坐标系的类型

（1）直角坐标系：参数 x、y、z（见图 6.4.4）。

（2）圆柱坐标系：参数 r、θ、z（见图 6.4.5）。

①半径 r：极轴的长度。

②角度 θ：极轴的角度。

③Z 方向坐标 z：Z 方向的尺寸。

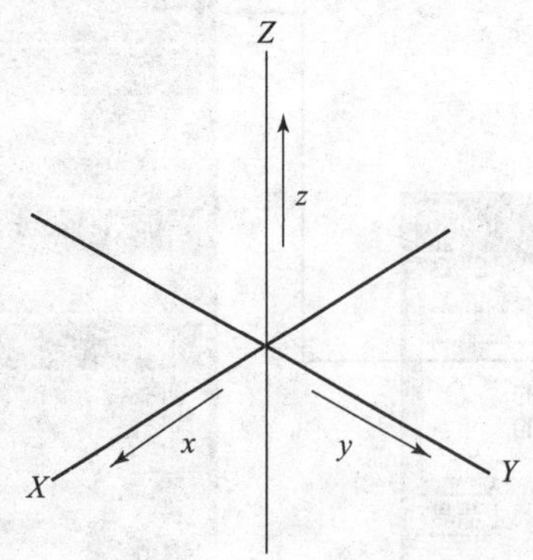

图 6.4.4 直角坐标系

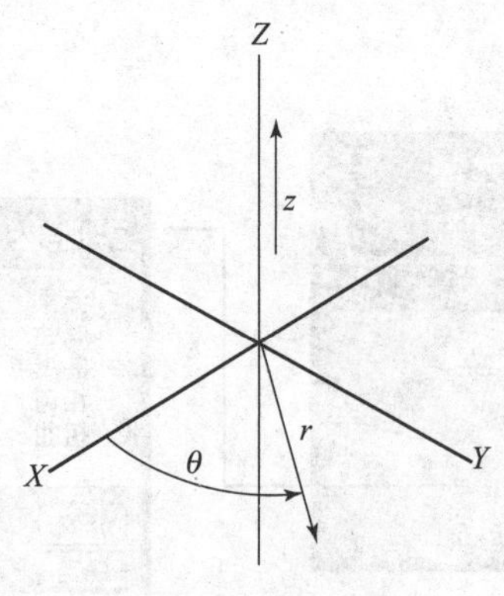

图 6.4.5 圆柱坐标系

（3）球面坐标系：参数 r、θ、ϕ（见图 6.4.6）。

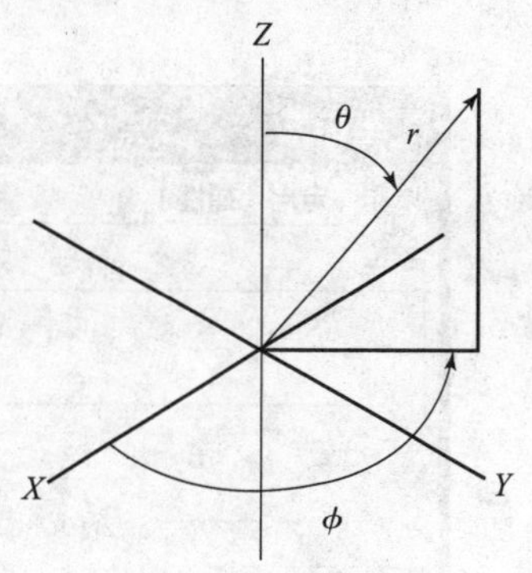

图 6.4.6　球面坐标系

举例：

直角坐标系中圆的方程：

$$x = 4 * \cos\ (t * 360)$$
$$y = 4 * \sin\ (t * 360)$$
$$z = 0$$

圆柱坐标系中圆的方程：

$$r = 4$$
$$\theta = t * 360$$
$$z = 0$$

球面坐标系中圆的方程：

$$\rho = 4$$
$$\theta = 90$$
$$\phi = t * 360$$

4）“从方程”方式建立基准曲线的步骤

（1）激活命令：单击 按钮。

（2）指定类型：单击“从方程”“完成”选项。

（3）指定坐标系、坐标系的类型并编辑方程。

3）草绘基准曲线

单击 按钮或单击“插入”→“模型基准”→“草绘”命令，出现“草绘”对话框，设置完草绘平面和参照后进入草绘环境，可绘制二维草绘基准曲线。

6.5　基准坐标系

（1）在 Pro/E 中，坐标系可以添加到零件和组件的参照特征中，使用坐标系可计算模型质量属性，组装零件、进行有限元分析（FEA）时放置约束，使用加工模块（Manufacture）时为刀具轨迹提供制造操作参照，用作定位其他特征的参照（坐标系、基准点、平面和轴线、输入的几何，等等）。

（2）坐标系可分为笛卡儿坐标系、圆柱坐标系和球坐标系。Pro/E 总是显示带有 X、Y 和 Z 轴的坐标系。当参照坐标系生成其他特征时（如生成一个坐标系基准点），系统可以用三种方式表示坐标系，图 6.5.1 所示就是其中一种方法。

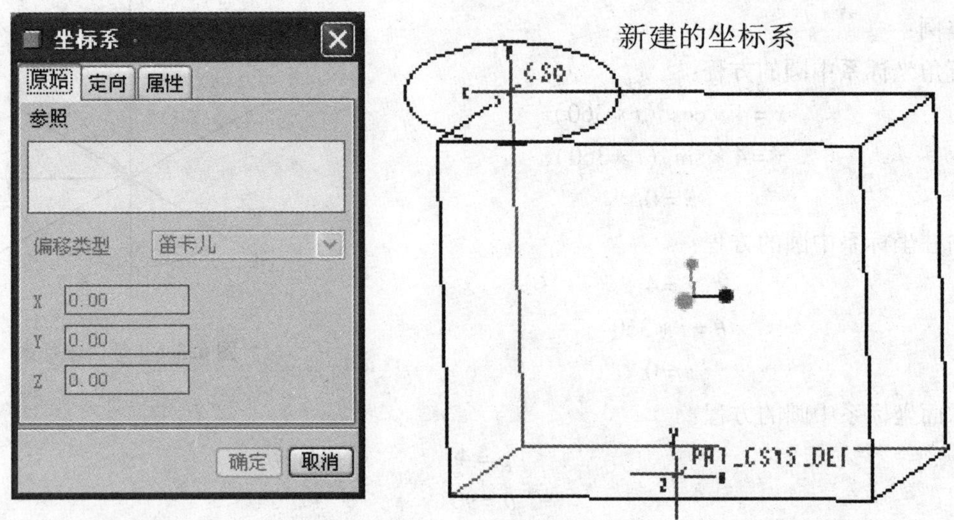

图 6.5.1　坐标系的创建

6.6　综 合 练 习

（1）练习图 6.6.1 所示基准特征（相对基准轴）。

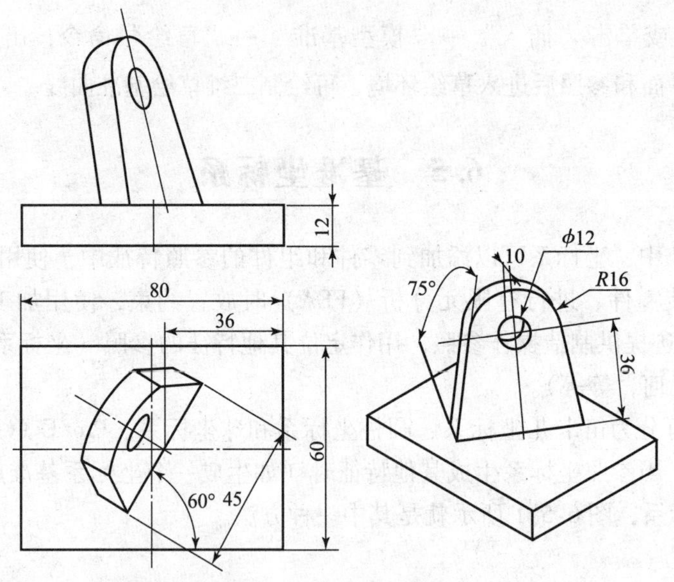

图 6.6.1　基准特征练习 1

（2）练习图 6.6.2 所示基准特征（综合）。

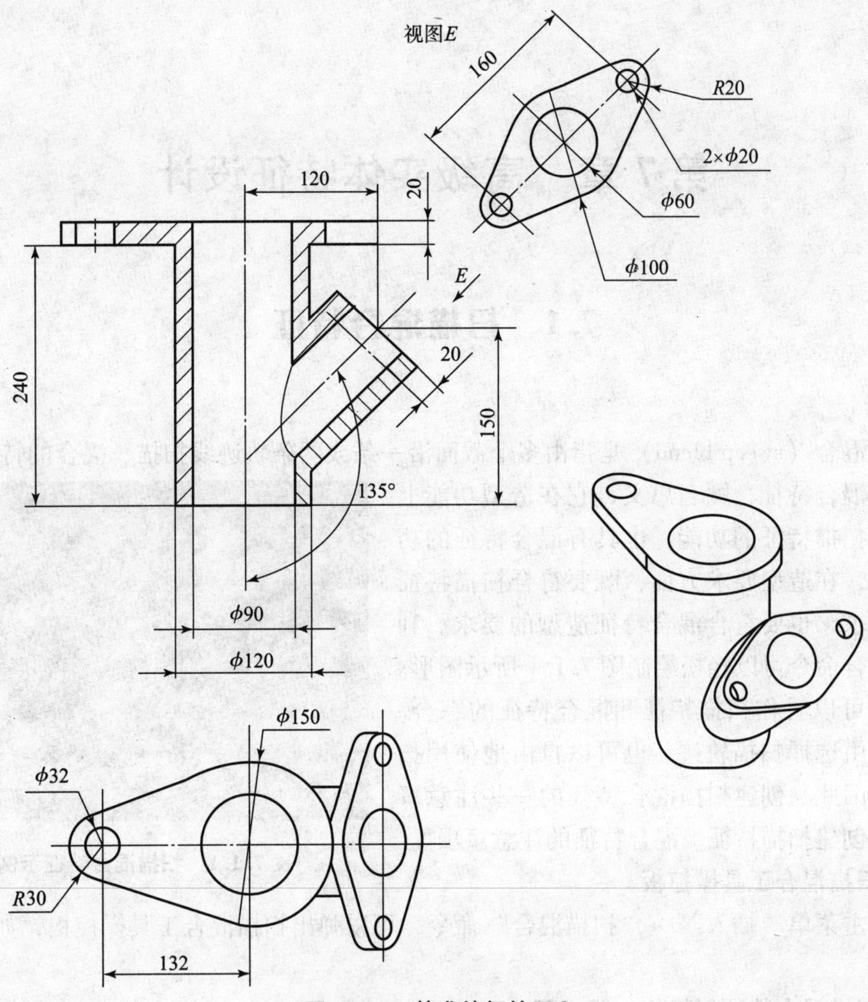

图 6.6.2　基准特征练习 2

第7章　高级实体特征设计

7.1　扫描混合特征

扫描混合（sweep blend）是指由多个截面沿一条或两条轨迹线扫描、混合的特征造型工具。扫描混合特征，顾名思义，它在造型功能上应既具有扫描特征的功能，也具有混合特征的功能；同时，在造型要求方面，既要符合扫描特征造型的要求，也要符合混合特征造型的要求。利用扫描混合命令可以轻松绘制图7.1.1所示图形。扫描混合可以看作扫描特征和混合特征的综合。它可以自由选择扫描轨迹，也可以自由地使用扫描截面。因此，创建扫描混合特征的一些注意事项可参照创建扫描特征、混合特征的注意事项。

图7.1.1　扫描混合特征示例

1. 扫描混合工具操控板

单击主菜单“插入”→“扫描混合”命令，可以弹出扫描混合工具操控板，如图7.1.2所示。

2. 扫描混合特征创建的一般步骤

步骤1：在主菜单中依次单击“插入”→“扫描混合”命令，弹出扫描混合工具操控板。

步骤2：选择创建结果的类型（实体伸出项、曲面、实体切口、实体薄壳）。

步骤3：选取原点轨迹线，如图7.1.3所示。

步骤4：若需要，按住Ctrl键，选取次要轨迹线（若没有次要轨迹线，该步骤可以跳过）。

步骤5：选择剖面控制方式和水平/垂直控制方式。

步骤6：选择剖面创建方式（草绘截面或选取截面）并选取截面的放置位置，如图7.1.4所示，也可以对截面进行编辑（插入新的截面、移除已有截面或编辑已有截面的草绘）。

步骤7：设置特征的相切选项。

步骤8：必要时进行其他选项的设置（扫描混合面积、周长控制、属性等）。

步骤9：完成特征的创建。

注意：与混合特征要求一样，各个截面图元数必须相同，如果各个截面图元数不相等，必须通过打断某个截面图元或者设置混合顶点加以解决。

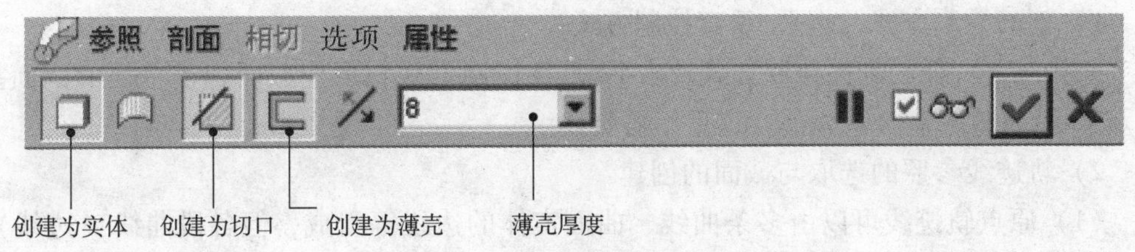

图 7.1.2　扫描混合工具操控版

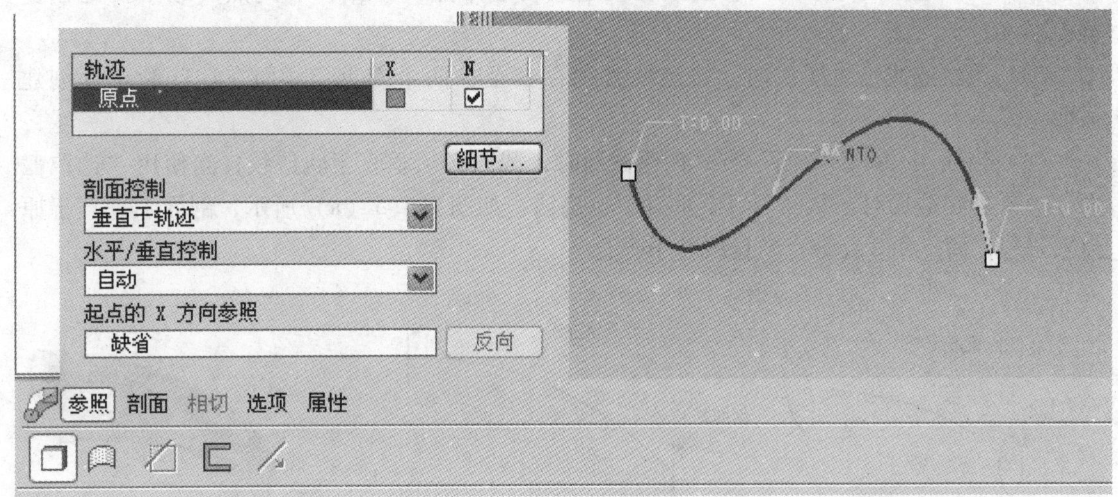

图 7.1.3　扫描混合选择轨迹线

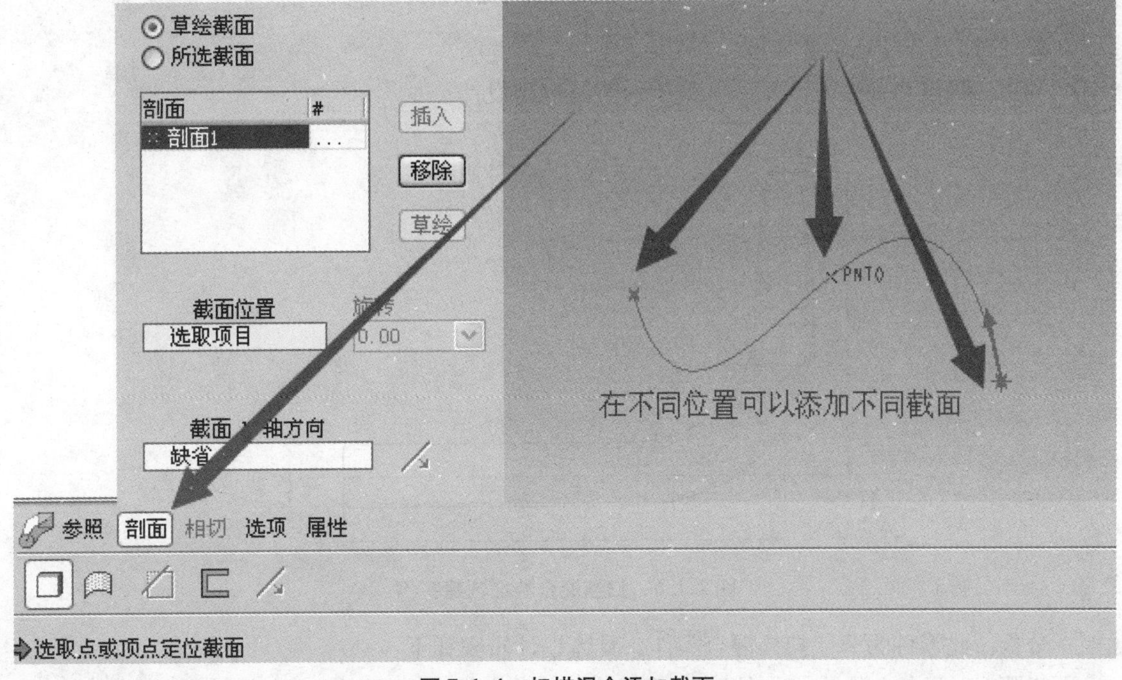

图 7.1.4　扫描混合添加截面

3. 扫描混合特征概述

1）剖面控制方式及水平/垂直控制方式

扫描混合特征的剖面控制方式及水平/垂直控制方式与可变截面扫描特征的剖面控制方式及水平/垂直控制方式相似，这里不再赘述。

2）轨迹线参照的选取与截面的创建

（1）原点轨迹线可以由多条曲线、曲面实体的边线等组成，但各段曲线（边线）间必须相切。

（2）当轨迹线是开放的时，必须在轨迹线的起始点（开始）和终点（结束）处创建截面。

（3）当轨迹线是封闭的时，轨迹线必须存在至少两个断点，截面在这些断点处创建截面。

（4）当使用“草绘截面”方式创建截面时，截面必须垂直于轨迹线；当使用“选取截面”方式创建截面时，截面可以不垂直于轨迹线。如图 7.1.5（a）所示，剖面 1 垂直于原点轨迹线，而剖面 2 与原点轨迹线并不垂直。

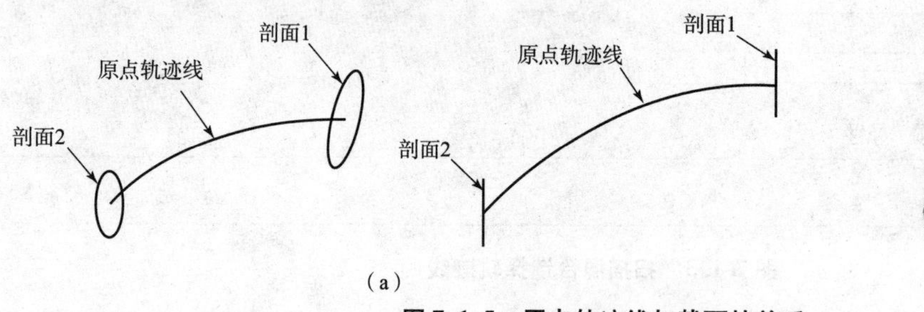

图 7.1.5　原点轨迹线与截面的关系

4. 扫描混合特征创建实例

利用扫描混合命令完成图 7.1.6 所示产品造型设计。

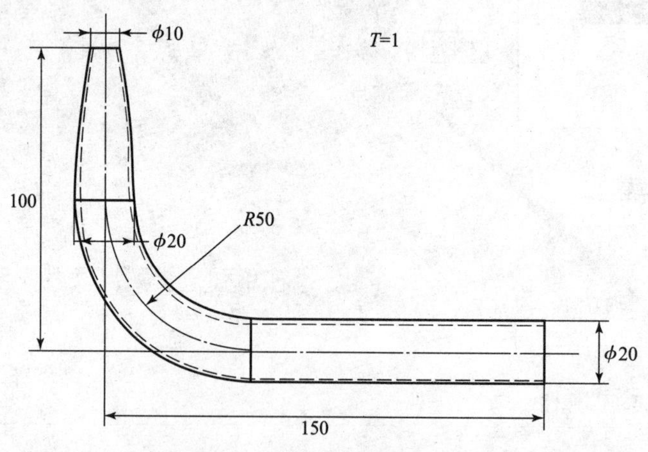

图 7.1.6　扫描混合特征创建实例

分析：此零件为薄壁扫描混合零件，具体设计步骤如下：

步骤 1：单击主菜单“文件”→“新建”命令，选择“零件”类型，取消勾选“使用默认模板”选项，选择公制单位 mmnns_part_solid，单击“确定”按钮，进入零件模式。

步骤 2：绘制轨迹线。单击 按钮，选择 FRONT 面作为草绘平面，进入草绘模式，绘制图 7.1.7 所示图形。

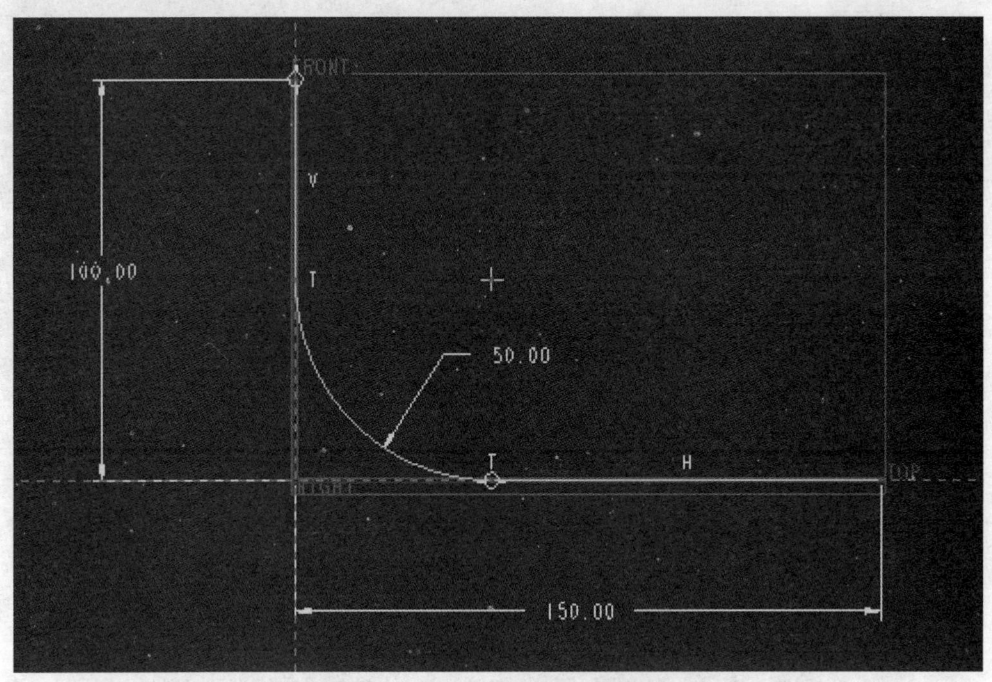

图 7.1.7　绘图——扫描混合轨迹线

步骤 3：在主菜单中单击"插入"→"扫描混合"命令，弹出扫描混合工具操控板，选择薄壁零件模式，设置壁厚为"1.00"，单击"参照"选项，选择刚才绘制的图形为轨迹线，其他接受默认，如图 7.1.8 所示。注意方向，单击黄色箭头可以改变引导线方向。

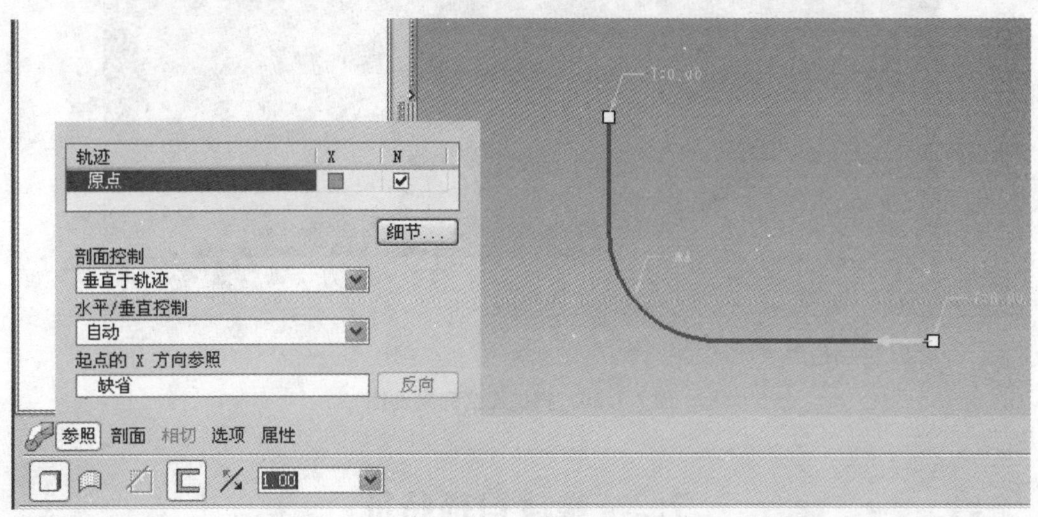

图 7.1.8　选择扫描混轨迹线

步骤 4：在三个点处插入截面，分别绘制 3 个圆，直径分别为 20、20、10，如图 7.1.9 所示。

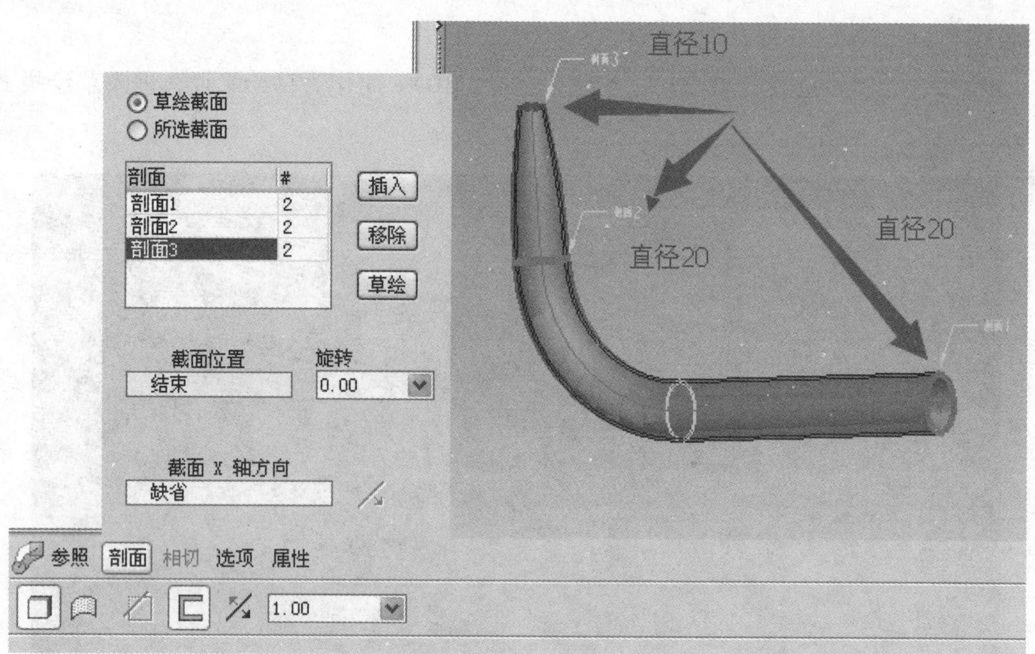

图 7.1.9 绘制截面

步骤 5：预览无误，单击“确认”按钮，完成设计，如图 7.1.10 所示。

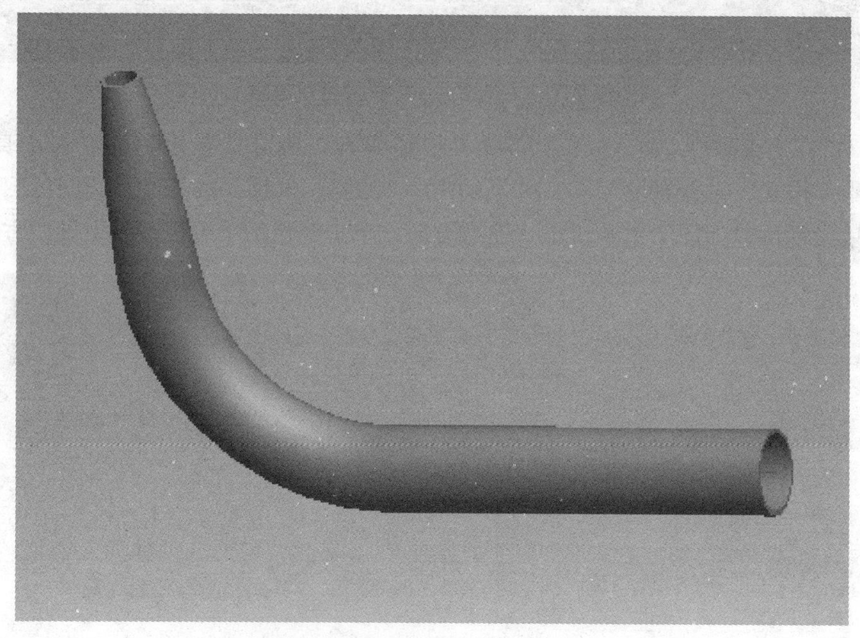

图 7.1.10 扫描混合完成设计

7.2 螺旋扫描特征

螺旋扫描特征是草绘截面沿着螺旋运动而形成的特征，与一般扫描特征有些类似，都是截面沿着轨迹运动而形成的特征，但它们之间又存在着本质的差别。螺旋扫描特征，轨迹线只能控制截面的运动方向，并不表示特征的形状。运用螺旋扫描可以轻松设计如弹簧、螺纹等零件，如图 7.2.1 所示。

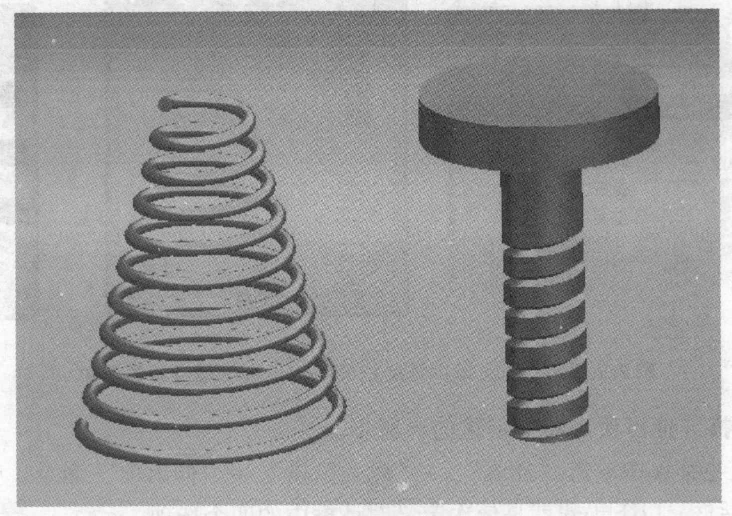

图 7.2.1　螺旋扫描特征示例

螺旋扫描的分类方式多种多样，但在工程中一般有以下两种分类方式：

(1) 依据螺旋方向分类。

依据螺旋方向，可以分为两种，分别是右手螺旋和左手螺旋。同样，依据扫描螺旋线轨迹的旋向不同，螺旋扫描特征也可以分为右旋和左旋两种，如图 7.2.2 所示。

(2) 依据螺距变化分类。

依据螺旋中螺距的变化情况，也可以将螺旋扫描特征分为两种，如图 7.2.2 所示。若螺距值不变，则为恒定螺旋扫描特征；若螺距值变化，则为可变螺旋扫描特征。

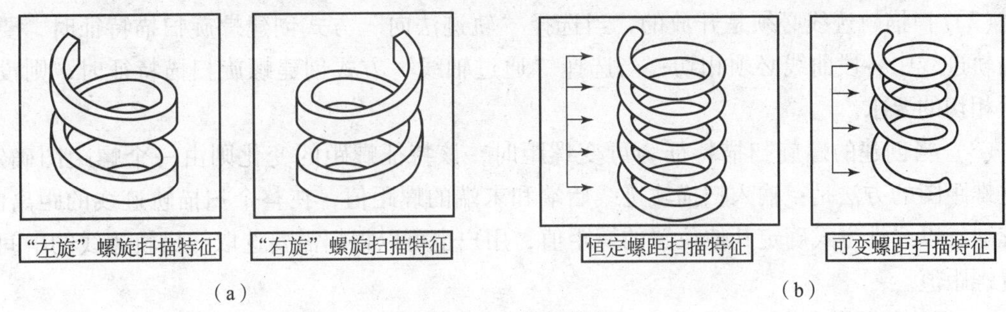

图 7.2.2　螺旋分类

(a)"左旋"和"右旋"；(b)"恒定"和"可变"螺距

1. 螺旋扫描特征的特征对话框

在主菜单中单击"插入"→"螺旋扫描"命令，菜单显示螺旋扫描可以创建的类型(见图 7.2.3 (a))。应用螺旋扫描可创建七种类型：伸出项、薄板伸出项、切口、薄板切口、曲面、曲面修剪和薄曲面修剪。七种类型创建的步骤及特征对话框是相似的，都是在创建伸出项的基础上增加有关的操作步骤和在特征对话框中添加有关选项，如"薄板：伸出项"对话框是在"伸出项"对话框的基础上添加了"材料侧"及"厚度"选项。这里只介绍螺旋扫描伸出项的创建，其余的螺旋扫描创建类型与此类似。

图 7.2.3（b）（c）所示为“伸出项：螺旋扫描”对话框和属性设置菜单。

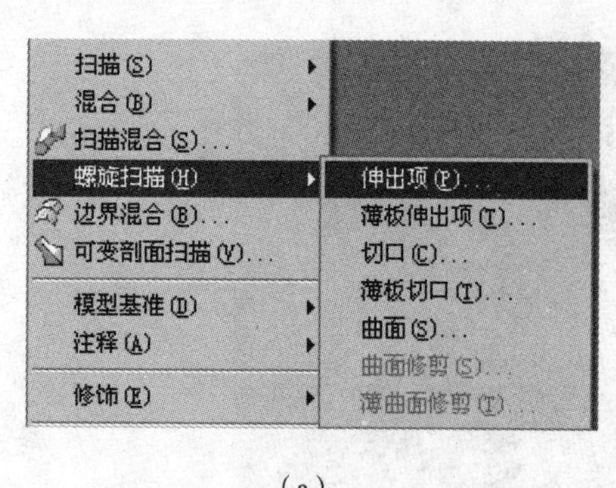

（a）

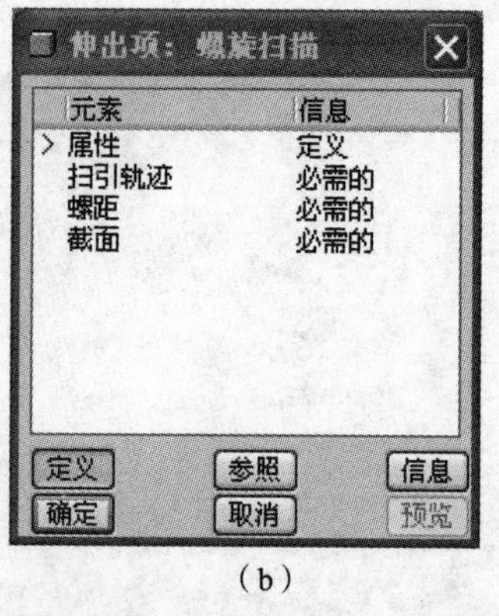

（b）

（c）

图 7.2.3 “伸出项：螺旋扫描”对话框和属性设置菜单

2. 螺旋扫描（伸出项）特征创建的一般步骤

步骤 1：在主菜单中单击“插入”→“螺旋扫描”→“伸出项”命令，弹出“伸出项：螺旋扫描”对话框，以下步骤就是依次定义对话框中的四个选项。

步骤 2：设置属性，如常数/可变、穿过轴/轨迹法向、右手定则/左手定则。

步骤 3：绘制扫描轨迹线。选取草绘平面和参考平面，绘制截面。

步骤 4：设置螺距。

步骤 5：绘制截面。

步骤 6：完成螺旋扫描伸出项特征的创建。

3. 创建螺旋扫描特征的注意事项

（1）绘制扫描轨迹线时，截面必须绘制中心线，系统以该中心线作为螺旋扫描特征的旋转轴。轨迹线的任何地方不能与中心线垂直。

（2）扫描轨迹线必须是开放的，当选择“轨迹法向”方式创建螺旋扫描特征时，要求扫描轨迹线中各段曲线必须相切；当选择“通过轴线”方式创建螺旋扫描特征时，则没有必须相切的要求。

（3）当创建的螺旋扫描特征为可变螺距时，该特征螺距的变化则由一个螺距图确定。建立螺距图的方法是：输入扫描轨迹线始端和末端的螺距值，在整个扫描轨迹线的距离内，系统缺省以线性方式确定其他位置的螺距值，用户也可以根据需要选取扫描轨迹线的中间点设置螺距值。

4. 螺旋扫描特征创建实例

例 7-1：运用螺旋扫描完成图 7.2.4 所示弹簧。

步骤 1：新建文件。单击主菜单“文件”→“新建”命令，选择“零件”类型，输入文件名“tanhuang”，取消勾选“使用默认模板”选项，选择公制单位 mmnnns_part_solid，单击“确定”按钮，进入零件模式。

步骤 2：在主菜单中单击“插入”→“螺旋扫描”→“伸出项”命令，弹出“伸出项：螺旋扫描”对话框，接受默认，单击“完成”选项，选择 FRONT 面，进入草绘模式，如图 7.2.5 所示。

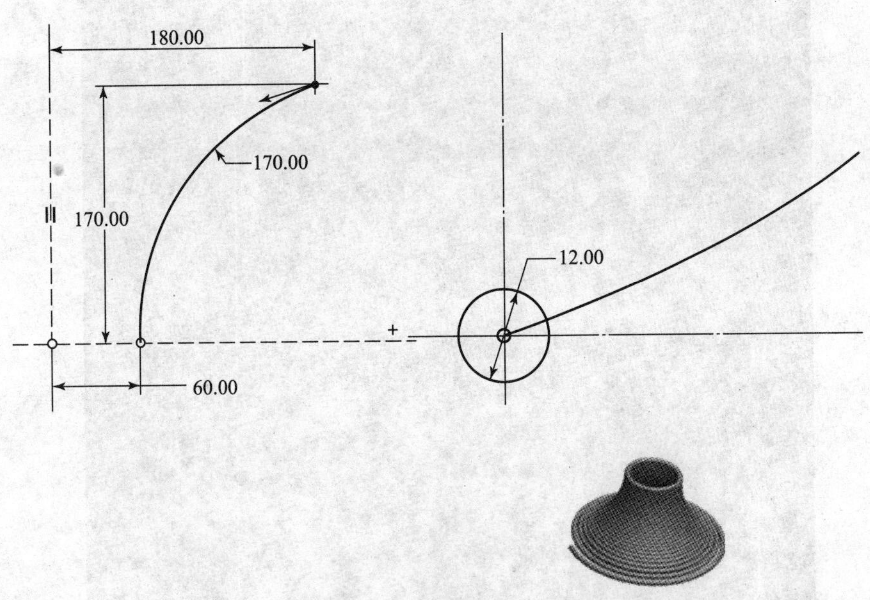

图 7.2.4　螺旋扫描设计弹簧

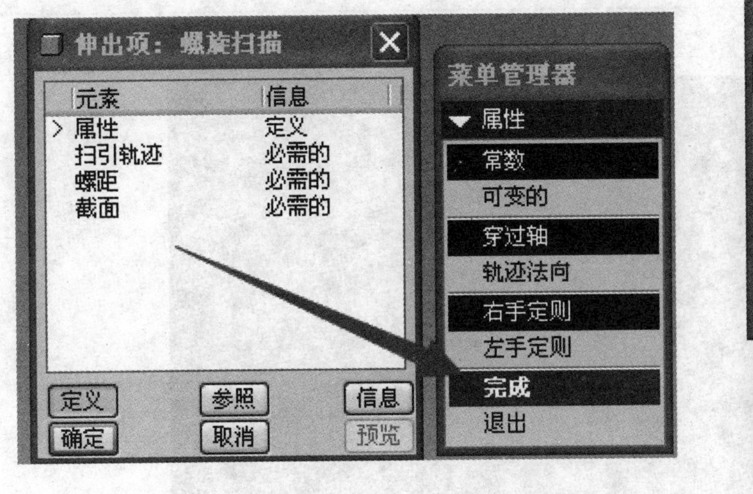

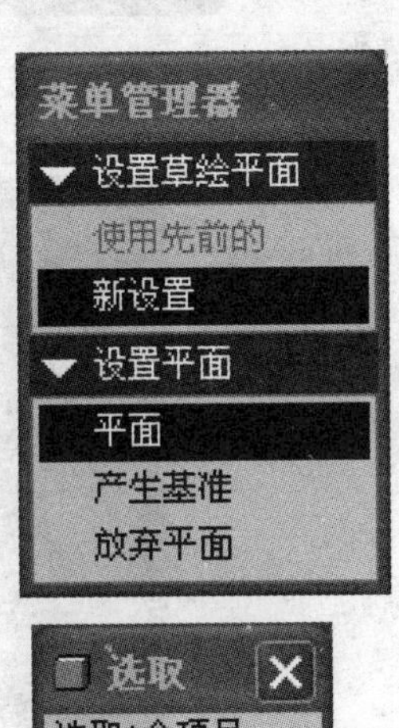

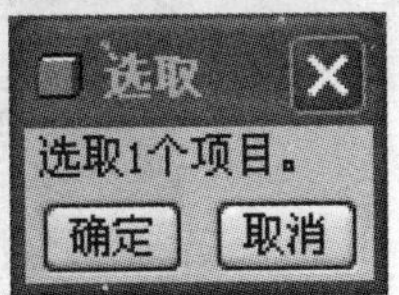

图 7.2.5　螺旋扫描参数设置

步骤 3：绘制轨迹线。绘制图 7.2.6 所示轨迹线，单击☑按钮确认，退出草绘。输入节距值“5”，进入截面绘制。

步骤 4：绘制截面。在轨迹线起点绘制直径为“12.00”的圆，如图 7.2.7 所示。单击☑按钮确认，退出草绘。

步骤 5：预览无误，单击“确认”按钮，完成设计，如图 7.2.8 所示。

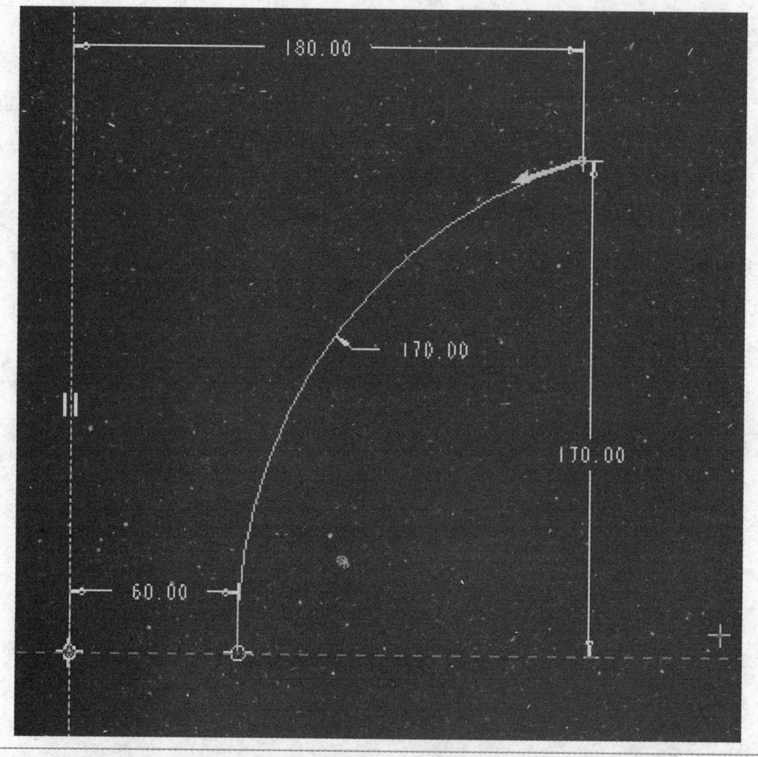

图 7.2.6　螺旋扫描轨迹线

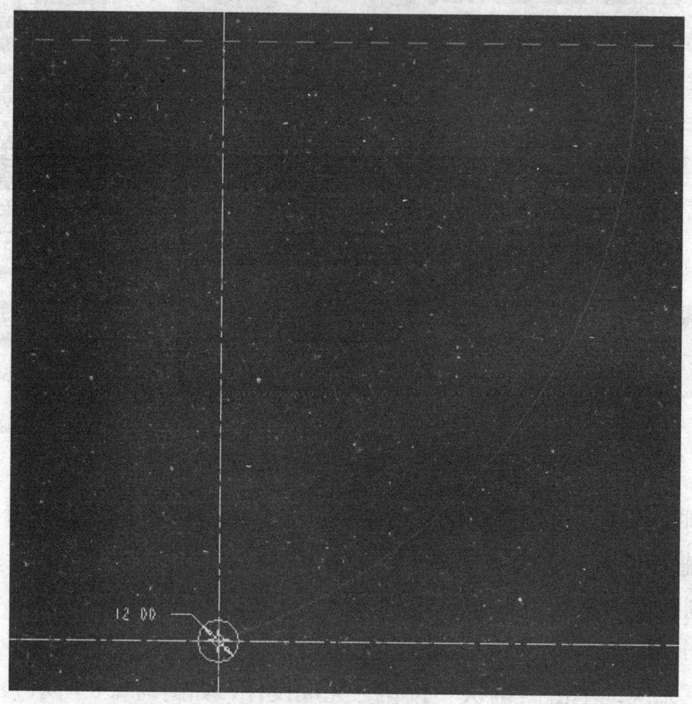

图 7.2.7　螺旋扫描截面

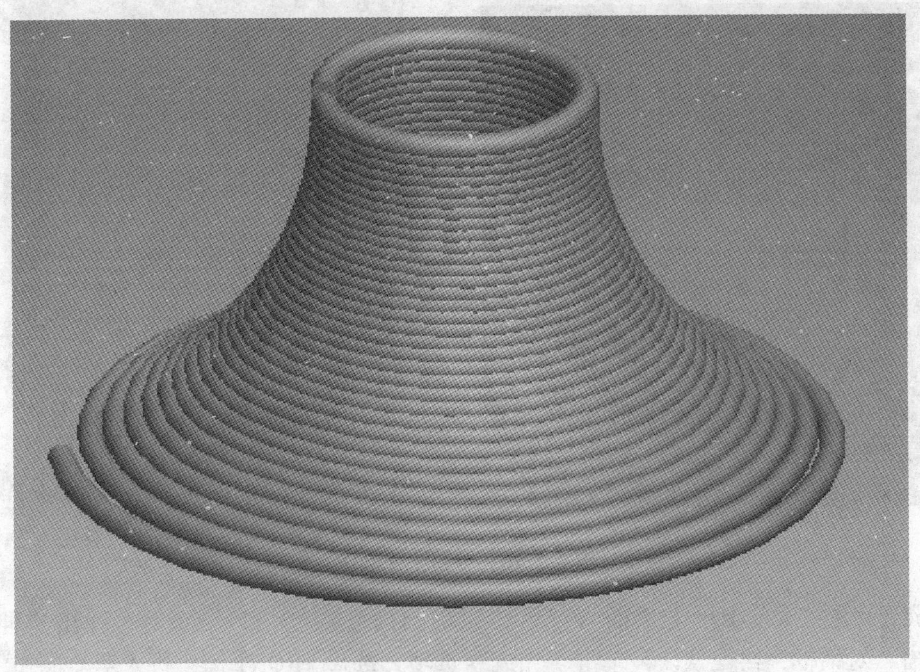

图7.2.8　螺旋扫描完成效果

例7-2：运用螺旋扫描完成图7.2.9所示螺栓。

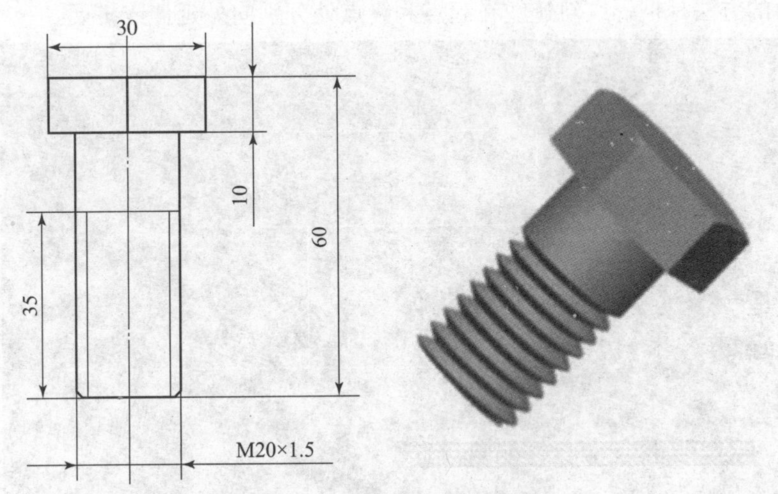

图7.2.9　螺旋扫描设计螺栓

步骤1：单击主菜单“文件”→“新建”命令，选择“零件”类型，选择公制单位mmnnns_part_solid，单击“确定”按钮，进入零件模式。

步骤2：旋转出主体设计。在主菜单中单击“插入”→“旋转”命令，在旋转操控板单击“位置”→“定义”按钮，选择FRONT面，进入草绘模式绘制截面，单击☑按钮确认。单击“边倒角”工具，设置倒角半径为“1.00”，对底部进行倒角，完成旋转主体设计，如图7.2.10所示。

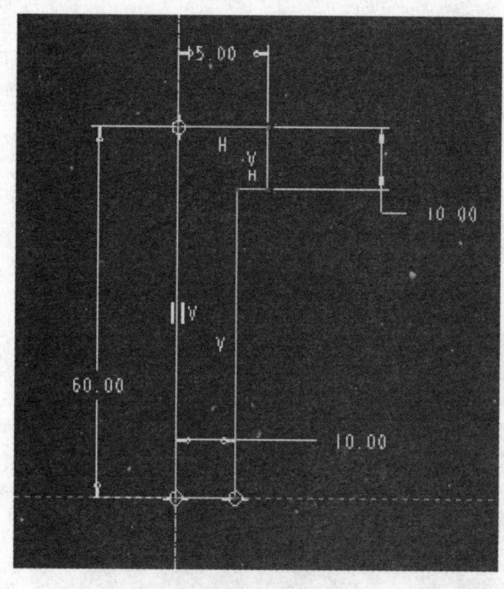

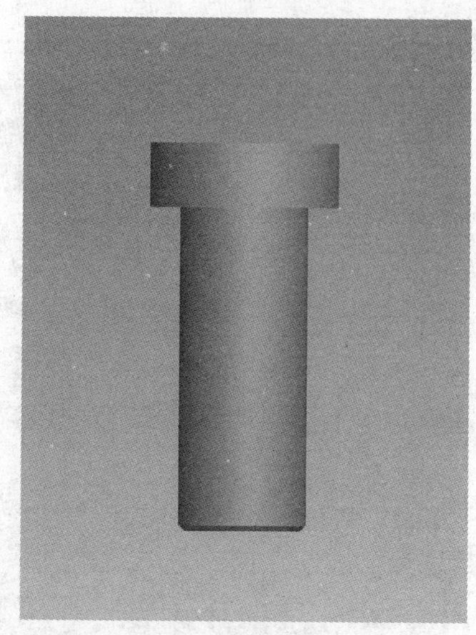

图 7.2.10　旋转主体设计

步骤 3：在主菜单中单击“插入”→“螺旋扫描”→“切口”命令，弹出“伸出项：螺旋扫描”对话框，接受默认，单击“完成”选项，选择 FRONT 面，进入草绘模式。

步骤 4：绘制轨迹线。参照螺栓外径，绘制图 7.2.11 所示轨迹。单击☑按钮确认，退出草绘。输入节距值“1.50”，进入截面绘制。注意：设计螺纹时要考虑螺纹起始和收尾问题，一种简单的方法是把螺纹轨迹线在起点和终点处分别向外延伸或扩展。

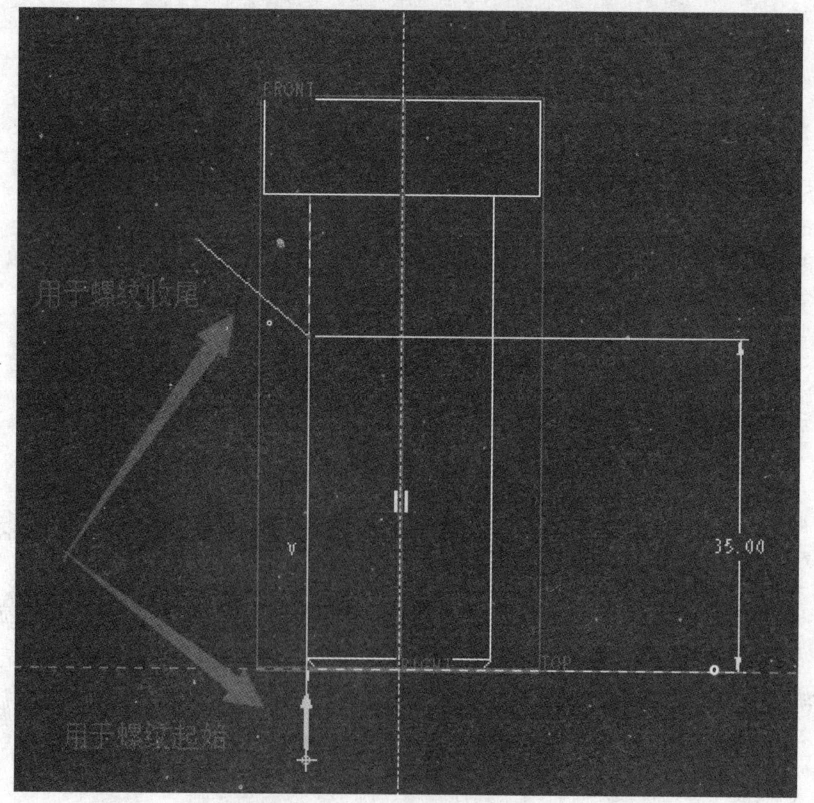

图 7.2.11　螺旋扫描轨迹线

步骤5：绘制截面。在轨迹线起点绘制一等边三角形，边长为“1.00”，如图7.2.12所示。单击☑按钮确认，退出草绘。

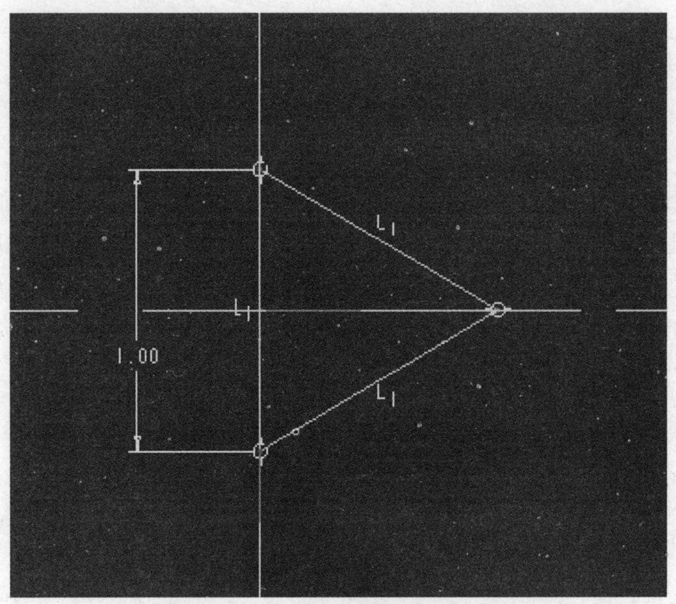

图7.2.12　螺旋扫描轨迹截面

步骤6：预览无误，单击“确认”按钮，完成设计，如图7.2.13所示。

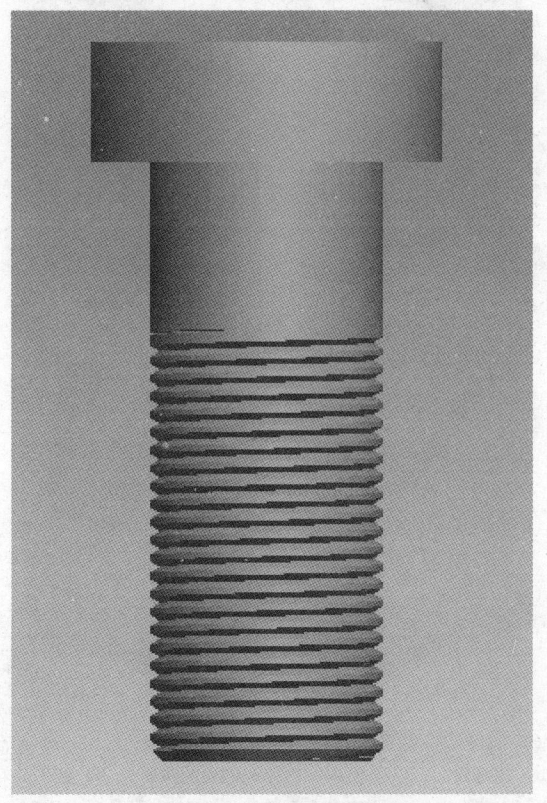

图7.2.13　螺旋扫描设计螺栓

第 8 章　曲面造型设计

曲面特征是相对实体特征而言的，实体特征具有一定的质量和体积，而曲面特征是不具有质量和体积的几何特征，是构建模型所需的参考，相当于几何学中的辅助点、线或面，所以被广泛应用于创建更复杂的实体模型的外壳或内壁，以及创建模具的分型曲面等领域。

本章主要介绍基本曲面特征和高级曲面特征的创建方法，并通过实例讲解巩固曲面设计的流程。

8.1　基本曲面特征

基本曲面特征如图 8.1.1 所示。

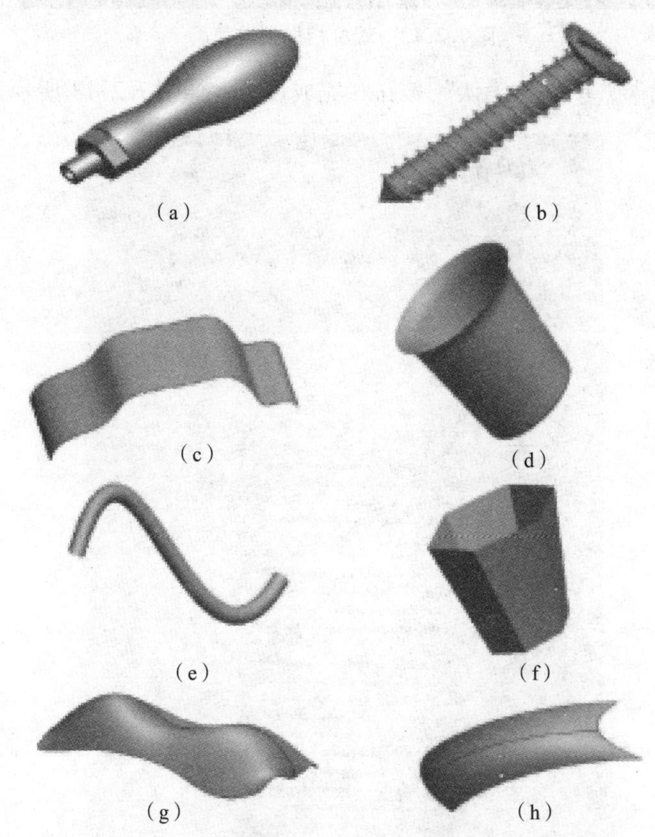

图 8.1.1　基本曲面特征

（a）旋转曲面；（b）螺旋曲面；（c）使用拉伸方式创建的曲面；（d）使用旋转方式创建的曲面；（e）使用扫描方式创建的曲面；（f）使用混合方式创建的曲面；（g）边界混合曲面；（h）圆锥曲面

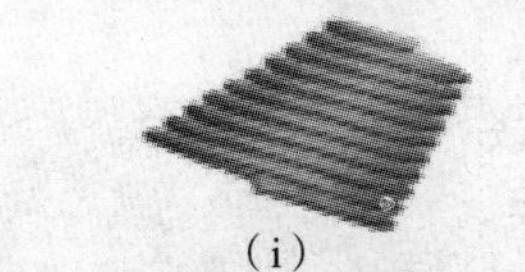

(i)

图 8.1.1　基本曲面特征（续）

(i) 螺旋扫描曲面

8.1.1　拉伸

拉伸曲面特征与拉伸实体特征的创建方法基本相同，唯一的不同点在于曲面的草绘截面不必封闭。

操作步骤如下：

步骤 1：单击“新建”→选取 零件 类型，输入文件名称，勾掉“使用缺省模板”选项，选择“mns_solid_prt”，单击“确定”按钮，进入图形窗口。

步骤 2：单击“拉伸工具”按钮 ，在屏幕下方出现“拉伸”操控板，如图 8.1.2 所示。

步骤 3：单击“拉伸曲面特征”按钮 ，即可进入草绘界面创建曲面特征，如图 8.1.3 和图 8.1.4 所示。

图 8.1.2　“拉伸”操控板

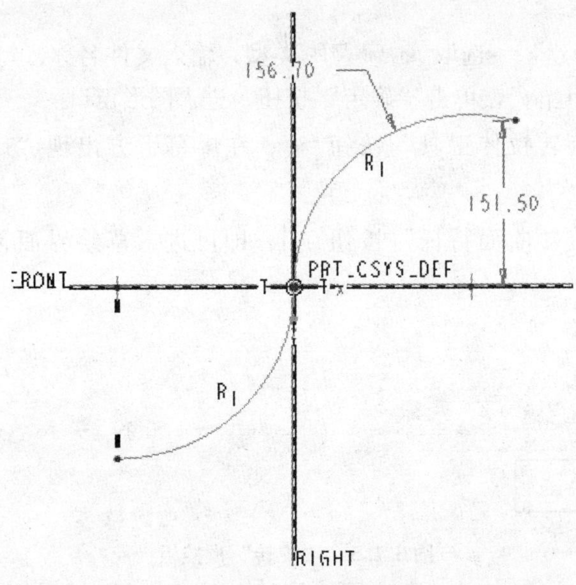

图 8.1.3　拉伸曲面截面

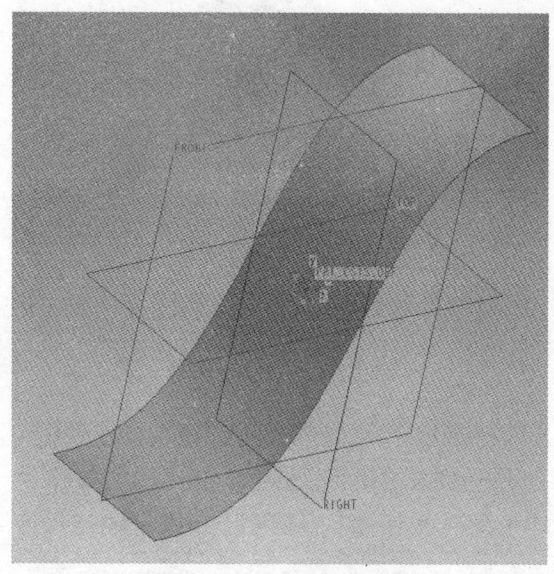

图 8.1.4 拉伸曲面特征

提示：

对于已完成的草绘截面，可直接单击该截面，再单击“拉伸工具”按钮，即可创建曲面特征。

8.1.2 旋转

旋转曲面特征与旋转实体特征的创建方法基本相同，唯一的不同点在于曲面的草绘截面不必封闭。

操作步骤如下：

步骤 1：单击“新建”→选取 零件 类型，输入文件名称，勾掉“使用缺省模板”选项，选择“mns_solid_prt”，单击“确定”按钮，进入图形窗口。

步骤 2：单击“旋转拉伸工具”按钮 ，在屏幕下方出现“旋转”操控板，如图 8.1.5 所示。

步骤 3：单击“旋转曲面特征”按钮 ，即可进入草绘界面创建曲面特征，如图 8.1.6 和图 8.1.7 所示。

图 8.1.5 “旋转”操控板

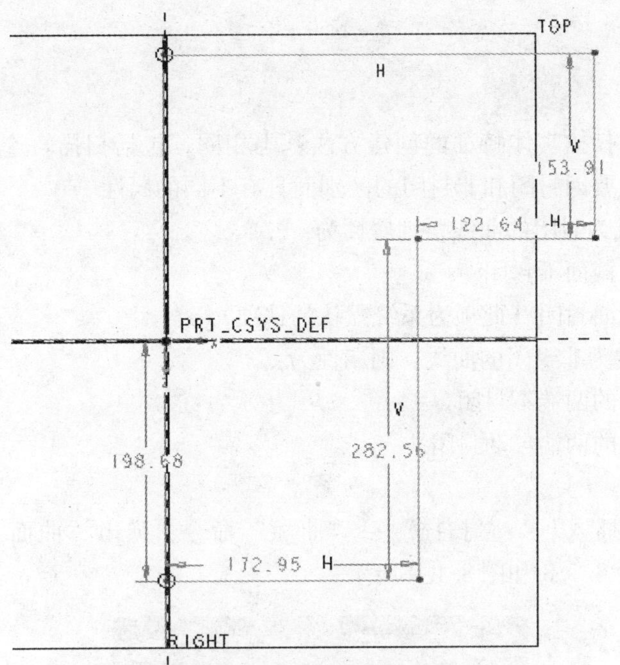

图 8.1.6　旋转曲面截面

图 8.1.7　旋转曲面特征

提示：

对于已完成的草绘截面，可直接单击该截面，再单击“旋转工具”按钮，即可创建曲面特征。

8.1.3 扫描

扫描曲面特征与扫描实体特征的创建方法基本相同，包括扫描轨迹线和扫描截面的创建。对于轨迹线，主要因封闭和非封闭的区别而具有不同的属性。

（1）如果轨迹线为封闭的曲线，则属性为：

增加内部因素：截面不封闭。

无内部因素：截面封闭（此项为系统默认的选项）。

（2）如果轨迹线为非封闭的曲线，则属性为：

开放终点：曲面的两端不封闭。

封闭端：将曲面的两端自动封闭。

操作步骤如下：

步骤1：单击“插入”→“扫描”→“曲面”命令，弹出“曲面：扫描”对话框及“菜单管理器”，如图8.1.8和图8.1.9所示。

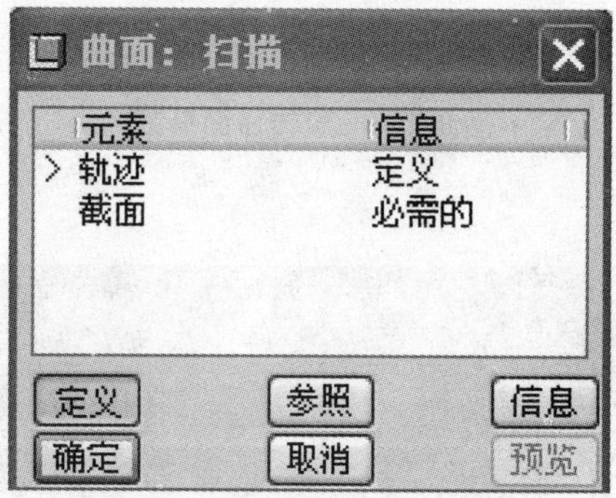

图8.1.8 “曲面：扫描”对话框

图8.1.9 菜单管理器

步骤2：选择“草绘轨迹”选项，以默认草绘模式进入草绘界面，绘制图8.1.10所示的扫描轨迹线。在弹出的“属性”菜单中，单击“开放终点”→“完成”选项，则系统自动切换至剖截面的绘制环境。在该环境中绘制直径为“25.00”的截面草图，完成后单击“曲面：扫描”对话框中的“确定”按钮，生成扫描曲面特征，如图8.1.11所示。

步骤3：单击菜单“编辑”→“加厚”命令，对曲面进行加厚，厚度为“5.00”。

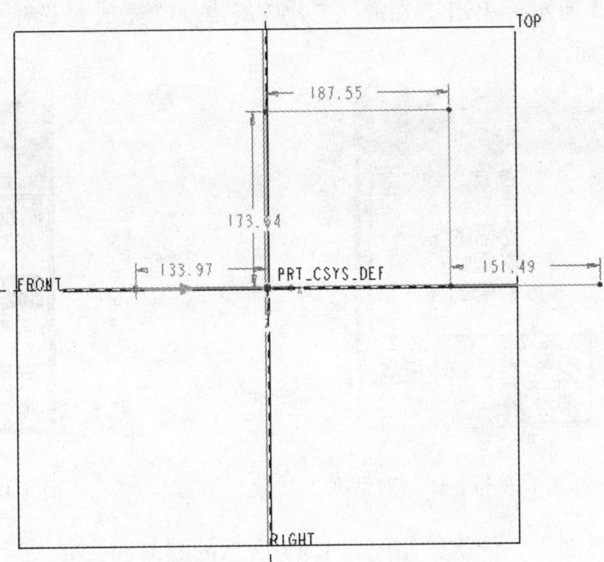

图 8.1.10　扫描轨迹线

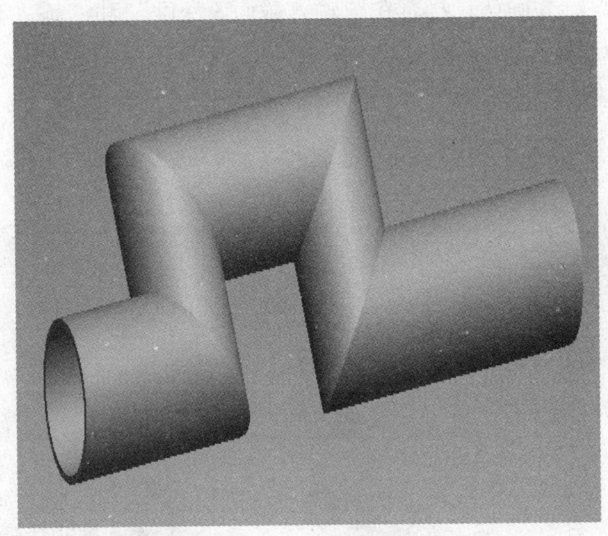

图 8.1.11　扫描曲面特征

8.1.4　混合

混合曲面特征与混合实体特征的创建方法基本相同。

注意：

①所有混合截面必须具有相同数量的边。

②剖面的起始点不一致，混合曲面的效果也不一样。

③草绘完成一个截面，要绘制另一个截面，在草绘里单击鼠标右键，选择切换剖面。

创建平行混合曲面的步骤：

步骤 1：单击“插入”→“混合”→“曲面”命令，选择“平行”“规则截面”“草绘截面”“完成”选项，弹出“曲面：混合，平行，…”对话框及“菜单管理器”，如

图 8.1.12和图 8.1.13 所示。单击“光滑”“开放终点”“完成”选项，依次按照提示选择草绘截面进入草绘界面。

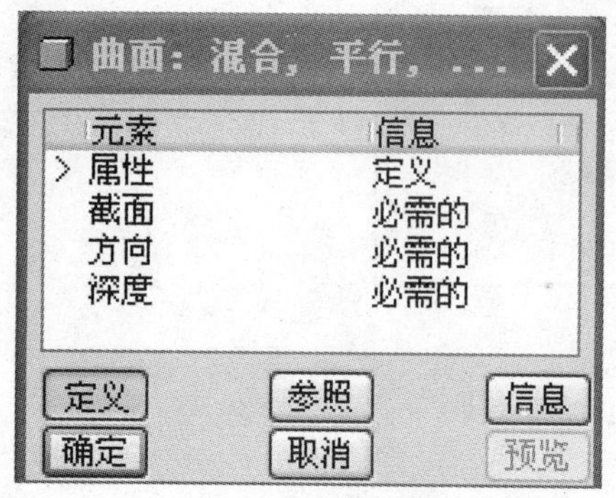

图 8.1.12 “曲面：混合，平行，…”对话框

图 8.1.13 菜单管理器

步骤 2：在草绘界面下，依次绘制图 8.1.14 所示的圆截面，完成后退出草绘界面。

步骤 3：系统弹出“深度”菜单，选择“盲孔”选项，并在信息栏的“输入截面 2 深度”中输入“100.00”，并确认；接着在“输入截面 3 深度”和“输入截面 4 深度”中分别输入“200.00”“200.00”，最后在“曲面：混合，平行…”对话框中单击“确定”按钮，完成混合曲面特征的创建，如图 8.1.15 所示。

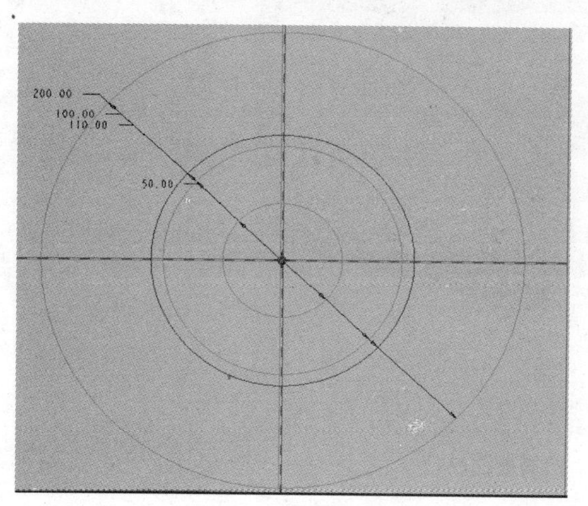

图 8.1.14 混合草绘截面

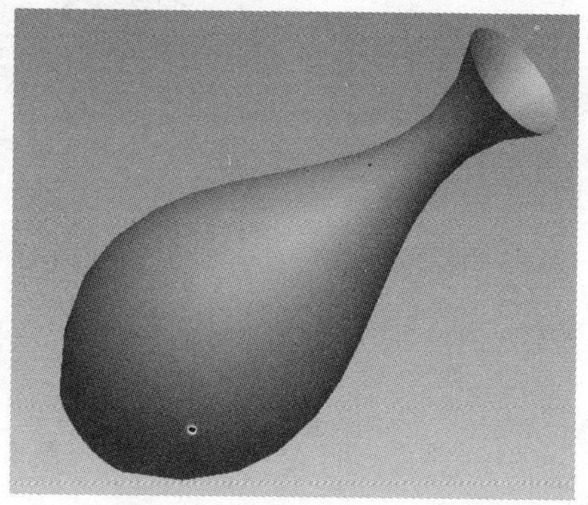

图 8.1.15 混合曲面特征

8.2 高级曲面特征

8.2.1 变截面扫描

所谓变截面扫描，就是指将一个截面沿着轨迹线和轮廓线扫描，同时截面的形状随着轨迹线和轮廓线变化而形成的曲面。

操作步骤如下：

步骤1：创建基准曲线。单击工具栏中的 按钮，出现草绘基准曲线对话框，选取草绘平面，进入草绘环境。

步骤2：绘制图8.2.1所示的曲线，单击✔按钮完成。

步骤3：创建可变剖面扫描。单击菜单“插入”→“可变剖面扫描”命令，单击 按钮，以创建曲面特征。

步骤4：选取内圆弧作为起始轨迹线，按住Ctrl键选取另一条轨迹线，单击 按钮，进入草绘环境，绘制图8.2.2所示的截面。

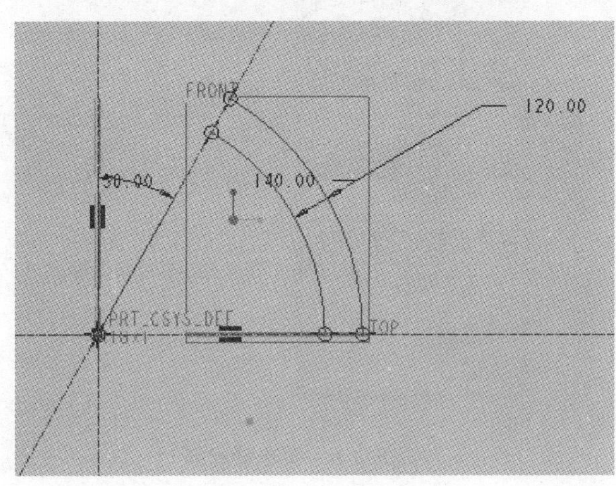

图8.2.1　基准曲线

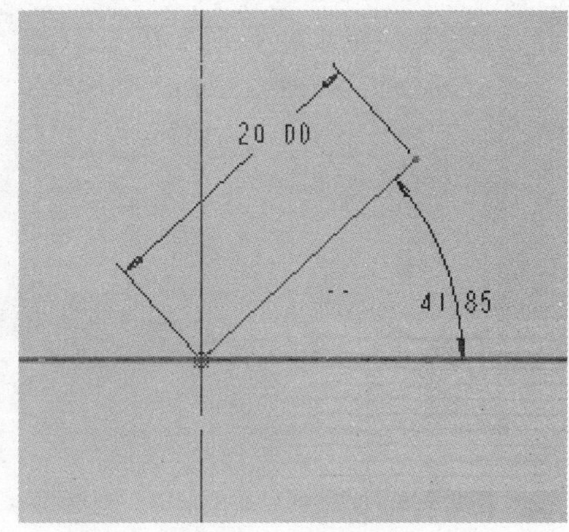

图8.2.2　草绘截面

步骤5：单击菜单“工具”→“关系”命令，在“关系”对话框中输入关系式“sd4 = 8 * 360 * trajpar”控制角度值的变化，单击“确定”按钮完成关系式的添加，单击✔按钮完成截面的绘制，如图8.2.3所示。

步骤6：单击✔按钮完成变截面扫描曲面特征的创建，如图8.2.4所示。

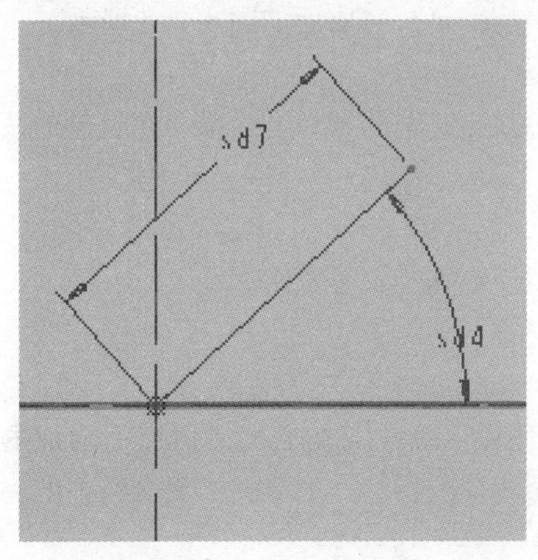

图8.2.3　关系特征

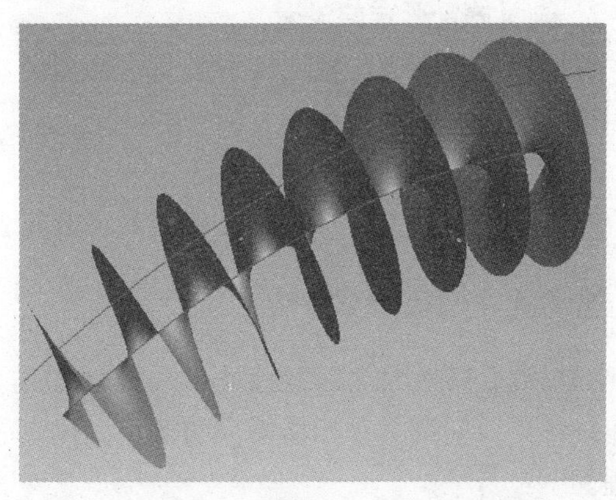

图8.2.4　变截面扫描曲面特征

8.2.2 螺旋扫描

创建螺旋扫描曲面，单击“插入”→“螺旋扫描”→“曲面”命令，进入“曲面：螺旋扫描”对话框，如图 8.2.5 所示。在该对话框内包含创建螺旋扫描曲面需要的元素。同时，打开一个菜单管理器，整合所有与螺旋扫描曲面相关元素的属性，通过对该属性的不同设置，可以创建不同的螺旋扫描曲面特征，如图 8.2.6 所示。

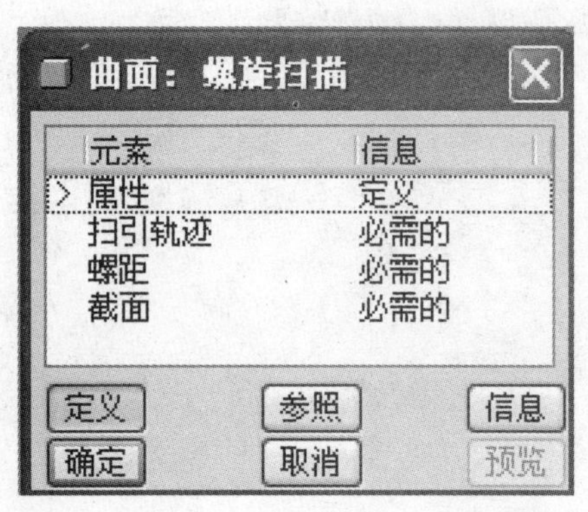

图 8.2.5 “曲面：螺旋扫描”对话框

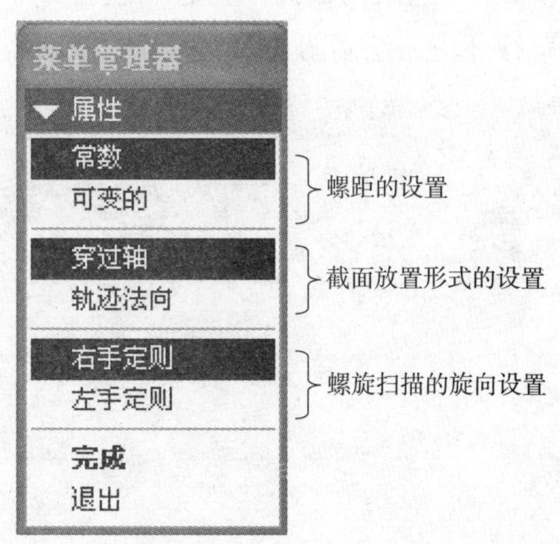

图 8.2.6 菜单管理器

1. 螺距的设置

螺旋扫描特征中，螺距分为常数和可变两种。对于常数，即扫描过程中，螺距为同一值；对于可变类型，即螺距为不同的数值。在“曲面：螺旋扫描”对话框中，可以选择“螺距”选项，并单击“定义”按钮对螺距进行设置。具体步骤如下：

在“曲面：螺旋扫描”对话框中，选择“扫引轨迹”选项，并单击“定义”按钮，进入轨迹草绘环境，在原轨迹上创建一点，完成草绘如图 8.2.7 所示并退出。进入设置螺距环境，选择轨迹上刚创建的点，并在信息框中输入螺距值即可，完成后如图 8.2.8 所示。

2. 截面放置形式的设置

螺旋扫描特征中，截面放置形式包括截面始终放在穿过轴的方向上扫描和在轨迹的法向上扫描两种。

3. 螺旋扫描旋向的设置

螺旋扫描特征中，螺旋扫描旋向判定方法包括左手定则和右手定则。

8.2.3 扫描混合

扫描混合特征是将一组截面在其边处用过渡曲面沿着某一条轨迹线“扫掠”形成的一个连续特征，它既具有扫描特征的特点，也具有混合特征的特点。创建扫描混合特征的一般过程如下：

步骤 1：创建扫描轨迹线，如图 8.2.9 所示。

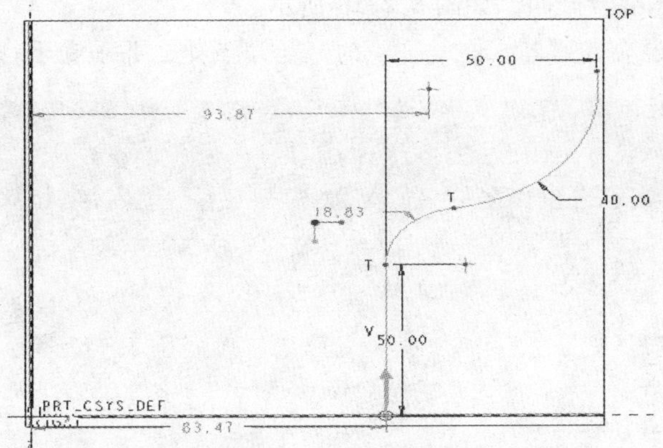

图 8.2.7　草绘截面

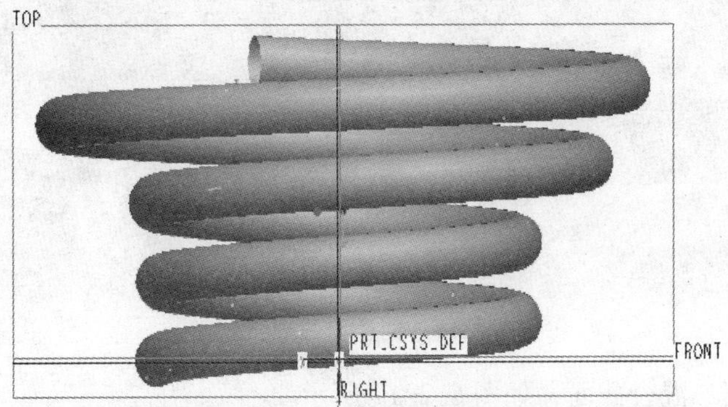

图 8.2.8　螺旋特征

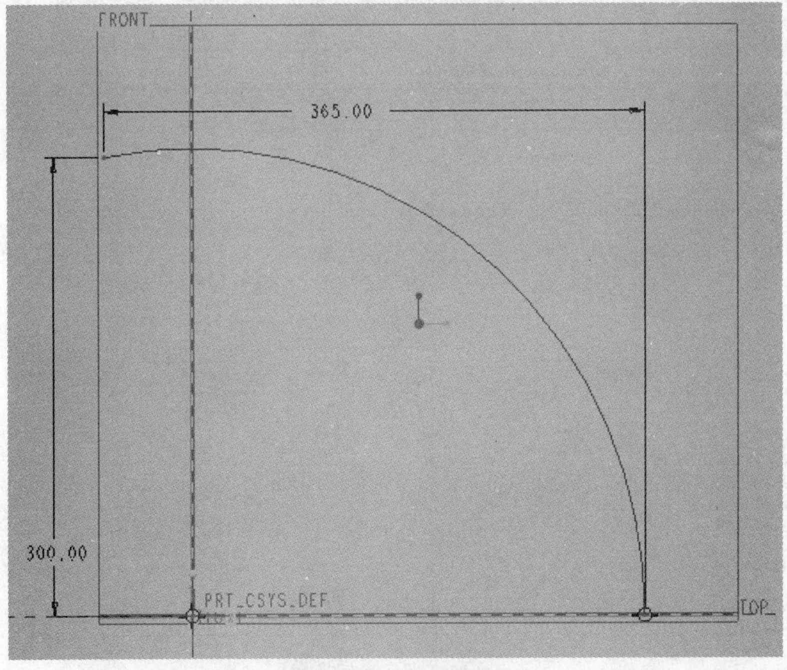

图 8.2.9　扫描轨迹线

步骤2：创建第一混合截面，如图 8.2.10 所示。

注意：创建第一混合截面时，在轨迹线的起始端点处，并垂直于轨迹线。

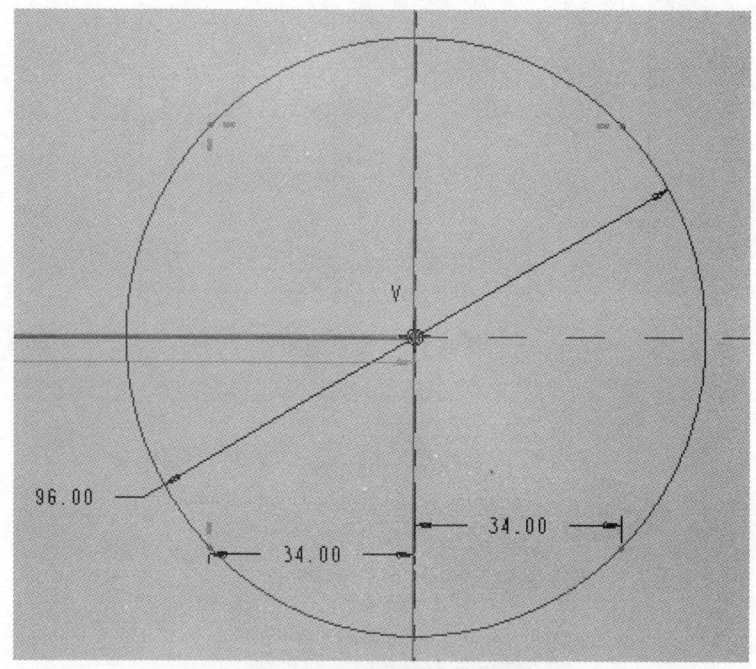

图 8.2.10　创建第一混合截面

步骤3：创建第二混合截面，如图 8.2.11 所示。

注意：创建第二混合截面时，在轨迹线的终点处，并垂直于轨迹线。

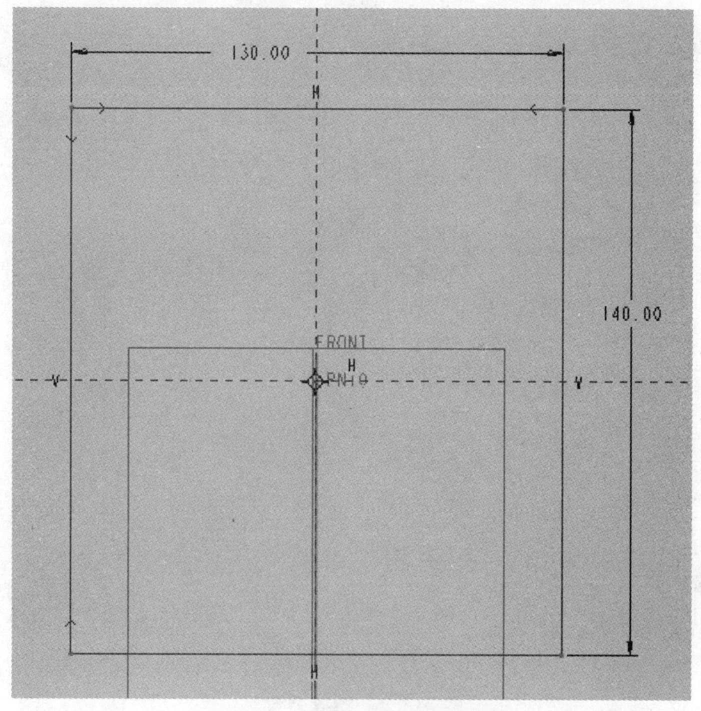

图 8.2.11　创建第二混合截面

步骤4：创建扫描混合特征，如图8.2.12所示。

注意：在创建扫描混合特征时，混合特征所要求的条件必须满足。曲面特征创建完成后，还有一步“加厚”处理。

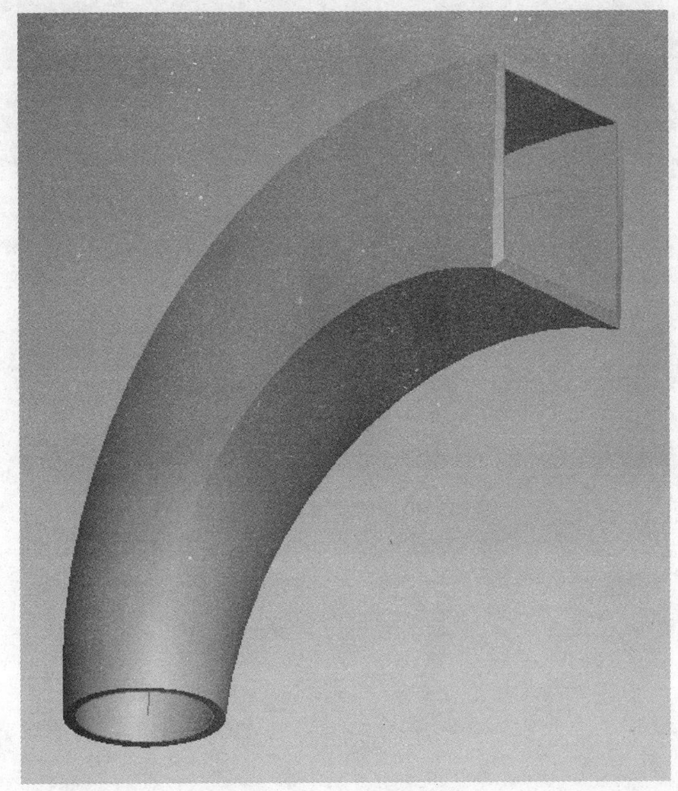

图8.2.12　扫描混合特征

8.2.4　边界混合

边界混合曲面是指通过定义点、曲线及边为边界创建曲面。选取参照图元的规则如下：

①曲线、边及点可作为参照图元使用。

②在每个方向上，都必须按连续的顺序选择参照图元。

③对于在两个方向上定义的混合曲面而言，其外部边界必须形成一个封闭的环。

创建边界混合特征的一般过程如下：

步骤1：创建第一边界截面，如图8.2.13所示。

步骤2：创建第二边界截面，如图8.2.14所示。

注意：创建第二边界截面时，需要创建一个基准平面，偏距为“100.00”。

步骤3：创建基准点和基准曲线。分别利用“基准点”和“基准曲线”工具选项创建第一截面和第二截面之间的连接。

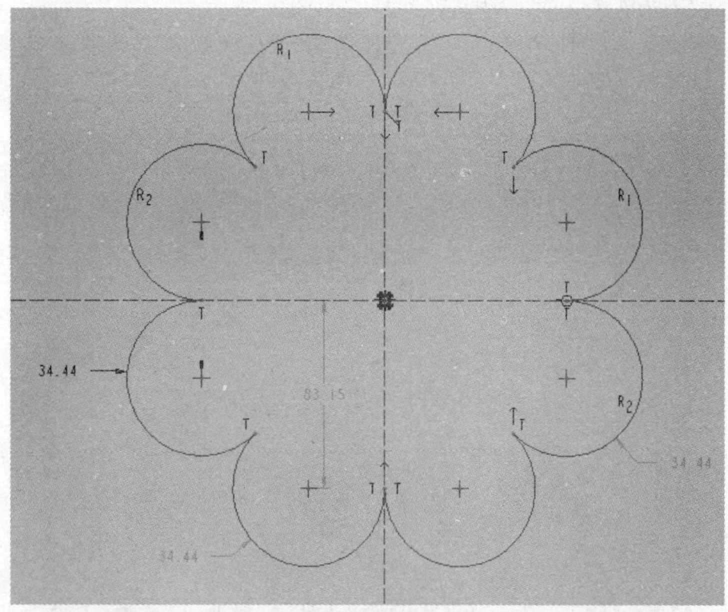

图 8.2.13　创建第一边界截面

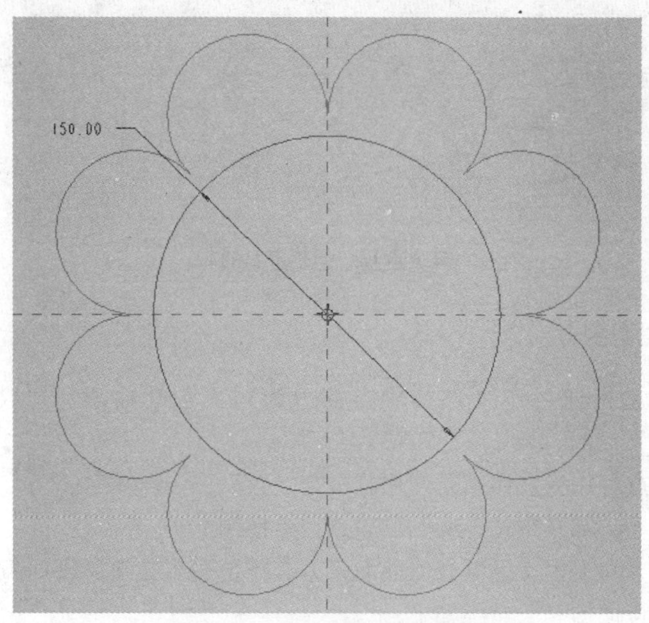

图 8.2.14　创建第二边界截面

步骤 4：创建边界混合特征。单击“插入”→“边界混合”命令，打开边界混合操控面板。按住 Ctrl 键，依次选取两个平行的草绘平面。然后单击第二方向收集器，并按住 Ctrl 键，依次选取创建的四条曲线，最后单击“完成”选项即可创建边界混合特征。

结果如图 8.2.15 所示。

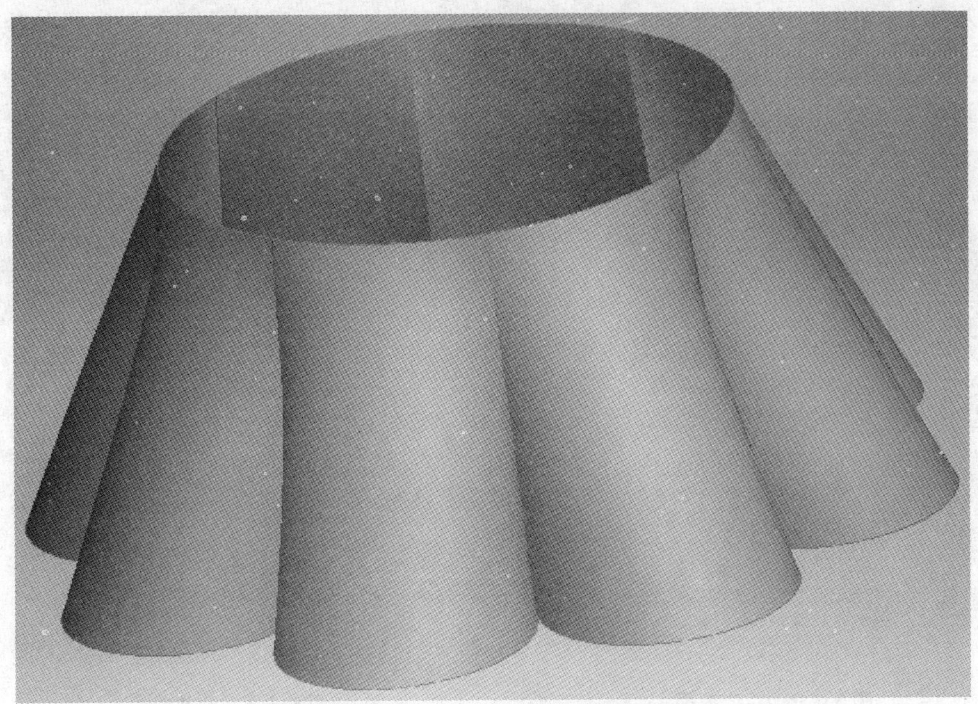

图 8.2.15　创建边界混合曲面特征

8.3　曲 面 实 例

8.3.1　案例 1——旋钮设计

步骤 1：单击“拉伸”按钮，使用拉伸曲面功能，创建图 8.3.1 所示的拉伸曲面，直径为“120.00”，深度为“80.00”。

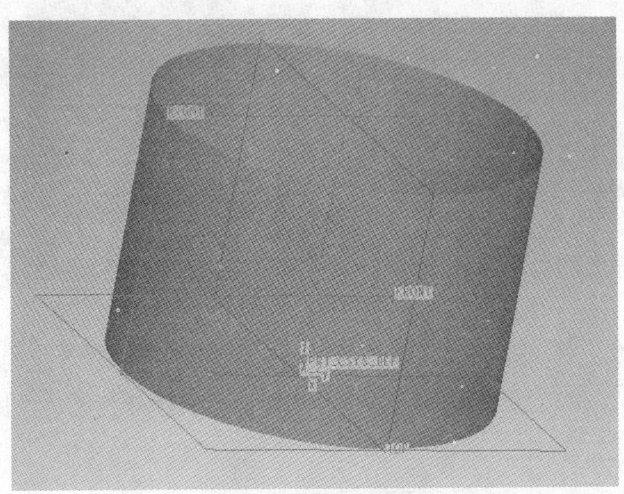

图 8.3.1　拉伸曲面

步骤2：单击“拉伸”按钮，使用拉伸曲面功能，创建图8.3.2所示的拉伸曲面，直径为“128.00”，深度为“120.00”。

步骤3：按住Ctrl键，选取两个曲面，单击合并按钮，合并曲面，如图8.3.3所示。

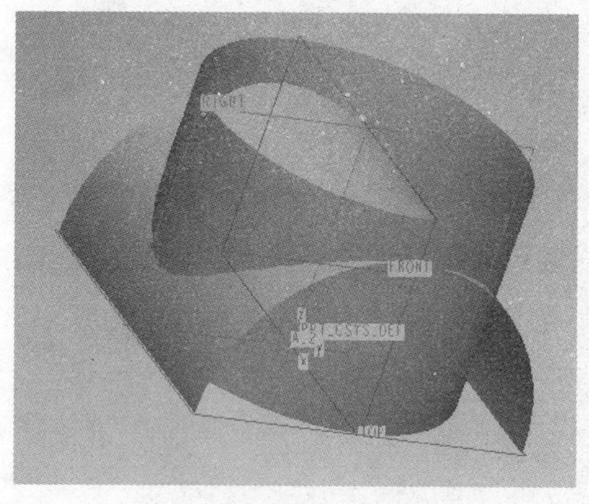

图8.3.2 拉伸曲面

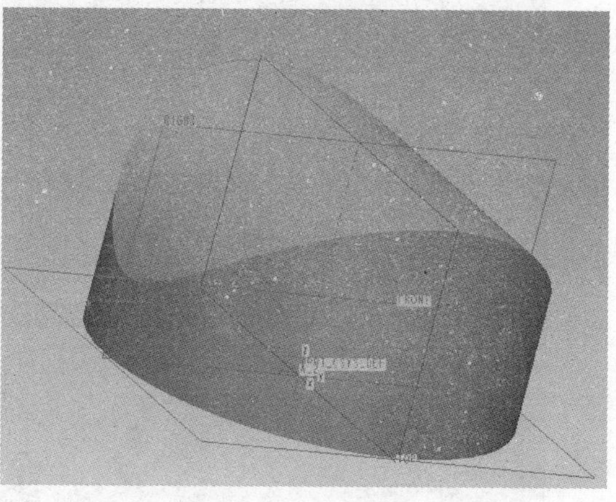

图8.3.3 合并曲面

步骤4：单击“拉伸”按钮，使用拉伸曲面功能，创建拉伸曲面，如图8.3.4和图8.3.5所示，长度适当即可。

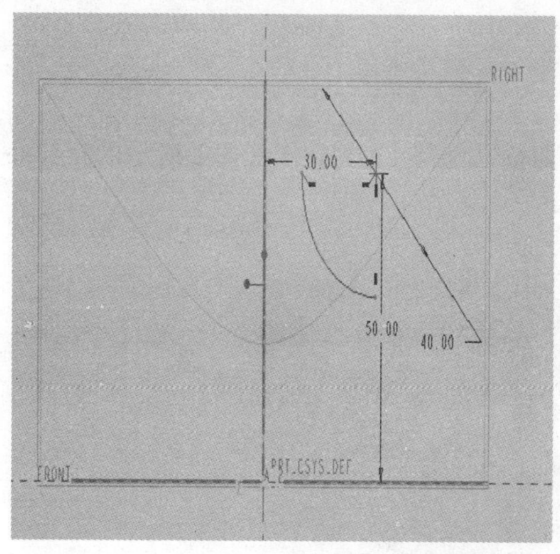

图8.3.4 拉伸截面

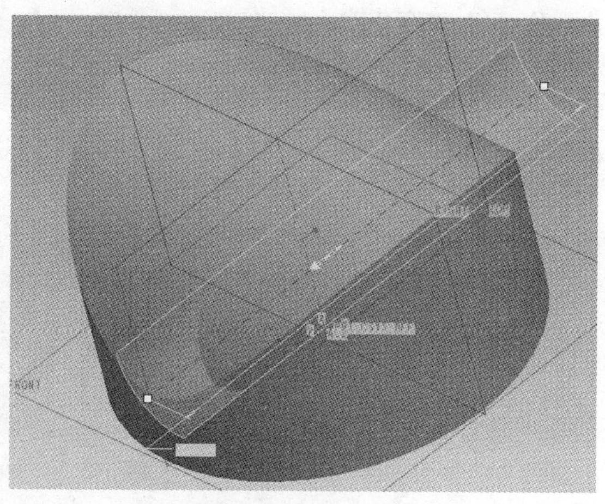

图8.3.5 拉伸曲面

步骤5：单击“编辑”→“延伸”命令，创建曲面，延伸长度适当即可，如图8.3.6和图8.3.7所示。

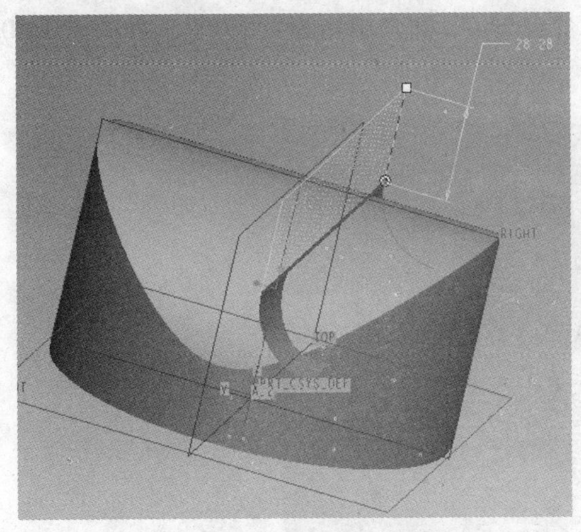

图 8.3.6　延伸曲面一

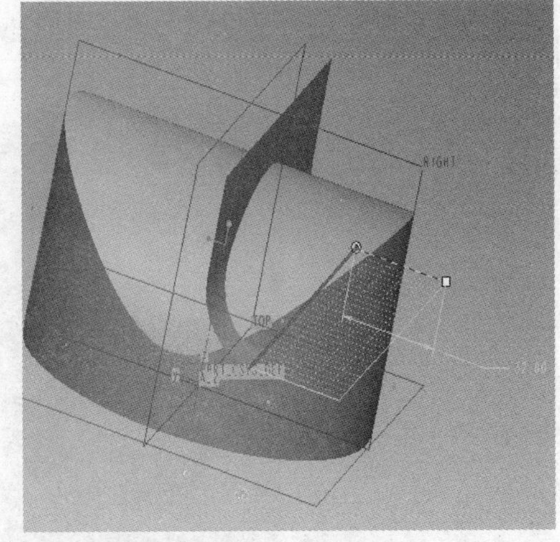

图 8.3.7　延伸曲面二

步骤 6：单击“镜像”按钮，复制曲面，如图 8.3.8 所示。

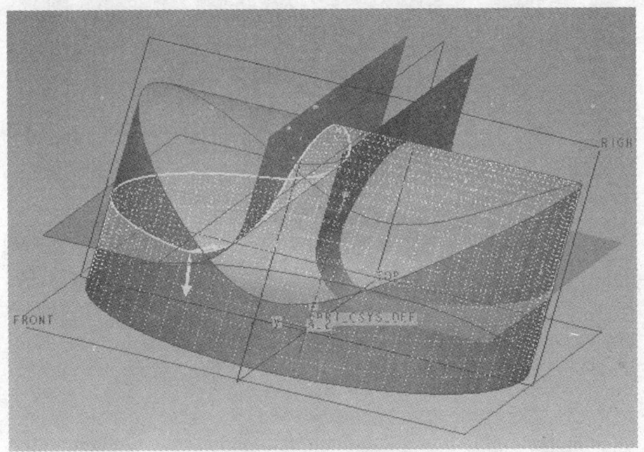

图 8.3.8　镜像曲面

步骤 7：单击“合并”按钮，合并曲面，如图 8.3.9 所示。

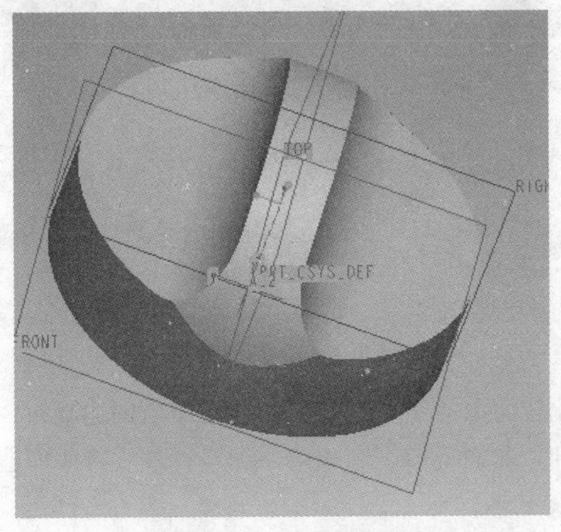

图 8.3.9　合并曲面

步骤8：单击“倒圆角”按钮，对曲面进行倒圆角，圆角半径为“8.00”，如图8.3.10所示。

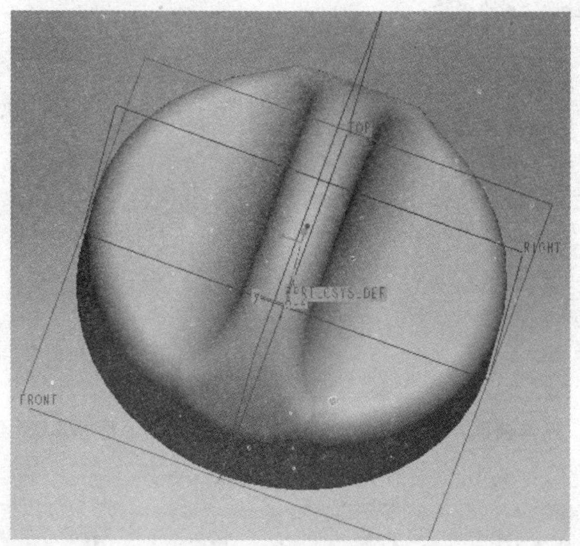

图8.3.10　倒圆角

步骤9：单击菜单“编辑”→“加厚”命令，对曲面进行加厚，厚度为“5.00”，如图8.3.11所示。

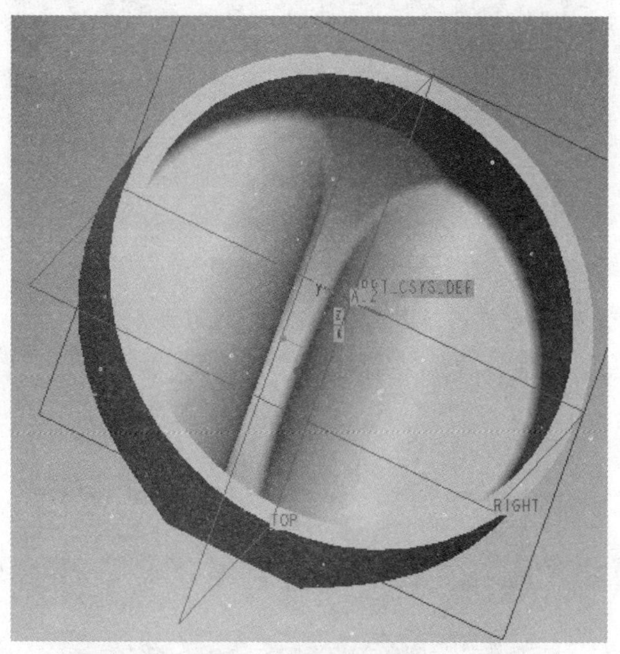

图8.3.11　加厚处理

实例总结：该实例比较简单，主要以基本的曲面命令创建旋钮，包括曲面拉伸、曲面合并、曲面修剪、曲面延伸、曲面镜像、倒圆角、加厚，最后将曲面造型实体化。

8.3.2　案例 2——灯笼

灯笼可分为笼面和提棒两个部分，笼面由 12 瓣曲面组成，每瓣曲面可用边界混合的方式生成，然后进行阵列、曲面合并、自动倒圆角和曲面加厚。提棒只要拉伸加上倒圆角即可。

步骤 1：单击 （基准平面工具）按钮，创建基准面 DTM1，与 TOP 面平行，距离为“40.00”。

步骤 2：单击 （草绘工具）按钮，在 TOP 面上绘制一段圆弧，截面尺寸如图 8.3.12 所示。

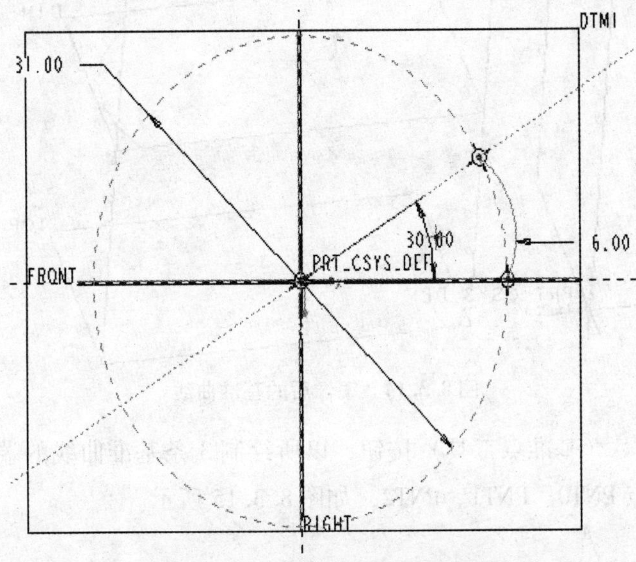

图 8.3.12　TOP 面上绘制的圆弧

步骤 3：单击 （草绘工具）按钮，在 DTM1 面上绘制一段圆弧，截面尺寸如图 8.3.13 所示。

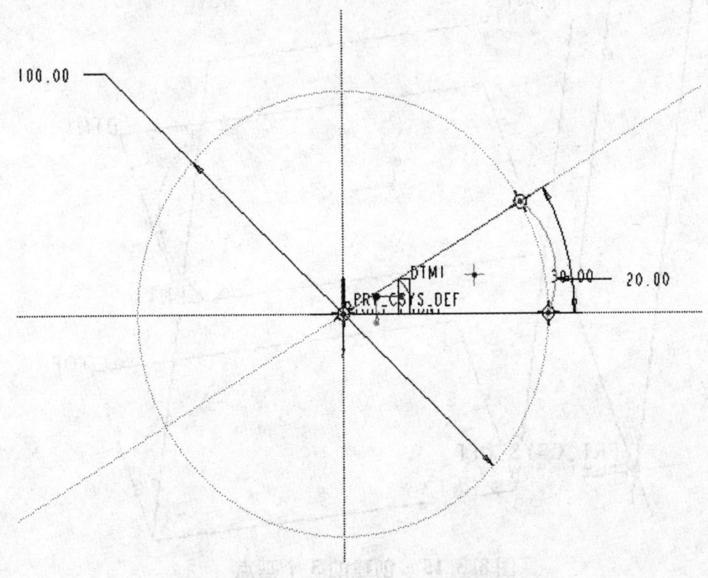

图 8.3.13　DTM1 面上绘制的圆弧

步骤4：单击 （镜像工具）按钮，以 DTM1 为镜像平面，镜像 TOP 平面上绘制的基准曲线，如图 8.3.14 所示。

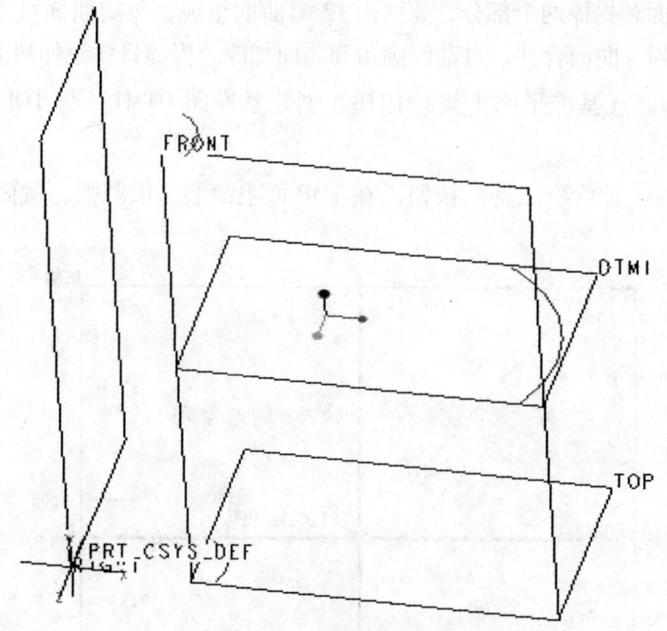

图 8.3.14　镜像后的基准曲线

步骤5：单击 （基准点工具）按钮，以所绘制 3 条基准曲线的端点（在 FRONT 面上）创建 3 个基准点 PNT0、PNT1、PNT2，如图 8.3.15 所示。

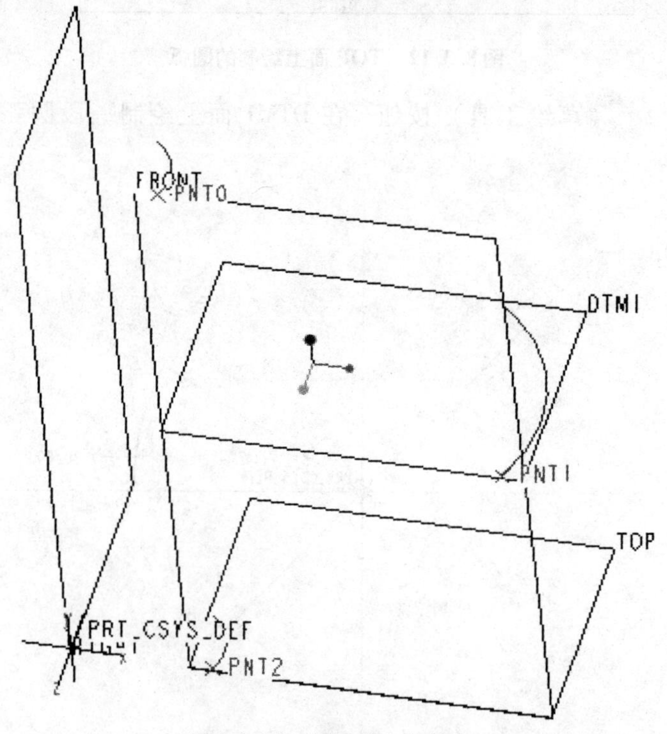

图 8.3.15　创建的 3 个基点

步骤 6：单击 ![icon] （基准轴工具）按钮，如图 8.3.16 所示，按住 Ctrl 键，选择 FRONT 及 RIGHT 基准面，生成基准轴 A_1。

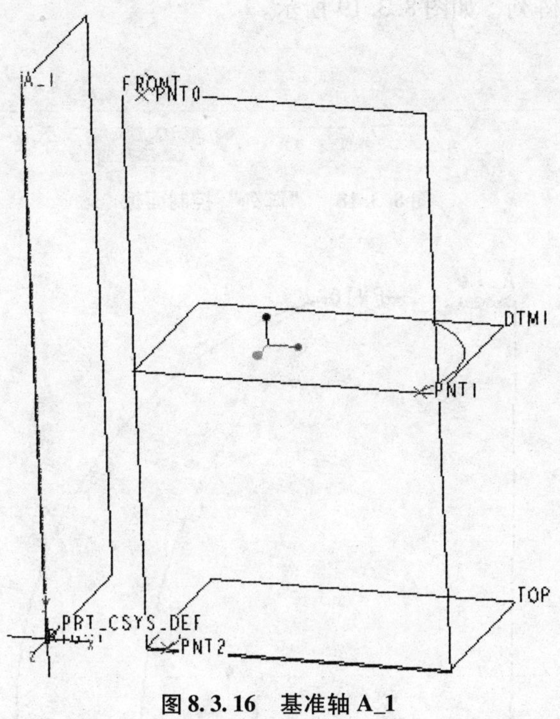

图 8.3.16　基准轴 A_1

步骤 7：单击 ![icon] （草绘工具）按钮，在 FRONT 面上过 PNT0、PNT1、PNT2 绘制曲线，如图 8.3.17 所示。

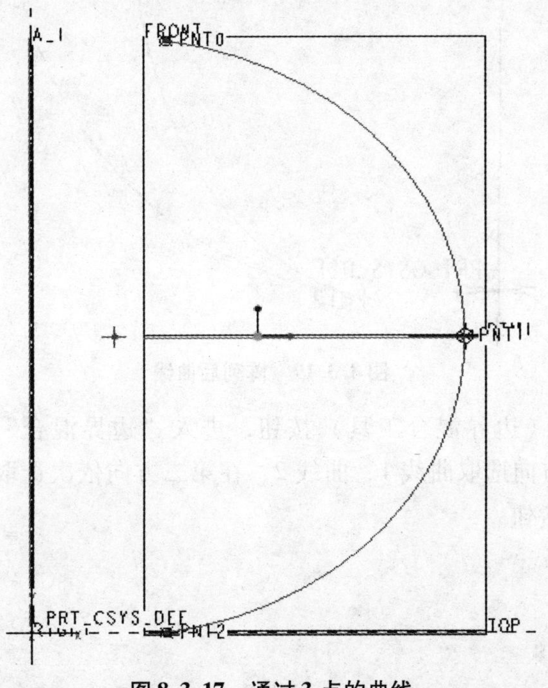

图 8.3.17　通过 3 点的曲线

步骤8：选择上一步所画曲线，然后单击▦（阵列工具）按钮，如图8.3.18所示，选择阵列方式为“轴”，单击已经生成的A_1轴，再设置阵列数目为“2”，阵列角度为“30.00”。完成曲线的阵列，如图8.3.19所示。

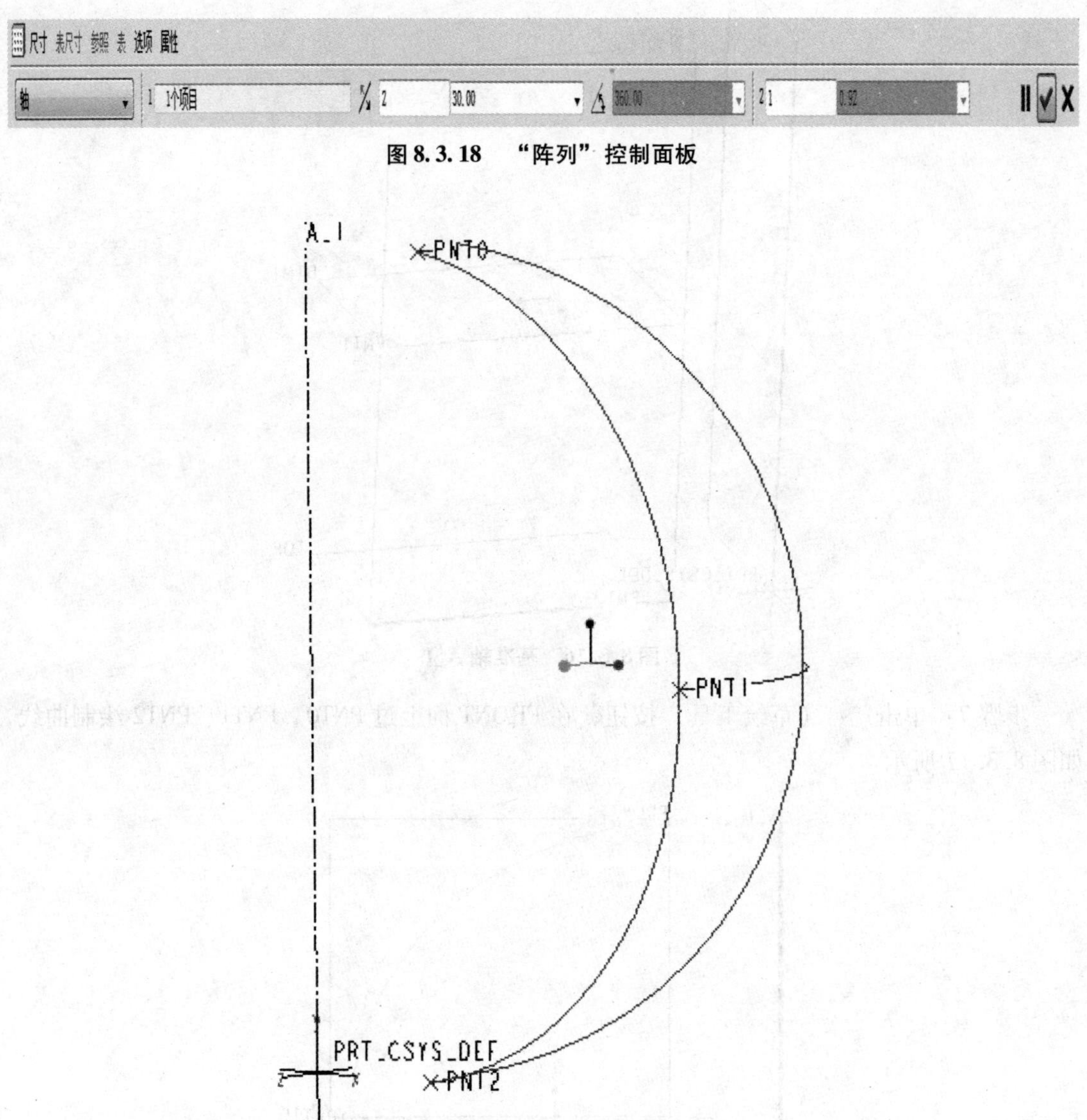

图8.3.18 “阵列”控制面板

图8.3.19 阵列后曲线

步骤9：单击（边界混合工具）按钮，进入“边界混合”特征操作面板，如图8.3.20所示，在第一方向选取曲线1、曲线2，在第二方向依次选取曲线3、曲线4、曲线5，单击✔（确定）按钮。

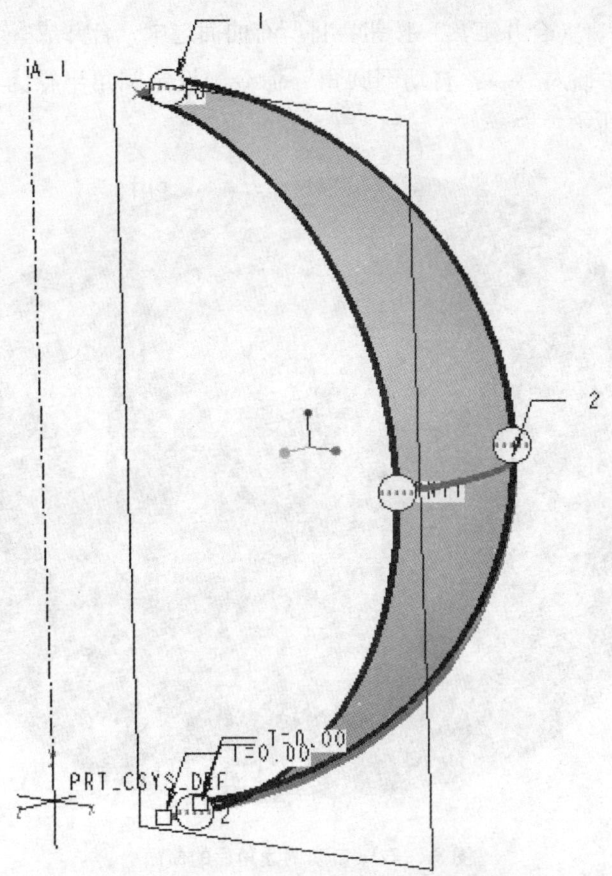

图 8.3.20　“边界混合”5 条特征曲线

步骤 10：单击 (阵列工具) 按钮，阵列单瓣笼面，数量为“12”，角度为“30.00”，阵列完成后的笼面如图 8.3.21 所示。

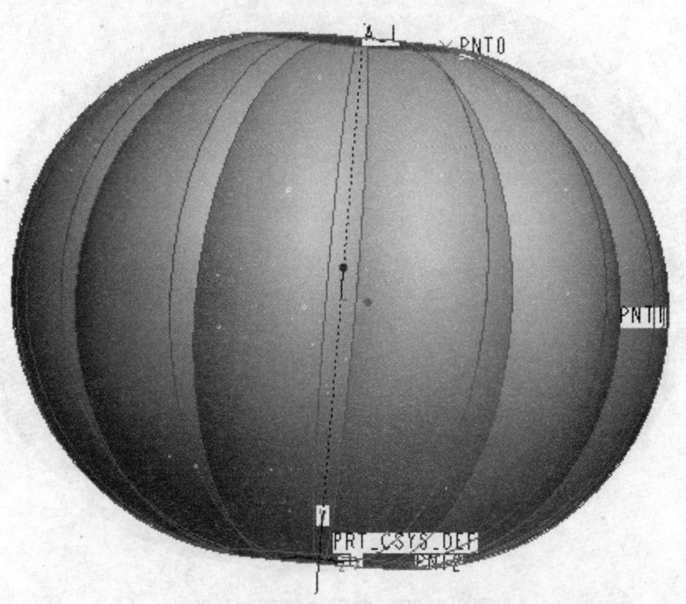

图 8.3.21　阵列完成后的笼面

步骤 11：单击 (合并工具) 按钮，将所有曲面选中，合并成一个整体。

步骤 12：执行“插入”→“自动倒圆角”命令，设定圆角半径为“5.00”，选取整个曲面，如图 8.3.22 所示。

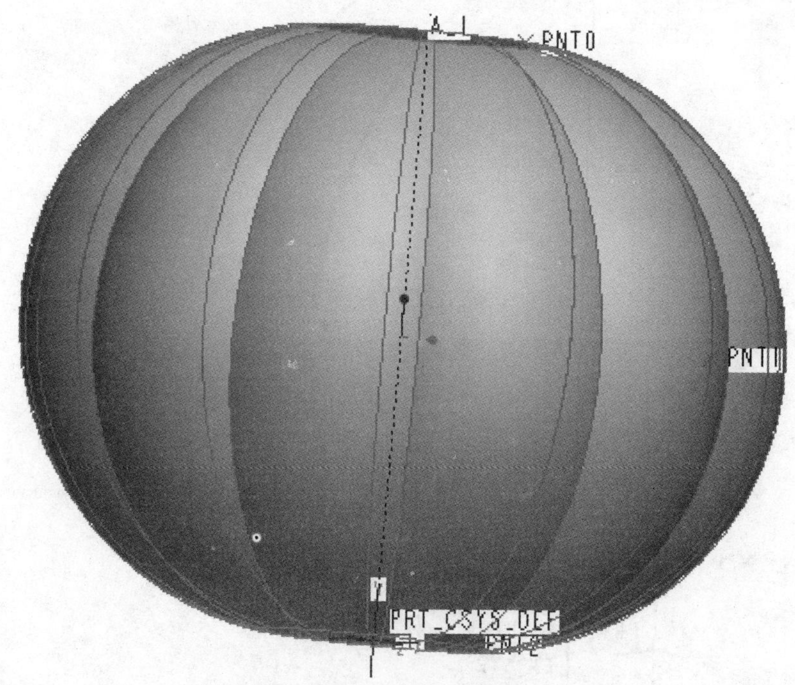

图 8.3.22　自动倒圆角后的曲面

步骤 13：执行“编辑”→“加厚”命令，设定厚度为“2.00”，方向朝里，如图 8.3.23 所示。

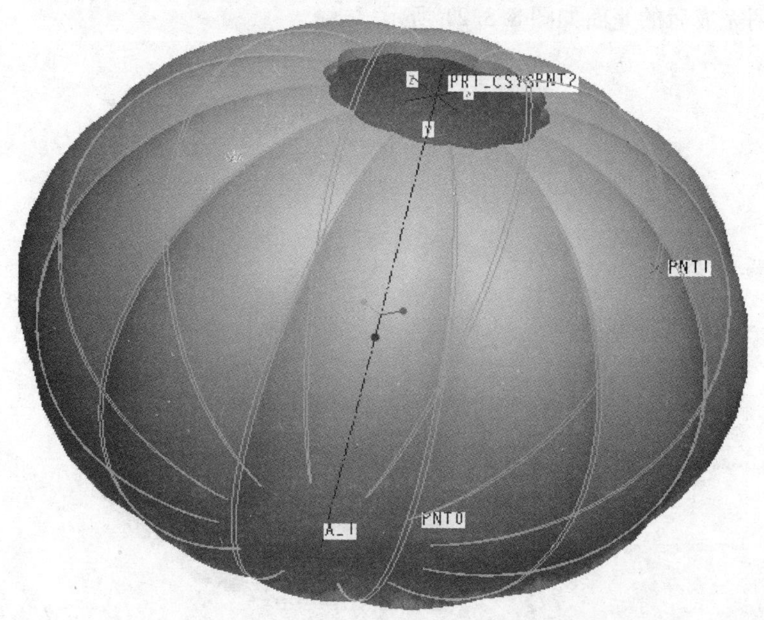

图 8.3.23　曲面加厚后的笼面

步骤 14：单击 （拉伸工具）按钮，单击“放置”选项，以 DTM1 平面为草绘平面，绘制截面，如图 8.3.24 所示，单击 （确定）按钮返回拉伸操作面板，修改拉伸方式为 （两侧拉伸），高度为“100.00”，单击 （确定）按钮。

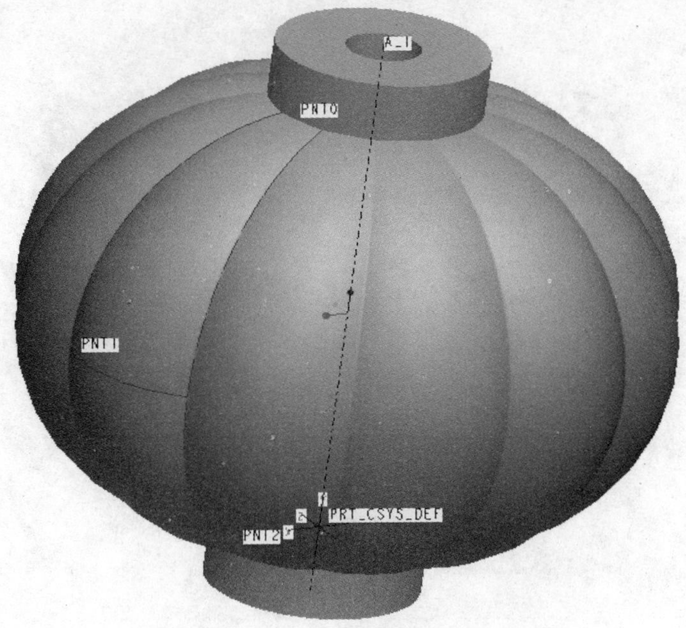

图 8.3.24　提棒拉伸截面图形

步骤 15：单击 （倒圆角工具）按钮，设定圆角半径为“2.00”，选择提棒上下两条边，完成后如图 8.3.25 所示。

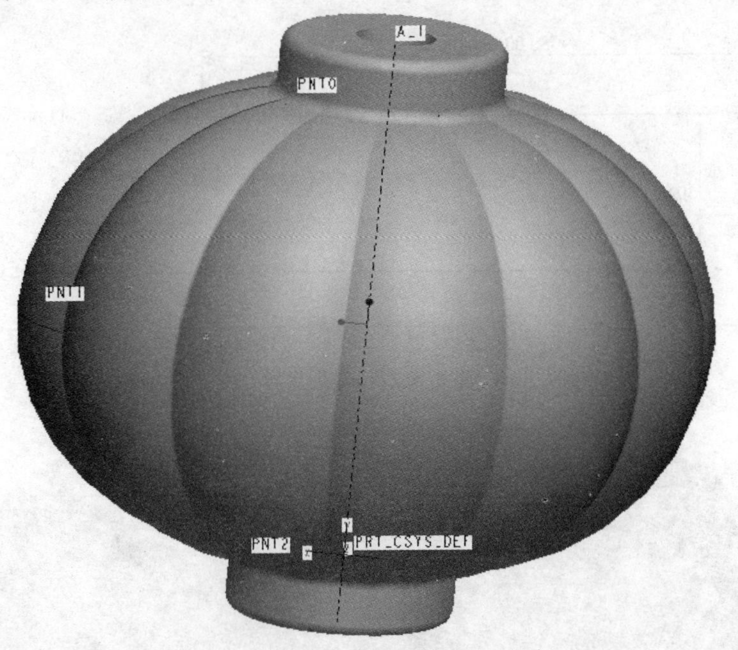

图 8.3.25　完成造型后的灯笼三维图

8.3.3 课后任务——微波炉食盒盖

微波炉食盒盖如图 8.3.26 所示。

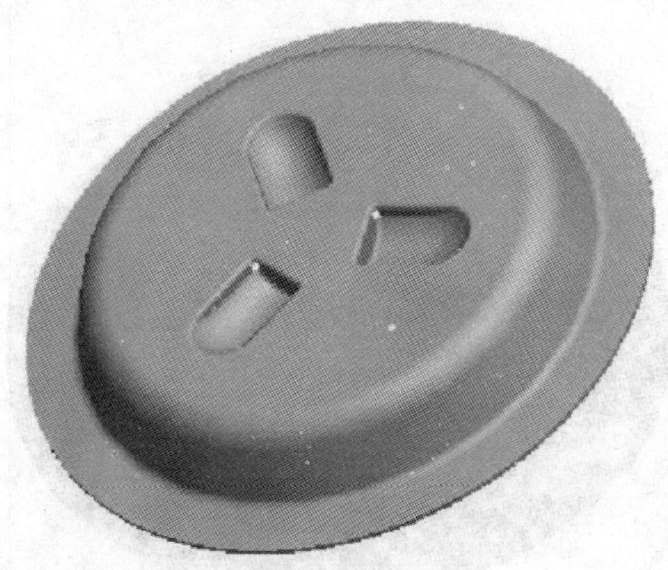

图 8.3.26 微波炉食盒盖

具体操作步骤：

步骤 1：新建一个零件，命名为“cover. prt”，取消“使用缺省模板”选项，使用“mmns_part_solid”模板，单击“确定”按钮，进入零件设计界面。

步骤 2：创建旋转曲面。绘制图 8.3.27 所示截面，旋转曲面完成后如图 8.3.28 所示。

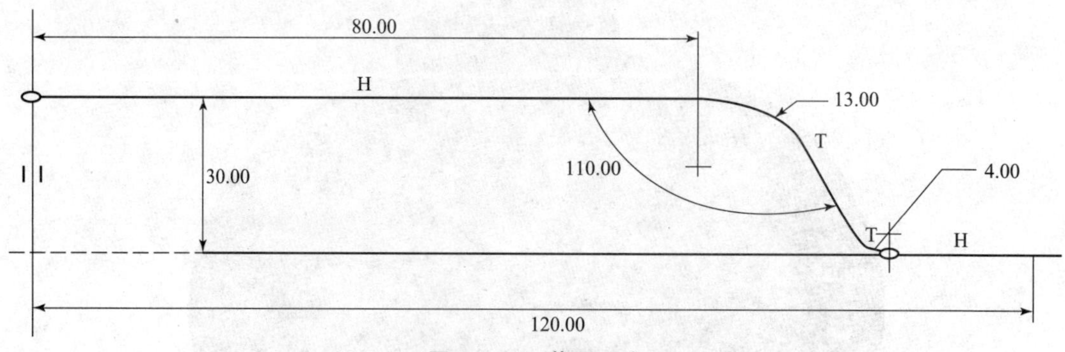

图 8.3.27 截面尺寸

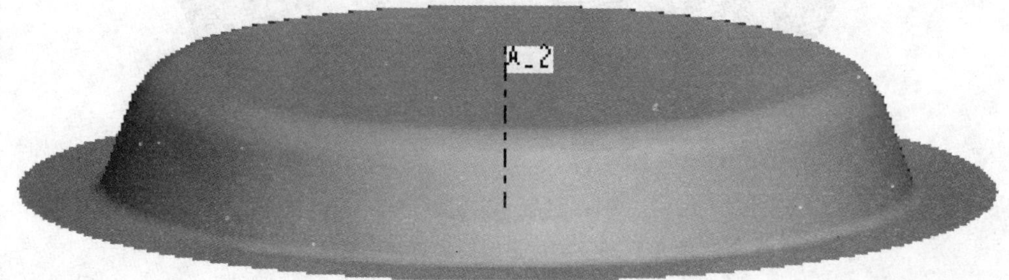

图 8.3.28 旋转后的曲面

步骤 3：创建扫描曲面。绘制图 8. 3. 29 所示轨迹线。绘制图 8. 3. 30 所示截面，完成扫描曲面的创建，如图 8. 3. 31 所示。

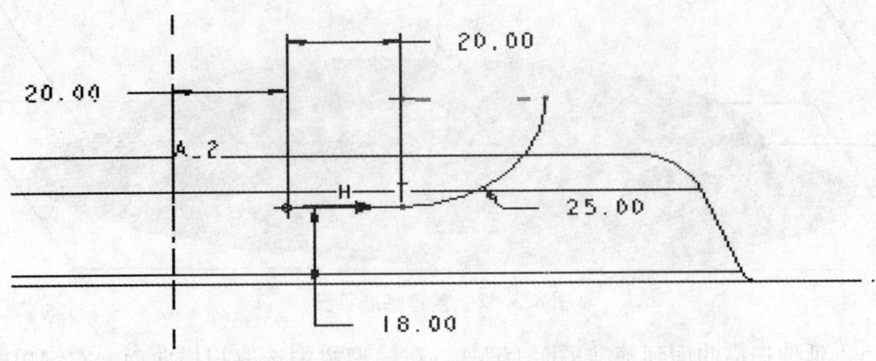

图 8. 3. 29　轨迹线尺寸

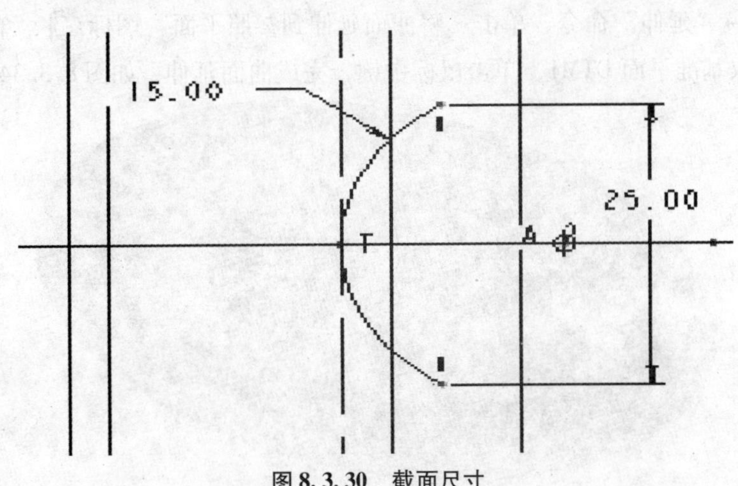

图 8. 3. 30　截面尺寸

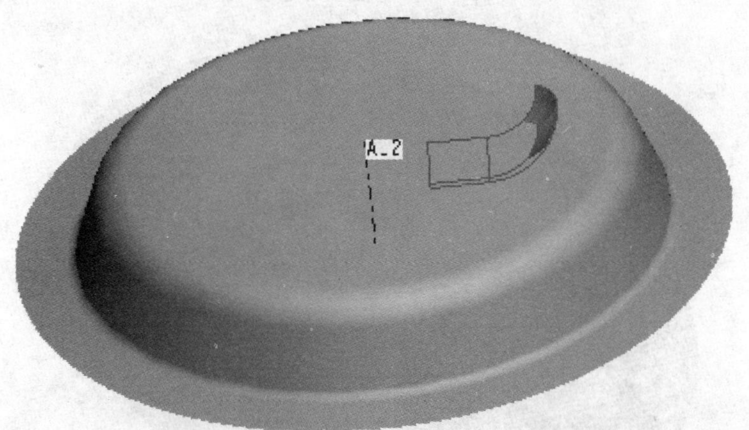

图 8. 3. 31　扫描曲面

步骤 4：创建一个基准平面，用作扫描曲面延伸的参照面。单击“基准平面”图标 ▱ ，单击 TOP 平面，向上偏移“50. 00”，创建基准平面 DTM1，如图 8. 3. 32 所示。

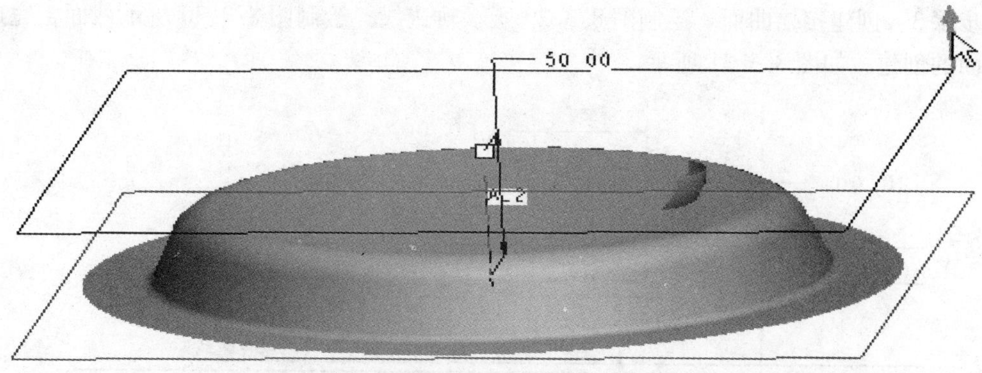

图 8.3.32　创建基准平面

步骤 5：延伸扫描曲面到基准平面 DTM1。在模型树中选取扫描曲面，左键单击选取扫描曲面上的一条边线，然后按住 Shift 键，加选扫描曲面的所有边缘线，如图 8.3.33 所示。执行“编辑”→“延伸”命令，单击“将曲面延伸到参照平面”图标 ，单击 •选取项目 中的字符，选取基准平面 DTM1，单击鼠标中键，完成曲面延伸，如图 8.3.34 所示。

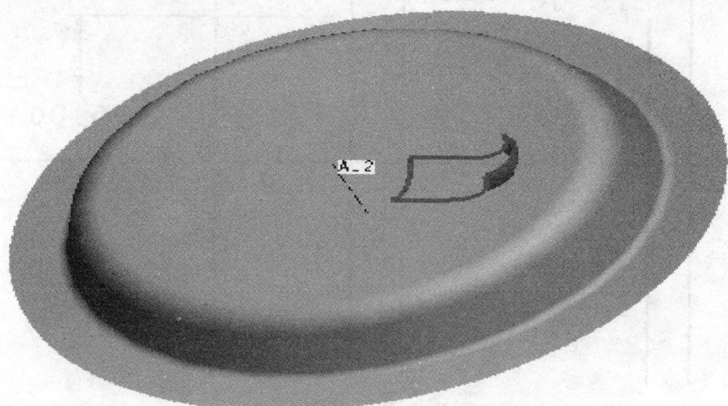

图 8.3.33　选取边缘线

图 8.3.34　曲面延伸完成

步骤 6：将扫描曲面、DTM1 和延伸曲面合弃成组。在模型树中选取扫描曲面、DTM1 和延伸曲面 3 项（选第二、三项时，按住 Ctrl 键），单击鼠标右键，在快捷菜单中执行“组”命令，模型树窗口中显示“组”特征。鼠标右键单击“组”特征，在快捷菜单中执行“阵列”命令，在“阵列”操控面板的阵列驱动方式中选择“轴”阵列，选取轴线“A_2”，输入阵列数目为“3”，角度增量为“120”，单击鼠标中键，显示如图 8. 3. 35 所示。

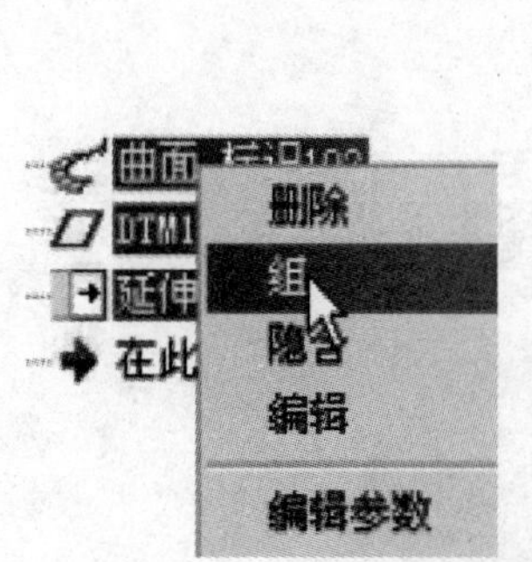

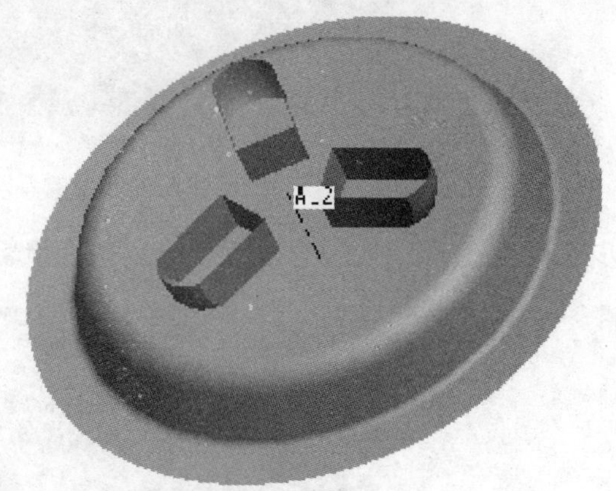

图 8. 3. 35　成组、阵列完成后的曲面

步骤 7：合并曲面。选取合并曲面如图 8. 3. 36 所示。调整保留曲面侧方向，如图 8. 3. 37 所示。完成第一次合并，如图 8. 3. 38 所示。

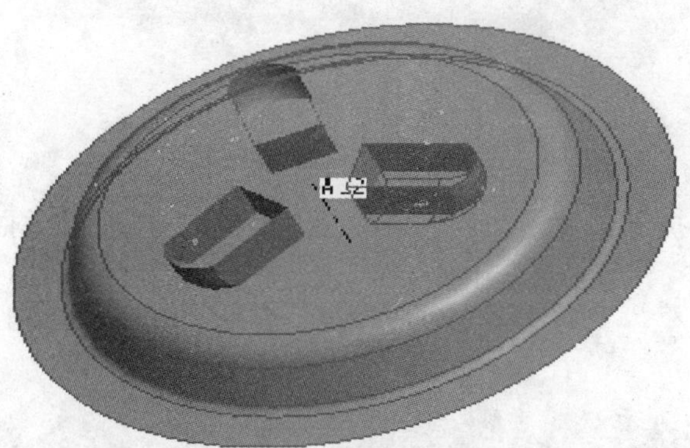

图 8. 3. 36　选取合并曲面

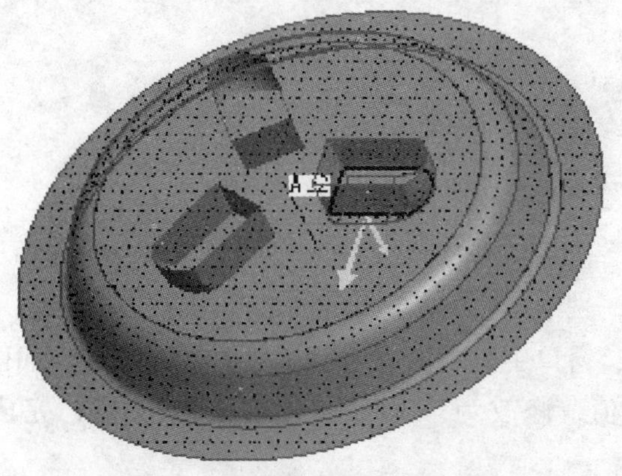

图 8. 3. 37　调整保留曲面侧方向

图 8.3.38　第一次合并曲面

步骤 8：按步骤 7 的方法合并其余两个面组，完成结果如图 8.3.39 所示。

图 8.3.39　曲面合并完成

步骤 9：倒圆角。执行“插入”→“倒圆角”命令，选取合并曲面凹坑处所有边缘，设置圆角半径为“2.00”，单击鼠标中键，完成倒圆角创建，如图 8.3.40 所示。

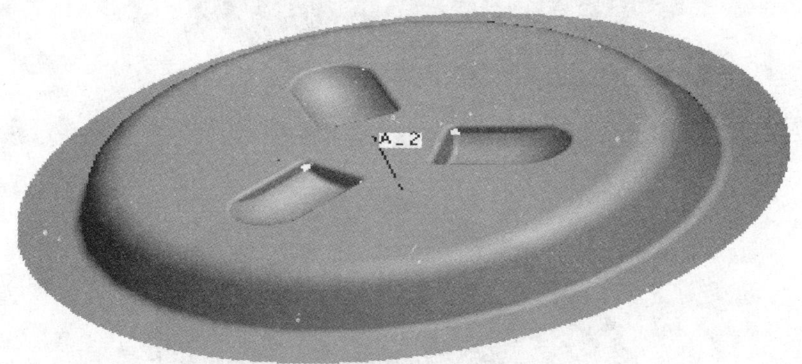

图 8.3.40　曲面倒圆角完成

步骤 10：曲面加厚。选取所有合并以后的曲面，执行“编辑”→“加厚”命令，系统弹出“加厚”操控面板，窗口中显示箭头表示材料加厚的方向，如图 8.3.41 所示。单击箭头，令其反向，双击数值，修改为“2.00”，单击鼠标中键，完成曲面加厚操作，如图 8.3.42 所示。

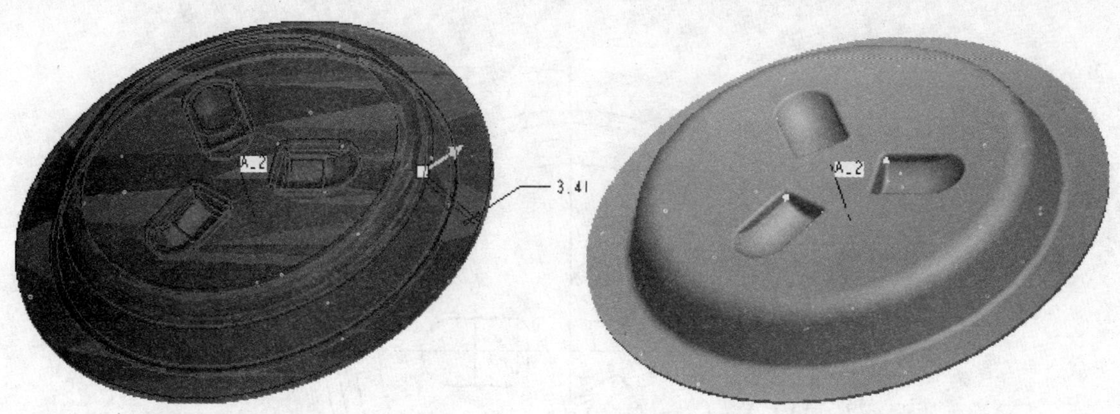

图 8.3.41　执行命令后显示　　　　图 8.3.42　曲面加厚后

步骤 11：创建盖的边缘。选取盖的底部曲面，如图 8.3.43 所示，使用边示意如图 8.3.44 所示；偏距边示意如图 8.3.45 所示；曲面偏移完成如图 8.3.46 所示。

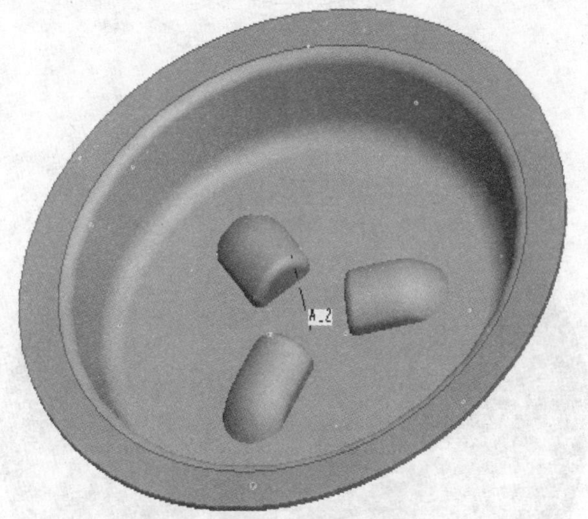

图 8.3.43　选取偏移曲面

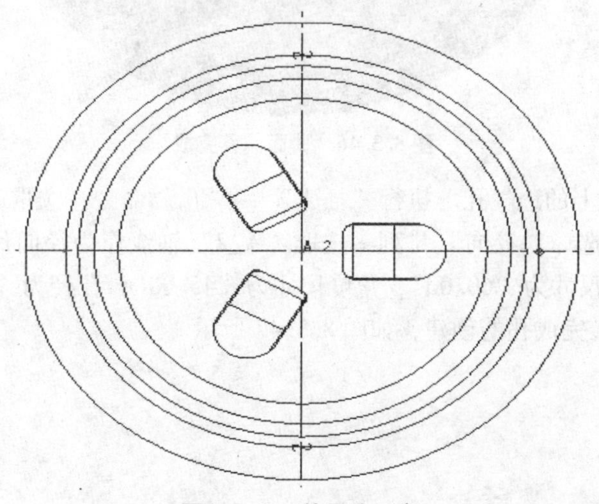

图 8.3.44　使用边示意

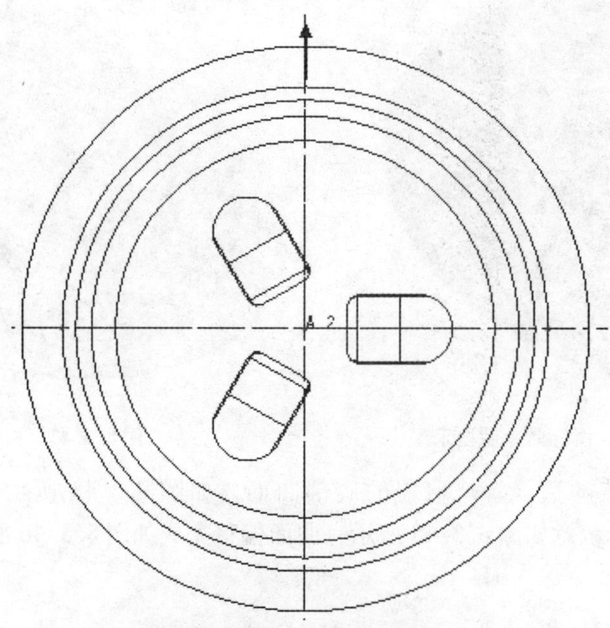

图 8.3.45　偏距边示意

图 8.3.46　曲面偏移完成

步骤 12：创建盖上的透气孔。执行"插入"→"孔"命令，选取盖的上表面作为孔的放置平面，排列方式选择"径向"排列，选取"A_2"轴线作为径向尺寸参照，FRONT 平面为角度参照，径向尺寸为"60.00"，角度尺寸为"45.00"，孔径为"3.00"，孔深为"穿透"，单击鼠标中键，完成孔的创建，如图 8.3.47 所示。

图 8.3.47　透气孔完成后的曲面

第9章　装 配 设 计

现代产品设计借助于CAD软件，可以在不使用真实材料的情况下进行虚拟产品开发。前面已经介绍了使用Pro/E创建各种零件三维模型的基本方法，但这只是虚拟产品开发过程的一个基本环节，在实际虚拟产品的设计中，这些零件只有装配在一起之后才能达到预期的设计效果。

在Pro/E中，零件的装配是通过定义参与装配的各个零件之间的约束来实现的。通过在各零件之间建立一定的连接关系，并对其相互位置进行约束，来确定各零件在空间中的相对位置关系。Pro/E是建立在单一的数据库基础上，零件与装配体相互关联，因此可以方便地修改装配体中的零件模型或这个装配体的结构，系统会把用户对设计的修改直观地反映在成品中。通过装配设计可以检查零件之间是否存在干涉以及装配体的运动情况是否合乎设计要求，从而为产品的修改和优化提供理论依据。

9.1　装配约束类型

为了在参与装配的两个元件之间创建准确的连接，需要依次指定一组约束来准确定位这两个元件，这些可用的约束类型共11种。

1. 匹配

匹配就是两平面相贴合，其法向方向相反，如图9.1.1所示。此外，也可在匹配的两个平面之间增加距离，构成偏距匹配约束，如图9.1.2所示。

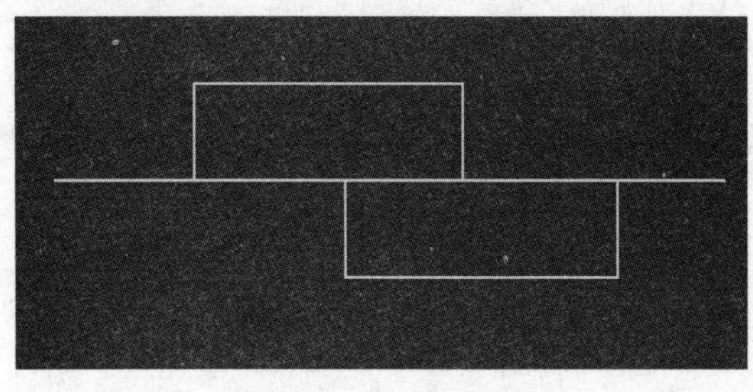

图9.1.1　匹配约束

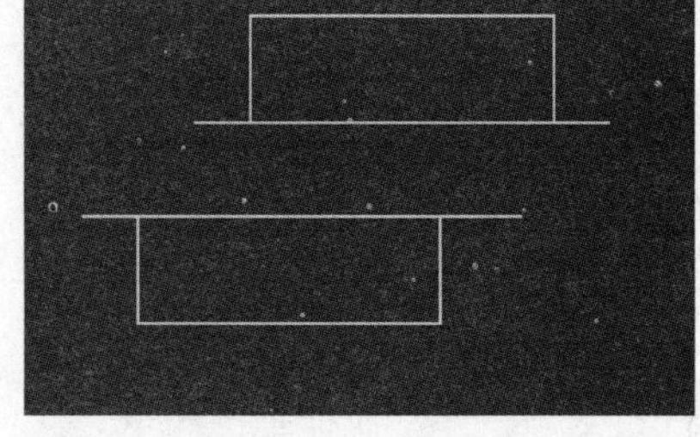

图9.1.2　偏距匹配约束

2. 对齐

对齐约束可以将两平面对齐或使两圆弧（圆）的中心线在同一条直线上。当两平面相互对齐时，两平面同向，即两平面的法向相同，如图9.1.3所示。它也可以创建偏距对齐，如图9.1.4所示。

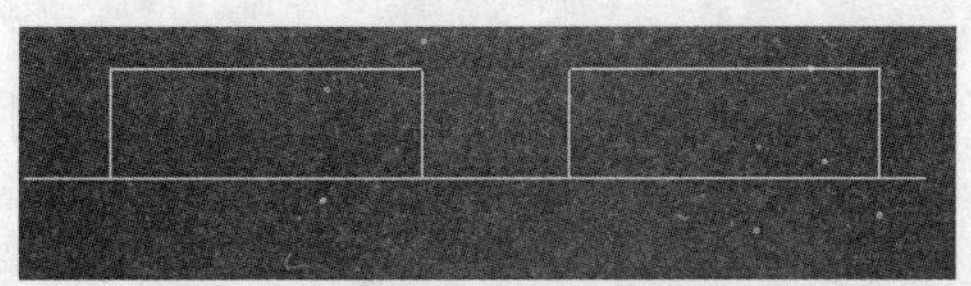

图 9. 1. 3　对齐约束

图 9. 1. 4　偏距对齐约束

3. 插入

插入约束主要用于轴与孔的匹配，设计时只需要在轴和孔上分别选取参照曲面即可创建连接，约束类型选择插入后分别点选轴与孔的圆柱面，即可完成插入装配，如图 9. 1. 5 所示。

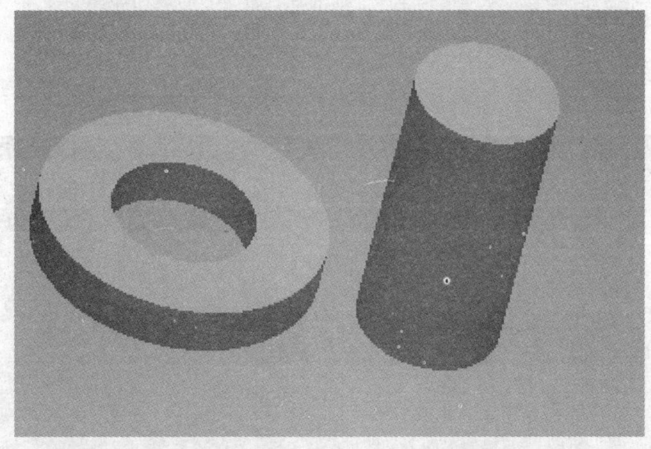

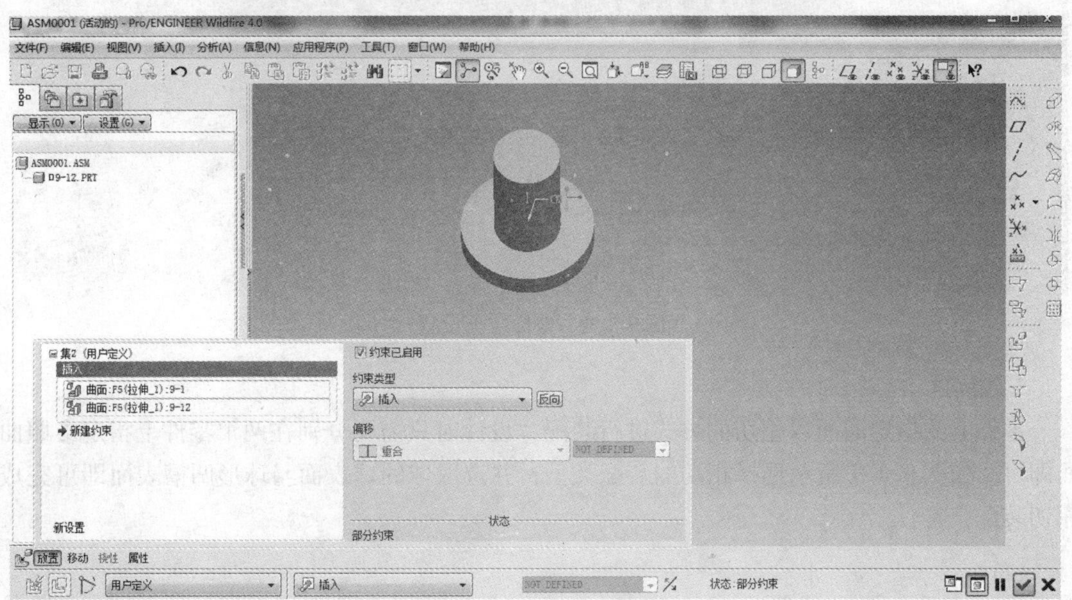

图 9. 1. 5　插入设置

4. 坐标系

装配完成后，两个零件上的坐标系重合，如图 9.1.6 所示。利用坐标系进行装配时，必须注意 x、y 和 z 轴的方向。

图 9.1.6 坐标装配设置

5. 相切

零件上的指定曲面以相切的方式进行装配，设计时只需要分别在两个零件上指定参照曲面即可。如图 9.1.7 所示选择相切的装配类型，并选取球的球表面与球形凹槽表面即可完成相切装配。

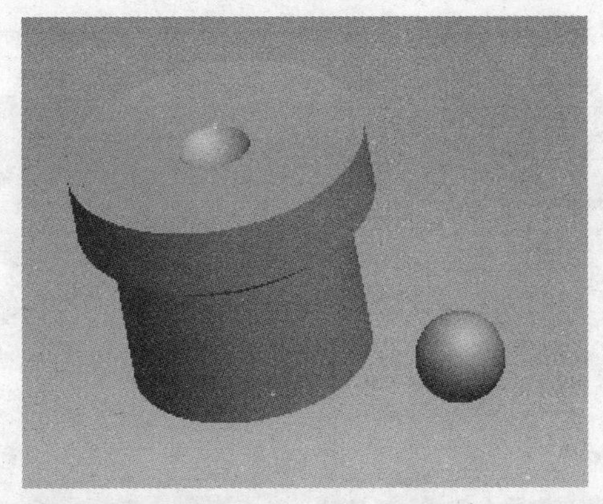

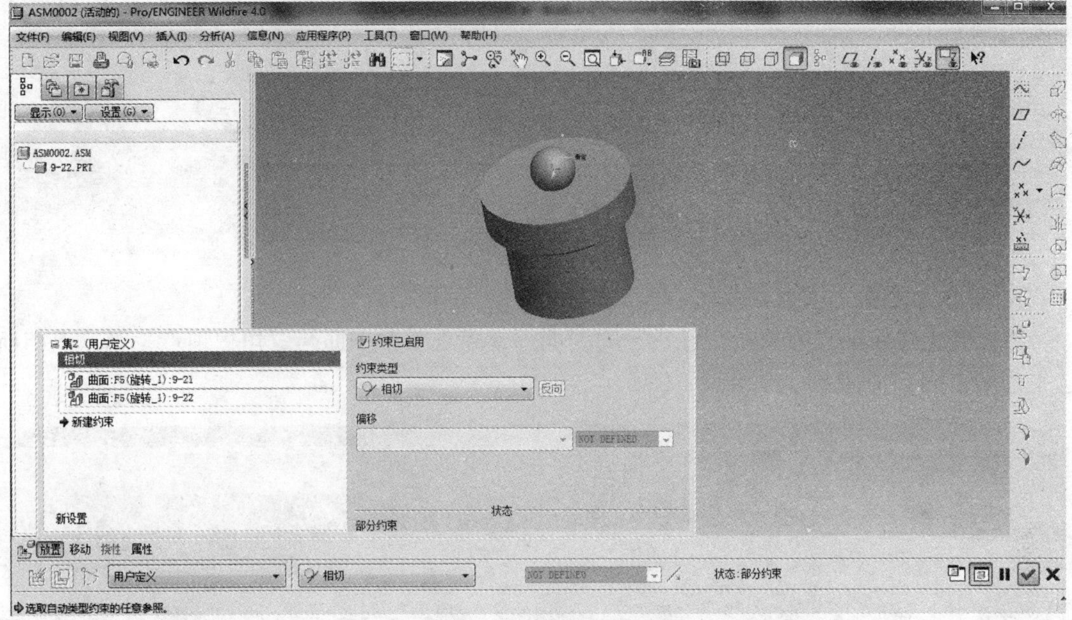

图 9.1.7　相切装配设置

6. 线上点

将元件上选定的点与组件的边线或其延长线对齐，选择“线上点”装配类型，选取某条边与三角板某个顶点，则顶点直接移动到边上，如图 9.1.8 所示。

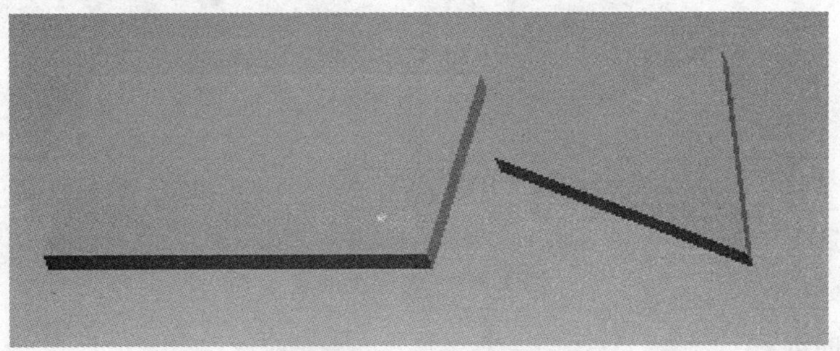

图 9.1.8　线上点装配

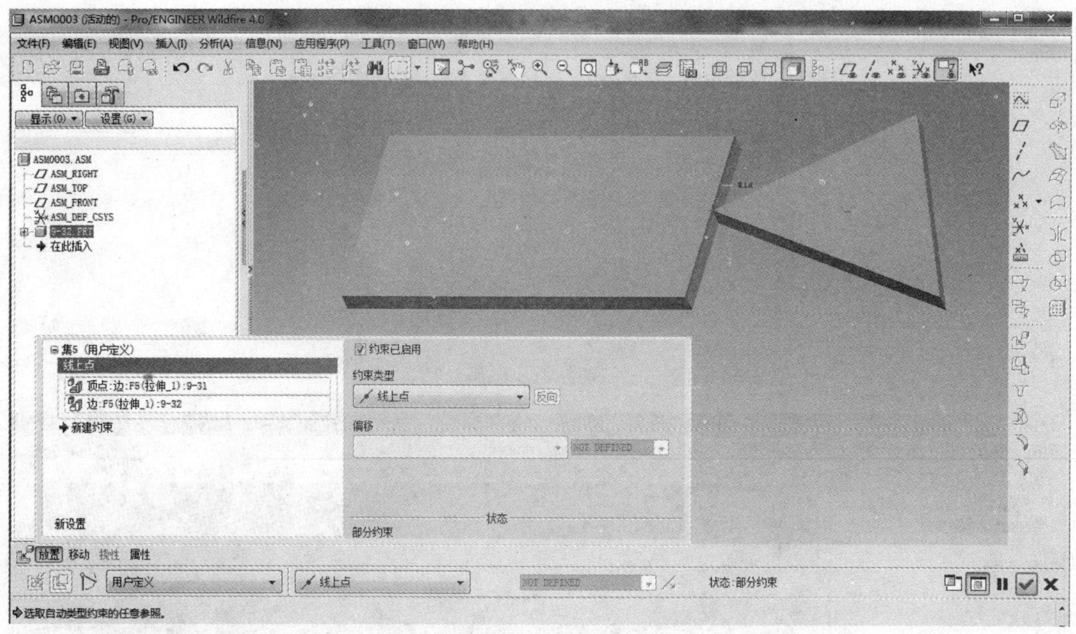

图 9.1.8　线上点装配（续）

7. 曲面上的点

将元件上选定的点放置在组件指定的表面上，点选某个平面与三角板顶点，则顶点与所选平面处在同一平面上，如图 9.1.9 所示。

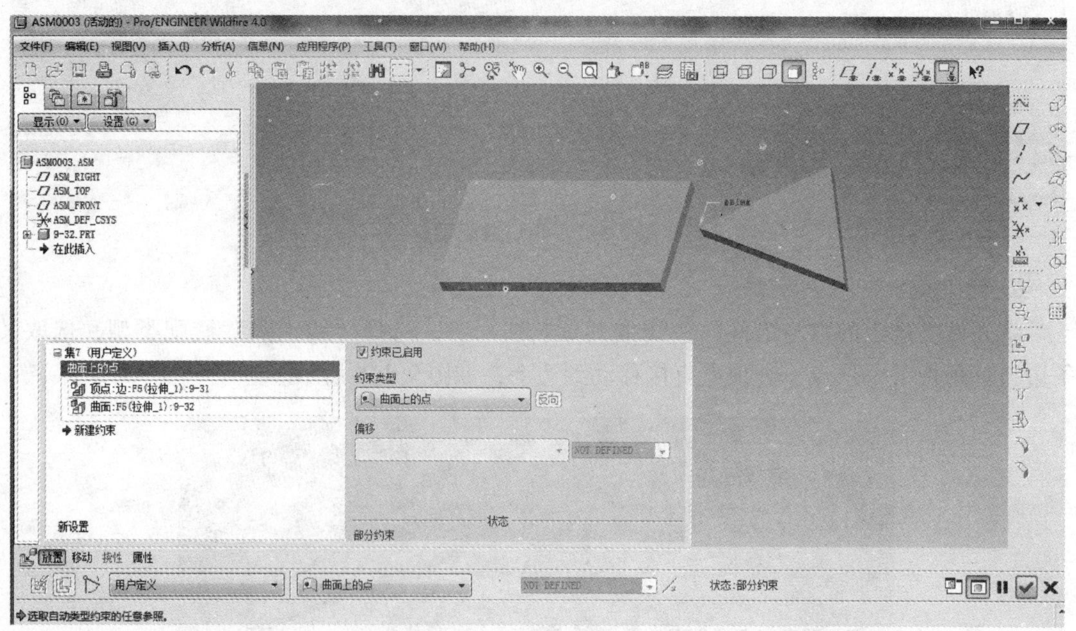

图 9.1.9　曲面上的点

8. 曲面上的边

将元件上选定的边放置在组件指定的表面上，点选某个平面与三角板的一个边，则所选边与所选平面处在同一平面上，如图 9.1.10 所示。

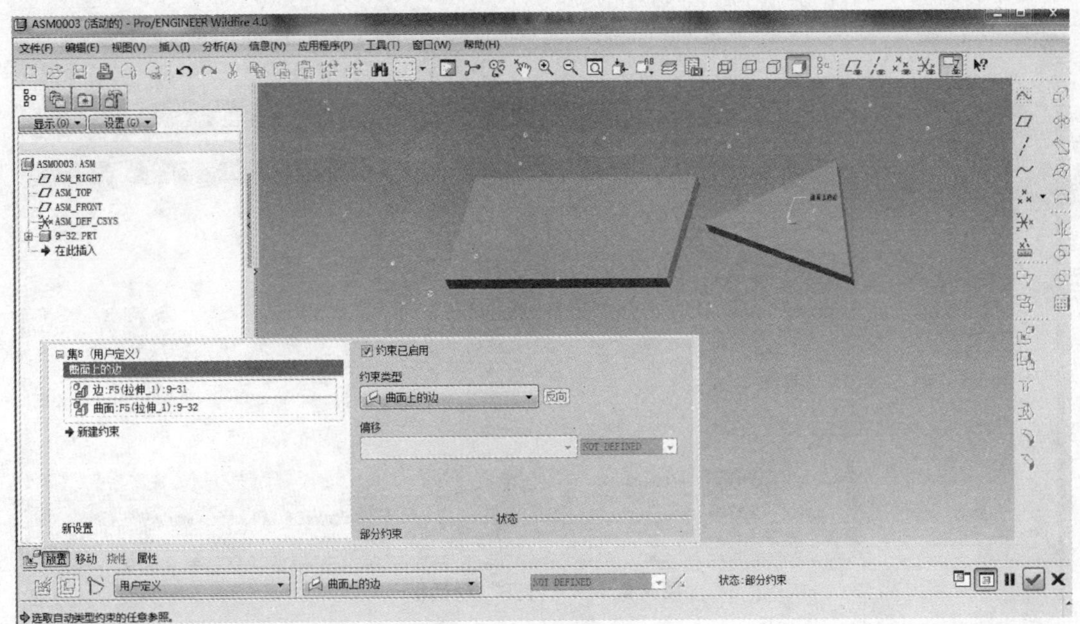

图 9.1.10　曲面上的边

9. 自动

用户直接在元组件上选取装配的参考几何，由系统自动判断约束的类型和间距来进行元组件的装配。这是一种比较快速的装配方法，通常只用于简单装配情况下。

10. 固定

将新元件在当前位置固定，这时可以先打开“放置”上滑面板，使用移动或旋转工具移动或旋转元件，使之相对于组件具有相对正确的位置后再将其固定。

11. 缺省

使用缺省装配坐标系作为参照，将新元件固定在缺省位置，这也是一种快速装配的方法。

9.2　装配的一般过程

组件装配就是使用放置约束或者连接约束，将元件按照设计要求插入组件之中。一般情况，组件装配遵循以下步骤：

步骤 1：在组件环境中，单击工具栏中的装配按钮或执行“插入”→“元件”→“装配”命令，系统弹出“打开”对话框，如图 9.2.1 所示。

步骤 2：选取要放置的元件，然后单击“打开”按钮，显示“元件放置”面板，同时选定元件出现在图形窗口中。

步骤 3：单击单独窗口按钮，在单独的窗口中显示元件如图 9.2.2 所示，或单击组件窗口按钮，在组件窗口中显示该元件。

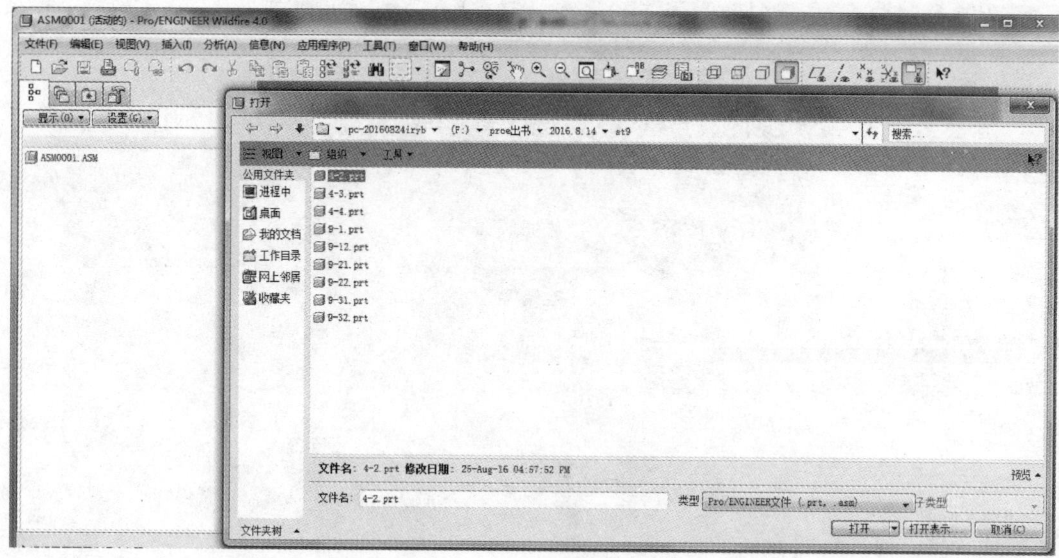

图 9.2.1　“打开”对话框

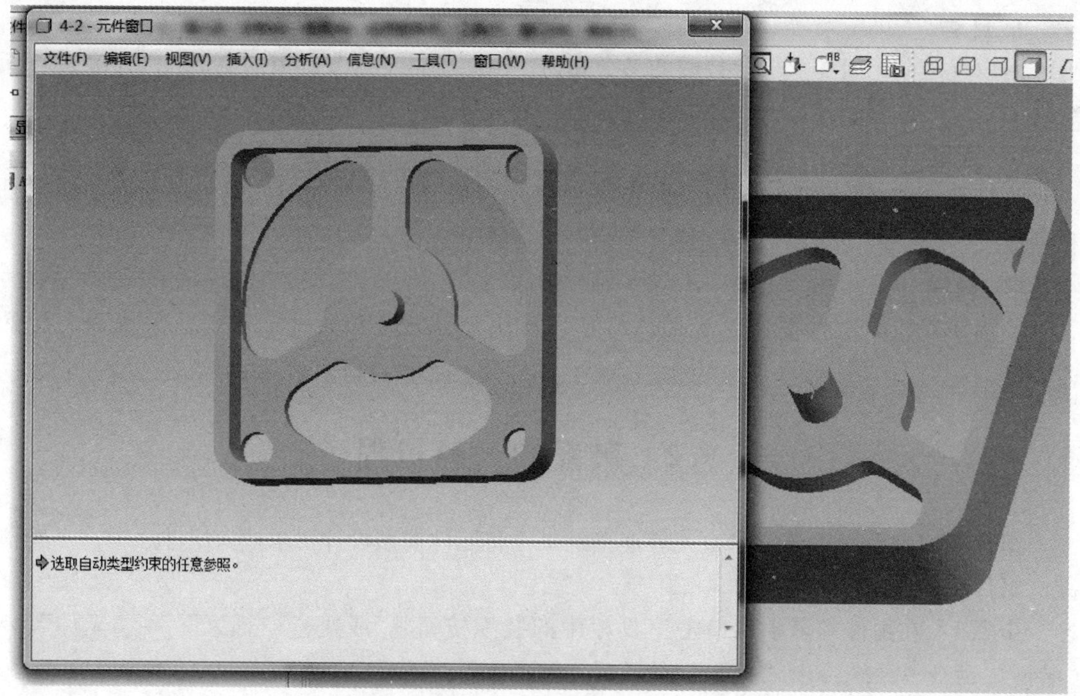

图 9.2.2　单独窗口

步骤 4：选取约束类型，可以使用连接约束或者放置约束。为元件和组件选取参照，不限顺序。使用系统默认的放置约束“自动”类型后，选取一些有效参照，系统将自动选取一个相应的约束类型，如图 9.2.3 所示。

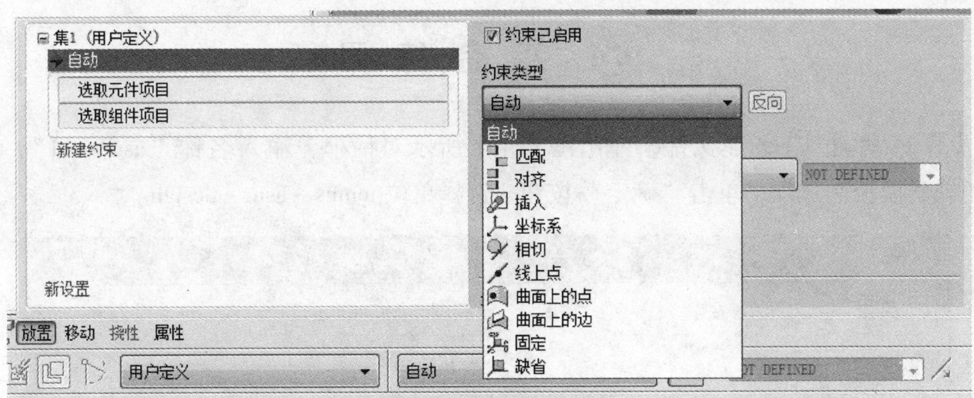

图 9.2.3 放置约束

9.3 分解视图

打开装配组装图，单击“视图”→“分解”→“编辑位置”命令，弹出图 9.3.1 所示的对话框。运动参照选“图元/边”选项，然后选择模型实体上的边或者基准线作为元件移动的方向。方向选定后信息栏显示“选择要移动的元件”，此时单击选择要移动的零件，移动鼠标，所选零件跟着移动到合适位置后再单击完成零件的分解，按照上面的方法将所有零件移动完成后便可完成装配图的视图分解。

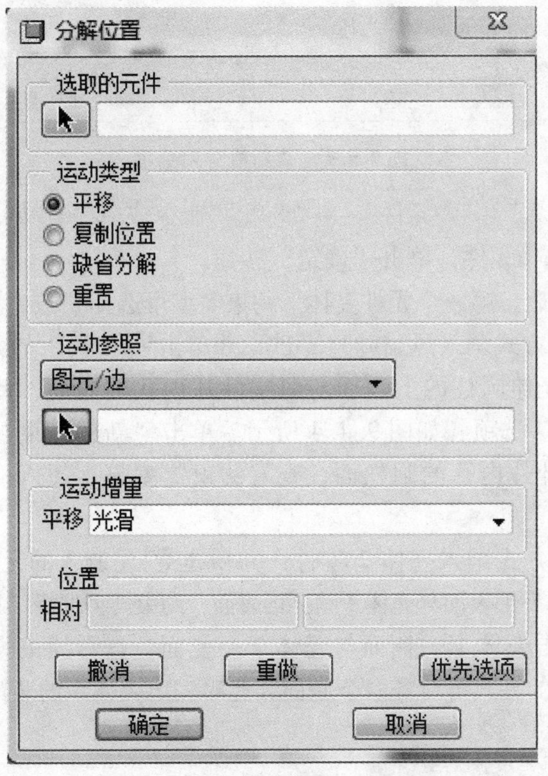

图 9.3.1 “分解位置”对话框

9.4 综合练习

步骤1：单击 创建文件，弹出图9.4.1所示对话框，输入名称“asm9－1”，去掉“使用缺省模板”选项，单击“确定”按钮，选择单位 mmns－asm－design。

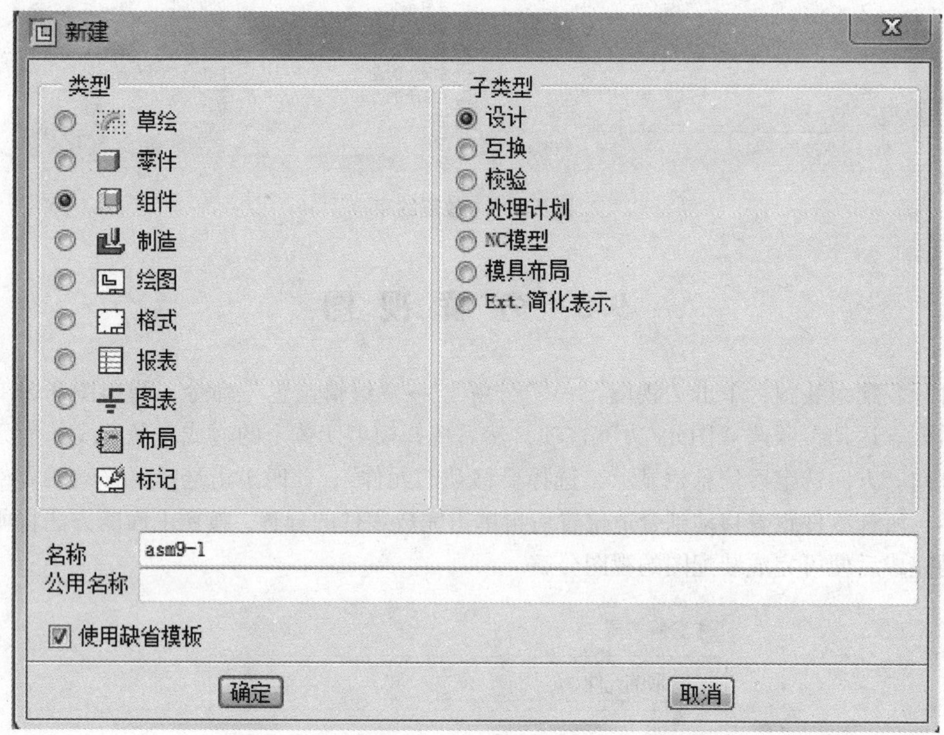

图9.4.1 “新建”对话框

步骤2：单击“插入”→“元件”→“装配”命令或单击 调入要装配的元件，弹出零件所在的文件夹，选择元件，单击“确定”按钮。

步骤3：调入元件后，第一个元件壳体1约束类型可选择“缺省”，如图9.4.2所示。

步骤4：以同样的方式调入风扇叶片零件，并单击 使调入的元件单独窗口显示，如图9.4.3所示。单击壳体圆柱的上表面与风扇叶片内孔的底面，此时查看约束类型，选择“匹配”→“重合”选项，如图9.4.4所示。单击“新建约束”选项，单击壳体圆柱的圆柱面表面与风扇叶片内孔的圆柱面，查看约束类型显示插入，此时风扇叶片装配完成，如图9.4.5所示。

步骤5：以同样的方式调入壳体2零件，并单击 使调入的元件单独窗口显示，如图9.4.6所示。单击壳体1环形表面与壳体2的环形表面，约束类型选择“匹配”→“重合”。单击“新建约束”选项，单击壳体1一侧面与壳体2一侧面，查看约束类型，选择“对齐”→“重合”选项。以同样的方式再对齐一个侧面，此时完成壳体2的装配，如图9.4.7所示。

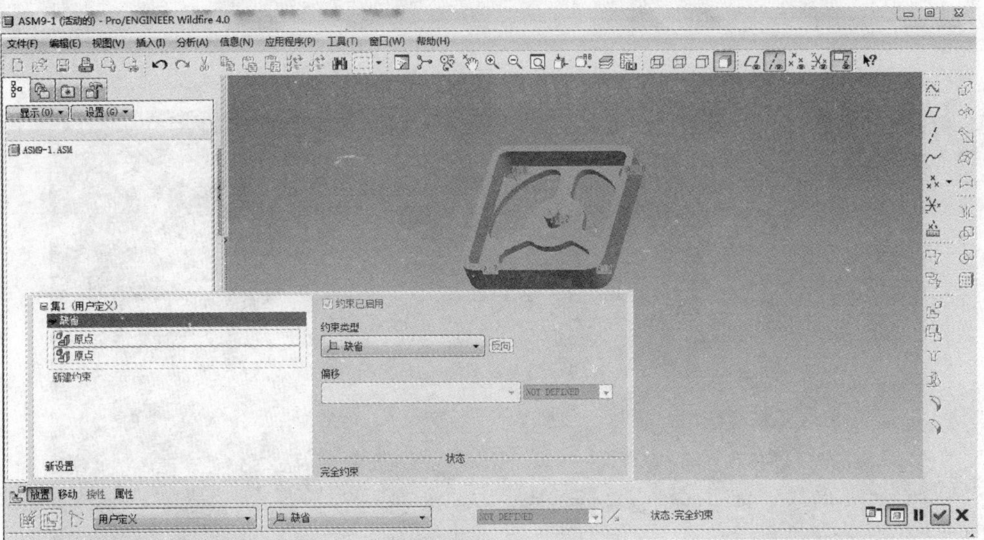

图 9.4.2　缺省装配

图 9.4.3　风扇叶片单独窗口

集1 (用户定义)
匹配
曲面:F6(拉伸_2)
曲面:F7(拉伸_2):4-2
新建约束
新设置
约束已启用
约束类型
匹配
反向
偏移
重合
NOT DEFINED
状态
部分约束
放置 移动 挠性 属性
用户定义
匹配
NOT DEFINED

图 9.4.4　风扇匹配约束

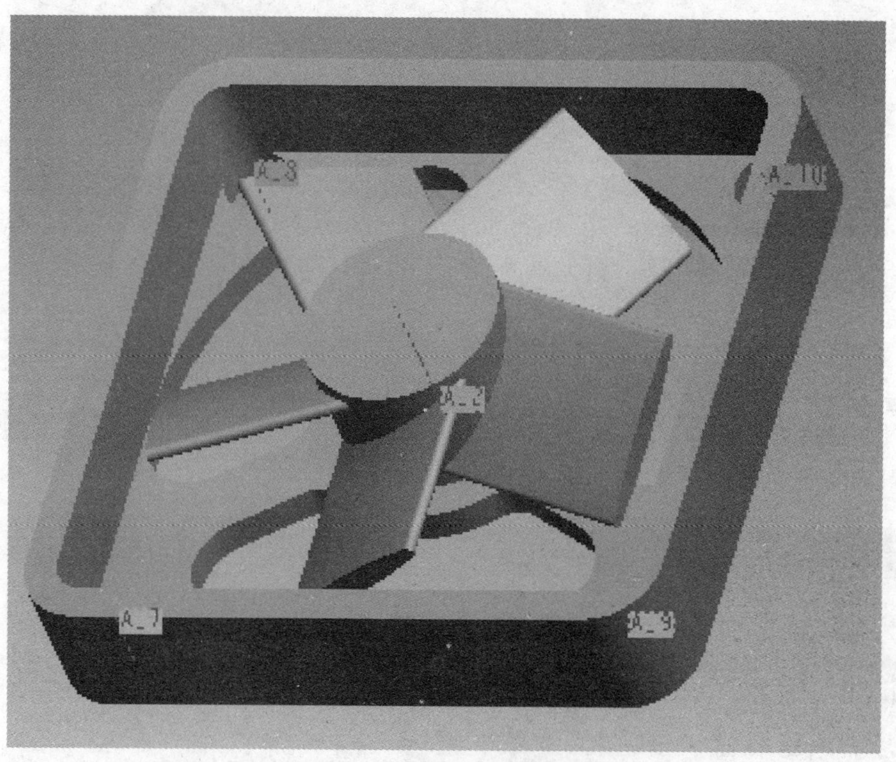

图 9.4.5　风扇叶片装配图

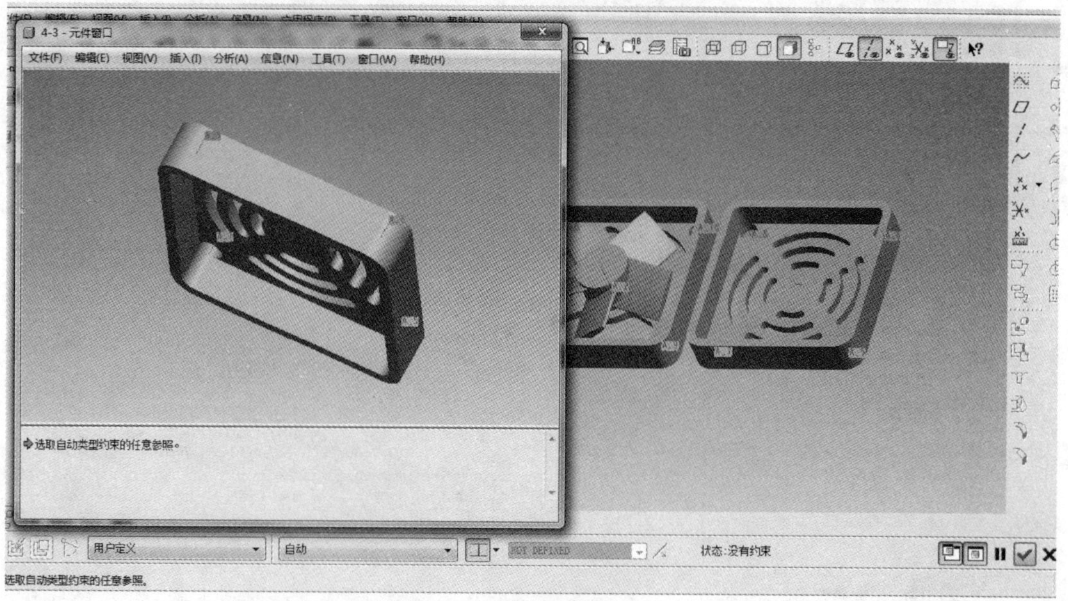

图 9.4.6　壳体 2 单独窗口

图 9.4.7　风扇装配图

步骤 6：单击“视图”→“分解”→“编辑位置”命令，弹出图 9.4.8 所示的对话框。运动参照选择“图元/边”选项，然后选择壳体上的一边或者其中一条轴线作为元件移动的方向。方向选定后信息栏显示 ➪选取要移动的元件。，此时左键单击壳体 1，移动鼠标，所选零件跟着移动到合适位置后再单击鼠标左键完成壳体 1 的分解，按照上面的方法将壳体 2 与风扇叶片件移动完成后便可完成装配图的视图分解，如图 9.4.9 所示。

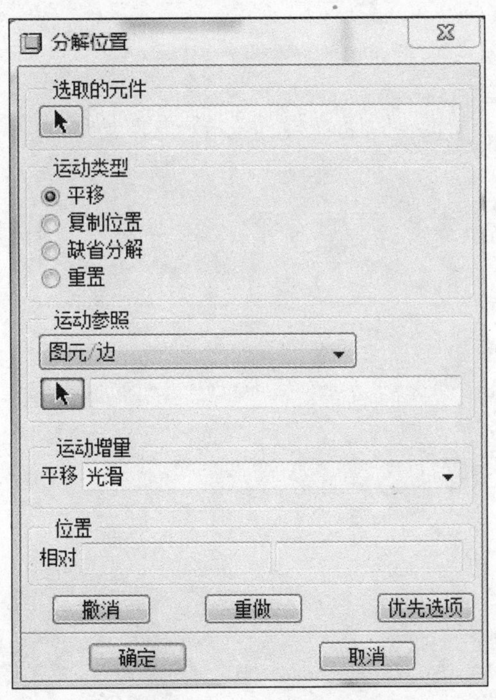

分解位置

选取的元件

运动类型

平移

复制位置

缺省分解

重置

运动参照

图元/边

运动增量

平移　光滑

位置

相对

撤消　重做　优先选项

确定　取消

图 9.4.8　分解位置编辑

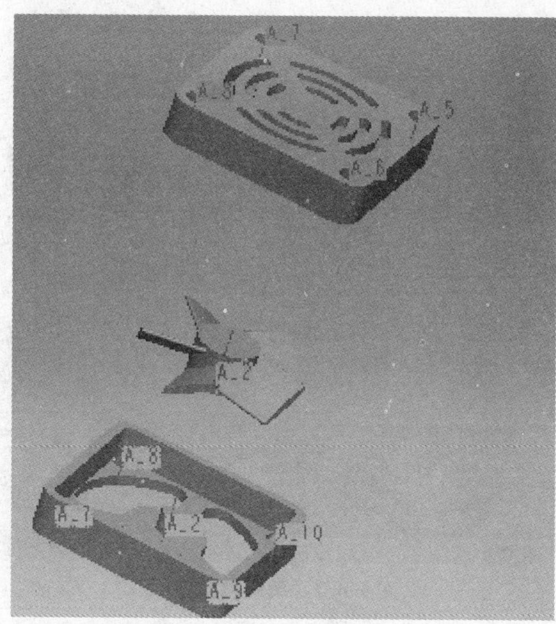

图 9.4.9　风扇分解视图

第 10 章　工程图视图

10.1　工程图视图概述

工程图中最主要的组成部分就是视图，工程图用视图来表达零部件的形状与结构，复杂的零件又需要由多个视图共同表达才能使人看得清楚、明白。在机械制图里，视图被细分为许多种类，有主视图、投影视图（左、右、俯、仰视图）和轴测图，有剖视图、破断视图和分解视图，有全视图、半视图、局部视图和辅助视图，有旋转视图、移出剖面和多模型视图等。各类视图的组合又可以得到许多视图类型。显然 Pro/E 的工程图模块不会为了创建各种视图而单独提供一个命令工具，因为这样显得烦琐且没有必要。Pro/E 解决创建诸多类型视图的方法便是提供修改视图属性的功能，利用“绘图视图”对话框，用户可以修改视图的类型、可见区域、视图比例、剖面、视图状态、视图显示方式以及视图的对齐方式等属性。这样一来用户只需插入普通视图，并创建其投影视图、详细（局部）视图及辅助视图，然后修改相应的属性选项，便可获得所需的视图类型。一个“绘图视图”对话框几乎包括创建工程图视图的所有内容，使得创建不同视图的步骤与方法统一起来，只要读者掌握了创建一两种视图的操作方法，举一反三，便可以学会其他类型的视图的创建方法。因此我们有必要先了解“绘图视图”对话框，这是快速学会利用 Pro/E 软件绘制工程图并且提高工作效率最有效方法之一。

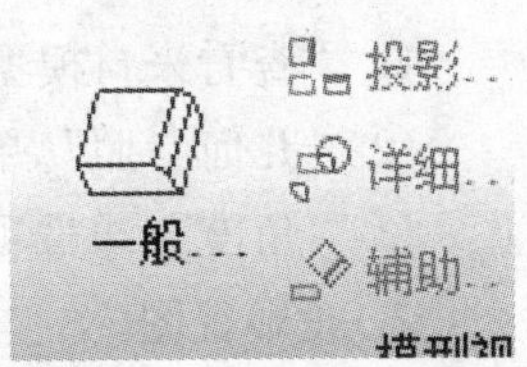

图 10.1.1　模型视图

在 Pro/E Wildfire 5.0 系统的工程图环境下，单击菜单栏 命令，如图 10.1.1 所示，并进行相应的操作，则系统弹出“绘图视图”对话框，下面对“绘图视图”对话框中的各项功能进行详细说明。

10.1.1　视图类型

在 Pro/E Wildfire 5.0 的“绘图视图”对话框中，将视图类型分为六种，这六种视图是生成其他类型视图的基础。下面概括介绍这六种视图类型，具体的操作和使用方法将在后面的章节中详细介绍。

1. 一般视图

在工程图中放置的第一个视图称为一般视图，如图 10.1.2 所示。一般视图常被用作主视图，根据一般视图可以创建辅助视图、轴测视图、左视图和俯视图等视图。

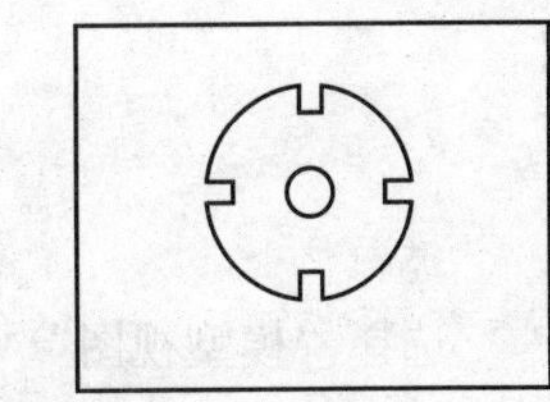

图 10.1.2　一般视图

选择下拉菜单 命令，并在绘图区中单击以选取一点作为放置点，则系统弹出图 10.1.3 所示一般视图的“绘图视图”对话框。

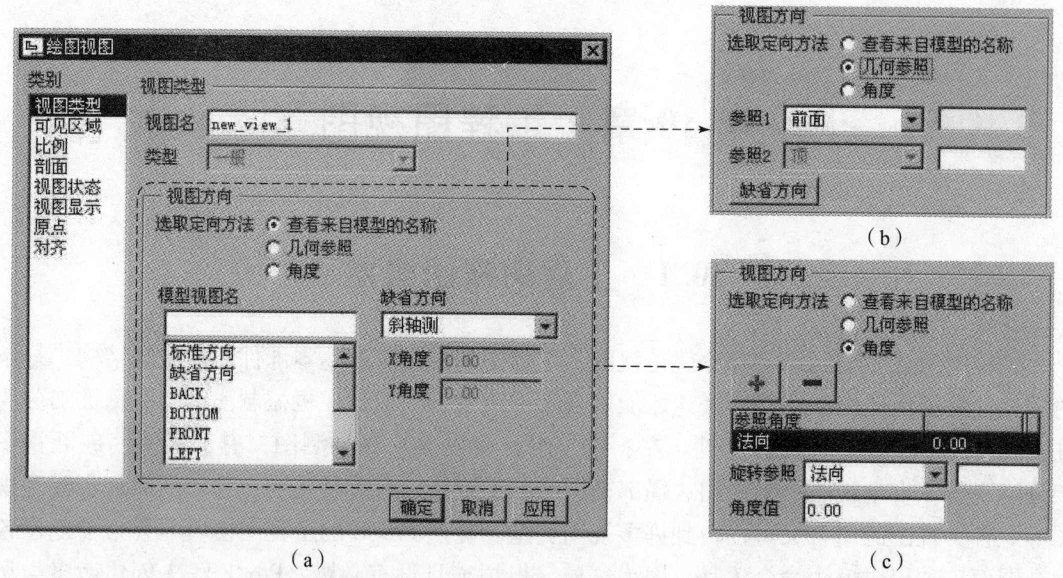

图 10.1.3　一般视图的“绘图视图”对话框

(a) 选中“查看来自模型的名称”单选项；(b) 选中“几何参照”单选项；(c) 选中“角度”单选项

图 10.1.3 所示对话框中各选项功能的说明如下：

(1)“视图名”文本框：输入一般视图的名称。

(2)“类型”下拉列表：设置视图的类型。

(3)“视图方向”区域：用于定义视图的方向。

①“查看来自模型的名称”单选项：视图的方向由模型中已存在的视图来决定。

②“几何参照”单选项：视图的方向由几何参照来决定。

③“角度”单选项：视图的方向由旋转角度和旋转参照来决定。

2. 投影视图

在工程图中，从已存在视图的水平或垂直方向投影生成的视图称为投影视图，如图 10.1.4 所示。投影视图与其父视图的比例相同且保持对齐，其父视图可以是一般视图，也可以是其他投影视图。投影视图不能被用作轴测视图。

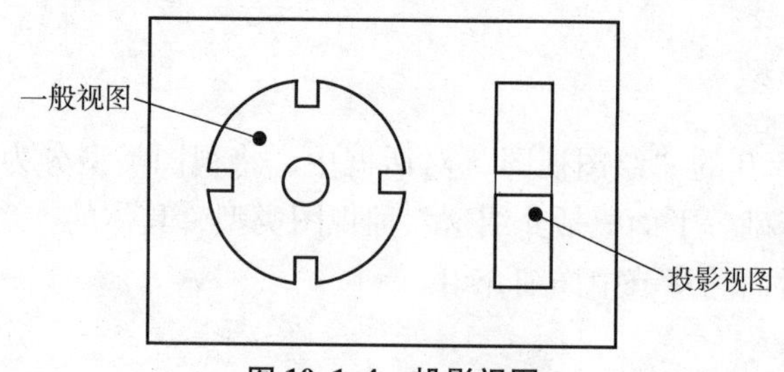

图 10.1.4　投影视图

选择“模型视图”中的“投影”命令，可以绘制投影视图（绘制投影视图必须具备父视图），系统打开投影视图的“绘图视图”对话框，如图 10.1.5 所示。

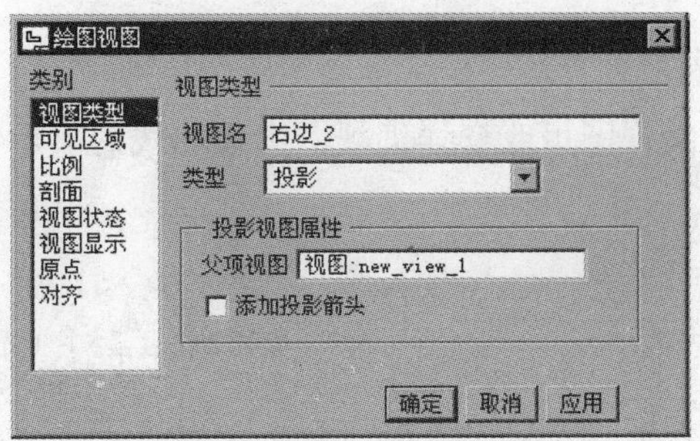

图 10.1.5　投影视图的“绘图视图”对话框

图 10.1.5 所示对话框中各选项功能的说明如下：

(1)“视图名”文本框：输入投影视图的名称。

(2)“投影视图属性”区域：用于设置选取父视图及切换是否需要投影箭头。

3. 辅助视图

当一般的正交视图难以将零件表达清楚时，就需要使用辅助视图。辅助视图是沿所选视图的一个斜面或基准平面的法线方向生成的视图，如图 10.1.6 所示。辅助视图与其父视图的比例相同且保持对齐。

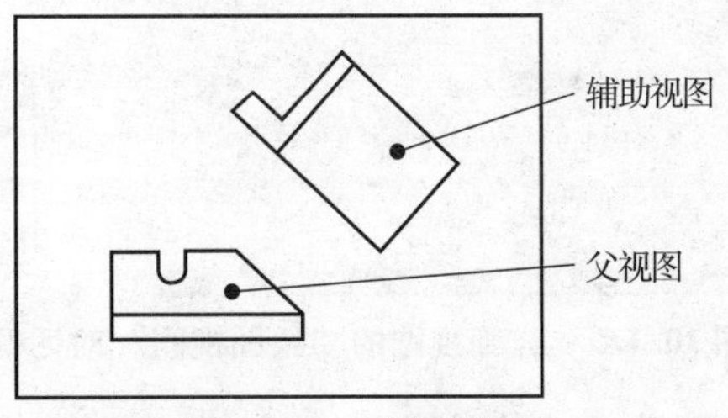

图 10.1.6　辅助视图

选择“模型视图”中的“辅助”命令，系统打开辅助视图环境的“绘图视图”对话框，如图 10.1.7 所示，可以绘制辅助视图。

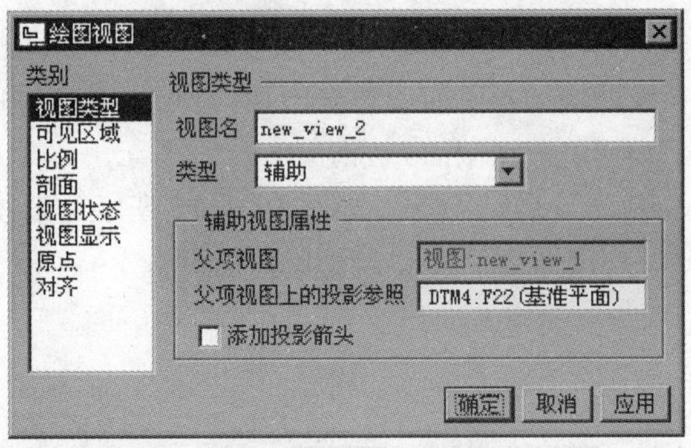

图 10.1.7　辅助视图的“绘图视图”对话框

图 10.1.7 所示对话框中各选项功能的说明如下：

(1)“视图名”文本框：输入辅助视图的名称。

(2)“辅助视图属性”区域：用于设置选取父视图的属性以及是否需要添加投影箭头。

4. 详细视图

选取已存在视图的局部位置并放大生成的视图称为详细视图，也称为局部放大视图，如图 10.1.8 所示。通过修改父视图可改变详细视图中边和线的显示特征，详细视图可独立于父视图移动。

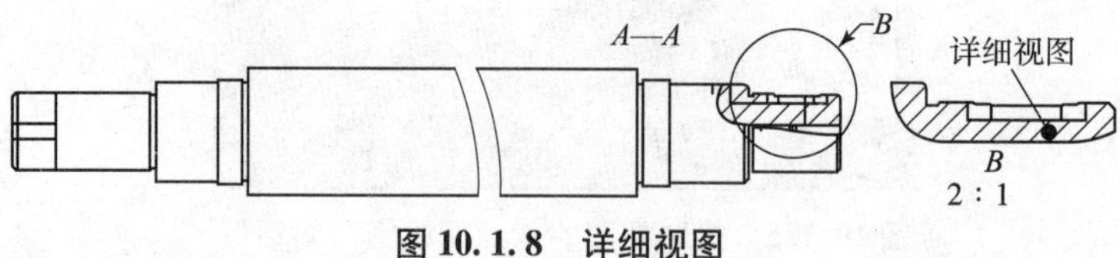

图 10.1.8　详细视图

选择下拉菜单“模型视图”中的“详细”命令，系统打开详细视图的“绘图视图”对话框，如图 10.1.9 所示，可以绘制详细视图。

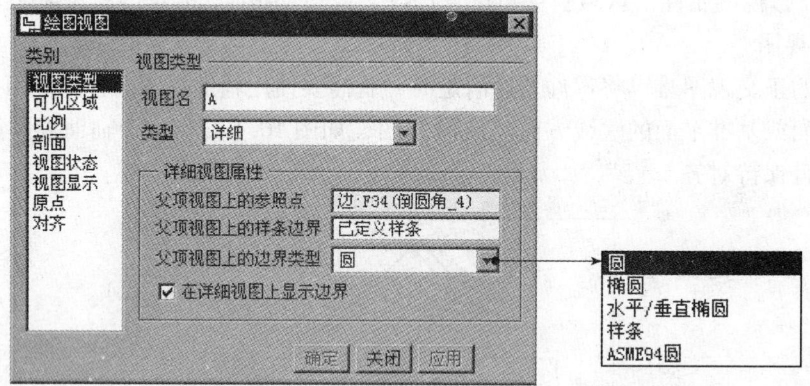

图 10.1.9　详细视图的“绘图视图”对话框

图 10.1.9 所示对话框中各选项功能的说明如下：

（1）“视图名”文本框：用于输入详细视图的名称。

（2）“详细视图属性”区域：用于设置父视图上的参照点、样条边界和边界类型，以及是否显示边界的属性。

5. 旋转视图

旋转视图是将已存在视图绕切割平面旋转 90°，并沿切割平面的长度方向偏距生成的截面视图，旋转视图只显示模型的被切割面，如图 10.1.10 所示。

选择“模型视图”中的“旋转”命令，如图 10.1.11 所示，系统打开旋转视图的“绘图视图”对话框，如图 10.1.12 所示，可以绘制旋转视图。

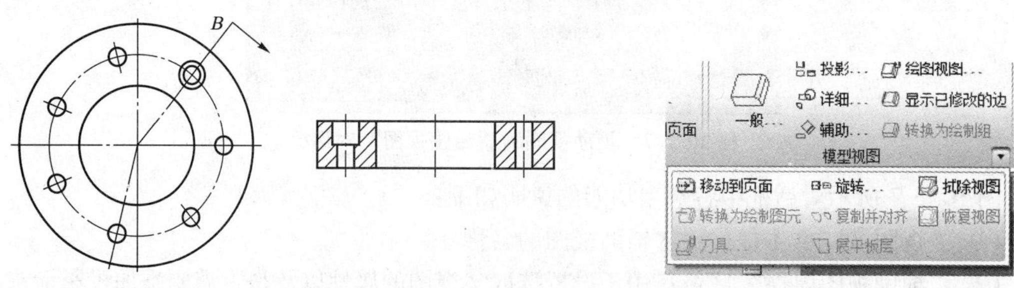

图 10.1.10　旋转视图

图 10.1.11　“旋转”命令

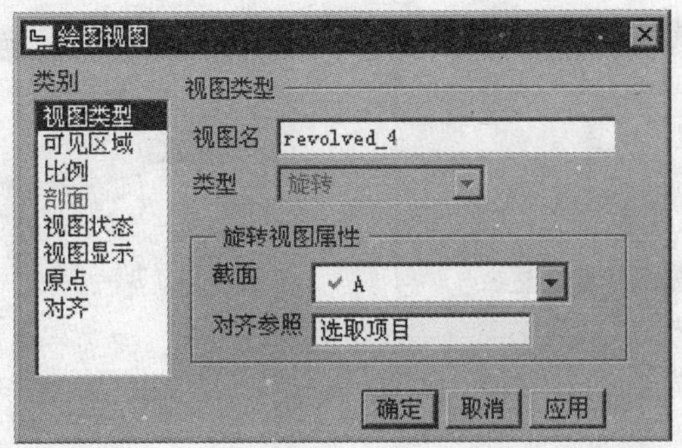

图 10.1.12　旋转视图的"绘图视图"对话框

图 10.1.12 所示对话框中各选项的功能说明如下：

(1)"视图名"文本框：输入旋转视图的名称。

(2)"旋转视图属性"区域：用于设置旋转视图的截面和对齐参照属性。

6. 复制并对齐视图

选择下拉菜单"模型视图"中的"复制并对齐"命令，如图 10.1.13 所示，系统打开复制并对齐视图的"绘图视图"对话框，如图 10.1.14 所示，可以绘制复制并对齐视图。

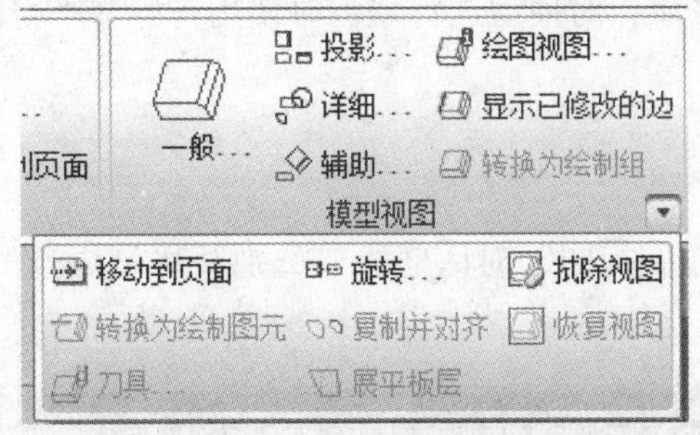

图 10.1.13　"复制并对齐"命令

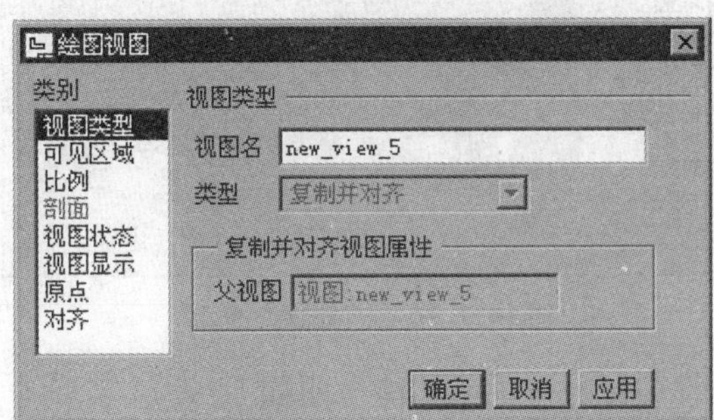

图 10.1.14　复制并对齐视图的"绘图视图"对话框

10.1.2　可见区域

在图 10.1.15 所示"绘图视图"对话框的"类别"区域中选取"可见区域"选项，可以设置"可见区域"的属性。

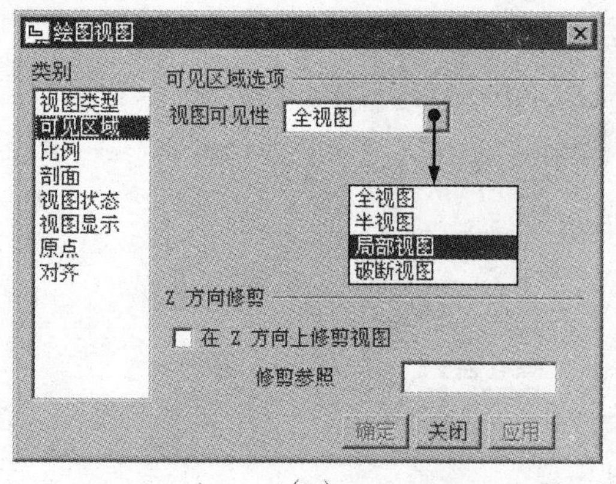

(a)

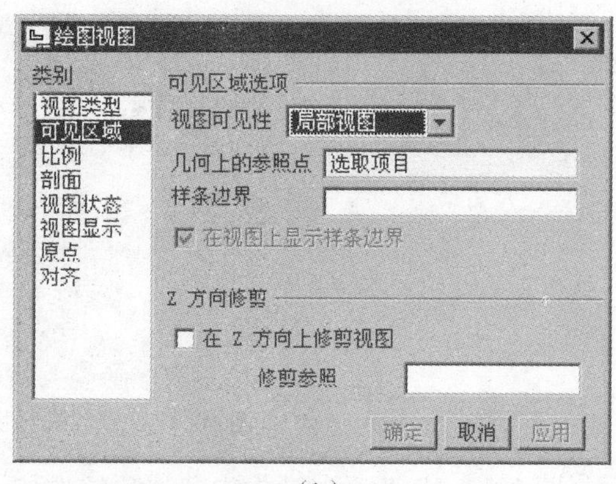

(b)

图 10.1.15 "可见区域"选项

(a) 视图可见性为"全视图"；(b) 视图可见性为"局部视图"

图 10.1.15 所示对话框中部分选项的功能说明如下：

(1)"可见区域选项"区域：定义视图的可见类型，它们包括全视图、半视图、局部视图和破断视图。

(2)"Z 方向修剪"区域：对模型进行修剪时使用与屏幕平行的参照平面，并将截面图形显示出来。

10.1.3 比例

在图 10.1.16 所示"绘图视图"对话框的"类别"区域中选取"比例"选项，可以设置"比例"的属性。

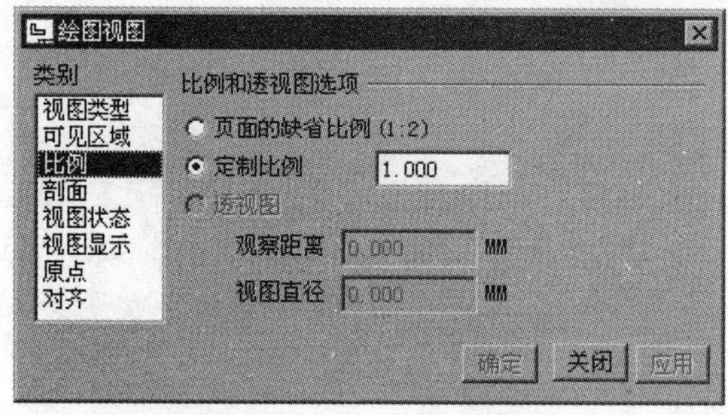

图 10.1.16 "比例"选项

图 10.1.16 所示对话框中部分选项的功能说明如下：

(1)"页面的缺省比例 (1∶2)"单选项：将视图的比例值设置为页面的默认比例，此默认比例为 1∶2。

(2)"定制比例"单选项：用户自定义比例值。

(3)"透视图"单选项：创建透视图。

10.1.4 剖面

在图 10.1.17 所示"绘图视图"对话框的"类别"区域中选取"剖面"选项，通过设置“剖面选项”区域的各选项，可创建全剖视图、半剖视图、局部剖视图、旋转剖视图和阶梯剖视图。

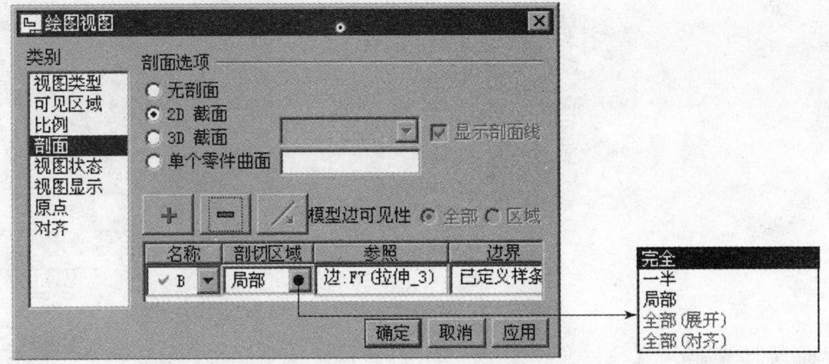

图 10.1.17　“剖面”选项

图 10.1.17 所示对话框中部分选项的功能说明如下：

（1）“2D 截面”单选项：对二维截面进行详细的设置。

（2）“3D 截面”单选项：对三维截面进行详细的设置。

（3）“单个零件曲面”单选项：对单个零件曲面进行设置。

10.1.5　视图状态

在图 10.1.18 所示“绘图视图”对话框的“类别”区域中选取“视图状态”选项，可以设置“视图状态”的属性。

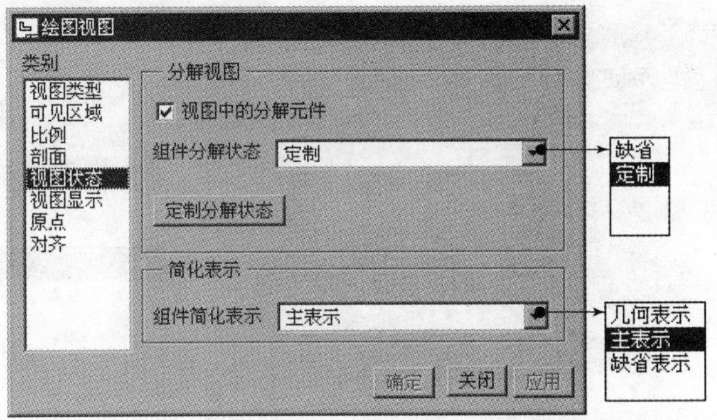

图 10.1.18　“视图状态”选项

图 10.1.18 所示对话框中各选项的功能说明如下：

（1）“分解视图”区域：在定义装配视图时，所使用的分解状态。

①“视图中的分解元件”复选框：当选中此复选框时，将按照“组件分解状态”下拉列表中的分解方式进行视图的显示。

②“定制分解状态”按钮：定义装配件的分解状态。单击该按钮，系统弹出图 10.1.19 所示的“修改分解”菜单和图 10.1.20 所示的“分解位置”对话框。

（2）“简化表示”区域：定义装配件所使用的简化表示类型。

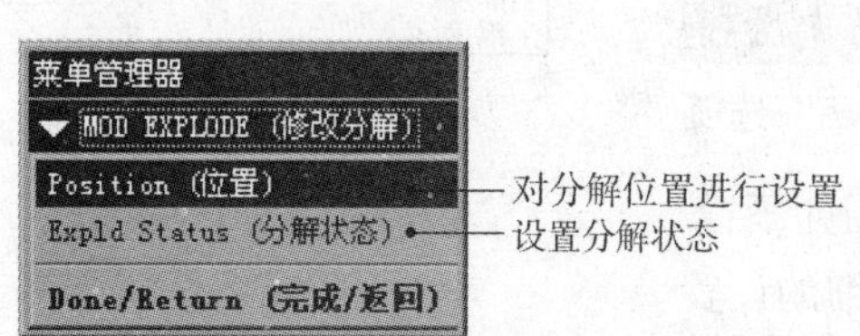

图 10.1.19 “修改分解”菜单

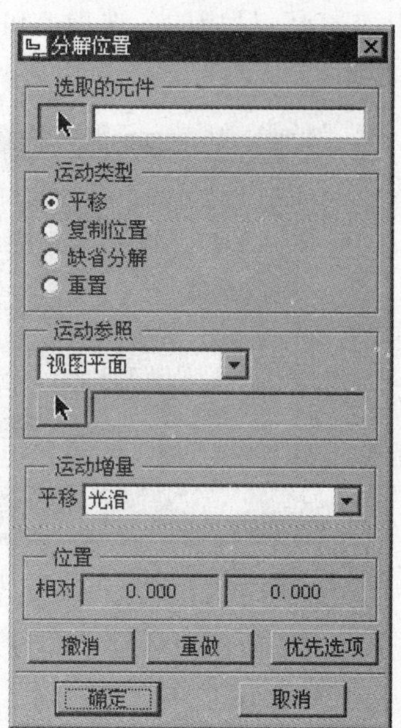

图 10.1.20 “分解位置”对话框

10.1.6 视图显示

在图 10.1.21 所示“绘图视图”对话框的“类别”区域中选取“视图显示”选项，可以设置“视图显示”的属性。

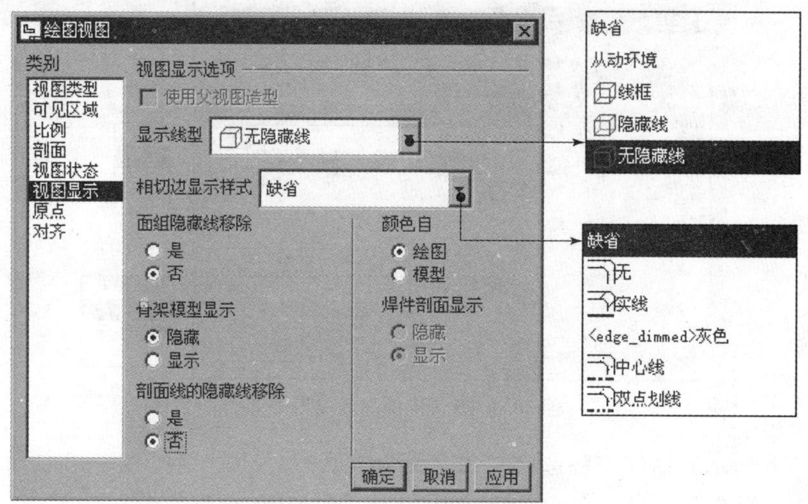

图 10.1.21 “视图显示”选项

图 10.1.21 所示对话框中各选项的功能说明如下：

（1）“使用父视图造型”复选框：定义是否使用父视图造型。

（2）“显示线型”下拉列表：定义视图显示模式。

（3）“相切边显示样式”下拉列表：定义相切边的显示模式。

（4）“面组隐藏线移除”选项：定义是否移除面组隐藏线。

(5)“颜色自”选项：定义颜色的来源。

(6)“骨架模型显示”选项：设置骨架模型的显示状态。

(7)“焊件剖面显示”选项：设置焊件剖面的显示状态。

10.1.7　原点

在图 10.1.22 所示“绘图视图”对话框的“类别”区域中选取“原点”选项，可以设置“原点”的属性。

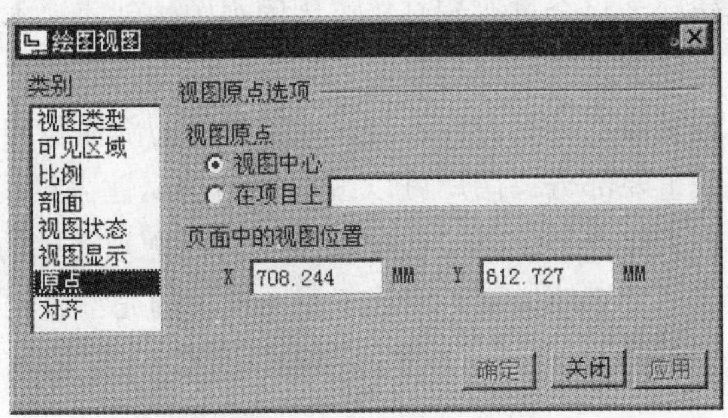

图 10.1.22　“原点”选项

图 10.1.22 所示对话框中各选项的功能说明如下：

(1)“视图原点”选项：定义视图原点有两种方式。

①“视图中心”单选项：使用模型中心定义原点，此选项为系统默认设置。

②“在项目上”单选项：用户自定义视图原点。

(2)“页面中的视图位置”选项：测量绘图页面定义视图原点。

10.1.8　对齐

在图 10.1.23 所示“绘图视图”对话框的“类别”区域中选取“对齐”选项，通过设置“视图对齐选项”区域的各选项，可修改视图间的对齐关系。

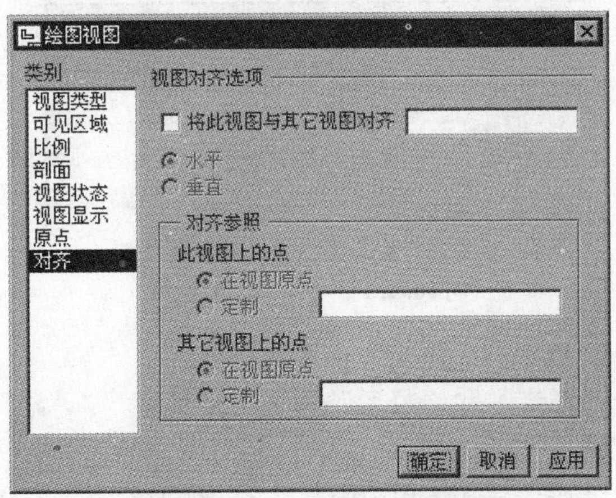

图 10.1.23　“对齐”选项

图 10.1.23 所示对话框中各选项的功能说明如下：

(1)“将此视图与其它视图对齐”复选框：定义是否将此视图与其他视图对齐。

（2）“此视图上的点”选项：将此视图上的参照点与其他视图的参照点对齐。

（3）“其它视图上的点”选项：将其他视图上的参照点与此视图的参照点对齐。

在开始创建视图之前，读者一般需要为创建合理的视图提前做些准备。创建基本视图是初学者最关心的问题，为此我们用一节的篇幅来详细说明基本视图的创建过程，使读者对其有一个全面的认识。在创建视图后，读者会遇到移动视图、删除视图及视图显示的问题，因此将这部分独立于编辑视图之外，提前进行讲解，这符合学习的逻辑顺序，有助于读者的学习。

掌握基本视图的创建后，将会过渡到高级工程图视图的创建。本章详细讲解了十几个不同类型高级视图的创建，以供读者学习与参考。另外，还专门分出一节来说明装配体工程图视图的创建，这是因为装配体本身具有特殊性，如零组件的剖面线和分解视图。编辑与修改视图也是工程图视图中的重要部分，用户可以编辑视图的属性，给视图添加箭头与剖面等。视图的编辑和修改的许多工作也是使用“绘图视图”对话框来完成的。

本章的最后以几个范例详细地说明了创建工程图视图的完整过程。对于学习工程应用类软件来说，范例教学是个不错的方法，读者可以跟着范例学习，以收到事半功倍的效果。

10.2　新建工程图

有了前面的预备知识，读者就可以开始绘制工程图了。首先新建一个工程图，操作过程如下：

步骤 1：先将工作目录设置至 D:\proewf4.7\work\ch10\ch10.02，然后在工具栏中单击“新建文件”按钮 。

步骤 2：在弹出的“新建”对话框（见图 10.2.1）中，进行下列操作。

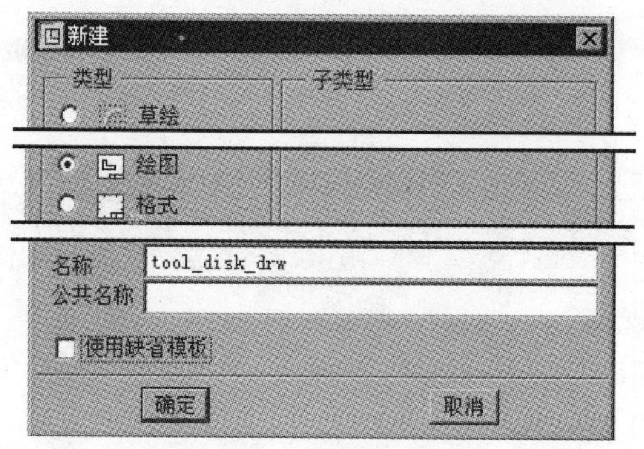

图 10.2.1　“新建”对话框

（1）选中“类型”区域中的“草绘”单选项。

注意：这里不要将“草绘”和“绘图”两个概念混淆。“草绘”是指在二维平面中绘制图形；“绘图”指的是绘制工程图。

（2）在“名称”文本框中输入工程图的文件名，例如 tool_disk_drw。

（3）取消选中“使用缺省模板”复选框，即不使用默认的模板。

（4）在单击“确定”按钮，系统弹出图 10.2.2 所示的“新制图”对话框。

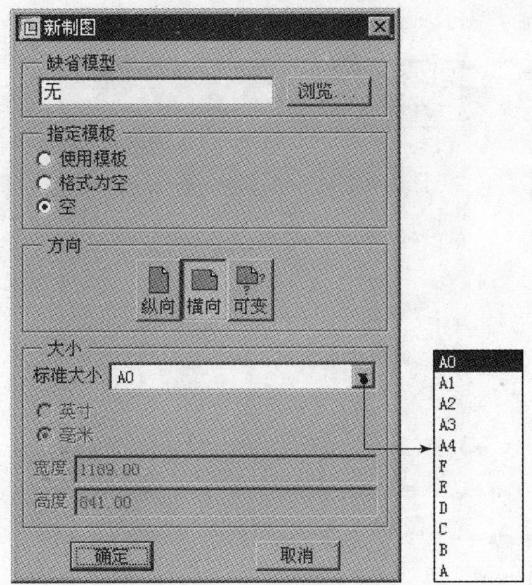

图 10.2.2 “新制图”对话框

图 10.2.2 所示对话框中各选项的功能说明如下：

（1）“缺省模型”区域：在该区域中选取要生成工程图的零件或装配模型，一般系统会默认选取当前活动的模型，如果要选取其他模型，请单击“浏览”按钮。

（2）“指定模板”区域：在该区域中选取工程图模板。

①“使用模板”单选项：在图 10.2.3 所示“模板”区域的文件列表中选取所需模板，或单击“浏览”按钮，然后选取所需的模板文件。

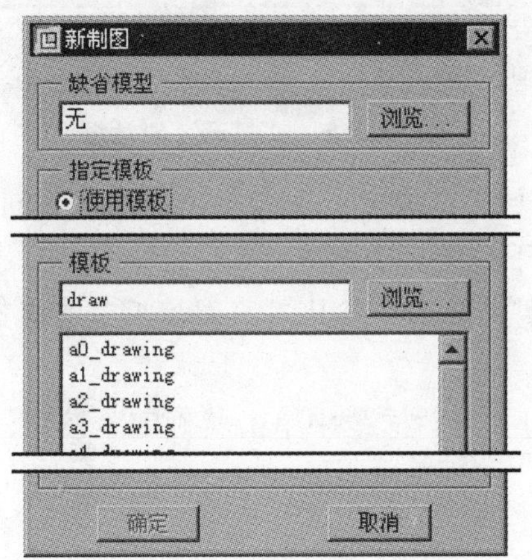

图 10.2.3 “新制图”对话框

②“格式为空”单选项：在图 10.2.4 所示的“格式”区域中，单击“浏览”按钮，然后选取所需的格式文件，并将其打开。其中，打开的绘图文件只使用其图框格式，不使用模板。

③“空”单选项：在图 10.2.2 所示的“方向”区域中选取图纸方向，其中“可变”为自定义图纸幅面尺寸，在“大小”区域中定义图纸的幅面尺寸。使用此单选项打开的绘图文件既不使用模板，也不使用图框格式。

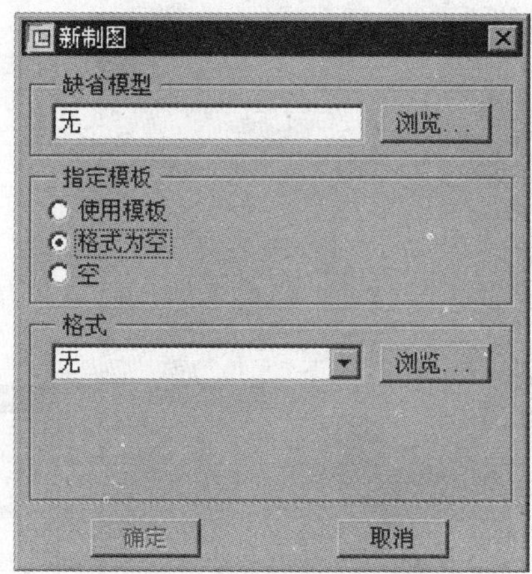

图 10.2.4　“新制图”对话框

步骤 3：定义工程图模板。

(1) 在图 10.2.2 所示的“新图纸”对话框中，单击“浏览”按钮，在图 10.2.5 所示的“打开”对话框中选取模型文件“tool_disk.prt”，单击“打开”按钮。

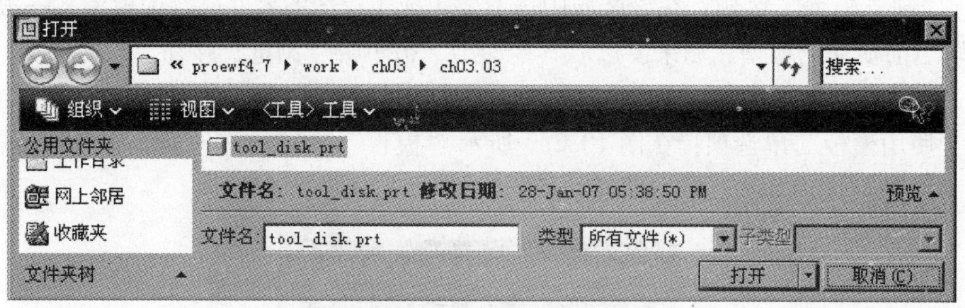

图 10.2.5　“打开”对话框

(2) 在“指定模板”区域中选取“空”单选项，在“方向”区域中，单击“横向”按钮，然后在“大小”区域的下拉列表中选取“A3”选项。

注意：在本书中，如无特别说明，默认工程图模板为空模板，方向为“横向”，幅面尺寸为“A3”。

(3) 在图 10.2.4 所示的“对话框”中单击“确定”按钮，则系统自动进入工程图模式(工程图环境)。

10.3　创建基本工程图视图

本节以图 10.3.1 所示的 tool_disk.prt 零件模型为例介绍创建基本工程视图，即主视图、投影视图和轴测图的一般操作过程。

说明：为方便读者学习，本节的主视图、投影视图和轴测图为连续的步骤。

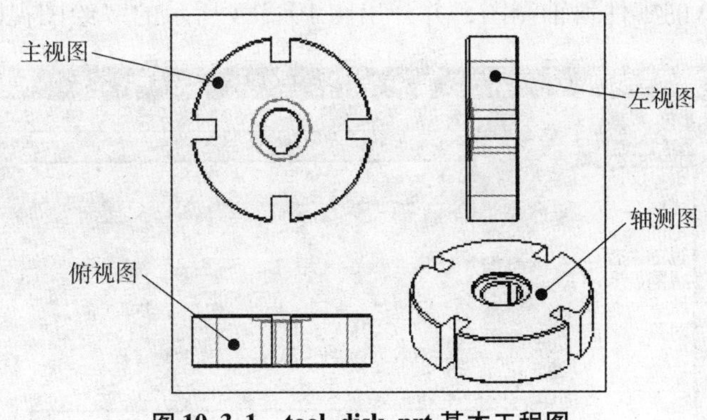

图 10.3.1　tool_disk.prt 基本工程图

10.3.1　主视图

下面以图 10.3.2 所示 tool_disk.prt 零件的主视图为例，说明创建主视图的操作方法。

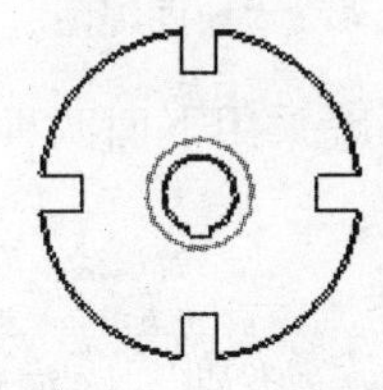

图 10.3.2　主视图

步骤 1：设置工作目录，单击“文件”→“设置工作目录”命令，将工作目录设置至“D:\proewf4.7\work\ch10\ch10.03”。

步骤 2：在工具栏中单击“新建文件”按钮，新建一个名为“tool_disk_drw”的工程图。选取三维模型“tool_disk.prt”（文件路径为“D:\proewf4.7\work\ch10\ch10.03\tool_disk.prt”）为绘图模型，选取“空模板”，方向为“横向”，幅面大小为“A2”，进入工程图模块。

步骤 3：在绘图区单击鼠标右键，系统弹出图 10.3.3 所示的快捷菜单，在该快捷菜单中单击“插入普通视图”命令。

图 10.3.3　快捷菜单

说明：

①还有一种进入“普通视图”（即“一般视图”）命令的方法，就是单击“插入”→“绘图视图”→“一般”命令。

②如果在图 10.2.2 所示的“新制图”对话框中没有默认模型，也没有选取模型，那么在执行“插入普通视图”命令后，系统会弹出一个文件“打开”对话框，让用户选取一个三维模型来创建其工程图。

步骤 4：在系统“选取绘制视图的中心点”的提示下，在屏幕图形区选取一点。此时绘图区会出现系统默认的零件斜轴测图，并弹出图 10.3.4 所示的“绘图视图”对话框。

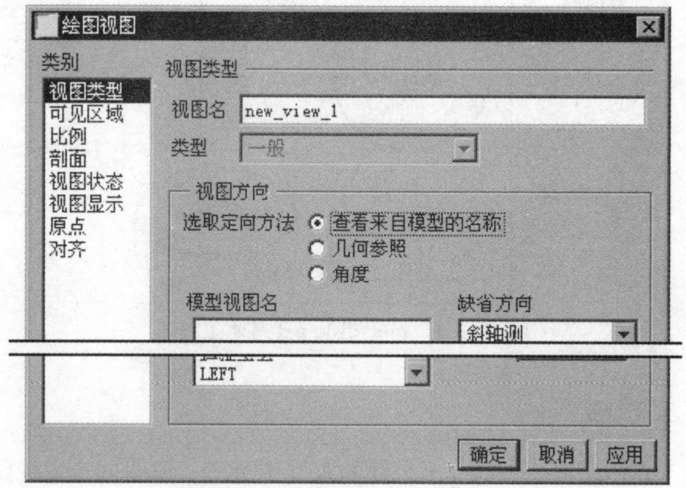

图 10.3.4 “绘图视图”对话框

步骤 5：定向视图。视图的定向一般采用下面两种方法：

方法一：采用参照进行定向。

（1）定义放置参照 1。

①在“绘图视图”对话框中，选取“类别”区域中的“视图类型”选项，在对话框的“视图方向”区域中，选中“几何参照”单选项，如图 10.3.5 所示。

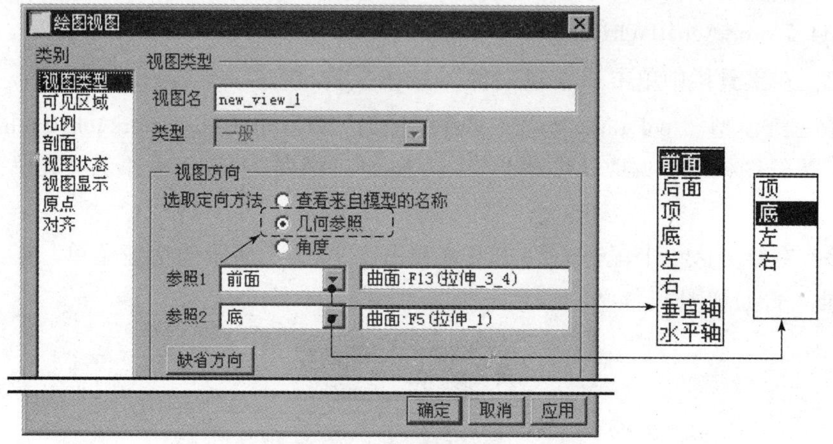

图 10.3.5 “绘图视图”对话框

②在对话框的“参照 1”下拉列表中选取“前面”选项，在图形区中选择图 10.3.6 所示的面 1。这一步操作的意义是将所选模型表面放置在前面，即与屏幕平行的位置。

（2）定义放置参照 2。在对话框的“参照 2”下拉列表中选取“顶”选项，在图形区中选择图 10.3.6 所示的面 2。这一步操作的意义是将所选模型表面放置在屏幕的顶部，此时模型视图的方位如图 10.3.2 所示。

说明：如果此时希望返回以前的默认状态，请单击图 10.3.5“绘图视图”对话框中的“缺省方向”按钮。

方法二：采用已保存的视图方位进行定向。

在图 3.4.7 所示“绘图视图”对话框的“视图方向”区域中，选中“查看来自模型的名称”单选项，在“模型视图名”列表中选取已保存的视图“RIGHT”，然后单击“确定”按钮，系统将按“RIGHT”的方位定向视图。

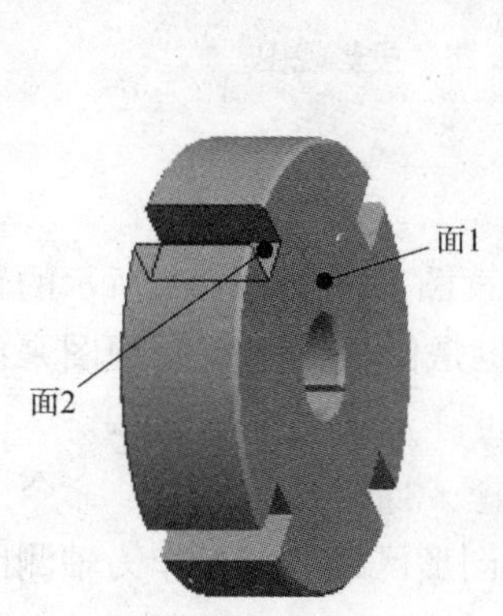

图 10.3.6　模型的定向

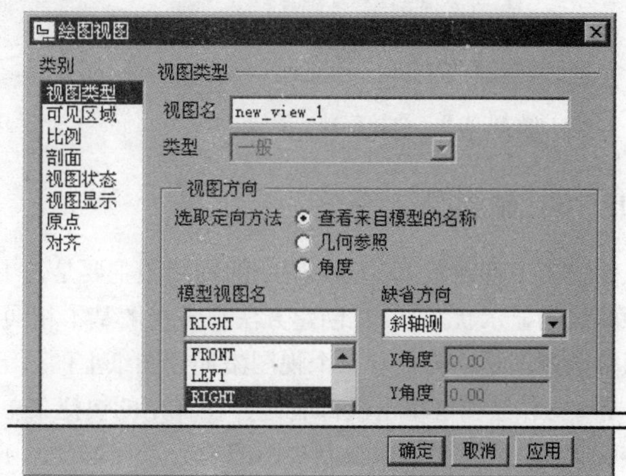

图 10.3.7　“绘图视图”对话框

步骤 6：定制比例。在“绘图视图”对话框中，选取“类别”区域中的“比例”选项，在“比例和透视图选项区域”选中“定制比例”单选项，并输入比例值“1.0”，如图 10.3.8 所示。

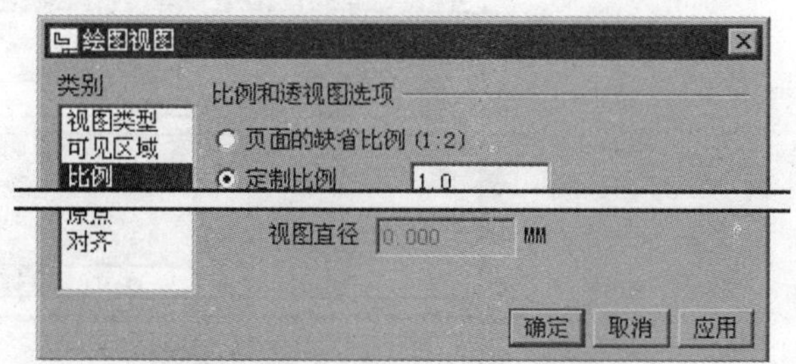

图 10.3.8　“绘图视图”对话框

步骤 7：单击“绘图视图”对话框中的“确定”按钮，关闭对话框，在工具栏中单击按钮，将视图的显示状态设置为“隐藏线”。至此，就完成了主视图的创建。

10.3.2　投影视图

在 Pro/E 中，可以创建投影视图，投影视图包括右视图、左视图、俯视图和仰视图。下面以创建左视图为例，说明创建投影视图的一般操作过程。

步骤 1：单击在上一节中创建的主视图，然后单击鼠标右键，系统弹出图 10.3.9 所示的快捷菜单，在快捷菜单中选择“插入投影视图”命令。

说明： 还有一种进入“投影视图”命令的方法，就是在下拉菜单“插入”中单击“绘图视图”→“投影”命令。利用这种方法创建投影视图，必须先单击选中其父项视图。

步骤 2：在系统“选取绘制视图的中心点”的提示下，在图形区主视图的右方任意位置单击，系统自动创建左视图，如图 10.3.10 所示；如果在主视图的下方（左方）任意选取一点，则会生成俯视图（右视图）。

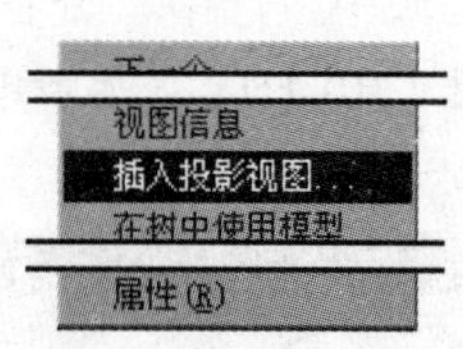

图 10.3.9　快捷菜单

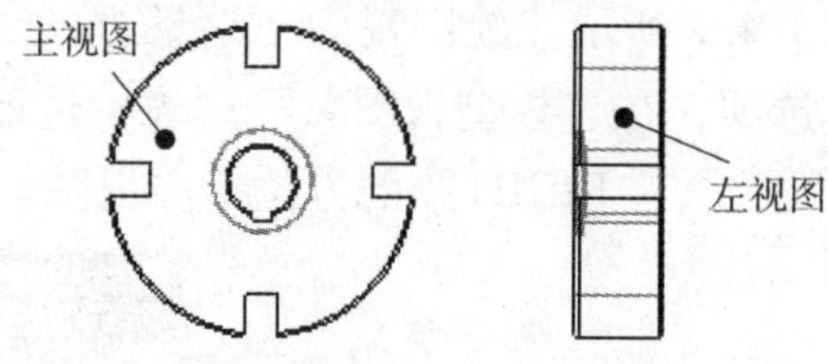

图 10.3.10　投影视图

10.3.3　轴测图

在工程图中创建图 10.3.11 所示的轴测图主要是为了方便读图（图 10.3.11 所示的轴测图为隐藏线的显示状态），其创建方法与主视图基本相同，它也是作为“一般”视图来创建的。通常轴测图是作为最后一个视图添加到图纸上的。下面说明其操作的一般过程。

步骤 1：在绘图区单击鼠标右键，在弹出的快捷菜单中选择“插入普通视图”命令。

步骤 2：在系统“选取绘制视图的中心点”的提示下，在图形区选取一点作为轴测图位置点。

步骤 3：系统弹出图 10.3.12 所示的“绘图视图”对话框，选取查看方位“VIEW_1”（可以选取“缺省方向”，也可以预先在三维模型中保存好创建的合适方位，再选取所保存的方位）。

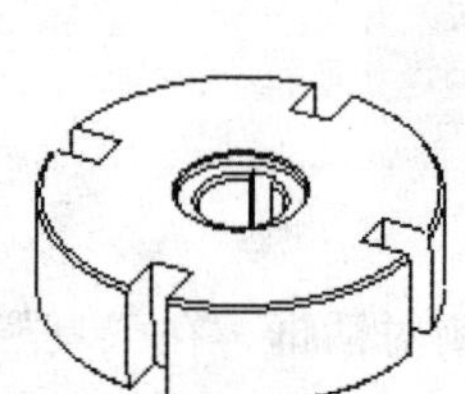

图 10.3.11　轴测图

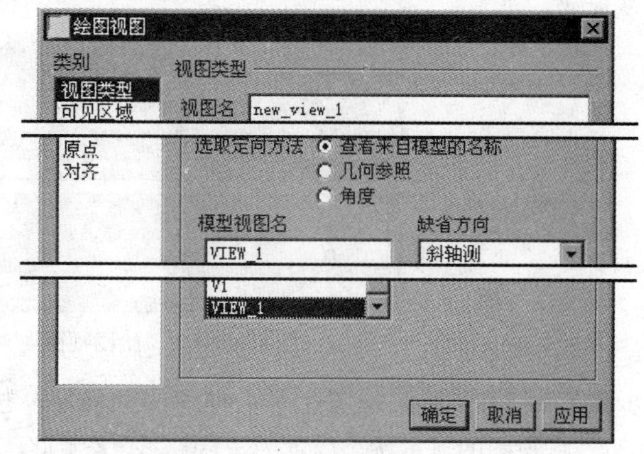

图 10.3.12　选择轴测图方向

步骤 4：定制比例。在“绘图视图”对话框中，选取“类别”区域中的“比例”选项，选中“定制比例”单选项，并输入比例值“1.0”。

步骤 5：单击对话框中的“确定”按钮，关闭对话框。

注意：要使轴测图的摆放方位满足表达要求，可先在零件或装配环境中将模型摆放到合适的视角方位，然后将这个方位保存成一个视图名称（如 VIEW_1）。然后在工程图中，在添加轴测图时，选取已保存的视图方位名称（如 VIEW_1），即可进行视图定向。这种方法很灵活，能使创建的轴测图摆放成任意方位，以适应不同的表达要求。具体操作请读者回顾前面所讲的相关内容。

10.4　移动视图与锁定视图

基本视图创建完毕后往往还需要对其进行移动和锁定操作，将视图摆放在合适的位置，使整个图面更加美观明了。

10.4.1　移动视图

移动视图前首先选取所要移动的视图，并且查看该视图是否被锁定。一般在第一次移动前，系统默认所有视图都是被锁定的，因此需要先解除锁定再进行移动操作。下面说明移动视图操作的一般过程。

步骤 1：将工作目录设置至“D:\proewf4.7\work\ch10\ch10.04”，打开文件“tool_disk _drw.drw”。

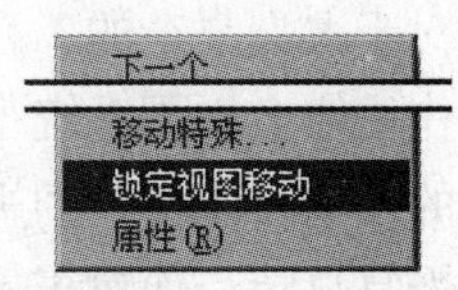

图 10.4.1　快捷菜单

步骤 2：单击系统工具栏中的视图锁定切换按钮，使其处于弹起状态（或选取视图后，鼠标右键单击视图，在弹出的图 10.4.1 所示快捷菜单中选择“锁定视图移动”命令，去掉该命令前面的✔）。

步骤 3：选取并拖动左视图，将其放置在合适的位置，如图 10.4.2 所示。

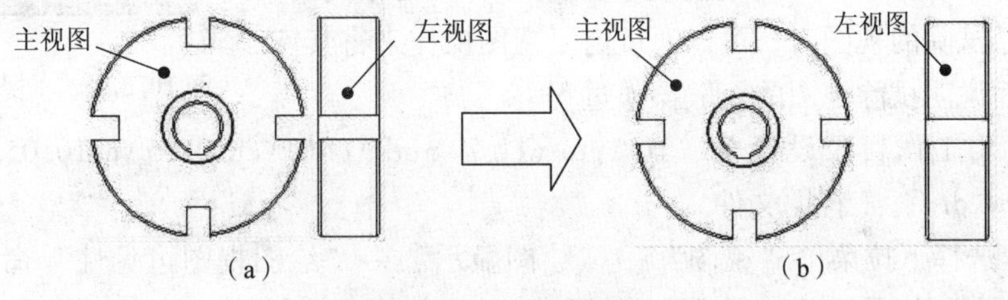

图 10.4.2　移动视图
(a) 移动前；(b) 移动后

说明：

①如果移动主视图，则相应子视图也会随之移动；如果移动投影视图，则只能上下或左右移动，以保持该视图与主视图的对应关系不变。一旦某个视图被解除锁定状态，则其他视图也同时被解除锁定，同样一个视图被锁定后其他视图也同时被锁定。

②当视图解除锁定时，单击视图，视图边界线顶角处会出现图 10.4.3 所示的点，且光标显示为四向箭头形式；当锁定视图时，视图边界线会变成图 10.4.4 所示的形状。

10.4.2　锁定视图

在视图移动调整后，为了避免今后因误操作而使视图相对位置发生变化，需要对视图进行锁定。在系统工具栏中单击视图锁定切换按钮，使其处于按下状态；或者直接在绘图区的空白处单击鼠标右键，在弹出的快捷菜单中选择“锁定视图移动”命令，如图 10.4.5 所示，操作后视图被锁定。

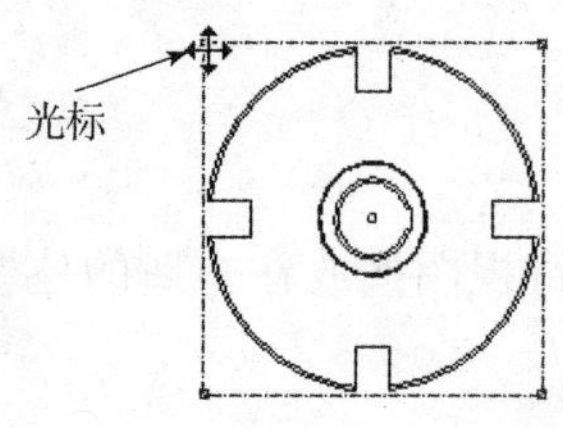

图 10.4.3　解除锁定视图

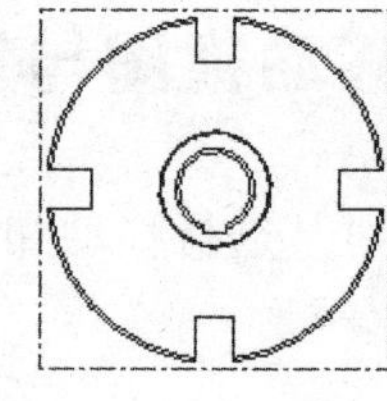

图 10.4.4　锁定视图

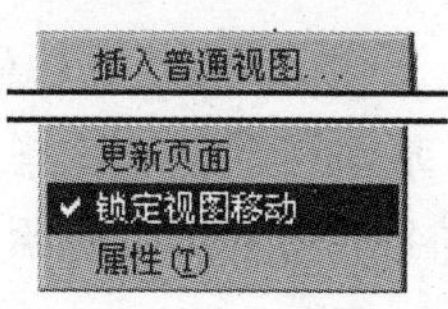

图 10.4.5　快捷菜单

10.5　拭除、恢复和删除视图

对于大型复杂的工程图，尤其是零件成百上千的复杂装配图，视图的打开、再生与重画等操作往往会占用系统很多资源。因此除了对众多视图进行移动锁定操作外，还应对某些不重要的或暂时用不到的视图采取拭除操作，将其暂时从图面中拭去，当要进行编辑时还可将视图恢复显示，而对于不需要的视图则可以将其删除。

10.5.1　拭除视图

拭除视图就是将视图暂时隐藏起来，但该视图依然存在。这里拭除的含义与在 Pro/E 其他应用中拭除的含义是相同的。当需要显示已拭除的视图时，可以通过恢复视图操作来将其恢复显示。下面说明拭除视图的一般操作过程。

图 10.5.1　“视图”菜单

步骤 1：将工作目录设置至“D:\proewf4.7\work\ch10\ch10.05\ch10.05.01”，打开“tool_disk_drw.drw”工程图文件。

步骤 2：选择下拉菜单“视图”→“绘图显示”→“绘图视图可见性”命令，系统弹出图 10.5.1 所示的“VIEWS（视图）”菜单。

步骤 3：单击“Erase View（拭除视图）”命令，在系统“选取要试除的绘图视图”的提示下，选取图 10.5.2（a）中的轴测图，则系统会用一个带有视图名的矩形框来临时代替该轴测图，如图 10.5.2（b）所示。

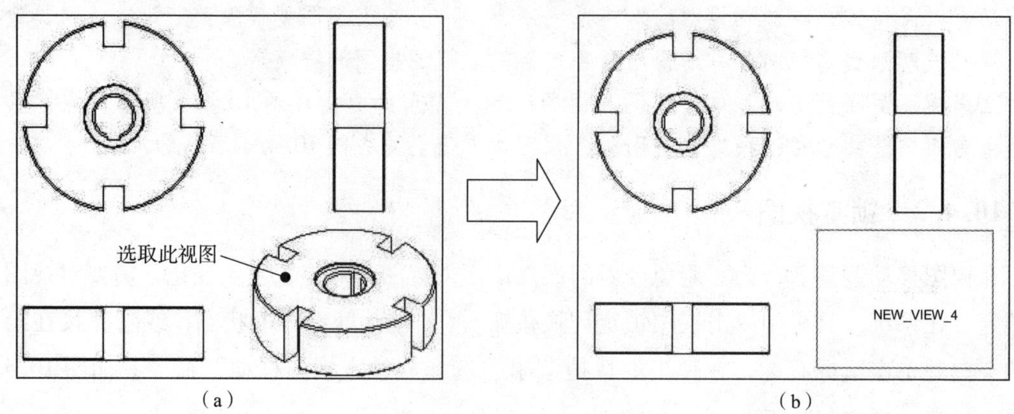

图 10.5.2　拭除视图

（a）拭除前；（b）拭除后

步骤4：单击鼠标中键，完成对轴测图的拭除操作。

10.5.2　恢复视图

如果想恢复已经拭除的视图，需进行恢复视图操作。恢复视图和拭除视图是相逆的过程，恢复视图操作的一般过程如下：

步骤1：将工作目录设置至“D:\proewf4.7\work\ch10\ch10.05\ch10.05.02”，打开“tool_disk_drw_re.drw”工程图文件。

步骤2：选择下拉菜单“视图”→“绘图显示”→“绘图视图可见性”命令。

步骤3：系统弹出“VIEWS（视图）”菜单，选择“Resume View（恢复视图）”命令，如图10.5.3所示。

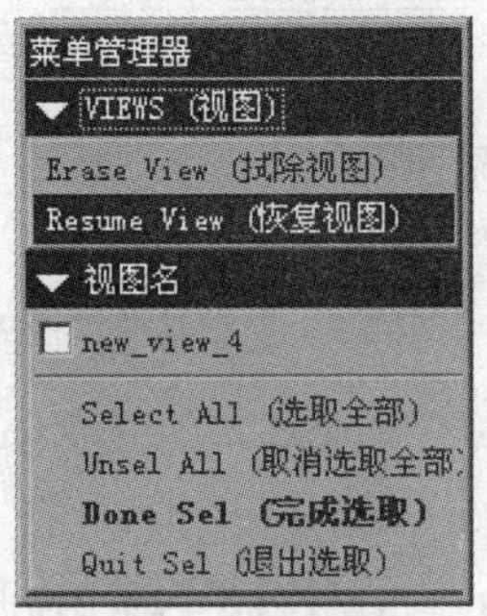

图10.5.3　“视图”菜单

步骤4：选取图10.5.4（a）所示的视图“NEW_VIEW_4”（即轴测图），选择“Done Sel（完成选取）”命令。

步骤5：单击鼠标中键，完成视图的恢复操作，视图恢复后如图10.5.4（b）所示。

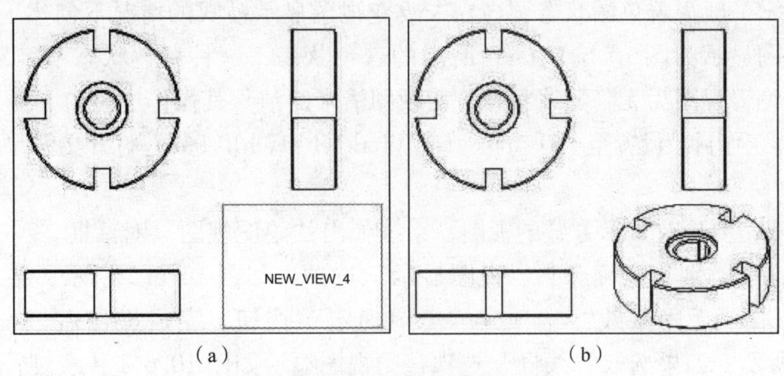

图10.5.4　恢复视图

（a）恢复前；（b）恢复后

10.5.3　删除视图

对于不需要的视图可以进行视图的删除操作，其一般操作过程如下：

步骤1：将工作目录设置至“D:\proewf4.7\work\ch10\ch10.05\ch10.05.03”，打开“tool_disk_drw_er.drw”工程图文件。

步骤2：选取图10.5.5（a）所示的轴测图为要删除的视图，然后选择“编辑”→“删除”→“删除 Del”命令，则视图将被删除（或者单击选中要删除的视图后，在该视图上单击鼠标右键，在图 10.5.6 所示的快捷菜单中选择“删除”命令），删除视图后如图 10.5.5（b）所示。

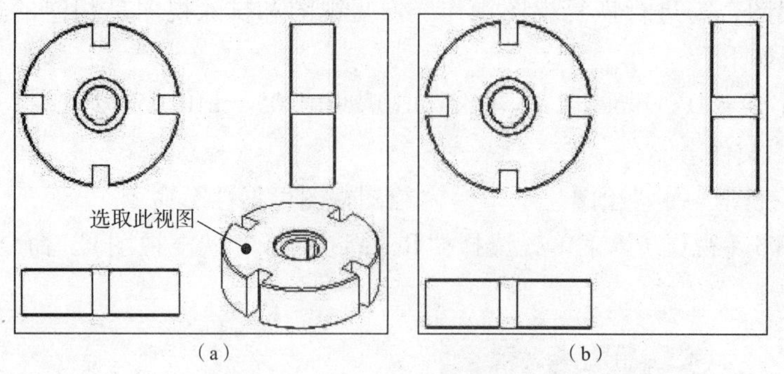

图 10.5.5　删除视图

（a）删除前；（b）删除后

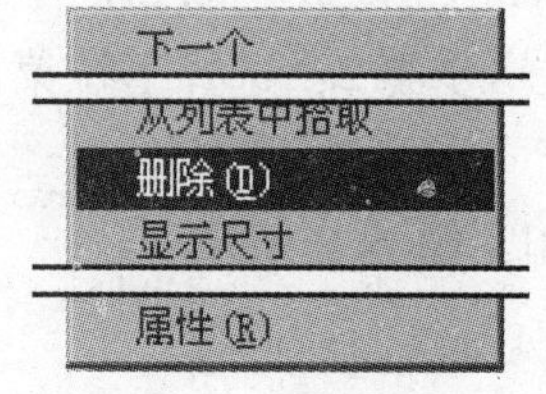

图 10.5.6　快捷菜单

注意： 如果删除主视图，则子视图也将被删除，而且永久性被删除，如果误操作，可以单击“撤销”按钮将视图恢复，但存盘后无法再恢复被删除的视图。

10.6　视图的显示模式

10.6.1　视图显示

为了符合工程图的要求，常常需要对视图的显示方式进行编辑控制。由于在创建零件模型时，模型显示一般为着色图状态，当在未改变视图显示模式的情况下创建工程图视图时，系统将默认视图显示为图 10.6.1（a）所示的着色状态，这种着色状态不容易反映视图特征，这时可以编辑视图为无隐藏线状态，使视图清晰简洁。其操作过程如下：

步骤 1：将工作目录设置至“D:\proewf4.7\work\ch10\ch10.06”，打开文件“tool_disk_drw_1.drw”。

步骤 2：双击要更改显示方式的视图，系统弹出“绘图视图”对话框。

步骤 3：在“类别”区域选取“视图显示”选项，如图 10.6.2 所示，在“显示线型”下拉列表中选取“无隐藏线”选项，单击“确定”按钮，完成操作后该视图显示如图 10.6.1（b）所示；如果选取“线框”选项，则视图显示如图 10.6.1（c）所示；选取“隐藏线”选项，则视图显示如图 10.6.1（d）所示。

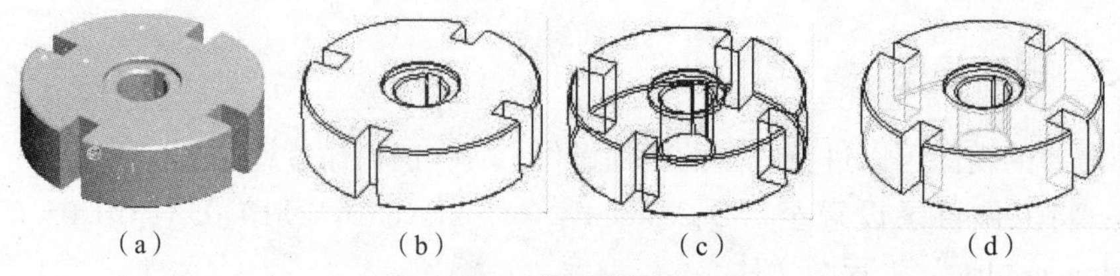

图 10.6.1　视图的显示方式

（a）着色显示；（b）无隐藏线显示；（c）线框显示；（d）隐藏线显示

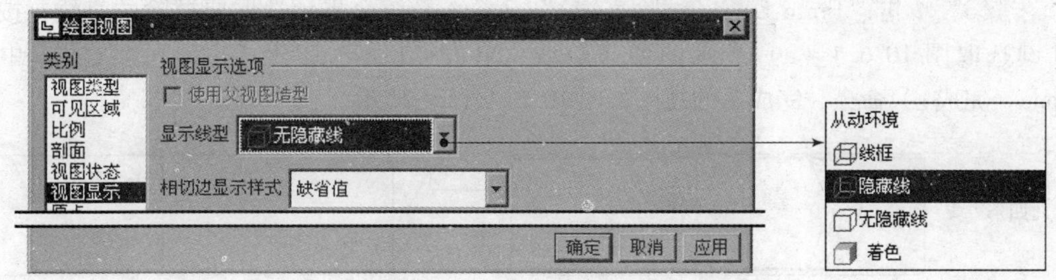

图 10.6.2　“绘图视图”对话框

注意：以下各章节创建视图时，如无特别说明，均在“绘图视图”对话框中将视图显示模式设置为“无隐藏线”，且在操作过程中省略此步骤，请读者留意。

10.6.2　边显示、相切边显示控制

1. 边显示

使用 Pro/E 绘制工程图，不仅可以设置各个视图的显示方式，甚至可以设置各个视图中每根线条的显示方式，这就是边显示。边显示一般有拭除直线、线框、隐藏方式、隐藏线及消隐五种方式。这样一来，可以通过修改边的显示方式使视图清晰简洁，而且容易区分零组件。边显示在装配体工程图中尤为重要，可以通过选择下拉菜单“视图”→“绘图显示”→“边显示”命令，打开图 10.6.3 所示的“EDGE DISP（边显示）”菜单。

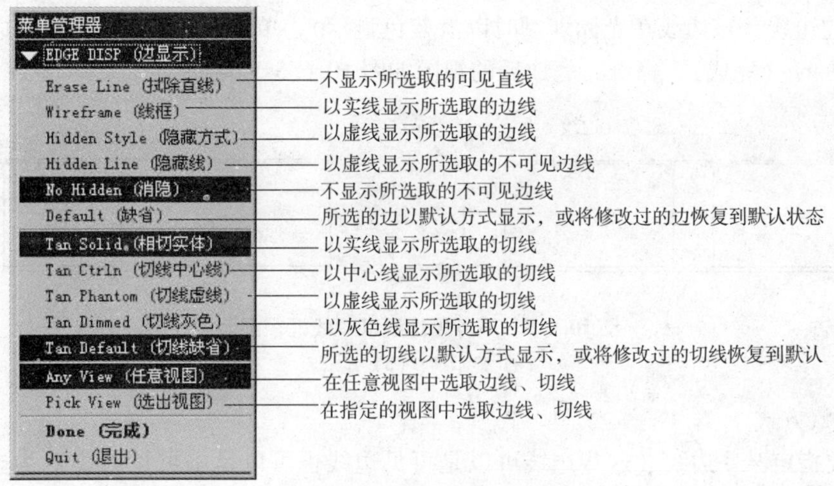

图 10.6.3　“边显示”菜单

1）拭除直线

如果需要简化视图里的图线，可以根据情况选择性地拭除一些直线，这样可使视图显得清晰明白。可拭除的直线为可见直线，对于不可见的直线则没有拭除的意义。下面以图 10.6.4 所示拭除 tool_disk 零件主视图的倒角边线为例，说明拭除直线的一般操作过程。

步骤 1：将工作目录设置至“D:\proewf4.7\work\ch10\ch10.06”，打开“tool_disk_drw_2.drw”工程图文件。

步骤 2：选择下拉菜单“视图”→“绘图显示”→“边显示”命令，系统弹出“EDGE DISP（边显示）”菜单。

步骤 3：单击“Erase Line（试除直线）”命令，系统会提示选取要拭除的直线，按住 Ctrl 键选取图 10.6.4（a）所示的四条边线，单击“EDGE DISP（边显示）”菜单中的“Done（完成）”命令，完成后的视图如图 10.6.4（b）所示。

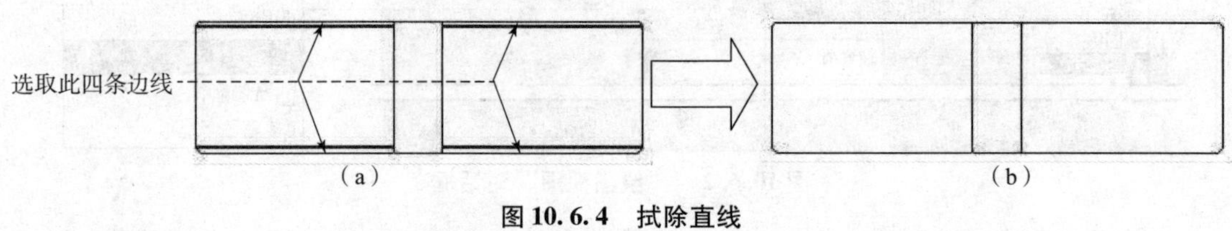

图 10.6.4　拭除直线

（a）拭除前；（b）拭除后

2）线框

如果视图处于无隐藏线显示状态，则许多图线在当前视图中不可见或以虚线显示，这时如果有必要，可以把在视图中不可见的边线设置为可见形式，此时需单击“Wireframe（线框）”命令。将虚线或不可见边线设置为实线形式显示的一般操作如下：

步骤 1：将工作目录设置至“D:\proewf4.7\work\ch10\ch10.06”，打开“tool_disk_drw_3.drw”工程图文件。

步骤 2：单击下拉菜单“视图”→“绘图显示”→“边显示”命令，此时系统弹出“EDGE DISP（边显示）”菜单。

步骤 3：单击“Wireframe（线框）”命令，系统提示选取要显示的边线，选取图 10.6.5（a）所示的边线（该边线在光标划过时以淡蓝色显示），单击“EDGE DISP（边显示）”菜单中的“Dome（完成）”命令，完成后的视图如图 10.6.5（b）所示。

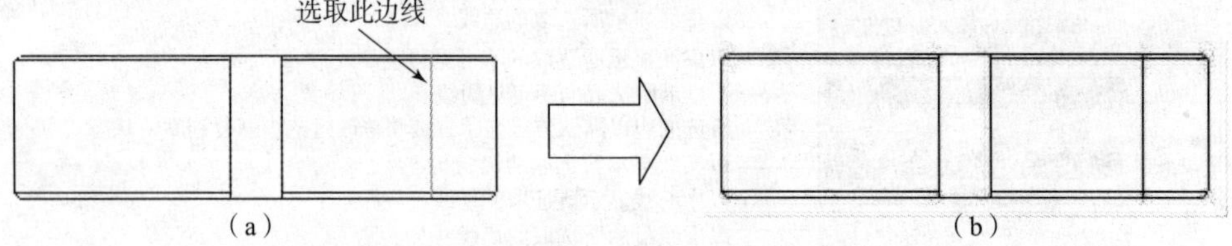

图 10.6.5　不可见边线以“线框”显示

（a）显示前；（b）显示后

3）隐藏方式

当需要指定某些边线（这些边线可以是可见边线也可以是不可见边线）为虚线时，可以设置其为“隐藏方式”显示，其一般操作过程如下：

步骤 1：将工作目录设置至“D:\proewf4.7\work\ch10\ch10.06”，打开“tool_disk_drw_4.drw”工程图文件。

步骤 2：单击下拉菜单“视图”→“绘图显示”→“边显示”命令，此时系统弹出“EDGE DISP（边显示）”菜单。

步骤 3：单击“Hidden Style（隐藏方式）”命令，系统提示选取要显示的边线，按住 Ctrl 键选取图 10.6.6（a）所示的两条边线，单击“EDGE DISP（边显示）”菜单中的“Done（完成）”命令，完成后的视图如图 10.6.6（b）所示。

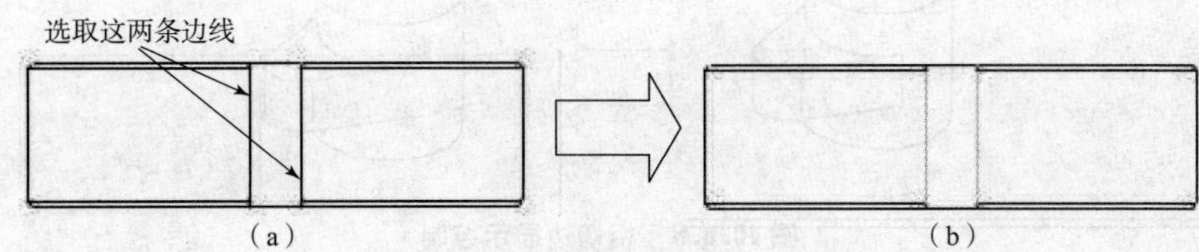

图 10.6.6　边线以“隐藏方式”显示

（a）操作前；（b）操作后

4）隐藏线

前面提到以“Wireframe（线框）”形式显示边线可以将不可见边线以实线形式显示，而以“Hidden Line（隐藏线）”方式显示边线时则是将不可见边线变换成虚线。“Hidden Line（隐藏线）”命令对可见边线不起作用。将不可见边线以虚线形式显示的一般操作过程如下：

步骤 1：将工作目录设置至“D:\proewf4.7\work\ch10\ch10.06”，打开“tool_disk_drw_5.drw”工程图文件。

步骤 2：单击下拉菜单“视图”→“绘图显示”→“边显示”命令，此时系统弹出“EDGE DISP（边显示）”菜单。

步骤 3：单击“Hidden Line（隐藏线）”命令，系统提示选取要显示的边线，选取图 10.6.7（a）所示的“不可见边线”（该边线和前面提到的一样，在光标划过时以淡蓝色显示），单击“EDGE DISP（边显示）”菜单中的“Done（完成）”命令，完成后的视图如图 10.6.7（b）所示。在图 10.6.7（b）中，读者可以对照以“Hidden Line（隐藏线）”方式和以“Wireframe（线框）”方式显示边线的不同效果。

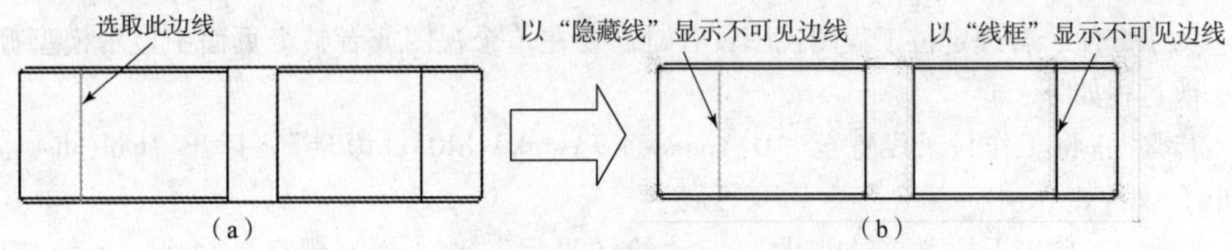

图 10.6.7　不可见边线以“隐藏线”和“线框”显示

（a）操作前；（b）操作后

5）消隐

对前面使用“Wireframe（线框）”和“Hidden Line（隐藏线）”方式显示的不可见边线，如果希望恢复其原来的不可见状态，可以通过“No Hidden（消隐）”命令来实现。读者可以自己尝试操作一下。

2. 相切边显示控制

在工程图里，对于某些视图，尤其对于轴测图来说，许多情况需要显示或者不显示零组件的相切边（默认情况下零件的倒圆角也具有相切边）。Pro/E 提供了对零件的相切边显示进行控制的功能，如图 10.6.8 所示，对于该轴测图，可以进行如下操作使其不显示相切边：

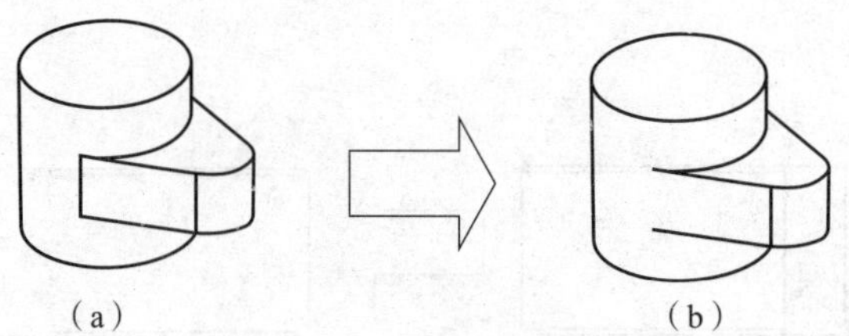

图 10.6.8　相切边显示控制

(a) 相切边显示；(b) 相切边不显示

步骤1：将工作目录设置至“D:\proewf4.7\work\ch10\ch10.06”，打开文件“bracket_drw.drw”文件。

步骤2：双击图形区的视图，系统弹出“绘图视图”对话框。

步骤3：选取“视图显示”选项，在“相切边显示样式”中选取“无”选项，如图10.6.9所示，然后单击“确定”按钮，完成操作后该视图显示如图10.6.8(b)所示。

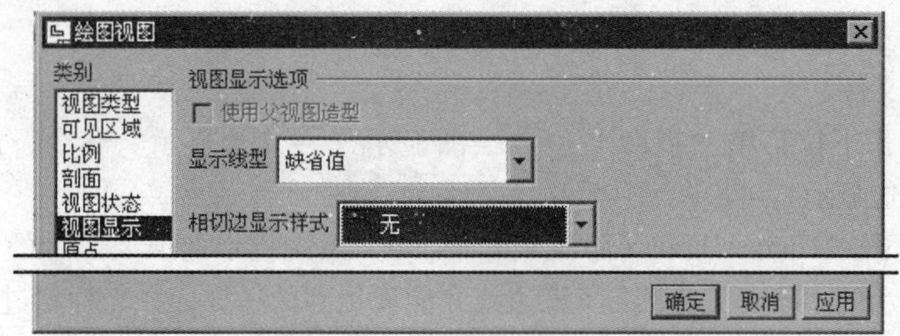

图 10.6.9　“绘图视图”对话框

10.6.3　显示模型栅格

为了方便、合理定位工程图视图，有时需要在单个视图或者整个页面中显示模型栅格，其一般过程如下：

步骤1：将工作目录设置至“D:\proewf4.7\work\ch10\ch10.06”，打开“tool_disk_drw_6.drw”文件。

步骤2：单击下拉菜单“视图”→“绘图显示”→“模型栅格”命令，系统弹出图10.6.10所示的“模型栅格”对话框。

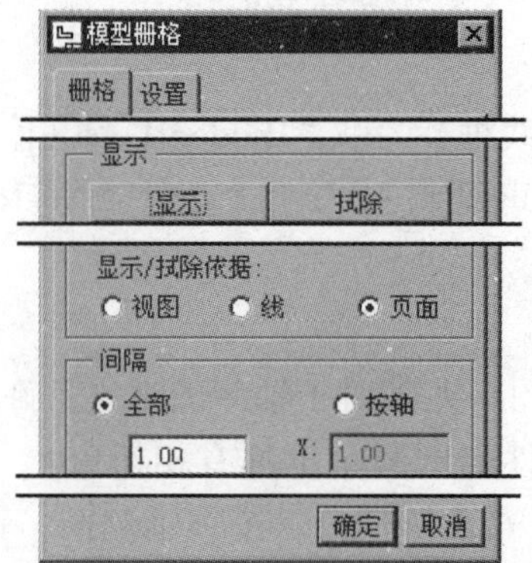

图 10.6.10　“模型栅格”对话框

步骤3：在“间隔”区域中选中“全部”单选项，并定义间隔大小为“20”；在“显示/拭除依据:”选项中选中“页面”单选项；在系统“所有相关视图将会捕捉于网络。继续?”的提示下，单击按钮“是”，完成后的页面如图10.6.11所示。

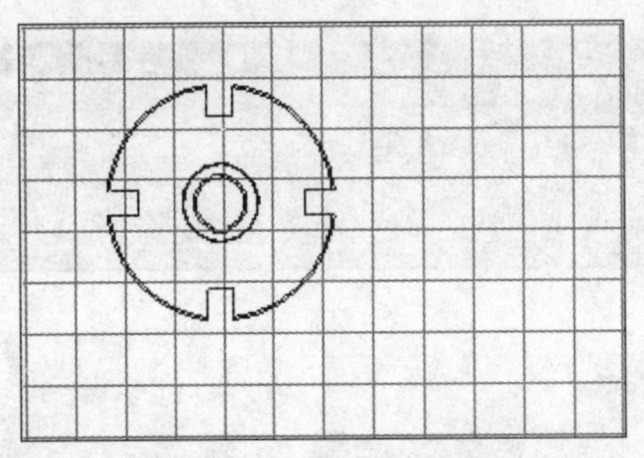

图10.6.11　添加模型栅格

创建其他形式模型栅格的方法与之类似，在此不再赘述。

10.7　创建高级工程图视图

10.7.1　破断视图

在机械制图中，经常遇到一些长细形的零件，若要整个反映零件的尺寸形状，需用大幅面的图纸来绘制。为了既节省图纸幅面，又可以反映零件形状尺寸，在实际绘图中常采用破断视图。破断视图是指从零件视图中删除选定两点之间的视图部分，将余下的两部分合并成一个带破断线的视图。创建破断视图之前，应当在当前视图上绘制破断线。通常有两种方法绘制破断线：一是通过创建几个断点，然后绘制通过这些断点的直线（垂直线或者水平线）作为破断线；二是通过绘制样条曲线，选取视图轮廓为“S”的曲线或几何上的心电图形等形状来作为破断线。确认后系统将删除视图中两破断线间的视图部分，合并保留需要显示的部分（即破断视图）。下面以创建图10.7.1所示长轴的破断视图为例说明创建破断视图的一般操作步骤。

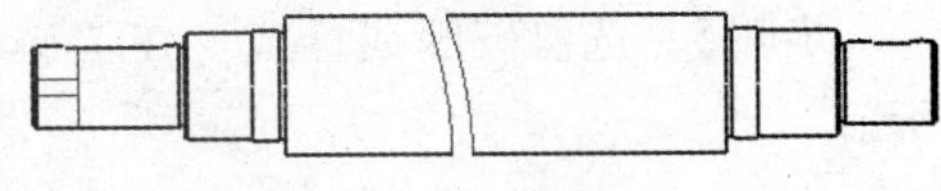

图10.7.1　长轴破断视图

步骤1：将工作目录设置至“D:\proewf4.7\work\ch10\0ch10.07\ch10.07.01”，打开文件“shaft_drw.drw”。

说明：在创建投影视图时，如果视图显示为着色，而不是线框模式，请读者参照3.7.1节中的操作步骤，先将投影视图的显示模式调整为无隐藏线模式，再进行其他操作，本章或以后章节中出现此情况，将不在操作步骤中指出。

步骤2：双击图形区中的视图，系统弹出“绘图视图”对话框。

步骤3：在该对话框中，选取“类别”区域中的“可见区域”选项，将“视图可见性”设置为“破断视图”，如图10.7.2所示。

步骤4：单击“添加断点”按钮 + ，再选取图10.7.3所示的点（点在图元上，不是在视图轮廓线上)，接着在系统“草绘一条水平或垂直的破断线”的提示下绘制一条垂直线作为第一破断线（不用单击“草绘直线”按钮 ╲ ，直接以刚选取的点作为起点绘制垂直线)，此时视图如图 10.7.4 所示，然后选取图 10.7.4 所示的点，此时自动生成第二破断线，如图 10.7.5 所示。

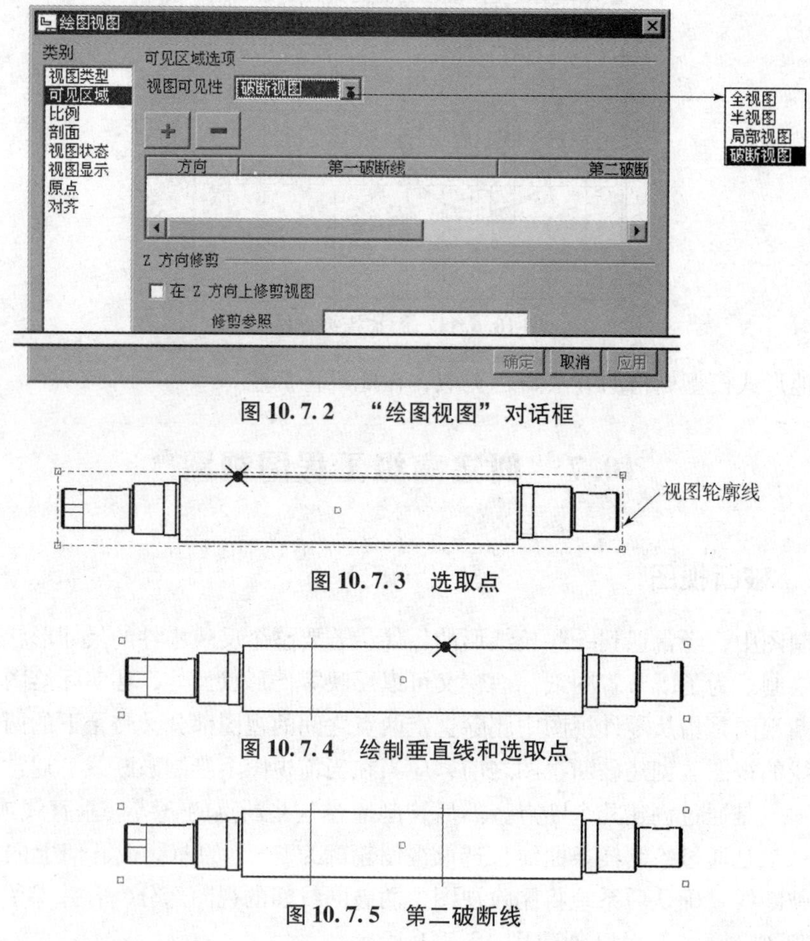

图 10.7.2 “绘图视图”对话框

图 10.7.3 选取点

图 10.7.4 绘制垂直线和选取点

图 10.7.5 第二破断线

步骤 5：选取破断线样式。在“破断线样式”栏中选取“草绘”选项，如图 10.7.6 所示。

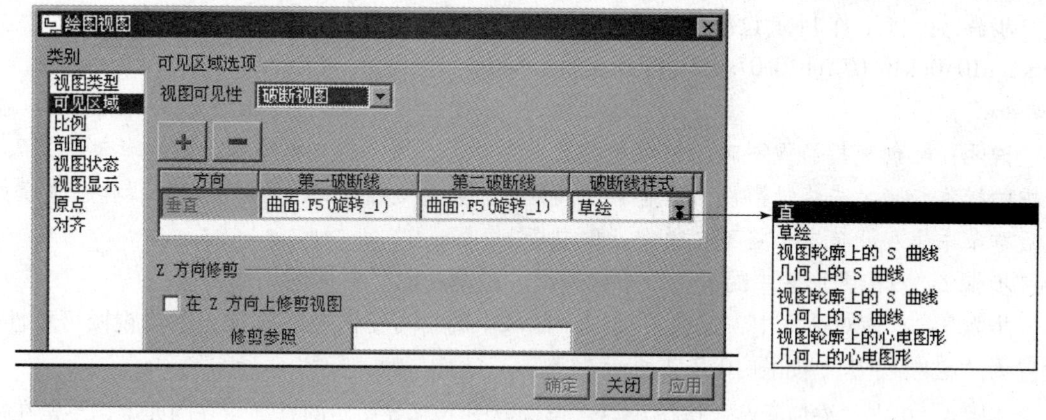

图 10.7.6 选择破断线样式

步骤 6：绘制图 10.7.7 所示的样条曲线（不用单击“草绘样条曲线”按钮 ，直接在图形区绘制样条曲线），草绘完成后单击鼠标中键，此时生成“草绘”样式的破断线，如图 10.7.8 所示。

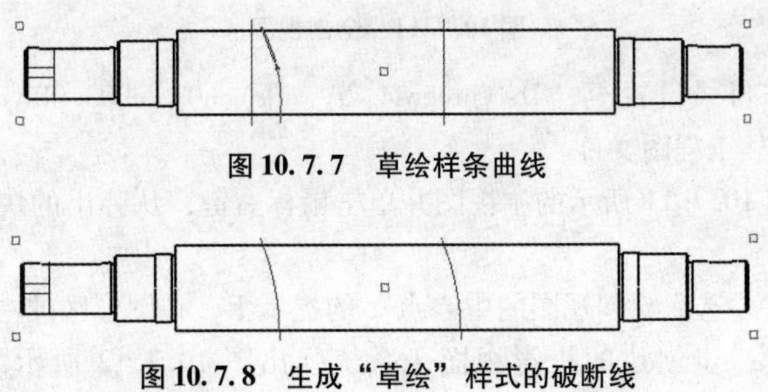

图 10.7.7　草绘样条曲线

图 10.7.8　生成“草绘”样式的破断线

注意：如果在草绘样条曲线时，样条曲线和视图的相对位置不同，则视图被删除的部分不同，如图 10.7.9 所示。

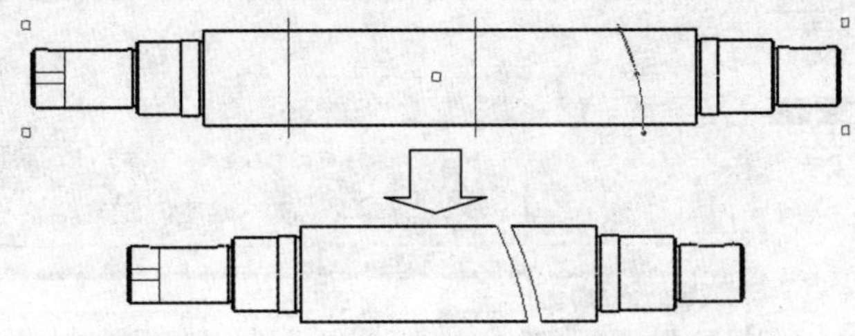

图 10.7.9　样条曲线相对位置不同时的破断视图

步骤 7：单击“绘图视图”对话框中的“确定”按钮，关闭对话框，此时生成图 10.7.1 所示的破断视图。

说明：

①选取不同的“破断线样式”将会得到不同的破断线效果，如图 10.7.10 所示。

②在工程图配置文件中，可以用 broken_view_offset 参数来设置断裂线的间距，也可在图形区先解除视图锁定，然后拖动破断视图中的一个视图来改变断裂线的间距。

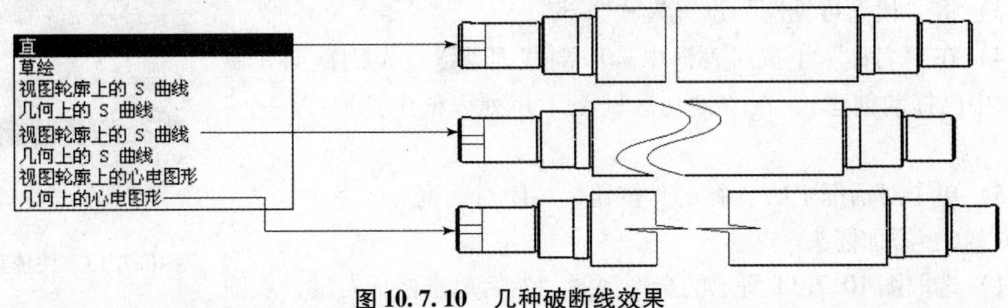

图 10.7.10　几种破断线效果

10.7.2　全剖视图

全剖视图属于二维截面视图，在创建全剖视图时需要用到截面。全剖视图如图 10.7.11 所示，操作方法如下：

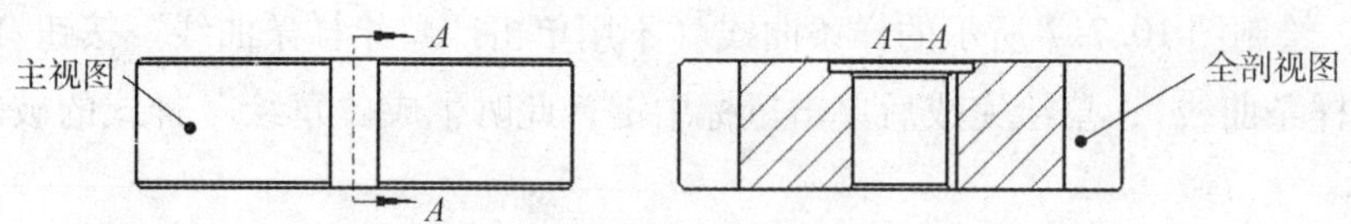

图 10.7.11　全剖视图

步骤 1：将工作目录设置至“D:\proewf4.7\work\ch03\ch03.08\ch03.08.02”，打开“tool_disk_drw.drw”工程图文件。

步骤 2：选取图 10.7.11 所示的主视图并单击鼠标右键，从弹出的快捷菜单中选择“插入投影视图”命令。

步骤 3：在系统“选取绘制视图的中心点”的提示下，在图形区的主视图的右侧单击。

步骤 4：双击上一步创建的投影视图，系统弹出图 10.7.12 所示的“绘图视图”对话框。

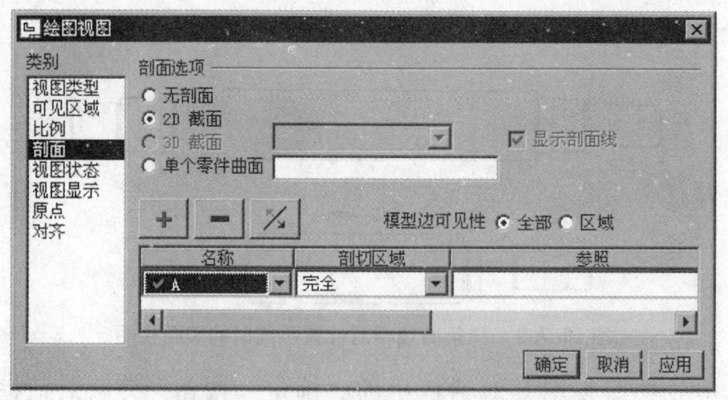

图 10.7.12　“绘图视图”对话框

步骤 5：设置剖视图选项。

(1) 在图 10.7.12 所示的对话框中，选取“类别”区域中的“剖面”选项。

(2) 将“剖面选项”设置为“2D 截面”，然后单击 + 按钮。

(3) 将“模型可见性”设置为“全部”。

(4) 在“名称”下拉列表框中选取剖截面 A（A 剖截面在零件模块中已提前创建），在“剖切区域”下拉列表框中选取“完全”选项。

(5) 单击对话框中的“确定”按钮，关闭对话框。

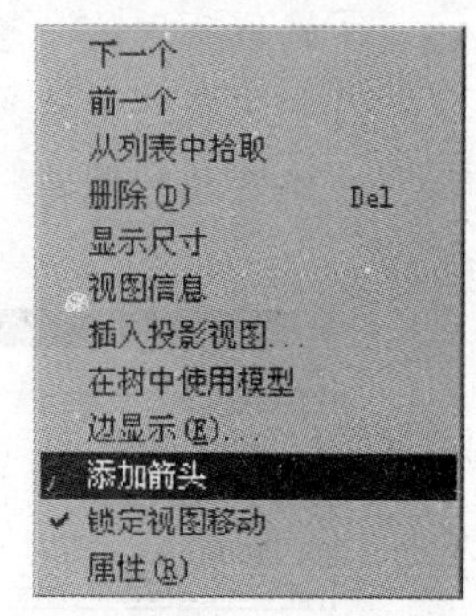

图 10.7.13　快捷菜单

步骤 6：添加箭头。

(1) 选取图 10.7.11 所示的全剖视图，然后单击鼠标右键，从图 10.7.13 所示的快捷菜单中选择“添加箭头”命令。

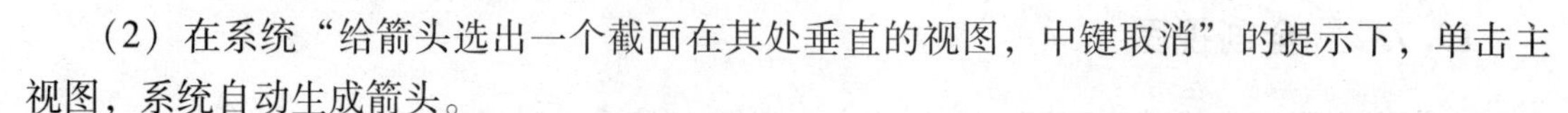

(2) 在系统“给箭头选出一个截面在其处垂直的视图，中键取消”的提示下，单击主视图，系统自动生成箭头。

注意：本章在选取新制工程图模板时选用了“空”模板，如果选用其他模板，得到的箭头可能会有所差别。

10.7.3　半视图与半剖视图

半视图常用于表达具有对称形状的零件模型，使视图简洁明了。创建半视图时需选取一个基准平面作为参照平面（此平面在视图中必须垂直于屏幕），视图中只显示此基准平面指定一侧的视图，另一半不显示。

在半剖视图中，参照平面指定的一侧以剖视图显示，而在另一侧以普通视图显示，所以需要创建剖截面。

半视图和半剖视图分别如图 10.7.14 和图 10.7.15 所示，下面分别介绍其操作步骤。

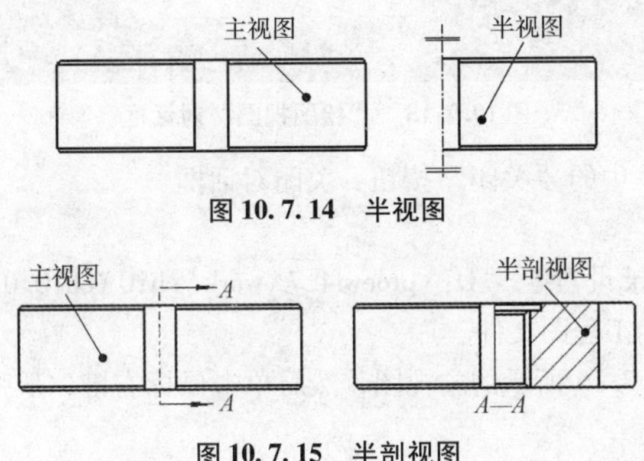

图 10.7.14　半视图

图 10.7.15　半剖视图

1. 创建半视图

步骤 1：将工作目录设置至“D：\proewf4.7\work\ch10\ch10.07\ch10.07.03”，打开“tool_disk_drw_1.drw”工程图文件。

步骤 2：选取图 10.7.14 所示的主视图，然后单击鼠标右键，从弹出的快捷菜单中选择“插入投影视图”命令。

步骤 3：在系统“选取绘制视图的中心点”的提示下，在图形区的主视图的右侧单击。

步骤 4：双击上一步创建的投影视图，系统弹出“绘图视图”对话框。

步骤 5：在对话框的“类别”区域中选取“可见区域”选项，将“视图可见性”设置为“半视图”。

步骤 6：在系统“给半视图的创建选择参照平面”的提示下，选取图 10.7.16 所示的 TOP 基准平面（如果在视图中基准平面没有显示，需单击按钮 显示基准平面）。此时视图如图 10.7.17 所示，图中箭头为半视图的创建方向（箭头指向左侧表示仅显示左侧部分，箭头指向右侧表示仅显示右侧部分）；单击“反向保留侧”按钮 使箭头指向右侧；将“对称线标准”设置为“对称性”；单击对话框中的“应用”按钮，系统生成半视图，此时“绘图视图”对话框如图 10.7.18 所示。

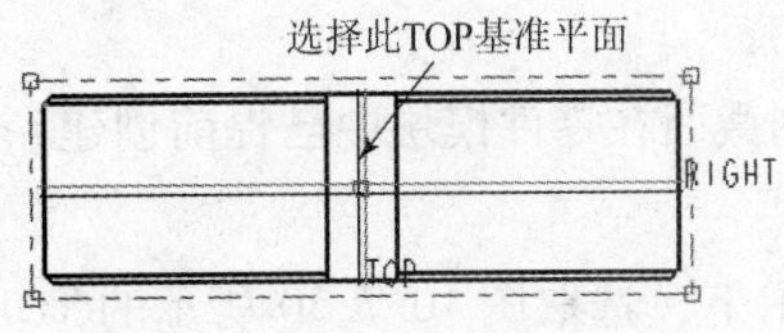

图 10.7.16　选取参照平面

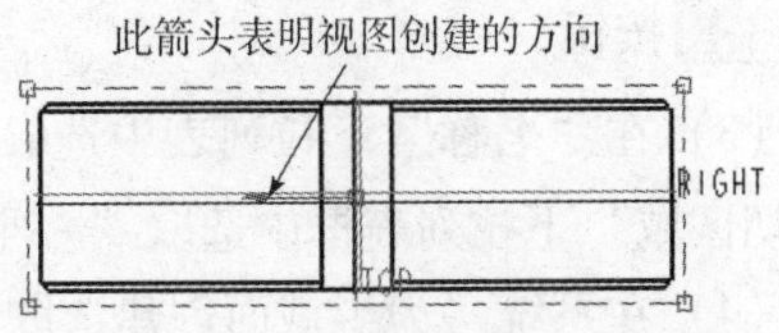

图 10.7.17　选择视图的创建方向

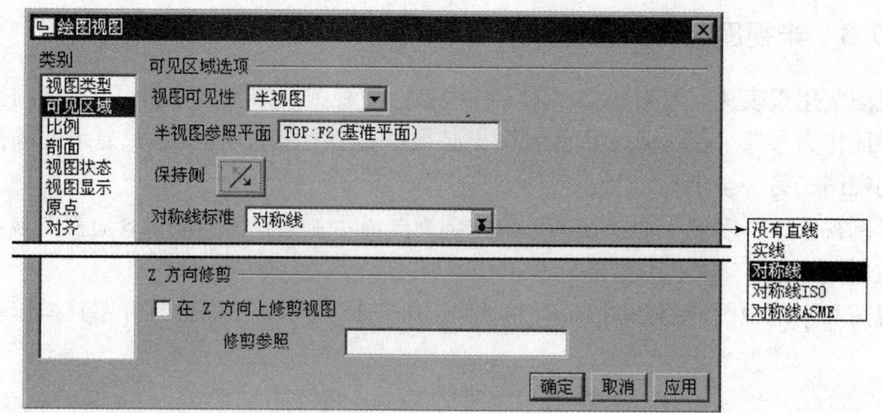

图 10.7.18 “绘图视图”对话框

步骤7：单击对话框中的“关闭”按钮，关闭对话框。

2. 创建半剖视图

步骤1：将工作目录设置至“D:\proewf4.7\work\ch10\ch10.07\ch10.07.03”，打开“tool_disk_drw_2.drw”工程图文件。

步骤2：选取图10.7.15所示的主视图，然后单击鼠标右键，从弹出的快捷菜单中选择“插入投影视图”命令。

步骤3：在系统“选取绘制视图的中心点”的提示下，在图形区的主视图的右侧任意位置单击。

步骤4：双击上一步创建的投影视图，系统弹出“绘图视图”对话框。

步骤5：设置剖视图选项。

（1）在图10.7.19所示的对话框中，选取“类别”区域中的“剖面”选项。

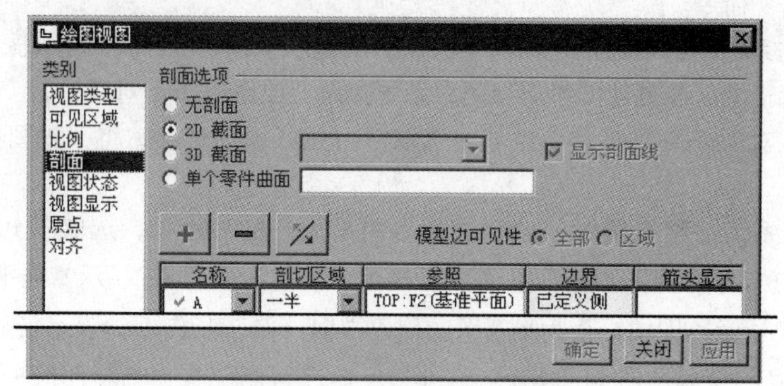

图 10.7.19 “绘图视图”对话框

（2）将“剖面选项”设置为“2D截面”，将“模型边可见性”设置为“全部”，然后单击 + 按钮。

（3）在“名称”下拉列表中选取剖截面 A（A剖截面在零件模块中已提前创建），在“剖切区域”下拉列表框中选取“一半”选项。

（4）在系统“为半截面创建选取参照平面”的提示下，选取图10.7.20所示的TOP基准平面，此时视图如图10.7.21所示，图中箭头表明半剖视图的创建方向；单击绘图区TOP

基准平面右侧任一点使箭头指向右侧；单击对话框中的“应用”按钮，系统生成半剖视图，此时“绘图视图”对话框如图 10. 7. 19 所示，单击“绘图视图”对话框中的“关闭”按钮。

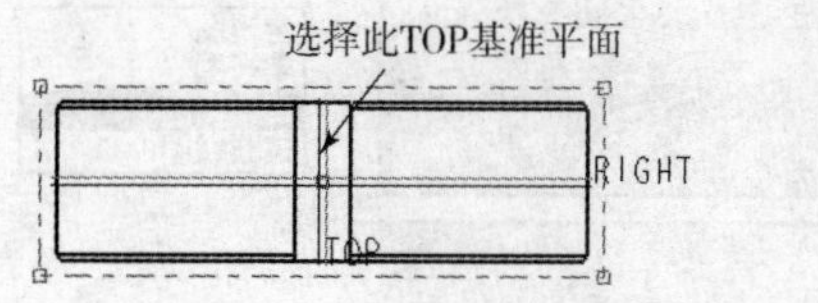

图 10. 7. 20　选取参照平面

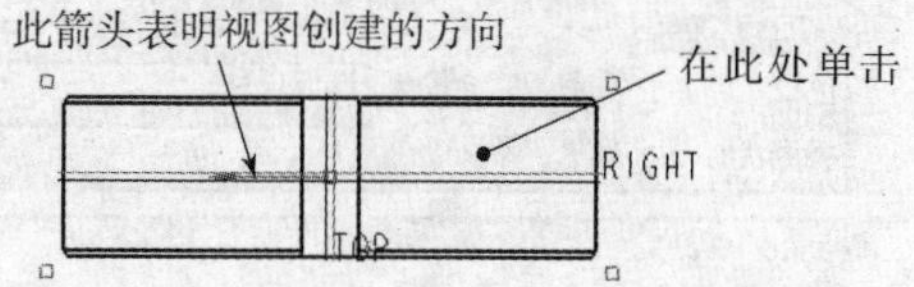

图 10. 7. 21　选择视图的创建方向

步骤 6：添加箭头。

（1）选取图 10. 7. 15 所示的半剖视图，单击鼠标右键，从弹出的菜单中选择“添加箭头”命令。

（2）在系统“给箭头选出一个截面在其处垂直的视图，中键取消”的提示下，单击主视图，系统自动生成箭头。

10. 7. 4　局部视图与局部剖视图

局部视图只显示视图欲表达的部位，且将视图的其他部分省略或断裂。创建局部视图时，需先指定一个参照点作为中心点，并在视图上草绘一条样条曲线以选定一定的区域，生成的局部视图将显示以此样条曲线为边界的区域。

局部剖视图以剖视的形式显示选定区域的视图，可以用于某些复杂的视图中，使图样简洁，增加图样的可读性。在一个视图中还可以做多个局部截面，这些截面可以不在一个平面上，用以更加全面地表达零件的结构。

1. 创建局部视图

局部视图如图 10. 7. 22 所示，操作步骤如下：

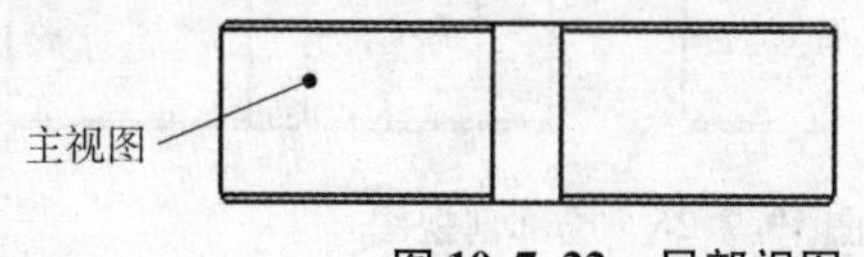

图 10. 7. 22　局部视图

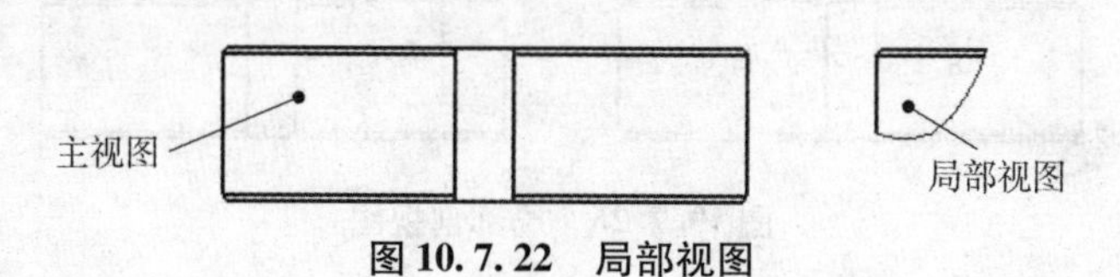

步骤 1：将工作目录设置至“D：\proewf4. 7\work\ch10\ch10. 07\ch10. 07. 04”，打开“tool_disk_drw_1. drw”工程图文件。

步骤 2：先单击图 10. 7. 22 所示的主视图，然后单击鼠标右键，从系统弹出的快捷菜单中选择“插入投影视图”命令。

步骤 3：在系统“选取绘制视图的中心点”的提示下，在图形区的主视图右侧单击，放置投影图。

步骤 4：双击投影视图，系统弹出“绘图视图”对话框，选取“类别”区域中的“可见区域”选项，将“视图可见性”设置为“局部视图”，如图 10. 7. 23 所示。

步骤 5：绘制部分视图的边界线。

（1）此时系统提示“选取新的参照点，单击‘确定’完成”，在投影视图的边线上选取一点（如果不在模型的边线上选取点，系统则不认可），这时在拾取的点附近出现一个十字线，如图 10. 7. 24 所示。

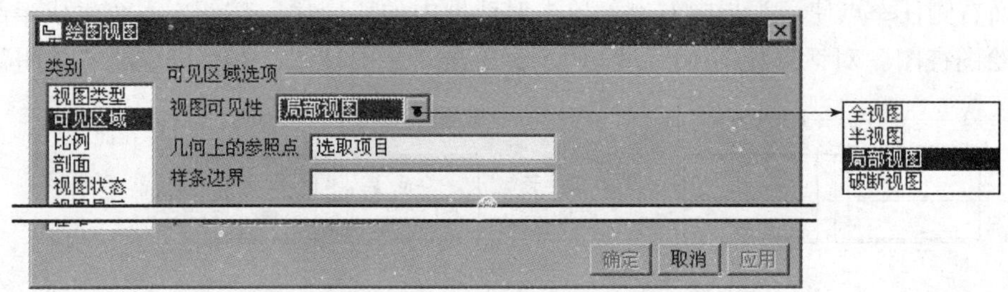

图 10.7.23 “绘图视图”对话框

注意：在视图较小的情况下，此十字线不易看见，可通过放大视图区来观察；移动或缩放视图区时，十字线可能会消失，但不妨碍操作的进行。

（2）在系统“在当前视图上草绘样条来定义外部边界”的提示下，直接绘制图 10.7.25 所示的样条线来定义外部边界，当绘制到封合时，单击鼠标中键结束绘制（在绘制边界线前，不要选择样条线的绘制命令，可直接单击进行绘制）。

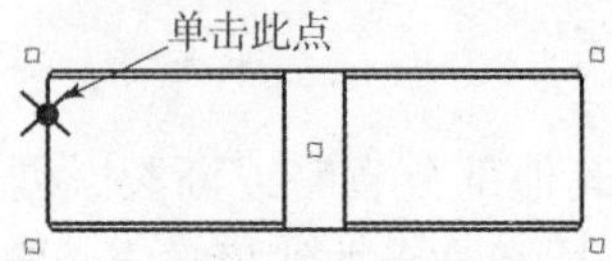

图 10.7.24 选取边界中心点

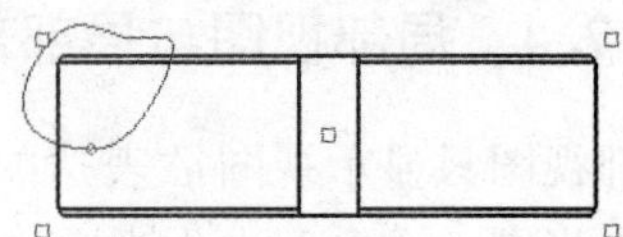

图 10.7.25 定义外部边界

步骤 6：单击对话框中的“确定”按钮，关闭对话框。

2. 创建局部剖视图

局部剖视图如图 10.7.26 所示，操作步骤如下：

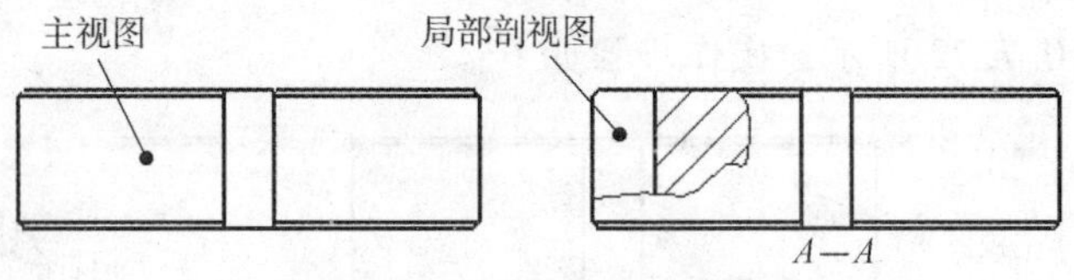

图 10.7.26 局部剖视图

步骤 1：将工作目录设置至“D:\proewf4.7\work\ch10\ch10.07\ch10.07.04”，打开“tool_disk_drw_2.drw”工程图文件。

步骤 2：创建图 10.7.26 所示主视图的右视图（投影视图）。

步骤 3：双击上一步中创建的投影视图，系统弹出“绘图视图”对话框。

步骤 4：设置剖视图选项。

（1）在“绘图视图”对话框中，选取“类别”区域中的“剖面”选项。

（2）将“剖面选项”设置为“2D 截面”，将“模型边可见性”设置为“全部”，然后单击 + 按钮。

（3）在“名称”下拉列表框中选取剖截面 ✔A （A 剖截面在零件模块中已提前创建），在“剖切区域”下拉列表框中选取“局部”选项。

步骤 5：绘制局部剖视图的边界线。

（1）此时系统提示“选取截面间断的中心点〈A〉”，在图 10.7.27 所示的边线上选取一点（如果不在模型边线上选取点，系统不认可），这时在拾取的点附近出现一个十字线。

（2）在系统“草绘样条，不相交其它样条，来定义一轮廓线”的提示下，直接绘制图 10.7.28 所示的样条线来定义局部剖视图的边界，当绘制到封合时，单击鼠标中键结束绘制。

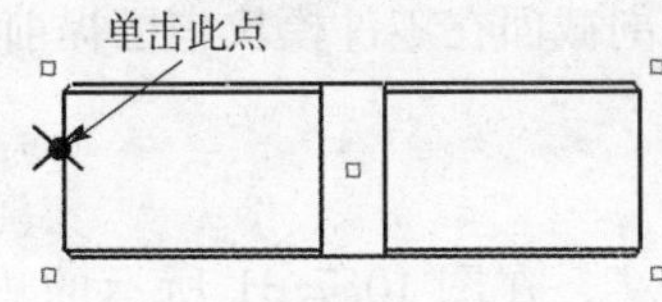

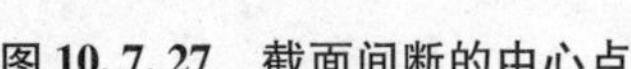

图 10.7.27　截面间断的中心点

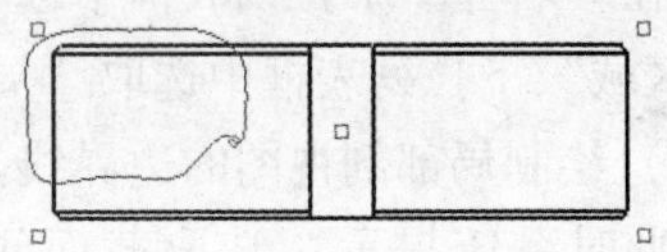

图 10.7.28　草绘轮廓线

步骤 6：此时“绘图视图”对话框如图 10.7.29 所示，单击“确定”按钮，关闭对话框。

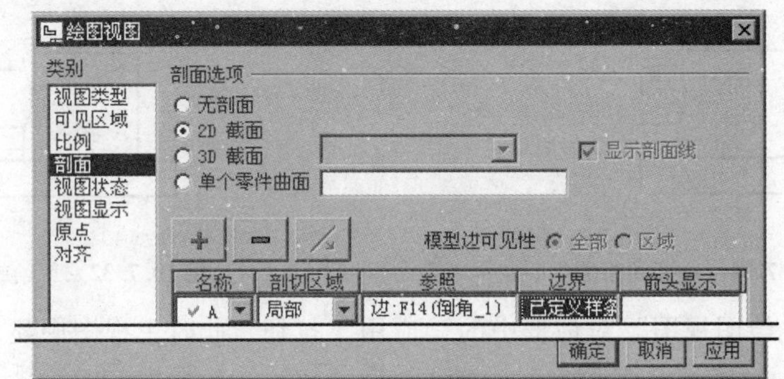

图 10.7.29　“绘图视图”对话框

3. 在同一个视图上产生多个局部剖截面

同一视图上显示多个局部剖截面的效果如图 10.7.30 所示，操作步骤如下：

步骤 1：将工作目录设置至“D:\proewf4.7\work\ch10\ch10.07\ch10.07.04”，打开文件“base_drw.drw”。

步骤 2：双击图 10.7.30（a）所示的主视图，系统弹出“绘图视图”对话框。

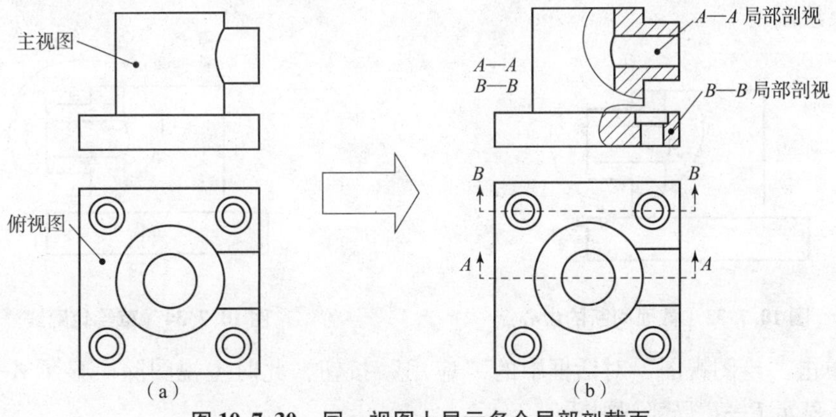

图 10.7.30　同一视图上显示多个局部剖截面

（a）显示前；（b）显示后

（1）设置剖视图选项。

①在“绘图视图”对话框中，选取“类别”区域中的“剖面”选项。

②将“剖面选项”设置为“2D 截面”，将“模型边可见性”设置为“全部”，然后单击 + 按钮。

③在“名称”下拉列表框中选取剖截面 ✔A （A 剖截面在零件模块中已提前创建），在“剖切区域”下拉列表框中选取“局部”选项。

（2）绘制局部剖视图的边界线。

①此时系统提示“选取截面间断的中心点〈A〉”，在图 10.7.31 所示的边线上选取一点。

②在系统“草绘样条，不相交其它样条，来定义一轮廓线”的提示下，直接绘制图 10.7.32 所示的样条线来定义局部剖视图的边界，当绘制到封合时，单击鼠标中键结束绘制。

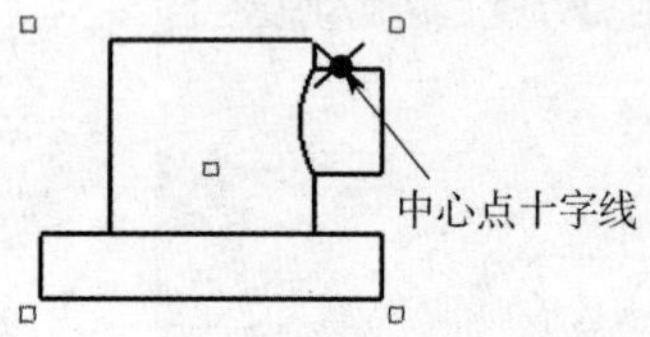

图 10.7.31　截面间断的中心点

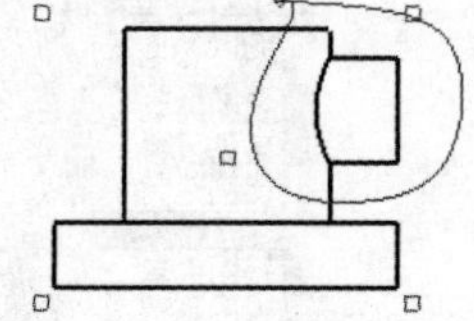

图 10.7.32　草绘轮廓线

（3）单击“绘图视图”对话框中的“应用”按钮，此时主视图中显示 *A—A* 局部剖视图。

步骤 3：创建 *B—B* 局部剖视。

（1）单击“添加截面”按钮 + ，在“名称”下拉列表框中选取剖截面 ✔B （B 剖截面在零件模块中已提前创建），在“剖切区域”下拉列表框中选取“局部”选项。

（2）首先在系统“选取截面间断的中心点〈A〉”的提示下，在图 10.7.33 所示的投影视图的边线上选取一点，然后在系统“草绘样条，不相交其它样条，来定义一轮廓线”的提示下，绘制图 10.7.34 所示的样条线来定义局部剖视图的边界，当绘制到封合时，单击鼠标中键结束绘制。

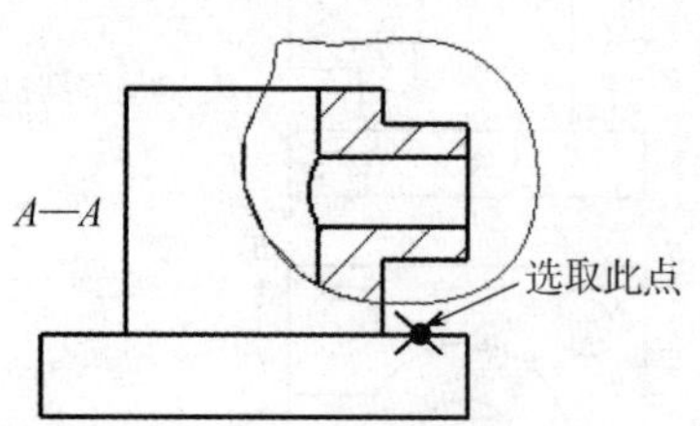

图 10.7.33　截面间断的中心点

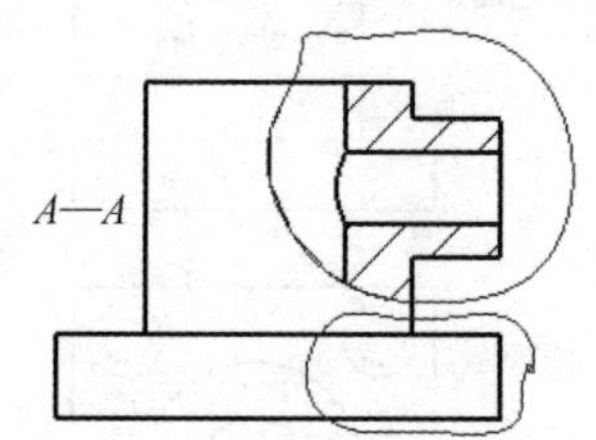

图 10.7.34　草绘轮廓线

（3）单击“绘图视图”对话框中的“应用”按钮，此时主视图除了显示 *A—A* 局部剖视图外，还显示 *B—B* 局部剖视图。

步骤 4：单击“绘图视图”对话框中的“关闭”按钮，关闭对话框。

步骤 5：添加箭头。

（1）添加 *A—A* 局部剖视在俯视图上的箭头。

①选取图 10. 7. 30（b）所示的局部剖视图，然后单击鼠标右键，从弹出的快捷菜单中选择“添加箭头”命令，此时系统弹出图 10. 7. 35 所示的“菜单管理器”，并显示提示“从菜单选取横截面”。

②在菜单管理器中选取截面“A”，再选取图 10. 7. 30（b）所示的俯视图，系统立即在俯视图上生成 *A—A* 局部剖视的箭头。

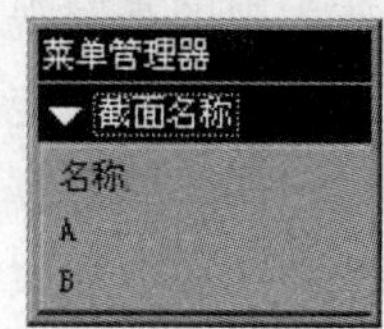

图 10. 7. 35　选取截面

（2）添加 *B—B* 局部剖视在俯视图上的箭头。

①选取图 10. 7. 30（b）所示的局部剖视图，单击鼠标右键，从弹出的快捷菜单中选择“添加箭头”命令。

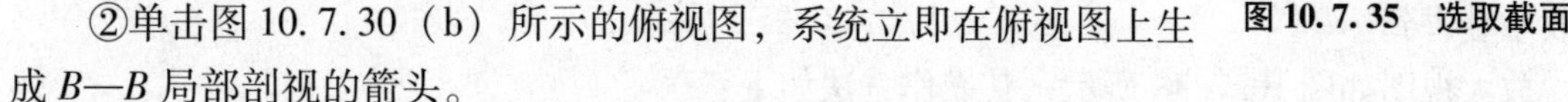

②单击图 10. 7. 30（b）所示的俯视图，系统立即在俯视图上生成 *B—B* 局部剖视的箭头。

10. 7. 5　辅助视图

辅助视图又叫向视图，它也是投影生成的，它和一般投影视图的不同之处在于，它是沿着零件上某个斜面投影生成的，而一般投影视图是正投影。辅助视图常用于具有斜面的零件。在工程图中，当正投影视图表达不清楚零件的结构时，可以采用辅助视图。

辅助视图如图 10. 7. 36 所示，操作方法如下：

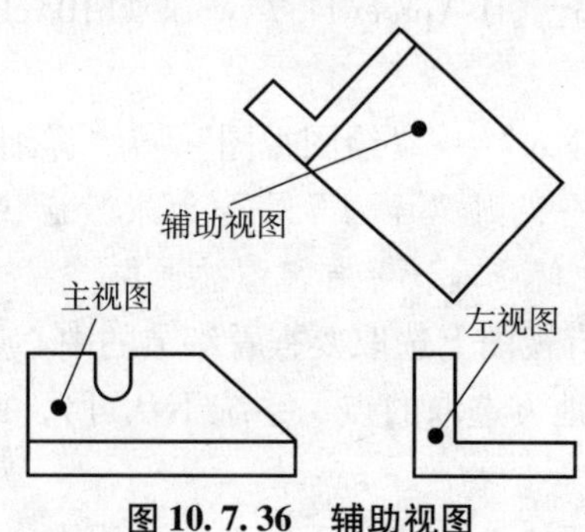

图 10. 7. 36　辅助视图

步骤 1：将工作目录设置至“D:\proewf4. 7\work\ch10\ch10. 07\ch10. 07. 05”，打开“bracket_drw. drw”工程图文件。

步骤 2：选择下拉菜单“插入”→“绘图视图”→“辅助”命令。

注意：若视图为被选中状态，则“辅助”命令为未激活状态（“辅助”命令选项为灰色），所以在创建辅助视图之前应确认没有视图被选中。

步骤 3：在系统“在主视图上选取穿过前侧曲面的轴或作为基准曲面的前侧曲面的基准平面”的提示下，选取图 10. 7. 37 所示的边线（在图 10. 7. 37 所示的视图中，选取的边线其实为一个面，由于此面与视图垂直，所以其退化为一条边线；在主视图非边线的地方选取，系统不认可）。

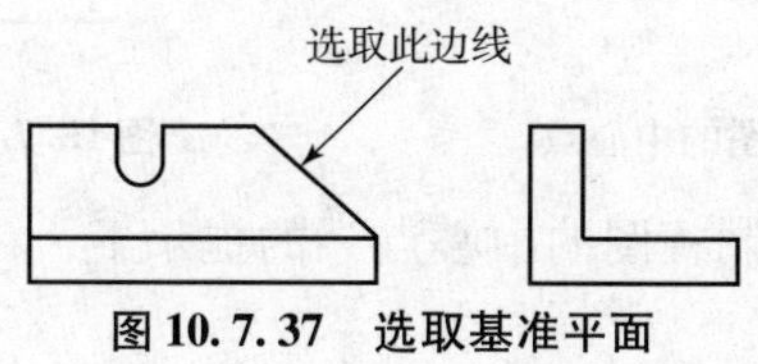

图 10. 7. 37　选取基准平面

步骤4：在系统“选取绘制视图的中心点”的提示下，在主视图的右上方选取一点来放置辅助视图。

10.7.6 放大视图

放大视图是对视图的局部进行放大显示，所以又被称为“局部放大视图”，放大视图以放大的形式显示选定区域，可以用于显示视图中相对尺寸较小且较复杂的部分，增加图样的可读性；创建局部放大视图时需先在视图上选取一点作为参照中心点并草绘一条样条曲线以选定放大区域，放大视图显示大小和图纸缩放比例有关，例如图纸比例为1∶2时，则放大视图显示大小为其父项视图的两倍，并可以根据实际需要调整比例，这在后面视图的编辑与修改中会讲到。

放大视图如图10.7.38所示，其操作方法如下：

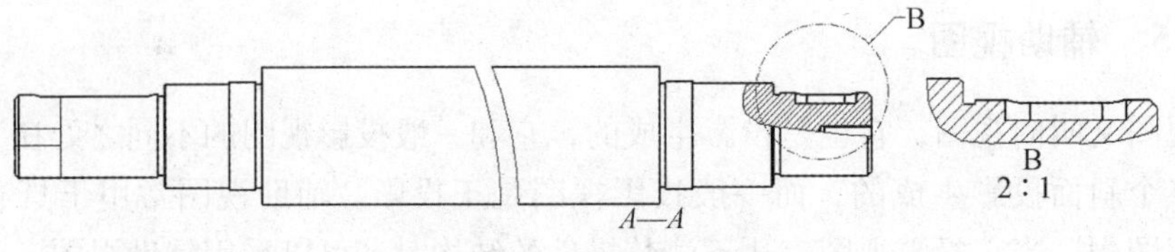

图10.7.38 局部放大视图

步骤1：将工作目录设置至“D:\proewf4.7\work\ch10\ch10.07\ch10.07.06”，打开文件“shaft_drw.drw”。

步骤2：选择下拉菜单“插入”→“绘图视图”→“详细”命令。

注意：若视图为被选中状态，则“详细”命令为未激活状态（“详细”命令选项为灰色）。所以在创建局部放大图之前应确认没有视图被选中。

步骤3：在系统“在一现有视图上选取要查看细节的中心点”的提示下，在图样的边线上选取一点（在视图非边线的地方选取的点，系统不认可），此时在拾取的点附近出现一个十字线，如图10.7.39所示。

注意：在视图较小的情况下，此十字线不易看见，可通过放大视图区来观察；移动或缩放视图区时，十字线可能会消失，但不妨碍操作的进行。

步骤4：绘制放大视图的轮廓线。

在系统“草绘样条，不相交其它样条，来定义一轮廓线”的提示下，绘制图10.7.40所示的样条线以定义放大视图的轮廓，当绘制到封合时，单击鼠标中键结束绘制（在绘制边界线前，不要选择样条线的绘制命令，而是直接单击进行绘制）。

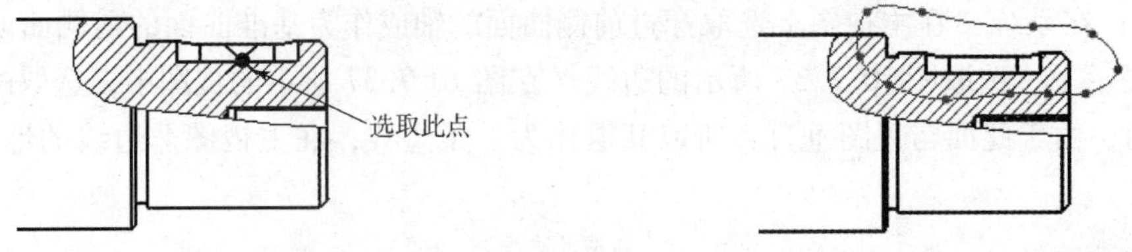

图10.7.39 选择放大视图的中心点　　**图10.7.40 放大视图的轮廓线**

步骤5：在系统“选取绘制视图的中心点”的提示下，在图形区选取一点来放置放大视图。

步骤 6：设置轮廓线的边界类型。

（1）在创建的局部放大视图上双击，系统弹出图 10. 7. 41 所示的“绘图视图”对话框。

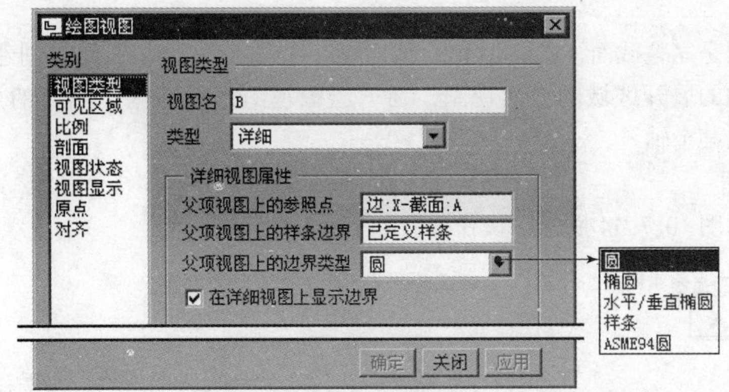

图 10. 7. 41　“绘图视图”对话框

（2）在“视图名”文本框中输入放大图的名称“B”；在“父项视图上的边界类型”下拉列表中，选取“圆”选项，然后单击“应用”按钮，此时轮廓线变成一个双点画线的圆，如图 10. 7. 42 所示。

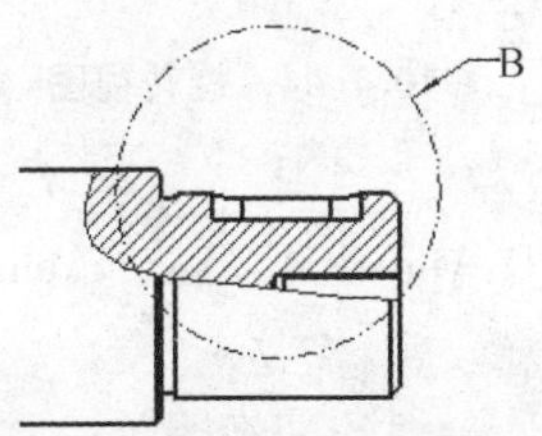

图 10. 7. 42　注释文本的放置位置

步骤 7：在“绘图视图”对话框中，选取“类别”区域中的“比例”选项，再选中“定制比例”单选项，然后在后面的文本框中输入比例值“2. 000”，单击“应用”按钮，如图 10. 7. 43 所示。

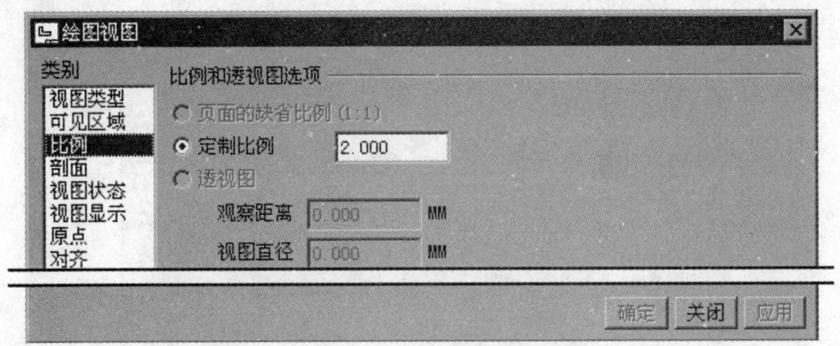

图 10. 7. 43　“绘图视图”对话框

步骤 8：单击对话框中的“关闭”按钮，关闭对话框。

10. 7. 7　旋转视图和旋转剖视图

旋转视图又叫旋转截面视图，因为在创建旋转视图时常用到剖截面。它是从现有视图引出的，主要用于表达剖截面的剖面形状，因此常用于“工字钢”等零件。此剖截面必须和它所引出的那个视图相垂直。在 Pro/E 工程图环境中，旋转视图的截面类型均为区域截面，即只显示被剖切的部分，因此在创建旋转视图的过程中不会出现“截面类型”菜单。

旋转剖视图是完整截面视图，但它的截面是一个偏距截面（因此需创建偏距剖截面）。其显示绕某一轴的展开区域的截面视图，在“绘图视图”对话框中用到的是“全部对齐”选项，且需选取某个轴。

1. 旋转视图

旋转视图如图 10.7.44 所示，操作步骤如下：

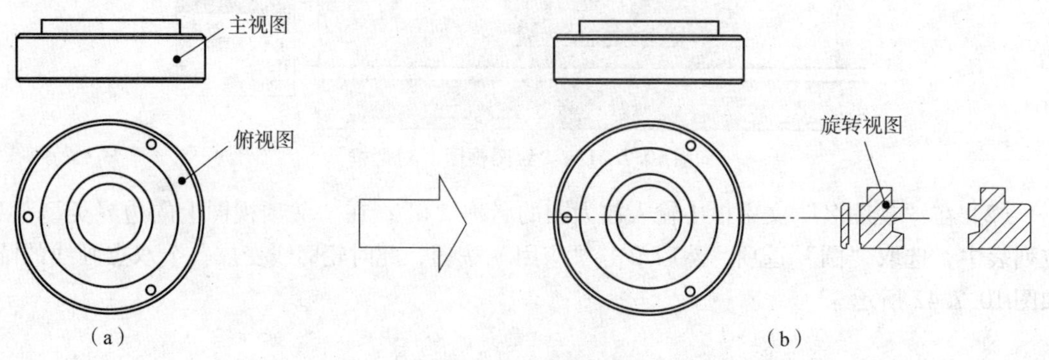

图 10.7.44 旋转视图

(a) 创建前；(b) 创建后

步骤 1：将工作目录设置至“D:\proewf4.7\work\ch10\ch10.07\ch10.07.07”，打开文件“cover_drw_1.drw”。

步骤 2：选择下拉菜单“插入”→“绘图视图”→“旋转”命令。

步骤 3：在系统“选取旋转界面的父视图”的提示下，单击选取图形区中的俯视图。

步骤 4：在“选取绘制视图的中心点”的提示下，在图形区俯视图的右侧选取一点，系统立即产生旋转视图，并弹出图 10.7.45 所示的“绘图视图”对话框（系统已自动选取截面 A，在此例中只有截面 A 符合创建旋转视图的条件；如果有多个截面符合条件，需读者自己选取）。

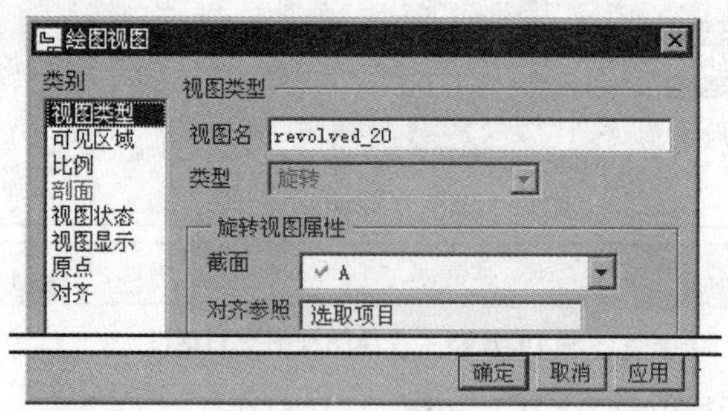

图 10.7.45 “绘图视图”对话框

步骤 5：此时系统显示提示“选取对称轴或基准（中键取消）”，一般不需要选取对称轴或基准，直接单击鼠标中键或在对话框中单击“确定”按钮完成旋转视图的创建（如果旋转视图和原俯视图重合在一起，可移动旋转视图到合适位置）。

2. 旋转剖视图

旋转剖视图如图 10.7.46 所示，操作步骤如下：

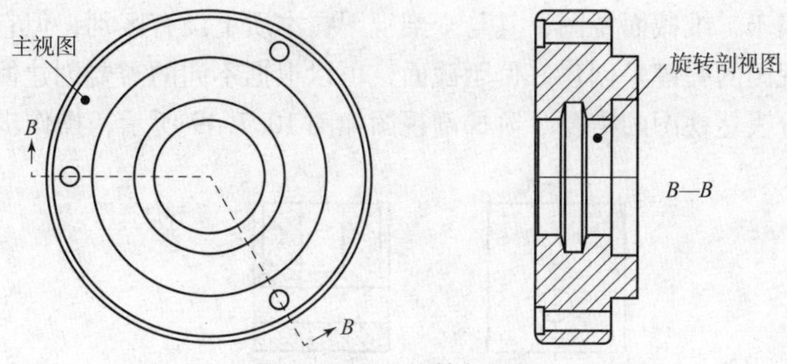

图 10.7.46　旋转剖视图

步骤 1：将工作目录设置至“D：\proewf4.7\work\ch10\ch10.07\ch10.07.07”，打开“cover_drw_2.drw”文件。

步骤 2：先单击选中图 10.7.46 所示的主视图，然后单击鼠标右键，从系统弹出的快捷菜单中选择“插入投影视图”命令。

步骤 3：在系统“选取绘制视图的中心点”的提示下，在图形区主视图的右侧任意位置单击，放置投影视图。

步骤 4：双击上一步中创建的投影视图，系统弹出“绘图视图”对话框。

步骤 5：设置剖视图选项。

（1）在图 10.7.47 所示的对话框中，选取“类别”区域中的“剖面”选项。

（2）将“剖面选项”设置为“2D 截面”，将“模型边可见性”设置为“全部”，然后单击 + 按钮。

（3）在“名称”下拉列表框中选取剖截面 ✓B（B 剖截面是偏距剖截面，在零件模块中已提前创建），在“剖切区域”下拉列表框中选取“全部（对齐）”选项。

（4）在系统“选取轴（在轴线上选取）”的提示下选取图 10.7.48 所示的轴线（如果在视图中基准轴没有显示，需单击 按钮打开基准轴的显示）。

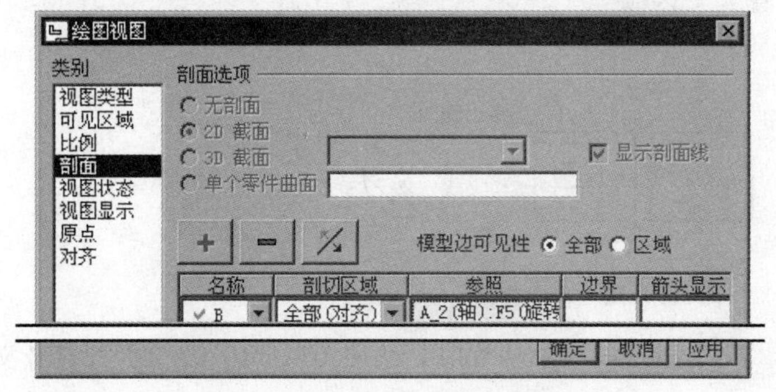

图 10.7.47　“绘图视图”对话框

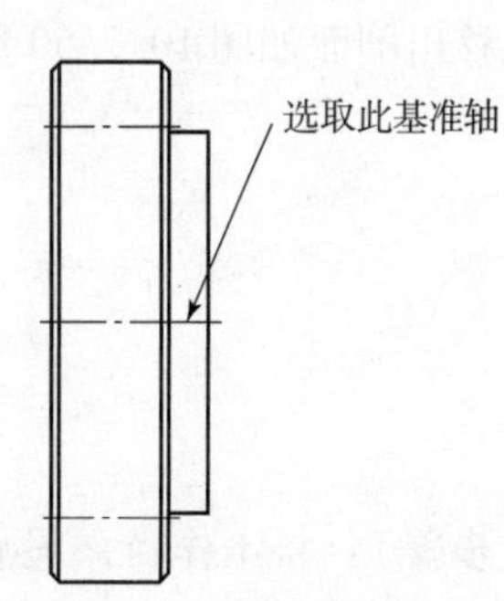

图 10.7.48　选取基准轴

步骤 6：单击对话框中的“确定”按钮，关闭对话框。

步骤 7：添加箭头。选取图 10.7.46 所示的旋转剖视图，然后单击鼠标右键，从弹出的快捷菜单中选择“添加箭头”命令；单击主视图，系统自动生成箭头。

10.7.8 阶梯剖视图

阶梯剖视图属于二维截面视图，其与全剖视图在本质上没有区别，但它的截面是偏距截面。创建阶梯剖视图的关键是创建好偏距截面，可以根据不同的需要创建偏距截面来实现阶梯剖视以达到充分表达视图的需要。阶梯剖视图如图 10.7.49 所示，操作步骤如下：

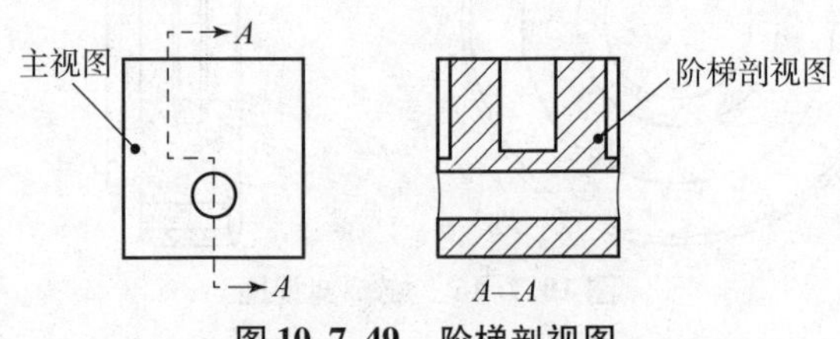

图 10.7.49 阶梯剖视图

步骤 1：将工作目录设置至“D:\proewf4.7\work\ch10\ch10.07\ch10.07.08”，打开“connecting_shaft_drw.drw”工程图文件。

步骤 2：创建图 10.7.49 所示主视图的右视图。

步骤 3：双击上一步中创建的投影视图，系统弹出“绘图视图”对话框。

步骤 4：设置剖视图选项。在“绘图视图”对话框中，选取“类别”区域中的“剖面”选项；将“剖面选项”设置为“2D 截面”，然后单击 + 按钮；将“模型边可见性”设置为“全部”；在“名称”下拉列表框中选取剖截面 ✔A，在“剖切区域”下拉列表框中选取“完全”选项；单击对话框中的“确定”按钮，关闭对话框。

步骤 5：添加箭头。选取图 10.7.49 所示的阶梯剖视图，然后单击鼠标右键，从弹出的快捷菜单中选择“添加箭头”命令；单击主视图，系统自动生成箭头。

10.7.9 移出剖面

移出剖面也被称为“断面图”，常用在只需表达零件断面的场合下，这样可以使视图简化，又能使视图所表达的零件结构清晰易懂。在创建移出剖面时，关键是要将“绘图视图”对话框中的“模型边可见性”设置为“区域”。

移出剖面如图 10.7.50 所示，操作步骤如下：

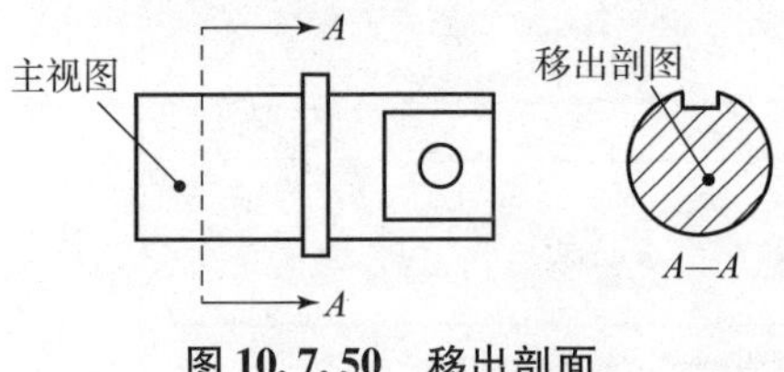

图 10.7.50 移出剖面

步骤 1：将工作目录设置至“D:\proewf4.7\work\ch10\ch10.07\ch10.07.09”，打开文件“shaft_drw.drw”。

步骤 2：选择下拉菜单“插入”→“绘图视图”→“一般”命令。

步骤 3：在系统“选取绘制视图的中心点”的提示下，在图形区主视图的右侧单击，此时绘图区出现系统默认的零件模型的斜轴测图，如图 10.7.51 所示，并弹出“绘图视图”对话框。

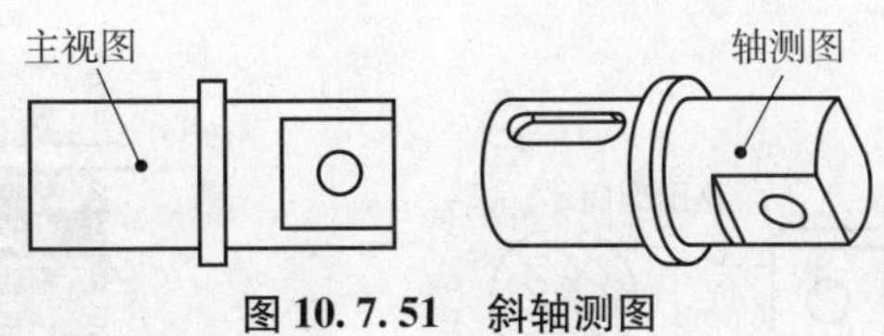

图 10.7.51　斜轴测图

步骤 4：在“绘图视图”对话框中的“视图方向”区域中，选中“选取定向方向”中的“查看来自模型的名称”单选项，在“模型视图名”区域中找到视图名称“LEFT”，此时“绘图视图”对话框如图 10.7.52 所示，单击对话框中的“应用”按钮。

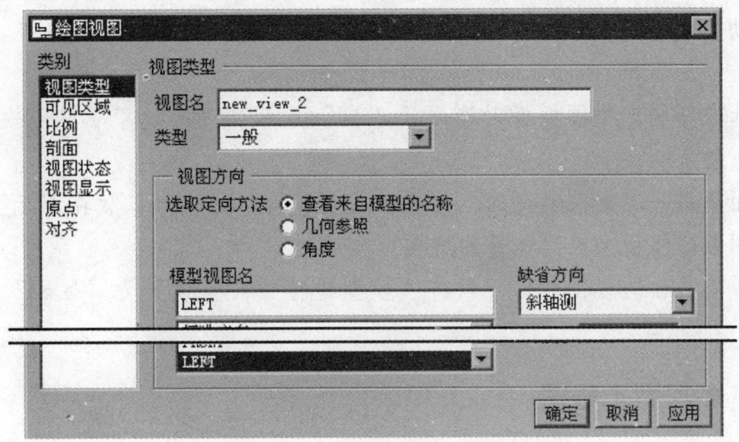

图 10.7.52　“绘图视图”对话框

步骤 5：设置剖视图选项。在“绘图视图”对话框中，选取“类别”区域中的“剖面”选项；将“剖面选项”设置为“2D 截面”，然后单击 + 按钮；将“模型边可见性”设置为“区域”；在“名称”下拉列表框中选取剖截面 A，在“剖切区域”下拉列表框中选取“完全”选项，设置完成后的对话框如图 10.7.53 所示，最后单击对话框中的“确定”按钮，关闭对话框，完成移除剖面的添加，如图 10.7.54 所示。

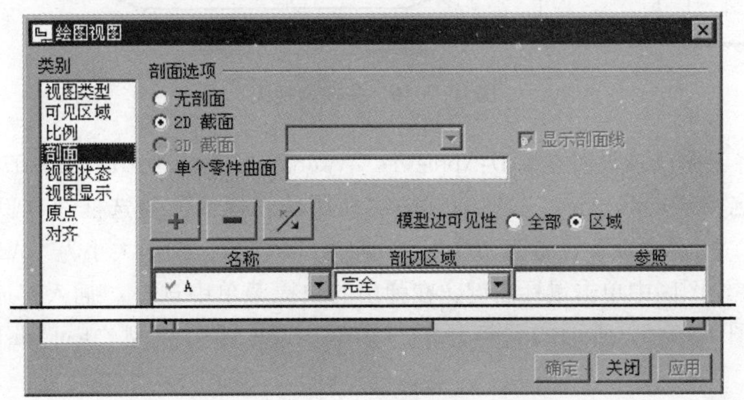

图 10.7.53　“绘图视图”对话框

步骤 6：添加箭头。

（1）选择图 10.7.54 所示的断面图，然后单击鼠标右键，从图 10.7.55 所示的快捷菜单中选择“添加箭头”命令。

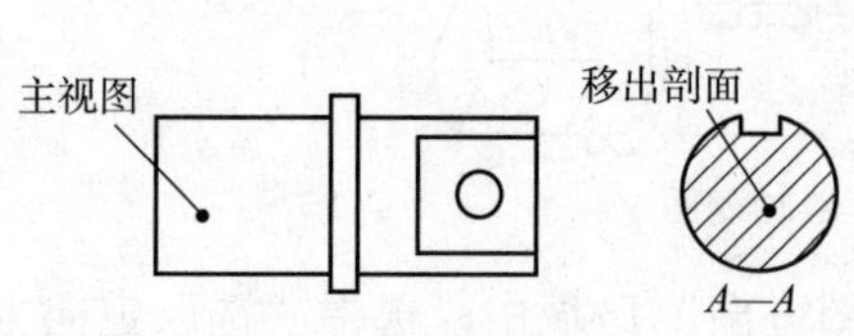

图 10.7.54　移出剖面

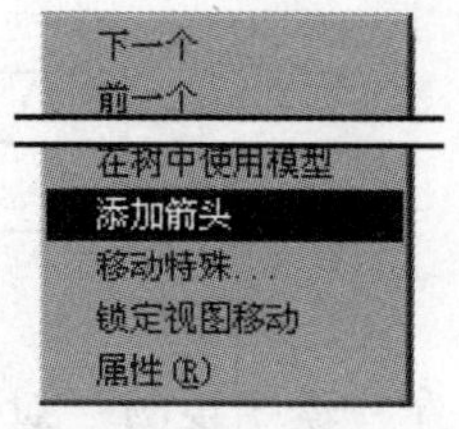

图 10.7.55　快捷菜单

(2) 在系统“给箭头选出一个截面在其处垂直的视图，中键取消”的提示下，单击主视图，系统自动生成箭头。

注意：

①本章在选取新制工程图模板时选用了“空”模板，如果选用了其他模板，所得到的箭头可能会有所差别。

②移出剖面是用一般方法创建的，故可以随便移动，这样可以放在图纸上合适的位置，可以充分利用图纸的幅面来表达零件的结构。

③在创建带有截面的视图时，可以将“模型边可见性”设置为“区域”来表达只被剖截到的部分。

10.7.10　多模型工程图

多模型视图是指在同一张工程图中显示两个或多个零件视图的视图。当表达某个零件的结构需要参照其他零件的结构时，就需要用到多模型视图。多模型视图中，各个零件的视图仍与其相应的零件模型相关联。

多模型视图如图 10.7.56 所示，操作方法如下：

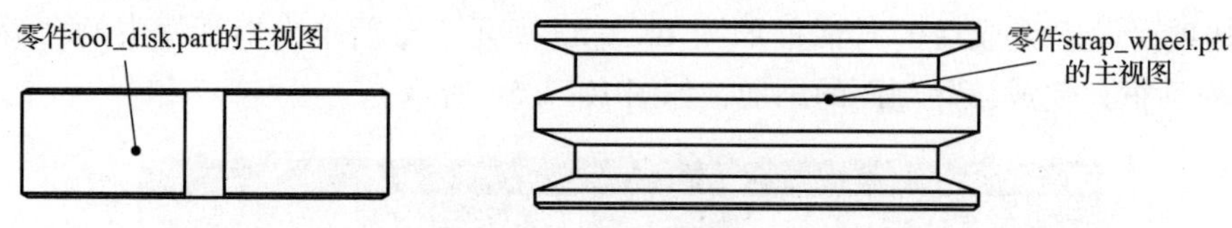

图 10.7.56　多模型视图

步骤 1：将工作目录设置至“D:\proewf4.7\work\ch10\ch10.07\ch10.07.10”，新建工程图文件并命名为“multi_view”，取消选中“使用缺省模板”复选框（本例“缺省模型”设置为“无”，“指定模板”设置为“空”，方向为“横向”，幅面大小为“A3”）。

步骤 2：在绘图区中单击鼠标右键，在弹出的快捷菜单中选择“插入普通视图”命令，此时系统弹出图 10.7.57 所示的“打开”对话框，选取零件模型“tool_disk.part”，单击“打开”按钮。

步骤 3：此时系统出现提示“选取绘制视图的中心点”，在绘图区左侧单击，此时绘图区出现系统默认的零件“tool_disk.part”的斜轴测图，并弹出“绘图视图”对话框。

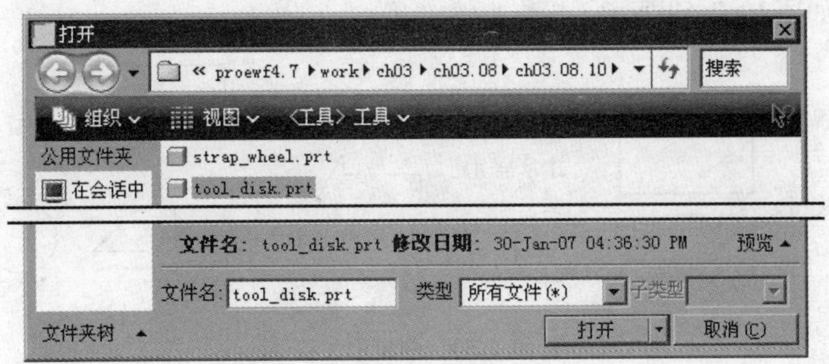

图 10.7.57　“打开”对话框

步骤 4：在“绘图视图”对话框中的“视图方向”区域中，选中“选取定向方法”中的“查看来自模型的名称”单选项，在“模型视图名”中找到视图名称“V1”，单击“确定”按钮，完成零件“tool_disk. part”主视图的创建。

步骤 5：选择下拉菜单“文件”→“属性”命令，系统弹出“FILE PROPERTIES（文件属性）”菜单，如图 10.7.58 所示。

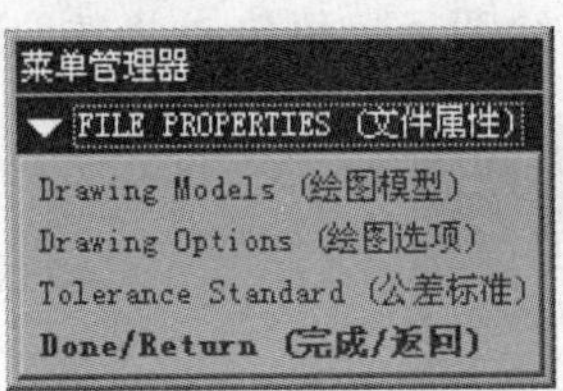

图 10.7.58　菜单管理器

步骤 6：选择“Drawing Models（绘图模型）”→“Add Model（添加模型）”命令，此时系统弹出“打开”对话框，从中选择零件模型“strap_wheel. prt”，单击“打开”按钮，再选择“Done/Return（完成/返回）”，此时系统显示提示“STRAP_WHEEL 已被加入绘图 MULTI_VIEW”。

步骤 7：在绘图区中单击鼠标右键，在弹出的快捷菜单中选择“插入普通视图”命令，在“选取绘制视图的中心点”的提示下，在零件模型“tool_disk. part”主视图的右侧选取一点，此时在绘图区出现系统默认的零件“strap_wheel. prt”的斜轴测图，并弹出“绘图视图”对话框。

步骤 8：在“绘图视图”对话框中按视图方向“V1”设置零件模型“strap_wheel. prt”的视图，单击“绘图视图”对话框中的“确定”按钮，关闭对话框，完成零件“strap_wheel. prt”主视图的创建。

10.7.11　相关视图

相关视图主要用于将草绘的 2D 图元与视图进行绑定，这样方便编辑视图。当完成相关视图的操作时，移动视图，则草绘图元也跟随视图的移动而移动，这样保持了视图与草绘图元之间的对应关系，避免因对应关系不对而引起不必要的误解。相关视图需用到工程图中二维草绘图的知识，读者可先对本节内容作初步的了解，当学完二维草绘图的知识后再深入学习本节内容。

相关视图如图 10.7.59 所示，操作步骤如下：

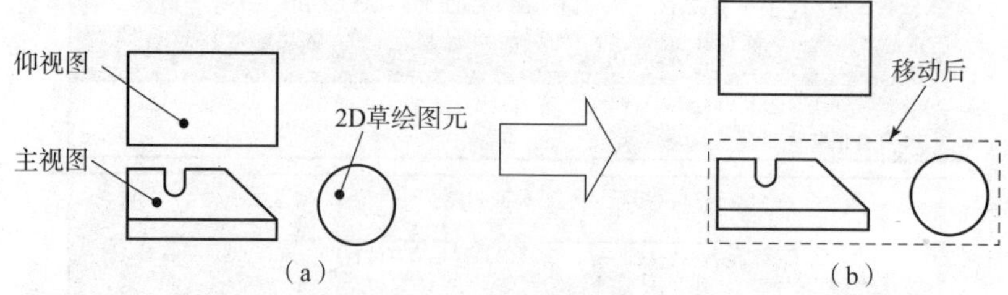

图 10.7.59　创建相关视图

（a）创建前；（b）创建后

步骤 1：将工作目录设置至“D:\proewf4.7\work\ch10\ch10.07\ch10.07.11”，打开“bracket_drw.drw”工程图文件。

步骤 2：选择下拉菜单“编辑”→“组”→“绘制组”命令，此时系统弹出图 10.7.60 所示的“DRAFT GROUP（绘制组）”菜单。

步骤 3：选择“Create（创建）”命令，系统弹出图 10.7.61 所示的“选取”对话框，框选图 10.7.59（a）所示的 2D 草绘图元，再单击“选取”对话框中的“确定”按钮。

图 10.7.60　“绘制组”菜单

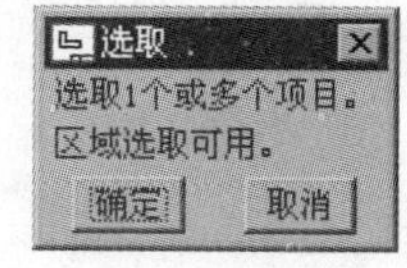

图 10.7.61　“选取”对话框

步骤 4：完成上步操作后，系统显示提示“输入组名［退出］”，在此提示后输入组名“group”，单击 按钮。

步骤 5：完成上步操作后，系统再次显示“选取”对话框，此时直接单击“选取”对话框中的“确定”按钮（或单击鼠标中键），然后选择“DRAFT GROUP（拔模组）”菜单中的“Done/Return（完成/返回）”命令。

步骤 6：选中图 10.7.59（a）所示的 2D 草绘图元。

步骤 7：选择下拉菜单“编辑”→“组”→“与视图相关”命令，此时系统显示提示“选取和其拔模图元相关的视图”，并弹出“选取”对话框。

步骤 8：选取图 10.7.59（a）所示的主视图。至此已创建完成主视图和 2D 图元的相关视图，此时移动主视图，2D 图元也会跟着移动，如图 10.7.59（b）所示。

10.7.12　对齐视图

对齐视图主要用于将创建的一般投影视图之间相互对齐，这样增加了视图之间的约束关系，如创建水平对齐时，所创建的水平对齐视图只能沿水平方向移动，这样就保证了视图之间的正确对应关系，使视图美观。

对齐视图的效果如图 10.7.62 所示，操作步骤如下：

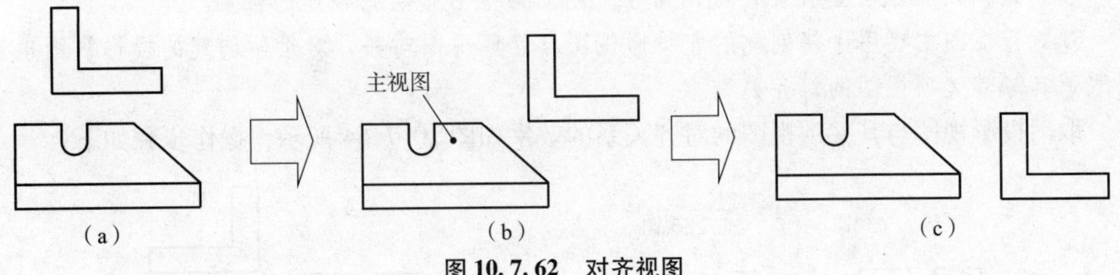

图 10.7.62　对齐视图

(a) 垂直对齐；(b) 未对齐；(c) 水平对齐

步骤 1：将工作目录设置至“D:\proewf4.7\work\ch10\ch10.07\ch10.07.12”，打开“bracket_drw_1.drw”工程图文件。

步骤 2：选择下拉菜单“插入”→“绘图视图”→“一般”命令。

步骤 3：在系统“选取绘制视图的中心点”的提示下，在图 10.7.62（b）所示的主视图右上方选取一点，此时绘图区会出现系统默认的零件模型的斜轴测图，并弹出“绘图视图”对话框。

步骤 4：在“绘图视图”对话框中的“视图方向”区域中，选中“选取定向方法”中的“查看来自模型的名称”单选项，在“模型视图名”区域中找到视图名称“V2”，单击“绘图视图”对话框中的“应用”按钮。

步骤 5：创建“垂直对齐”视图。

(1) 在“绘图视图”对话框中，选取“类别”区域中的“对齐”选项，在“视图对齐选项”区域中选中“将此视图与其它视图对齐”复选框，选中“垂直”单选项，在图形区选取图 10.7.62（b）所示的主视图，其他参数采用系统默认值，此时“绘图视图”对话框如图 10.7.63 所示。

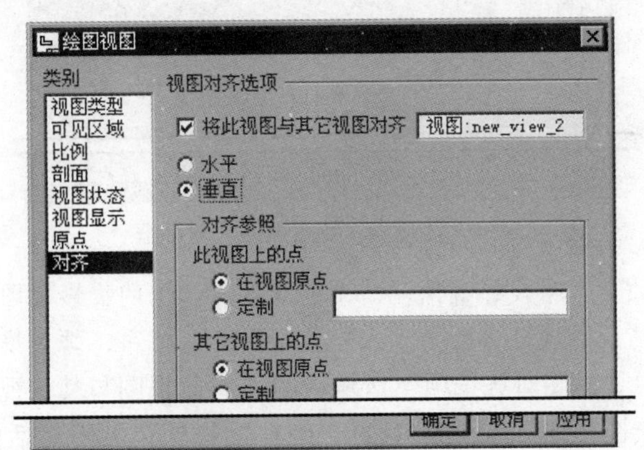

图 10.7.63　“绘图视图”对话框

(2) 单击“绘图视图”对话框中的“应用”按钮。

步骤 6：单击“绘图视图”对话框中的“关闭”按钮，关闭对话框。

说明：

①如果要创建“水平对齐”视图，只需选中“视图对齐选项”区域中的“水平”单选项，其他操作请参照“垂直对齐”。“水平对齐”视图如图 10.7.62（c）所示。

②如果先创建“垂直对齐”视图，不关闭“绘图视图”对话框，接着创建“水平对齐”视图，则两视图会重叠在一起，需在关闭对话框后移动到合适的位置。

③对齐视图主要用于将创建的非投影视图与其他视图对齐，对于所创建的投影视图也可以取消其与其父项视图的对齐关系。

取消投影视图与其父项视图的对齐关系的效果如图 10.7.64 所示，操作步骤如下：

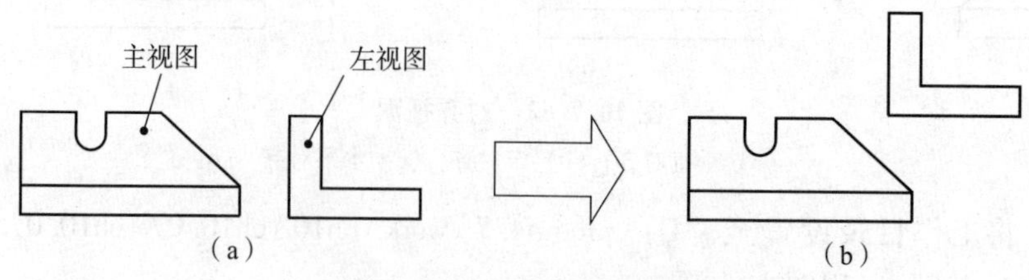

图 10.7.64　取消对齐视图

(a) 取消对齐前；(b) 取消对齐后

步骤 1：将工作目录设置至“D:\proewf4.7\work\ch10\ch10.07\ch10.07.12”，打开“bracket_drw”文件。

步骤 2：选取图 10.7.64 (a) 所示的主视图，然后单击鼠标右键，从弹出的快捷菜单中选择“插入投影视图”命令。

步骤 3：在系统“选取绘制视图的中心点”的提示下，在图形区主视图的右侧单击。

步骤 4：双击上一步创建的投影视图，系统弹出“绘图视图”对话框。

步骤 5：在“绘图视图”对话框中，选取“类别”区域中的“对齐”选项，此时“绘图视图”对话框如图 10.7.65 所示，系统默认所产生的投影视图和其父项视图是水平对齐关系。

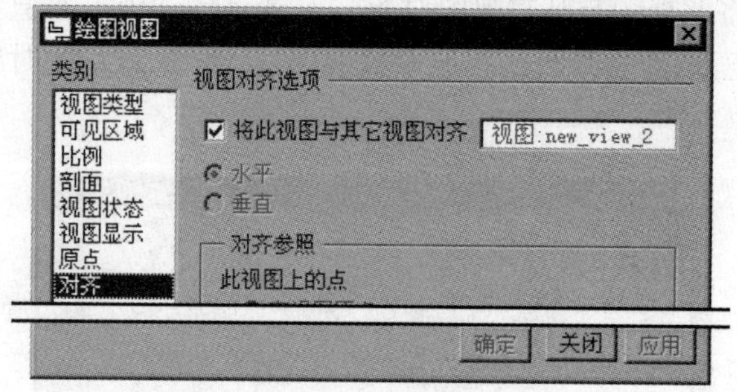

图 10.7.65　“绘图视图”对话框

说明：如果创建的是水平投影视图，则系统默认所产生的投影视图与其父项视图是水平对齐关系，并且在取消后再恢复时仍是且只能是水平对齐关系，垂直投影视图亦如此。

步骤 6：取消选中“视图对齐选项”区域中的“将此视图与其它视图对齐”复选框。

步骤 7：单击“绘图视图”对话框中的“确定”按钮，关闭对话框。至此就完成了取消投影视图与其父项视图对齐关系的操作，此时如果移动主视图，左视图不会随之移动。

10.7.13　复制并对齐视图

复制并对齐视图用于有多个微小复杂部分结构的零件，在创建完某个零件的局部视图后，如果此零件有其他微小复杂部分，就需要创建复制并对齐视图。复制并对齐视图在同一个视图方向上用局部视图的形式来表达零件的其他微小复杂部分，这样既能使视图清晰，又能保持局部视图之间的相对位置。

复制并对齐视图如图 10. 7. 66 所示，操作步骤如下：

图 10. 7. 66　复制并对齐视图

步骤 1：将工作目录设置至“D:\proewf4. 7\work\ch10\ch10. 07\ch10. 07. 13”，打开文件“shaft_drw. drw”。

步骤 2：选择下拉菜单“插入”→“绘图视图”→“复制并对齐”命令。

步骤 3：在系统“选取一个要与之对齐的部分视图”的提示下，选取图 10. 7. 66 所示的局部视图。

步骤 4：在系统“选取绘制视图的中心点”的提示下，在主视图的下方单击，此时在绘图区出现零件模型的完整视图，如图 10. 7. 67 所示，并弹出“选取”对话框。

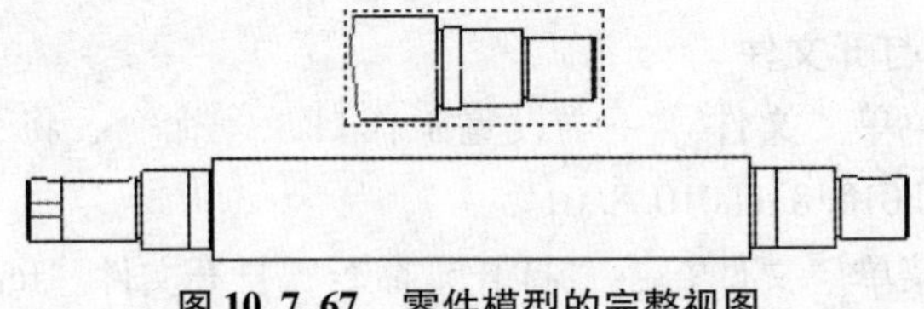

图 10. 7. 67　零件模型的完整视图

步骤 5：在系统“在当前视图上，给细节选择中心点”的提示下，在图样的边线上选取一点（在视图的非边线地方选取的点，系统不认可），此时在拾取的点附近出现一个十字叉，如图 10. 7. 68 所示。

步骤 6：在系统“草绘样条，不相交其它样条，来定义一轮廓线”的提示下，直接绘制图 10. 7. 69 所示的样条线以定义视图的轮廓，当绘制到封合时，单击鼠标中键结束绘制，此时绘图区立即显示以所绘制的样条线为轮廓的局部视图，如图 10. 7. 70 所示。

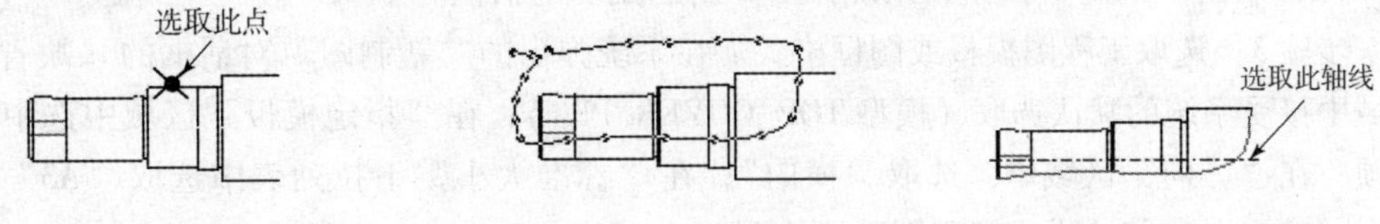

图 10. 7. 68　选取中心点　　图 10. 7. 69　草绘轮廓线　　图 10. 7. 70　选取轴线

步骤 7：选取图 10. 7. 70 所示的轴线，此时，所创建的复制并对齐视图立即和图 10. 7. 66 所示的局部视图以轴线对齐。

10. 8　工程图视图范例

10. 8. 1　范例 1——创建基本视图

范例概述：本范例是一个简单的工程图视图制作实例，通过本例的学习，读者可以学习到工程图视图创建的一般过程。本范例的工程图视图如图 10. 8. 1 所示。

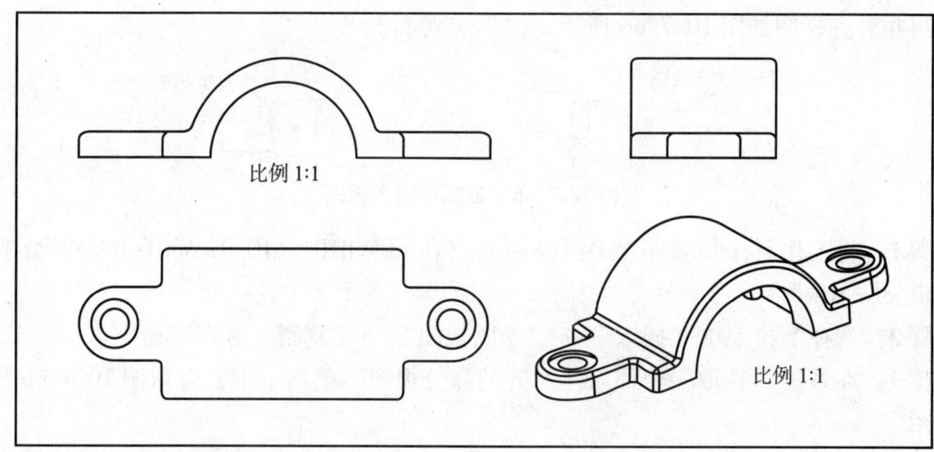

图 10.8.1　零件工程图范例

1. 设置工作目录和打开文件

步骤 1：选择下拉菜单“文件”→“设置工作目录”命令，将工作目录设置至“D:\proewf4.7\work\ch10\ch010.8\ch010.8.01”。

步骤 2：选择下拉菜单“文件”→“打开”命令，打开文件“top_cover.prt”。

2. 新建工程图

步骤 1：在工具栏中单击“新建文件”命令按钮 。

步骤 2：在系统弹出的“新建”对话框中，进行以下操作：

(1) 在“类型”区域中选中“绘图”单选项。

(2) 在“名称”文本框中输入工程图文件名“ex03_01”。

(3) 取消选中“使用缺省模板”复选框，即不使用默认模板。

(4) 单击“确定”按钮，系统弹出“新制图”对话框。

步骤 3：选取工程图模板或图框格式。在系统弹出的“新制图”对话框的“缺省模型”区域中接受系统的默认选取（模型 TOP_COVER.PRT）；在“指定模板”区域中选中“空”选项；在“方向”区域中，选取“横向”；在“标准大小”下拉列表中选取“A3”选项；单击“确定”按钮，进入工程图环境。

3. 创建图 10.8.1 所示的主视图

步骤 1：在零件模式下，确定主视图方位。

(1) 选择下拉菜单“窗口”→“1 TOP_COVER.PRT”命令。

(2) 选择下拉菜单“视图”→“方向”→“重定向”命令（或单击工具栏中的 按钮），系统弹出图 10.8.2 所示的“方向”对话框。

(3) 在“方向”对话框的“类型”下拉列表中选取“按参照定向”选项。

(4) 定义参照 1。

①采用默认的方位“前”选项作为参照 1 的方位。

②选取图 10.8.3（a）所示模型的“表面 1”作为参照 1。

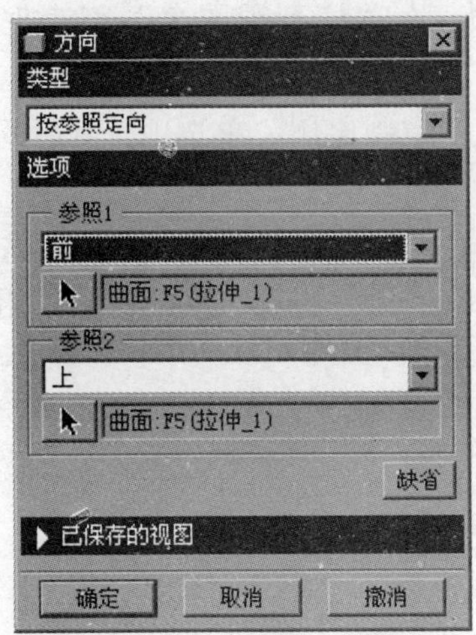

图 10.8.2　“方向”对话框

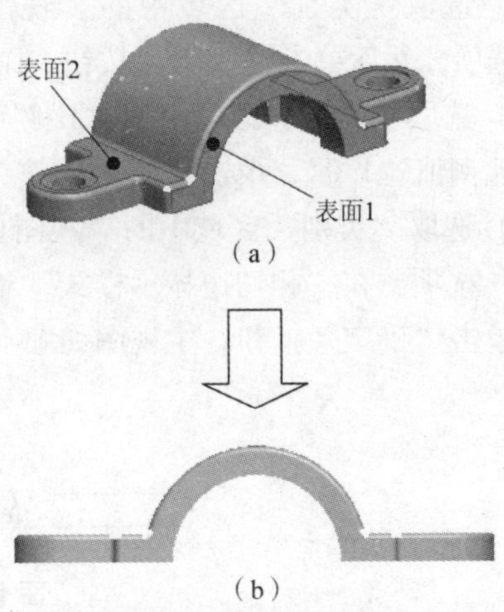

图 10.8.3　模型的定向

(a) 定向前；(b) 定向后

(5) 定义参照 2。

①在下拉列表中选取“上”选项作为参照 2 的方位。

②选取图 10.8.3 (a) 所示模型的“表面 2”作为参照 2，此时系统立即按照两个参照所定义的方位对模型进行重新定向。

(6) 保存视图。单击“已保存的视图”选项，在“名称”文本框中输入视图名称“V1”，然后单击“保存”按钮。

(7) 在“方向”对话框中单击“确定”按钮。

步骤 2：在工程图模式下，创建主视图。

(1) 选择下拉菜单“窗口”→“2 EXO3_01. DRW : 1”命令。

(2) 选择下拉菜单“插入”→“绘图视图”→“一般”命令。

(3) 在系统“选取绘制视图的中心点”的提示下，在屏幕图形区选取一点，系统弹出图 10.8.4 所示的“绘图视图”对话框。

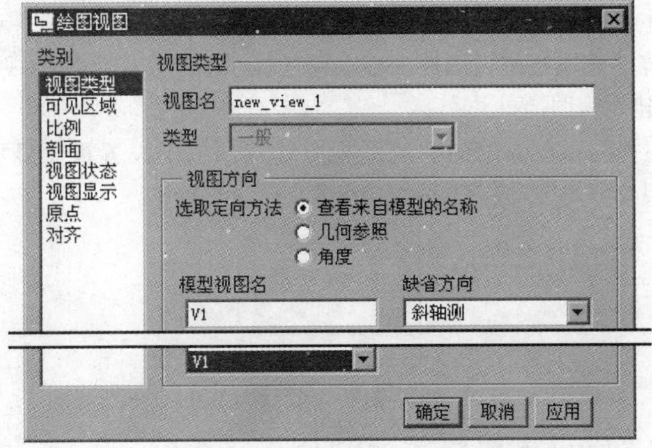

图 10.8.4　“绘图视图”对话框

（4）选取“类别”区域中的“视图类型”选项，在“模型视图名”列表框中选取“V1”选项，然后单击“应用”按钮，则系统即按 V1 的方位定向视图。

（5）选取“类别”区域中的“比例”选项，选中“定制比例”单选项，其后的文本框中输入比例值“1.0”，单击“应用”按钮。

（6）选取“类别”区域中的“视图显示”选项，在“显示线型”下拉列表中选取“无隐藏线”选项，在“相切边显示样式”下拉列表中选取“无”选项，其他参数采用系统默认值，单击“确定”按钮，主视图如图 10.8.5 所示。

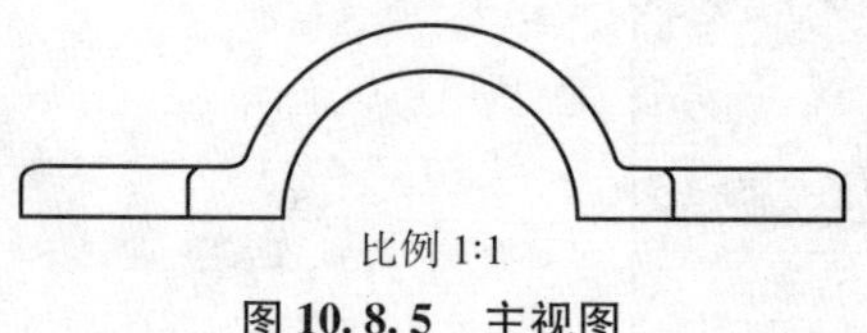

图 10.8.5　主视图

4. 创建图 10.8.6 所示的俯视图

步骤 1：选取主视图，然后选择下拉菜单“插入”→“绘图视图”→“投影”命令（或选取主视图，然后单击鼠标右键，在弹出的快捷菜单中选择“插入投影视图”命令）。

步骤 2：在系统“选取绘制视图的中心点”的提示下，在图形区主视图的下部任意选取一点，系统自动创建俯视图。

步骤 3：双击俯视图，在弹出的“绘图视图”对话框中选取“类别”区域的“视图显示”选项，在“显示线型”下拉列表中选取“无隐藏线”选项，在“相切边显示样式”下拉列表中选取“无”选项，单击“确定”按钮，此时俯视图如图 10.8.6 所示。

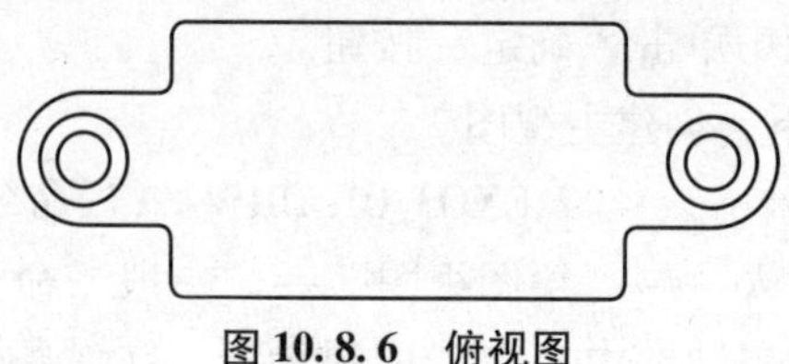

图 10.8.6　俯视图

5. 创建图 10.8.7 所示的左视图

步骤 1：选取主视图，然后选择下拉菜单“插入”→“绘图视图”→“投影”命令。

步骤 2：在系统“选取绘制视图的中心点”的提示下，在图形区主视图的右部任意选取一点，系统自动创建左视图。

步骤 3：双击左视图，在弹出的“绘图视图”对话框中设置视图显示模式为“无隐藏线”，切边显示类型为“无”，左视图如图 10.8.7 所示。

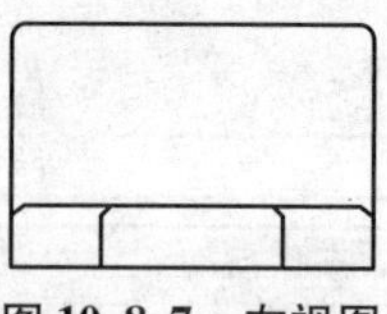

图 10.8.7　左视图

6. 创建图 10.8.8 所示的轴测图

步骤 1：在零件模式下，定义轴测图方位。

（1）选择下拉菜单“窗口”→“1 TOP_COVER. PRT”命令。

（2）拖动鼠标中键，将模型调整到图 10. 8. 8 所示的视图方位。

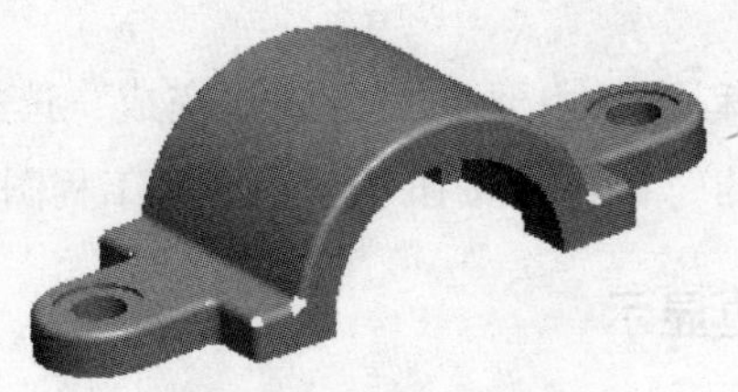

图 10. 8. 8　V2 视图方位

（3）选择下拉菜单“视图”→“方向”→“重定向”命令，系统弹出“方向”对话框。

（4）在“方向”对话框的“类型”下拉列表中选取“按参照定向”选项，单击“已保存的视图”选项，然后在“名称”后的文本框中输入视图名称“V2”，最后单击“保存”按钮。

（5）单击“确定”按钮，关闭对话框。

步骤 2：在工程图模式下，创建图 10. 8. 9 所示的轴测图。

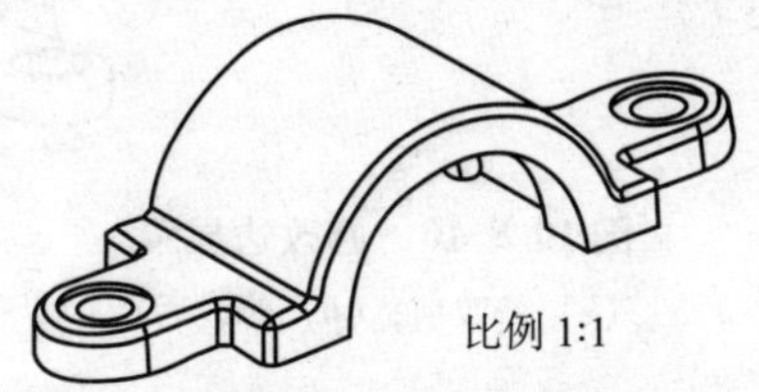

图 10. 8. 9　轴测图

（1）选择下拉菜单“窗口”→“2 EX03_01. DRW：1”命令。

（2）选择下拉菜单“插入”→“绘图视图”→“一般”命令（或在屏幕区单击鼠标右键，在弹出的快捷菜单中选择“插入普通视图”命令）。

（3）在系统“选取绘制视图的中心点”的提示下，在屏幕图形区选取一点；在系统弹出的“绘图视图”对话框中，在“模型视图名”列表框中选取“V2”选项，然后单击“应用”按钮，即系统即按 V2 的方位定向视图。

（4）选取“类别”区域中的“比例”选项，选中“定制比例”单选项，并在其后面的文本框中输入比例值“1. 0”，单击“应用”按钮。

（5）双击轴测图，在弹出的“绘图视图”对话框中选取“类别”区域的“视图显示”选项，在“显示线型”下拉列表中选取“无隐藏线”选项，在“相切边显示样式”下拉列表中选取“实线”选项，单击“确定”按钮，此时轴测图如图 10. 8. 9 所示。

7. 调整视图的位置

在创建完视图后，如果它们在图纸上的位置不合适，视图间距太紧或太松，读者可以移动视图，操作方法如下：

步骤 1：取消“锁定视图移动”功能。在绘图区的空白处单击鼠标右键，在系统弹出的快捷菜单中选择“锁定视图移动”命令，去掉该命令前面的☑。

步骤 2：分别拖动各视图，将其放置在合适的位置，其中，在移动主视图（一般视图）时，其辅助视图也会相应地一起移动，而移动辅助视图时，主视图的位置不会发生变化。

8. 保存完成的工程图

至此，图 10.8.1 所示工程图的主要视图已创建完成，选择下拉菜单“文件”→“保存”命令（或单击工具栏中的“保存”按钮），保存工程图。

10.8.2 范例 2——边显示

范例概述：本范例是一个简单的控制工程图边显示及模型栅格设置的实例。要使工程图视图达到所要求的表达目的，应该严格控制视图中每根线条的显示方式，本范例的工程图视图如图 10.8.10 所示。

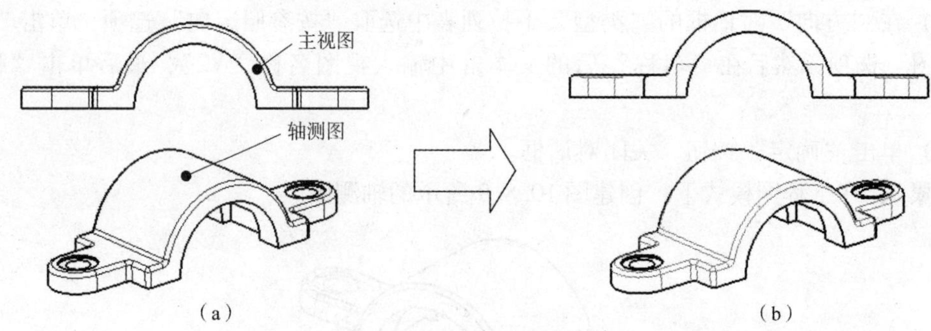

图 10.8.10 修改边显示

（a）修改前；（b）修改后

1. 设置工作目录和打开三维零件模型

将工作目录设置至“D:\proewf4.7\work\ch10\ch10.8\ch10.8.02”，打开文件“ex03_02.drw”。

2. 设置工程图

步骤 1：选择下拉菜单“视图”→“绘图显示”→“边显示”命令，此时系统将弹出“EDGE DISP（边显示）”菜单。

步骤 2：在主视图中拭除不需要显示的直线，如图 10.8.11 所示，具体操作如下：

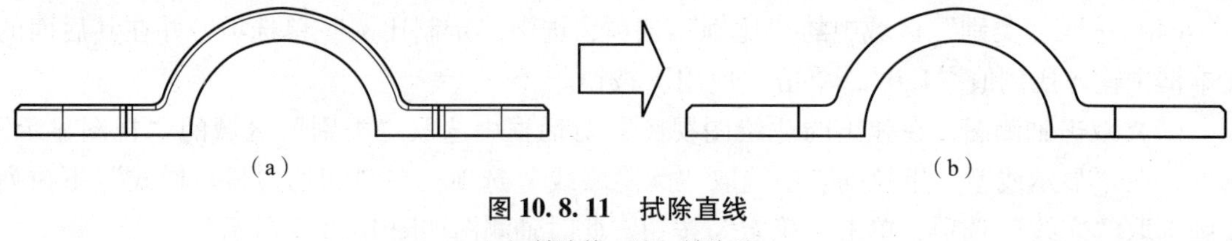

图 10.8.11 拭除直线

（a）拭除前；（b）拭除后

说明：该工程图中的视图显示已提前设置为“无隐藏线”模式。

（1）拭除第一根直线。先在图 10.8.12 所示的“EDGE DISP（边显示）”菜单中选择“Erase Line（拭除直线）”→“Tan Default（切线缺省）”→“Any View（任意视图）”命令，接着选取图 10.8.13 所示的边线，再在图 10.8.14 所示的“选取”对话框中单击“确定”按钮，或单击中键。

图 10.8.12　“边显示”菜单

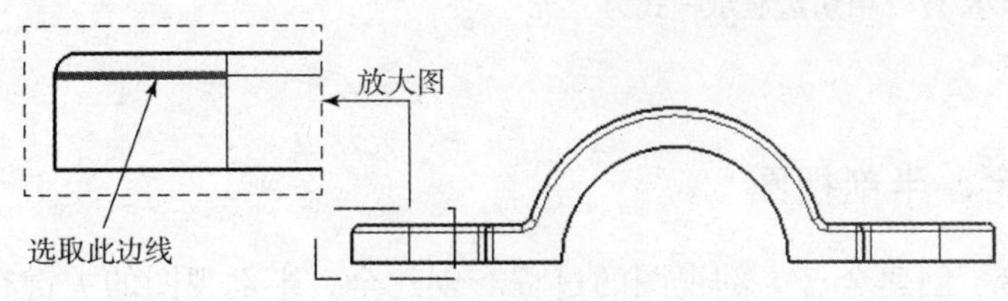

图 10.8.13　拭除第一条边线

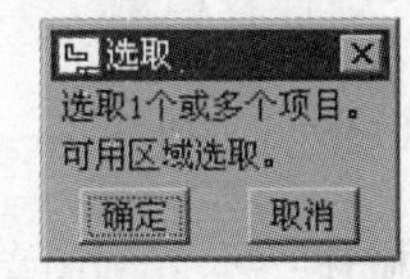

图 10.8.14　“选取”对话框

（2）用相同的方法拭除其他直线，结果如图 10.8.11（b）所示；最后在“EDGE DISP（边显示）”菜单中选择“Done（完成）”命令，完成操作。

步骤 3：在主视图中显示隐藏线，如图 10.8.15 所示。在图形区双击主视图，在弹出的“绘图视图”对话框中选取“类别”区域的“视图显示”选项，在“显示线型”下拉列表中选取“隐藏线”选项，其他参数采用系统默认值，单击“确定”按钮，此时主视图如图 10.8.15（b）所示。

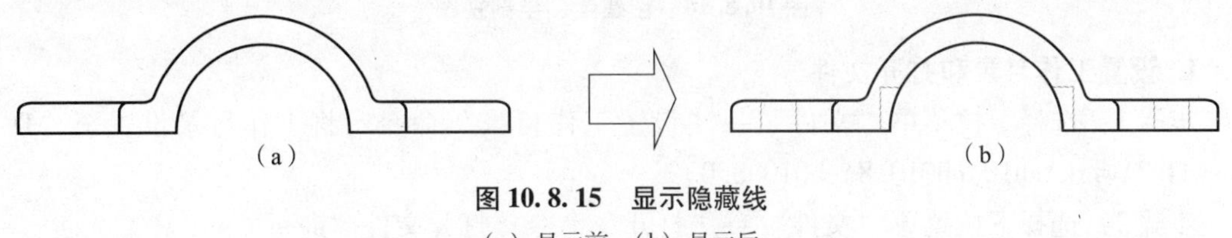

图 10.8.15　显示隐藏线

（a）显示前；（b）显示后

步骤 4：设置轴测图的显示类型。

（1）在图形区双击轴测图，系统弹出“绘图视图”对话框。

（2）在对话框的“类别”区域中选取“视图显示”选项，在“相切边显示样式”后的文本框中选取“〈edge_dimmed〉灰色”选项，然后单击“确定”按钮，关闭对话框，此时轴测图如图 10.8.16 所示。

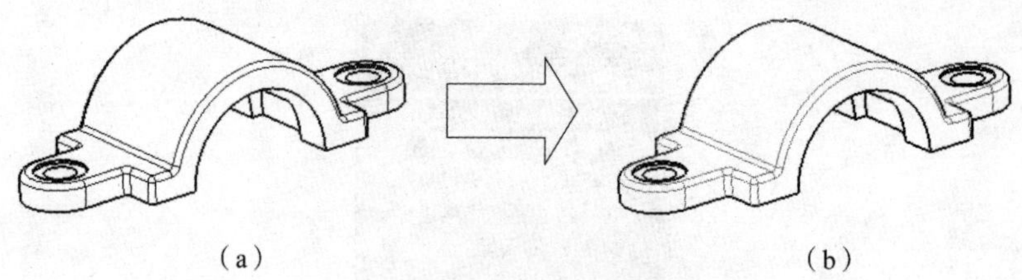

图 10.8.16　设置轴测图显示类型

(a) 设置前；(b) 设置后

说明：如果将“相切边显示样式”设置为“无”，结果如图 10.8.17 所示。

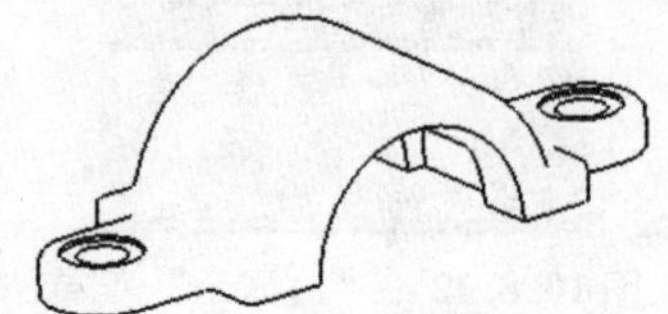

图 10.8.17　相切边显示样式为“无”

步骤 5：保存模型。

10.8.3　范例 3——创建全、半剖视图

范例概述：本范例简单地介绍了创建全、半剖视图的过程。创建全、半剖视图的关键在于创建好对应的剖截面，显然，在模型中创建剖截面是最简单的方法。本范例的工程图如图 10.8.18 所示。

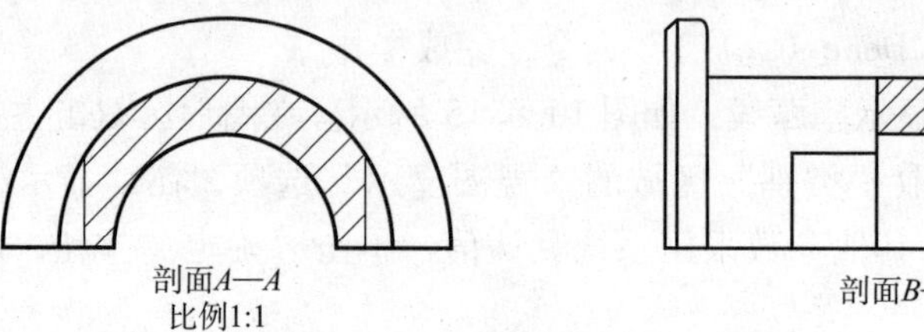

图 10.8.18　创建全、半剖视图

1. 设置工作目录和打开文件

步骤 1：选择下拉菜单“文件”→“设置工作目录”命令，将工作目录设置至“D:\proewf4.7\work\ch10\ch010.8\ch010.8.03”。

步骤 2：选择下拉菜单“文件”→“打开”命令，打开文件“sleeve.prt”。

2. 新建工程图

步骤 1：在工具栏中单击“新建文件”命令按钮 🗋。

步骤 2：在系统弹出的“新建”对话框中，进行下列操作：

(1) 在“类型”区域中选中“绘图”单选项。

(2) 在“名称”文本框中输入工程图文件名“ex03_03”。

(3) 取消选中“使用缺省模板”复选框，即不使用默认的模板。

(4) 单击对话框中的“确定”按钮。

步骤 3：选取工程图模板或图框格式。在系统弹出的“新制图”对话框中，进行下列操

作：在“缺省模型”区域中接受系统的默认选择（模型 SLEEVE. PRT）；在“指定模板”区域中选中“空”单选项；在“方向”区域中选取“横向”；在“标准大小”下拉列表中选取“A3”选项；单击“确定”按钮，进入工程图环境。

3. 创建主视图

步骤 1：在绘图区的空白处单击鼠标右键，在系统弹出的快捷菜单中选择“插入普通视图”命令。

步骤 2：在系统“选取绘制视图的中心点”的提示下，在图形区选取一点；系统弹出图 10. 8. 19 所示的“绘图视图”对话框，在“模型视图名”列表框中选取视图名称“V1”，然后单击“应用”按钮，系统即按 V1 的方位定向视图。

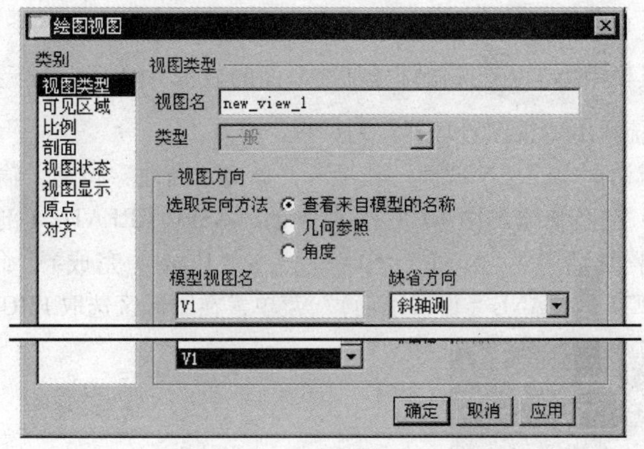

图 10. 8. 19　“绘图视图”对话框

步骤 3：选取“类别”区域中的“比例”选项，选中“定制比例”单选项，并在其后的文本框中输入比例值“1. 0”，单击“应用”按钮。

步骤 4：选取“类别”区域中的“视图显示”选项，在“显示线型”下拉列表中选取“无隐藏线”选项，在“相切边显示样式”下拉列表中选取“无”选项，其他参数采用系统默认值，单击“确定”按钮，此时主视图如图 10. 8. 20 所示。

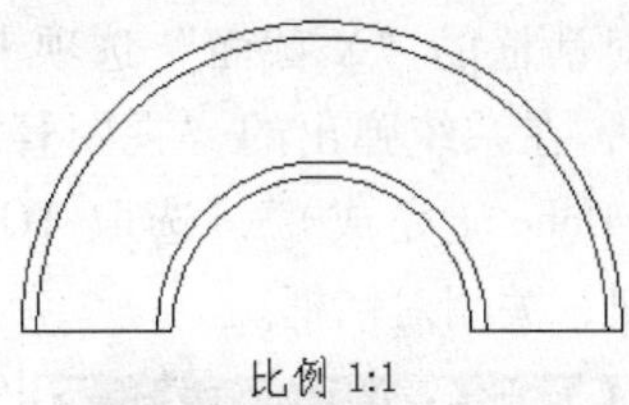

图 10. 8. 20　主视图

4. 创建左视图

步骤 1：在图形区选取主视图，然后单击鼠标右键，在弹出的快捷菜单中选择“插入投影视图”命令。

步骤 2：在系统“选取绘制视图的中心点”的提示下，在图形区主视图的右部任意选取一点，系统自动创建左视图。

步骤 3：双击左视图，选取“类别”区域中的“视图显示”选项，在“显示线型”下拉列表中选取“无隐藏线”选项，在“相切边显示样式”下拉列表中选取“无”选项，其他参数采用系统默认值，单击“确定”按钮，此时左视图如图 10.8.21 所示。

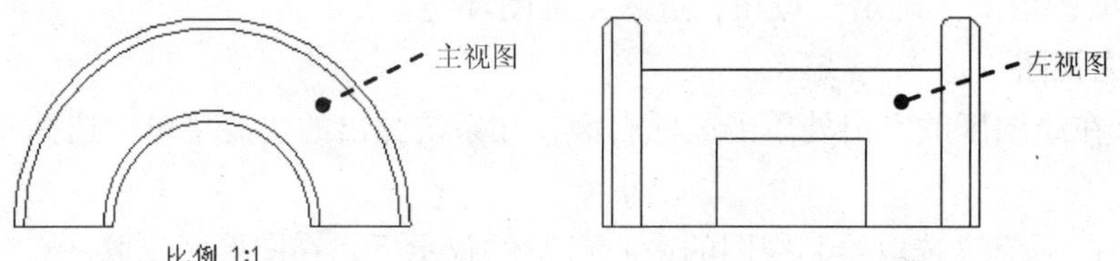

图 10.8.21 左视图

5. 创建图 10.8.18 所示主视图的全剖视图和左视图的半剖视图

步骤 1：选择下拉菜单“窗口”→“1 SLEEVE. PRT”命令，进入零件环境。

步骤 2：在工具栏中单击 按钮打开基准平面的显示，然后选择下拉菜单“视图”→“视图管理器”，系统弹出“视图管理器”对话框。

步骤 3：选取对话框中的“X 截面”选项卡，单击“新建”按钮，输入截面名称“A”，然后单击鼠标中键，在系统弹出图 10.8.22 所示的“XSEC CREATE（剖截面创建）”菜单中选择“Planar（平面）”→“Single（单一）”→“Done（完成）”命令，系统弹出图 10.8.23 所示的“SETUP PLANE（设置平面）”菜单，在图形区选取 FRONT 基准平面。

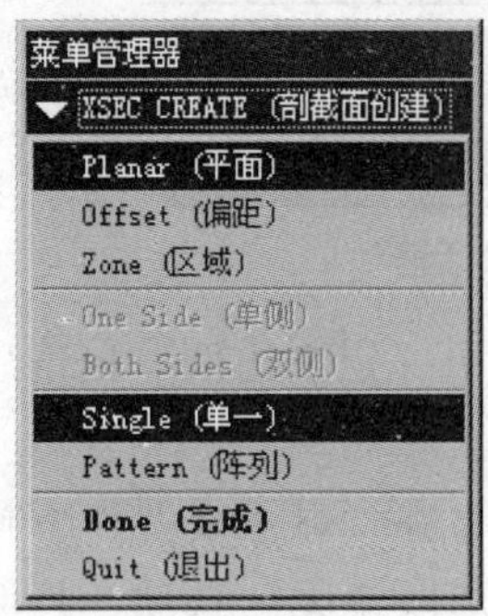

图 10.8.22 “剖截面创建”菜单

图 10.8.23 “设置平面”菜单

步骤 4：在“视图管理器”对话框的“X 截面”选项卡中单击“新建”按钮，输入截面名称“B”，然后单击鼠标中键，在系统弹出的“视图管理器”菜单中选择“Planar（平面）”→“Single（单一）”→“Done（完成）”，选取 TOP 基准平面，此时对话框如图 10.8.24 所示，单击“关闭”按钮，关闭对话框。

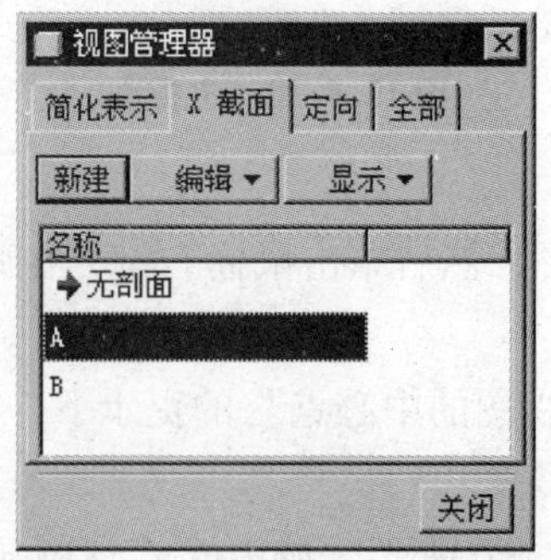

图 10.8.24 “视图管理器”对话框

步骤 5：在工程图模式下，创建主视图的全剖视图。

（1）选择下拉菜单“窗口”→“2 EX03_03. DRW：1”命令。

（2）双击主视图，系统弹出“绘图视图”对话框。

（3）在“类别”区域中选取“剖面”选项，在“剖面选项”区域中选中“2D 截面”单选项；将“模型边可见性”设置为“全部”；然后单击 + 按钮，在“名称”下拉列表框中选取剖截面 A 选项（A 剖截面在零件模型环境中已创建），在“剖切区域”下拉列表框中选取“完全”选项，此时对话框如图 10. 8. 25 所示，单击“确定”按钮，关闭对话框，主视图的全剖视图如图 10. 8. 26 所示。

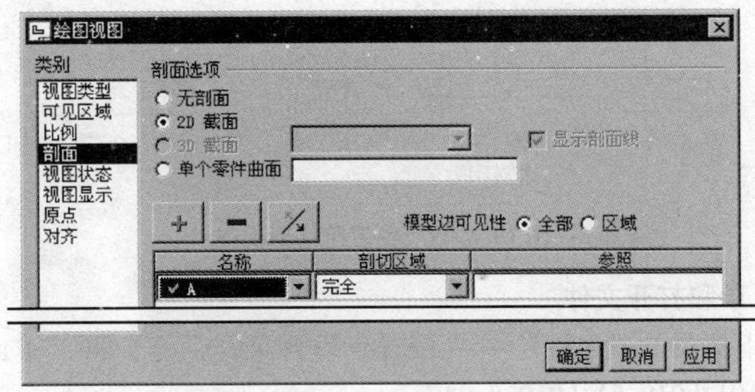

图 10. 8. 25　“绘图视图”对话框

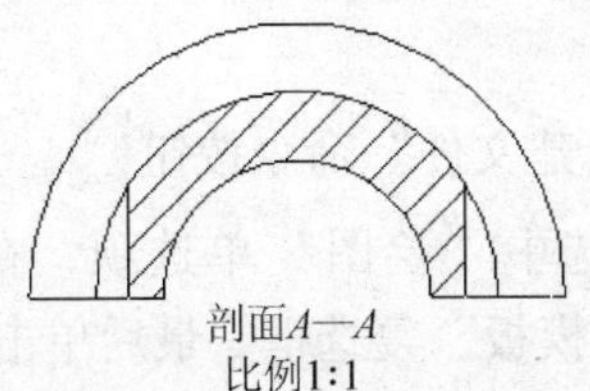

图 10. 8. 26　主视图的全剖视图

步骤 6：在工程图模式下，创建左视图的半剖视图。在图形区双击左视图，系统弹出“绘图视图”对话框，选取“类别”区域中的“剖面”选项，在“剖面选项”区域中选中“2D 截面”单选项，将“模型边可见性”设置为“全部”，然后单击 + 按钮，在“名称”下拉列表框中选取剖截面 B，在“剖切区域”下拉列表框中选取“一半”选项，选取 FRONT 基准平面作为参照平面，此时视图如图 10. 8. 27 所示，单击绘图区 FRONT 基准平面右侧任一点使箭头指向右侧，单击对话框中的“确定”按钮，系统生成图 10. 8. 28 所示的左视图的半剖视图。

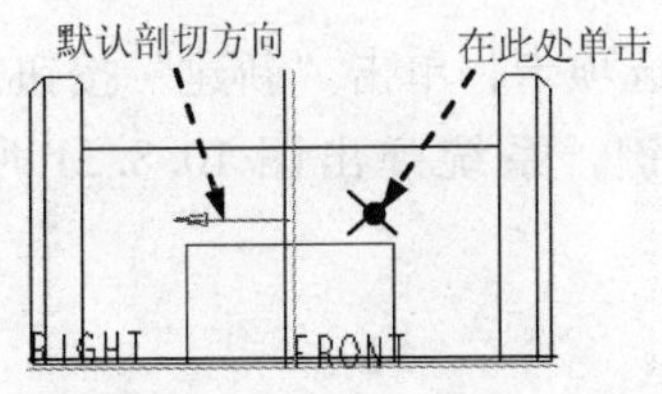

图 10. 8. 27　定义剖切方向

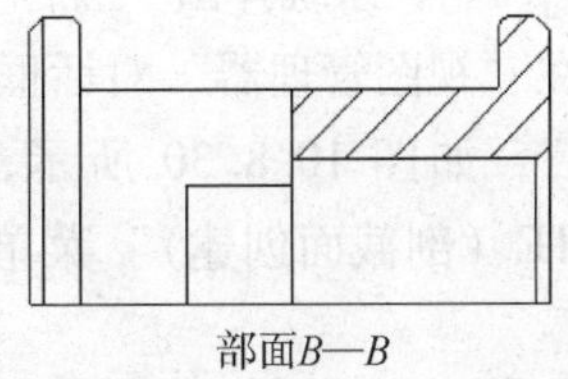

图 10. 8. 28　左视图的半剖视图

步骤 7：至此，图 10.8.18 所示的全剖和半剖视图创建完成，保存工程图。

10.8.4 范例 4——创建阶梯剖视图

范例概述：本范例简单介绍了创建阶梯剖视图的过程。创建阶梯剖视图的关键在于创建好对应的偏距剖截面，同样，在模型中创建偏距剖截面也是较简单的方法。本范例的工程图如图 10.8.29 所示。

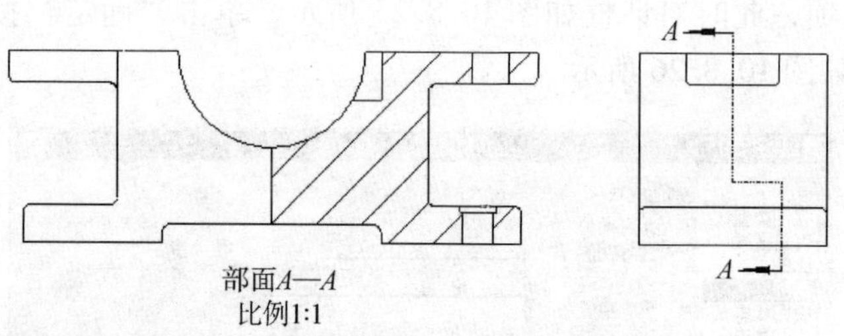

图 10.8.29 创建阶梯剖视图

1. 设置工作目录和打开文件

步骤 1：选择下拉菜单“文件”→“设置工作目录”命令，将工作目录设置至“D:\proewf4.7\work\ch10\ch010.8\ch010.8.04”。

步骤 2：选择下拉菜单“文件”→“打开”命令，打开文件“down_base.prt”。

2. 新建工程图

步骤 1：在工具栏中单击“新建文件”命令按钮，系统弹出“新建”对话框。

步骤 2：在“类型”区域中选中“绘图”单选项，在“名称”文本框中输入文件名“ex03_04”，取消选中“使用缺省模板”复选框，最后单击“确定”按钮，系统弹出“新制图”对话框。

步骤 3：选取工程图模板或图框格式。在“新制图”对话框中的“缺省模型”区域中接受系统的默认选择（模型 DOWN_BASE.PRT），在“指定模板”区域中选中“空”单选项，在“方向”区域中选取“横向”，在“标准大小”下拉列表中选取“A3”选项，单击“确定”按钮，进入工程图环境。

3. 创建一个“偏距”剖截面

步骤 1：选择下拉菜单“窗口”→“1 DOWN_BASE.PRT”命令，进入零件环境。

步骤 2：在工具栏中单击按钮，打开基准平面的显示，然后选择下拉菜单“视图”→“视图管理器”命令，系统弹出“视图管理器”对话框。

步骤 3：在“视图管理器”对话框中选取“X 截面”选项卡，单击“新建”按钮，输入截面名称“A”，如图 10.8.30 所示，然后单击鼠标中键，系统弹出图 10.8.31 所示的“XSEC CREATE（剖截面创建）”菜单。

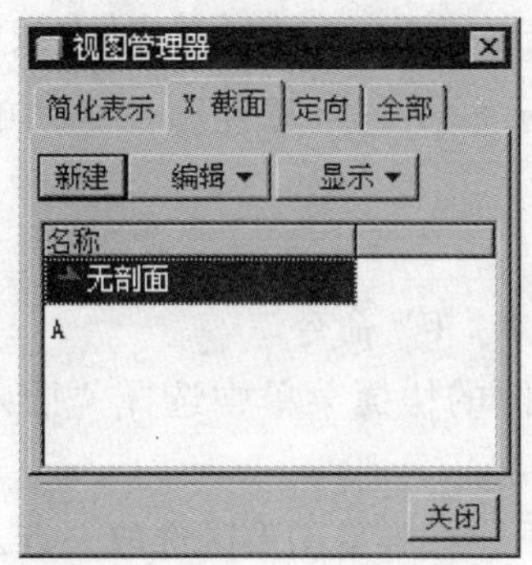

图 10.8.30　“视图管理器”对话框

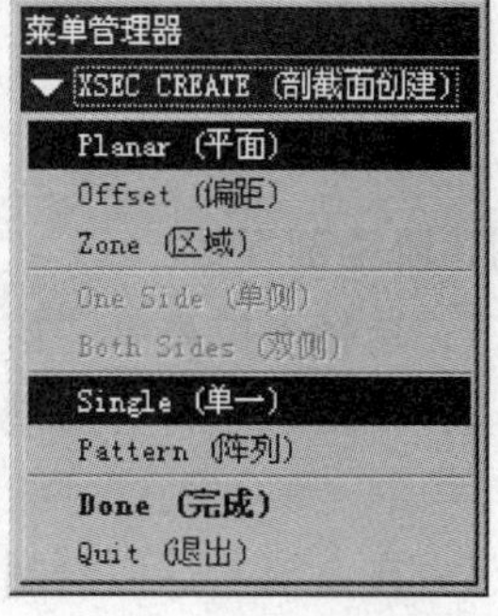

图 10.8.31　“剖截面创建”菜单

步骤 4：在“XSEC CREATE（剖截面创建）”菜单中选择“Offset（偏距）”→“Both Sides（双侧）”→“Single（单一）”→“Done（完成）”，系统弹出图 10.8.32 所示的“SETUP SK PLN（设置草绘平面）”菜单。

步骤 5：绘制偏距剖截面草图。

（1）定义草绘平面。在“SETUP SK PLN（设置草绘平面）”菜单中，选择“Setup New（新设置）”→“Plane（平面）”命令，然后选取图 10.8.33 所示的 RIGHT 基准平面为草绘平面。

图 10.8.32　“设置草绘平面”菜单

RIGHT 基准面　DTM2 基准面

图 10.8.33　选取基准面

（2）在“DIRECTION（方向）”菜单中，选择“Okay（正向）”命令。

（3）在“SKET VIEW（草绘视图）”菜单中，选择“Left（左）”命令。

（4）在弹出的“SETUP PLANE（设置平面）”菜单中，选择默认的“Plane（平面）”命令，再选取图 10.8.34 所示的基准平面 DTM2，此时系统弹出“参照”对话框。

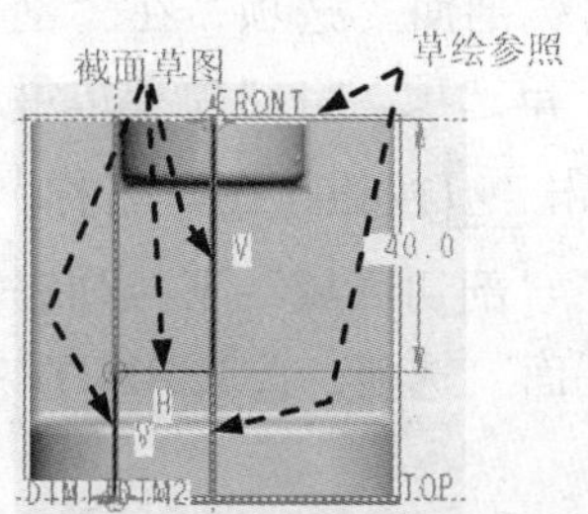

图 10.8.34　绘制截面草图

（5）选取图 10.8.34 所示的 FRONT 基准平面和边线作为草绘参照。

（6）单击 按钮，绘制图 10.8.34 所示的偏距剖截面草图，完成后单击 按钮。

（7）在弹出的“视图管理器”对话框中选择“显示”→“可见性”命令，单击“关闭”按钮。

4. 创建阶梯剖视图

步骤 1：选择下拉菜单“窗口”→“2 EX03_04. DRW：1”命令。

步骤 2：在绘图区的空白处单击鼠标右键，在弹出图的快捷菜单中选择“插入普通视图”命令。

步骤 3：在系统“选取绘制视图的中心点”的提示下，在屏幕图形区选取一点，系统弹出图 10.8.35 所示的“绘图视图”对话框，在“模型视图名”的列表框中选取视图“FRONT”，然后单击“应用”按钮。

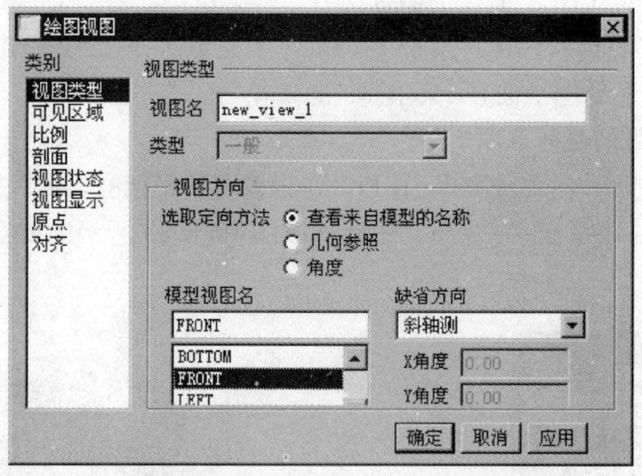

图 10.8.35　“绘图视图”对话框

步骤 4：选取“类别”区域中的“比例”选项，选中“定制比例”单选项，并在其后的文本框中输入比例值“1.0”，单击“应用”按钮。

步骤 5：选取“类别”区域中的“视图显示”选项，在“显示线型”下拉列表中选取“无隐藏线”选项，在“相切边显示样式”下拉列表中选取“无”选项，其他参数采用系统默认值，单击“确定”按钮，此时主视图如图 10.8.36 所示。

步骤 6：在工程图模式下，创建阶梯剖视图。

（1）双击主视图，系统弹出“绘图视图”对话框。

（2）选取“类别”区域中的“剖面”选项，在“剖面选项”区域中选取“2D 截面”单选项，将“模型边可见性”设置为“全部”；然后单击 按钮，在“名称”下拉列表框中选取剖截面 A，在“剖切区域”下拉列表框中选取“一半”；单击“选取平面”选项，选取 RIGHT 基准平面，此时视图如图 10.8.37 所示，采用系统默认的剖切方向。

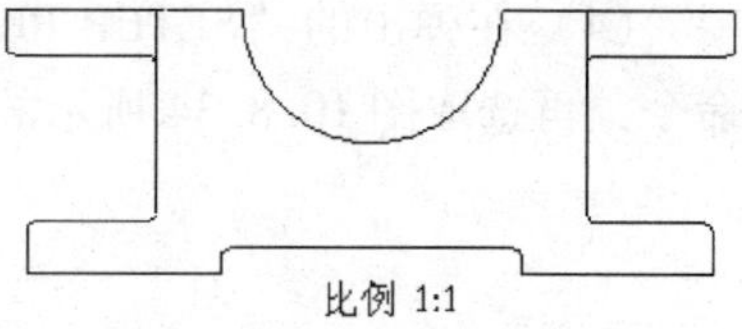

比例 1:1

图 10.8.36　主视图

（3）单击对话框中的“确定”按钮，此时系统生成图 10.8.38 所示的阶梯剖视图。

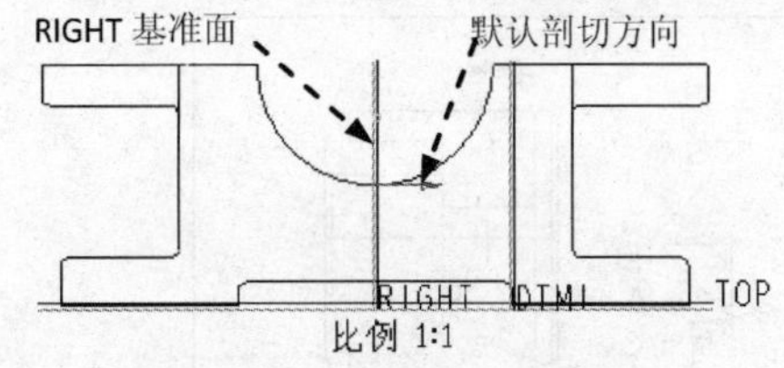

图 10.8.37　定义剖切方向

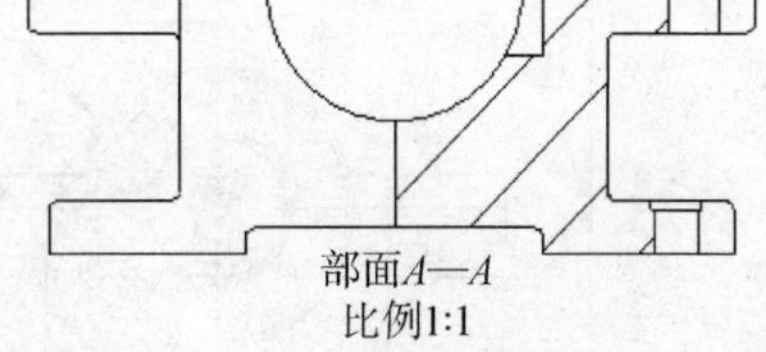

图 10.8.38　创建阶梯剖视图

步骤 7：创建主视图的左视图。

（1）左键选中主视图，然后单击鼠标右键，从弹出的快捷菜单中选择“插入投影视图”命令。

（2）在系统“选取绘制视图的中心点”的提示下，在图形区主视图的右部任意选取一点，系统自动创建左视图。

（3）双击左视图，在弹出的“绘图视图”对话框中设置视图的显示模式为“无隐藏线”，切线显示模式为“无”，结果如图 10.8.39 所示。

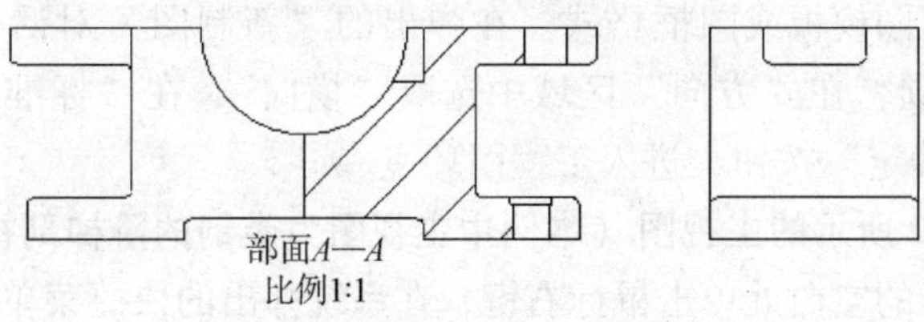

图 10.8.39　创建左视图

步骤 8：添加箭头。选取图 10.8.39 所示的主视图，然后单击鼠标右键，从弹出的快捷菜单中选择“添加箭头”命令，单击左视图，系统自动生成箭头。

步骤 9：调节剖面线的间距。双击主视图中的剖面线，在弹出的“MOD XHATCH（修改剖面线）”菜单中设置剖面线间距值为“4”，完成后选择“Done（完成）”命令。

步骤 10：至此，阶梯剖视图创建完成，保存工程图。

10.8.5　范例 5——创建装配体工程图视图

范例概述：本范例为创建装配体工程图视图的实例，其主要创建过程和普通零件的工程图视图创建过程类似，但在创建剖面与编辑剖面的时候又有所不同。本范例的工程图如图 10.8.40 所示。

1. 设置工作目录和打开文件

步骤 1：选择下拉菜单“文件”→“设置工作目录”命令，将工作目录设置至“D:\proewf4.7\work\ch10\ch010.8\ch010.8.05”。

步骤 2：选择下拉菜单“文件”→“打开”命令，打开文件“asm_base.asm”。

2. 新建工程图

步骤 1：在工具栏中单击“新建文件”命令按钮 ，系统弹出“新建”对话框。

步骤 2：在“新建”对话框中的“类型”区域中选中“绘图”单选项，在“名称”文本框中输入文件名“ex03_05”，取消选中“使用缺省模板”复选框，单击“确定”按钮。

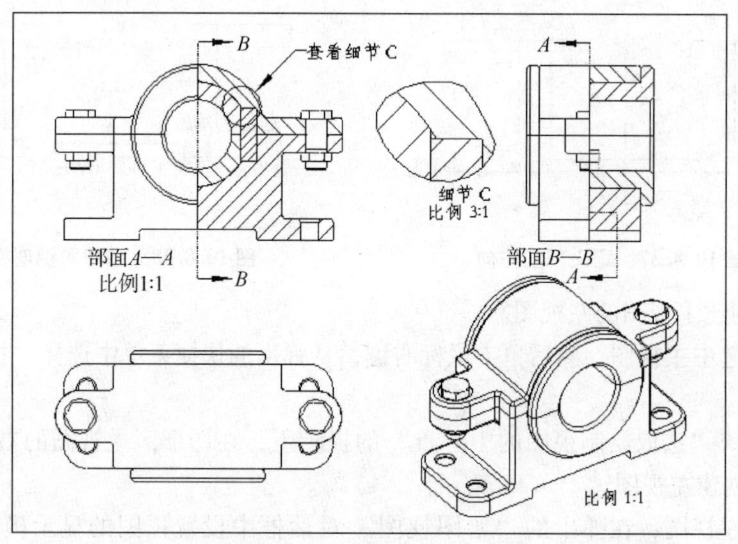

图 10.8.40　创建装配体工程图

步骤 3：选取工程图模板或图框格式。在弹出的“新制图”对话框的“指定模板”区域中选中“空”单选项，在“方向”区域中选取“横向”，在“标准大小”文本框中选取“A3”选项，单击“确定”按钮，进入工程图环境。

3. 创建图 10.8.40 所示的主视图（本例中主视图为半剖的阶梯剖视图）

步骤 1：在绘图区的空白处单击鼠标右键，在系统弹出的快捷菜单中选取“插入普通视图”命令，在弹出的“选取组合状态”对话框中单击“确定”按钮。

步骤 2：在系统“选取绘制视图的中心点”的提示下，在屏幕图形区选取一点，在弹出的“绘图视图”对话框中，设置视图方位为“FRONT”，比例值为“1.0”，视图显示模式为“无隐藏线”，切线显示模式为“实线”，设置完成后单击“确定”按钮，主视图如图 10.8.41 所示。

步骤 3：创建主视图半剖视图。

（1）双击主视图，系统弹出“绘图视图”对话框。

（2）选取“类别”区域中的“剖面”选项，在“剖面选项”区域中选中“2D 截面”单选项，将“模型边可见性”设置为“全部”，然后单击 + 按钮，在“名称”下拉列表中选取剖截面 A（A 剖截面为偏距截面，在零件模型环境中已创建），在“剖切区域”下拉列表框中选取“一半”选项。

（3）在图形区选取“ASM_RIGHT”基准平面，此时视图如图 10.8.42 所示，采用系统默认的剖切方向。

（4）单击“确定”按钮，此时系统生成图 10.8.43 所示的主视图。

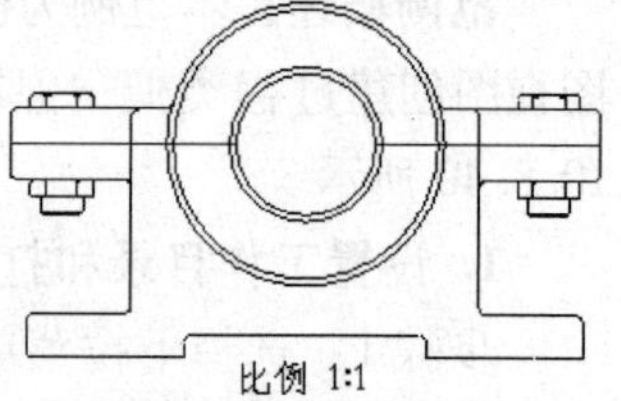

比例 1:1

图 10.8.41　主视图

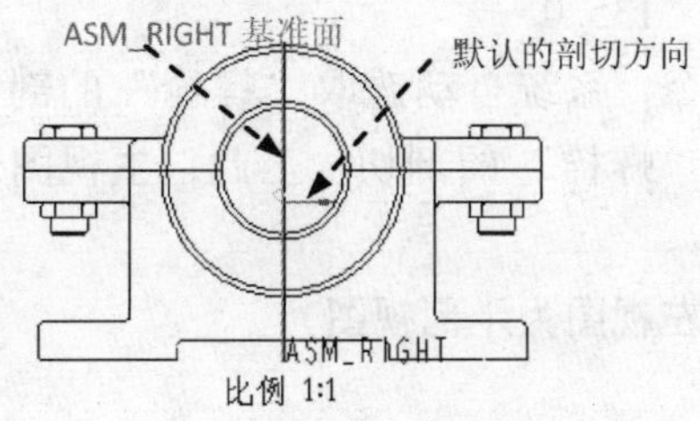

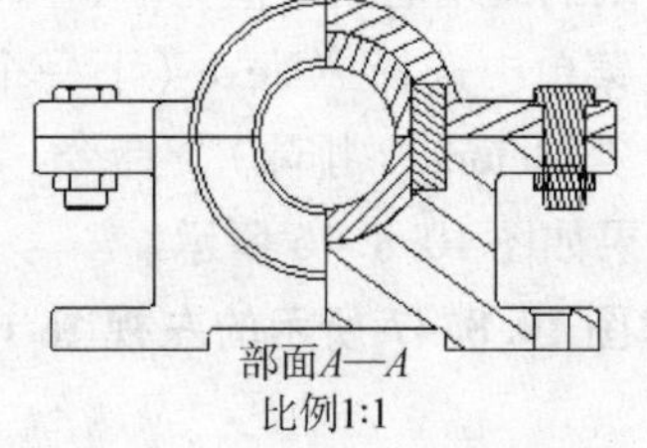

图 10.8.42　定义剖切方向　　　　图 10.8.43　创建半剖视图

步骤 4：修改主视图的剖面线。

（1）双击该视图中任一剖面线，系统弹出图 10.8.44 所示的“MOD XHATCH（修改剖面线）”菜单，此时系统自动选取图 10.8.45 所示的“螺母”为第一个要修改剖面线的零件，在菜单中选择“Exclude（排除）”命令，取消对“螺母”的剖切。

图 10.8.44　“修改剖面线”菜单

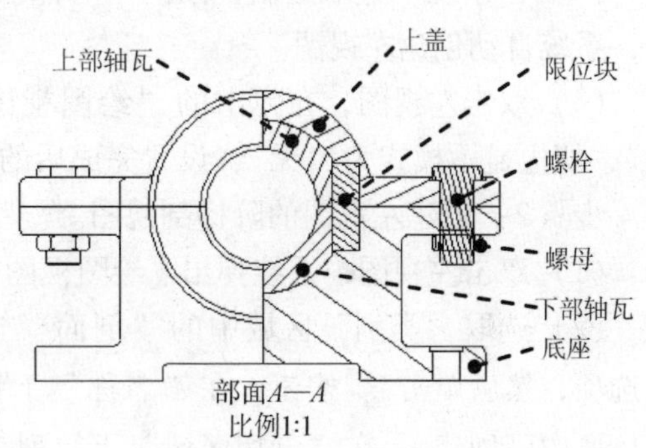

图 10.8.45　修改剖面线（一）

（2）在菜单中选择“Next（下一个）”命令，系统自动选取“底座”的剖面线为修改对象，再选择“Spacing（间距）”命令，在弹出的“MODTFY MODE（修改模式）”下拉菜单中选择“Value（值）”命令，在绘图区下方的消息输入窗口中输入间距值“6”，然后在“MOD XHATCH（修改剖面线）”菜单中选择“Angle（角度）”命令，在弹出的“MODIFY MODE（修改模式）”下拉菜单中选择“45（45）”命令，完成对“底座”剖面线的修改。

（3）在菜单中选择“Next（下一个）”命令，系统自动选取“下部轴瓦”的剖面线为修改对象，设置该剖面线的间距值为“6”，角度为“135.0”。

（4）在菜单中选择“Next（下一个）”命令，系统自动选取“限位块”的剖面线为修改对象，设置该剖面线的间距值为“3”，角度为“45.0”。

（5）在菜单中选择“Next（下一个）”命令，系统自动选取“上部轴瓦”的剖面线为修改对象，设置该剖面线的间距值为“6”，角度为“45.0”。

（6）在菜单中选择“Next（下一个）”命令，系统自动选取“上盖”的剖面线为修改对象，设置该剖面线的间距值为“6”，角度为“135.0”。

（7）在菜单中选择“Next（下一个）”命令，系统自动选取“螺栓”的剖面线为修改对象，选择“Exclude（排除）”命令，取消对“螺栓”的剖切。至此，主视图剖面线的修改完成，结果如图 10.8.46 所示。

4. 创建图 10.8.47 所示的左视图（本例中左视图为半剖视图）

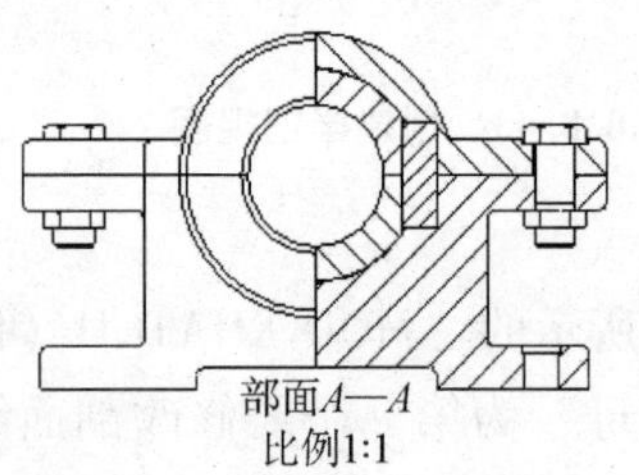

图 10.8.46　修改剖面线（二）

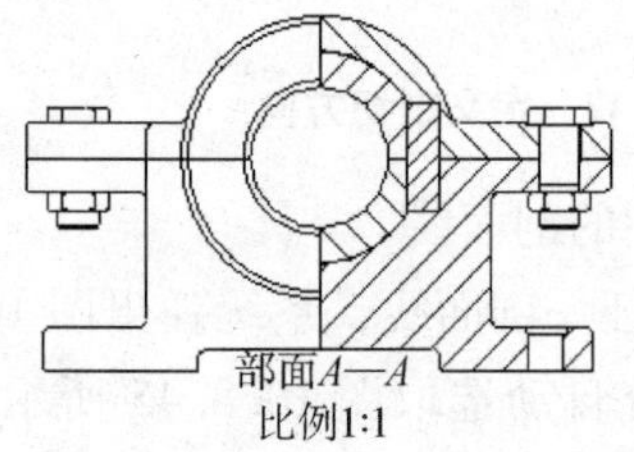

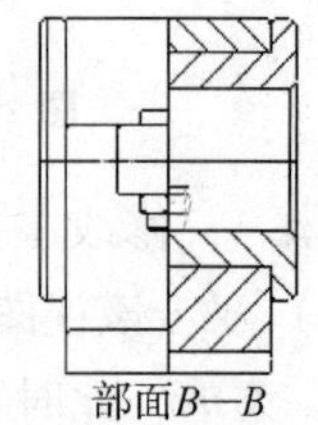

图 10.8.47　创建左视图

步骤 1：在工程图模式下，创建左视图。

（1）单击选中主视图，然后单击鼠标右键，从弹出的快捷菜单中选择“插入投影视图”命令。

（2）在系统“选取绘制视图的中心点”的提示下，在图形区主视图的右部任意选取一点，系统自动创建左视图。

（3）双击左视图，在弹出的“绘图视图”对话框中设置视图的显示模式为“无隐藏线”，切边显示模式为“无”，设置完成后的左视图如图 10.8.48 所示。

步骤 2：创建左视图的阶梯剖视图。

（1）双击左视图，系统弹出“绘图视图”对话框。

（2）选取“类别”区域中的“剖面”选项，在“剖面选项”区域中选中“2D 截面”单选项，然后单击 + 按钮，在“名称”下拉列表框中选取剖截面 B（B 剖截面在零件模型环境中已创建）；在“剖切区域”下拉列表框中选取“一半”选项，在绘图区选取“ASM_FRONT”基准平面，此时视图如图 10.8.49 所示，单击绘图区 ASM_FRONT 基准平面右侧任一点使箭头指向右侧。

（3）单击对话框中的“确定”按钮，此时系统生成图 10.8.50 所示的半剖视图。

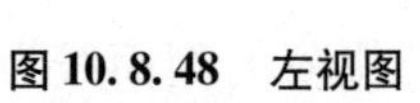

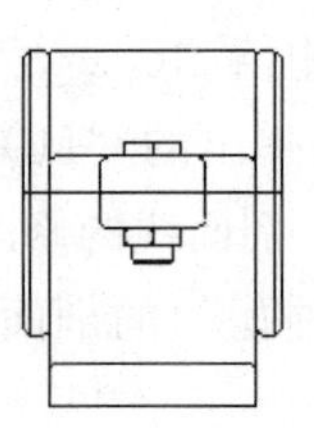

图 10.8.48　左视图

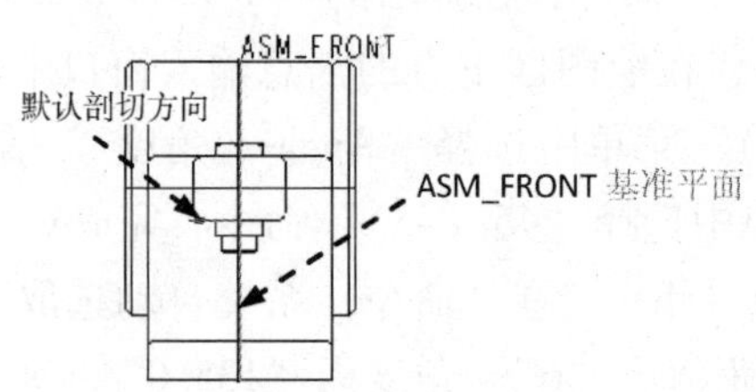

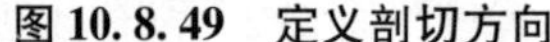

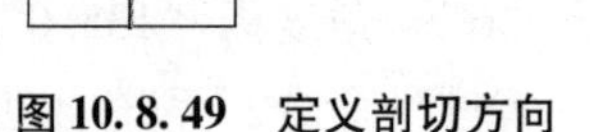

图 10.8.49　定义剖切方向

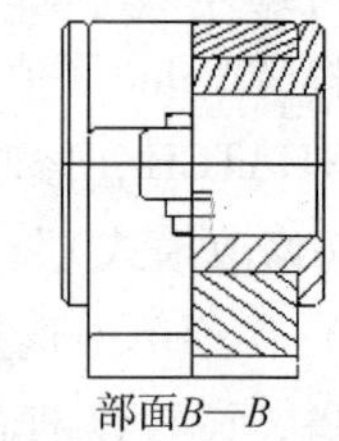

图 10.8.50　创建半剖视图

步骤 3：修改左视图中各组件的剖面线。修改左视图剖面线的方法与修改主视图剖面线的方法一样，此处不再赘述。修改后的左视图剖面线如图 10.8.51（b）所示。

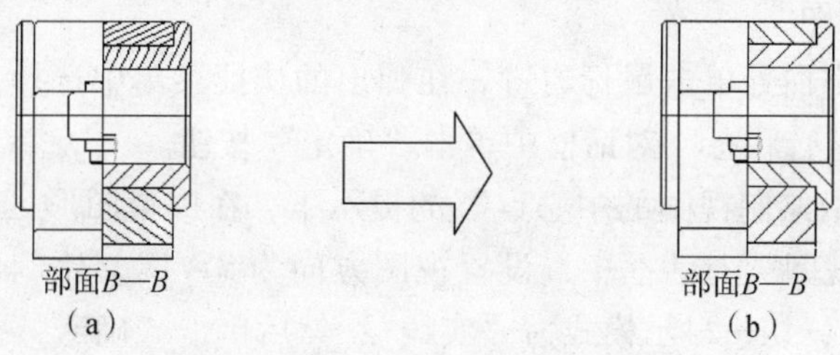

图 10. 8. 51 修改左视图剖面线

（a）修改前；（b）修改后

5. 创建图 10. 8. 40 所示的俯视图、轴测图及放大视图

步骤 1：单击选中主视图，然后单击鼠标右键，从弹出的快捷菜单中选择“插入投影视图”命令。

步骤 2：在系统“选取绘制视图的中心点”的提示下，在图形区主视图的下部任意选取一点，系统自动创建俯视图。

步骤 3：双击左视图，在弹出的“绘图视图”对话框中设置视图的显示模式为“无隐藏线”，切边显示模式为“实线”，设置完成后的俯视图如图 10. 8. 52 所示。

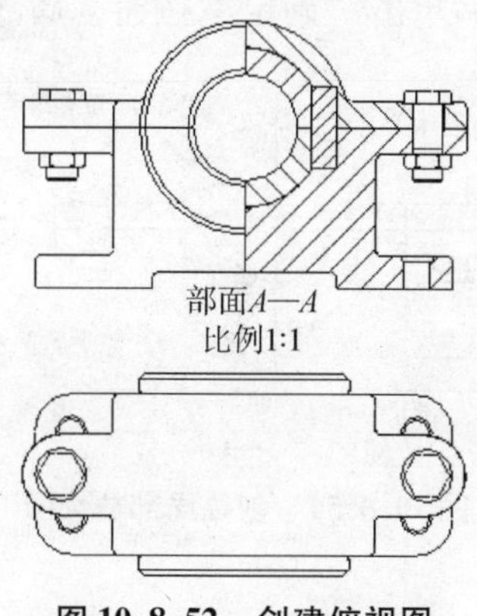

图 10. 8. 52 创建俯视图

步骤 4：添加图 10. 8. 53 所示的箭头。

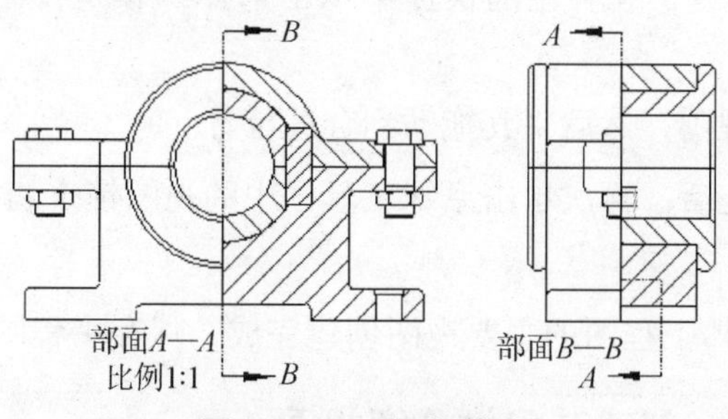

图 10. 8. 53 添加箭头

（1）选取主视图，然后单击鼠标右键，从弹出的快捷菜单中选择“添加箭头”命令，单击左视图，系统自动生成主视图阶梯剖的箭头。

（2）选取左视图，然后单击鼠标右键，从弹出的快捷菜单中选择“添加箭头”命令，单击主视图，系统自动生成左视图半剖的箭头。

步骤5：创建轴测图。

(1) 在绘图区的空白处单击鼠标右键，在弹出的快捷菜单中选择“插入普通视图”命令，在弹出的“选取组合状态”对话框中单击“确定”按钮。

(2) 在系统“选取绘制视图的中心点”的提示下，在屏幕图形区右下角的区域选取一点。在弹出的“绘图视图”对话框中，设置视图方向为“V1”，比例值为“1.0”，视图显示模式为“无隐藏线”，切边显示模式为“实线”，然后单击“确定”按钮，则系统即按V1的方位定向视图。

步骤6：在工程图模式下，创建主视图的局部放大图。

(1) 选择下拉菜单“插入”→“绘图视图”→“详细”命令。

(2) 在系统“在一现有视图上选取要查看细节的中心点”的提示下，在主视图中单击选取要查看的细节的中心点。

(3) 在系统“草绘样条，不相交其它样条，来定义一轮廓线”的提示下，围绕中心点草绘出要放大区域的轮廓线，单击鼠标中键结束草绘，在绘图区空白处选取一点单击，放置放大图便在所选之处生成。

(4) 双击放大图，在系统弹出的“绘图视图”对话框中，首先修改视图名为“C”；然后将视图比例设置为“3.0”，最后单击“确定”按钮，局部放大图如图10.8.54所示。

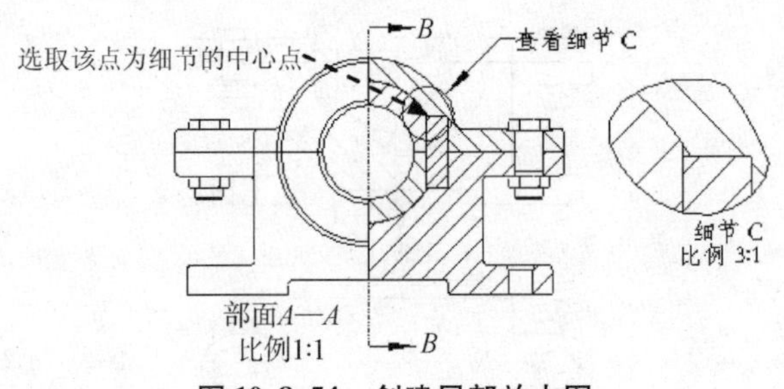

图10.8.54 创建局部放大图

步骤7：调整视图位置。

(1) 单击系统工具栏中的视图锁定切换按钮，使其处于弹起状态（或者选取视图后，在视图上单击鼠标右键，在弹出的快捷菜单中选择“锁定视图移动”命令，去掉该命令前面的☑）。

(2) 选取要移动的视图，然后将其拖动到合适位置。

(3) 视图位置调整完后，再次单击系统工具栏中的视图锁定切换按钮，使其为按下状态，将视图锁定。

步骤8：至此，装配体工程图的主要视图创建完成，保存工程图。

10.8.6 范例6——创建装配体分解视图

范例概述：本范例是在工程图中创建装配体分解视图的实例，通过本范例的练习，读者可以熟悉分解、移动装配体零组件的操作及技巧。本范例的工程图如图10.8.55所示。

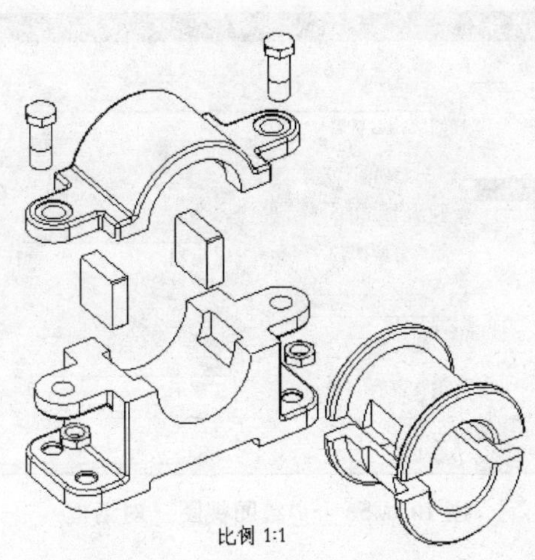

图 10. 8. 55　asm_base. asm 装配体分解视图

1. 设置工作目录和打开文件

步骤 1：选择下拉菜单“文件”→“设置工作目录”命令，将工作目录设置至“D:\proewf4. 7\work\ch10\ch10. 11\ch10. 11. 06”。

步骤 2：选择下拉菜单“文件”→“打开”命令，打开文件“asm_base. asm”。

2. 新建工程图

步骤 1：在工具栏中单击“新建文件”命令按钮 ，弹出“新建”对话框。

步骤 2：在“新建”对话框中的“类型”区域中选中“绘图”单选项，在“名称”文本框中输入文件名“ex03_06”，取消选中“使用缺省模板”复选框，单击“确定”按钮。

步骤 3：选取工程图模板或图框格式。在弹出的“新制图”对话框的“指定模板”区域中选中“空”单选项，在“方向”区域中选取“横向”，在“标准大小”文本框中选取“A3”选项，单击“确定”按钮，进入工程图环境。

3. 创建轴测图

步骤 1：在绘图区的空白处单击鼠标右键，在弹出的快捷菜单中选择“插入普通视图”命令，在弹出的“选取组合状态”对话框中单击“确定”按钮。

步骤 2：在系统“选取绘制视图的中心点”的提示下，在屏幕图形区选取一点，在弹出的“绘图视图”对话框中，设置视图方向为“V1”，比例值为“1. 0”，视图显示模式为“无隐藏线”，切边显示模式为“实线”，然后单击“应用”按钮，系统即按 V1 的方位定向视图。

步骤 3：选取“类别”区域中的“视图状态”选项，在“分解视图”区域选中“视图中的分解元件”复选框，如图 10. 8. 56 所示，然后单击“定制分解状态”按钮，在系统弹出的“警告”对话框中单击“确定”按钮，系统弹出图 10. 8. 57 所示的“MOD EXPLODE（修改分解）”菜单和图 10. 8. 58 所示的“分解位置”对话框。

步骤 4：移动零件，使各零件位置摆放合理。此时轴测图已经被系统分解成图 10. 8. 59（a）所示的状态。在系统“选取要移动的元件”的提示下，选取零件进行移动，具体操作步骤如下：

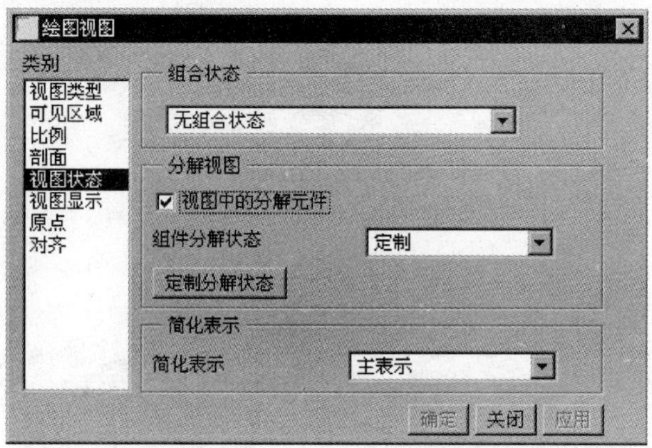

图 10.8.56 “绘图视图”对话框

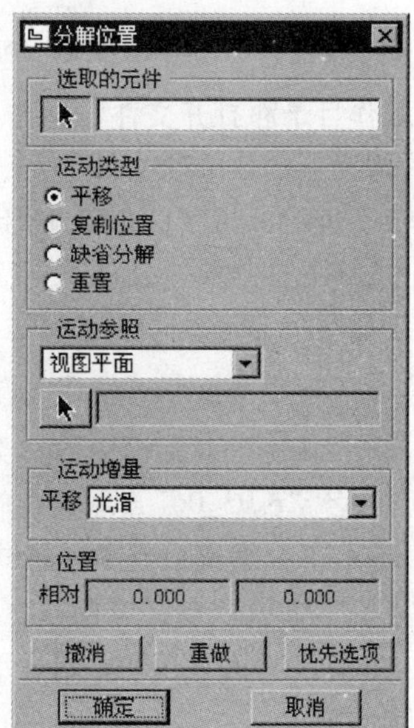

图 10.8.57 “修改分解”菜单

图 10.8.58 “分解位置”对话框

（1）在视图中选取上轴瓦（sleeve. prt），将其拖到图 10.8.59（b）所示的位置。

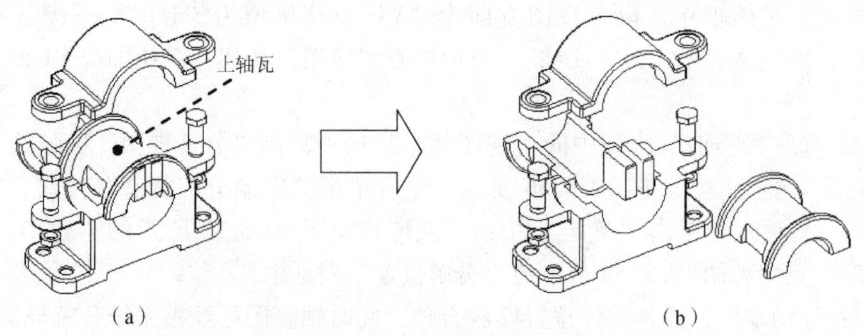

图 10.8.59 移动上轴瓦

（a）移动前；（b）移动后

（2）在视图中选取下轴瓦（sleeve. prt），将其拖到图 10. 8. 60 所示的位置。

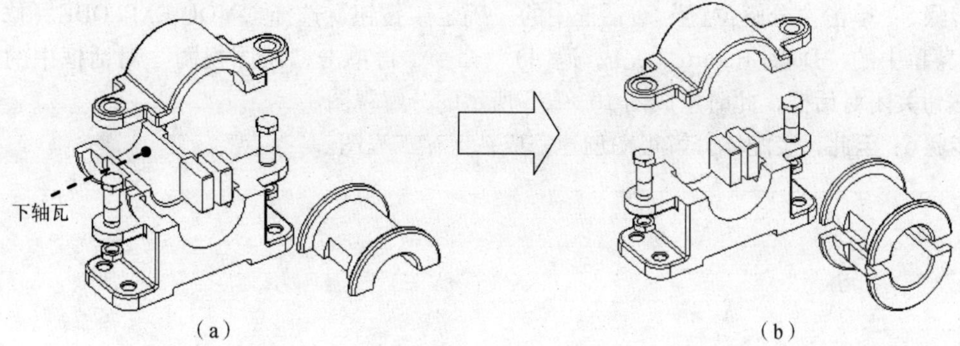

图 10. 8. 60 移动下轴瓦

（a）移动前；（b）移动后

（3）在视图中分别选取两个楔块（chock. prt），将其分别拖到图 10. 8. 61 所示的位置。

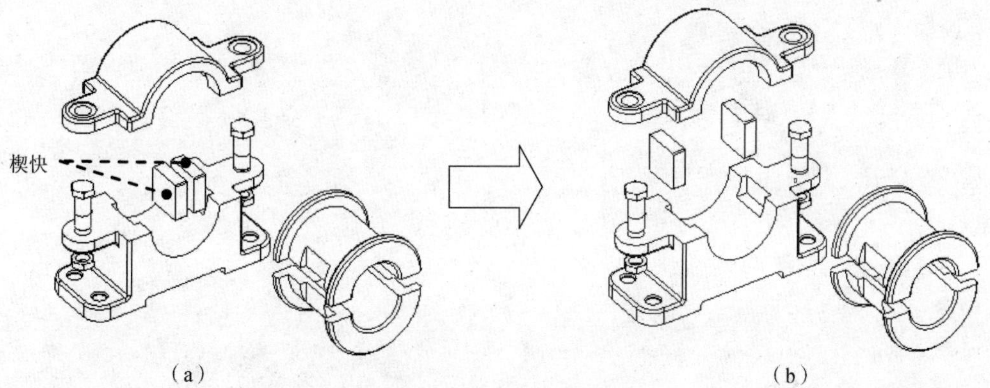

图 10. 8. 61 移动楔块

（a）移动前；（b）移动后

（4）在视图中分别选取两个螺栓（bolt_1. prt），将其分别拖到图 10. 8. 62 所示的位置。

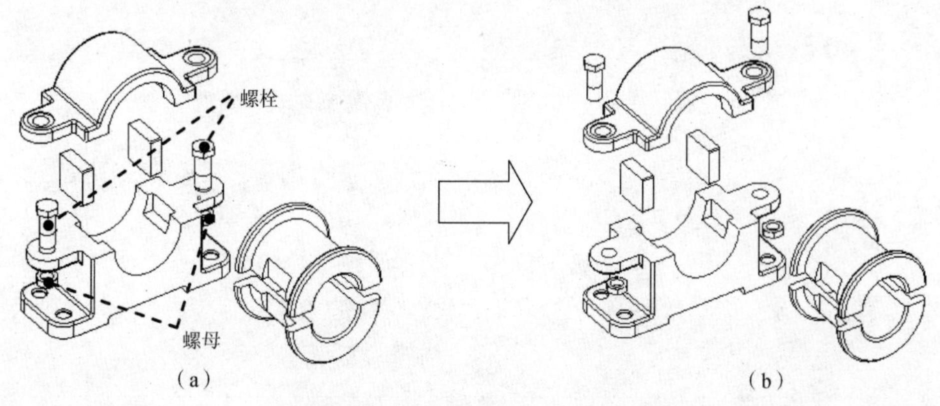

图 10. 8. 62 移动楔块螺栓和螺母

（a）移动前；（b）移动后

（5）在视图中分别选取两个螺母（nut. prt），将其分别拖到图 10. 8. 62 所示的位置。

步骤 5：单击“分解位置”对话框中的“确定”按钮，选择“MOD EXPLODE（修改分解）”菜单中的“Done/Return（完成/返回）”命令，再单击“绘图视图”对话框中的“关闭”按钮关闭对话框，此时生成图 10. 8. 55 所示的分解视图。

步骤 6：至此，装配体分解视图创建完成，保存工程图。

第11章 综 合 实 例

本章通过几个复杂的综合实例讲解，使大家进一步掌握 Pro/E 建模各特征命令的用法，提高熟练程度。

11.1 苹果造型设计实例

本节要完成的最终苹果效果如图 11.1.1 所示。本例利用边界混合创建苹果主体，使用可变截面扫描创建叶片，在该实例中主要把握以下要点：

（1）基准曲线创建方法和技巧。

（2）可变扫描设计方法和技巧。

（3）扫描混合方法和技巧。

（4）边界混合方法和技巧。

（5）阵列和镜像的使用。

图 11.1.1 苹果造型

主要操作步骤如下：

步骤 1：新建文件。

单击主菜单“文件”→“新建”命令，选择“零件”类型，输入文件名“apple”，取消勾选“使用默认模板”复选框，选择公制单位 mmnnns_part_solid，单击“确定”按钮，进入零件模式。

步骤 2：创建造型曲线。

（1）单击基准特征工具栏中的按钮，在系统弹出的菜单中选择“从方程”选项，选择坐标系，设置“笛卡尔”坐标，如图 11.1.2 所示。

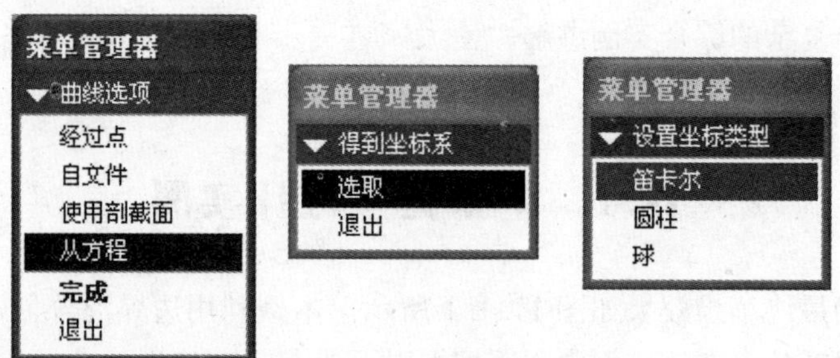

图 11.1.2　选择坐标系

（2）在弹出的记事本中输入参数方程，如图 11.1.3 所示，单击“保存”按钮后退出，预览无误后，单击“确定”按钮完成曲线创建，结果如图 11.1.4 所示。

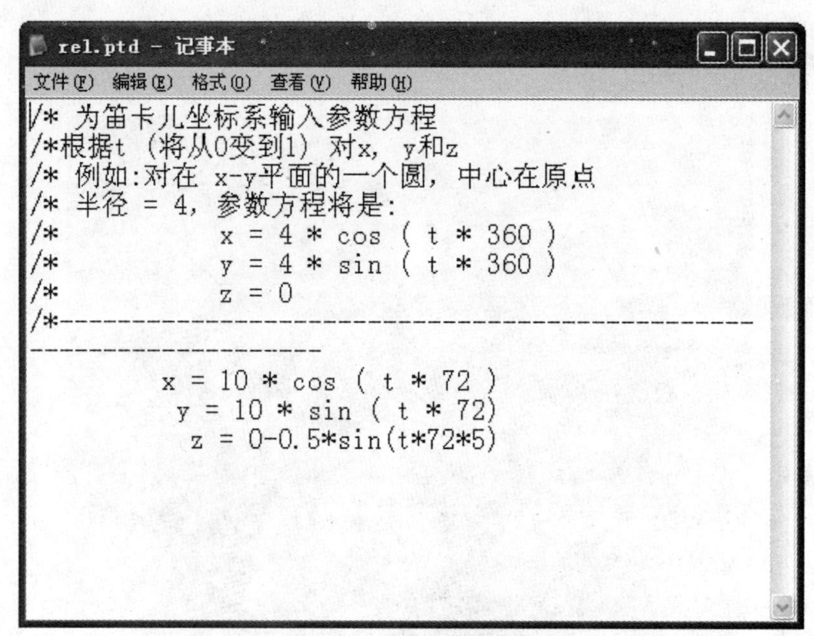

```
rel.ptd - 记事本
文件(F)  编辑(E)  格式(O)  查看(V)  帮助(H)
/* 为笛卡儿坐标系输入参数方程
/*根据t (将从0变到1) 对x, y和z
/* 例如:对在 x-y平面的一个圆, 中心在原点
/* 半径 = 4, 参数方程将是:
/*          x = 4 * cos ( t * 360 )
/*          y = 4 * sin ( t * 360 )
/*          z = 0
/*-----------------------------------------------------------------
--------------------
         x = 10 * cos ( t * 72 )
          y = 10 * sin ( t * 72)
           z = 0-0.5*sin(t*72*5)
```

图 11.1.3　参数方程

（3）单击基准工具栏中的按钮，打开基准平面对话框，选择 FRONT 面，往上平移“42.00”，如图 11.1.5 所示，创建 DMT1 基准平面。

（4）单击按钮，选择刚创建的 DMT1 为草绘平面，绘制图 11.1.6 所示二维曲线。

（5）单击基准工具栏中的按钮，打开“基准平面”对话框，选择 FRONT 面，设置往上平移“100.00”，如图 11.1.7 所示，创建 DMT2 基准平面。

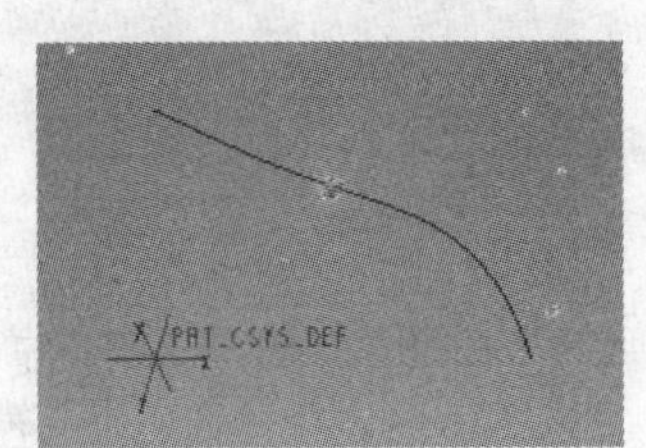

图 11.1.4　方程曲线

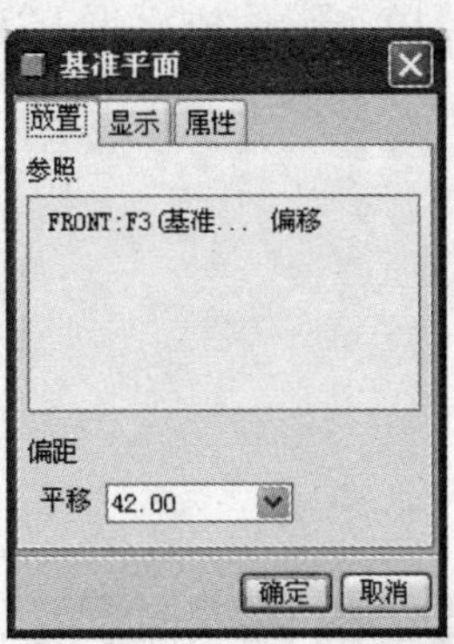

图 11.1.5　创建基准面

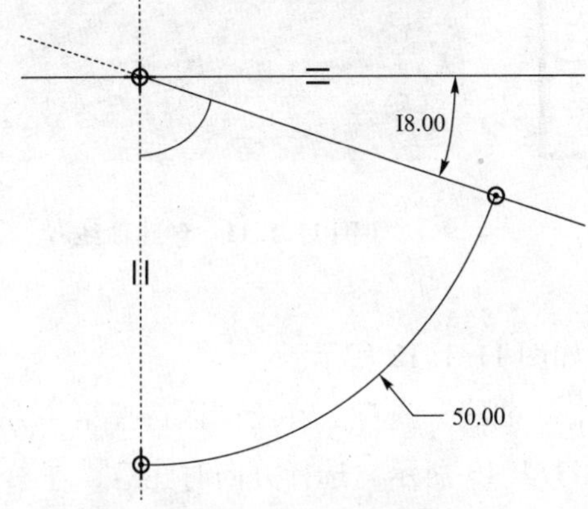

图 11.1.6　草绘曲线

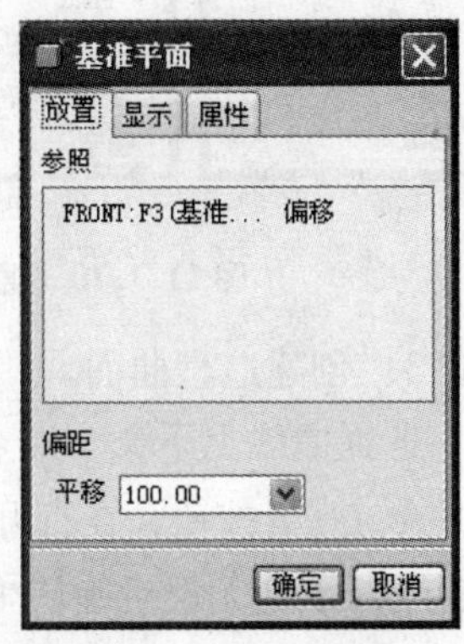

图 11.1.7　创建基准面

(6) 单击 按钮，选择刚创建的 DMT2 为草绘平面，绘制图 11.1.8 所示二维曲线。

(7) 单击 按钮，选择 TOP 面为草绘平面，绘制图 11.1.9 所示二维曲线。

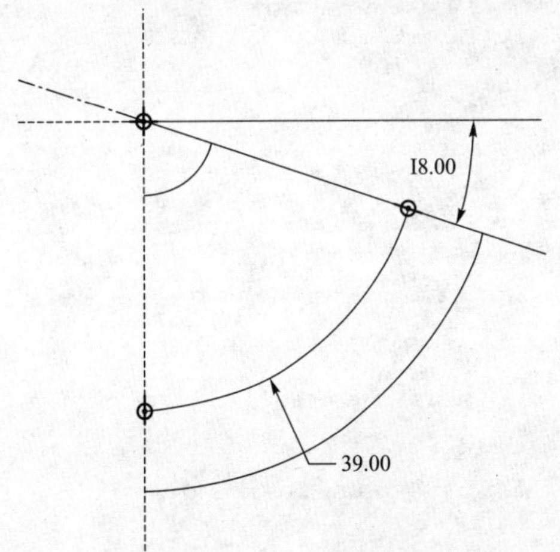

图 11.1.8　基准面创建曲线

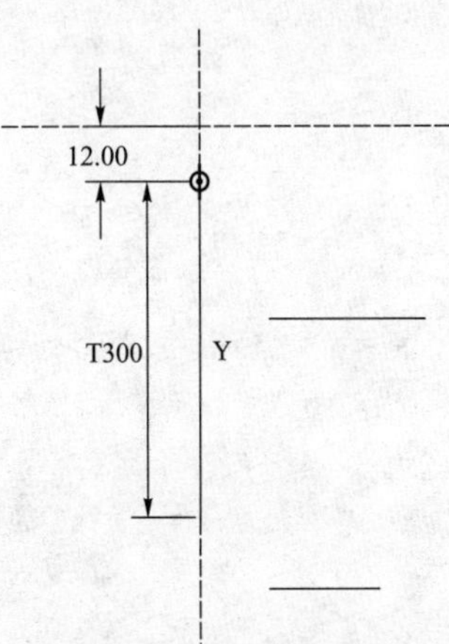

图 11.1.9　TOP 面创建曲线

(8) 单击基准特征工具栏中的 按钮，弹出“曲线选项”菜单，选择“经过点”选项，如图 11.1.10 所示，依次将上述曲线端点相连，重复 2 次，创建 2 条基准曲线，如图 11.1.11 所示。

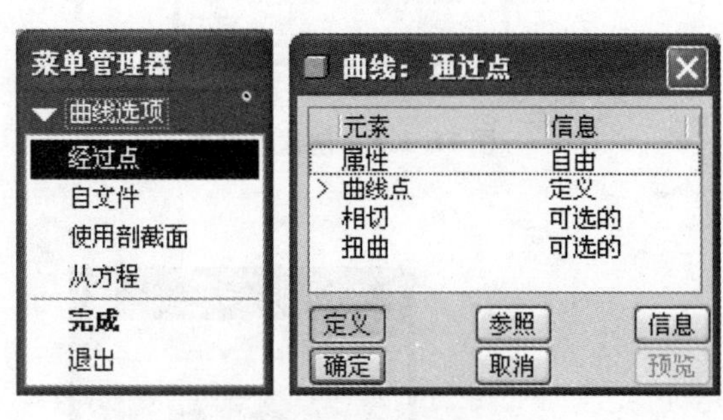

图 11.1.10　通过点

图 11.1.11　创建曲线

步骤 3：创建造型曲面。

（1）选择曲线上下 2 个端点创建基准轴，如图 11.1.12 所示。

（2）单击 按钮，在打开的操控板上单击“曲线”选项，在绘图区选择第一方向和第二方向曲线，预览无误后确认生成曲面，如图 11.1.13 所示。选择方向时注意，左右 2 条曲线为第一方向，上下 3 条曲线为第二方向。

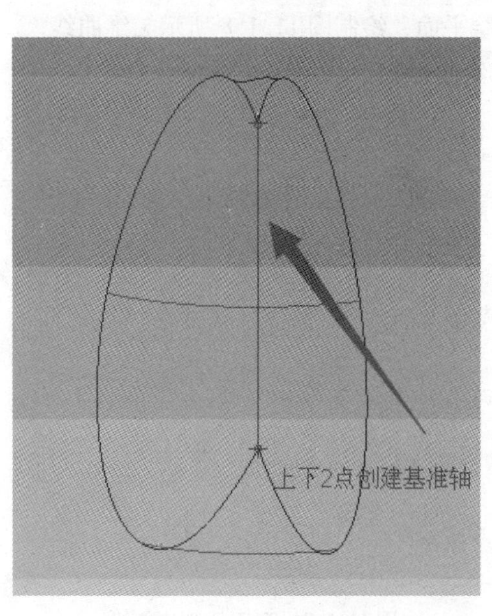

图 11.1.12　创建基准轴

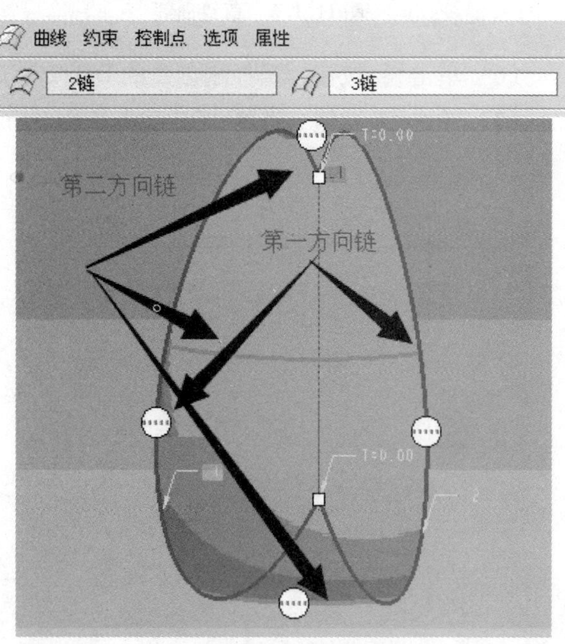

图 11.1.13　边界混合构建曲面

（3）选择上面创建的曲面，单击 按钮，在阵列中设置整列 5 个，整体 360°，完成后如图 11. 1. 14 所示。再选择 按钮，将所有曲面合并在一起形成一个新的曲面。

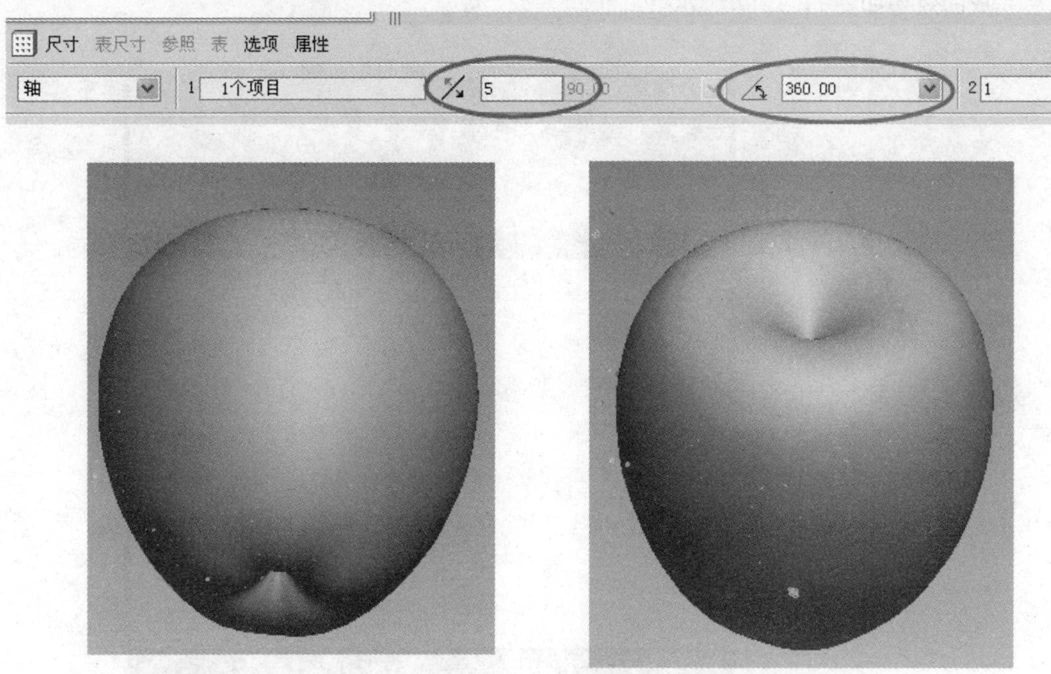

图 11. 1. 14　阵列曲面

步骤 4：创建苹果把。

（1）单击 按钮，选择 TOP 面作为绘图面，进入草绘模式，绘制图 11. 1. 15 所示截面。

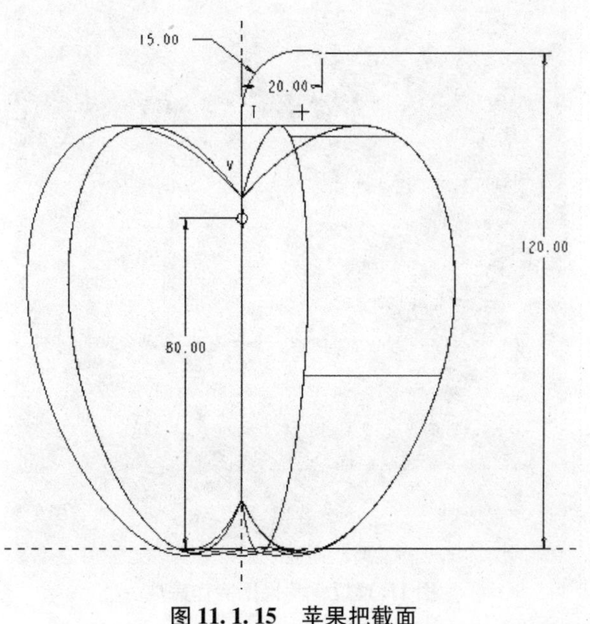

图 11. 1. 15　苹果把截面

（2）单击按钮，选择上一步绘制的曲线为扫描轨迹线，在操控面板单击按钮，绘制图 11.1.16 所示截面，在草图界面选择“工具”→“关系”选项，给截面设置关系式。最后完成的效果如图 11.1.17 所示。

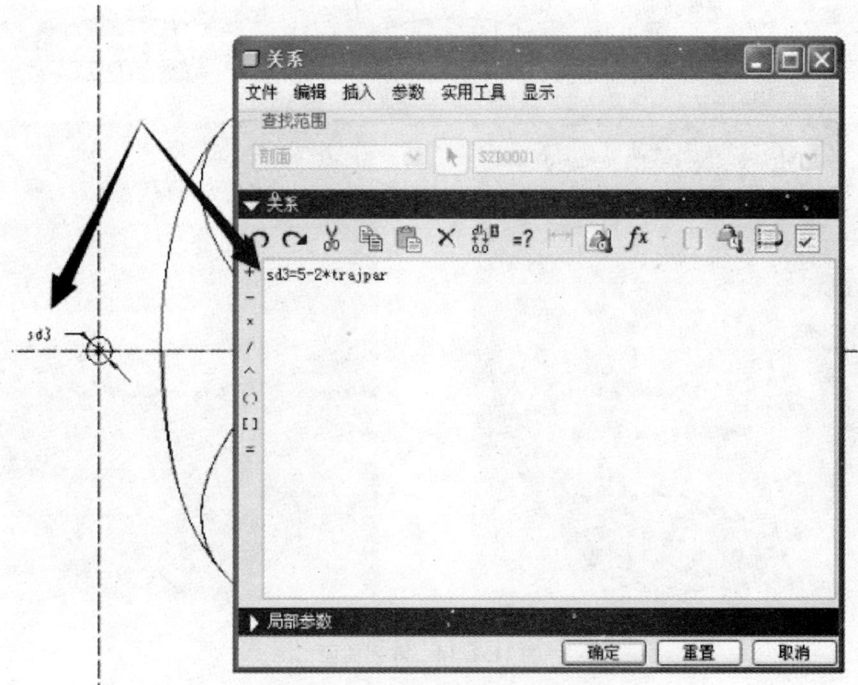

图 11.1.16　苹果把可变截面扫描

图 11.1.17　苹果把制作完成

步骤 5：创建苹果叶子。

(1) 选择“插入”→“模型基准”→“图形”选项，在弹出的信息框中输入曲线名“CV”，进入草绘界面，绘制图 11.1.18 所示的二维曲线，完成后单击“打钩”按钮退出。注意，图形标准一定要有坐标系。

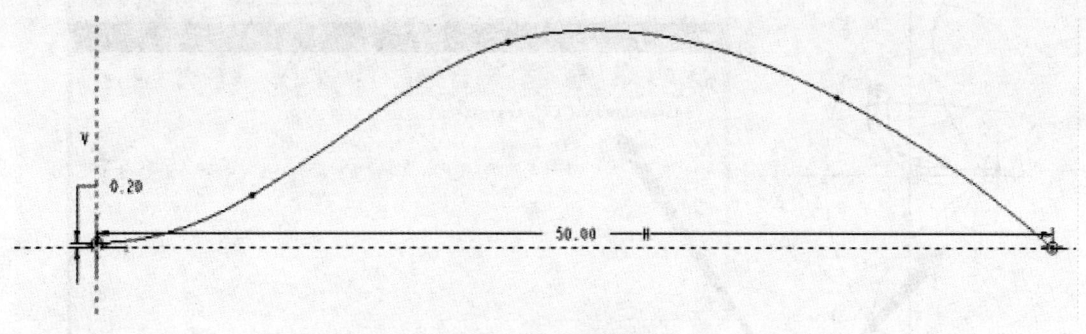

图 11.1.18　图形基准

(2) 选择单击 [按钮图标] 按钮，选择 RIGHT 面作为绘图面，进入草绘模式，绘制图 11.1.19 所示截面。

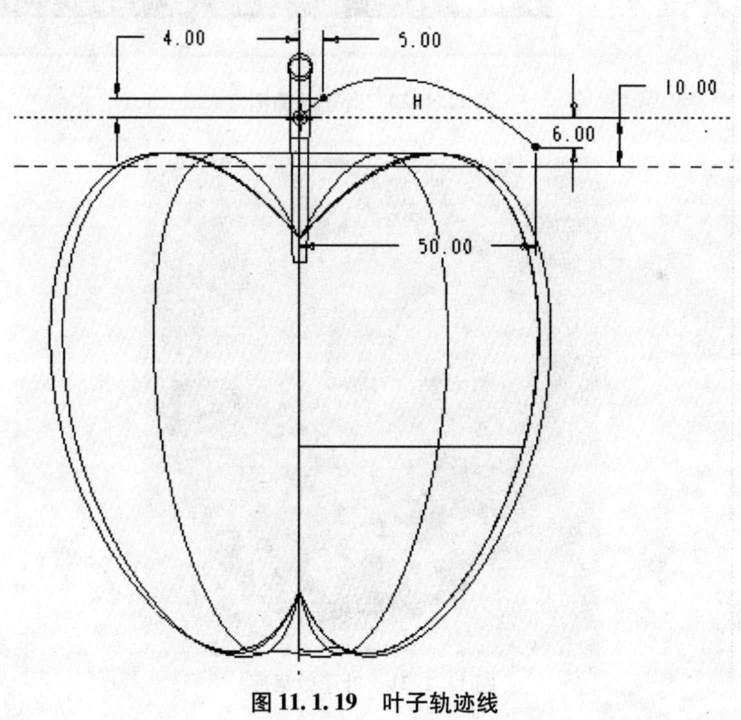

图 11.1.19　叶子轨迹线

(3) 单击 [按钮图标] 按钮，选择上一步绘制的曲线为扫描轨迹线，在操控面板单击 [按钮图标] 按钮，绘制图 11.1.20 所示截面，在草图界面选择“工具”→“关系”选项，给截面设置关系式。最后完成的效果如图 11.1.21 所示。

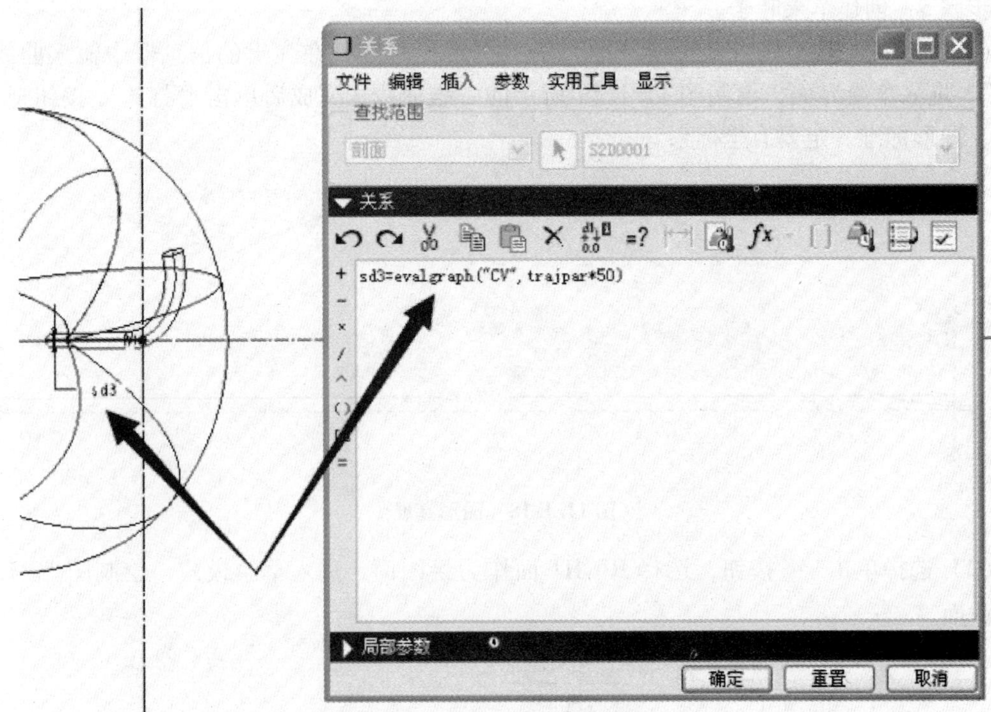

图 11.1.20　叶子截面图

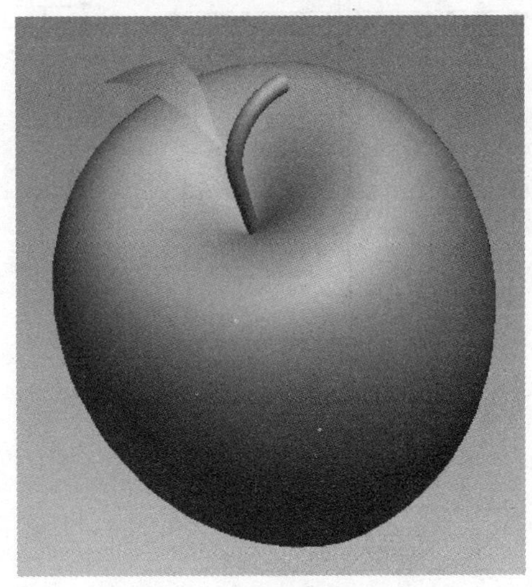

图 11.1.21　叶子效果图

（4）选择上一步绘制的半片叶子，在工具栏中单击 按钮，选择 RIGHT 面作为镜像平面，完成曲面的镜像，单击 按钮，合并 2 个半片叶子曲面，构成一个完整的叶子曲面，再次选择合并后的叶子曲面，选择 TOP 面作为镜像平面，在另一侧复制出一个完整叶片。最后完成的效果如图 11.1.22 所示。

图 11.1.22　镜像叶子效果

步骤 6：渲染效果。

单击“视图”→“颜色和外观”选项，打开“外观编辑器”对话框，选择曲面着色方式，苹果主体为“红色”，叶子设置为“绿色”，苹果把设置成“黄色”。最终效果如图 11.1.23 所示。

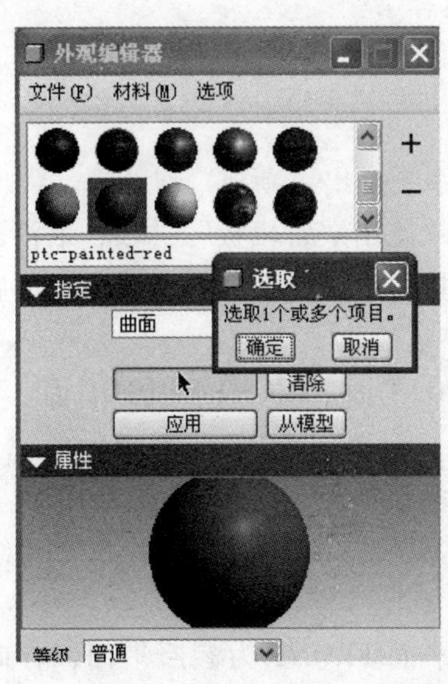

图 11.1.23　效果渲染

11.2 椅子造型设计实例

本节最终要完成的模型效果如图 11.2.1 所示。

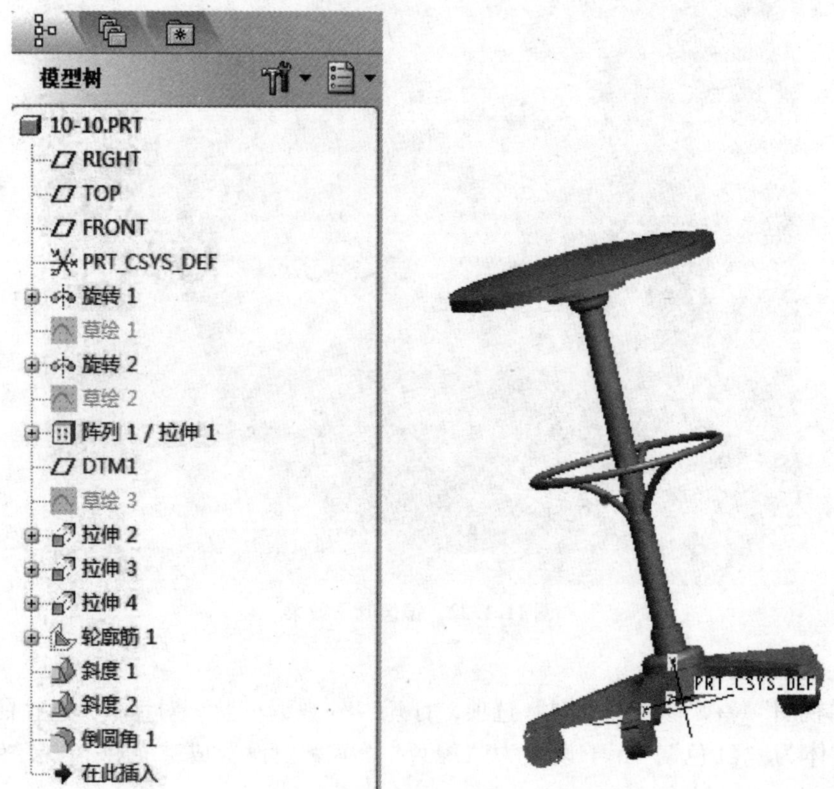

图 11.2.1 模型效果

主要操作步骤：

步骤 1：新建文件。

(1) 单击“文件”工具栏中“新建文件”按钮，系统弹出“新建”对话框。

(2) 在“名称”文本框中输入“yizi”，取消选中“使用缺省模板”选项，取消默认模板，然后单击“确定”按钮，弹出“新文件选项”对话框，选取“空”模板，然后单击“确定”按钮，进入零件设计界面。

(3) 单击基准工具栏中的“确定”按钮，创建 FRONT 面、RIGHT 面、TOP 面。

步骤 2：创建椅子底板。

(1) 单击主菜单中的“插入”→“旋转”命令，系统弹出旋转特征工具操控板。

(2) 在旋转特征工具操控板中单击“放置”→“定义”命令，系统弹出“草绘”对话框。

(3) 选取基准平面 TOP 为草绘平面，选取基准平面 FRONT 为参照平面，方向选取“右”。单击“草绘”按钮，进入草绘环境，绘制图 11.2.2 所示草绘截面。

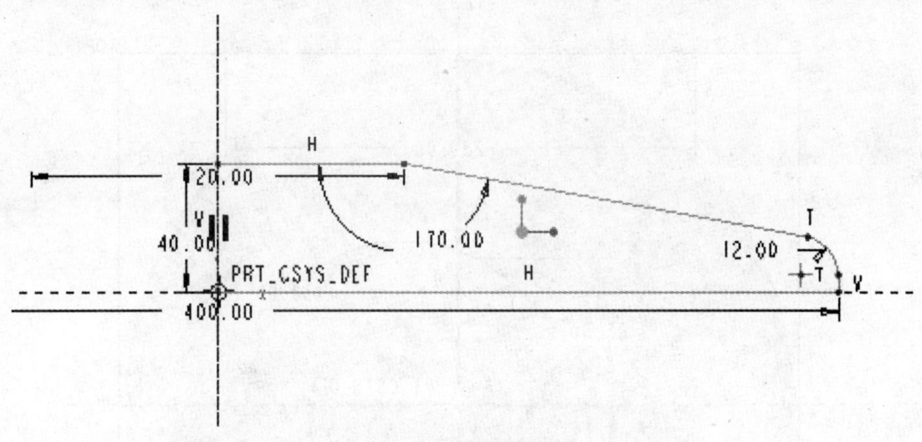

图11.2.2　草绘截面1

(4) 单击草绘工具栏中的✔按钮，完成草绘截面的绘制。

(5) 在旋转特征工具操控板中单击按钮，输入旋转角度为“360”，单击✔按钮，完成旋转特征的创建，如图11.2.3所示。

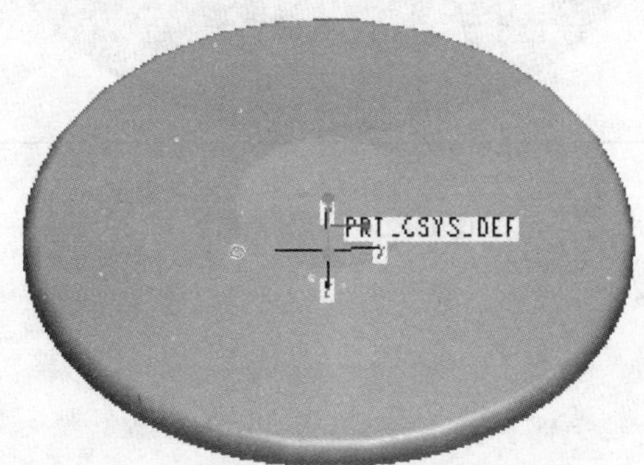

图11.2.3　旋转坐垫

(6) 单击主菜单中“插入”→“拉伸”命令，系统弹出拉伸特征工具操控板。

(7) 在拉伸特征工具操控板中单击“放置”→“定义”命令，系统弹出“草绘”对话框。

(8) 选取基准平面TOP为草绘平面，接受默认的视图方向和参照平面，单击“草绘”按钮，进入草绘环境，如图11.2.4所示。

(9) 单击草绘工具栏中的✔按钮，完成草绘截面的绘制。

(10) 在拉伸特征工具操控板中单击✔按钮，单击“完成”按钮，完成拉伸特征的创建，如图11.2.5所示。

(11) 打开模型树，选取步骤(10)所创建的特征，选取主菜单中的“编辑”→“阵列”命令，弹出阵列特征工具操控板。

(12) 在阵列特征工具操控板中，选取“轴”阵列，输入个数“5”及角度“72”，然后单击✔按钮，完成阵列特征的创建，如图11.2.6所示。

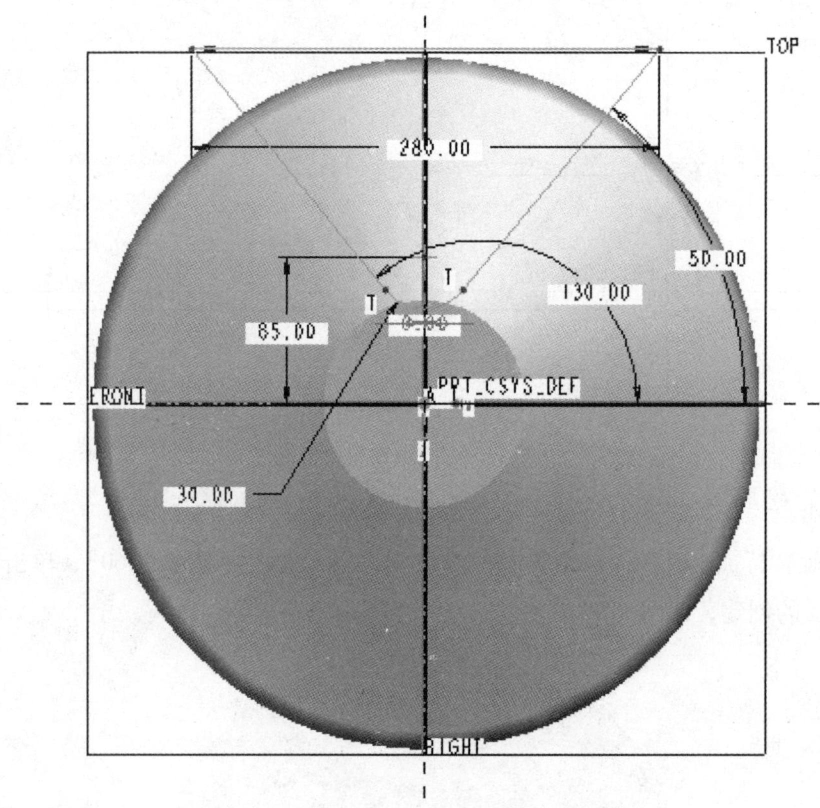

图 11.2.4　草绘截面 2

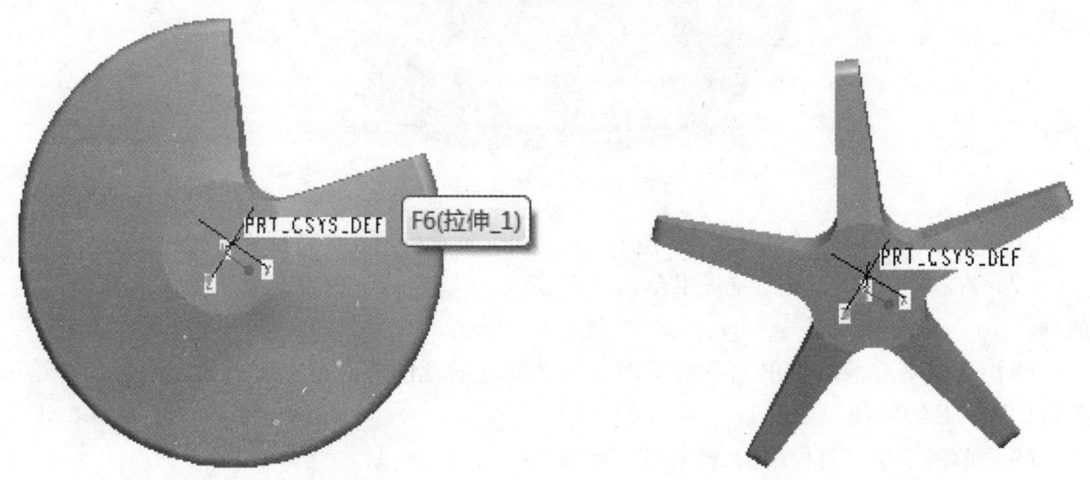

图 11.2.5　拉伸切除特征

图 11.2.6　阵列特征

（13）单击主菜单中的“插入”→“拉伸”命令，系统弹出拉伸特征工具操控板。

（14）在拉伸特征工具操控板中单击“放置”→“定义”命令，系统弹出“草绘”对话框。

（15）选取基准平面 FRONT 为草绘平面，选取基准平面 RIGHT 为参照平面，方向选取“上”，单击“确定”按钮，进入草绘环境，如图 11.2.7 所示。

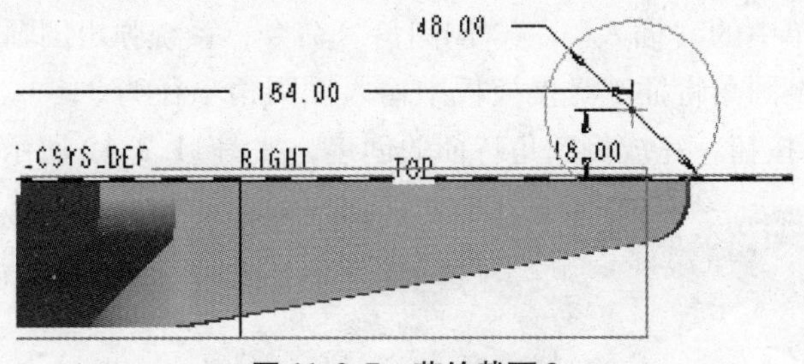

图 11.2.7　草绘截面 3

（16）单击草绘工具栏中的 按钮，完成草绘截图的绘制。

（17）在拉伸特征工具操控板中单击 按钮，单击“完成”按钮，完成拉伸特征的创建，如图 11.2.8 所示。

（18）单击主菜单中的“插入”→“拉伸”命令，系统弹出拉伸特征工具操控板。

（19）在拉伸特征工具操控板中单击“放置”→“定义”命令，系统弹出“草绘”对话框。

（20）单击“使用先前的”→“草绘”按钮，进入草绘环境，绘制图 11.2.9 所示截面。

图 11.2.8　拉伸特征

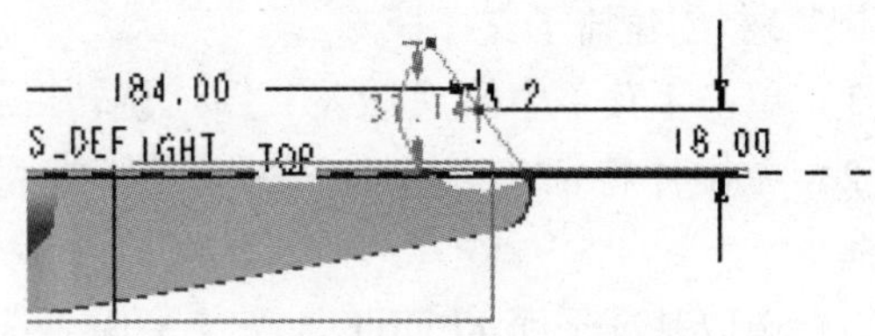

图 11.2.9　草绘截面 4

（21）单击草绘工具栏中的 按钮，完成草绘截面的绘制。

（22）在拉伸特征工具操控板中单击 按钮，输入拉伸的深度为“20”，单击按钮 ，输入厚度为“4”，单击按钮 ，将方向反向，然后单击“完成”按钮，完成拉伸特征的创建，如图 11.2.10 所示。

（23）单击主菜单中的“插入”→“拉伸”命令，系统弹出拉伸特征工具操控板。

（24）单击“使用前的”→“草绘”按钮，进入草绘环境。

（25）在拉伸特征工具操控板中单击 按钮，输入拉伸的深度为“28”，单击 按钮，完成拉伸特征的创建，如图 11.2.11 所示。

（26）选取之前创建的特征，按住 Ctrl 键选取步骤（22）和（25）创建的特征，单击主菜单中的“特征”→“阵列”命令，系统弹出阵列特征操控板，选取“轴”阵列，选取中心轴“A_2”，输入个数为“5”，角度为“72”。

图 11.2.10　拉伸特征 1

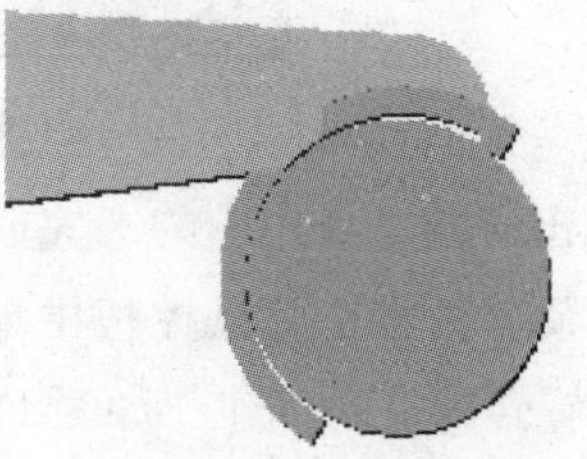

图 11.2.11　拉伸特征 2

（27）单击主菜单中的“插入”→“倒圆角”命令，系统弹出倒圆角特征工具操控板。

（28）在弹出的倒圆角特征工具操控板中输入倒圆角半径为 3，一次选取 5 个圆柱的断面元，单击“完成”按钮，完成倒圆角特征的创建，如图 11.2.12 所示。

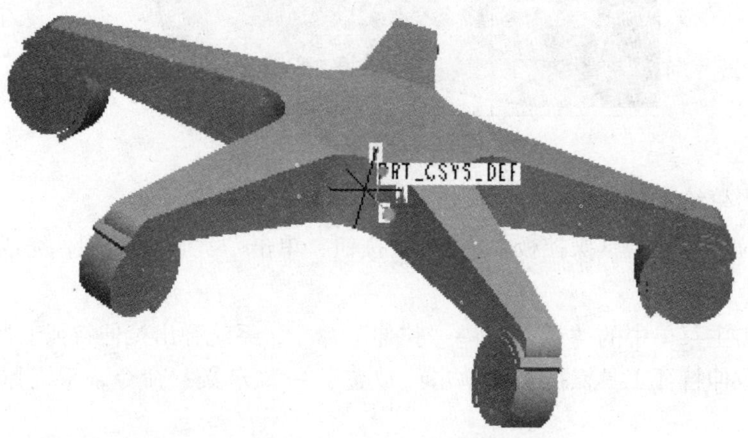

图 11.2.12　阵列特征

步骤 3：创建椅子支撑杆。

（1）单击主菜单中的“插入”→“旋转”命令，系统弹出旋转特征工具操控板。

（2）在拉伸特征工具操控板中单击“放置”→“定义”命令，系统弹出“草绘”对话框。

（3）选取基准平面 FRONT 为草绘平面，选取基准平面 RIGHT 为参照平面，方向选取“上”。单击“草绘”按钮，进入草绘环境，如图 11.2.13 所示。

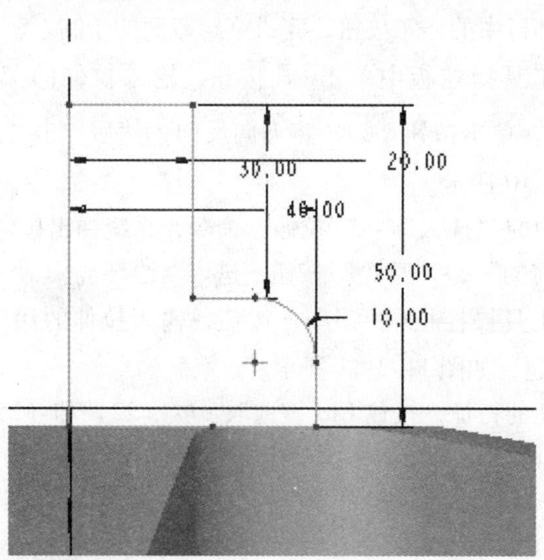

图 11.2.13　草绘截面 5

（4）单击草绘工具栏中的“完成”按钮，完成草绘截图的绘制。

（5）在旋转特征工具操控板中单击 按钮，输入旋转角度为“360”，单击“完成”按钮，完成旋转特征的创建，如图 11.2.14 所示。

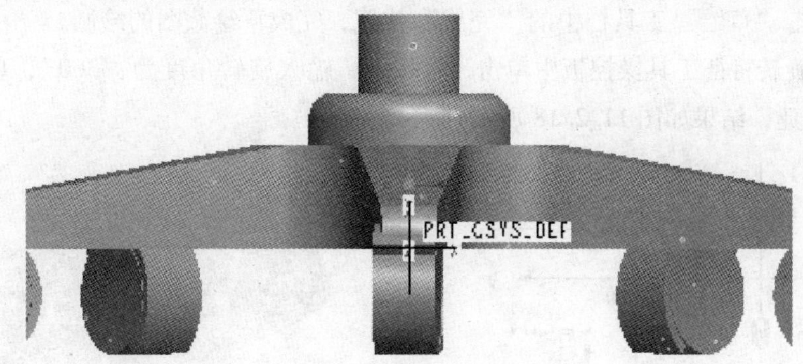

图 11.2.14　旋转特征

（6）单击主菜单中的“插入”→“拉伸”命令，系统弹出拉伸特征工具操控板。

（7）在拉伸特征工具操控板中单击“放置”→“定义”命令，系统弹出“草绘”对话框。

（8）选取步骤（5）创建的旋转体顶面为草绘平面，接受系统默认的视图方向和参考平面，单击“草绘”按钮，进入草绘环境，绘制图 11.2.15 所示截面。

（9）单击草绘工具栏中的“完成”按钮，完成草绘截图的绘制。

（10）在拉伸特征工具操控板中单击 按钮，输入拉伸的深度为“400”，单击“完成”按钮，完成拉伸特征的创建，结果如图 11.2.16 所示。

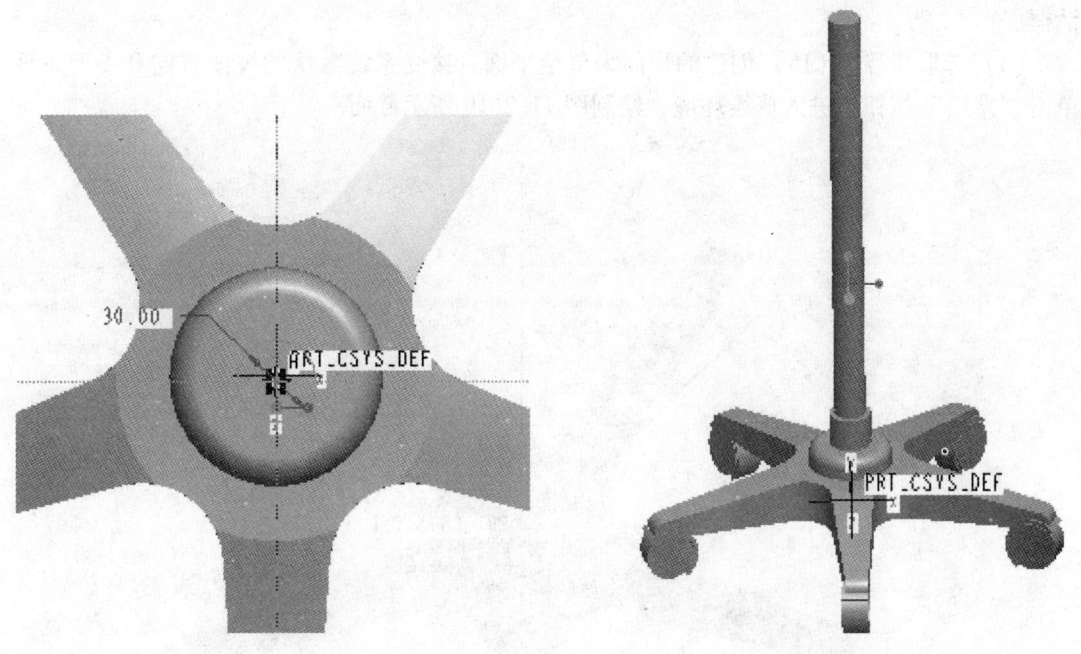

图 11.2.15　草绘截面 6　　图 11.2.16　拉伸特征 3

（11）单击主菜单中的“插入”→“旋转”命令，系统弹出旋转特征工具操控板。

（12）在拉伸特征工具操控板中单击“放置”→“定义”命令，系统弹出“草绘”对话框。

（13）选取 FRONT 为草绘平面，选取基准平面 RIGHT 为参照平面，方向选取“上”。单击“草绘”按钮，进入草绘环境，绘制图 11.2.17 所示截面。

（14）单击“草绘”工具栏中的“完成”按钮，完成草绘截图的绘制。

（15）在旋转特征工具操控板中单击 按钮，输入旋转角度为“360”，单击“完成”按钮，完成创建，结果如图 11.2.18 所示。

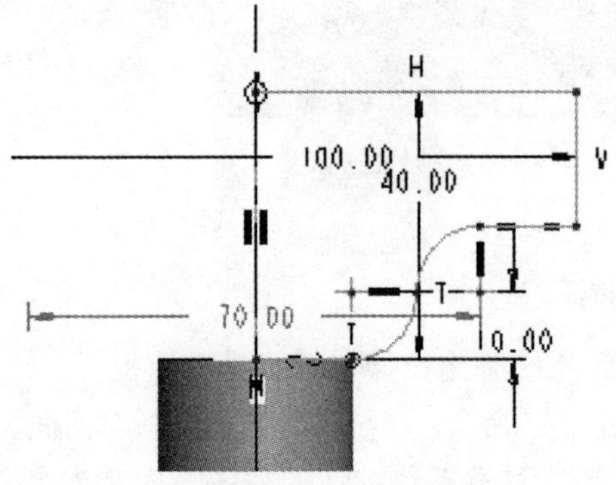

图 11.2.17　草绘截面 6

图 11.2.18　旋转特征

步骤 4：创建椅子坐垫。

（1）单击主菜单中的“插入”→“拉伸”命令，系统弹出拉伸特征工具操控板。

（2）在拉伸特征工具操控板中单击“放置”→“定义”命令，系统弹出“草绘”对话框。

（3）选取步骤 3（15）创建的顶面为草绘平面，接受系统默认的视图方向和参照平面，单击“草绘”按钮，进入草绘环境，绘制图 11.2.19 所示截面。

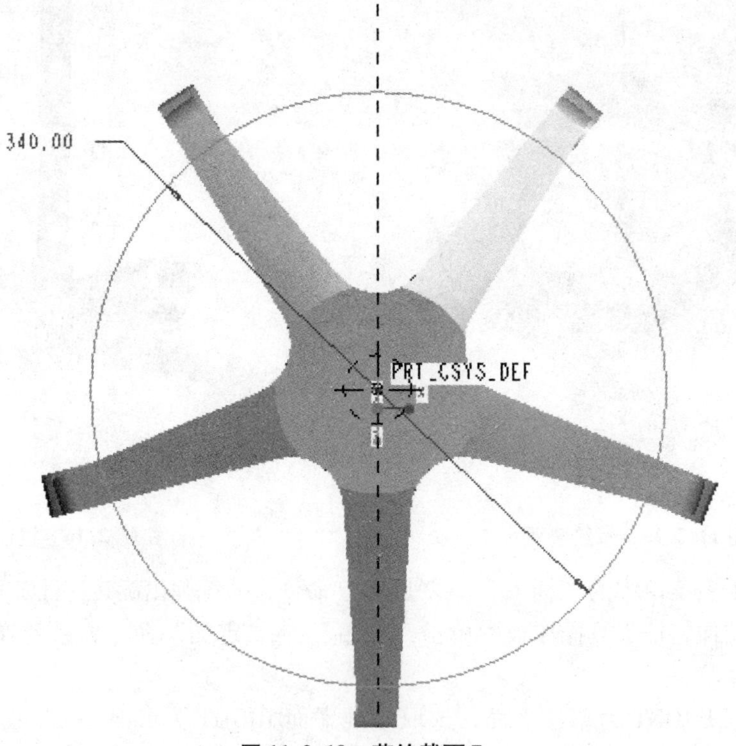

图 11.2.19　草绘截面 7

(4) 单击“草绘”工具栏中的“完成”按钮，完成绘制。

(5) 在拉伸特征工具操控板中单击 按钮，输入拉伸深度为“15”，单击“完成”按钮。

(6) 单击主菜单中的“插入”→“旋转”命令，系统弹出旋转特征工具操控板。

(7) 在拉伸特征工具操控板中单击“放置”→“定义”命令，系统弹出“草绘”对话框。

(8) 选取基准平面 FRONT 为草绘平面，接受系统默认的视图方向和参照平面，单击“草绘”按钮，进入草绘环境，绘制图 11.2.20 所示截面。

(9) 单击“草绘”工具栏中的“完成”按钮，完成绘制。

(10) 在旋转特征工具操控板中单击 按钮，输入旋转角度为“360”，单击“完成”按钮，完成旋转特征的创建，结果如图 11.2.21 所示。

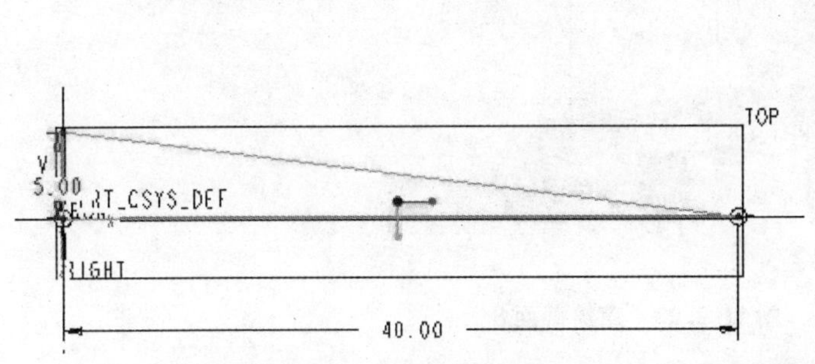

图 11.2.20 草绘截面 8

图 11.2.21 旋转特征

(11) 单击主菜单中的“插入”→“倒圆角”命令，系统弹出倒圆角特征工具操控板。

(12) 在弹出的倒圆角特征工具操控板中输入倒圆角半径“10”，选择创建特征的交线，单击“完成”按钮，完成倒圆角特征的创建，如图 11.2.22 所示。

图 11.2.22 圆角特征

步骤 5：创建椅子支架。

（1）单击基准工具栏中的 按钮，系统弹出“草绘”对话框。

（2）选取基准平面 FRONT 为草绘平面，接受系统默认的视图方向和参考平面，单击“草绘”按钮，进入草绘环境，如图 11. 2. 23 所示。

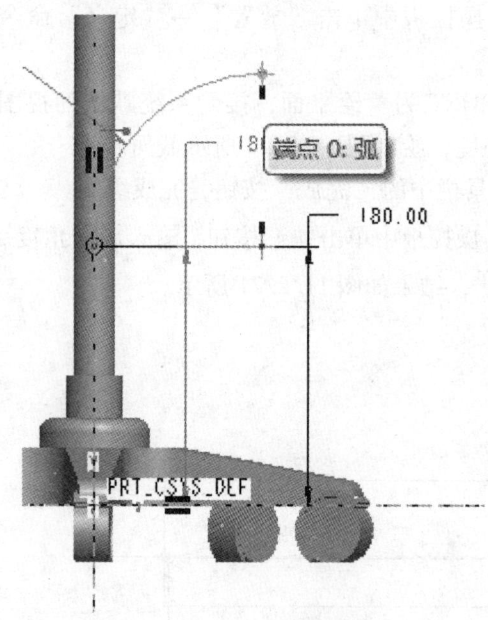

图 11. 2. 23　草绘截面 8

（3）单击“草绘”工具栏中的“完成”按钮，完成草绘截面的绘制。

（4）单击主菜单中的“插入”→“扫描”→“伸出项”→“选取轨迹”选项，选取之前得到的曲线，进入草绘环境，绘制图 11. 2. 24 所示截面。

（5）单击“草绘”工具栏中的“完成”按钮，完成扫描特征的创建，如图 11. 2. 25 所示。

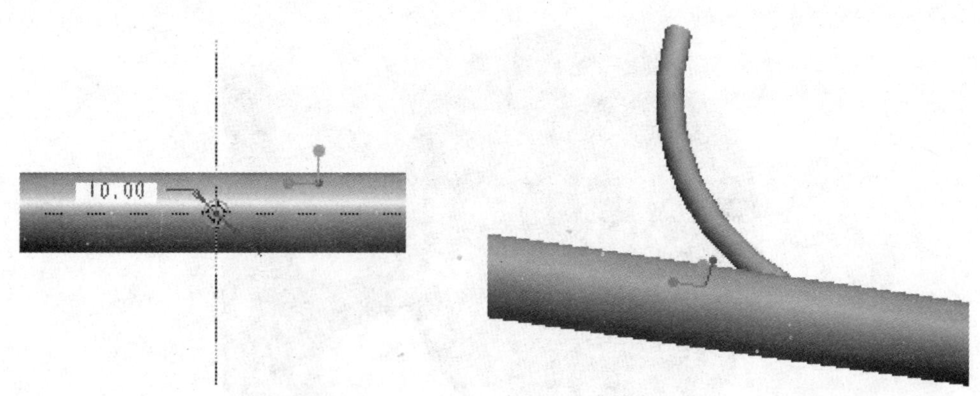

图 11. 2. 24　草绘截面 9　　**图 11. 2. 25　扫描特征**

（6）打开模型树，选取上步创建的特征，单击主菜单中的“编辑”→“阵列”命令，系统弹出阵列特征工具操控板。

（7）在阵列特征工具操控板中，选取“轴”阵列，输入个数“3”，角度“120”，然后单击“完成”按钮，完成阵列特征的创建，结果如图 11. 2. 26 所示。

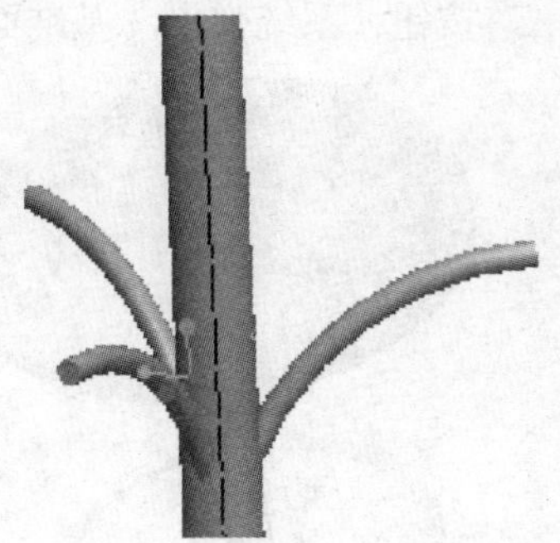

图 11. 2. 26　阵列特征

（8）单击基准工具栏中 按钮，系统弹出“基准面”对话框。

（9）选取基准平面 TOP 为参照平面，输入平移值“300”，单击“确定”按钮，完成 DTM4 的创建。

（10）单击基准工具栏中的 按钮，系统弹出“草绘”对话框。

（11）选取 FRONT 面为草绘平面，接受系统默认的视图方向和参照平面，单击“草绘”按钮，进入草绘环境，绘制图 11. 2. 27 所示截面。

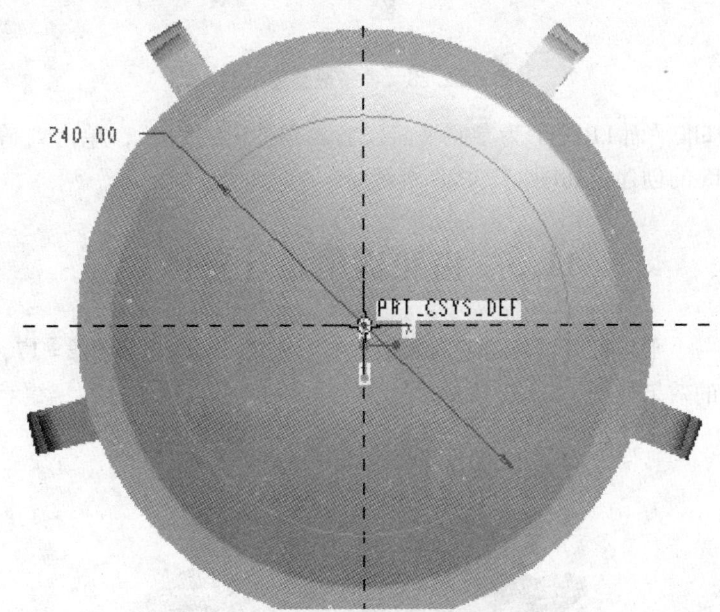

图 11. 2. 27　草绘截面 10

（12）单击“草绘”工具栏中的“完成”按钮，完成绘制。

（13）单击主菜单中的“插入”→“扫描”→“伸出项”→“选取轨迹”选项，选取上步创建的曲线，进入草绘环境。

（14）单击“完成”按钮，完成扫描特征的创建，如图 11. 2. 28 所示。

（15）单击基准工具栏中的 按钮，系统弹出“草绘”对话框。

（16）选取步骤 4 中（5）的实体顶面为草绘平面，进入草绘环境。

（17）单击草绘工具栏中“完成”按钮，完成草绘截图的绘制。

（18）单击基准工具栏中的 ▱ 按钮，系统弹出“基准面”对话框。

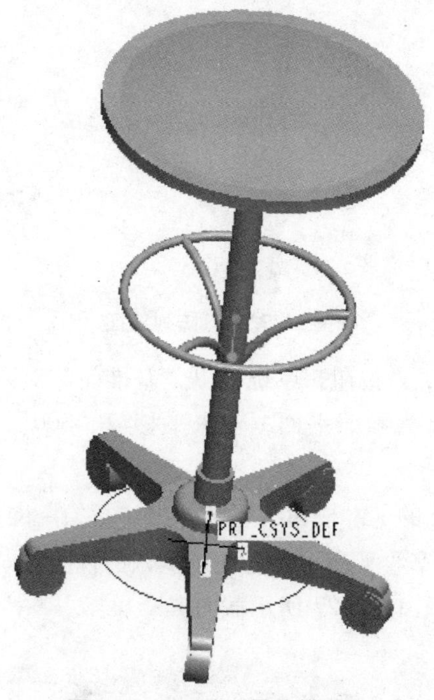

图 11.2.28　椅子最终模型图

（19）选取基准平面 FRONT 为参照平面，输入平移值“170”，单击“确定”按钮，完成基准平面 DTM5 的创建，如图 11.2.28 所示。

11.3　齿轮造型设计实例

实例：创建一个平板渐开线标准直齿圆柱齿轮，模数 $m=2$，齿数 $z=17$，齿宽 $b=12$。最终要完成的效果如图 11.3.1 所示。

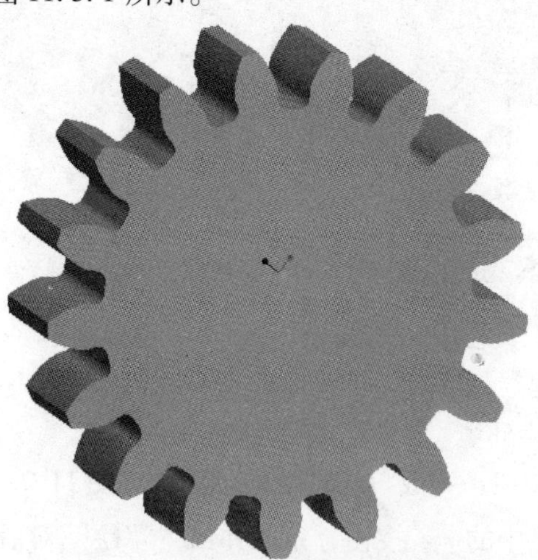

图 11.3.1　平面渐开线标准直齿圆柱齿轮

操作步骤提示：

步骤 1：单击 按钮，选择 FRONT 为草绘平面，草绘 4 个圆作为齿顶圆、分度圆、齿根圆、基圆，如图 11.3.2 所示。（直径可任意大小）

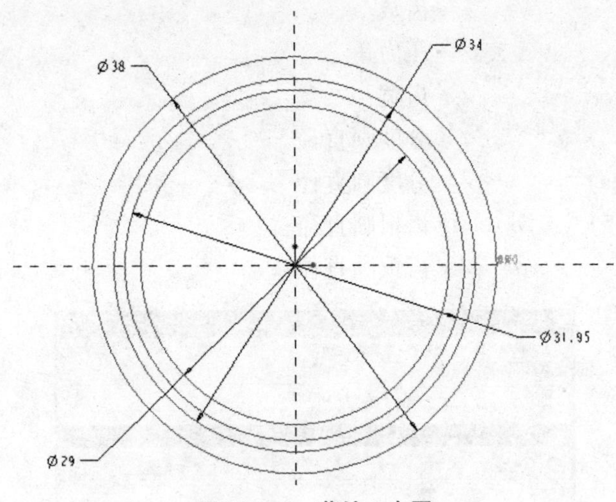

图 11.3.2　草绘 4 个圆

步骤 2：更改 4 个圆的名称。

选取 4 个圆，单击鼠标右键，在弹出的快捷菜单中选取“编辑”选项，显示 4 个圆的尺寸。选择任一尺寸，单击鼠标右键，在弹出的快捷菜单中选择“属性”选项，弹出“尺寸属性”对话框，选择“尺寸文本”选项，在名称栏内输入新名称，如“db”，如图 11.3.3 所示，其余类似，单击“确定”按钮，完成名称的修改。

尺寸属性
属性　尺寸文本　文本样式
Ø@D
名称 db
前缀
后缀
移动...　移动文本...　修改附加标注...　文本符号...
恢复值　确定　取消

图 11.3.3　修改名称

修改后各圆的名称为齿顶圆 da、分度圆 d、齿根圆 df、基圆 db。

步骤 3：添加关系式。

选取主菜单“工具”→“关系”命令，弹出“关系”对话框（见图 11.3.4），在对话框内输入以下内容：

m = 2　　　　　　　　/ * 模数

z = 17　　　　　　　　/ * 齿数

alpha = 20　　　　　　/ * 压力角

b = 12　　　　　　　　/ * 齿宽

d = m * z　　　　　　　/ * 分度圆直径

db = d * cos(alpha)　　/ * 分度圆直径

df = m * （z - 2.5）　　/ * 齿根圆直径

da = m * （z + 2）　　　/ * 齿顶圆直径

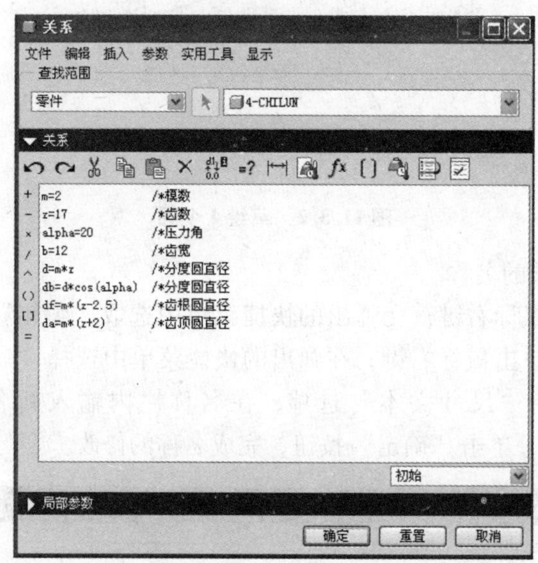

图 11.3.4　关系对话框

步骤 4：用方程生成渐开线齿廓曲线。

单击 按钮或单击菜单“插入”→“模型基准”→“基准曲线”命令，出现基准曲线对话框，选取“从方式”→“完成”选项，系统提示“选取坐标系”提示，选择系统提供的缺省坐标系。系统提示“选择坐标系类型”，选择“笛卡儿”坐标系，在弹出的记事本中输入以下参数方程：

r = db/2

theta = t * 55

x = r * cos(theta)　+ r * sin(theta)　* theta * pi/180

y = r * sin(theta)　- r * cos(theta)　* theta * pi/180

z = 0

保存后退出记事本，单击“确定”按钮，得到渐开线曲线，如图 11.3.5 所示，曲线具体建立过程如图 11.3.6 所示。

图 11.3.5　渐开线曲线

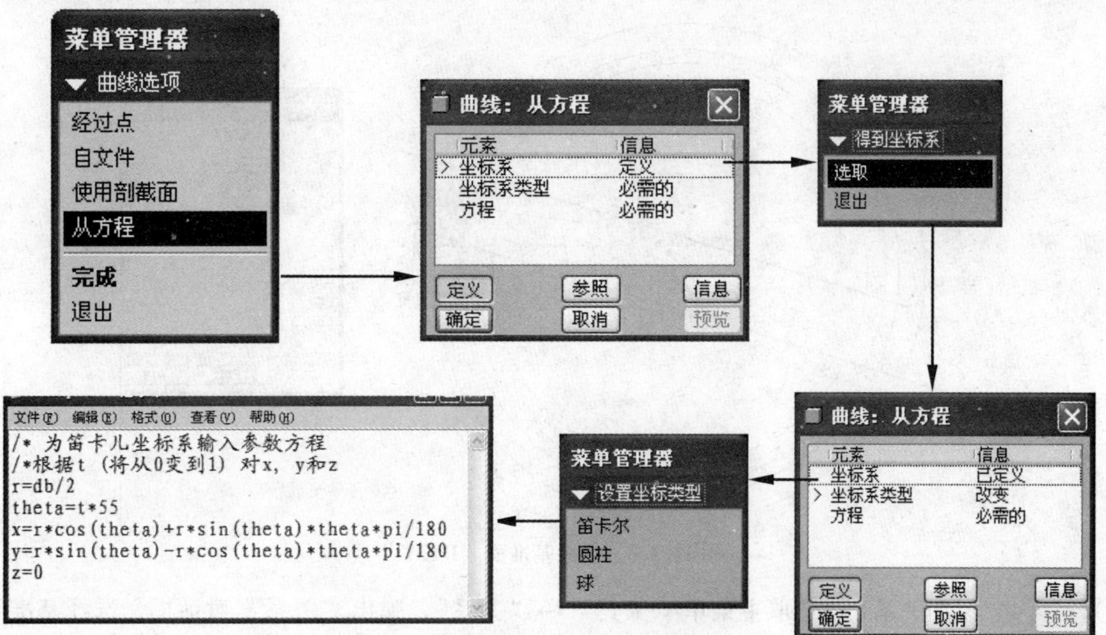

图 11.3.6　“从方程”方式建立基准曲线步骤

步骤 5：创建基准平面。

（1）单击菜单“插入”→“模型基准”→“基准点”→“点”命令或单击 按钮，按住 Ctrl 键并选择渐开线和分度圆，生成“PNT0”点。

（2）单击菜单“插入”→“模型基准”→“轴”命令或单击 按钮，按住 Ctrl 键并选择基准面 RIGHT 和 TOP，生成“A_1”轴。单击 按钮，按住 Ctrl 键并选择“PNT0”和“A_1”轴，生成基准面“DTM1”，如图 11.3.7 所示。

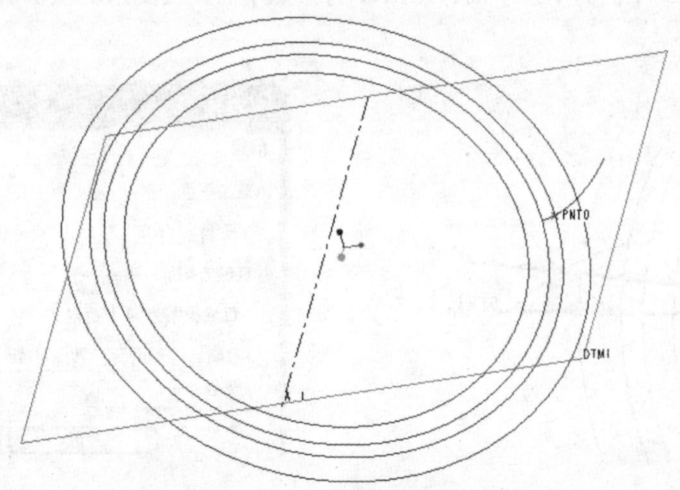

图 11.3.7　生成基准面“DTM1”

（3）创建镜像平面。单击 按钮，按住 Ctrl 键并选择“DTM1”和“A_1”轴，输入偏移角度“10”（若方向不对则输入负值），生成基准面“DTM2”，如图 11.3.8 所示。

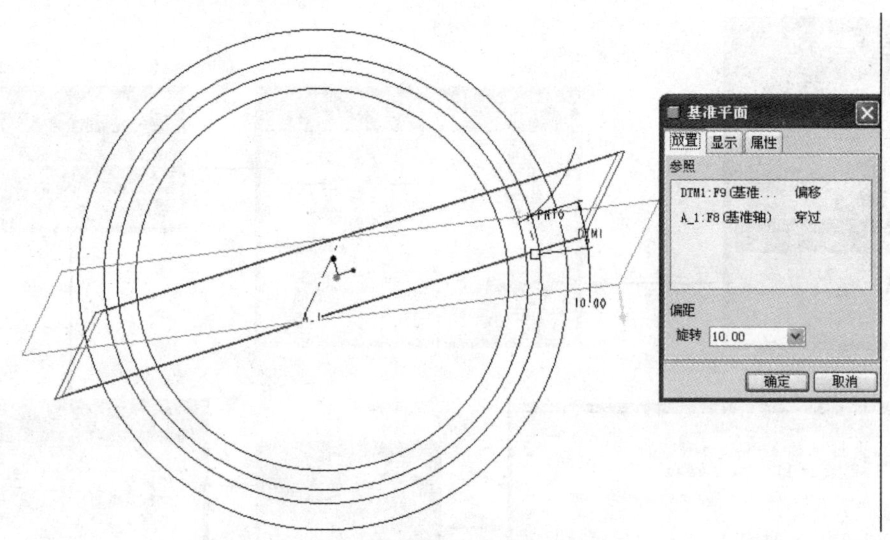

图 11.3.8　生成基准面“DTM2”

（4）添加关系式。选取主菜单“工具”→“关系”，弹出“关系”对话框，选择基准面“DTM2”，在对话框内输入基准面“DTM2”旋转角度“d6 = 360/（4 * z）”，重新生成模型。（注意：d6 是系统自动生成的，操作过程中名称可能不同。）

步骤 6：镜像渐开线。选择渐开线，单击菜单“编辑”→“镜像”命令，或从工具栏中单击 按钮，选择基准面“DTM2”为镜像平面，生成镜像渐开线，如图 11.3.9 所示。

步骤 7：生成齿轮轮齿。

（1）单击工具栏中的拉伸按钮 ，打开拉伸特征工具操控板。

（2）单击拉伸特征工具操控板的“放置”选项，单击“定义”按钮，出现剖面对话框。

（3）选择 FRONT 面为草绘平面，RIGHT 为参照平面，接受系统默认的视图方向，如图 11.3.10 所示。

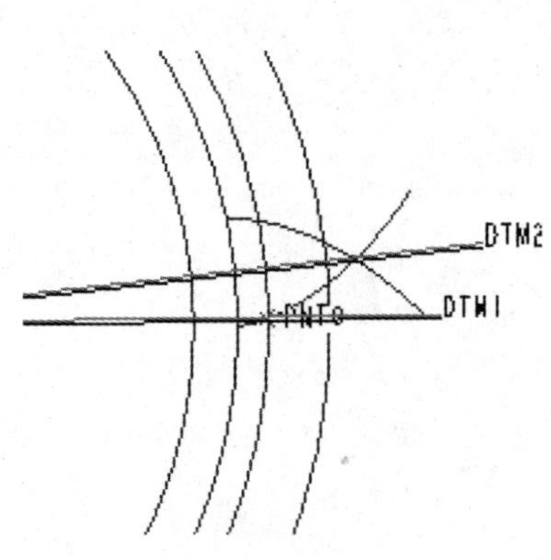

图 11.3.9　镜像渐开线

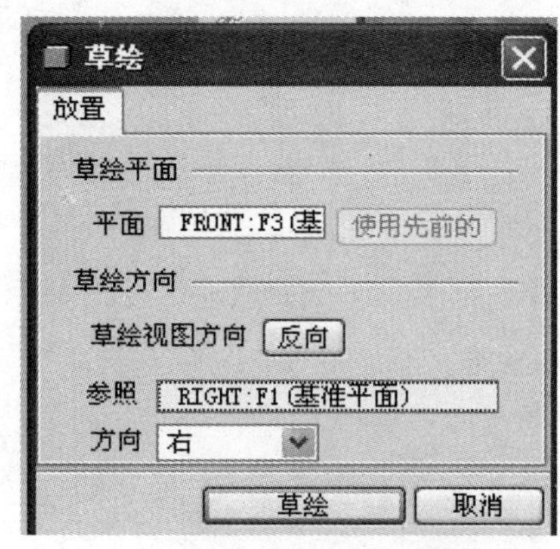

图 11.3.10　剖面对话框

（4）单击剖面对话框中的“草绘”按钮，进入二维草绘环境。单击 利用边按钮，选择两段渐开线、齿顶圆、齿根圆，并利用延伸工具 将两段渐开线延伸到齿根圆，并倒圆角，圆角半径为 $R0.8$，然后利用修剪工具裁剪多余线条，结果如图

11.3.11 所示截面，单击工具栏中的“确定”按钮，完成拉伸截面的绘制，返回拉伸特征工具操控板。

（5）指定拉伸深度为盲孔，输入深度“15”，单击拉伸特征工具操控板的按钮，完成拉伸实体的建立，如图 11.3.12 所示。

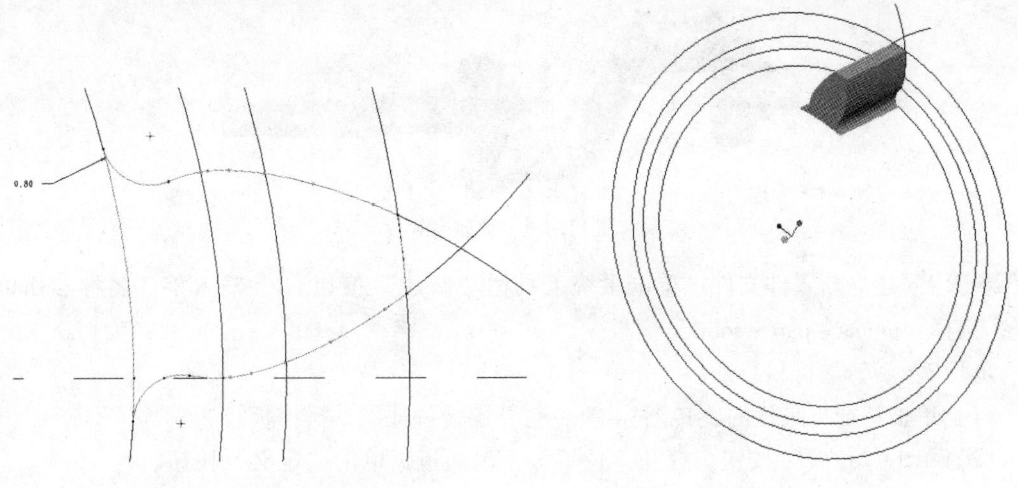

图 11.3.11　齿轮齿廓　　　　图 11.3.12　拉伸轮齿

（6）添加关系式。单击主菜单“工具”→“关系”命令，弹出“关系”对话框，选择轮齿，在对话框内输入轮齿拉伸深度“d68 = b”，重新生成模型。（注意：d68 是系统自动生成的，操作过程中名称可能不同。）

步骤 8：拉伸齿轮齿根圆实体（见图 11.3.13），并添加关系，拉伸深度为“b”。

步骤 9：阵列轮齿，添加关系，阵列数目为“z”，如图 11.3.14 所示。

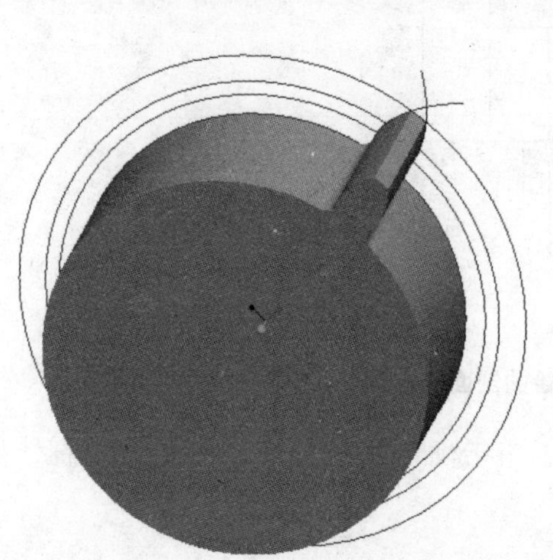

图 11.3.13　拉伸齿轮齿根圆

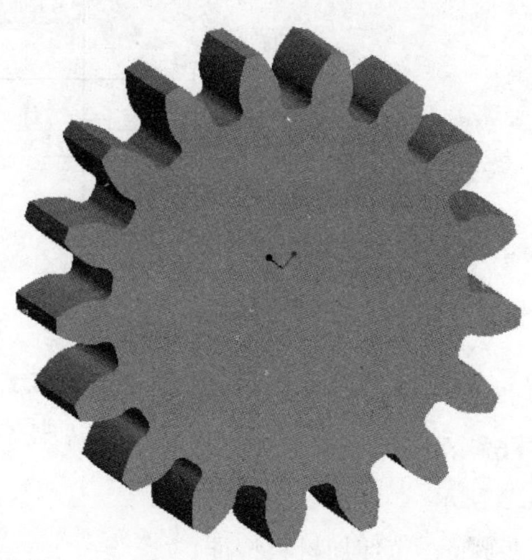

图 11.3.14　阵列轮齿

11.4　曲轴类零件的设计

本小节要设计一个曲轴，最终要实现的效果如图 11.4.1 所示。

图 11.4.1　曲轴零件

步骤 1：建立新零件文件。单击系统工具栏“新建”按钮，输入零件名称“shaft - 03”，选择“mmns - part - solid”模板。

步骤 2：旋转加材料特征。

（1）单击特征工具栏的旋转图标，打开旋转特征工具操控板。

（2）单击“位置”按钮，打开“位置”上滑面板，单击“定义”按钮。

（3）在图形区选取 FRONT 面作为草绘平面，接受“草绘”对话框其余默认设置，单击“草绘”按钮。

（4）接受“参照”对话框默认参照，单击“关闭”按钮进入草绘模式。

（5）草绘如图 11.4.2 所示剖面，再单击草绘工具栏完成图标，退出草绘模式。

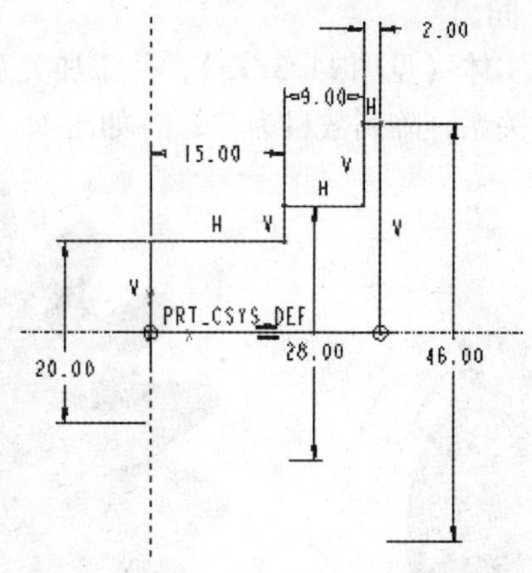

图 11.4.2　草绘的剖面

（6）在操控板对话栏文本框内输入“360”，单击确认按钮，生成旋转特征，如图 11.4.3 所示。

步骤 3：拉伸加材料特征。

（1）单击特征工具栏的拉伸图标，打开拉伸特征工具操控板。

（2）单击“位置”按钮，打开“位置”上滑面板，单击“定义”按钮。

（3）在图形区选取零件的右端面作为草绘平面，如图 11.4.4 所示，接受“草绘”对话框其余默认设置，单击“草绘”按钮。

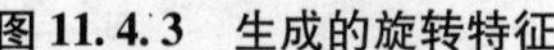

图 11.4.3　生成的旋转特征　　　　图 11.4.4　草绘平面的选择

（4）接受“参照”对话框默认设置，单击“关闭”按钮，进入草绘模式。

（5）草绘如图 11.4.5 所示的剖面，单击草绘工具栏完成图标 ✔，退出草绘模式。

（6）在操控板对话栏文本框内输入深度“12”，单击“确认”按钮，生成的拉伸特征如图 11.4.6 所示。

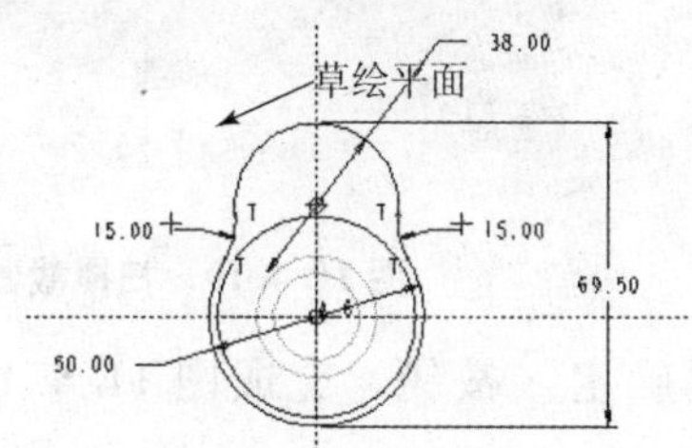

图 11.4.5　草绘的剖面　　　　图 11.4.6　生成的拉伸特征

步骤 4：旋转加材料特征。步骤同前旋转特征操作，草绘平面选 FRONT 面，绘制的剖面如图 11.4.7 所示，生成的旋转特征如图 11.4.8 所示。

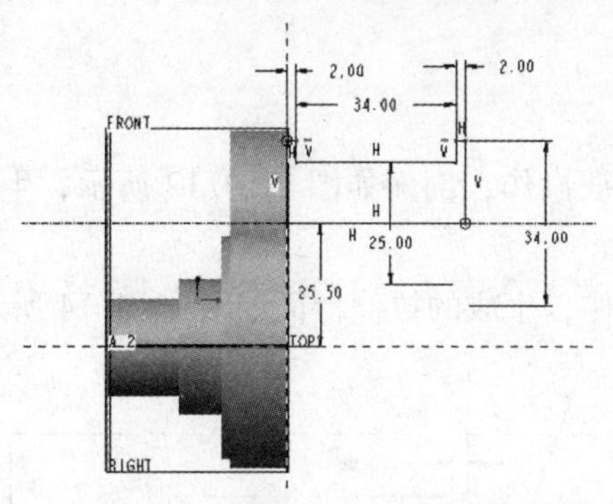

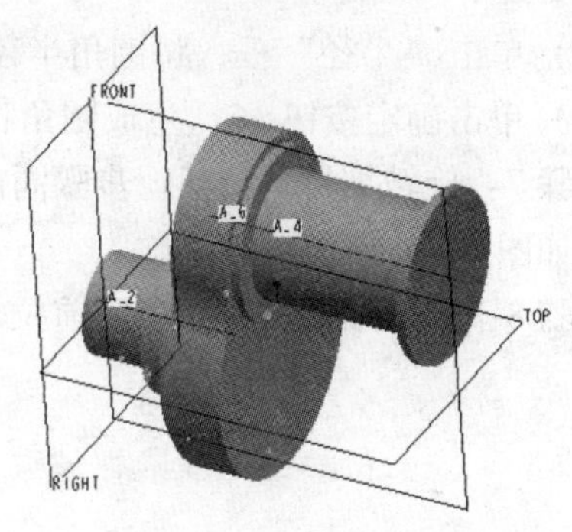

图 11.4.7　草绘的剖面　　　　图 11.4.8　生成的旋转特征

步骤 5：一般扫描加材料特征。

（1）单击菜单栏中的“插入”→“扫描”→“伸出项”命令，出现“伸出项：扫描”对话框以及“扫描轨迹”菜单。

（2）单击“扫描轨迹”菜单中的“草绘轨迹”命令，此时弹出“设置草绘平面”菜单，在图形窗口内选择 FRONT 面作为草绘平面，在“方向”菜单中，单击“正向”选项，接受草绘方向，在“草绘视图”菜单中，单击“缺省”选项，进入草绘模式。

（3）绘制扫描轨迹剖面，如图 11.4.9 所示。单击草绘工具栏完成图标 ✔，退出草绘模式。

（4）在“属性”菜单中，单击“合并终点”→“完成”按钮。

（5）系统进入草绘模式，绘制图 11.4.10 所示的扫描截面，单击草绘工具栏完成图标 ✓，退出草绘模式。

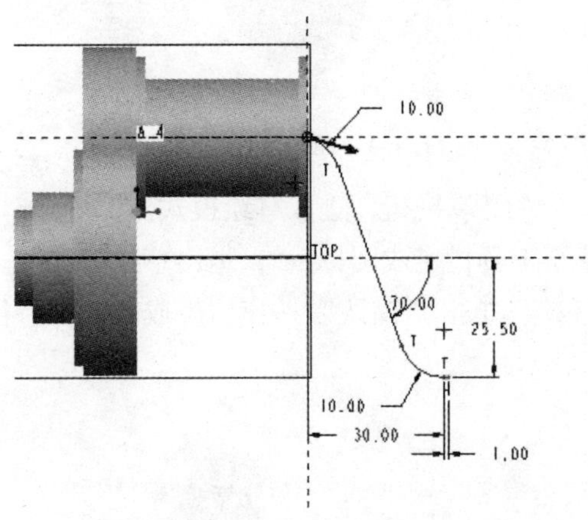

图 11.4.9　绘制的扫描轨迹

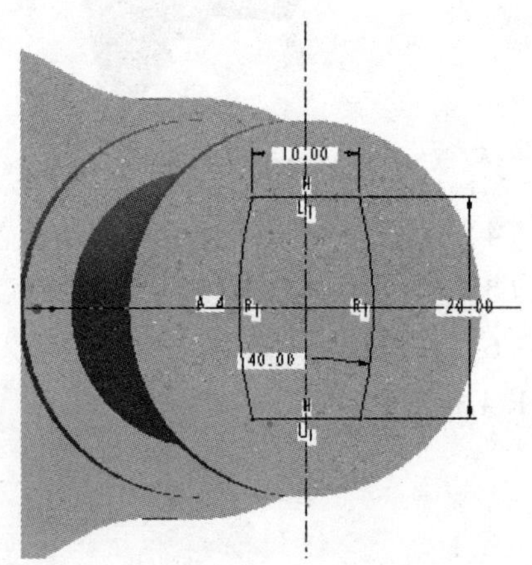

图 11.4.10　扫描截面

（6）在“伸出项：扫描”对话框中单击“确定”按钮，完成图 11.4.11 所示扫描特征。

步骤 6：倒圆角特征。

（1）单击特征工具栏的倒圆角图标，打开倒圆角特征工具操控板。

（2）单击“设置”按钮，打开上滑面板，选择扫描特征上的 4 条边作为参照，选择后 3 条边时要按下 Ctrl 键。

（3）单击“半径”框，将圆角半径修改为“3”。

（4）单击确定按钮 ✓，生成圆角特征。

步骤 7：旋转加材料特征。步骤同前旋转特征操作，剖面如图 11.4.12 所示，生成的旋转特征如图 11.4.13 所示。

步骤 8：拉伸加材料特征。同前拉伸特征操作，生成的拉伸特征如图 11.4.14 所示。

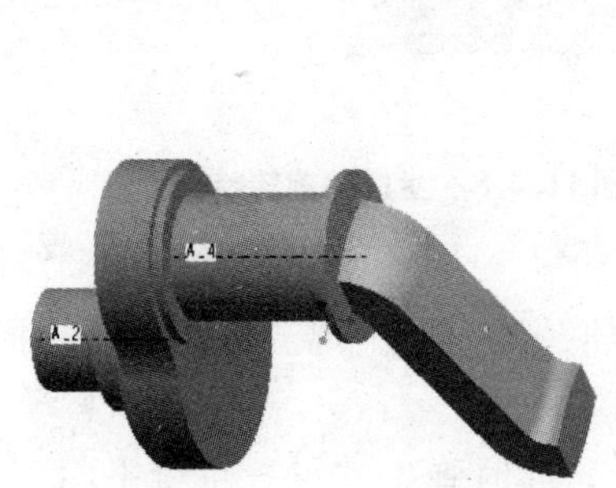

图 11.4.11　扫描特征

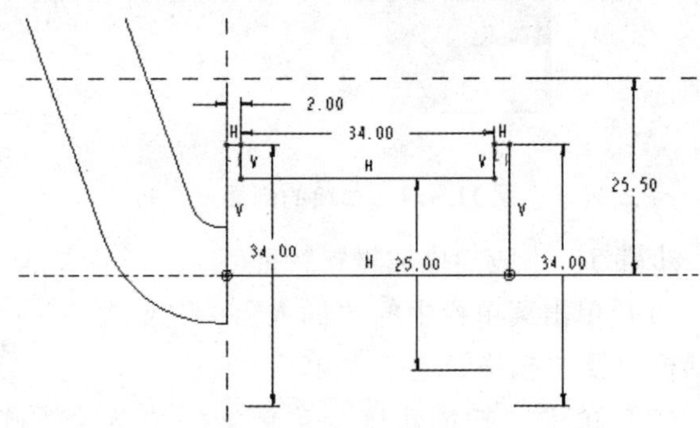

图 11.4.12　绘制旋转剖面

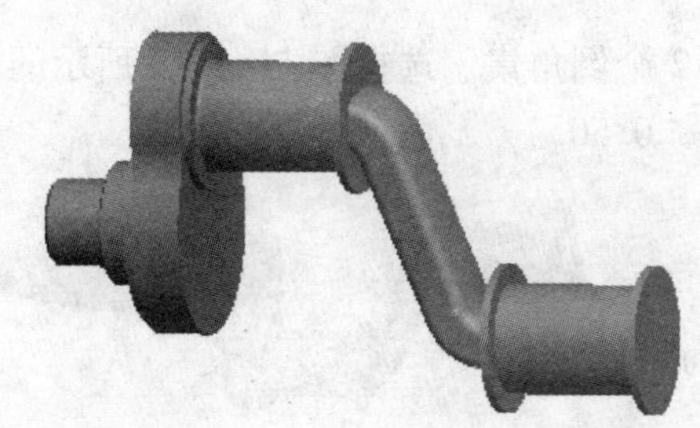

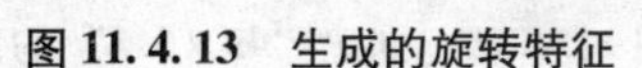

图 11.4.13　生成的旋转特征

图 11.4.14　生成的拉伸特征

步骤 9：旋转加材料特征，如图 11.4.15 所示，步骤同前旋转特征。

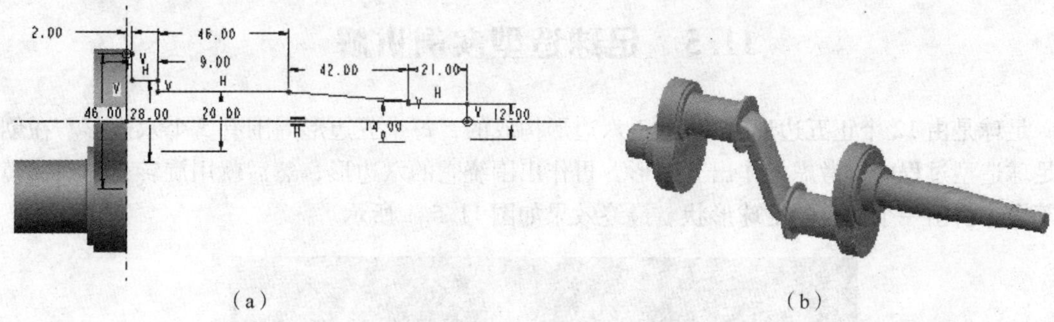

（a）　　　　　　（b）

图 11.4.15　旋转加材料特征

（a）旋转加材料特征剖面；（b）创建的旋转特征

步骤 10：倒圆角特征。

（1）单击特征工具栏的倒圆角图标，打开倒圆角特征工具操控板。

（2）单击“设置”按钮，打开“位置”上滑面板，选择图 11.4.16 所示一条实体边，单击“半径”框，将圆角半径修改为“1.50”。

（3）单击“集”列表中的“新组”创建第二个倒圆角集，选择图 11.4.17 所示的 4 条实体边，将圆角半径改为“1.00”。

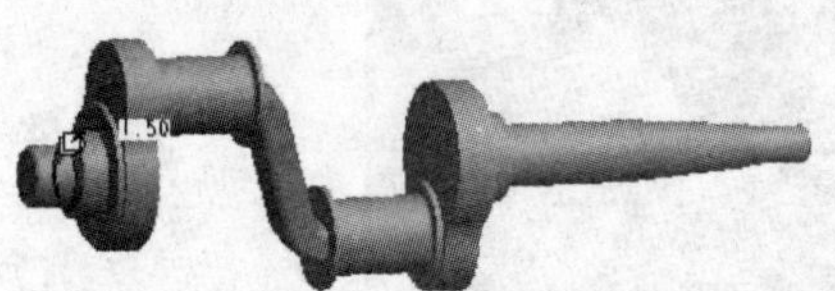

图11.4.16　半径为“1.50”的倒圆角边

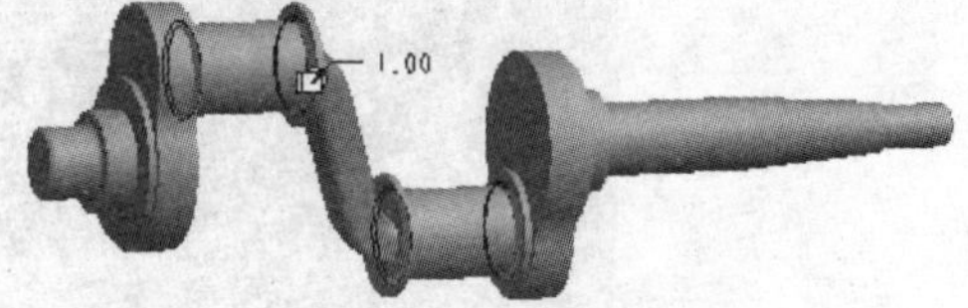

图 11.4.17　半径为“1.00”的倒圆角边

（4）单击确认按钮，生成圆角特征。

步骤 11：倒角特征。

（1）单击特征工具栏的倒角图标，打开倒角特征工具操控板。

（2）在对话栏内，单击标注形式框旁边的下拉箭头，从中选择“45×D”项，在后面的“D”框内输入“1.00”。

（3）单击操控板“集”按钮，打开“集”上滑面板，选择图 11.4.18 所示两条边为参照。

(4) 单击“集”列表中的“新组”，创建第2个倒角集。选择图11.4.19所示的一条边作参照，在“距离”列表将设置2的“D”改为“0.50”。

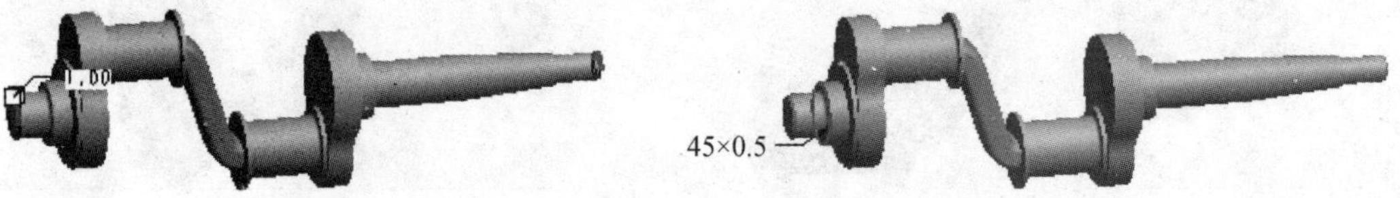

图11.4.18　创建“45×1”的倒角　　图11.4.19　创建“45×0.5”的倒角

(5) 单击确认按钮✔，生成倒角特征。

11.5　足球造型实例讲解

足球是由12个正五边形和20个正六边形构成的，每个五边形周围有5个六边形。在创建足球造型过程中，考虑先作出五边形，再作出围绕它的六边形，然后就用旋转、阵列、镜像等命令拼出一个完整的足球形状。最终效果如图11.5.1所示。

图11.5.1　足球

具体步骤如下：

步骤1：创建正五边形和正六边形曲线。

(1) 草绘正五边形截面（TOP平面），如图11.5.2所示。

(2) 单击 按钮，选择生成曲面，在TOP平面上旋转出一曲面（90°），进入草绘界面，绘制截面如图11.5.3所示，结果如图11.5.4所示。

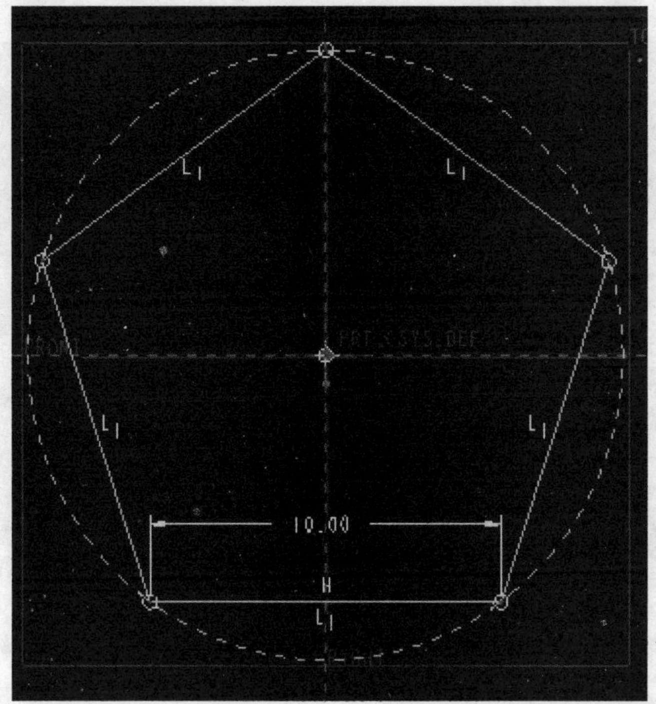

图 11.5.2　正五边形截面

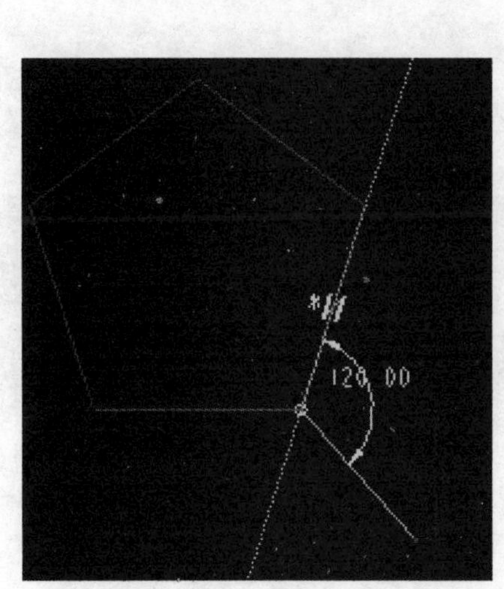

图 11.5.3　第一次旋转截面图形

图 11.5.4　第一次旋转曲面图形

(3) 单击 按钮，选择生成曲面，在 TOP 平面上旋转出一曲面（90°），进入草绘界面，绘制截面如图 11.5.5 所示，结果如图 11.5.6 所示。

(4) 选中两曲面后，执行“编辑”→“相交”命令，得到两曲面的交线，如图 11.5.7 所示。

(5) 以所相交成的线与一邻边创建一基准平面 DTM1，如图 11.5.8 所示。

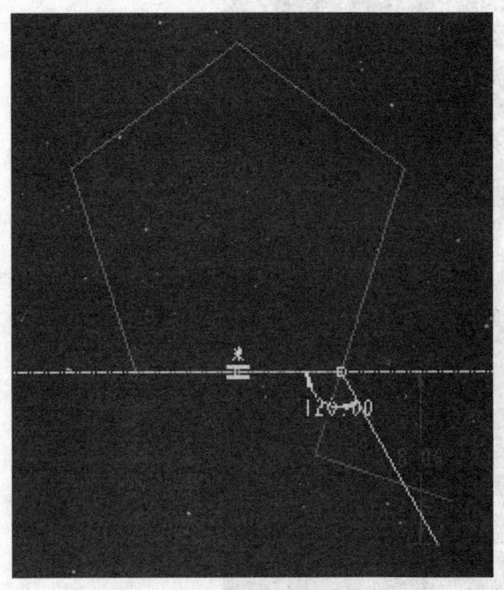

图 11.5.5　第二次旋转截面图形

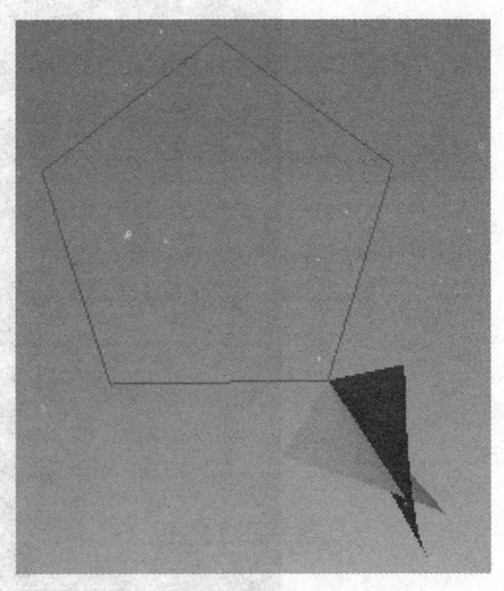

图 11.5.6　第二次旋转曲面图形

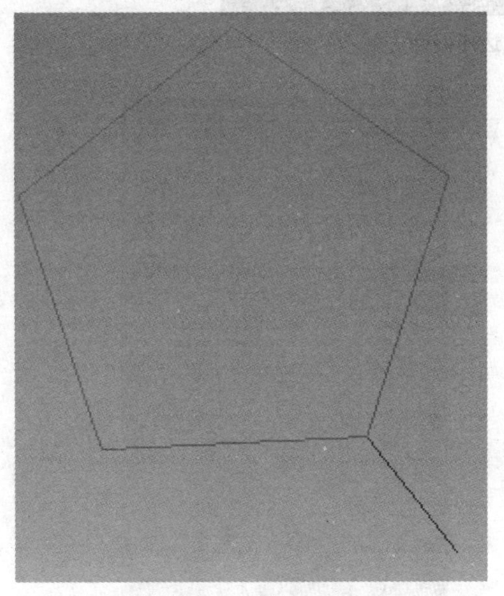

图 11.5.7　两曲面相交线

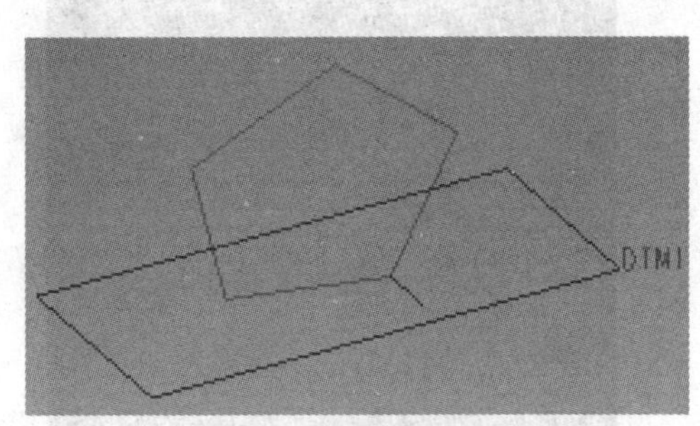

图 11.5.8　基准平面 DTM1

（6）在 DTM1 上绘制正六边形草绘，如图 11.5.9 所示。

步骤 2：生成一个五角锥及六角锥曲面。

（1）作图 11.5.10 所示的两直线中点 PNT0 及 PNT1，作一基准平面 DTM2 与 DTM1 垂直，如图 11.5.11 所示。

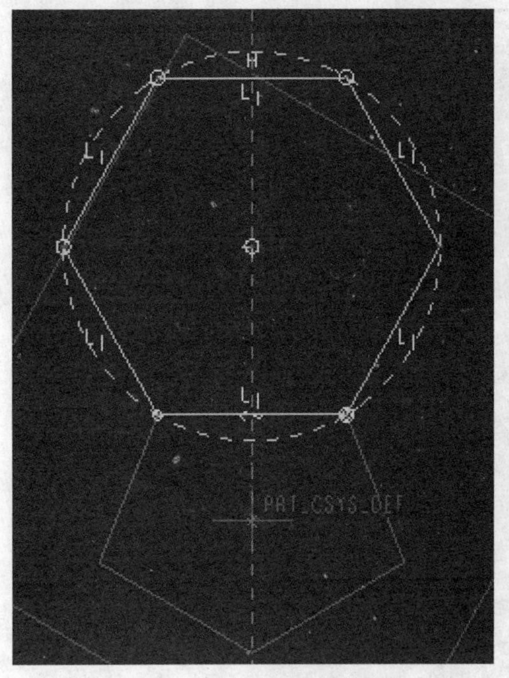

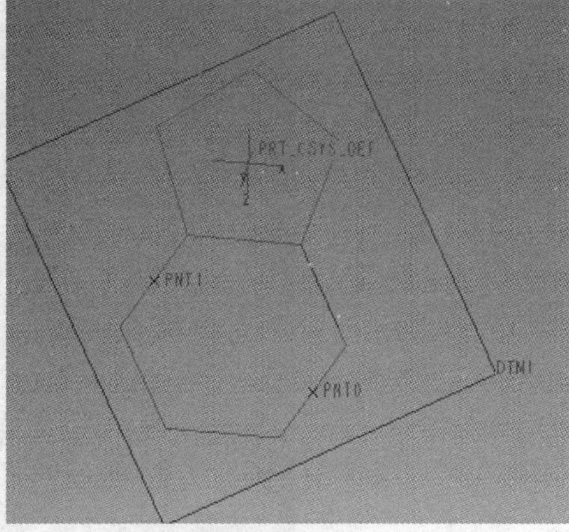

图 11. 5. 9　DTM1 上的正六边形　　　图 11. 5. 10　两直线中点 PNT0 和 PNT1

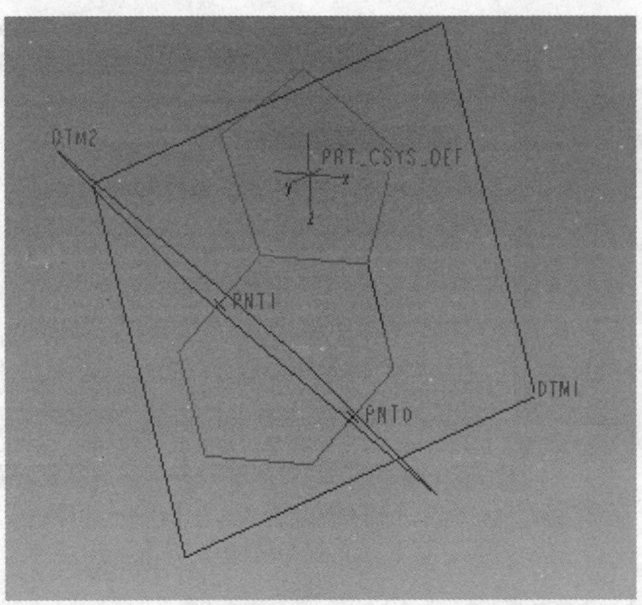

图 11. 5. 11　过 PNT0 和 PNT1 与 DTM1 垂直的 DTM2 平面

（2）生成 FRONT 和 RIGHT 相交的轴 A_1，DTM2 和 RIGHT 相交的轴 A_3，如图 11. 5. 12 所示。

（3）通过 A_1，A_3 两轴作一基准平面 DTM3，并在 DTM3 平面上进行两次草绘，两次分别草绘通过轴 A_1 与 A_3 的线条。两次草绘的线条相交于一点 PNT2，如图 11. 5. 13 所示。

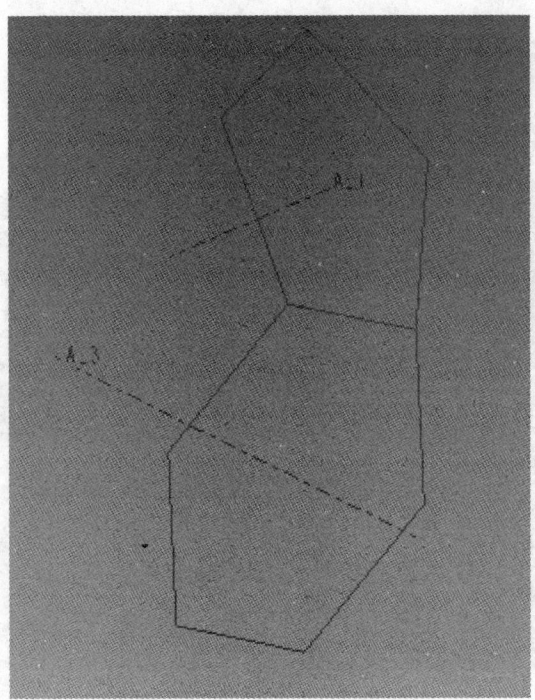

图 11.5.12　轴 A_1 与轴 A_3

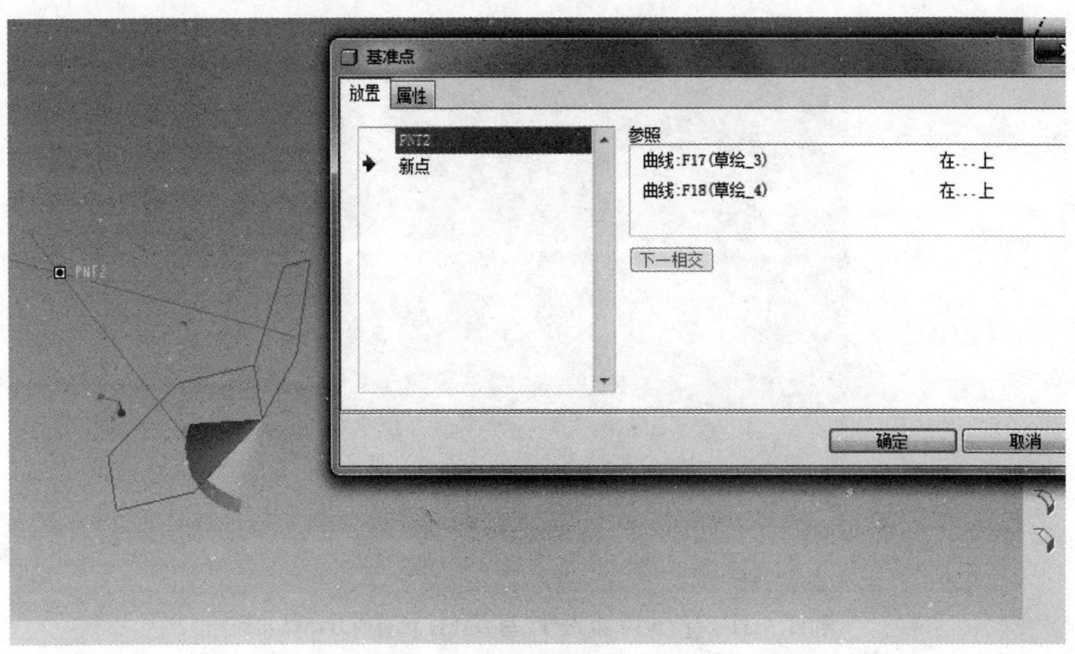

图 11.5.13　两草绘线的交点 PNT2

（4）单击按钮，以通过空间点方式创建线条。通过 PNT2 与正五边形、正六边形的共同边的两个端点分别生成图 11.5.14 所示的两条直线，然后以这两条直线为第一方向，正五边形为第二方向生成边界混合曲面 1（见图 11.5.15），正六边形为第二方向生成边界混合曲面 2（见图 11.5.16）。

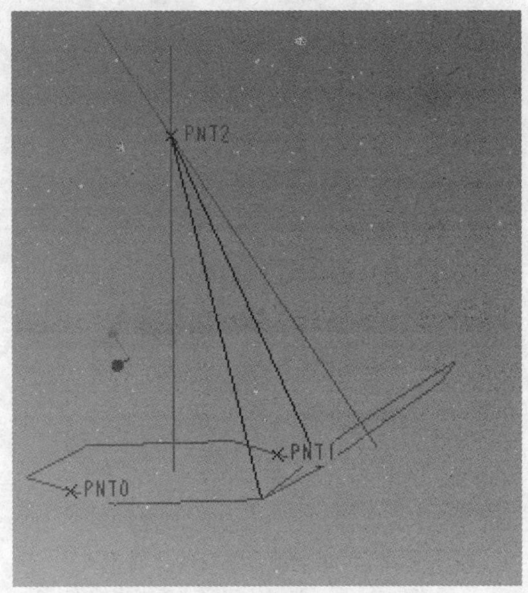

图 11.5.14　通过 PNT2 的两条直线

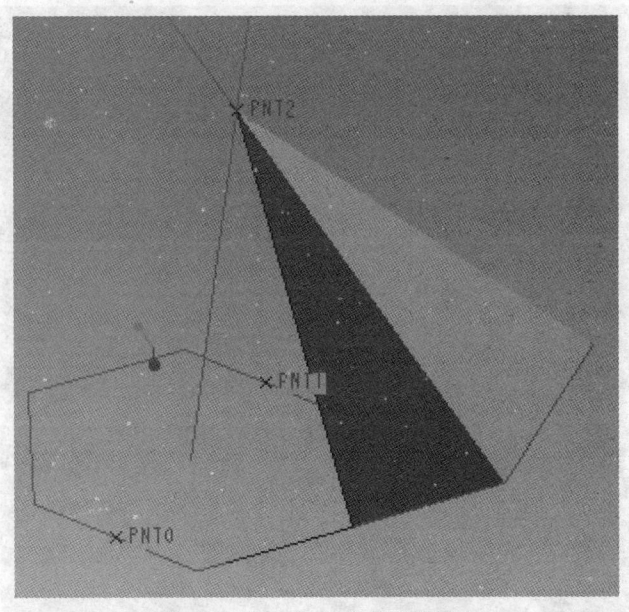

图 11.5.15　混合生成的曲面 1

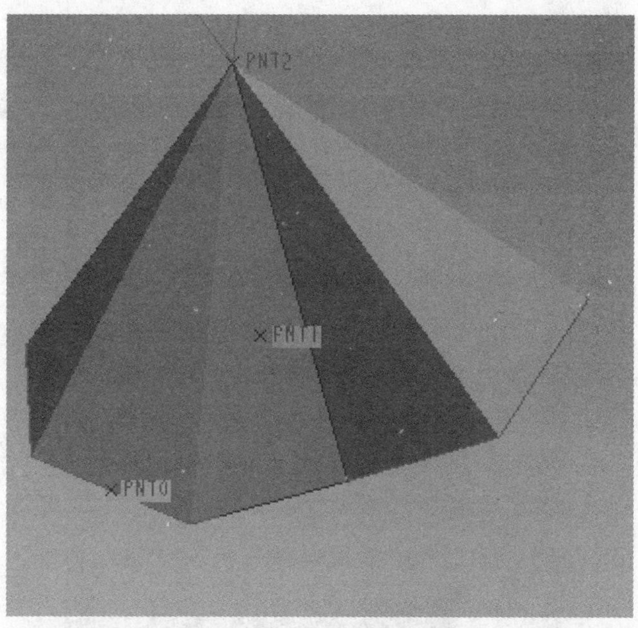

图 11.5.16　混合生成的曲面 2

（5）单击“旋转”命令，以创建曲面的形式进入草绘截面。以 PNT2 为球心，以到多边形中心的长度为半径作出球面，截面如图 11.5.17 所示。完成草绘并生成球面。

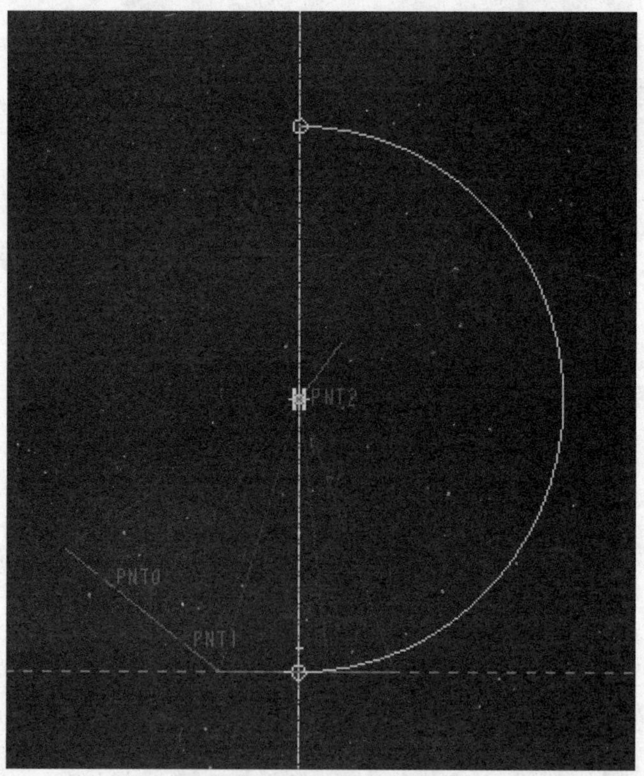

图 11.5.17　生成球面的截面

（6）复制球面的副本，以球面和混合曲面 1 合并生成五角锥，球面的副本和混合曲面 2

合并生成六角锥，单击“插入”→“自动倒圆角”命令，单击五角锥，打钩自动倒圆角，同样的方法对六角锥自动倒圆角。单击“视图”→“颜色外观”命令，弹出的“外观编辑器”如图 11.5.18 所示，选择“曲面组”，单击五角锥后单击“确定”按钮，并选择“两者”选项，然后选择一种颜色，并进行调色，最后调成黑色，完成后以同样的方法把六角锥颜色调成白色，如图 11.5.19 所示。

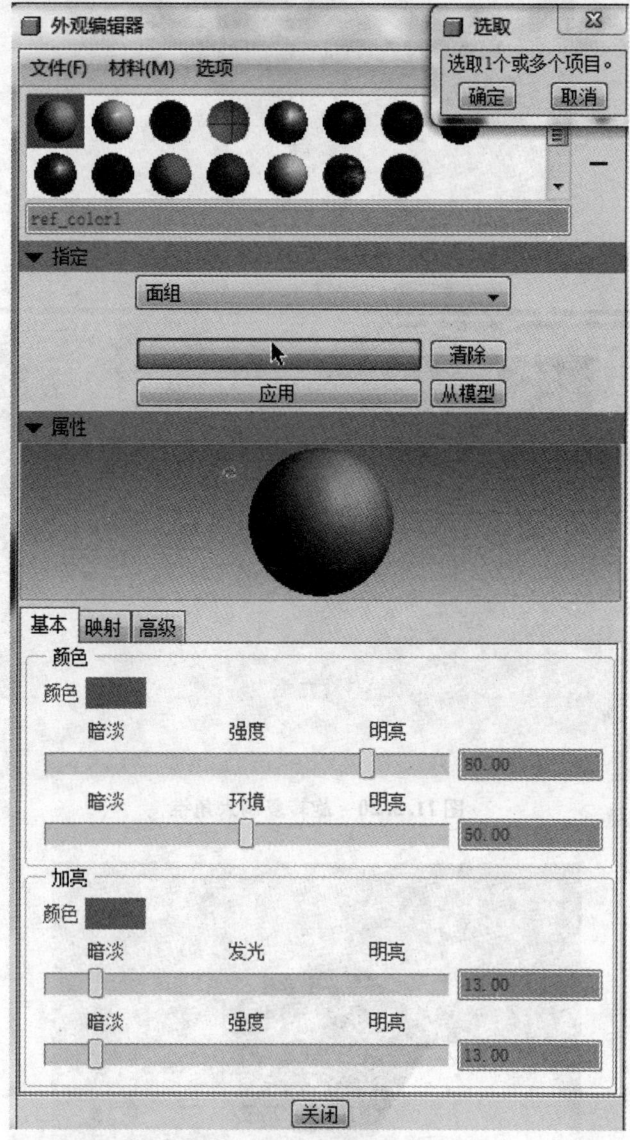

图 11.5.18　外观编辑器

步骤 3：生成球体。

（1）以 A_1 轴为中心，左键选中倒角后的六角锥，单击复制按钮，再粘贴，在选项中取消选中“隐藏原始几何”复选框，保留原来的六角锥，旋转复制六角锥，其中旋转角度为 72°，如图 11.5.20 所示。

（2）以 A_1 轴为中心，选中刚复制的六角锥进行阵列，阵列 4 个六角锥（间隔角度为 72°），如图 11.5.21 所示。

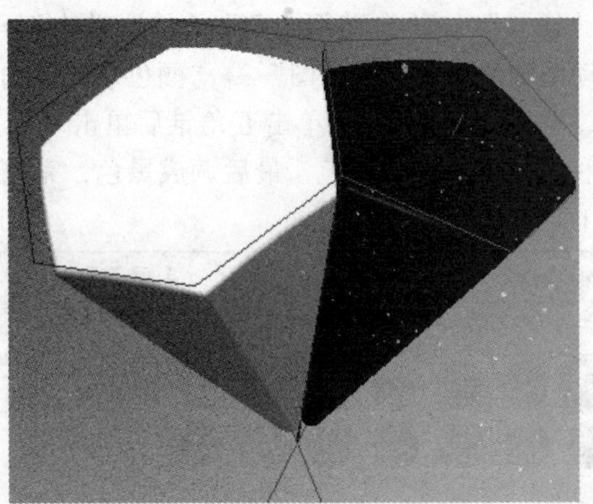

图 11.5.19　合并生成的五角锥与六角锥

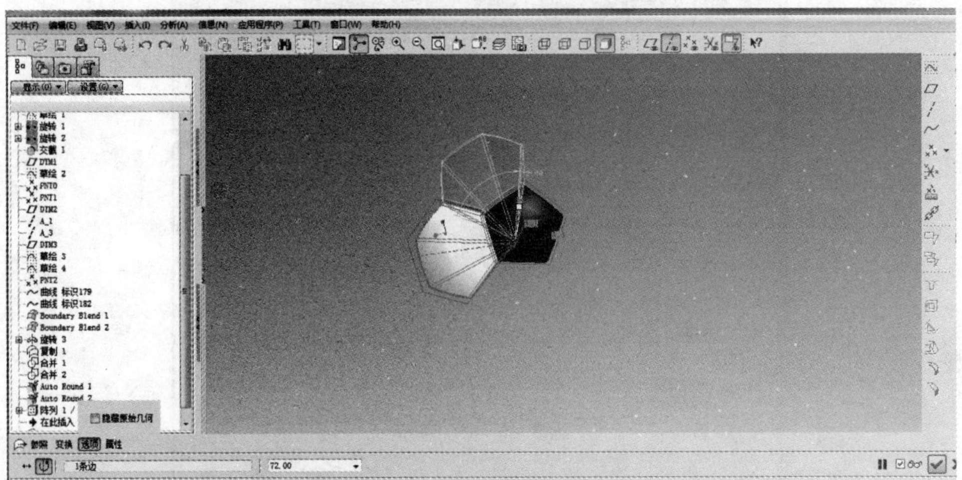

图 11.5.20　旋转复制六角锥

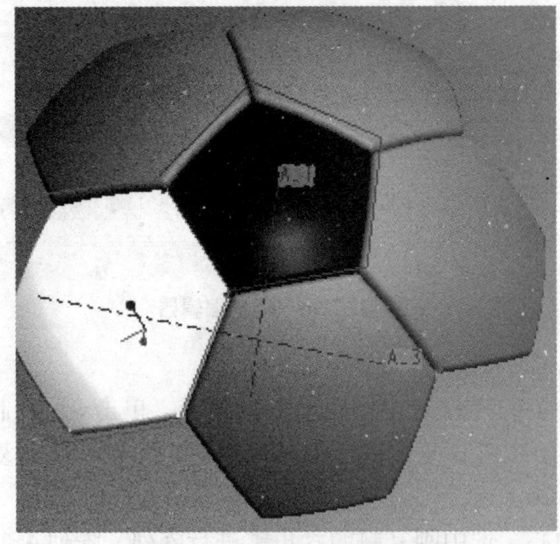

图 11.5.21　阵列后的六角锥

（3）以 DTM2 基准平面为对称平面，镜像五角锥，如图 11. 5. 22 所示。

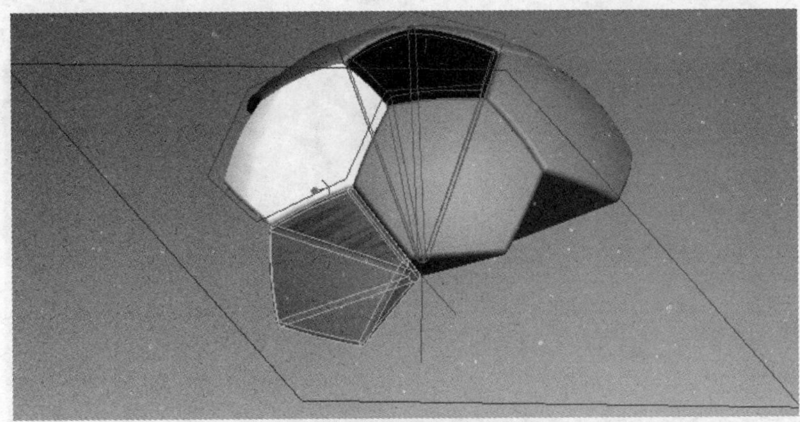

图 11. 5. 22 镜像后的五角锥

（4）同理，以 A_1 轴为阵列中心，阵列 5 个五角锥，选择均匀分布 360°，如图 11. 5. 23 所示。

图 11. 5. 23 阵列后的五角锥

（5）通过第一个六角锥露在外面的一边和点 PNT2 作基准平面 DMT4，然后镜像相邻的六角锥，如图 11. 5. 24 所示。

（6）以 A_1 轴为中心，阵列刚镜像的六角锥，阵列 5 个，选择均匀分布 360°，得到半个球，如图 11. 5. 25 所示。

（7）过 PNT2 作平行 TOP 基准平面的基准平面 DTM5，镜像半球，再旋转 36°得到整个足球，如图 11. 5. 26 所示。

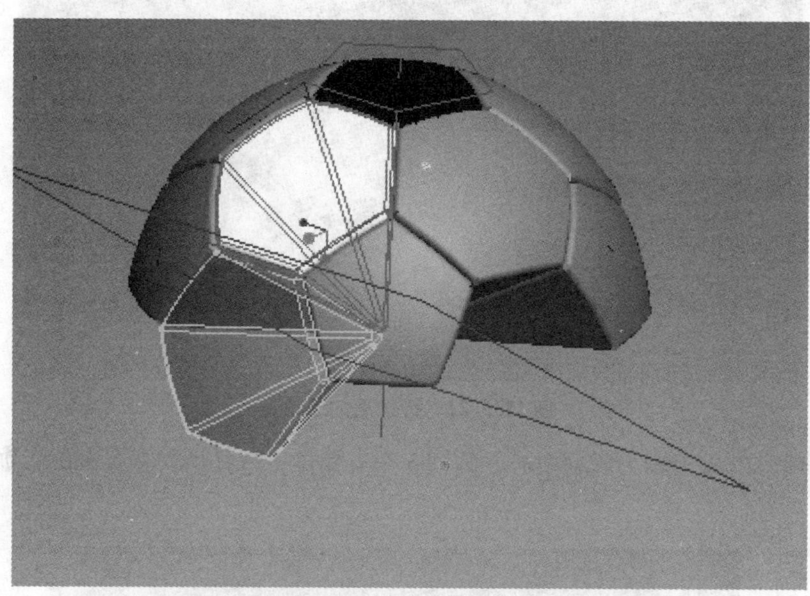

图 11.5.24　通过 DTM4 镜像的六角锥

图 11.5.25　阵列六角锥后所得的半个球

图 11. 5. 26　完整的足球

第 12 章　题　　库

本章节提供各章节配套的、有针对性的、操作性很强的练习题，通过训练提高草绘、实体、曲面造型、装配等方面的熟练度。

12.1　草 绘 题 目

运用 Pro/E 完成图 12.1.1 ~ 图 12.1.8 所示草图绘制。

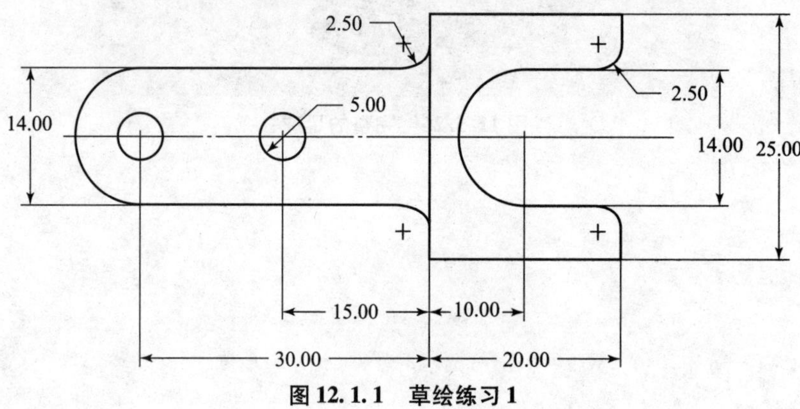

图 12.1.1　草绘练习 1

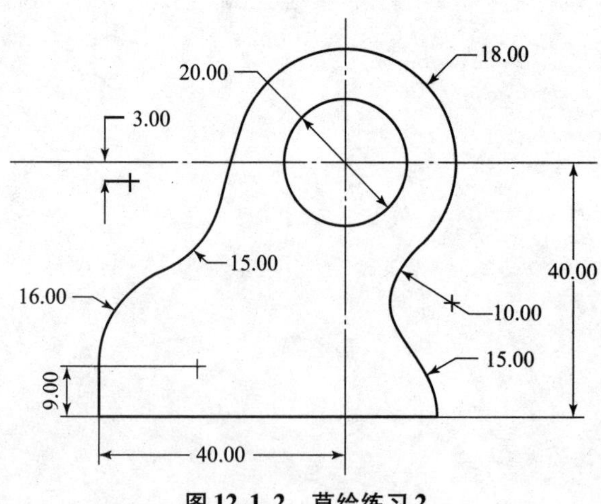

图 12.1.2　草绘练习 2

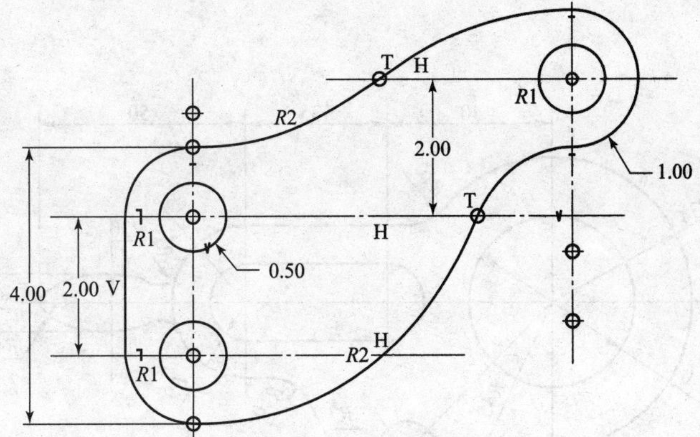

图 12.1.3 草绘练习 3

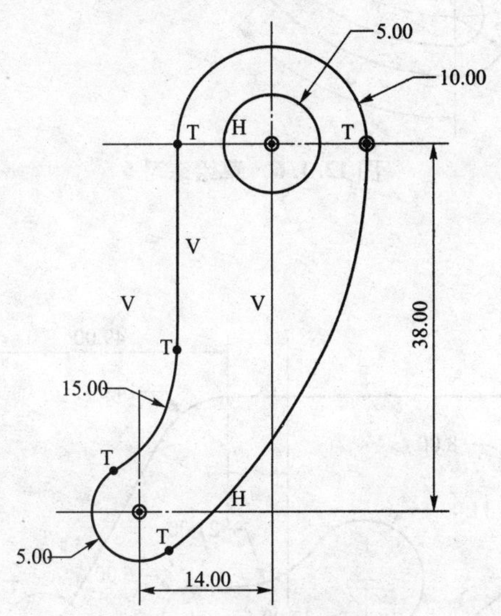

图 12.1.4 草绘练习 4

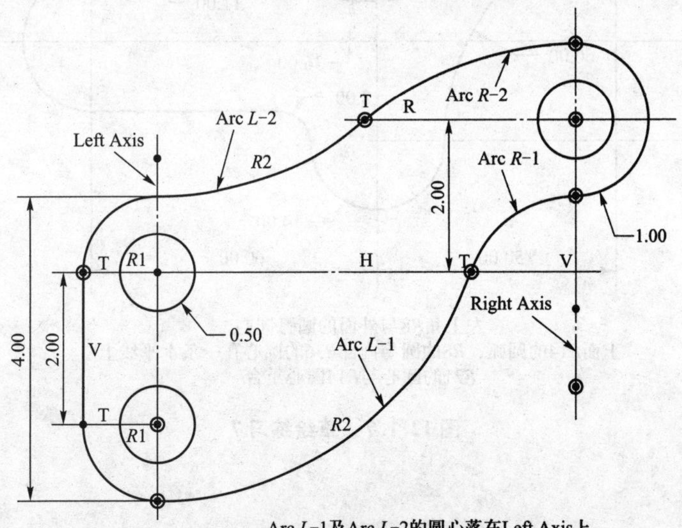

Arc L-1及Arc L-2的圆心落在Left Axis上
Arc R-1及Arc R-2的圆心落在Right Axis上

图 12.1.5 草绘练习 5

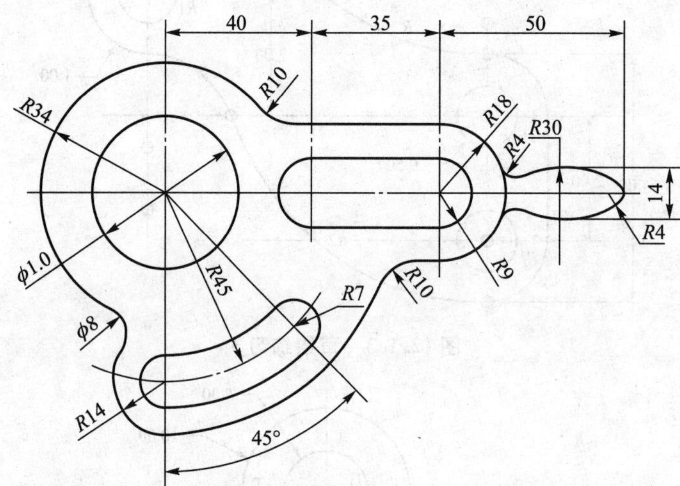

图 12.1.6　草绘练习 6

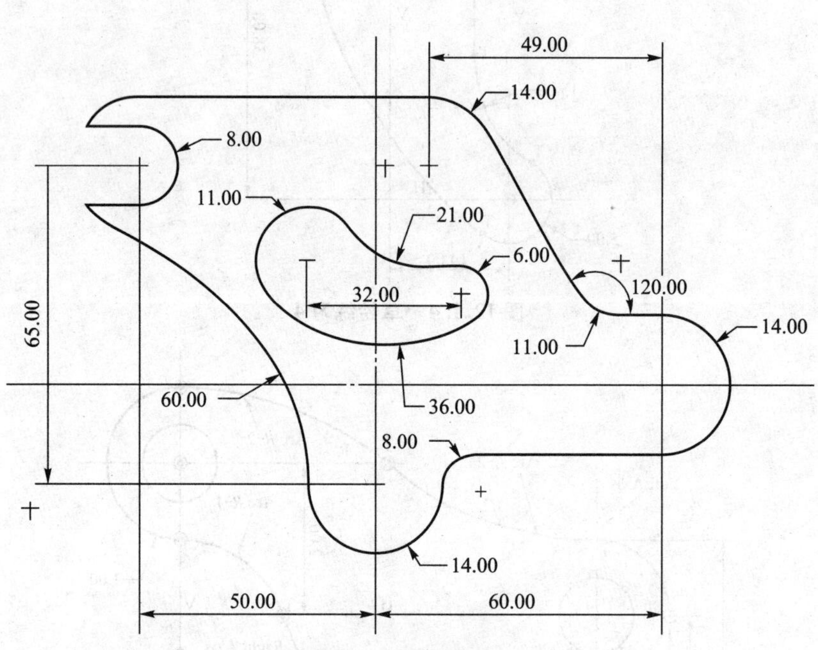

左上角*R*8与外面的圆弧同心

上面*R*14的圆弧、*R*8的圆与内部*R*36的圆心在一条水平线上

*R*21的圆心与*R*14圆心重合

图 12.1.7　草绘练习 7

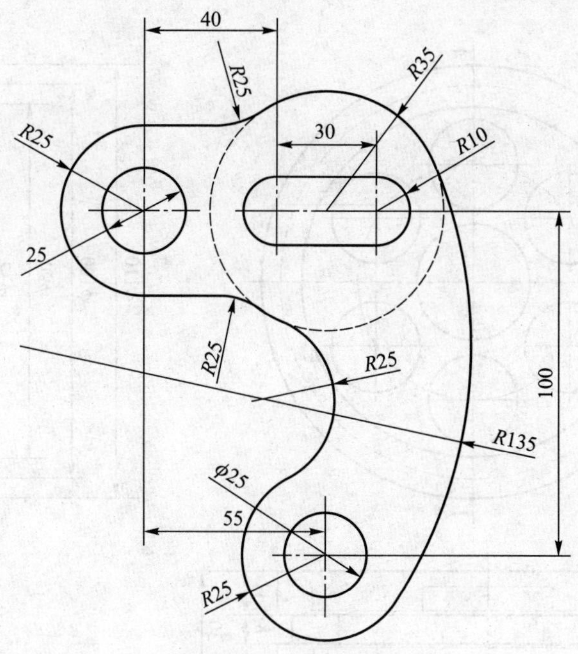

图 12.1.8　草绘练习 8

12.2　实体建模题目

运用 Pro/E 完成图 12.2.1 ~ 图 12.2.14 所示实体建模。

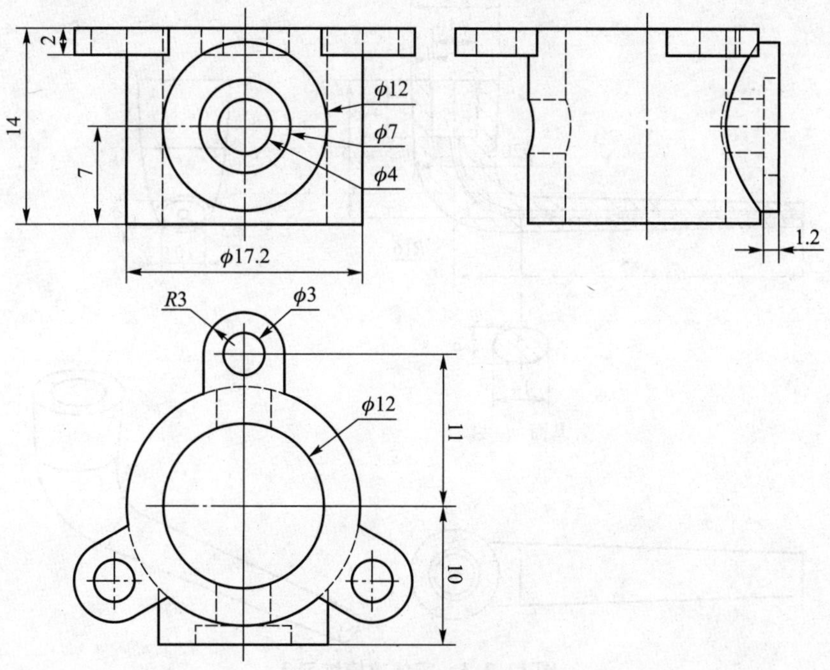

图 12.2.1　实体建模练习 1

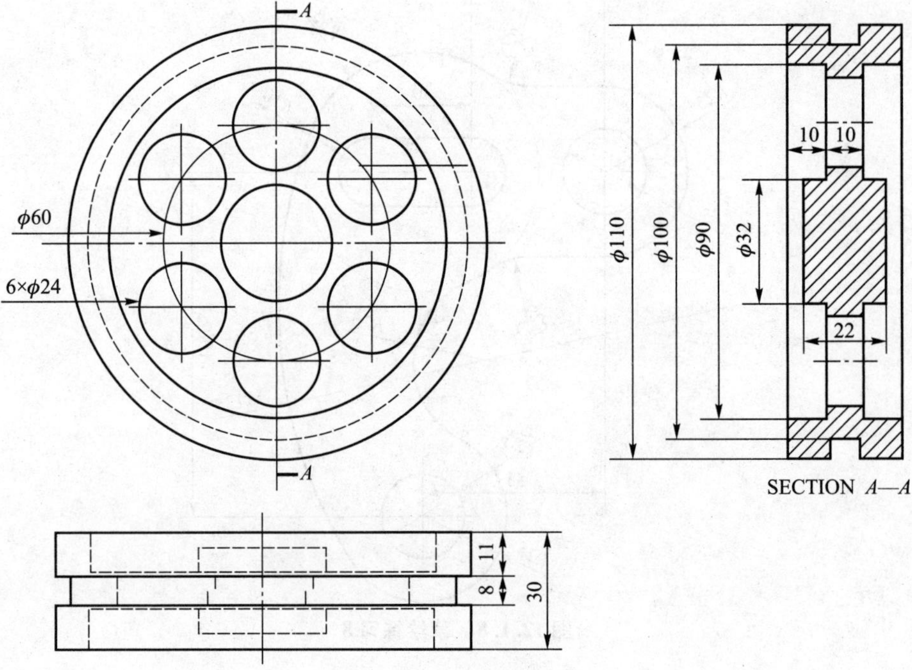

图 12.2.2　实体建模练习 2

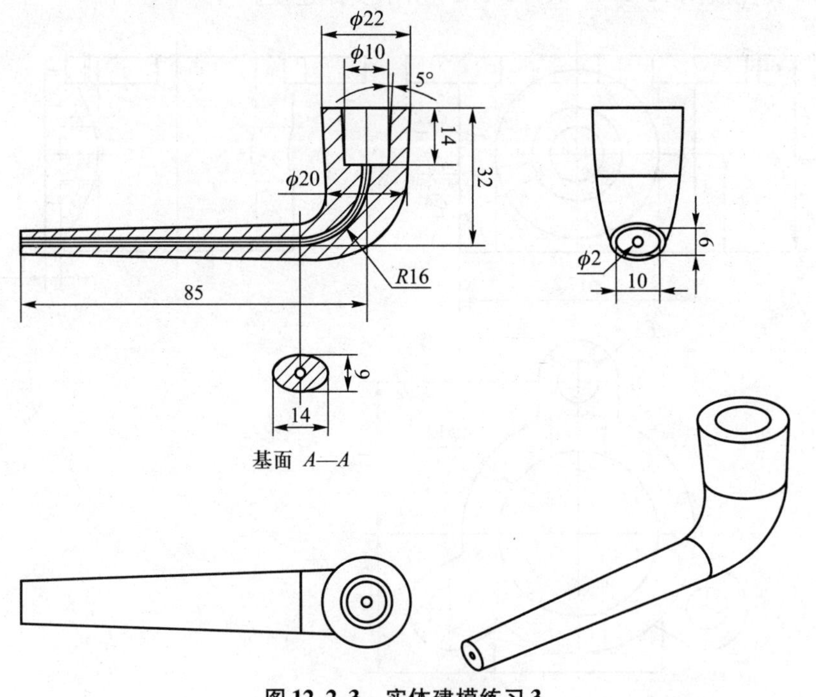

图 12.2.3　实体建模练习 3

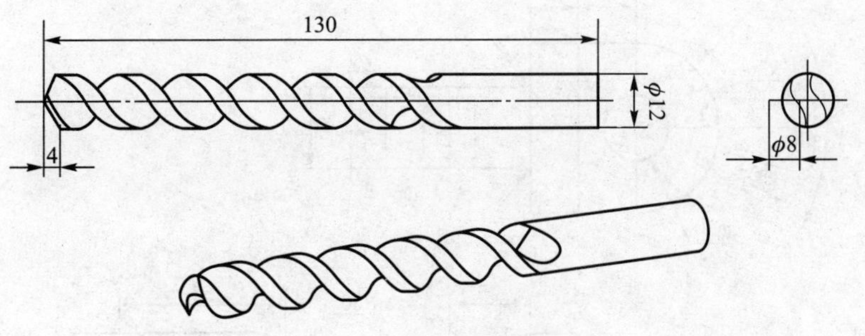

图 12. 2. 4 实体建模练习 4

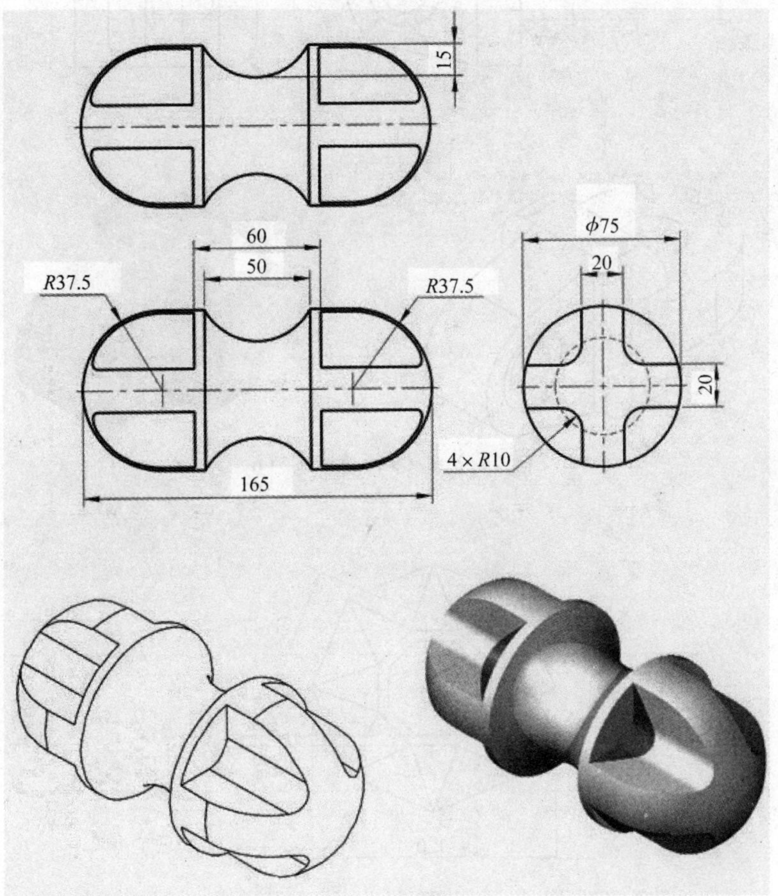

图 12. 2. 5 实体建模练习 5

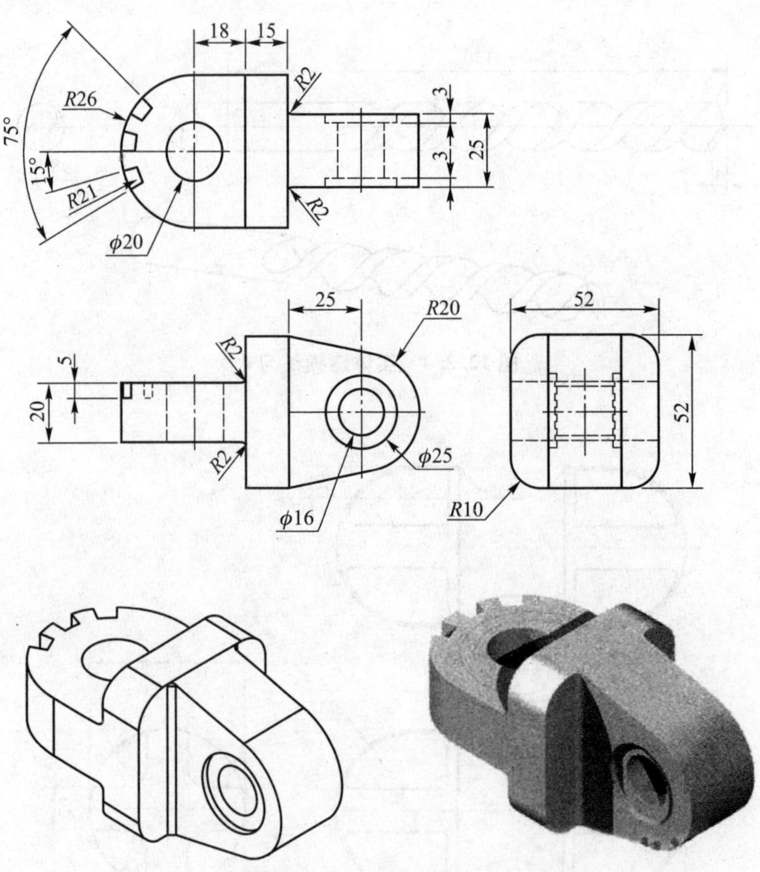

图 12. 2. 6　实体建模练习 6

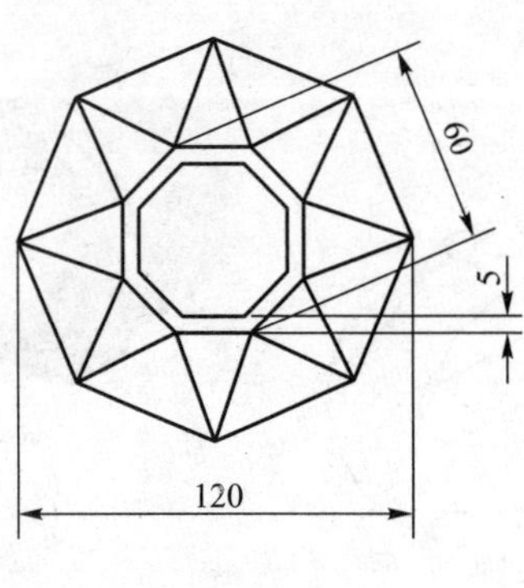

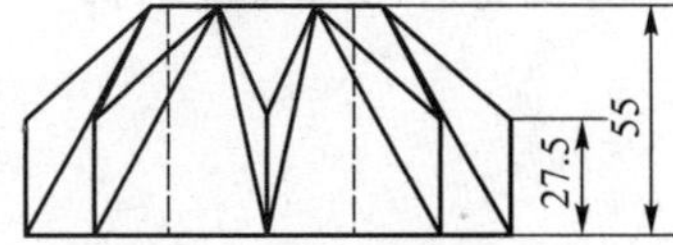

图 12. 2. 7　实体建模练习 7

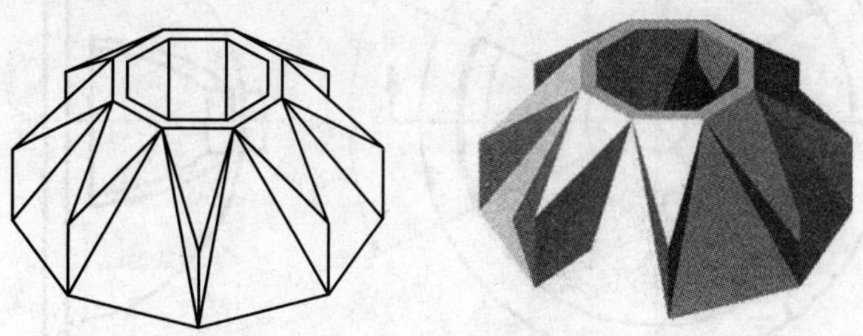

图 12.2.7 实体建模练习 7（续）

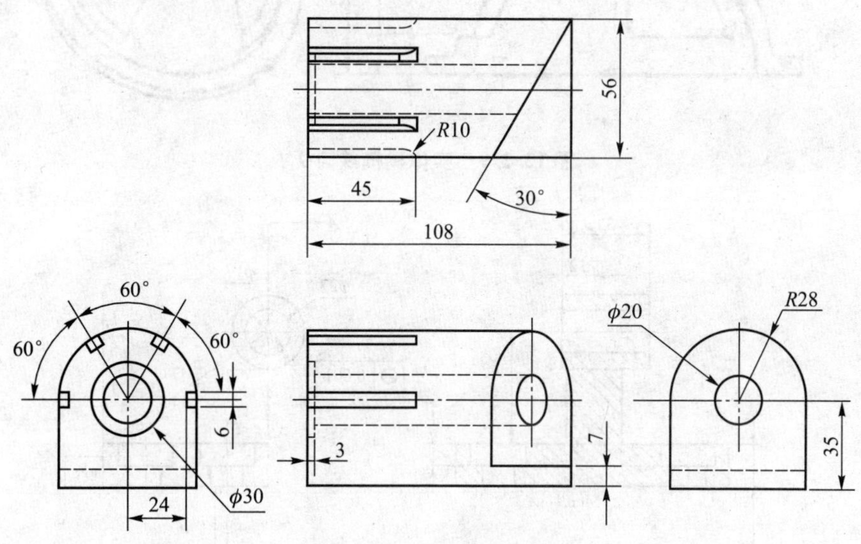

图 12.2.8 实体建模练习 8

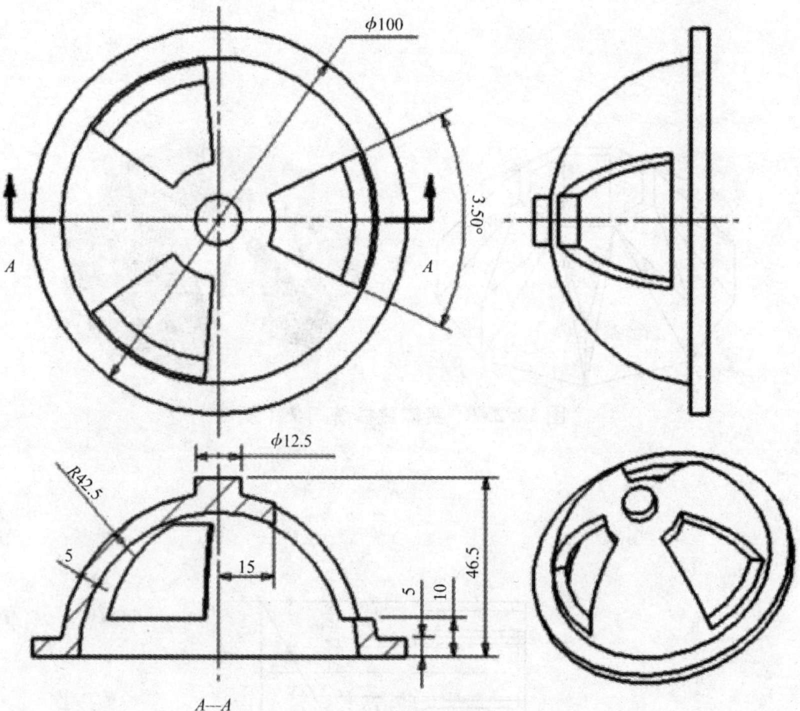

图 12.2.9　实体建模练习 9

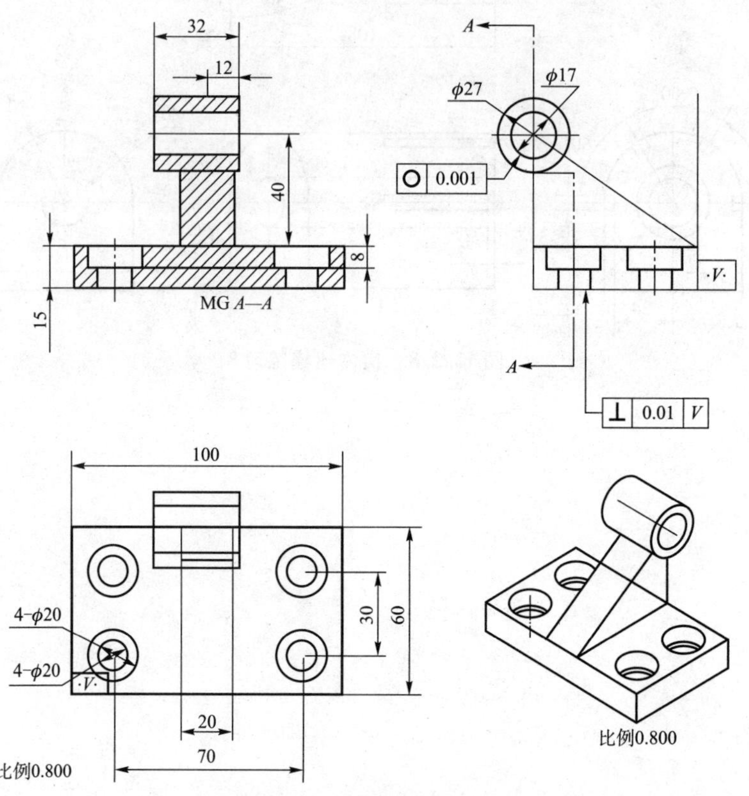

图 12.2.10　实体建模练习 10

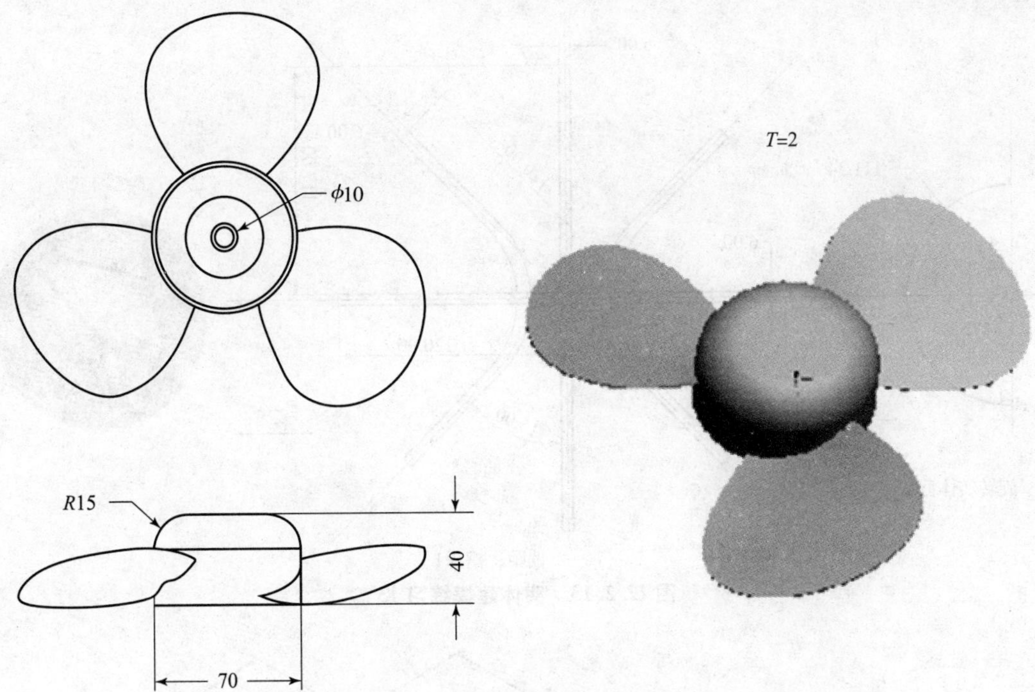

图 12. 2. 11 实体建模练习 11

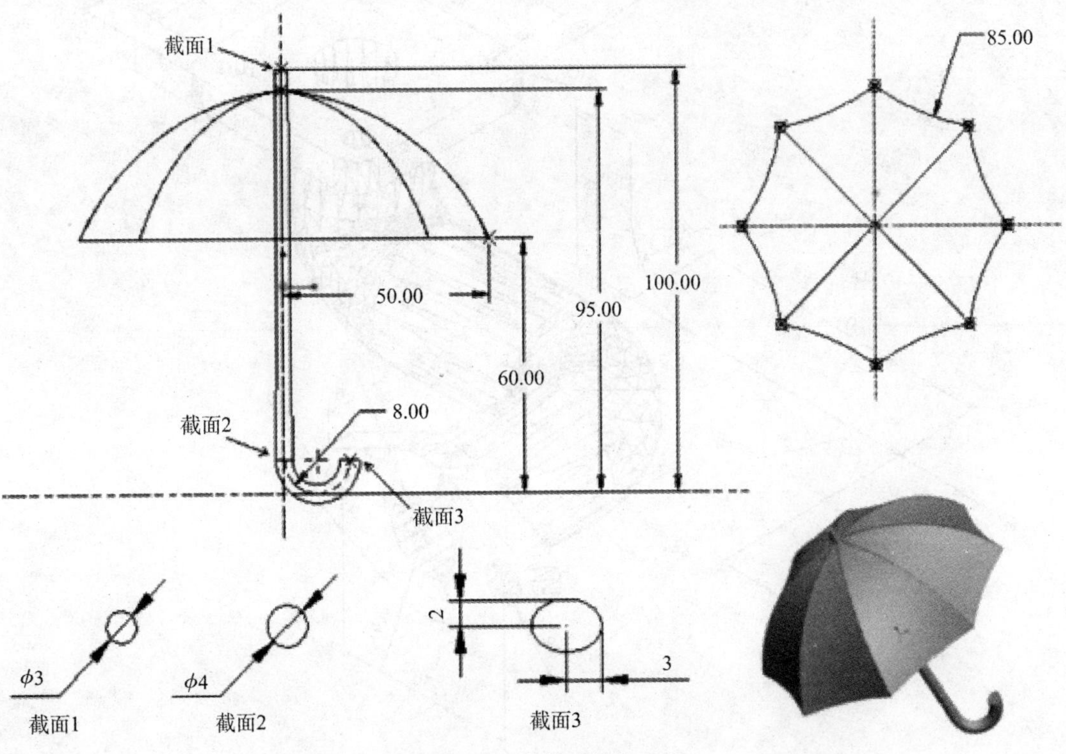

图 12. 2. 12 实体建模练习 12

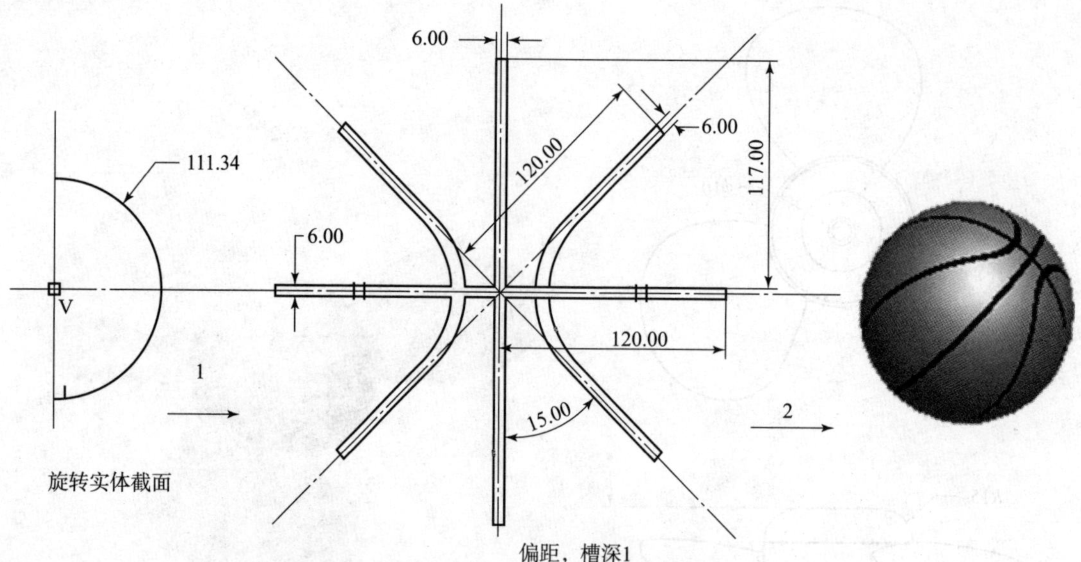

图 12.2.13　实体建模练习 13

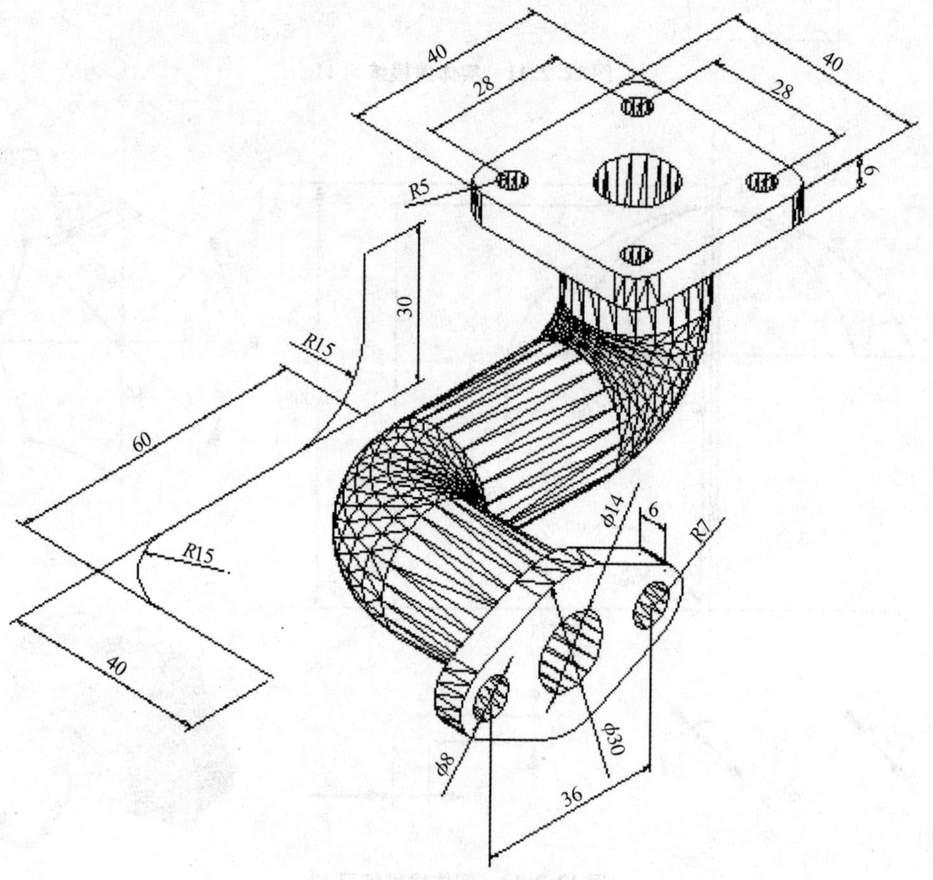

图 12.2.14　实体建模练习 14

12. 3　曲 面 设 计

运用 Pro/E 完成图 12. 3. 1 ~ 图 12. 3. 5 所示曲面设计。

说明：未给尺寸参照图形自行设计。

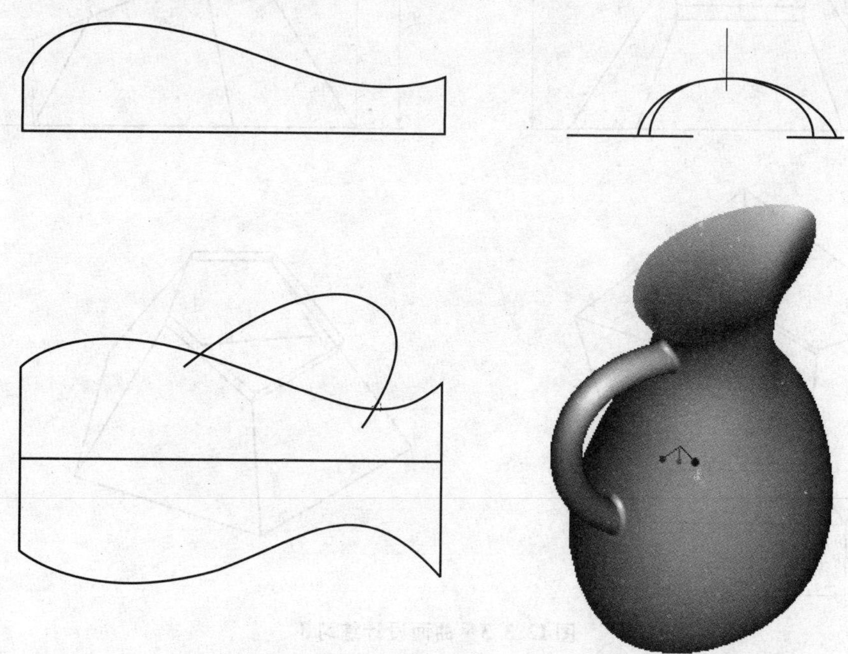

图 12. 3. 1　曲面设计练习 1

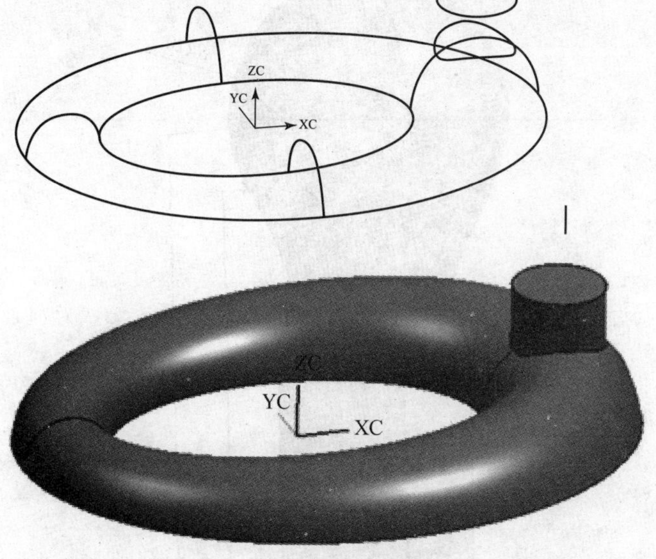

图 12. 3. 2　曲面设计练习 2

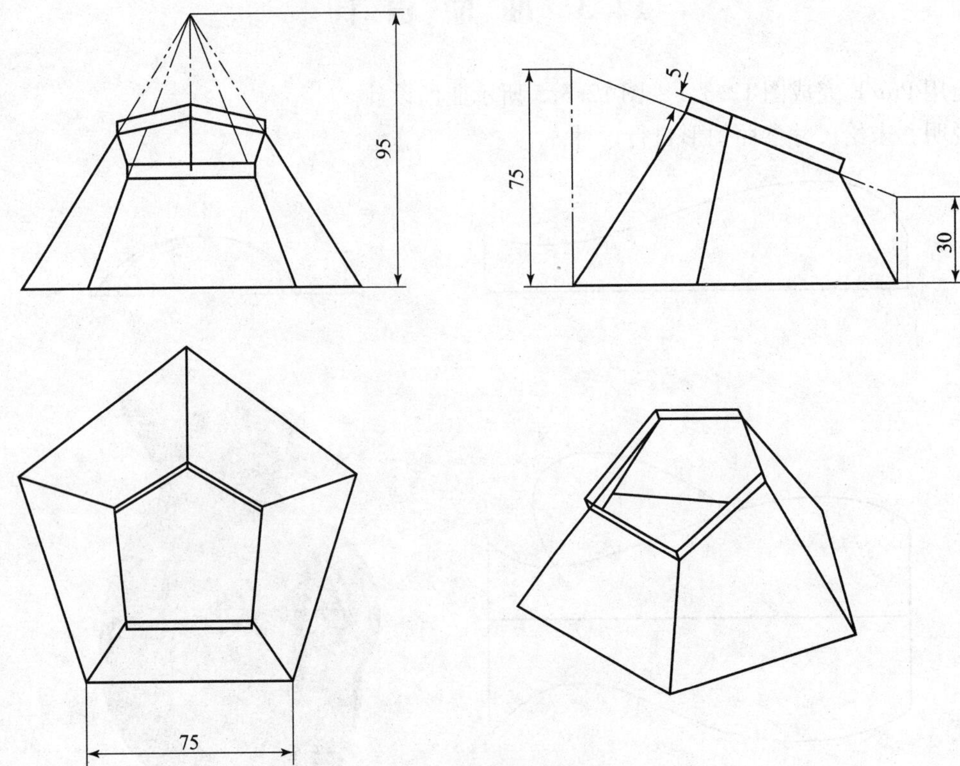

图 12.3.3　曲面设计练习 3

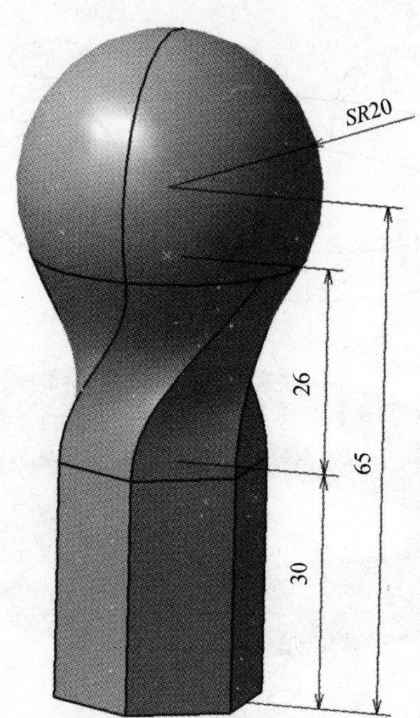

图 12.3.4　曲面设计练习 4

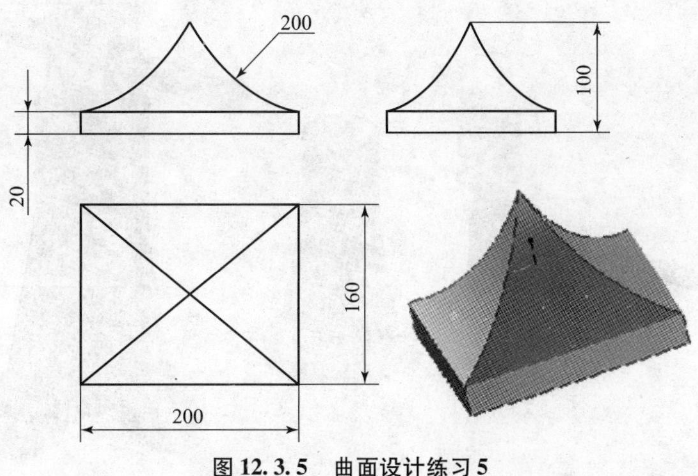

图12.3.5 曲面设计练习5

12.4 装配题目

按图12.4.1~图12.4.5自行设计零件，并完成装配，要求配合正确。说明：未给尺寸的零件，尺寸不作要求，参照图形自行定义。

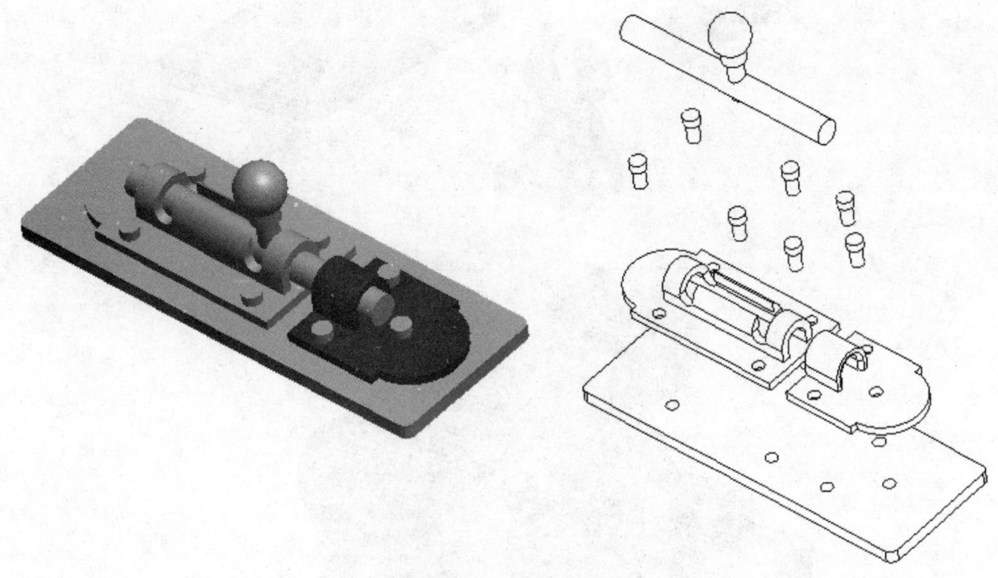

图12.4.1 装配练习1

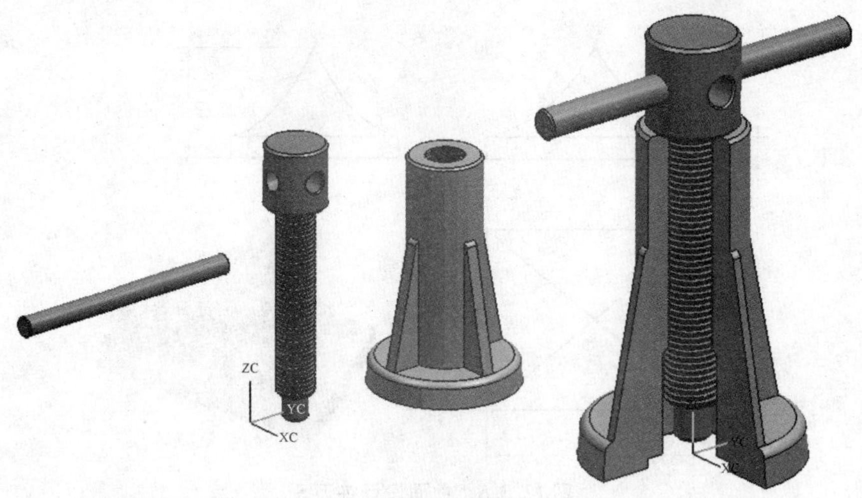

图 12.4.2　装配练习 2

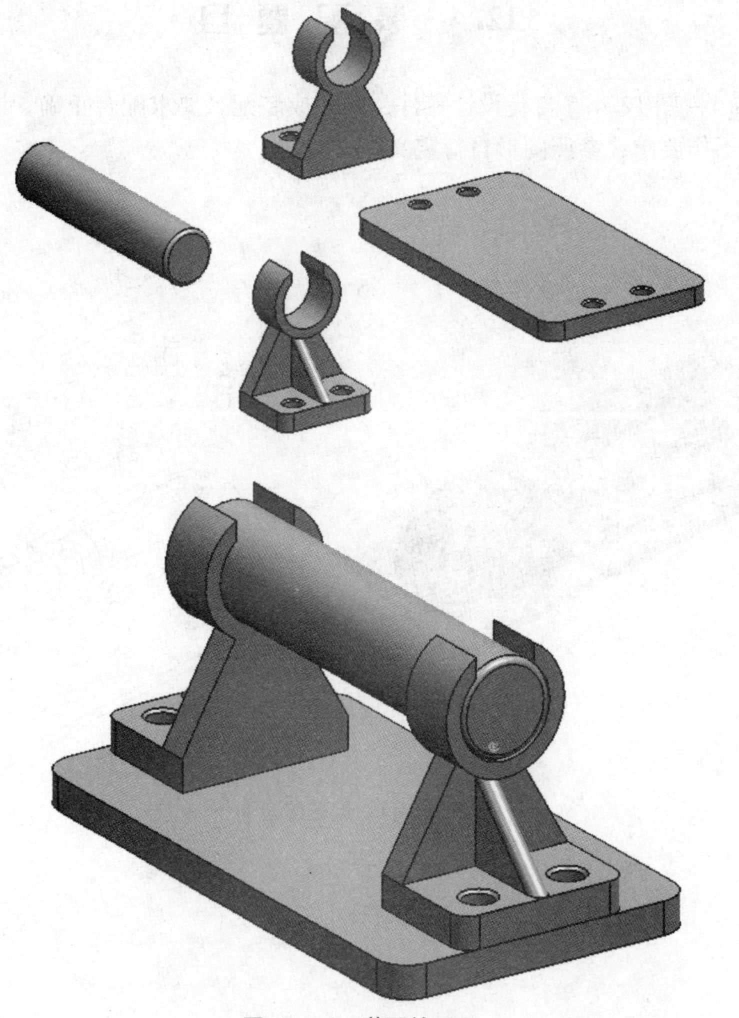

图 12.4.3　装配练习 3

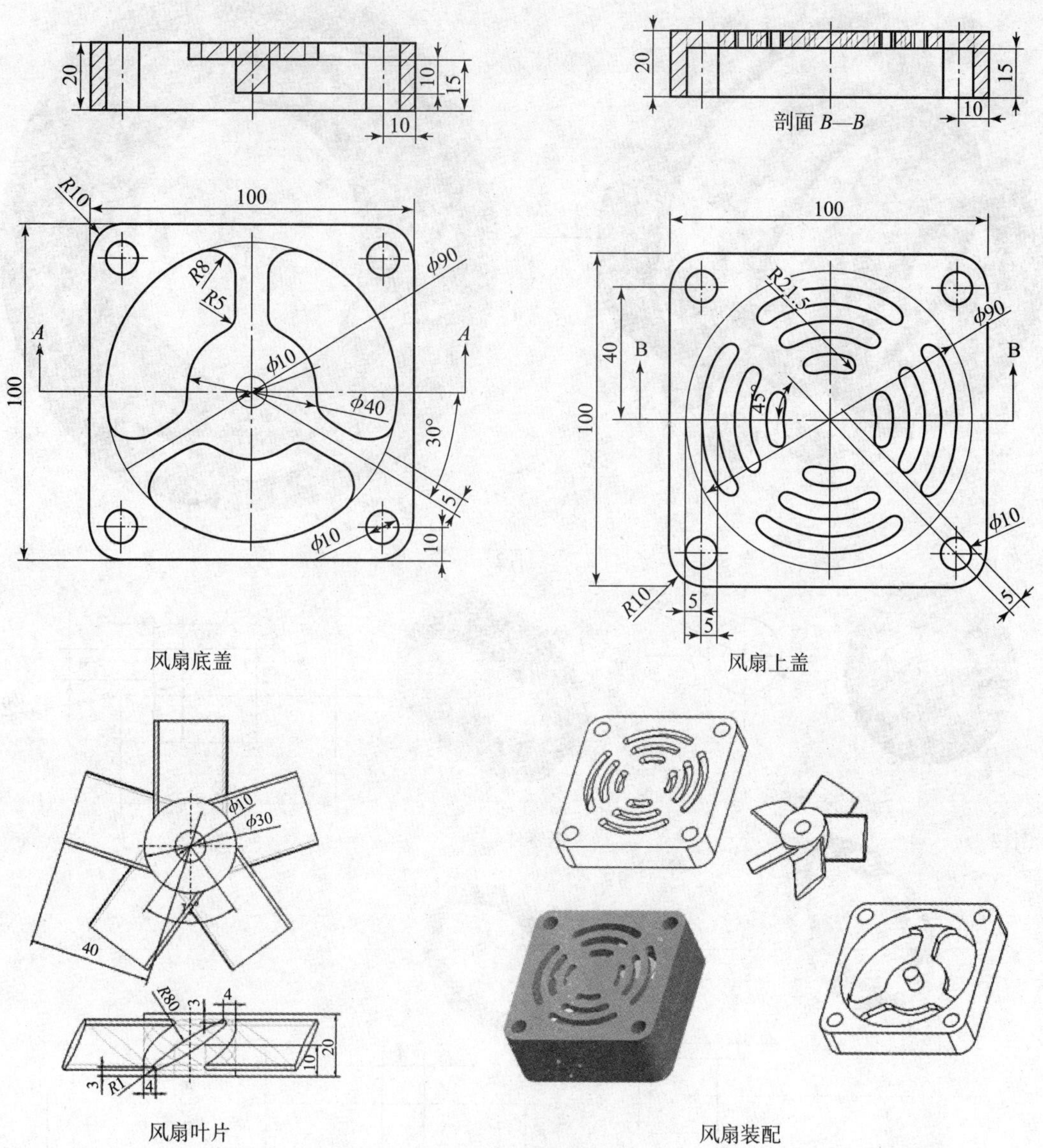
剖面 B—B
风扇底盖
风扇上盖
风扇叶片
风扇装配

图 12.4.4 装配练习 4

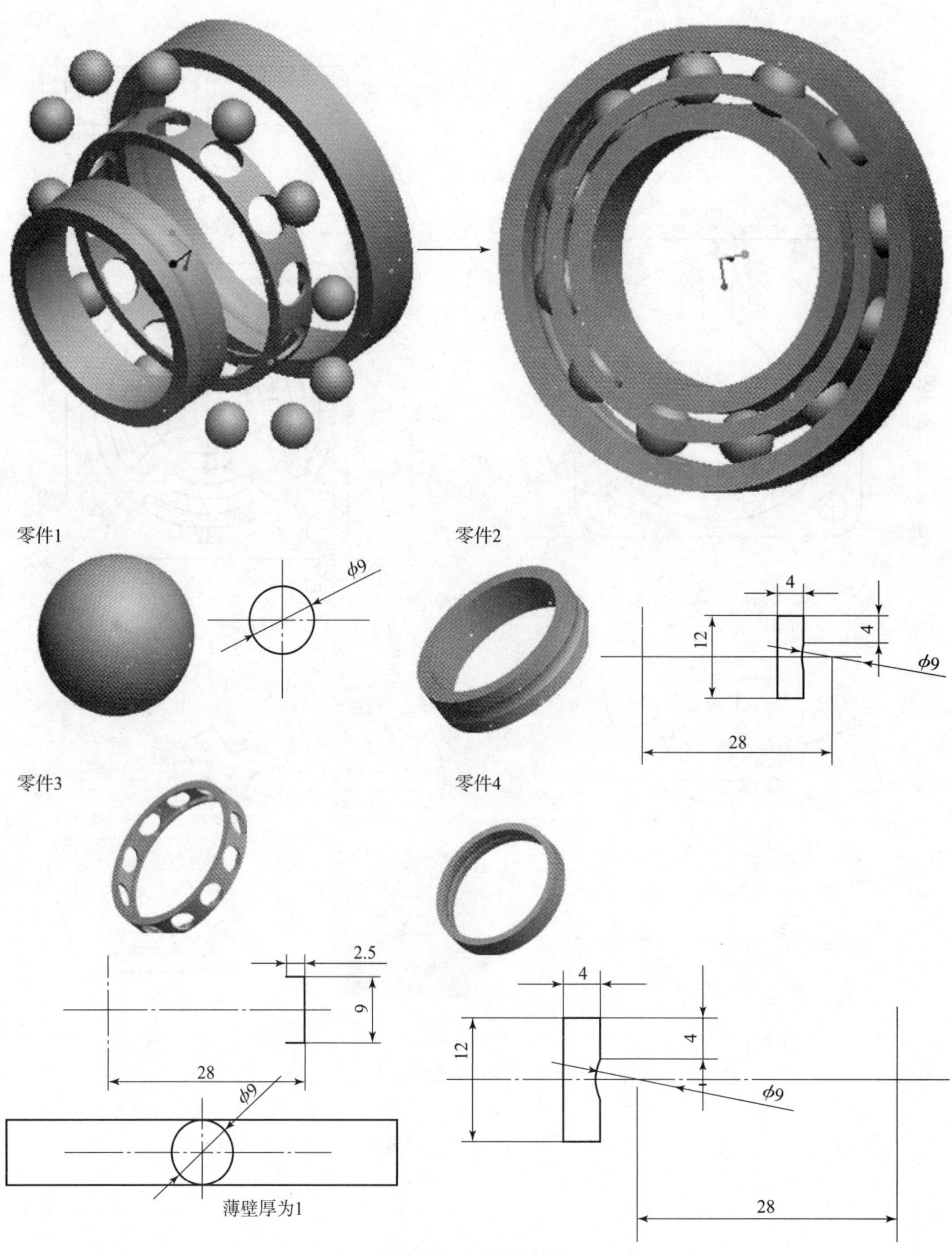

图 12.4.5 装配练习 5